Die

Fortschritte der Physik

im Jahre 1887.

Dargestellt

von

der physikalischen Gesellschaft zu Berlin.

XLIII. Jahrgang.

Erste Abtheilung,

enthaltend:

Physik der Materie.

Redigirt von

Dr. E. Budde.

Berlin.

Verlag von Georg Reimer.

1893.

Die Fortschritte
der
Physik der Materie
im Jahre 1887.

Dargestellt
von
der physikalischen Gesellschaft zu Berlin.

Redigirt
von
Dr. E. Budde.

Berlin.
Verlag von Georg Reimer.
1893.

Erklärung der Citate.

Ein Kreuz (†) bedeutet, dass der Berichterstatter den citirten Abdruck nachgelesen, ein Sternchen (*), dass der Berichterstatter oder der Redacteur nochmals sich von der Richtigkeit des Citats überzeugt hat. [vor einem Citat bedeutet Auszug bezw. Referat der angegebenen Abhandlung in der dann genannten Zeitschrift. Wenn der Referent über ausländische Arbeiten von einem Verfasser freundlichst unterstützt wurde und er die Mittheilung desselben für das in diesen Berichten gegebene Referat benutzen konnte, befindet sich vor der Chiffer des Referenten der eingeklammerte Name des Verfassers. Entsprechendes gilt für Referate aus dem Gebiet der Mechanik, wenn der Referent bereits vorhandene, von andern Mitarbeitern herrührende Referate aus dem Jahrbuch über die Fortschritte der Mathematik benutzt hat.

Eine rund eingeklammerte Zahl vor der (fett gedruckten) Bandzahl bezeichnet, welcher Reihe (Folge, Serie) einer Zeitschrift der betreffende Band angehört; hinter der Bandzahl deutet eine eckig eingeklammerte arabische Zahl auf gleichzeitige, eine rund eingeklammerte auf zeitlich getrennte, nacheinander erscheinende Abtheilungen. H bedeutet Heft, L Lieferung und (L) bei den Citaten aus Nature Brief, Briefliche Mittheilung, N (oder Nr.) Nummer.

Zeitschriften, von welchen für jedes Jahr ein Band erscheint, sind nach dieser Jahreszahl citirt, welche von der Jahreszahl des Erscheinens manchmal verschieden ist, wie bei den Rep. Brit. Ass., oder auch gleichzeitig nach dem Bande.

Im Folgenden ist angegeben, welche Abkürzungen für die Titel bei den Citaten benutzt sind. Abkürzungen, welche an sich vollständig verständlich sind, sind nicht mitgetheilt.

Manche nähere Angaben über die citirten Zeitschriften sind zu finden in diesen Berichten 1852, S. VIII-XXIV, 1854, S. X-XII etc., sowie am Ende der dritten Abtheilung von 1884.

Abh. d. Berl. Ak. = Physikalisch-mathematische Abhandlungen der Königlich Preussischen Akademie der Wissenschaften zu Berlin. Aus dem Jahre .... Berlin (Georg Reimer in Comm.) 4°. — Erscheinen auch in einzelnen Heften. R.

Abh. d. Böhm. Ges. d. W. = Abhandlungen der königl. böhmischen Gesellschaft der Wissenschaften. Prag: Selbstverlag der Kgl. böhm. Ges. 4°. R.

Abh. d. Brem. naturw. Ver. = Abhandlungen hrsg. vom naturwissenschaftlichen Vereine zu Bremen. Bremen: Müller. gr. 8°.

Abh. d. G. d. W. zu Gött. = Abhandlungen der königlichen Gesellschaft der Wissenschaften zu Göttingen. Göttingen: Dietrich's Verlag. gr. 4°.

Abh. d. k. bayr. Ak. = Abhandlungen der Münchener Akademie der Wissenschaften. 2. Classe. München. In einzelnen Heften erhalten. R.

Abh. d. k. sächs. G. d. W. = Abhandlungen der mathematisch-physikalischen Classe der Königl. Sächsischen Gesellschaft der Wissenschaften. Leipzig: Hirzel. Erscheint in einzelnen Nummern mit durchlaufender Pagination, hoch 8°. R.

Abh. d. Senk. Naturf. Ges. = Abhandlungen hrsg. von der Senkenbergischen naturforschenden Gesellschaft. Frankfurt a./M.: Diesterweg. gr. 4°.

Ac. di Bologna sh. **Mem. di Bol.** und **Rend. di Bol.**

Ac. d. Brux. = **Ac. d. Belg.** sh. **Bull. de Belg.** und **Mém. de Belg.**

Ac. dei Lincei sh. **Atti R. Acc. dei Lincei.**

Act. de la soc. Helv. = **Verh. d. Schweiz. Naturf. Ges.** sh. **Verh.** · · ·

Act. soc. Ups. = Nova acta Regiae societatis scientiarum Upsaliensis. Upsala. R.

Act. Univ. Lund. = Acta Universitatis Lundensis. Lund. 4°.

Acta Ac. Leopoldinae = Nova acta academiae caesareae Leopoldino-Carolinae Germanicae naturae curiosorum. Halis Saxonum (Lipsiae: W. Engelmann) 4°; auch mit dem Titel: Verhandlungen der Kaiserlichen Leopoldinisch-Carolinischen Deutschen Akademie der Naturforscher . . .

Aerztl. Intellgzbl. München. = Aerztliches Intelligenz-Blatt; Münchener medicinische Wochenschrift. Organ für amtliche und practische Aerzte. Hrsg. von BOLLINGER · · ·. Red.: LEOP. GRAF. München; J. A. Finsterlin. Imp. 4°.

Allg. J. f. Uhrm. = Allgemeines Journal für Uhrmacherkunst. Red.: FERD. ROSENKRANZ. Leipzig: Kunath & Rosenkranz. gr. 4°.

Allg. Wien. med. Zeitung = Allgemeine Wiener medicinische Zeitung. Red. u. Hrsg.: B. KRAUS. Wien: Sallmayer in Comm. Fol.

D'Almeida J. sh. **J. de phys.**

Alpine J. = The Alpine Journal. (Zeitschrift des englischen Alpenklubs.)

Amer. Chem. = The American Chemist. A monthly journal of theoretical, analytical and technical chemistry. New-Series. (Citate, einzelnen Zeitschriften entnommen.)

Amer. Chem. J. = American Chemical Journal.

Amer. Ass. bezieht sich auf die Verhandlungen der nordamerikanischen Naturforscherversammlung, sh. **Proc. Amer. Ass.**

Amer. J. of Math. = American Journal of Mathematics pure and applied. Editor in chief: J. J. SYLVESTER, Associate Editor in charge: W. E. STORY. . . . Published under the auspices of the Johns Hopkins University. Baltimore: Murphy. 4°.

Amer. J. of science sh. **Sill. J.**

Ann. agron. = Annales de l'Institut national agronomique, administration, enseignement et recherches. Année · · · . Paris: impr. et lib. Tremblay. — Ministère de l'agriculture et du commerce. — 8°.

Ann. de Bur. d. Long. sh. **Annu. d. Bur. des Long.**

Ann. chim. phys. = Annales de chimie et de physique, par MM. CHEVREUL, DUMAS, BOUSSINGAULT, WURTZ, BERTHELOT, PASTEUR, avec la collaboration de M. BERTIN. (Sixième série.) Paris: G. Masson. 8°. Erscheint in 12 Monatsheften. R.

Ann. d. Hydr. = Annalen der Hydrographie und maritimen Meteorologie.

Organ des hydrographischen Amtes und der deutschen Seewarte. Hrsg. von dem hydrographischen Amt der Admiralität. Berlin: Mittler & Sohn. Lex. 8°. 12 H. R.

Ann. des mines = Annales des Mines ou Recueil de mémoires sur l'exploitation des mines et sur les sciences et les arts qui s'y rapportent, rédigées par les Ingénieurs des Mines et publiées sous l'autorisation du ministre des travaux publics. Paris. 8°.

Ann. d. l'obs. d. Mosc. = Annales de l'observatoire de Moscou.

Ann. d'ocul. = Annales d'oculistique. Bruxelles: Bureau, Avenue de la Toison d'Or, 74.

Ann. d. Phys. u. Chem. sh. **Wied. Ann.** [früher (vor 1877) **Pogg. Ann.**]

Ann. d. phys. CObs. = Annalen des physikalischen Central-Observatoriums, hrsg. v. H. WILD. St. Petersburg (Leipzig: Voss' Sort.) Imp.-4°. R.

Ann. des mal. de l'oreille = Annales des Maladies de l'Oreille et du Larynx. Erscheint in Paris jährlich 6 Mal.

Ann. éc. norm. = **Ann. de l'éc. norm.** = Annales scientifiques de l'école normale supérieure publiées sous les auspices du ministre de l'instruction publique par un comité de rédaction · · ·. Paris: Gauthier-Villars. 4°. (Das Erscheinen wurde durch den Krieg unterbrochen und 1872 mit einer neuen Serie wieder aufgenommen.)

Ann. obs. Brux. = Annales de l'observatoire royal de Bruxelles, publiées aux frais de l'État. Bruxelles: F. Hayez. 4°.

Ann. soc. mét. de France = Annales de la société météorologique de France. (Diese Citate sind entnommen aus der ZS. f. Met.)

Ann. soc. scient. d. Brux. = Annales de la société scientifique de Bruxelles. Bruxelles: F. Hayez. 8°.

Ann. tél. = Annales télégraphiques.

Annu. d. Br. des Long. = Annuaire pour l'an . . ., publié par le bureau des longitudes. — Avec des Notices scientifiques: Paris: Gauthier-Villars. kl. 8°.

Annu. de Belg. = Annuaire de l'Academie royale des sciences. des lettres et des beaux arts de Belgique. Bruxelles: F. Hayez. kl. 8°. (Enthält Lebensbeschreibungen etc.)

Annu. d. Club. alpin = Annuaire du Club Alpin français. Paris: Hachette & Co. 8°.

Annu. d. Soc. Met. It. = Annuario della Società meteorologica Italiana (red. von RAGONA).

Annu. obs. Brux. = Annuaire de l'observatoire royal de Bruxelles.

Arch. de Genève sh. **Arch.** sc. **phys.**

Arch. de Math. = Archiv der Mathematik und Physik mit besonderer Rücksicht auf die Bedürfnisse der Lehrer an höheren Unterrichtsanstalten. Gegründet von J. A. GRUNERT, fortgesetzt von R. HOPPE. Leipzig: C. A. Koch. Die Bände fallen nicht mit den Jahrgängen zusammen. 8°. R.

Arch. de Physiol. = Archives de physiologie normale et pathologique. Directeurs MM. BROWN-SÉQUARD, CHARCOT, VULPIAN. Directeur-adjoint: M. A. JOFFROY. Paris: G. Masson (jährlich 2 Bde.).

Arch. f. Anat. = Archiv für Anatomie und Entwicklungsgeschichte. Zugleich Fortsetzung der Zeitschrift für Anatomie und Entwickelungsgeschichte. Unter

Mitwirkung von CHR. AEBY, AL. ECKER, JOS. GERLACH etc. hrsg. von WILH. HIS und WILH. BRAUNE. Leipzig: Veit & Co. gr. 8°. 6 H.

Arch. f. Anat. u. Physiol. = Archiv für Anatomie und Physiologie. Fortsetzung des von REIL, REIL und AUTENRIETH, J. F. MECKEL, JOH. MÜLLER, REICHERT und DU BOIS-REYMOND herausgegebenen Archives. Hrsg. von WILH. HIS und WILH. BNAUNE, und EMIL DU BOIS-REYMOND. Leipzig: Veit & Co. gr. 8°. 2 Abtheilungen zu 6 Heften und 1 Suppl.-Bd. 1. Anatomische Abtheilung sh. **Arch. f. Anat.** 2. Physiologische Abtheilung sh. **Arch. f. Physiol.**

Arch. f. Augenheilk. = Arch. f. Augenheilkunde. Unter Mitwirkung von H. PAGENSTECHER in deutscher und englischer Sprache hrsg. von H. KNAPP und C. SCHWEIGGER. Wiesbaden: Bergmann. gr. 8°. 4 H.

Arch. f. mikrosk. Anat. = Archiv für mikroskopische Anatomie, hrsg. von V. LA VALETTE ST. GEORGE und W. WALDEYER. Bonn: Cohen & Sohn. gr. 8°.

Arch. f. Ohrenheilk. = Archiv für Ohrenheilkunde, im Verein mit A. BÖTTCHER AD. FICK, C. HASSE etc., hrsg. von A. v. TRÖLTZSCH, ADAM POLITZER und H. SCHWARTZE. Leipzig: F. C. W. Vogel. gr. 8°. 4 H.

Arch. f. Ophth. = ALBR. V. GRAEFE'S Archiv f. Ophthalmologie. Hrsg. von F. ARLT, F. C. DONDERS u. TH. LEBER. Berlin: H. Peters. gr. 8°.

Arch. f. path. Anat. = **Virchow Arch.** = Archiv für pathologische Anatomie und Physiologie und für klinische Medicin. Hrsg. v. RUD. VIRCHOW. Berlin: Georg Reimer. gr. 8°.

Arch. f. Pharm. = Archiv für Pharmacie. Zeitschrift des deutschen Apotheker-Vereins. Hrsg. vom Vereins-Vorstande unter Redaction von E. REICHARDT. (3. Reihe.) Halle: Buchh. d. Waisenh. in Comm. 12 H. 8°. R.

Arch. f. Physiol. = **Du Bois Arch.** = Archiv für Physiologie (physiologische Abtheilung des Archivs für Anatomie und Physiologie). Unter Mitwirkung mehrerer Gelehrten hrsg. von EMIL DU BOIS-REYMOND. Leipzig: Veit & Co. gr. 8°. 6 H. u. 1 Suppl.-Bd. (Der Suppl.-Bd. von 1883 ist die Festschrift für E. DU BOIS-REYMOND zum 15. October 1883). R.

Arch. f. ges. Physiol. = **Pflüger Arch.** = Archiv für die gesammte Physiologie des Menschen und der Thiere. Hrsg. von E. F. W. PFLÜGER. Bonn: Strauss. R.

Arch. f. Psych. = Archiv für Psychiatrie und Nervenkrankheiten. Hrsg. v. B. v. GUDDEN, L. MEYER, TH. MEYNERT, C. WESTPHAL. Red. v. C. WESTPHAL. Berlin: Hirschwald. gr. 8°.

Arch. Mus. Teyl. = **Arch. Teyler** = Archives du Musée Teyler. Haarlem. 4°.

Arch. Néerl. = Archives néerlandaises des sciences exactes et naturelles publiées par la société hollandaise des sciences à Harlem, et rédigées par E. H. VON BAUMHAUER, Secrétaire de la Société, avec la collaboration de MM. D. BIERENS DE HAAN, C. A. J. A. OUDEMANS, W. KOSTER, C. H. D. BUIJS BALLOT et C. K. HOFFMANN. Haarlem: les héritiers Loosjes. 8°. 5 livraisons. R.

Arch. sc. phys. = Bibliothèque universelle et revue suisse. Archives des sciences physiques et naturelles. Lausanne: Bridel. 8°. 12 H. R.

Ass. franc. = Association francaise pour l'avancement des sciences. Jährlich 2 Bände; der erste enthält Protocolle etc., Vorträge allgemeinen Inhalts und kurze Auszüge, der zweite ausführlichere Mittheilungen.

Astr. Nachr. = **Astron. Nachr.** = Astronomische Nachrichten, begründet von

H. C. SCHUMACHER. Unter Mitwirkung des Vorstandes der Astronomischen Gesellschaft, hrsg. von Professor Dr. A. KRUEGER, Director der Sternwarte in Kiel. Kiel: Druck von C. F. Mohr (P. Peters). 4°. (Hamburg: Mauke Söhne in Comm.) Erscheint in einzelnen Nummern. Die Bände fallen nicht mit Jahrgängen zusammen. R.

Astr. Soc. bezieht sich auf Berichte über die Astronomical Society of London in Nature etc.

Ath. = **Athen.** = **Athenaeum** = The Athenaeum, Journal of English and Foreign Literature, Science, the fine Arts, Music and Drama. For the year 1887. (In 2 Bänden: I. von Januar bis Juni, II. von Juli bis December.) R.

Atti R. Acc. dei Lincei = Atti della R. Accademia dei Lincei (4. Ser.) 1) Rendiconti (**Rend.**), 2) Memorie (**Mem.**) della Classe di scienze fisiche, matematiche e naturali. R. Vor December 1884 wurden Transunti (**Trans.**) statt der Rendiconti herausgegeben.

Atti Acc. Pont. dei Linc. = Atti dell' Accademia pontificia dei Nuovi Lincei. Roma.

Atti di Napoli = Atti della Reale Accademia delle scienze fisiche e matematiche Napoli. In Folio.

Atti di Torino = Atti dolla Reale Accademia delle scienze. Torino. 8°.

Atti R. Ist. Ven. = Atti del. Reale Istituto Veneto di scienze, lettere ed arti.

Aus all. Weltth. = Aus allen Welttheilen. Illustrirtes Familienblatt für Länder- und Völkerkunde und verwandte Fächer. Red.: OSK. LENZ. Leipzig: Fues's Verl. gr. 4°.

Ausl. = **Ausland** = Das Ausland. Wochenschrift für Länder- und Völkerkunde, unter Mitwirkung von FRDR. RATZEL und anderen Fachmännern herausgegeben. Stuttgart: Cotta. gr. 4°. 52 Nrn. R.

Basler Verh. = Verhandlungen der naturforschenden Gesellschaft in Basel. Basel: H. Georg's Verlag. gr. 8°.

Bayr. Ind. u. Gewbl. = Bayerisches Industrie- und Gewerbeblatt. Zugleich Organ des bayerischen Dampfkessel-Revisions-Vereins. Hrsg. vom Ausschuss des polytechn. Vereins in München. red. von EGB. HOYER. München: Literar.-artist. Anstalt. 6 H. Lex. 8°.

Behm's Jahrbuch = **Behm's geogr. Jahrb.** = Geographisches Jahrbuch. Begründet 1866 durch E. BEHM. Unter Mitwirkung von A. AUWERS, G. v. BOGUSLAWSKI, O. DRUDE etc., hrsg. von HERM. WAGNER. Gotha: J. Perthes. 8°.

Beibl. = Beiblätter zu den Annalen der Physik und Chemie. Hrsg. unter Mitwirkung befreundeter Physiker von G. u. E. WIEDEMANN. Leipzig: Johann Ambrosius Barth. 8°. Jährlich 12 Nummern, 1886 ein besonderes 13. Registerheft. R.

Beng. Soc. bezieht sich auf die Verhandlungen der englischen asiatischen Gesellschaft.

Ber. d. bot. Ges. = Berichte der Deutschen botanischen Gesellschaft. Berlin.

Ber. d. chem. Ges. = Berichte der deutschen chemischen Gesellschaft. Red.: FERD. TIEMANN. Berlin: Friedländer & Sohn in Comm. 8°. Erscheint in einzelnen Heften (jährlich 19), ungefähr jede 14 Tage ein Heft (Nummer) ausser den Sommermonaten. R.

Ber. d. naturf. Ges. Bamb. = Bericht über die Verhandlungen der naturforschenden Gesellschaft zu Bamberg.

Ber. der naturf. Ges. Freib. = Berichte über die Verhandlungen der naturforschenden Gesellschaft in Freiburg i./B. Red. von F. HIMSTEDT. Freib. i./Br.: Stoll & Bader in Comm.

Ber. d. naturw. Ges. Chemn. = Bericht der naturwissenschaftlichen Gesellschaft Chemnitz. · · · Chemnitz: Bülz.

Ber. d. Oberhess. Ges. = Berichte der oberhessischen Gesellschaft für Natur- und Heilkunde. Giessen: Ricker in Comm. gr. 8⁰.

Ber. d. sächs. Ges. d. Wiss. sh. **Leipz. Ber.**

Ber. d. ung. Acad. = **Ber. Ungarn** = Mathematische und naturwissenschaftliche Berichte aus Ungarn. Mit Unterstützung der ungar. Akademie der Wissenschaften und der königl. ungar. naturwissenschaftlichen Gesellschaft hrsg. von Baron R. KÖTVÖS, JUL. KÖNIG, JOS. v. SZABO, KOLOMAN v. SZILY, KARL v. THAN. Red. v. J. FRÖHLICH. Budapest. Berlin: Friedländer und Sohn. gr. 8⁰. — (Juli bis Juni.)

Ber. d. Wien. Ak. sh. **Wien. Ber.**

Berl. klin. Wochenschr. = Berliner klinische Wochenschrift. Organ f. pract. Aerzte. Mit Berücksichtigung der preuss. Medicinalverwaltung und Medicinalgesetzgebung nach amtlichen Mittheilungen. Red.: C. A. EWALD. Berlin: Hirschwald. 52 N. gr. 4⁰.

Berl. Monatsber. = Monatsberichte der Königlich Preussischen Akademie der Wissenschaften zu Berlin. Berlin: (Dümmler's Vlgsbuchhandlung). (Bis 1881; von 1882 ab:)

Berl. Sitzber. = **Berl. Ber.** = Sitzungsberichte der Königl. Preussischen Akademie der Wissenschaften zu Berlin. Berlin: (jetzt Georg Reimer in Comm.) 53 N. Lex. 8⁰.

Berl. stat. Jahrb. = Statistisches Jahrbuch der Stadt Berlin · · · Hrsg. v. RICH BÖCKH. Berlin: Simion. gr. 8⁰.

Bern. Mitth. = Mittheilungen der Naturforschenden Gesellschaft in Bern. · · · Bern: Huber & Co. in Comm. 8⁰. R.

Biederm. CBl. f. Agr. Chem. = BIEDERMANN's Central-Blatt für Agriculturchemie und rationellen Landwirthschafts-Betrieb. Referirendes Organ für naturwissenschaftliche Forschungen in ihrer Anwendung auf die Landwirthschaft. Fortgesetzt unter der Red. v. MOR. FLEISCHER und unter Mitwirkung von E. BORGMANN, O. KELLNER, A. KERN, etc. Leipzig: Leiner. 12 H. gr. 8⁰.

Bih(ang) Sv. Vet. Ak. Handl. = **Bihang** = Bihang till Kongl. Svenska Vetenskaps-Akademiens Handlingar. Stockholm.

du Bois. Arch. = **du Bois-Reymond Arch.** sh. **Arch. f. Physiol.**

Boll. soc. geogr. Ital. = Bolletino della Società geografica italiana (seit 1868). Red. DALLA VEDOVA.

Bot. Ztg. = Botanische Zeitung. Red.: A. DE BARY, L. JUST. Leipzig; Felix. 4⁰. 52 N.

Brioschi Ann. = Annali di matematica pura ed applicata, diretti da F. BRIOSCHI e L. CREMONA in continuazione degli Annali già pubblicati in Roma dal Prof. TORTOLINI. Milano: 4⁰.

Brit. J. of photogr. bezieht sich auf die Verhandlungen der photographischen Gesellschaft in London, die der Redaction nicht direct zugänglich waren.

Brit. med. J. = The British Medical Journal, being the Journal of the British Medical Association, edited by ERNEST HART. London 4⁰.

Bull. de Belg. = **Bull. Brux.** = **Bull. de Brux.** = Académie Royale des sciences, des lettres et des beaux-arts de Belgique. Bulletins des séances de la Classe des sciences. Bruxelles: F. Hayez. 8⁰. (2 Bände im Jahre.) In Band XI, 1885, sind durch einen längere Zeit fortgesetzten Druckfehler die Seitenzahlen 125—224 doppelt vorhanden; die Zahlen der zweiten Serie sind im Register des Werkes und in diesen Berichten durch einen Stern * bemerklich gemacht. R.

Bull. d'enc. = Bulletin de la société d'encouragement pour l'industrie nationale, par COMBES et PELIGOT. Paris. 4⁰. (Nach verschiedenen Journalen citirt.)

Bull. de Marseille = Bulletin de la société scientifique et industrielle de Marseille.

Bull. de Moscou = Bulletin de la société impériale des naturalistes de Moscou. Moscou. Red. von MENZBIER.

Bull. de Mulhouse = Bulletin de la société industrielle de Mulhouse.

Bull. de Nancy = Bulletin de la société de géographie de l'Est. Nancy.

Bull. de Neufch. = Bulletin de la société des sciences naturelles de Neufchatel.

Bull. de Pét. = **Bull. Pétersb.** = Bulletin de l'Académie Imperiale de St. Pétersbourg. St. Pétersbourg et Leipzig. fol. R.

Bull. de Toulouse = Bulletin de la société des sciences physiques et naturelles de Toulouse.

Bull. Phil. Soc. Wash. = Bulletin of the Philosopihcal Society Washington. Washington. 8⁰.

Bull. sc. math. = Bulletin des sciences mathématiques et astronomiques, rédigé par MM. G. DARBOUX et J. HOÜEL avec la collaboration de MM. ARDRÉ, LESPIAULT, PAINVIN et RADAU, sous la direction de la commission des hautes études. Paris: Gauthier-Villars. 8⁰.

Bull. soc. Belg. de Géogr. = Bulletin de la société belge de géographie. Bruxelles.

Bull. soc. chim. = Bulletin de la société chimique de Paris comprenant le procès-verbal des séances, les mémoires présentés à la société, l'analyse des travaux de chimie ···. Comité de rédaction: MM. PH. DE CLERMONT, P.-T. CLÈVE ···. Secrétaire de la rédaction: M. TH. SCHNEIDER. Paris: C. Masson. (2 Bände im Jahre, jeder besteht aus 12 H.) R.

Bull. soc. math. = Bulletin de la société mathématique de France publié par les secrétaires. Paris: au siège de la société ···. 8⁰.

Bull. soc. min. = **Bull. soc. min. de France** = Bulletin de la société mineralogique de France.

Bull. soc. philomat. = Bulletin de la société philomatique de Paris. R.

Bull. Soc. Vaud. = Bulletin de la société vaudoise des sciences naturelles. Publié, sous la direction du Comité, par M. F. ROUX. Lausanne: F. Rouge.

Bull. U. S. Geol. Survey = Bulletin of the United States geological survey, herausg. durch das Department of the Interior, Washington. Einzelne numerirte Hefte.

Cambridge Phil. Soc. bezieht sich auf Berichte in Nature etc.

Carinthia = Carinthia. Zeitschrift für Vaterlandskunde, Belehrung und Unterhaltung. Hrsg. vom Geschichtsvereine und naturhistorischen Landesmuseum in Kärnthen. Red.: MARKUS Frhr. v. JABORNEGG. Klagenfurt: v. Kleinmayr in Comm. 12 Nrn. 8⁰.

Cas. = **Casopis** = Casopis prv pěstování mathematiky a fisiky vydává jednota českých mathematiku. (ZS. f. Mathematik und Physik), redigirt von A. PANEK. Prag. (Böhmisch.) 8⁰.

CBl. f. Agr. Ch. sh. **Biederm. CBl. f. Agr. Chem.**

CBl. f. Augenheilk. = Centralblatt für practische Augenheilkunde. Hrsg. von J. HIRSCHBERG. Leipzig: Veit & Co. gr. 8⁰. 12 N.

CBl. f. d. Forstw. = Centralblatt für das gesammte Forstwesen. Hrsg. von GUSTAV HEMPEL. Wien: Frick. 12 H.

CBl. f. d. med. Wiss. = **Centrbl. f. d. med. Wiss.** = Centralblatt für die medicinischen Wissenschaften. Red. von H. KRONECKER und H. SENATOR und M. BERNHARDT. Berlin: Hirschwald. gr. 8⁰. 52 N.

CBl. f. Nervenheilk. = Centralblatt für Nervenheilkunde, Psychiatrie und gerichtliche Psychopathologie. Hrsg. u. red. von ALB. ERLENMEYER. Leipzig: Thomas. gr. 8⁰. 24 N.

Centrztg. f. Opt. u. Mech. = Central-Zeitung für Optik und Mechanik. Red.: OSC. SCHNEIDER. Leipzig: Gressner & Schramm. gr. 4⁰. 24 N.

Chem. Ber. = **Ber. d. chem. Ges.**

Chem. CBl. = Chemisches Centralblatt. Repertorium für reine, pharmaceutische, physiologische und technische Chemie. Red.: RUD. ARENDT. Hamburg und Leipzig: Leopold Voss. (Wöchentlich eine Nummer.) R.

Chem. Ind. = Die chemische Industrie. Monatsschrift, hrsg. vom Verein zur Wahrung der Interessen der chemischen Industrie Deutschlands. Red. von EMIL JACOBSON. Berlin: Springer. hoch 4⁰.

Chem. News = The Chemical News and Journal of Physical Science. With which is incorporated the „Chemical Gazette". A Journal of Practical Chemistry in all its applications to pharmacy, arts and manufactures. Edited by WILLIAM CROOKES. London: Published at the office. Boy Court, Ludgate Hill, E. C. 4⁰. Bd. LV enthält No. 1414—1440, LVI No. 1441—1467. R.

Chem. Ztg. = Chemiker-Zeitung. Central-Organ für Chemiker, Techniker, Fabrikanten, Apotheker, Ingenieure, Chemisches Central-Annoncenblatt. Hrsg.: G. KRAUSE. Köthen: Verlag der Chemiker-Ztg. gr. 4⁰. 52 N.

Cim. = Il nuovo Cimento, Giornale fondato per la fisica e la chimica da C. MATTEUCCI e R. PIRIA, continuato per la fisica esperimentale e matematica da E. BETTI e R. FELICI. Pisa: Tip. Pieraccini dir. da P. Salvioni. (Jährlich 2 Bände, in je drei Heften.) R.

Civiling. = Der Civilingenieur. ··· Hrsg. von E. HARTIG. Neue Folge. Leipzig: Felix. gr. 4⁰. 8 H.

Coast Survey of the U. S. Rep. sh. **Rep. U. S. C. S.**

Comptes rendus de l'acad. des sc. de Stockholm = Kongliga Svenska Vetenskaps-Akademiens Handlingar. Ny Följd.

Cosmos di Cora = Cosmos. Communicazione sui progressi più recenti e notevoli della geografia e delle scienze affini di GUIDO CORA.

C. R. = Comptes rendus hebdomadaires des séances de l'académie des sciences, par MM. les secrétaires perpétuels. Tome CII, CIII, 1886. Paris: Gauthier-Villars. 4°. (In jedem Jahr 2 Bände. Jan.—Juni, Juli bis Dec.). R.

Crelle J. = Journal für die reine und angewandte Mathematik. In zwanglosen Heften. Hrsg. von L. KRONECKER und K. WEIERSTRASS. Mit thätiger Beförderung hoher Königlich-Preussischer Behörden. Fortsetzung des von A. L. CRELLE [1826—1856] und C. W. BORCHARDT [1856—1880] herausgegebenen Journals. Berlin: Georg Reimer. gr. 4°. (Erscheint in Bänden zu vier Heften.) R.

d'Almeida J. sh. **J. de phys.**

Danske Geogr. Selsk. Tidskr. = Det Danske Geografiske Selskabs Tidskrift. Kopenhagen. (Vom 2. Bde. an kürzer: Geografisk Tidskr. betitelt. Seit Jan. 1877 monatliche Hefte.)

Denkschr. d. K. Acad. d. Wiss. Wien sh. **Wien. Denkschr.**

Dingl. J. = DINGLER's Polytechnisches Journal. Hrsg. von JOH. ZEMAN und FERD. FISCHER. Augsburg: Cottasche Buchh. (Jährlich 4 Bände und zu jedem Bande ein Atlas mit 30 bis 40 Tafeln. Jeder der Bände besteht aus 13 Heften.) R.

Diss. = **Dissert.** = Inaugural-Dissertation · · ·.

D. LZtg. = **Dtsch. LZtg.** = Deutsche Litteraturzeitung. Hrsg. von MAX ROEDIGER. Berlin: Weidmann. Hoch 4°. 52 N.

Dtsch. Arch. f. klin. Med. = Deutsches Archiv für klinische Medicin. Hrsg. v. ACKERMANN, BAUER, BÄUMLER etc. Red. von H. v. ZIEMSSEN und F. A. ZENKER. Leipzig: P. C. W. Vogel. (2 Bde. zu je 6 H.) gr. 8°.

Dtsch. Bauz. = Deutsche Bauzeitung. Verkündigungsblatt des Verbandes deutscher Architecten- und Ingenieur-Vereine. Red.: K. E. O. FRITSCH und F. W. BÜSING. Berlin: Toeche in Comm. 104 N. hoch 4°.

Dtsch. geogr. Blätter = Deutsche geographische Blätter. ... Neue Folge d. Mittheilungen d. früher. Ver. f. d. deut. Nordpolarfahrt. Red. M. LINDEMAN. Bremen: v. Halem in Comm. 4 H. gr. 8°. (1. Jahrg. 1877.)

Dtsch. Indztg. = Deutsche Industriezeitung. Organ der Handels- und Gewerbekammern zu Chemnitz, Dresden, Plauen und Zittau. Red.: MAX DIEZMANN. Chemnitz: Bülz in Comm. 52 N. Imp. 4°.

Dtsch. med. Wochenschr. = Deutsche medicinische Wochenschrift. Mit Berücksichtigung der öffentlichen Gesundheitspflege und der Interessen des ärztlichen Standes. Red.: P. BÖRNER. Berlin: Georg Reimer. 52 N. gr. 4°.

Dtsch. Rundsch. f. Geogr. = Deutsche Rundschau für Geographie und Statistik. Unter Mitwirkung hervorragender Fachmänner hrsg. von FRDR. UMLAUFT. Wien: Hartleben. 12 H. gr. 8°.

Dtsch. ZS. f. pract. Med. = Deutsche Zeitschrift für practische Medicin. Red.: C. F. KUNZE. Leipzig: Veit & Co. (52 N. jährl.)

D. R. P. = Deutsches Reichs Patent. (Für jedes Patent erscheint eine besondere Patentschrift.)

Dubl. J. of med. sc. = Journal of medical science. Dublin.

Dubl. Phil. Trans. = Philosophical Transactions of the Royal Society of Dublin.

Dublin Proc. sh. **Proc. Dublin.**

Du Bois Arch. = Du Bois-Reymond Arch. sh. **Arch. f. Physiol.**

Edinb. Trans. = Transactions of the Royal Society of Edinburgh. Edinburgh. 4°.

Electr. = Electrician = The Electrician. A weekly journal of theoretical and applied electricity and chemical physics. London: James Gray. Fol.

Electricien = L'Electricien. Paris.

Elektrot. ZS. = Elektrotechnische Zeitschrift. Hrsg. vom elektrotechnischen Verein. Red. von R. RÜHLMANN. Berlin: Springer. 12 H. hoch 4°.

Encéphale = L'encéphale. Journal des maladies mentales et nerveuses. Sous la direction de B. BALL ··· J. LUYS. Paris 8° (I 1881, jährlich 1 Band).

Eng. and Min. J. = The Engineering and Mining Journal. New-York.

Engineering = Engineering: An Illustrated Weekly Journal. Edited by W. H MAW and J. DREDGE. London. Offices for Advertisements and Publication, ···. Fol. Erscheint in Wochennummern. Bd. XLIII enthält die Hefte 1096—1121, XLIV die Hefte 1122—1147. R.

Erdm. J. sh. **J. f. pract. Chem.**

Erlang. Ber. = Erl. Sitzber. = Sitzungsberichte der physikalisch-medizinischen Societät zu Erlangen. Erlangen. 8°. R.

Exner Rep. sh. **Rep. d. Phys.**

Exner Prot. = Protocolle der chemisch physikalischen Gesellschaft zu Wien, abgedrukt in EXNER Rep. Die Seitenzahlen beziehen sich auf EXNER's Repertorium.

Explorat. = L'Exploration. Journal des conquêtes de la civilisation sur tous les points du globe. (Fortsetzung des seit 1875 erschienenen L'explorateur géographique et commercial, welcher 1876 einging.)

F. d. M. = F. d. Math. siehe **Jahrb. d. Math.**

Forh. Christiania = Forhandlinger i Videnskabs-Selskabet i Christiana Aar ···

Fortschr. d. Med. = Fortschritte der Medicin. Unter Mitwirkung hervorragender Fachmänner, hrsg. von CARL FRIEDLÄNDER. Berlin: Fischer's med. Buchh. gr. 8°. 24 N.

Frankl. J. = The Journal of the Franklin Institute. Philadelphia. (Nach englischen Journalen citirt.)

Gaea = Gaea. Natur und Leben. Zeitschrift zur Verbreitung naturwissenschaftlicher und geographischer Kenntnisse, sowie der Fortschritte auf dem Gebiete der gesammten Naturwissenschaften. Unter Mitwirkung von R. AVÉ-LALLEMANT, O. BUCHNER, J. EGLI, hrsg. von HERM. J. KLEIN. Köln: Mayer. 12 H. Lex. 8°.

Gazz. chim. (Ital.) = Gazzetta chimica Italiana. (Citirt nach Chem. CBl., Ber. d. chem. Ges., J. chem. soc. etc.)

Geol. Soc. bezieht sich auf die Verhandlungen der Englischen Geologischen Gesellschaft nach Phil. Mag.

G. d. mat. = **Battaglini G.** = Giornale matematico ad uso degli studenti delle università italiane pubblicato per cura del Prof. G. BATTAGLINI. Napoli. gr. 8⁰.

G. d. Palermo = Giornale di scienze naturali ed economiche pubblicato per cura del consiglio di perfezionamento annesso al R. Istituto tecnico di Palermo.

Gesundheit = Gesundheit. Zeitschrift für körperliches und geistiges Wohl, hrsg. von CARL RECLAM. Elberfeld: Loll. 24 N. gr. 4⁰. (1. Jahrg. erschien Oct. 1875 bis Sept. 1876.)

Gewerbehalle = Gewerbehalle. Organ für den Fortschritt in allen Zweigen der Kunstindustrie ··· red. von LUDW. EISENLOHR und CARL WEIGLE. Stuttgart: Engelhorn. 12 H. Fol.

Globus = Globus. Illustrirte Zeitschrift für Länder- und Völkerkunde. Mit besonderer Berücksichtigung der Anthropologie und Ethnologie. Begründet von KARL ANDREE. ··· Hrsg. von R. KIEPERT. Braunschweig: Vieweg und Sohn. hoch 4⁰.

Gött. Nach. = Nachrichten von der Königlichen Gesellschaft der Wissenschaften und der Georgia-Augusta-Universität zu Göttingen. Göttingen: Dietrich's Verlag. 8⁰.

Gornij J. = Journal für Bergwesen. St. Petersburg. (Russisch.)

Gräfe's Arch. f. Oph. sh. **Arch. f. Opht.**

Groth ZS. f. Kryst. sh. **ZS. f. Kryst.**

Grun. Arch. sh. **Arch. d. Math.**

Heidelberger Physiol. Unters. = Untersuchungen aus dem physiologischen Institute der Universität Heidelberg. Hrsg. von W. KÜHNE. (= Ergänzungshefte zu den Verhandlungen des naturhistorisch-medicinischen Vereins zu Heidelberg). Heidelberg: G. Winter. gr. 8⁰.

Hoppe Arch. sh. **Arch. d. Math.**

Humb. = **Humboldt** = Humboldt. Monatsschrift für die gesammten Naturwissenschaften, Hrsg. v. C. KREBS. Stuttgart: Encke. 12 H. hoch 4⁰. (1. Jahrg. 1882.)

Hydrog. Not. = Hydrographic Notices. Washington.

Jahrb. d. Math. = **F. d. Math.** = Jahrbuch über die Fortschritte der Mathematik begründet von CARL ORTHMANN. Im Verein mit anderen Mathematikern und unter besonderer Mitwirkung von FELIX MÜLLER und ALBERT WANGERIN, hrsg. von MAX HENOCH und EMIL LAMPE. Berlin: Georg Reimer. 8⁰.

Jahrb. d. Medic. sh. **Schmidt's Jahrb. d. Med.**

Jahrb. d. Schweiz. A. C. = Jahrbuch des Schweizer pAlen-Club. Bern: Schmid, Francke & Co. in Comm. 8⁰.

Jahrb. f. Min. = Neues Jahrbuch für Mineralogie, Geologie und Palaeontologie ··· hrsg. von E. W. C. BENECKE, C. KLEIN und H. ROSENBUSCH etc. Stuttgart: Schweizerbart.

Jahrb. geol. Reichsanst. = Jahrbuch der k. k. geologischen Reichsanstalt. Wien: Hölder. 4 H. R.

Jahrb. d. met. Centralanst. = Jahrbuch der k. k. Centralanstalt für Meteorologie und Erdmagnetismus. Wien. R.

Jahresh. d. Ver. i. Württ. = Jahreshefte des Vereins für vaterländische Naturkunde in Württemberg. Hrsg. von dessen Redactions-Commission H. v. FEHLING, O. FRAAS, F. v. KRAUS, P. v. ZECH. Stuttgart: Schweizerbart. gr. 8°.

J. chem. soc. = The Journal of the Chemical Society of London by FOSTER etc. Editor H. WATTS. London (Van Voorst). Jährlich 2 Bände in zwölf Heften. Der eine Band enthält Abhandlungen, der andere Referate. R.

J. d. math. = Journal de mathématiques pures et appliquées fondé en 1836 et publié jusqu'en 1874 par J. LIOUVILLE. Publié par H. RESAL avec la collaboration de plusieurs savants. Paris: Gauthier-Villars. 4°. R.

J. d. Pharm. = **J. de Pharm. et Chim.** = Journal de Pharmacie et de Chimie. Paris. (Erscheint in Heften. Nach Citaten anderer Zeitschriften.)

J. de phys. = Journal de physique théorique et appliquée, fondé par J.-CH. D'ALMEIDA et publié par MM. E. BOUTY, A. CORNU, E. MASCART, A. POTIER. (2e série) — Paris: au bureau du Journal de Physique ⋯. 8°. (Erscheint in 12 Monatsheften.) R.

J. d. russ. chem.-phys. Ges. = Journal der physico-chemischen Gesellschaft zu St. Petersburg. (Russisch.) [1] = 1. Abtheilung: Chemie, [2] = 2. Abtheilung: Physik.

J. éc. pol. = Journal de l'école polytechnique, publié par le conseil d'instruction de cet établissement. Paris: Gauthier-Villars. 4°.

Jelinek ZS. sh. **ZS. f. Met.**

Jen. ZS. = Jenaische Zeitschrift für Naturwissenschaft, hrsg. von der medicinisch-naturwissenschaftlichen Gesellschaft zu Jena. Jena: Fischer. gr. 8°. (Mit den Sitzungsberichten der Gesellschaft.)

J. f. Gasbel. = Journal für Gasbeleuchtung und Wasserversorgung. Organ d. Vereins von Gas- und Wasserfachmännern Deutschlands mit seinen Zweigvereinen, hrsg. von N. H. SCHILLING und H. BUNTE. München: Oldenbourg. 24 N. Lex. 8°.

J. f. pract. Chem. (2) = Journal für practische Chemie. Neue Folge, hrsg. von ERNST VON MEYER, gegründet von OTTO LINNÉ ERDMANN. Leipzig: Johann Ambrosius Barth. 8°. Der Jahrgang (= 2 Bde) besteht aus 22 Nummern, von denen mehrere gemeinsam erscheinen. Bd. XXXV und XXXVI der neuen Folge sind Bd. CXLIII und CXLIV der ganzen Reihe. R.

J. Frankl. Inst. = **J. of the Franklin Inst.** sh. **Frankl. J.**

Inaug. Diss. = Inaugural-Dissertation.

Ind. Antiqu. = The Indian Antiquary, a journal of oriental research in archeology, history, literature, languages, philosophy, religion, folklore etc. Edited by JAS. BURGESS. Bombay. gr. 4°.

Ind. Bl. = Industrie-Blätter. Wochenschrift für gemeinnützige Erfindungen ⋯. Hrsg. von E. JACOBSON. Berlin: Gaertner. gr. 4°.

J. of anat. = The Journal of anatomy and physiology normal and pathological. Conducted by G. M. HUMPHRY, WM. TURNER and J. G. MAC KENDRIK. London and Cambridge: Macmillan and Co. 4 H.

J. of Telegr. Eng. = Journal of the Society of the Telegraph Engineers. London.

Iron = Iron. An illustrated weekly Journal of Science, Metals & Manufactures in Iron and Steel. London. 2 Bde. Fol.

J. Scott. Met. Soc. = Journal of the Scottish Meteorological Society.

Isis = Isis. Zeitschrift für alle naturwissenschaftlichen Liebhabereien. ··· Hrsg. von KARL RUSS und BRUNO DÜRIGEN. Berlin: Gerschel. 52 Nrn. gr. 4⁰.

Iswestija = **Isw. geogr. Ob.** = Nachrichten (Iswestija) der kais. geographischen Gesellschaft. St. Petersburg. (Russisch; aus dieser Zeitschrift bringen PETERM. Mitth. kürzere Auszüge.)

Isw. Peterb. T. Inst. = Schriften des St. Petersburger technologischen Institutes. St. Petersburg. (Russisch.)

Klin. Mon.-Bl. f. Augenheilk. = Klinische Monatsblätter für Augenheilkunde. Hrsg. v. W. ZEHENDER. Stuttgart: Enke. gr. 8⁰.

Kolbe J. sh. **J. f. pract. Chem.**

Kronecker J. sh. **Crelle J.**

K. Sv. Vet. Ak. Handl. = Kongliga Svenska Vetenskaps-Akademiens Handlingar. Stockholm. R.

La Lum. électr. sh. **Lum. électr.**

La Nat. = **La Nature** = La Nature; Revue des sciences et de leurs applications aux arts et à l'industrie. Journal hebdomadaire illustré honoré par M. le ministre de l'instruction publique d'une souscription pour les bibliothèques populaires et scolaires. Rédaction en chef GASTON TISSANDIER. Paris: G. Masson. gr. 8⁰. (Jährlich 2 Bände, December bis November.)

Lancet = The Lancet. A journal of british and foreign medicine, physiology, surgery, chemistry, criticism, literature and news. Edited by JAMES G. WAKLEY.

Landw. Jahrb. = Landwirthschaftliche Jahrbücher. Zeitschrift für wissenschaftliche Landwirthschaft und Archiv des Königl. Preuss. Landes-Oeconomie-Collegiums. Hrsg. von H. THIEL. Berlin: Parey. 6 H. gr. 8⁰.

Landw. Versuchs-St. = Die landwirthschaftlichen Versuchs-Stationen. Organ für naturwissenschaftliche Forschungen auf dem Gebiete der Landwirthschaft. Unter Mitwirkung sämmtlicher deutscher Versuchs-Stationen, hrsg. von FRDR. NOBBE. Berlin: Parey. 6 H. gr. 8⁰.

Leipz. Abh. sh. **Abh. d. k. sächs. Ges. d. W.**

Leipz. Ber. = Berichte über die Verhandlungen der königlich sächsischen Gesellschaft der Wissenschaften zu Leipzig. Mathematisch-physikalische Classe. Leipzig: Hirzel. 8⁰. R.

Leipz. Jahrb. d. Ver. f. Erdk. = Mittheilungen des Vereins für Erdkunde zu Leipzig. Nebst dem . . . Jahresbericht des Vereins. Leipzig: Dunker und Humblot. (Seit 1872 als Fortsetzung d. Jahresberichte.)

L'Électricien sh. **Electricien.**

Leop. = Leopoldina. Amtliches Organ der kaiserl. Leopoldinisch-Carolinischen deutschen Academie d. Naturforscher. Hrsg. unter Mitwirkung der Sectionsvorstände von dem Präs. C. H. KNOBLAUCH. Halle a. S. Leipzig: Engelmann in Comm. 15 N. gr. 4°.

Lieb. Ann. = JUST. LIEBIG's Annalen der Chemie. Hrsg. von F. WÖHLER, H. KOPP, A. W. HOFMANN, A. KEKULÉ, E. ERLENMEYER, J. VOLHARD, C. F. Winter. gr. 8°. R.

Lincei Trans., **Lincei Rend.** und **Lincei Mem.** sh. **Atti R. Ac. dei Lincei.**

Liouville J. sh. **J. de math.**

Lit(er.) CBl. = Literarisches Centralblatt für Deutschland. Hrsg. u. verantwortl. Red. FR. ZARNCKE. Leipzig: Avenarius. 52 N. gr. 4°.

Lond. phys. Soc. bezieht sich auf die Verhandlungen der Physikalischen Gesellschaft zu London nach Berichten in Chem. News, Engineering etc.

London Trans. = **Trans. Roy. Soc.** sh. **Phil. Trans.**

Lotos = Lotos. Jahrbuch für Naturwissenschaft. Im Auftrage des Vereines „Lotos", hrsg. von TH. KNOLL. Prag: Tempsky. gr. 8°.

Lund's Univ. Aarskrift sh. **Act. Univ. Lund.**

Lum. électr. = La lumière électrique, Journal universel de l'électricité. — Directeur: Dr. CORNELIUS HERZ. — Paris: Aux bureaux du journal. 4°. (Jährlich 4 Bde., deren erste Nummern nicht selten auf dem Umschlag eine falsche Bandzahl tragen.)

Maandbl. = Maandblad vor Natuurwetenschappen, uitgegeven door de Sectie vor Natuurwetenschappen van het Genootschap ter Bevordering van Natuur- Genees- en Heelkunde te Amsterdam.

Manch. Soc. = **Manch. Philos. Soc.** bezieht sich auf die Verhandlungen der naturwissenschaftlichen Gesellschaft zu Manchester nach Berichten in Nature etc.

Masch.-Constr. = Der practische Maschinen-Constructeur. Zeitschrift für Maschinen- und Mühlenbau, Ingenieure und Fabrikanten. ··· hrsg. v. WILH. HEINR. UHLAND. Leipzig: Baumgärtner. 24 H. gr. 4°.

Math. = Mathésis, recueil mathématique à l'usage des écoles spéciales et des établissements d'instruction moyenne, publié par P. MANSION et J. NEUBERG; Gand, Korte. Paris: Gauthier-Villars. 8°.

Math. Ann. = Mathematische Annalen. In Verbindung mit C. NEUMANN begründet durch RUD. FRDR. ALFR. CLEBSCH. ··· hrsg. von FEL. KLEIN u. ADPH. MAYER. Leipzig: B. G. Teubner. gr. 8°.

Math. Soc. bezieht sich auf die Verhandlungen der Londoner mathematischen Gesellschaft nach Berichten in Nature etc.

Med. Jahrb. Wien = Medicinische Jahrbücher. Hrsg. von der k. k. Gesellschaft der Aerzte, red. von E. AEBERT, H. KUNDRAT und E. LUDWIG. Wien: Braumüller. 4 H. gr. 8°.

Mém. c. de Belg. = Mémoires couronnés et mémoires des savants étrangers publiés par l'académie royale des sciences, des lettres et des beaux-arts de Belgique. Bruxelles. F. Hayez. 4°.

Mém. de Belg. = Mémoires de l'académie royale des sciences, des lettres et des beaux-arts de Belgique. Bruxelles. F. Hayez. 4°.

Mém. de Bordeaux = Mémoires de la société des sciences physiques et naturelles à Bordeaux. Bordeaux, Paris. 8°.

Mém. de Cherbourg = Mémoires de la société des sciences de Cherbourg. Paris et Cherbourg. 8°. R.

Mém. de Liége = Mémoires de la société royale des sciences de Liége. Liége. 8°.

Mém. de Lille = Mémoires de la société des sciences de l'agriculture et des arts de Lille et publications faites par ses soins. Paris, Lille. 8°.

Mém. de Paris = Mémoires de l'Académie des sciences de l'Institut de France. 4°.

Mém. p. de Paris = Mémoires présentés par divers savants à l'Académie des sciences de l'Institut de France et imprimés par son ordre. Paris. 4°.

Mém. de St.-Pétersb. = **Mém. de Pét.** = Mémoires de l'académie impériale des sciences de St.-Pétersbourg. St.-Pétersbourg. Leipzig: Voss' Sort. Imp. 4°. R.

Mém. de Toulouse = Mémoires de la société des sciences physique et naturelle de Toulouse.

Mem. di Bol. = **Mem. di Bologna** = **Bol. Mem.** = Memorie dell' Accademia Reale di scienze dell' Istituto di Bologna. 4 Hefte. 4°.

Mem. di Modena = Memorie dell' Accademia Reale di Modena. Modena.

Mem. di Torino = Memorie della Reale Accademia delle scienze di Torino. Torino.

Mem. Ist. Lomb. = Memorie del Reale Istituto Lombardo di Scienze e Lettere. Classe di scienze matematiche e naturali. Milano, Napoli, Pisa: Ulrico Hoepli. 4°.

Mem. Ist. Ven. = Memorie del Reale Istituto Veneto di scienze, lettere ed arti. Venezia.

Mem. Manch. Soc. = Memoirs of the literary and philosophical society of Manchester. London: H. Baillière. 8°.

Mem. Russ. geogr. Soc. bezieht sich auf die Sapiski (Schriften) der Kais. Russischen Geographischen Gesellschaft. Petersburg.

Mem. Roy. Astr. Soc. = Memoirs of the Royal Astronomical Society. London. 4°.

Mem. Spettr. = Memorie della società degli spettroscopisti italiani. (Gegründet 1872.)

Mess. of Math. = The Messenger of Mathematics edited by ALLEN WHITWORTH, C. TAYLOR, R. PENDLEBURY, J. W. L. GLAISHER. London and Cambridge: Macmillan and Co. 8°.

Met. Ital. = Meteorologia Italiana. Memorie e Notizie.

Met. Soc. bezieht sich auf die Verhandlungen der Meteorologischen Gesellschaft zu London nach Berichten in Nature etc.

Microsc. Soc. bezieht sich auf das Journal der Londoner Mikroskopischen Gesellschaft, das nach Nature und Athenaeum citirt ist.

Min. Mitth. = **Miner. u. petrogr. Mittheil.** = Mineralogische und petrographische Mittheilungen, hrsg. von G. TSCHERMAK. Wien: Hölder. gr. 8°.

Mitt. a. d. Geb. d. Seew. = Mittheilungen aus dem Gebiete des Seewesens. Hrsg. vom k. k. hydrographischen Amte, Marine-Bibliothek. Nebst Kundmachuug für Seefahrer und Hydrographische Nachricht. Pola. Wien: Gerold's Sohn in Comm. gr. 8°.

Mitt. d. Arch. Ver. Böhmen = Mittheilungen des Architecten- und Ingenieur-Vereins im Königreich Böhmen. Red.: R. v. SCHUBERT-SOLDERN und JOS. SASKA. Prag: Rziwnatz in Comm. 4 H. Imp. 4°.

Mitt. d. d. ö. A. V. = Mittheilungen des deutschen und österreichischen Alpenvereins, red. von TH. TRAUTWEIN. Wien. München: Lindauer in Comm. 10 H. gr. 8°.

Mitt. d. Ges. f. Natur- u. Völkerk. = Mittheilungen der Deutschen Gesellschaft für Natur- und Völkerkunde Ostasiens, hrsg. vom Vorstande. Yokohama. Berlin: Asher & Co. gr. 4°.

Mitt. d. naturf. Ges. in Bern sh. **Bern. Mitt.**

Mitt. d. naturw. Ver. v. Neuvorpomm. = Mittheilungen aus dem naturwissenschaftlichen Vereine von Neu-Vorpommern und Rügen in Greifswald. Red. v. TH. MARSSON. Berlin: Gaertner. gr. 8°.

Mitt. naturw. Ver. Steiermark = Mittheilungen des naturwissenschaftlichen Vereins für Steiermark. Unter Mitverantwortung der Direction, red. von AUG. v. MOJSISOVICS. Graz: Wiessner in Comm.

Mitt. f. Erdk. Leipzig sh. **Leipz. Jahrb. d. Ver. f. Erdk.**

Mitt. geo. Ges. Wien = Mittheilungen der k. k. geographischen Gesellschaft in Wien. Red. von JOS. CHAVANNE. Wien: Verlag der „Steyrermühl". 12 H. gr. 8°.

Monatsber. d. preuss. Ak. d. Wiss. = **Monatsber. d. Berl. Ak.** sh. **Berl. Monatsb.**

Monatsschr. für Ohrenheilk. = Monatsschrift für Ohrenheilkunde, sowie für Kehlkopf-, Nasen-, Rachen-Krankheiten. Hrsg. von JOS. GRUBER, J. M. ROSSBACH, N. RÜDINGER, LEOP. v. SCHRÖTTER, R. VOLTOLINI und WEBER-LIEL. Berlin: Expedition der allgemeinen medicinischen Centralzeitung. 12 N. Fol.

Monatsh. f. Chem. = **Monatshefte d. Chem.** = Monatshefte für Chemie und verwandte Theile anderer Wissenschaften. Gesammelte Abhandlungen aus den Sitzungsberichten der Kaiserl. Akademie der Wissenschaften. Wien: Gerold's Sohn in Comm. 12 H. gr. 8°.

Mondes = Cosmos Les Mondes, Revue hebdomadaire des sciences et de leurs applications aux arts et à l'industrie, fondée par M. l'abbé MOIGNO et publiée sous sa direction par M. l'abbé H. VALETTE.

Mon. ind. belge = Moniteur industriel belge. Bruxelles.

Mon. scient. = Le Moniteur scientifique. Journal des sciences pures et appliquées à l'usage des chimistes, des pharmaciens et des manufacturiers avec une revue de physique et d'astronomie par M. R. RADAU. Année · · de publication par le Dr. QUESNEVILLE. Paris. (Nach anderen Journalen.)

Month. Not. = **Monthl. Not.** = Monthly Notices of the Royal Astronomical Society. (Band und Jahr fällt nicht zusammen.)

Morscoi Sbornik = Repertorium für Seewesen. St. Petersburg. (Russisch.)

Münch. Sitzber. = **Münch. Ber.** = Sitzungsberichte der mathematisch-physikalischen Classe der k. b. Akademie der Wissenschaften zu München. München: G. Franz in Comm. gr. 8°. R.

Müttr. Beobergebn. = Beobachtungsergebnisse der von den forstlichen Versuchsanstalten des Königreichs Preussen, des Herzogthums Braunschweig, der thüringischen Staaten, der Reichslande mit dem Landesdirectorium der Provinz

Hannover eingerichteten forstlich-meteorologischen Stationen. Hrsg. von A. MÜTTRICH. Berlin: Springer. 12 N. 8°. sh. ZS. f. Forst- und Jagdwesen.

Nach. d. Götting. Ges. d. W. sh. **Gött. Nach.**

Natur = Die Natur. Zeitung zur Verbreitung naturwissenschaftlicher Kenntniss und Naturanschauung für Leser aller Stände. Organ des „Deutschen Humboldt-Vereins". Begründet unter Hrsg. von OTTO ULE und KARL MÜLLER. Hrsg. von KARL MÜLLER. Halle: Schwetschke. 52 N. gr. 4°.

Nature = Nat. = Nature, a weekly illustrated journal of science. London and New York: Macmillan and Co. Erscheint in Wochennummern; die Bände reichen von November bis April und Mai bis October.

Naturen (holländisches Journal) nach Citaten.

Naturf. = Nat. = Der Naturforscher, Wochenblatt zur Verbreitung der Fortschritte in den Naturwissenschaften. Hrsg. v. WILH. SKLAREK. Berlin: Dümmler's Verlag. 52 N. 4°.

Naturw. Rundschau sh. **Rundschau.**

Naturw. Verein in Karlsruhe = Verhandlungen des naturwissenschaftlichen Vereins in Karlsruhe.

Nat. Tijdsch. v. Ned. Indie = Natuurkundig Tijdschrift voor Nederlandsch-Indie, uitgegeven door de Koninklijke Natuurkundige Vereeniging in Nederlandsch-Indie, onder redactie van H. ONNEN. Batavia. (Tijdschrift voor Nederl. Indie).

N. Cim. sh. **Cim.**

Nederl. met. Jaarb. = Nederlandsch meteorologisch Jaarboek ··· hrsg. von BUIJS-BALLOT. Querfolio.

N. Jahrb. f. Min. sh. **Jahrb. f. Min.**

Nieuw. Arch. = Nieuw Archief voor Wiskunde. Amsterdam.

North. Chin. Branch. of R. As. Soc. = Journal of the North-China Branch of the Royal Asiatic Society. Shanghai. 8°.

Nouv. Ann. = Nouvelles annales de mathématiques. Journal des candidats aux écoles polytechnique et normale, rédigé par MM. GERONO et CH. BRISSE. Paris: Gauthier-Villars. 8°.

Nov. Act. Ups. = Nova acta Regiae Societatis Upsaliensis.

Nuovo Cimento sh. **Cim.**

Nyt Mag. = Nyt Magazin for Naturvidenskaberne, ··· udgivet ved TH. KJERULF ···. Christiania: P. T. Mallings Boghandel. gr. 8°.

Observatory = The Observatory, a monthly review of astronomy. Edited by W. N. M. CHRISTIE. London.

Öf. af Finska Vet. Soc. Förh. = Öfversigt af Finska Vetenskaps Societetens Förhandlingar. Helsingfors.

Öfvers. Svensk. Vet. Ak. Förh. = **Öfversigt** = Öfversigt af Kongl. Vetenskaps-Akademiens Förhandlingar. Stockholm. 8°. R.

Oesterr. med. Jahrb. = Medicinische Jahrbücher. Hrsg. von der k. k. Gesellschaft der Aerzte, red. von E. ALBERT und E. LUDWIG. Wien: Braumüller. 4 H. gr. 8°.

Oesterr. ZS. f. Bergw. = Oesterreichische Zeitschrift für Berg- und Hüttenwesen. Red.: HANNS HÖFER und C. v. ERNST. Wien: Manz. 52 N. gr. 4°.

Org. f. Eisenbahnw. = Organ für die Fortschritte des Eisenbahnwesens in technischer Beziehung. · · · Hrsg. von E. HEUSINGER v. WALDEGG. Wiesbaden: Kreidel. 6 H. gr. 4°.

Org. f. Rübenz. Ind. = Organ des Centralvereins für Rübenzucker-Industrie der österreichisch-ungarischen Monarchie. Zeitschrift für Landwirthschaft und technischen Fortschritt der landwirthschaftlichen Gewerbe. Red. v. OTTO KOHLRAUSCH. Wien: Frick in Comm.

Overs. Danske Vid. Selsk. = **Overs. k. dan. Vidensk. Selsk. Forh.** = Oversigt over det Kongelige Danske Videnskabernes Selskabs Forhandlinger og dets Medlemmers Arbejder · · ·. Kopenhagen. 8°. (Es erscheinen im Jahre gewöhnlich 4 Nummern, oft ist ein französisches Resumé hinzugefügt.) R.

Peterm. Mitth. = A. PETERMANN's Mittheilungen aus JUSTUS PERTHES' geographischer Anstalt. Hrsg. von E. BEHM. Gotha: J. Perthes. 4°. R.

Petersb. med. Wochenschr. = St. Petersburger medicinische Wochenschrift unter Redaction von E. MORITZ und L. v. HOLST. St. Petersburg: Röttger. gr. 4°. 52 N.

Pflüg. Arch. = **Pflüger Arch.** sh. **Arch. f. ges. Physiol.**

Pharm. Centralh. = Pharmaceutische Centralhalle für Deutschland. Zeitung für wissenschaftliche und geschäftliche Interessen der Pharmacie. Hrsg. von Dr. HERM. HAGER und EWALD GEISSLER. Berlin: Springer in Comm. 52 N. 8°.

Pharm. ZS. = Pharmaceutische Zeitschrift für Russland. Hrsg. von der pharmaceutischen Gesellschaft zu St. Petersburg. Red. EDWIN JOHANSON. St. Petersburg: Ricker. 52 N. gr. 8°.

Phil. Mag. (5) = The London, Edinburgh and Dublin Philosophical Magazine and Journal of Science. Conducted by Sir ROBERT KANE, Sir WILLIAM THOMSON and WILLIAM FRANCIS. · · Fifth series. London: Taylor und Francis. 8°. Bd. XXIII enthält Heft 140 bis 145, XXIV enthält Heft 146 bis 151. R.

Phil. Trans. = **Phil. Trans. Lond.** = Philosophical Transactions of the Royal Society of London. 4°.

Phot. Arch. = Photographisches Archiv. Hrsg. v. P. E. LIESEGANG. Düsseldorf: Liesegang. 20 H. gr. 8°.

Phot. Corresp. = Photographische Correspondenz. Zeitschrift für Photographie und verwandte Fächer. Organ der photogr. Gesellschaft in Wien, · · · red. v. E. HORNIG. Wien: Verlag der photographischen Correspondenz. 25 H. gr. 8°.

Phot. Mitth. = Photographische Mittheilungen. Zeitschrift des Vereins zur Förderung der Photographie. Hrsg. von HERM. W. VOGEL. Berlin: Oppenheim. 24 H. gr. 8°.

Phot. Soc. London bezieht sich auf die Verhandlungen der Londoner photographischen Gesellschaft nach Berichten in englischen Journalen.

Phys. Soc. bezieht sich auf die Verhandlungen der physikalischen Gesellschaft zu London in Nature etc. sh. Proc. Phys. Soc.

Pogg. Ann. = Annalen der Physik und Chemie, hrsg. zu Berlin von J. C. POGGENDORFF. Leipzig: Barth. (CLX ist der letzte von POGGENDORFF redigirte Band, jetzt von WIEDEMANN red. sh. **Wied. Ann.**)

Pol. Notizbl. = **Polyt. Notizbl.** = Polytechnisches Notizblatt für Chemiker, Gewerbtreibende, Fabrikanten und Künstler. Gegründet von RUD. BÖTTGER. Hrsg. und red. von THEODOR PETERSEN. Frankfurt a. M.: Expedition. 24 N. 8°. R.

Practitioner = The Practitioner. A journal of therapeutics and public health. Edited by T. LAUDER BRUNTON and DONALD MACALISTER. London: Macmillan and Co. (Jährlich 2 Bände.)

Prag. Ber. = Sitzungsberichte der königl. böhmischen Gesellschaft der Wissenschaften zu Prag. Prag: Tempsky in Comm. gr. 8°. R.

Prag. med. Wochenschr. = Prager medicinische Wochenschrift. Red.: FRDR. GANGHOFNER u. OTTO KAHLER. Prag: Tempsky. 52 N. fol.

Preuss. Stat. = Preussische Statistik (amtliches Quellenwerk). Hrsg. in zwanglosen Heften v. Kgl. statistischen Büreau in Berlin. Berlin: Verlag d. k. statist. Büreaus. Imp. 4°.

Proc. Amer. Acad. = Proceedings of the American Academy of sciences and arts. Boston.

Proc. Amer. Ass. = Proc. of the American Association for the advancement of science.

Proc. Amer. Phil. Soc. = Proceedings of the American Philosophical Society. Philadelphia. 8°.

Proc. Amer. Soc. of Microscop. = Proceedings of the American Society of Microscopists.

Proc. California Acad. = Proceedings of the Academy of Sciences in California. San Francisco.

Proc. Camb. Soc. = Proceedings of the Cambridge Philosophical Society. Cambridge. 8°.

Proc. Dubl. Soc. = **Proc. Dublin** = The Scientific Proceedings of the Royal Dublin Society.

Proc. Glasgow Soc. = Proceedings of the Philosophical Society at Glasgow.

Proc. Manch. Soc. = Proceedings of the Literary and Philosophical Society of Manchester. Manchester 8°.

Proc. Math. Soc. = Proceedings of the Mathematical Society. London: C. F. Hogdson and Son. 8°.

Proc. Phys. Soc. = Proceedings of the Physical Society of London. Jährlich 3–4 Hefte.

Proc. R. Edinb. Soc. = **Proc. Edinb.** = Proceedings of the Royal Society of Edinburgh. Edinburgh.

Proc. Roy. Geogr. Soc. = Proceedings of the Royal Geographical Society. London.

Proc. Roy. Soc. = Proc. London = Proceedings of the Royal Society of London. London: Taylor und Francis. 8. (Erscheint in einzelnen Nummern.)

Prof. pap. = Professional Papers (of the signal service), einzelne numerirte Abhandlungen, herausgeg. vom War Department oder vom Navy Department der vereinigten Staaten, Washington.

Progr. = Programm (bezieht sich auf Schulprogramme).

Progrès méd. = Le Progrès Médical. Journal de médecine, de chirurgie et de pharmacie. Redacteur en chef: BOURNEVILLE, Secrétaire de la Rédaction: A. BLONDEAU ···. Paris aux bureaux du journal ···. gr. 4°. (Wöchentlich eine Nummer.)

Publ. d. astro-phys. Obs. zu Potsdam = Publicationen des astro-physikalischen Observatoriums zu Potsdam. Potsdam. Leipzig: Engelmann in Comm. 4°.

Quart. J. Met. Soc. = Quarterly Journal of the Meteorological Society. (Schottische meteorologische Gesellschaft, ganz entsprechend für die englische Gesellschaft.)

Quart. J. of Math. = Quart. J. = The quarterly Journal of pure and applied Mathematics, by J. J. SYLVESTER, N. M. FERRERS, G. G. STOKES, A. CAYLEY, M. HERMITE. London. R.

Rec. trav. chim. = Recueil des travaux chimiques des Bays-Bas par MM. W. A. VAN DROP, A. P. N. FRANCHIMONT ···. Leiden: A. W. Sijthoff. 8°.

Rend. di Bol. = Rendiconto delle sessioni dell' accademia reale delle scienze dell' Istituto di Bologna. Bologna. 8°.

Rend. di Nap(oli) = Rendiconti dell' accademia delle scienze fisiche e matematiche di Napoli. 4°. R.

Rend. Lomb. = Rend. Ist. Lomb. = Reale Istituto Lombardo di scienze e lettere. Rendiconti. Classe di scienze matematiche e naturali. Milano. R.

Rep. anal. Chem. = Repertorium der analytischen Chemie für Handel, Gewerbe und öffentliche Gesundheitspflege. Organ des Vereins analytischer Chemiker. Red.: J. SKALWEIT. Hamburg: Voss (seit 1881).

Rep. Brit. Ass. = Report of the meeting of the British Association for the advancement of science, held at Bath 1887. London: John Murray 1888. 8°.

Rep. de Phys. = Repertorium der Physik. Hrsg. von F. EXNER. München: Oldenbourg. Lex. 8°. 12 H.

Rep. f. Met. = Repertorium für Meteorologie, hrsg. von der kaiserlichen Akademie der Wissenschaften, red. v. HEINR. WILD. St. Petersburg. Leipzig: Voss' Sort. Imp. 4°. R.

Rep. Smith. Inst. sh. **Smiths. Rep.**

Rep. U. S. C. S. = Report of the Superint. of the U. S. Coast Survey Washington.

Rev. des trav. scient. = Revue des travaux scientifiques. Paris.

Rev. scient. = La Revue scientifique de la France et de l'étranger. Revue des cours scientifiques (3e série) · · · Paris: G. Baillière et Cie. (Jährlich 2 Bände zu je 25 oder 26 N.)

Riv. scient. ind. = **Riv. scient.-indust.** = Rivista scientifico-industriale. Firenze (von Vimercati). Nach Citaten in anderen Journalen.

Rundsch. = **Rundschau** = Naturwissenschaftliche Rundschau, herausg. von Dr. W. SHLAREK. Braunschweig, Vieweg.

Sap. Chark. Univ. = Schriften (Sapiski) der Charkower Universität. (Russisch.)

Sap. Novoruss. Univ. = Schriften der Odessaer Universität. Odessa. (Russisch).

Sap. k. r. techn. Ges. = Schriften der kaiserlich russischen technischen Gesellschaft. St. Petersburg. (Russisch.)

Schmidt's Jahrb. d. Med. = SCHMIDT's Jahrbücher der in- und ausländischen gesammten Medizin. Red. v. ADF. WINTER. Leipzig: O. Wigand. (Im Jahre erscheinen mehrere Bände.)

Schr. d. Königsb. Ges. = Schriften der physikalisch-ökonomischen Gesellschaft zu Königsberg. Königsberg: in Comm. bei W. Koch. 4⁰. XIV. (1., 2. Abtheilung.) R.

Schweiz. Alpen-Ztg. = Schweizer Alpen-Zeitung.

Schweiz. Denkschr. = Neue Denkschriften der allgemeinen Schweizerischen Gesellschaft für die gesammten Naturwissenschaften. Zürich = Nouveaux mémoires etc. R.

Science = Science. A weekly newspaper of all the arts and sciences. Published by N. D. C. Hodges, New York, 47 Lafayette Place.

Scient. Amer. = Scientific American. New York. (Nach verschiedenen Journalen citirt.)

Scient. Proc. Ohio Mech. Inst. = Scientific Proceedings of the Ohio Mechanics' Institute. Publishing Committee: ROBT. B. WARDER, Editor; LEWIS M. HOSEA; JAS. B. STANWOOD. Cincinnati, Ohio: Ohio Mechanics' Institute, departement of science and arts. 8⁰.

Sill. J. (3) = The American Journal of Science. Editors: JAMES D. and E. S. DANA, and B. SILLIMAN. Associate editors: Professors ASA GRAY, JOLIAN P. COOKE, and JOHN TROWBRIDGE, of Cambridge, Professors H. A. NEWTON and A. E. VERVILL of New Haven, Professor GEORGE F. BARKER, of Philadelphia. — 3. Series. New Haven, Comm.: J. D. and E. S. Dana. Bd. XXXIII enthält die Hefte 193—198, XXXIV 199-204.

Sirius = Sirius. Zeitschrift für populäre Astronomie · · ·. Hrsg. · · · von HERM. J. KLEIN. Leipzig: Scholtze. 12 H. gr. 8⁰.

Sitzber. d. Bayr. Akad., sh. **Münch. Ber.** = **Münch. Sitzber.**

Sitz. d. Jen. Ges. f. Med. Nat. sh. **Jen. ZS.**

Sitzber. d. kön. böhmischen Ges. d. Wissensch. zu Prag sh. **Prag. Ber.**

Sitzber. d. Wien. Ak. sh. **Wien. Ber.**

Smiths. Contrib. = Smithsonian Contributions to Knowledge. Washington: Smithsonian Institution.

Smiths. Inst. = **Smiths. Rep.** = Annual report of the board of regents of the Smithsonian Institution. Washington. 8°. R.

Soc. mét. de France bezieht sich auf die Schriften der meteorologischen französischen Gesellschaft.

Svensk. Vet. Handl. = Kongliga Svenska Vetenskaps-Akademiens Handlingar.

Tagbl. d. Naturf.-Vers. = Tageblatt der 59. Versammlung deutscher Naturforscher und Aerzte in Berlin vom 18. bis 24. September 1887.

Tech. Bl. = Technische Blätter. Vierteljahrsschrift d. deutschen polytechnischen Vereins in Böhmen. Red. von EMAN. CZUBER · · · . Prag: Calwe in Comm. gr. 8°.

Techniker = Der Techniker. Internationales Organ über die Fortschritte der Wissenschaft, Erfindungen und Gewerbe. Hrsg. und Red.: PAUL GOEPEL. New-York (Berlin: Polytechnische Buchh. in Comm.). gr. 4°. 24 Nrn.

Telegr. J. = Telegraphic Journal, (gegr. 1872).

Tijdschr. Aardrijks Gen. = Tijdschrift van het Aardrijkskund Genootschap te Amsterdam.

Trans. Cambr. Soc. = Transactions of the Philosophical Society of Cambridge. Cambridge. 4°.

Trans. Con. Acad. = Transactions of the Connecticut Academy of Arts and Sciences. New-Haven.

Trans. Dubl. Soc. = The Scientific Transactions of the Royal Dublin Society. 4°.

Trans. Edinb. = **Trans. Edinb. Roy. Soc.** = Transactions of the Royal Society of Edinburgh.

Trans. Royal Soc. of London sh. **Phil. Trans.**

Trans. Edinb. Geol. Soc. = Transactions of the Geological Society of Edinburgh.

Trans. N. Z. Inst. = Transactions and Procedings of the New Zealand Institute.

Trans. R. S. of Victoria = Transactions and Proceedings of the Royal Society of Victoria. Melbourne.

Tschermak Mitth. sh. **Min. Mitth.**

U. S. Coast Survey sh. **Rep. U. S. C. S.**

Verh. d. Ges. f. Erdk. = Verhandlungen der Gesellschaft für Erdkunde zu Berlin. 8°. (Enthaltend Sitzungsberichte, Nachrichten über andere Gesellschaften etc. sh. ZS. f. Erdk.)

Verh. d. k. k. geol. Reichsanst. = Verhandlungen der k. k. geologischen Reichsanstalt. Wien: Hölder. 17—18 N. Lex.-8°. R.

Verh. d. k. k. zool.-bot. Ges. Wien = Verhandlungen der k. k. zoologisch-botanischen Gesellschaft in Wien. Hrsg. von der Gesellschaft. Wien: Hölder in Comm. Leipzig: Brockhaus' Sort. in Comm.

Verh. d. naturf. Ges. zu Basel = Verhandlungen der naturforschenden Gesellschaft in Basel. Basel: Schweighauser. 8°. R.

Verh. d. naturh. Ver. f. Rheinl. = Verhandlungen des naturhistorischen Vereines der preussischen Rheinlande und Westphalens. Hrsg. von C. J. ANDRÄ. Bonn: Cohen & Sohn in Comm. gr. 8°.

Verh. physik. Ges. Berlin = Verhandlungen der physikalischen Gesellschaft zu Berlin. Berlin: Georg Reimer. 8°. R.

Verh. d. physiol. Ges. Berl. = Verhandlungen der physiologischen Gesellschaft zu Berlin, enthalten in DU BOIS-Arch. R.

Verh. d. Schweiz. Naturf. Ges. 70 = Verhandlungen der schweizerischen Naturforscher-Gesellschaft. — 70. Jahresversammlung. — Jahresbericht 1887. Glarus: Buchdruckerei von Frid. Schmidt. 1887: 8°. R. Erscheint gleichzeitig in französischer Ausgabe, und der wesentliche Inhalt wird einer der letzten Jahresnummern der Arch. sc. phys. beigefügt.

Verh. d. Ver. f. Gewerbfl. = Verhandlungen des Vereins zur Beförderung des Gewerbefleisses. Red.: HERM. WEDDING Berlin: Simion. 10 H. gr. 4°.

Verh. Polyt. Ges. Berlin = Verhandlungen der Polytechnischen Gesellschaft zu Berlin. 8°.

Versl. K. Ak. d. Wet. (Afd. Nat.) = Verslagen en Mededeelingen d. Koninklijke Akademie van Wetenschappen Afdeeling Natuurkunde. Amsterdam.

Vidensk. Selsk. Skr. = Videnskabs Selskabs Skriften, naturvidenskabelig og matematisk Afd. (Erscheint in einzelnen Heften.) Kopenhagen. 4°. R.

Vierteljschr. d. Astr. Ges. = Vierteljahrschrift der Astronomischen Gesellschaft. Hrsg. von E. SCHÖNFELD, A. WINNECKE. Leipzig: W. Engelmann. 8°.

Vierteljschr. d. naturf. Ges. Zürich. = Vierteljahrschrift der naturforschenden Gesellschaft in Zürich. Red. von RUD. WOLF. Zürich: Höhr in Comm. 8°. R

Virchow's Arch. sh. **Arch. f. path. Anat.**

Warsch. Univ. Isw. = Nachrichten (Iswestija) der Warschauer Universität. Warschau. (Russisch.)

Wied. Ann. = Annalen der Physik und Chemie. Unter Mitwirkung der Physikalischen Gesellschaft zu Berlin und insbesondere des Herrn H. VON HELMHOLTZ hrsg. von G. WIEDEMANN. Leipzig: J. A. Barth. 8°. 3 Bände. R.

Wien. Anz. = **Wien. Anzeig.** = Anzeiger der Kaiserlichen Akademie der Wissenschaften. — Mathematisch naturwissenschaftliche Classe. — XXII. Jahrgang. 1884. N. I—XXVIII. Wien: Aus der K. K. Hof- und Staatsdruckerei. 8°. R.

Wien. Ber. = Sitzungsberichte der mathematisch-naturwissenschaftlichen Classe der Kaiserlichen Akademie der Wissenschaften. Abtheilung · · · (I. Abtheilung enthält die Abhandlungen aus dem Gebiete der Mineralogie, Botanik, Zoologie, Geologie und Paläontologie. II. Abtheilung · · · Mathematik, Physik, Chemie,

Mechanik, Meteorologie und Astronomie. III. Abtheilung · · · Physiologie, Anatomie und theoretische Medicin.) Jahrgang 1886. Wien: in Comm. bei Carl Gerold's Sohn. 1886. (Der Band jeder Abtheilung besteht aus 5 Heften.) R.

Wien. Denkschr. = Denkschriften der Kaiserlichen Akademie der Wissenschaften. Mathematisch naturwissenschaftliche Classe. Wien: Gerold's Sohn in Comm. Imp. 4⁰.

Wien. med. Blätter = Wiener medicinische Blätter · · ·. Hrsg. von WILH. SCHLESINGER. Red.: G. A. EGGER. Wien: Braumüller in Comm. 52 Nrn. Imp. 4⁰. (I. Jahrg. 1878.)

Wien. med. Presse = Wiener medicinische Presse. Organ für praktische Aerzte. Hrsg. und Chef-Red.: JOH. SCHNITZLER. Mit Beiblatt: Wiener Klinik. Vorträge aus der gesammten praktischen Heilkunde. Wien: Urban und Schwarzenberg. 12 H. gr. 8⁰.

Wien. med. Rundschau = Medicinisch-chirurgische Rundschau · · · hrsg. von W. F. LOEBISCH. Wien: Urban u. Schwarzenberg. 12 H. gr. 8⁰.

Wien. med. Wochensch. = Wiener medicinische Wochenschrift. Hrsg. und Red.: L WITTELSHÖFER. Wien: Seidel & Sohn in Comm. gr. 8⁰.

Wochenschr. D. Ing. = Wochenschrift des Vereins deutscher Ingenieure sh. **ZS. D. Ing.**

Wolf Vierteljahrsschrift = **Wolf ZS.** sh. **Vierteljschr. d. naturf. Ges. Zürich.**

Württemb. Corr.-Bl. = Medicinisches Correspondenz-Blatt des württembergischen ärztlichen Landesvereins. Aus Auftrag desselben hrsg. von B. ARNOLD, O. KÖSTLIN, J. TEUFFEL. Stuttgart: Schweizerbart. gr. 4⁰. 40 N.

Württemb. Jahrb. f. Statistik = Württembergische Jahrbücher für Statistik und Landeskunde. Hrsg. v. dem k. statistisch-topograph. Bureau. Stuttgart: Kohlhammer. Lex. 8⁰.

Würz. Ber. = Sitzungsberichte der physikalisch-medicinischen Gesellschaft in Würzburg. Würzburg: Stahel. gr. 8⁰.

Würz. Verh. = Verhandlungen der physikalisch-medicinischen Gesellschaft zu Würzburg. Würzburg: Stahel. gr. 8⁰.

Zool. Anzeiger = Zoologischer Anzeiger hrsg. v. J. VICT. CARUS. Leipzig: Engelmann. 26 N. gr. 8⁰.

Zool. Gart. = Der Zoologische Garten. Zeitschrift für Beobachtung, Pflege und Zucht der Thiere. Gemeinsames Organ f. Deutschland und angrenzende Gebiete. Hrsg. von der „Neuen Zoologischen Gesellschaft" in Frankfurt am Main. Red. v. F. C. NOLL. Frankfurt a. M.: Mahlau & Waldschmidt. 8⁰. 12 H.

ZS. anal. Chem. = Zeitschrift für analytische Chemie. Hrsg. von C. REMIGIUS FRESENIUS unter Mitwirkung von HEINR. FRESENIUS. Wiesbaden: Kreidel. 4 H. gr. 8⁰.

ZS. d. d. ö. A. V. = Zeitschrift des deutschen und österreichischen Alpenvereins. Redigirt von TH. TRAUTWEIN. Wien. München: Lindauer in Comm. gr. 8⁰.

ZS. d. geol. Ges. = **ZS. d. deutschen geol. Ges.** = Zeitschr. der deutschen geologischen Gesellschaft. Berlin: Hertz. 4 H. gr. 8⁰.

ZS. d. Ges. f. Erdk. sh. **ZS. f. Erdk.**

ZS. D. Ing. = Zeitschrift des Vereins deutscher Ingenieure. Red. TH. PETERS. Nebst Wochenschrift desselben Vereines. Berlin: Springer in Comm. 12 H. und 52 N. Imp. 4°.

ZS. d. k. preuss. statist. Bur. = Zeitschrift des königl. preussischen statistischen Bureaus. Berlin: Verlag des k. stat. Bureaus. Imp. 4°.

ZS. d. V. f. Rübenz. = Zeitschrift des Vereins für die Rübenzucker-Industrie des Deutschen Reichs. Hrsg. vom Vereins-Directorium. Red. KARL STAMMER. Berlin: Verein für die Rübenzucker-Industrie des Deutschen Reichs. 8°. 12 H.

ZS. f. angew. Elekr. = Zeitschr. für angewandte Elektricitätslehre · · · Hrsg. von F. UPPENBORN jun. München: Oldenbourg. 24 N. Lex. 8°.

ZS. f. Berg- u. Hüttenw. = Zeitschrift für das Berg-, Hütten- und Salinenwesen in dem preussischen Staate, hrsg. im Ministerium der öffentl. Arbeiten. Berlin: Ernst & Korn. 6 H. gr. 4°.

ZS. f. Biol. = Zeitschr. für Biologie von M. V. PETTENKOFER u. C. VOIT. München: Oldenbourg. 4 H. gr. 8°.

ZS. f. Erdk. = Zeitschr. der Gesellschaft für Erdkunde zu Berlin · · · hrsg. von W. KONER. Nebst: Verhandlungen der Gesellschaft für Erdkunde zu Berlin. Red.: G. NACHTIGAL. Berlin: D. Reimer. 6 H. u. 18 N. 8°.

ZS. f. Forst- und. Jagdwesen = Zeitschrift für Forst- und Jagdwesen. Zugleich Organ für forstliches Versuchswesen. Hrsg. · · · v. B. DANCKELMANN. Berlin: Springer. (Mit MÜTTR. Beobergebn.)

ZS. f. **Gasb.** = **ZS. f. Gasbeleuchtung** = Zeitschrift für Gasbeleuchtung und Wasserversorgung.

ZS. f. Instrk. = Zeitschrift für Instrumentenkunde. Organ für Mittheilungen aus dem gesammten Gebiete der wissenschaftlichen Technik. — Hrsg. von E. ABBE in Jena, FR. ARZBERGER in Wien, C. BAMBERG in Berlin, · · · Red.: A. LEMAN und A. WESTPHAL. Sechster Jahrgang 1886. Berlin: Julius Springer. R.

ZS. f. Kryst. = Zeitschrift für Krystallographie und Mineralogie unter Mitwirkung zahlreicher Fachgenossen des In- und Auslandes, hrsg. von P. GROTH. VIII. Bd. · · · Leipzig: Wilhelm Engelmann. R.

ZS. f. Math. (u. Phys.) = Zeitschrift für Mathematik und Physik, hrsg. unter der verantwortlichen Redaction von O. SCHLÖMILCH, E. KAHL und M. CANTOR. · · · Leipzig: B. G. Teubner. 8°.

ZS. f. Met. = Zeitschrift der österreichischen Gesellschaft für Meteorologie. Red. von J. HANN. Wien: Braumüller. 12 H. Lex. 8°.

ZS. f. Naturw. = **ZS. f. ges. Naturw.** = Zeitschrift für Naturwissenschaften · · ·. Hrsg. vom naturwissenschaftlichen Vereine für Sachsen und Thüringen in Halle · · ·. Berlin: Parey. 6 H. gr. 8°.

ZS. f. Ohrenheilk. = Zeitschrift für Ohrenheilkunde. Unter Mitwirkung von C. AGNEW, E. BERTHOLD, G. BRUNNER etc. hrsg. von H. KNAPP und S. MOOS. Wiesbaden: Bergmann. 4 H. gr. 8°.

ZS. f. Unterr. = Zeitschrift für den physikalischen und chemischen Unterricht, unter Mitwirkung von E. MACH und B. SCHWALBE hrsg. von F. POSKE. Berlin, Springer. (Ist an die Stelle der Zeitschrift zur Förderung des physikalischen Unterrichts von LISSER und BENECKE getreten.)

ZS. f. physiol. Chem. = Zeitschrift für physiologische Chemie, unter Mitwirkung von E. BAUMANN, GÄTGENS, O. HAMMERSTEIN etc. hrsg. von F. HOPPE-SEYLER. Strassburg: Trübner. gr. 8°

ZS. f. phys. Chem. = Zeitschrift für physikalische Chemie, Stöchiometrie und Verwandtschaftslehre, hrsg. v. W. OSTWALD und J. H. VAN'T HOFF. Leipzig, Engelmann.

ZS. f. vergl. Augenheilk. = Zeitschrift für vergleichende Augenheilkunde, unter Mitwirkung von O. BOLLINGER, L. FRANCK, R. LEUCKART u. A. hrsg. von K. BERLIN und O. EVERSBUSCH. Leipzig: F. C. W. Vogel. 2 H. gr. 8°. (Erscheint mit der Deutschen Zeitschrift für Thiermedicin und vergleichende Pathologie. · · ·)

ZS. f. Verm. = Zeitschrift für Vermessungswesen. Organ des deutschen Geometervereins. Unter Mitwirkung von F. R. HELMERT und F. LINDEMANN hrsg. von W. JORDAN. Stuttgart: Wittwer in Comm. 24 H. gr. 8°.

ZS. f. wiss. Geogr. = Zeitschrift für wissenschaftliche Geographie, in Verbindung mit O. DELITSCH, J. I. EGLI, TH. FISCHER etc. hrsg. J. I. KETTLER. Lahr: Schauenberg. 6 H. Lex. 8°.

ZS. f. wiss. Zool. = Zeitschrift für wizsenschaftliche Zoologie, hrsg. von CARL THDR. V. SIEBOLD u. ALB. v. KÖLLICKER unter der Red. von ERNST EHLERS. Leipzig: Engelmann. gr. 8°.

Zürich. Vierteljschr. sh. **Vierteljschr. d. naturf. Ges. Zürich.**

Inhalt der einzelnen Abschnitte.

I. Allgemeine Physik.

1a. Allgemeines.

Lehrbücher, welche die ganze Physik oder mehrere Zweige der Physik behandeln, Pädagogisches, Wörterbücher, Sammlungen von Abhandlungen, Philosophie und allgemeine Grundsätze, Geschichte der Physik oder mehrerer Zweige derselben, Biographisches, Varia.

1b. Maass und Messen.

Theorie des Messens, Zusammenfassendes, Einheiten und Dimensionen, Längen-, Flächen- und Volumenmaass (Integratoren etc.), Winkel-, Zeit-, Geschwindigkeits-, Gewichtsmaass. Hinter Geschwindigkeit sind zusammengesetztere Vorrichtungen, wie Myographien etc. eingeschaltet, die für Amplituden, Geschwindigkeiten, Arbeit etc. dienen können.

1c. Laboratoriumsapparate.

Quecksilberluftpumpen und Aspiratoren, Behandlung des Quecksilbers, Varia, Brenner, Glasbehandlung, Versilberung (siehe hierzu auch Cap. 18), Kitte etc.

2. Dichtigkeit.

3. Zusammensetzung der Molekel, physikalische Theorie des chemischen Processes.

Atomtheorie, neue Elemente, Atomgewichte, Valenz, Allotropien und Polymerieen, Structurformeln, chemisches Gleichgewicht, Dissociation, Processe von einseitiger Richtung, Explosionen vom chemischen Gesichtspunkte, Geschwindigkeit der chemischen Processe, Katalyse, Einfluss von Druck, Magnetismus etc. auf chemische Processe, Makromoleküle und Krystallwasser.

3a. Krystalle.

4. Mechanik.

Physikalische Grundlagen, Mechanik eines Punktes (Relativbewegung am Schluss), Systeme von Punkten, Schwerpunkte, Anziehungstheorie, Kinematik, Statik und Dynamik des starren Körpers, Systeme, bei denen mehrere starre Körper zusammenwirken, Erddruck, dynamometrische etc. Apparate, Aehnlichkeitsprincip und Verwandtes, deformable Linien und

Inhalt.

Erster Abschnitt.

Allgemeine Physik.

Seite

1a. Sammelwerke und Abhandlungen, die sich auf die gesammte Physik oder grössere Theile derselben beziehen, historische Werke derselben Art und Biographieen.

1b. Maass und Messen.

1c. Laboratoriumsapparate.

2. Dichtigkeit.

3. Zusammensetzung der Molekel; Physikalische Chemie.

3a. Krystalle.

4. Mechanik.

5. Hydromechanik.

6. Aeromechanik.

7. Cohäsion und Adhäsion.

7a. Feste Körper, Elasticität, Festigkeit, Härte, Ductilität.

Seite

7b. Capillarität.

7c. Lösung.

7d. Diffusion, Osmose.

7e. Absorption und Adsorption.

8. Physikalische Akustik.

9. Physiologische Akustik.

a. Physiologische Schallerzeugung.

b. Schallwahrnehmung.

Verzeichniss der Herren, welche für die 1. Abtheilung des 43. Jahrganges (1887) der Fortschritte der Physik Berichte geliefert haben.

Herr Prof. Dr. Ångström (*K. A.*) in Stockholm.
„ Dr. Blasius (*E. B.*) in Berlin.
„ Dr. Böttger (*Bgr.*) in Berlin.
„ Dr. Budde (*Bde.*) in Berlin.
„ Dr. Cohen (*Cn.*) in Würzburg.
„ Dr. L. Grunmach (*L. Grm.*) in Berlin.
„ Dr. Gruss (*Gs.*) in Prag.
„ Dr. Heerwagen (*F. H.*) in Strassburg.
„ Prof. Dr. Hoh† (*Hh.*) in Bamberg.
„ Dr. Knoblauch (*O. Kch.*) in Erlangen.
„ Prof. Dr. W. König (*W. K.*) in Leipzig.
„ Dr. F. Kötter (*F. K.*) in Berlin.
„ Dr. Krigar-Menzel (*K. M.*) in Berlin.
„ Prof. Dr. Lampe (*Lp.*) in Berlin.
„ Prof. Dr. Lorentz (*Lz.*) in Leyden.
„ Prof. Dr. Nernst (*Nst.*) in Göttingen.
„ Dr. Pockels (*F. P.*) in Göttingen.
„ Dr. Richarz (*Rz.*) in Bonn.
„ Dr. Scheel (*Sch.*) in Charlottenburg.
„ Prof. Dr. Schumann (*Schn.*) in Berlin.
„ Prof. Dr. Siebert (*Sbt.*) in Berlin.
„ Dr. Theurer (*Thr.*) in Prag.
„ Prof. Dr. Voigt (*W. V.*) in Göttingen.
„ Prof. Dr. Volkmann (*P. V.*) in Königsberg i. Pr.
„ Prof. Dr. Wangerin (*Wn.*) in Halle a. S.
„ Dr. Wolff (*Wff.*) in Charlottenburg.

Erster Abschnitt.

Allgemeine Physik.

Ia. Sammelwerke und Abhandlungen, die sich auf die gesammte Physik oder grössere Theile derselben beziehen, historische Werke derselben Art und Biographieen.

O. LEHMANN. Mikrophysikalische Untersuchungen. ZS. f. Kryst. **12**, 377-410; [Beibl. **13**, 624-627, 1889. [ZS. f. phys. Chem. **1**, 197; [Rundsch. **2**, 135.

Der Verf. giebt zuerst eine Reihe von Beobachtungen, die er mit Hülfe des Mikroskopes über die Dimorphie folgender Körper angestellt hat: Monojodchinolin, Jodchinolinmethylchlorid, Terpentetrabromide, α-Naphtylaminsulfosaures Natrium, Para-Chlorchinolinbichromat; chlorsaures Silber (zugleich Beobachtungen über Mischkrystalle desselben mit chlorsaurem Kalium und Natrium). Cinnamenylacrylsäure, Carbostyril, Mandelsäure, Benzoïn, Phenylcrotonsäure.

Die optischen Erscheinungen in gepresstem Kautschuk werden dadurch complicirt, dass das Material an den Flächen, zwischen welchen es gepresst wird, klebt. Dies kann man verhindern, indem man letztere mit starkem Seifenwasser bestreicht. Die Kautschukplatte wird dann optisch einaxig, abgesehen von einer schmalen Randzone.

Der Verf. stellte unter dem Mikroskop Mischkrystalle von Salmiak mit Roseocobaltchlorid und von salpetersaurem Ammoniak mit salpetersaurem Roseocobaltoxid dar. Die Formen beider Arten waren ziemlich unregelmässig.

Zwillingsbildung durch Wärme stellt der Verf. in Abrede. Bei seinen Versuchen sei ihm nie ein derartiger Fall begegnet, und theoretisch sei auch nicht einzusehen, warum sich eine vorhandene Zwillingsgrenze eher im einen als im anderen Sinne verschieben sollte. Falls unregelmässige Spannungen bei der Erwärmung entstehen, so seien diese und nicht die Erwärmung der Grund zur Zwillingsbildung.

Die Versuche über künstliche Färbung von Krystallen waren selbst mit intensiven Anilinfarblösungen erfolglos. Der Verf. schliesst, dass homogen gefärbte Krystalle, die unter dem Mikroskope rasch entstehen, als Mischkrystalle zu deuten sind, d. h. dass in ihnen die färbende Substanz regelmässig eingelagert ist.

Ueber das Wachsthum der Krystalle. An Kanten und Ecken fallen weniger Molecüle in die Wirkungssphäre eines Molecüles als an Flächen. Bei der Bildung der Krystallskelette und Trichiten sind ausser diesem Umstande noch massgebend Diffussionsströmungen und Contactbewegungen, die der Verf. in früheren Arbeiten schon besprochen hat. Die Thatsache, dass sich Spitzen gerade als sehr geeignete Ansatzstellen für die Krystallisation erweisen, kann darauf beruhen, dass Oberflächenschichten von Gas oder Verunreinigung, die einem Ansatz hinderlich wären, weniger leicht an den Spitzen entstehen (wegen der geringeren Attractionskraft dort). Versuche zum Nachweis eines Einflusses von Spannungen auf Wachsthum oder Auflösung waren erfolglos.

Dissociation des Magnesiumplatincyanürs. Das rothe Salz (mit 7 aq.) geht beim Erwärmen in das gelbe (mit 5 aq.) und bei stärkerem Erwärmen in das farblose (mit 2 aq.) über. Die Umwandlung geht langsamer vor sich als bei physikalisch isomeren Substanzen, von denen die eine in die andere umgewandelt wird, und ist ein gutes Demonstrationsobject für die Zersetzung wasserhaltiger Salze.

Anilincobaltchlorür zeigt grosses Krystallisationsvermögen. Ebenso Anilinnickelchlorür und Anilinkupferchlorid und ähnliche Mischungen, bei denen Orthotoluidin das Anilin vertritt. Möglicherweise können derartige Metallverbindungen bei mikrochemischen Methoden von Nutzen sein, da sie meist leichter krystallisiren als rein anorganische Präparate.

Krystallisations- und Siedeverzüge. Die Abwesenheit von Luftblasen soll Siedeverzüge begünstigen. Durch fortgesetztes Entfernen der Luft mittelst eines eigenen Apparates (Ztschr. f. Instrumentenk. **2** p. 77. 1882) konnte Verf. Schwefelkohlenstoff ohne Dampfentwicklung bis 200° erhitzen. Dass Uebersättigung mit der Zeit von selbst verschwinden kann, erklärt der Verf. ähnlich wie PFAUNDLER dadurch, dass zufällig einmal viele Krystallmolecüle an einer Stelle zusammentreffen müssen.

Mikrophotographie chemischer Präparate. Das Gesichtsfeld soll nicht hell erleuchtet sein, sondern grau. Man kann dies am besten mit dem von SEIBERT für das Mikroskop eingerichteten TÖPLER'schen Schlierenapparat erreichen. Bei doppeltbrechenden Krystallen lässt sich, damit sie gut hervortreten, polarisirtes Licht anwenden.

Das Vorwärmen und Conserviren der Präparate. Um das Springen der Objectträger zu verhindern, legt man beim Erwärmen ein engmaschiges Netz auf den Vorwärmer. Um Präparate länger untersuchen zu können, schliesst man am Rande mit etwas Paraffin ab. Durch Eintauchen in Quecksilber kann man Präparate schnell abkühlen.

Die Oberflächenspannung und Lichtreflexion an Schlieren. Der Verf. schliesst aus seinen Versuchen, dass Tropfen eines Gemisches, die in einer Flüssigkeit schweben, wenn man sie einseitig erhitzt und dadurch dort ein diffuser Uebergang des Tropfens in der Flüssigkeit entsteht, als halbbegrenzte Tropfen bestehen können. Dabei würde der eine Theil der Oberfläche sich gewissermassen in unendlich viele Oberflächen zertheilen, durch welche, obgleich überall die Oberflächenspannung eine äusserst geringe wäre, die Spannung des scharfbegrenzten Theiles im Gleichgewicht gehalten werden könnte. An Schlieren konnte keine Reflexion nachgewiesen werden.

Aenderung der Löslichkeit durch Druck und kritische Umwandlungspunkte. Verändert man den Druck auf eine gesättigte Lösung, in welcher sich Krystalle befinden, um 300 Atmosphären, so wachsen die Krystalle weiter, wenn der Druck zunimmt, und lösen sich, wenn er abnimmt. Die Versuche wurden mit Triphenylmethan und Brenzcatechin in Alkohol angestellt. Der Verf. weist darauf hin, dass kritische Punkte bei der Umwandlung vom amorphen in den krystallinischen Zustand schwer durch die Moleculartheorie zu erklären sind.

Farbstoffabsorption durch quellbare Körper. Ein Stückchen Gelatine in Farbstofflösung einseitig durch Erwärmen gequollen, färbt sich intensiver in dem ungequollenen Theil. Dies spricht dafür, dass die Färbung nicht auf einer chemischen, sondern physikalischen Verbindung beruht.

Ueber die Löslichkeit an verschiedenen Krystallflächen. Ein Krystall, der sich immerwährend an einer Seite auflöste, an der anderen weiter wüchse, wäre ein perpetuum mobile, also unmöglich.

Steighöhen in mikroskopisch engen Capillaren. Die Beobachtungen lassen sich, wie der Verf. erprobt hat, recht gut anstellen und benöthigen nur sehr geringer Mengen Substanz. Auch der Randwinkel lässt sich unter dem Mikroskop zur Messung der Capillarconstanten verwenden.

Mikroskopische Bestimmung der Dampftension, der thermischen Ausdehnung von Flüssigkeiten, der Compressibilität, der Elasticität von Krystallen:

Der Verf. setzt die Vortheile auseinander, welche durch mikroskopische Bestimmung der verschiedenen Constanten zu erreichen sind, und erläutert die Versuchsbedingungen. Zur Herstellung des Druckes lässt man mit Vortheil comprimirte Kohlensäure aus einem Gefäss in ein anderes strömen, bis in einer seitlich angebrachten Röhre, die zum Versuchsobjecte führt, der gewünschte Druck herrscht.

Eine nicht metallische, metallisch leitende Flüssigkeit:

Ein Tropfen geschmolzenen Eisenoxydoxyduls verändert seine Stellung zwischen den Elektroden von Eisendraht nicht, wenn auch längere Zeit der Strom durchgeschickt wird. Wäre die Leitung elektrolytisch, so müsste auf der einen Seite Eisen gelöst und auf der anderen abgeschieden werden. *E. B.*

Litteratur.

W. H. Behse. Lehrbuch der Physik für höhere Bürgerschulen und technische Lehranstalten. Weimar: B. F. Voigt, 1887, 229 pp.; [Arch. f. Math. u. Phys. (2) **5**, [2] 23.

L. Busemann. Naturkundliche Volksbücher. 2 Bände. Braunschweig: Vieweg u. Sohn. 1885, VIV u. 781 pp., 1887, XV u. 822 pp.; [Beibl. **11**, 672.

Johs. Crüger. Schule der Physik. 12., verb. Aufl. Mit 521 Abbildungen. Leipzig: Amelang. 1887. VI u. 674 S. 8⁰. M. 7,00.

V. Fehling. Handwörterbuch der Chemie. Leipzig 1887, Vieweg, Lief. 58. Enthält „Photometer" und „Photographie".

L. Graetz. Compendium der Physik. Wien 1887, XX u. 324 pp.

Jansen. Methodischer Leitfaden der Physik und Chemie. Freiburg i. Br. 1887, Herder. [ZS. f. Math. u. Phys. **33** [2], 37.

Jochmann u. Hermes. Grundriss der Experimentalphysik und Elemente der Astronomie und mathematischen Geographie. 10. Aufl. Berlin 1887, XVI u. 444 pp.

G. Krebs. Experimental-Physik. 2. Aufl. Wiesbaden 1887.

K. Koppe. Anfangsgründe der Physik. 17. Aufl., bearbeitet von H. Koppe. Essen 1887, VIII u. 458 pp.

M. Koppe. Physikalische Aufgaben. ZS. phys.-chem. Unt. **1**, 66-70.

F. Kohlrausch. Leitfaden der praktischen Physik mit einem Anhange, das absolute Maasssystem. 6. Aufl. Leipzig: B. G. Teubner. 1887. XXI u. 364 pp.; [Beibl. **11**, 673.

Meiser und Mertig. Anleitung zum experimentellen Studium der Physik.

I. Galvanische Elektricität. Leipzig 1886, 42 pp.

II. Influenz-Elektricität. Leipzig 1887, 30 pp. Selbstverlag.

[ZS. phys.-chem. Unt. **1**, 82; [Beibl. **11**, 476.

P. Meutzner. Lehrbuch der Physik im Anschluss an

WEINHOLD's physikalische Demonstrationen. Wien: Gerold 1887, und Leipzig 1887, 268 pp.

L. MORGENSTERN. Einführung in das Gebiet der Physik. Jena 1887.

P. MÜNCH. Lehrbuch der Physik. Mit einem Anhange: Die Grundlehren der Chemie und der mathematischen Geographie. Freiburg i. Br.: Herder, 1886, 443 pp.; [Arch. f. Math. u. Phys. (2) **5** [2], 23.

L. PFAUNDLER. MÜLLER-POUILLET's Lehrbuch der Physik und Meteorologie. Braunschweig: Vieweg u. Sohn.

G. RECKNAGEL. Compendium der Experimental-Physik. 2. Aufl. 1. Thl. XI u. 365 S. 8°. Kaiserslautern: Tascher. 1887. 2 Thl.

W. ROSENBERG. Notizen über die Elementarphysik. J. russ. phys.-chem. Ges. **19**, 7-12, 1887; [Beibl. **11**, 608.

R. WAEBER. Lehrbuch für den Unterricht in der Physik mit besonderer Berücksichtigung der physikalischen Technologie und der Meteorologie. 5. Aufl. Leipzig 1887, 347 pp.

A. F. WEINHOLD. Physikalische Demonstrationen. Anleitung zum Experimentiren. 2. Aufl. (in 3 Lieferungen) Lief. 1. Leipzig 1887, 280 pp.

B. WEINSTEIN. Handbuch der physikalischen Maassbestimmungen. Berlin 1886, J. Springer. [ZS. f. Math. u. Phys. **33** [2], 36; [HOPPE Arch. (2) **5** [2], 10-11.

WÜLLNER. Lehrbuch der Experimentalphysik. III und IV. Leipzig: Teubner, 1885, 825 pp. [ZS. f. Math. u. Phys. **32** [2], 134, **33** [2], 31.

W. A. ANTHONY and C. F. BRACKETT. Elementary textbook of physics. New-York: Wiley. [Science **10**, 235.

F. W. AVELING. Light and heat. London 1887, Relfe Bros., 158 pp. [Nature **37**, 176.

J. D. EVERETT. Units and physical constants. 2. Aufl. London: Macmillan & Co., 1886, 200 pp. [Beibl. **11**, 478.

A. P. GAGE. A text-book on the elements of physics for high schools and academies. Boston 1886, Ginn et Co. [Rev. Int. **4**, 226.

E. H. HALL. Experimental physics for schools. [Science **10**, 129-130.

STEWART and GEE. Lessons in elementary practical physics.

Vol. I. General physical properties 1885, 308 pp.

Vol. II. Electricity and magnetism. London: Macmillan, 1887, 500 pp. [Rev. intern. **5**, 163; [Science **10**, 236; [Sill. J. (3) **35**, 79, 1888.

P. G. TAIT. Conférences sur quelques-uns des progrès récents de la physique. Traduit par KROUCHKOLL. Paris 1887.

A. M. WORTHINGTON. First course of physical laboratory practice. Chicago 1887, XI u. 930 pp.

WRIGHT. Sound, light and heat. Nature **37**, 199.

S. YOUNG. Questions on physics. London 1887, Rivingtons. [Nature **36**, 293.

FERNET. Cours de physique à l'usage des classes de lettres. Nouvelle édition. 3 parties. Paris 1887.

A. GANOT. Traité élémentaire de physique. Refondu et rédigé par G. MANEUVRIER.

— Cours de physique (MANEUVRIER). Paris 1887, Hachette et Cie. [Lum. El. **26**, 545-546.

H. GOSSIN. Cours élémentaire de physique. 2 et 3. année. Paris, Hachette et Cie, 246 u. 284 pp.

C. HARAUCOURT. Cours élémentaire de physique. 2. édition. Paris 1887, 544 pp.

J. MOUTIER. Cours abrégé de physique. Paris 1887, 1027 pp.

H. PELLAT. Cours de physique à l'usage de la classe de mathématiques spéciales. Tome II, 2me partie. Optique géometrique. Paris 1886, Dupont. [Beibl. **11**, 301.

H. RESAL. Traité de physique mathématique. 2. éd. I.

Capillarité, Elasticité, Lumière. Paris: Gauthier Villars, 1887.

L. SER. Traité de physique industrielle. Production et utilisation de la chaleur. Principes généraux, foyers, récepteurs de chaleur, cheminées, ventilateurs etc. Thermodynamique. Paris 1887.

A. ILGIN. Handbuch der allgemeinen Physik. (In russischer Sprache.) Theil I: Allgemeine Tabellen, Mechanik, Verbindungen, Thermometrie, Barometrie, Psychometrie, Aërostatik, Wärme, Licht. St. Petersburg 1887, XXVII u. 628 pp. [Rev. int. 5, 366.

C. CHRISTIANSEN. Jnledning til den mathematiske Fysik. Del I: Potentialet. Mekanisk Fysik. Kjöbenhavn 1887, 218 pp., 8^{0}.

R. CAPPANERA. Elementi di Fisica e Chimica. Napoli 1887.

G. ZANON. Principii di fisica secondo la dottrina dell' ilemorfismo moderno. Bologna 1885, Gamberini e Parmeggiani.

B. FELIU Y PEREZ. Curso elemental de Fisica experimental y aplicada. 6. edic. Madrid 1886, VIII u. 628 pp.

F. PICATOSTE. Problemas de Fisica. (Ampliacion de las de Ganot.) Madrid 1887, 88 pp.

F. BRAUN. Ueber Gesetz, Theorie und Hypothese in der Physik. Tübingen: F. Fues, 1886, 23 pp. [Thüring. ZS. **60**, 93-94.

R. O. NALD. Licht und Schwere, oder die Zurückführung der Licht- und Wärmeerscheinungen auf die allgemeine Schwere. Berlin: A. Seydel, 1886, 100 pp. [Thüring. ZS. **60**, 94-96.

M. PLANCK. Das Princip der Erhaltung der Energie. Leipzig 1887. Teubner.

P. O. SCHMIDT. Ursprung und Bedeutung des Raum- und Zeitbegriffs im Lichte der modernen Physik. Diss., Halle 1887, 57 pp., 8^{0}.

W. SIEMENS. Das naturwissenschaftliche Zeitalter. Vortrag. Berlin, C. Heymann, 20 pp. [CZ. Opt. Mech. **8**, 17-20.

H. WEBER. Fünf populäre wissenschaftliche Vorträge. Braunschweig: F. Vieweg u. Sohn, 1887. [Thüringer ZS. **60**, 92-93. [Beibl. **11**, 303.

W. C. WITTWER. Bemerkungen zu dem Berichte des Herrn GERSTMANN über meine „Grundzüge der Molecularphysik und der mathematischen Chemie". Stuttgart 1885.

GERSTMANN. Erwiderung. Phys. Ges. Berlin **6**, 102-103.

J. THOMSEN. Om Materiens Enhed. Kjöbenhavn 1887, 40 pp.

W. ANDREW. „Creation", „Supplement to Creation" and Constitution of Matter". Providence U. S. A. 1886, Angell and Co. and C. A. Reid. [Chem. News. **56**, 56.

B. L. L. Matter and energy: Are there two real things in the physical universe? Being an examination of the fundamental conception of physical science. London 1887.

E. SCHWOERER. The Reciprocal relations between the principal forces of nature. Chem. News. **55**, 3.

P. JANET. La physique mathématique et la physique expérimentale. Rev. scient. **39**, 33-38; Allg. J. d. Uhrmacherkunst **12**, 114, 121, 138; CZ. f. Opt. Mech. **8**, 125-129.

J. PRESCOTT JOULE. Joint scientific papers of. London Taylor and Francis, 1887, 391 pp. [Sill. J. (3) **34**, 229; [Chem. News. **55**, 211.

GOVI. Trois brochures concernant diverses questions de physique. C. R. **55**, 566.

Erfindung des Heberbarometers, Einfluss der Elektricität bei der Hagelbildung (wird verneint), Wasserzersetzung mit der Influenzmaschine. *Bde.*

E. O. v. LIPPMANN. Ueber DÜHRING's „Neue Grundgesetze der rationellen Physik". [Chem. CBl. (3) **17**, 753-756, 1886; [Beibl. **11**, 560,

Fondation TEYLER. Catalogue de la bibliothèque dressé par C. EKAMA. Septième livr.; Mathématiques, chimie et physique, astronomie; météorologie. Harlem: Héritiers Loosjes, 1887, 726 pp.

Ausstellung wissenschaftlicher Instrumente, Apparate und Präparate. ZS. f. Instrumkde. **7**, 181, 247.

Bericht darüber. ZS. f. Instrumkde. **7**, 397-399, 428-435.

H. J. KLEIN. Revue der Fortschritte der Naturwissenschaften. Herausgegeben unter Mitwirkung hervorragender Fachgelehrten von der Redaction der Gaea. Bd. XV, enthaltend Astronomie, Meteorologie und Physik. Leipzig: E. H. Mayer, 1887, 408 pp. [Thüring. ZS. **60**, 360-361.

J. MÜLLER. Die wissenschaftlichen Vereine und Gesellschaften Deutschlands im 19. Jahrhundert. Zehnte und elfte Lief. Berlin 1887, A. Asher & Co.

Zum Journal für reine und angewandte Mathematik ist Inhalt und Namenverzeichniss der Bände **1—100**, 1826 bis 1887, erschienen.

F. ROSENBERGER. Geschichte der Physik. III. Geschichte der Physik in den letzten 100 Jahren. Braunschweig: Vieweg u. Sohn, 1887, 318 pp.

M. MARIE. Histoire des sciences mathématiques et physiques.

VIII. d'Euler à Lagrange, 259 pp.
IX. de Lagrange à Laplace, 321 pp.
XI. de Fourier à Arago, 257 pp.

Paris: Gauthier-Villars, 1886. [ZS. f. Math. u. Phys. **32** [2], 64, 222; [Beibl. **11**, 673.

A. WÜLLNER. Die Entwickelung der Grundanschauungen

in der Physik im Laufe unseres Jahrhunderts. Aachen 1887.

K. LASSWITZ. Zur Genesis der Cartesischen Corpuscularphysik. Vierteljahrsschr. f. wissenschaftl. Philosophie **10**, 166-189, 1885/86; [Beibl. **11**, 377-378.

S. GÜNTHER. Beobachtung und Experiment im Alterthum. CZ. Opt. Mech. **8**, 101-105, 111-113.

B. ROTHLAUF. Die Physik PLATO's, eine Studie auf Grund seiner Werke. Progr. d. Königl. Kreis-Realschule München 1887, 51 pp.; [ZS. f. Math. u. Phys. **32** [2], 220-221.

B. BONCOMPAGNI. Bulletino di bibliografia e di storia delle scienze matematiche e fisiche. Tomo XIX. Roma 1886.

A. FAVARO. Miscellanea Galileiana inedita. Venezia: G. Antonelli, 1887, 340 pp. [ZS. f. Math. u. Phys. **32** [2], 173, 174-176.

Liste alphabétique de la correspondance de CH. HUYGENS qui sera publiée par la société hollandaise des sciences à Harlem. Harlem: J. Enschede u. Sohn, 15 pp. [Beibl. **11**, 116.

HUYGENS. Traité de la lumière avec un discours sur la cause de la pésanteur. (W. BURKHARDT.) Leipzig: Gressner & Schramm, 132 pp. [ZS. f. Math. u. Phys. **32** [2], 135.

ROSENBERGER. Zum Gedächtniss OTTO VON GUERICKE's, gest. 1686. Ber. d. deutschen Hochstifts 1886/87, 110-131; [Beibl. **11**, 477.

G. C. LAUBE. Zur Erinnerung an J. KREJCI. Verh. k. k. geol. Reichsanst. 1887, 275-276.

J. TYNDALL. THOMAS YOUNG. Proc. Roy. Inst. Lond. **22**. Jan. 1886, 36 pp. [Beibl. **11**, 798.

G. KIRCHHOFF †. Lum El. **26**, 194-195; Allg. J. d. Uhrmacherkunst **12**, 358, 374; CZ. f. Opt. Mech. **8**, 265-268; Nekrologe von H. C. VOGEL Astr. Nachr. **118**, 47-48; F. POSKE ZS. phys.-chem. Unterr. **1**, 72-73; P. G. TAIT Nature **36**, 606-607.

G. TH. FECHNER †. Wien. Anz. **24**, 291; [Lum. El. **26**, 492.

TH. V. OPPOLZER †. Exner Rep. **23**, 333.

E. WEISS. Nekrolog über TH. V. OPPOLZER. Astron. Nachr. **116**, 95-96.

J. VON FRAUNHOFER †. Allg. J. d. Uhrmacherkunst **12**, 43.

VOIT. JOSEF VON FRAUNHOFER. Sond.-Abdr. a. d. Vierteljahrsschrift d. polytechn. Ver. München. [ZS. f. Instrk. **7**, 292.

A. W. HOFMANN. In memoria di Quintino Sella. Versione di L. GABBA. Milano 1887.

T. W. JEANS. Lives of Electricians; Tyndall, Wheatstone and Morse. London 1887. [ZS. f. Instrumkde. **7**, 108.

B. BALDI. Vite di matematici publicati da E. NARDUCCI. Roma 1887.

MASCART. Notice sur M. ALFRED TERQUEM. C. R. **105**, 196-199.

R. P. DELSAULX. Les travaux Scientifiques de JOSEPH PLATEAU. Revue des Questions Scientifiques **15**, 1884, p. 114-159, 518-578; **16**, 1884, p. 383-438.

L. A. GAIFFE †. Lum. El. **24**, 138.

THOULET. F. V. RASPAIL et ses travaux de microchimie et de cristallographie. Rev. Scient. (3) **39**, 522-528.

PH. O. GARRETT. Memoir of Pliny Earle Chase. Proc. Amer. Philos. Soc. **24**, 287-296.

F. POSKE. Ziel und Wege des physikalischen Unterrichts. ZS. f. phys. u. chem. Unt. **1**, 1-2.

H. SCHÜTZ. Die gegenwärtige Bedeutung des mathematisch-physikalischen Unterrichts an Gymnasien. Frankfurt 1887, 20 pp.

DE VOLSON WOOD. To authors of text-books on physics. Science **9**, 60. *Bde.*

1b. Maass und Messen.

H. v. HELMHOLTZ. Zahlen und Messen erkenntnisstheoretisch betrachtet. Aus „Philosophische Aufsätze, E. Zeller gewidmet", Leipzig: Fuess 1887, 52 pp.

Der Verfasser fasst die Zahlen zunächst als Zeichen, welche keine weitere Eigenschaft besitzen, als die, eine bestimmte, ein für allemal eingelernte Reihenfolge zu haben. Er zeigt, dass sich für die Operationen mit den so gedachten Zahlen dieselben Grundsätze aufstellen lassen, welche als Axiome in der Lehre von den Anzahlen gelten. Er untersucht dann, was es heisst, wenn wir zwei Objecte in physischem Sinne für gleich erklären und welchen Character ihre Verknüpfung haben muss, damit ihre vergleichbaren Attribute additiv, als Grössen, miteinander verknüpft werden können. Durch irgend ein Verfahren, das Vergleichsverfahren, stellen wir fest, dass zwei Objecte unter geeigneten Bedingungen einen Erfolg beobachten lassen, der zwischen anderen Paaren ähnlicher Objecte nicht eintritt. Vertauscht man die Objecte miteinander, so muss der Gleichheitserfolg bestehen bleiben; lässt sich das nicht erreichen, so ist das Vergleichsverfahren unbrauchbar. Der Satz von der Gleichartigkeit von Summe und Summanden läuft darauf hinaus, dass für alle Schritte der Untersuchung ein- und dasselbe Vergleichsverfahren benutzt werden muss. Eine physische Verknüpfung gleichartiger Grössen kann dann als Addition angesehen werden, wenn das Ergebniss der Verknüpfung weder durch Vertauschung der Elemente noch durch Substitution gleicher Elemente statt der gebrauchten geändert wird. (Beispiel: Zwei elektrische Widerstände werden durch Hintereinanderlegen, zwei Leitungsfähigkeiten durch Nebeneinanderlegen der betreffenden Drähte addirt.)

Es folgen Untersuchungen über Theilbarkeit und Einheiten, über Addition ungleichartiger Grössen und Multiplication benannter

Zahlen. Bezüglich der Coefficienten in Formeln, welche die gesetzliche Beziehung zwischen zwei Grössen angeben, wird bemerkt, dass die Coefficienten eigentlich nicht als Grössen zu bezeichnen seien, weil sie nicht additiv zusammenfügbar sind; doch ist der Unterschied nicht wesentlich, weil neue Entdeckungen dazu führen können, dass sie additiv verknüpfbar werden. *Bde.*

R. LEHMANN-FILHÉS. Ueber abnorme Fehlervertheilung und Verwerfung zweifelhafter Beobachtungen. Astron. Nachr. **117**, 121-131.

Der Verfasser bespricht die bekannte Erscheinung, dass grosse Fehler häufiger auftreten, als die GAUSS'sche Theorie es zulässt. Die Methode, weit abweichende Beobachtungen zu verwerfen, hält er für willkürlich. In der That zeigen auch die grossen Abweichungen eine unverkennbare Gesetzmässigkeit: Man theile sämmtliche Fehler in Gruppen mit äquidistanten Grenzen, zähle die Fehler jeder Gruppe und bilde die Differenzen $E-G$ zwischen der Erfahrungsanzahl E und der GAUSS'schen theoretischen Anzahl G. Trägt man diese Differenzen als äquidistante Ordinaten auf, so zeigen bei einer Anzahl willkürlich herausgegriffener Beispiele die Curven erst ein deutliches Minimum, dann ein die Abscissenaxe überschreitendes Maximum und hierauf anscheinend eine asymptotische Annäherung an die Null. Der Verfasser sucht dies Verhalten zu erklären, indem er die Annahme fallen lässt, dass die Genauigkeit h während einer längeren Beobachtungsreihe constant sei. Er nimmt an, dass die verschiedenen h der Serie sich um einen Mittelwerth h_0 gruppiren, und zwar wird die Wahrscheinlichkeit, dass h zwischen den Grenzen h und $h + dh$ liege, versuchsweise gleich

$$\frac{h}{\sqrt{\pi}}\, e^{-h^2(h-h_0)^2}\, dh$$

gesetzt. Hiermit wird eine strenge Fehlerformel berechnet, durch passende Vernachlässigungen gekürzt und auf die früher benutzten Zahlenbeispiele angewendet; es ergiebt sich eine bessere Uebereinstimmung als nach dem GAUSS'schen Gesetz. *Bde.*

J. BERTRAND. Théorème relatif aux erreurs d'observation. C. R. **105**, 1043†; [Cim. (3) **23**, 261, 1888.

— Sur la loi des erreurs d'observation. C. R. **105**, 1147-1148†; [Cim. (3) **23**, 267, 1888.

FAYE. Bemerkung zur ersten Notiz. C. R. **105**, 1102.

Die erste Notiz giebt ohne Beweis den Satz:

Macht man eine gerade Anzahl von Messungen einer Grösse und paart die Resultate rein zufällig, unterscheidet man dann in jedem Paar den grösseren und den kleineren Fehler, so convergirt das Verhältniss „Summe der grösseren Fehler dividirt durch Summe der kleineren" bei wachsender Zahl der Beobachtungen gegen den Werth $\sqrt{2}+1$ oder 2,41. Herr BROCH hat diesen Satz an vier BENOIT'schen Reihen von Gewichtsbestimmungen geprüft und im Mittel aus 379 Beobachtungen 2,39 gefunden.

In der zweiten Notiz wird der Satz aufgestellt: „Misst und paart man die Resultate wie oben, so convergirt das Verhältniss „Mittel aus dem Quadrat der grösseren Fehler dividirt durch das Mittel aus den Quadraten aller Fehler" bei wachsender Zahl der Beobachtungen gegen $1+\frac{2}{\pi}$.

FAYE bemerkt dazu, dass das in der ersten Abhandlung erwähnte Verhältniss in einem concreten Fall zwischen den Grenzen 1 und 3,915 liegt, deren Mittel 2,457 ist und wenig von 2,41 abweicht. *Bde.*

J. BERTRAND. Sur ce qu'on nomme le poids et la précision d'une observation. C. R. **105**, 1099-1102†; [Beibl. **12**, 294, 1888.

Das Gewicht einer Beobachtung ist nach der gewöhnlichen Definition gleich k, wenn sie so viel Werth hat wie k Beobachtungen, deren Gewicht gleich der Einheit gesetzt wird. Ihre Präcision ist h, wenn die Wahrscheinlichkeit eines Fehlers, der zwischen x und $x+dx$ liegt, für sie eben so gross ist, wie die Wahrscheinlichkeit eines Fehlers zwischen hx und $h(x+dx)$ für eine Beobachtung von der Präcision 1.

Der Verfasser bestreitet die allgemeine Anwendbarkeit dieser Definitionen, weil man nicht berechtigt sei, a priori anzunehmen, dass die Qualität der Beobachtungen durch ihre Anzahl ersetzt werden könne, und weil die Wahrscheinlichkeit eines Irrthums von bestimmter Grösse nicht dieser Grösse proportional ist. Er untersucht, welcher Art das Fehlergesetz sein muss, wenn jede Beobachtung ein bestimmtes, genau angebbares Gewicht und eine Präcision von derselben Eigenschaft haben soll. Die Wahrscheinlichkeit eines Fehlers zwischen z und dz sei für dasjenige System von Beobachtungen, deren Gewicht 1 ist, gleich $\varphi(z)dz$, und für ein anderes sei sie $\psi(z)dz$. Sollen dann die letzteren Beobachtungen das Gewicht k haben, so muss das Verhältniss

$$\frac{[\varphi(z)]^k}{\psi(z)}$$

constant sein. Ebenso ist, wenn den Beobachtungen der Reihe φ die Präcision 1 zugeschrieben wird

$$\frac{\varphi(hz)}{\psi(z)}$$

constant. Also muss

$$\frac{\varphi(hz)}{[\varphi(z)]^k}$$

eine von z unabhängige Grösse G sein. Daraus wird durch rein mathematische Manipulationen unter der Voraussetzung, dass von der TAYLOR'schen Reihe nur das zweite gerade Glied beizubehalten sei, die Gleichung abgeleitet

$$\varphi(z) = G^{\frac{1}{k-1}} e^{\beta z^{2\mu} \frac{k^n + 1}{h^{2(n+1)\mu}}}$$

worin β eine Constante, 2μ ein gerader Exponent ist, der von der Form der Function φ abhängt und im Allgemeinen den Werth 2 hat.

Damit dieser Ausdruck weder Null noch unendlich sei und für unendliches z Null werde, muss β negativ und $\frac{k}{h^{2\mu}} = 1$ sein. Also muss $\varphi(z)$ die Form haben

$$\varphi(z) = Ae^{-m^2 z^{2\mu}}$$

Ist die zweite Derivirte von z nicht Null für $z = 0$, so ist $\mu = 1$ und die Gleichung ist mit dem GAUSS'schen Gesetz identisch. Setzt man $\mu = 1$, so wird $k = h^2$, also das Gewicht gleich dem Quadrat der Genauigkeit. *Bde.*

CH. M. SCHOLS. La loi de l'erreur résultante.

Ann. d. Delft. **3**, 140-150.

Im Anschluss an seine Abhandlung „Théorie des erreurs dans le plan et dans l'espace", Ann. de Delft **2**, 123-178 (in diesen Berichten **42**, (1) 12 fälschlich mit der Bandnummer **3** citirt) entwickelt der Verfasser auf ziemlich elementarem Wege die Formeln für das Gesetz des resultirenden Fehlers bei beliebiger Anzahl der Componenten. Dasselbe wird zunächst nicht durch eine einzige Formel, sondern durch mehrere discontinuirliche Formeln ausgedrückt, (2^s Grenzen, wenn der Fehler aus s Componenten resultirt), und durch Summation derselben werden schliesslich die Hauptformeln gewonnen. Diese werden auf drei Specialfälle angewendet: 1) die Elementarfehler seien von constanter und symmetrischer Wahrscheinlichkeit, 2) sie haben alle dasselbe Gesetz und dieselben Grenzen, 3) beide Bedingungen 1) und 2) seien gleichzeitig erfüllt. *Bde.*

A. PORT. Sur la résolution, dans un cas particulier, des équations normales auxquelles conduit la méthode des moindres carrés. C. R. **105**, 491-494.

Es sei

$$y = k_0 + k_1 x + k_2 x^2 \; . \; . \; . + k_n x^n$$

und k_0 nicht $= 0$. Man habe durch Beobachtung m zusammengehörige Werthpaare $(y_1\, x_1)$, $(y_2\, x_2)$ . . . $(y_m\, x_m)$ gefunden $(m > n)$. Der Verfasser giebt eine verhältnissmässig einfache Methode, die Constanten k zu berechnen, für den Fall, dass x_1, x_2 . . . x_m eine arithmetische Progression $x_1 = u$, $x_2 = 2u$, $x_3 = 3u$ u. s. w. bilden. *Bde.*

F. Y. Edgeworth. On Discordant Observations.
Phil. Mag. (5) **23**, 364-375; [Cim. (3) **23**, 282, 1888.

Weit abweichende Beobachtungen können 1) als grobe Irrthümer angesehen werden, 2) kann man annehmen, dass Irrthümer vorkommen, aber auf den ersten Blick nicht von gewöhnlichen Beobachtungsfehlern zu unterscheiden sind, 3) dass Irrthümer nicht als eine besondere Classe von Beobachtungsfehlern zu behandeln sondern einfach dem allgemeinen Fehlergesetz unterzuordnen seien. Danach ergeben sich 4 verschiedene Behandlungsweisen: a) Man verwirft einfach die Beobachtungen mit grober Abweichung, b) man verwirft sie, wenn die Wahrscheinlichkeitsrechnung zeigt, dass sie einer schlechteren Beobachtung entsprungen sein müssen, c) man behält alle Beobachtungen bei, versieht sie aber mit Gewichten, die nach der Wahrscheinlichkeit a posteriori bemessen werden, d) man nimmt den Median- oder Centralwerth (Fechner) aller, auch der abweichenden Beobachtungen. Die drei ersten Methoden werden kritisch betrachtet, die vierte soll einer besonderen Untersuchung vorbehalten werden. *Bde.*

F. Y. Edgeworth. A New Method of Reducing Observations relating to Several Quantities (letter).
Phil. Mag. (5) **24**, 222-223.

H. H. Turner. On Mr. Edgeworth's Method of Reducing Observations relating to several Quantities.
Phil. Mag. (5) **24**, 466-471.

Edgeworth giebt seine Methode sehr kurz in folgenden Worten an: „Zwei Variable x und y seien vorausgesetzt. Finde irgendwie eine roh angenäherte Lösung (z. B. indem mehrere Gleichungen einfach addirt werden, bis man noch zwei unabhängige Gleichungen hat). Nimm den so bestimmten Punkt als neuen Ursprung und substituire in die n transformirten Gleichungen für x eine Reihe von Werthen $\pm \delta$, $\pm 2\delta$ u. s. w., so erhält man für jeden dieser Werthe n Gleichungen für y. Für jedes dieser Systeme suche nach Laplace's méthode de situation die Mediane. Die Reihe der Medianen bildet einen Ort für den gesuchten Punkt, ein zweiter findet sich, indem man dieselbe Operation noch einmal vornimmt und dabei x mit y vertauscht." Die Methode lässt sich auf beliebig viele Variablen ausdehnen und arbeitet schneller als die Methode der kleinsten Quadrate. Sie ist noch nicht geprüft.

TURNER giebt ein graphisches Verfahren an, welches auf den gleichen Grundsätzen beruht. *Bde.*

F. Y. EDGEWORTH. The Empirical Proof of the Law of Error. Phil. Mag. (5) **24**, 330-342.

An verschiedenen Beispielen wird kritisch nachgewiesen, dass das Wahrscheinlichkeitsgesetz der Fehlervertheilung

$$y = \frac{1}{c\sqrt{\pi}} e^{-\frac{x^2}{c^2}}$$

den empirischen Daten ungleich besser entspricht, als andere symmetrische Functionen von einfacher Form mit nur einem Parameter. *Bde.*

J. VENN. The law of error. Nature **36**, 411-412.

E. Y. EDGEWORTH. The law of error. Nature **36**, 482-483.

T. W. BACKHOUSE. The law of error. Nature **36**, 531.

Discussion über Anwendung des Fehlergesetzes auf zwei Specialfälle; dieselbe führt zu keinem endgiltigen Ergebniss, weil die Bedingungen, unter denen die Beobachtungen angestellt sind, sich nicht präcisiren lassen. *Bde.*

W. H. M. CHRISTIE. Description of the personal equation machine of the Roy. Observatory, Greenwich. Monthl. Not. **48**, 1-4.

H. H. TURNER. Results obtained with the personal equation machine at the Roy. Observatory, Greenwich. Monthl. Not. **48**, 4-19.

Von speciellem Interesse für astronomische Positionsbeobachtungen. *Bde.*

P. Pizzetti. Sulla compensazione delle osservazioni secondo il metodo dei minimi quadrati. Linc. Rend. (4) **3**, [2], 230-235, 288-294.

Der Verfasser giebt ein Verfahren an, welches die Auflösung der Normalgleichungen bei geodätischen Messungen dadurch erleichtert, dass die Bedingungsgleichungen nicht alle zugleich, sondern der Reihe nach in Gruppen zur Bildung reducirter Gleichungen herangezogen werden, und beweist, dass die Operation rasch convergirende Correctionen liefert. *Bde.*

Comité international des poids et mesures. Procès-verbaux des séances de 1886. Paris, Gauthier-Villars 1887. 236 pp.†

Die Sitzungsprotocolle der internationalen Metercommission während der Session 1886 liefern in üblicher Weise ausser den Correspondenzen und diplomatischen Verhandlungen ausführlichen Bericht über die inneren Angelegenheiten, über die Personalien, über die Prototypen und Instrumente sowie über die Geschäfte und Arbeiten des internationalen Bureaus während des Jahres 1886. Es wird das Programm für die im folgenden Jahre auszuführenden wissenschaftlichen Arbeiten festgesetzt. In einer der Sitzungen wird von Herrn Foerster die Frage über die Definition des Kilogramms angeregt, nämlich das Kilogramm als Einheit der Maasse und nicht als Einheit des Gewichts zu definiren, eine definitive Beschlussfassung wird indessen noch vertagt.

Anhangsweise ist den Sitzungsprotocollen beigefügt der zehnte Bericht des Comités der internationalen Metercommission an die Signatarmächte der Meterconvention über die Gesammtthätigkeit während des Jahres 1886, über die Bauten, über die Maschinen, Instrumente, Prototype, über Personal und Bibliothek des Bureaus, ferner über die Correspondenzen mit den einzelnen Regierungen, sowie über die Rechnungsabschlüsse. *L. Grm.*

Permanente Commission der internationalen Erdmessung. Verhandlungen der achten allgemeinen Conferenz der internationalen Erdmessung und deren permanenten Commission im October 1886 zu Berlin.

Berlin: G. Reimer 1887; [ZS f Instrumkde. 7, 363-365†

Aus dem Referat der ZS. f. Instrkde., welches dem Referenten allein zugänglich war, ist hervorzuheben 1) ein Bericht von v. Oppolzer über Pendelversuche, aus dem hervorgeht, dass das mehrfach befürchtete Gleiten der Schneiden auf ihren Unterlagen wenigstens bei dem österreichischen Apparat nicht merklich eintritt, 2) eine noch nicht endgültige aber vorläufig sehr günstige Beurtheilung des Jäderin'schen Basisapparates durch Herrn v. Struve.

Bde.

A. Oberbeck Ueber die Bezeichnung der absoluten Maasssysteme. Wied. Ann. **31**, 335-336; [Cim. (3) **24**, 180, 1888.

L. Pfaundler. Ueber die Bezeichnung der Maasssysteme Wied. Ann **32**, 188-191; [J. de phys. (2) **7**, 497, 1888; [Cim. (3) **34**, 274, 1888.

Das Gauss'sche System einerseits, das der französischen Mathematiker andererseits sind von Pfaundler in der neuen Auflage der Pouillet-Müller'schen Physik als „absolutes“ und „irdisches oder practisches“ unterschieden worden. Oberbeck schlägt statt dessen die Worte „Masse-Gewicht-System“ und „Kraft-Gewicht-System“ vor. Pfaundler vertheidigt seine Bezeichnung. *Bde.*

W. Marek. Einfluss der Versenkung von Maassstäben in eine Flüssigkeit auf die scheinbare Länge derselben.

Wiener Anzeiger **24**, 254†; [ZS. f. Instrkde. **8**, 141-145, 1888; [Beibl. **12**, 617, 1888.

Senkt man bei Maassvergleichungen den Maassstab zur genauen Temperaturbestimmung in eine Flüssigkeit, so ist die Durchbiegung in Folge des Auftriebes in der Flüssigkeit eine andere als in Luft, und die dadurch bedingte Verschiedenheit in der scheinbaren Länge des Stabes kann, wie an einem Beispiele rechnerisch nachgewiesen wird, gross genug sein, um die Genauigkeitsgrenze moderner Metervergleichungen erheblich zu übersteigen. *W. K.*

A. A. MICHELSON und E. A. MORLEY. On a method of making the wave length of sodium light the actual and practical standard of length. Sill. J. (3) **34**, 427-430†; Phil. Mag. (5) **24**, 463-466; [J. de phys. (2) **7**, 443 444, 1888; [Science **10**, 86 aus Amer. Ass.; [Eng. **44**, 437; [Beibl. **12**, 477, 1888; [Lum. Él. **24**, 587; [Cim. (3) **25**, 85, 1889.

Die Verfasser construiren einen einfachen Interferenzapparat, in dem ein Spiegel parallel mit sich selbst durch eine Schraube verschoben wird; beträgt diese Verschiebung $1/2\ \lambda$, so wechselt im beobachtenden Fernrohr Helligkeit einmal mit Dunkelheit. Durch Anwendung von GEISSLER'schen Röhren, in denen Natrium zwischen Aluminiumelektroden leuchtete, gelang es ihnen 200000 Wellen zu zählen, und da man leicht $1/10$ Wellenlänge schätzen kann, würde sich ein Decimeter (= rund 400000 λ) mit einem Fehler von weniger als ein Zweimilliontel bestimmen lassen.

Um nun von kleineren zu grösseren Maasseinheiten fortzuschreiten, wird ein optischer Comparator benutzt. Das Decimeter ist wahrscheinlich zu gross, um zuverlässige Zählung der 400000 Wellen zu gestatten, man soll also von Centimeter zu Centimeter fortschreiten, wobei eine Genauigkeit von $1/20$ bis $1/50\ \lambda$ angestrebt wird. Die bekannte Störung, welche durch die Duplicität der Natriumlinie entsteht, wird als „leicht" bezeichnet. Thallium, Lithium und Wasserstoff gaben bis 50000 resp. 100000 zählbare Wellen.

Bezüglich der rothen Wasserstofflinie wird nebenbei die interessante Bemerkung gemacht, dass ihre Interferenzen bei etwa 15000 und 45000 λ verschwanden; sie soll also doppelt sein, mit einem

Abstand gleich nahe 1/16 des Abstandes zwischen den Natriumlinien. *Bde.*

J. MACÉ DE LÉPINAY. Méthode pour mesurer en longueurs d'onde de petites épaisseurs. Ann. chim. phys. (6) **10**, 68-85†; [Beibl. **11**, 442.

Die Methode beruht auf Anwendung der TALBOT'schen Streifen. Mittels eines Gitters wird ein Spectrum entworfen und die Hälfte der vom Collimator kommenden Strahlen geht durch die zu messende Platte (im behandelten Fall Quarz), dann finden sich im Spectrum die bekannten Interferenzstreifen, deren Abstand, wenn e die Dicke der Platte, n der Brechungscoefficient der Platte, p eine ungerade Zahl ist, durch die Gleichung

$$2\,\frac{n-1}{\lambda}\,e = p$$

bestimmt ist. Die Wellenlänge λ, so wie n werden als anderweitig ermittelt vorausgesetzt. Angenäherte Werthe von p werden mit einem Sphärometer gewonnen, dann ist es leicht, aus Messungen in der Nähe von zwei FRAUNHOFER'schen Linien und mit der Bedingung, dass p eine ganze ungerade Zahl sein muss, genaue Werthe von p zu finden. Das Verfahren wird am speciellen Beispiel des Quarzes erörtert. Bei diesem wurden nur die ordentlichen Strahlen benutzt; für die Wellenlänge der beobachteten Linie D_2 wird der FRAUNHOFER'sche Werth $5{,}8880.10^{-5}$ cm in Luft genommen, der Brechungsexponent n wurde durch directe Messung an einem Prisma bestimmt, welches aus demselben Krystall geschnitten war, wie die Platte; Temperaturcorrectionen sind besonders bestimmt, atmosphärische Druckänderungen vernachlässigt. Die Messung ergab für die untersuchte Quarzplatte bei Benutzung der FRAUNHOFER'schen Linien C_1 D_2 b_1 und F

0,200801, 0,200798, 0,200798, 0,200800

FRAUNHOFER'sche Centimeter. Herr BENOIT hat ein ähnliches Verfahren bereits benutzt, um die Ganghöhe eines Sphärometers zu ermitteln. Ein Nachtheil scheint allerdings darin zu liegen, dass die Genauigkeit der ganzen Methode von der Genauigkeit abhängt, womit der Brechungscoefficient n bekannt ist. *Bde.*

S. Czapski. Neuere Sphärometer zur Messung der Krümmung von Linsenflächen. ZS. f. Instrkde. 7, 297-301.

Der Verfasser bespricht zwei Sphärometer von A. M. Mayer und eins von Bamberg. Die ersten sind schon in Sill. J. (3) **32**, 61 beschrieben und in diesen Berichten **42**, 33 erwähnt.

Das Bamberg'sche Instrument wird mit vier Stahlfüssen, deren untere Kanten Theile eines Kreises sind, auf die Linse gesetzt, misst also die Höhe der durch diesen Kreis bestimmten Kugelmütze. Zeichnungen im Original. *Bde.*

Berthelot. Sur la graduation des tubes destinés aux mesures gazométriques. C. R. **105**, 591-594; Bull. soc. chim. **48**, 696-697; [Chem. CBl. **18**, 1425; [Beibl. **12**, 405, 1888.

Die gewöhnliche Calibrirung durch Wägen von Quecksilber hat bekanntlich den Nachtheil, dass beim Einfüllen des Quecksilbers der capillare Meniscus in umgekehrter Richtung steht, wie beim Gebrauch der Röhre. Es zählt also bei der Calibrirung positiv, und beim Messen eines über dem Quecksilber stehenden Gases negativ. Verf. vermeidet dies, indem er die Röhren in derjenigen Stellung calibrirt, in welcher sie gebraucht werden: das zugeschmolzene Rohr wird ganz voll Quecksilber gegossen, mit einer abgeschliffenen Glasplatte bedeckt, umgestülpt, gewogen und dann calibrirt, indem man Partien des Quecksilbers auslaufen lässt und wägt. Berthelot macht darauf aufmerksam, dass der Mechaniker Baudin die Röhren nach diesem Verfahren theilt und giebt einige Beispiele von der dabei erreichten Genauigkeit; die Theilungsfehler sind von gleicher Ordnung mit den Fehlern der Ablesung. *Bde.*

L. Padé. Ueber das von Dupré modificirte Regnault-sche Volumenometer. Bull. Soc. chim. **47**, 501-503; [Chem. CBl. (3) **18**, 682-683.

Die Beschreibung findet sich in einer Abhandlung, welche den Titel „Analyse des cafés“ führt. Aus dem Cylinder, welcher den zu messenden Körper aufnimmt, führt ein feines Rohr in eine Glaskugel U, deren Volumen bekannt ist; diese steht mit einem Manometerrohr in Verbindung, und von diesem Rohr geht unten ein Zweig ab, der durch einen biegsamen Schlauch zu einer Quecksilberflasche führt, die, ähnlich wie bei den ALVERGNIAT'schen Luftpumpen, durch eine Kurbel gehoben und gesenkt werden kann. Man lässt das Quecksilber erst bis an die untere Marke der Kugel U steigen, wobei durch Oeffnen eines Hahns das Manometer auf gleiche Höhe mit der Marke gebracht wird; hierauf schliesst man den Hahn und treibt das Quecksilber bis an die obere Marke von U: der Manometerstand sei jetzt h. Ist dann H der Barometerstand, V das Volumen des Cylinders, v das bekannte Volumen zwischen den Marken von U, so ist das Volumen des in den Cylinder gebrachten Körpers

$$V = \frac{vH}{h}.$$

Der Apparat scheint elegant und bequem gebaut. Figur im Original. *Bde.*

W. C. UNWIN. Measuring-Instruments used in Mechanical Testing. Phil. Mag. (5) **23**, 282-287†; Proc. Phys. Soc. **8**, 173-184; [Chem. News. **55**, 45; [Engin. **43**, 79.

Nach einer Besprechung schon bekannter Dinge giebt der Verf. drei wesentlich für technische Zwecke bestimmte Apparate an. Zwei „Extensometer" geben nur eine Genauigkeit von 10^{-4} Zoll, eins mit Spiegelablesung geht bis 10^{-5} Zoll; Figur im Original. *Bde.*

Aufstellung eines metrischen Gewindesystems seitens des Vereines deutscher Ingenieure. Dingl. J. **266**, 448.

Der Verein deutscher Ingenieure beschloss auf seiner Leipziger Hauptversammlung, dem engeren Vorstand folgende, vom Carlsruher Bezirksverein vorgeschlagene Festsetzungen zur Prüfung und eventuellen endgültigen Annahme vorzuschlagen:

Metrisches Gewindesystem.

Bolzen-durchmesser mm	Ganghöhe mm	Gangtiefe mm	Kern-durchmesser. mm	Schlüssel-weite mm
4	0.8	9.6	2.8	8
5	0.9	0.675	3.65	10
7	1.0	0.75	4.5	12
8	1.1	0.825	5.35	14
9	1.2	0.9	6.2	16
10	1.3	0.975	7.05	18
12	1.4	1.05	7.9	20
14	1.6	1.2	9.6	22
16	1.8	1.35	11.3	25
18	2.0	1.5	13.0	28
20	2.2	1.65	14.7	31
22	2.4	1.8	16.4	34
	2.8	2.1	17.8	40
24	2.8	2.1	19.8	40
26	3.2	2.4	21.2	46
28	3.2	2.4	23.2	46
30	3.6	2.7	24.6	52
32	3.6	2.7	26.6	52
36	4.0	3.0	30.0	58
40	4.4	3.3	33.4	64

Als Kantenform wird die SELLERS'sche Abflachung $\frac{1}{8}$, als Kantenwinkel 2 *arc tg* $\frac{1}{2} = 53^0\,8'$ empfohlen. Das ganze System schliesst sich dem in Amerika bewährten SELLERS'schen (auch FRANKLIN-Institute-Gewinde genannt) sehr nahe an. *Bde.*

F. R. UPTON. The Telemeter System. Rep. Brit. Ass. 1887, 878-879; The Elektr. **19**, H. 19; [Engin. **44**, 348; [Tel. J. and El. Rev. **21**, H. 512.

Das von CLARKE erfundene System überträgt die Bewegung eines drehbaren Zeigers *A* auf einen zweiten *B* in beliebiger Entfernung, so dass *B* stets dieselbe Stellung wie *A* hat. *A* kann äusserst leicht beweglich sein und trägt einen verticalen Platindraht, der, wenn *A* in Ruhe ist, zwischen zwei radialen Drähten *e* und *f* steht. Bewegt sich *A*, so schlägt der Platindraht an *e* oder *f* an, und setzt dadurch eine Reihe von Relais und Auslösungen in Gang, welche *B* ebenso bewegen, wie *A* sich eingestellt hat, und hierauf die Drähte *e* und *f* wieder in dieselbe Lage gegen *A* bringen, in der sie ursprünglich waren. Der Apparat soll zur Uebertragung der Anzeigen von Metallthermometern, Uhren, Dampfmanometern etc. dienen. *Bde.*

Abdank-Abakanowicz. Nouvelles études sur les intégraphes. Lum. El. **24**, 3-9, 54-56, 161-168.

Der Verfasser verwendet die Eigenschaft rollender Rädchen, gleitenden Bewegungen in der Richtung ihrer Axe mit grosser Reibung zu widerstehen, zur Construction verschiedener Curven, bespricht dann das Corradi'sche Planimeter und beschreibt hierauf zwei neue Integratoren, für welche auf die Figuren des Originals verwiesen werden muss. *Bde.*

F. Kohlrausch. Ueber die Correctionen bei einer Winkelmessung mit Spiegel und Scala. Wied. Ann. **31**, 95-101; [Cim. (3) **24**, 175, 1888.

Nicht als etwas Neues, sondern zur Bequemlichkeit der Beobachter werden die Operationen und Formeln für die genaue Bestimmung des Scalenabstandes zusammengestellt. Spiegelneigung, Spiegelkrümmung, Deckglasdicke und schräge Stellung der Scala sind berücksichtigt. *Bde.*

F. Drouin. Nouvelle méthode de lecture des appareils à reflexion. Lum. El. **26**, 464.

Statt des bei der Scalenablesung üblichen Spiegels wird eine durchsichtige planparallele Glasplatte drehbar aufgehängt. Das nahe vor der Platte befindliche Auge des Beobachters sieht: 1) durch die Platte hindurch nach einer hinter derselben angebrachten Scala, 2) in der Platte das reflectirte Bild eines Lichtpunkts, eines feinen Fadens etc. Das letztere bewegt sich natürlich auf der Scala, wenn die Platte sich dreht. Der Vortheil des

Verfahrens soll darin bestehen, dass man bequem im beleuchteten Zimmer betrachten kann; er scheint dem Referenten ziemlich zweifelhaft. *Bde.*

A. RIGHI. Sui fenomeni che si producono colla sovrapposizione di due reticoli e sopra alcune loro applicazioni. Cim. (3) **21**, 203-228; **22**, 10-34†; [J. de phys. (2) **7**, 587-588, 1888; [Natf. **21**, 134, 1888; Atti Ist Veneto (5) **5**; [Beibl. **11**, 539-543.

Der Verfasser wurde durch eine zufällige Beobachtung auf die Ueberdeckungserscheinungen aufmerksam, welche zwei auf- oder hintereinander liegende Gitter dadurch bieten, dass an einigen Stellen Stab auf Stab, an anderen Stab auf Zwischenraum fällt. Die dunklen Streifen, welche dabei erscheinen, werden „Fransen" genannt. Er berechnet zunächst für zwei Gitter, deren Ebenen zusammenfallen, die Abstände und das Aussehen der Fransen: Ist das eine Gitter gegen das andere so weit (in seiner Ebene) gedreht, dass die Stäbe des ersten mit denen des zweiten den Winkel φ machen, ist a die Weite des ersten, b die des zweiten Gitters, so ist der Fransenabstand D

$$D = \frac{ab}{\sqrt{a^2 + b^2 - 2\,ab\cos\varphi}}.$$

Jede Franse hat einen dunklen Theil N, einen hellen C, und dazwischen zwei abgestufte Partien F, deren Verhältnisse berechnet werden. Die Fransen liegen senkrecht zur Halbirungslinie des spitzen Winkels φ, und wenn eins der Gitter sich mit der Geschwindigkeit v über das andere hinschiebt, verschieben sich die Fransen mit der Geschwindigkeit sv, wo

$$s = \frac{D}{a}\sin\alpha;$$

dabei ist α der Winkel, den die Stäbe des verschobenen Gitters mit der Verschiebungsrichtung machen. Offenbar kann D und s recht gross werden, z. B. für $b = a$ und sehr kleines φ. Praktisch wird die Empfindlichkeit der Vorrichtung aber dadurch beschränkt, dass bei zu kleinem φ die unvermeidlichen Unregelmässigkeiten der

Gitterstäbe zu grossen Unregelmässigkeiten der Fransen Veranlassung geben.

Der Verfasser hat sich nun viel Mühe gegeben, um brauchbare Gitter zu erlangen; die anfangs vorgezogene Methode, grössere Stabgitter durch Photographie zu verkleinern, wurde verlassen, weil die so erhaltenen dunklen Streifen nicht völlig undurchsichtig, die hellen nicht völlig klar waren. Er hat schliesslich seinen Zweck erreicht, indem er unter besonderen Vorsichtsmassregeln mit der Theilmaschine Striche auf versilbertem Glase zog (100 pro mm). Hierbei zeigte sich schon, dass die Gitter eine gute Probe auf die Genauigkeit der Theilmaschine liefern: sind die Linienabstände nicht gleich, so erscheinen die Fransen zweier aufeinandergelegten Gitter gekrümmt. Das Theilungsverfahren wird eingehend beschrieben. Zwei direct anfeinander gelegte Gitter dieser Art geben einen Empfindlichkeitscoëfficienten $s = 600$. Entfernt man die Gitter mehr und mehr voneinander, so treten Beugungsfarben an ihnen auf; diese beschränken wieder die Empfindlichkeit, so dass es nicht praktisch ist, mehr als 20 Striche auf den Millimeter anzuwenden. Man kann dann immer noch bei kleinen φ die Vergrösserung $s = 600$ machen; da man indessen mit Spiegelablesung leicht 7500fache Vergrösserung erzielt, würde eine Gitterablesung für sich keinen Vorzug von der älteren Methode haben. Wohl aber bietet sie einen solchen, wenn man sie mit der Spiegelablesung combinirt. Das Princip dieser Combination ist folgendes: Der sich drehende Spiegel entwirft unter Mitwirkung einer Linse[1]) ein reelles Bild eines Gitters A, und dies Bild fällt genau in die Ebene eines zweiten, mit A congruenten Gitters B. Machen dann die Stäbe von B mit denen des Bildes von A einen kleinen Winkel φ, so sieht man an der Superposition beider die Fransen. Die Linse ist so einzustellen, dass das reelle Bild von A gleiche Stabweite hat, wie B, also dass A von ihr um die doppelte Brennweite absteht. Auch hier treten Beugungserscheinungen auf, welche die anwendbaren Vergrösserungen beschränken; ferner sind schnelle Bewegungen des Spiegels zu vermeiden, weil man bei ihnen die noch viel schnelleren Bewegungen der Fransen nicht verfolgen kann.

---

[1]) Später hat Verf. einen Concavspiegel angewendet.

Die praktische Brauchbarkeit der Methode wurde an Versuchen über die Verlängerung eines Eisenstabes beim Magnetisiren erprobt; bei Anwendung eines Elements ergab die directe Spiegelablesung keine wahrnehmbare Wirkung, diejenige mit Spiegel und Gitter dagegen eine Fransenverschiebung von 18 mm. Die grosse Empfindlichkeit verlangt natürlich eine sehr erschütterungsfreie Aufstellung, weil die Fransen sonst gar nicht zur Ruhe kommen.

Zum Schluss wird bemerkt, dass man die Verschiebung von Interferenzstreifen sehr scharf beobachten kann, indem man dieselben sich mit einem andern Gitter wie oben schneiden lässt.

Bde.

R. Rieth. Einfluss des Glases auf die Beweglichkeit der Libellen. Dingl. J. **264**, 501-503.

Die mangelhafte Beweglichkeit älterer Libellen hat ihren Grund darin, dass an der Innenfläche des Glases kleine Warzen auftreten. Dies beruht darauf, dass bei der Herstellung des Glases Reste von kohlensaurem oder schwefelsaurem Natron im Glase bleiben; diese, vielleicht auch alkalireiche Silikate, ziehen aus der Flüssigkeit Krystallwasser an und bilden damit krystallinische, meist wohl basische, also alkalisch reagierende Wärzchen. Es wurde daher ein böhmisches Glas gewählt, welches sich heissem Wasser gegenüber als sehr wenig auslaugbar zeigte, in heisser verdünnter Salpetersäure einen Tag lang digerirt und dann zu Libellen verarbeitet. Diese erwiesen sich völlig haltbar.

Bde.

Goulier. Sur les nivellements de précision. C. R. **105**, 270-273, 306-309.

Beim Nivelliren betrachtet man gewöhnlich zwei Niveauflächen der Erde als parallel. Das ist aber nicht richtig, weil der Abstand zweier Niveauflächen im umgekehrten Verhältniss der Schwere variirt. Hieraus geht die „orthometrische Correction“ hervor; dieselbe wird auf Grund der Clairaut'schen Formel $g' = g\,(1 - \alpha \cos 2L)$, also unter der Voraussetzung, dass die Variation der Schwere bloss durch die Ellipticität der Erde verursacht sei, berechnet, und es wird an einem concreten Beispiele gezeigt, dass ihre Anbringung die Fehler grösserer Nivellements merklich verringert. Der zweite Theil der Abhandlung befasst sich mit der „dynamischen" Correction von Helmert und Cheysson, und mit der „barymetrischen" Correction; beide berücksichtigen die Höhenvariation der Schwere, beide werden aber vom Verfasser, eben weil diese Höhenvariation nicht genügend genau bekannt ist, verworfen. *Bde.*

Lippmann. Sur l'unité de temps absolue. Étalons électriques de temps et chronoscopes des variations. C. R. **104**, 1070-1074†; J. de phys. (2) **6**, 261-266; [Cim. (3) **12**, 87-99; [Rundsch. **2**, 205-207; [Rev. int. de l'électr. **4**, 422-424; [Beibl. **11**, 562, 804; Lum. El. **24**, 226-229.

Der Verfasser definirt die absolute Zeiteinheit als den im elektrostatischen Maass gemessenen specifischen Widerstand ϱ des Quecksilbers. Derselbe soll auf folgende Weise gemessen werden können: Man theilt einen beliebigen elektrischen Strom in zwei Zweige; der eine Zweig geht direct durch die eine Leitung eines Differentialgalvanometers, der andere ladet und entladet mittels einer elektromagnetischen Stimmgabel einen Condensator und schickt dessen Entladungen durch die zweite Leitung des Differentialgalvanometers. Ist E die elektromotorische Kraft des Stroms, R der Widerstand der ersten Leitung, so geht in der Zeit τ durch die constante Leitung die Elektricitätsmenge $E\tau/R$. Ist C die Capacität des Condensators, t die Zeit, welche zwischen zwei Entladungen vergeht, so geht in der gleichen Zeit τ vom Condensator aus durch das Galvanometer die Menge $CE\tau/t$. Soll also Gleichgewicht eintreten, so muss

$$t = CR$$

sein. C lässt sich mit der Capacität einer Kugel vom Radius l vergleichen; sein Werth ist also pl, wo p eine bekannte Constante; R ist gleich $q$mal dem Widerstand eines Quecksilberwürfels von der Seite l, also $q\varrho l/l^2$ oder $q\varrho/l$. Also

$$t = pq\varrho,$$

und wenn man $\varrho = 1$ setzt, hat man „$t = pq$ in absoluten Einheiten“. Dem Referenten scheint zweifelhaft, ob der „constante“ Strom E/R wirklich constant bleibt, wenn man ihm periodisch eine Zweigleitung zum Condensator zugesellt: er dürfte durch Verzweigung merklich abnehmen, wenn C/t nicht verschwindend klein ist gegen $1/R$, und das darf ja nicht der Fall sein. Dieser Einwurf trifft übrigens weder das Princip noch die folgenden Bemerkungen Lippmanns:

Ein System wie das obige, einerseits directe Leitung zum Galvanometer, andererseits Leitung mit dem Umweg über einen Condensator, ist ein Uhrwerk, welches jederzeit zu controliren gestattet, ob die Zeit t dieselbe bleibt; denn sobald sie variirt, wird das einmal hergestellte Gleichgewicht des Galvanometers gestört. Mit $E = 10$ Volt, $C = 1$ Mikrofarad, 10 Entladungen pro Secunde und einem Galvanometer, welches 10^{-10} Amp. anzeigt, erhält man eine Genauigkeit von 1 Milliontel, hat also an der Stimmgabel einen Geschwindigkeitsetalon, der sich (Unveränderlichkeit der Stoffe, von denen C und R abhängt, vorausgesetzt. Ref.) Jahrhunderte lang conserviren und zur Controle der Pendeluhren gebrauchen liesse.

Bde.

Lippmann. Méthode stroboscopique pour comparer les durées de vibration de deux diapasons ou les durées d'oscillation de deux pendules. C. R. **104**, 940-943†; [ZS. f. Istrkde. 7, 327-328.

Zwei Stimmgabeln D und J seien zu vergleichen. D wird mit einem Spiegel versehen und in einiger Entfernung von einem Spalt A aufgestellt, nebst einer Linse, so dass ein scharfes Bild von A auf einem Schirm oder auf einem Ocularmikrometer entsteht: der Spalt A wird blitzartig von der Stimmgabel J aus beleuchtet, in dem Augenblick wo J seine mittlere Lage passirt. Sei T die volle Schwingungsdauer von D und $2\,T'$ die von J. Ist dann $T = T'$, so sieht man ein ruhendes Spaltbild auf dem Schirme, ist $T = n\,T'$ oder $\frac{n\,T'}{m}$ (n und m ganze relative Primzahlen), so sieht man n Bilder. Ist T sehr nahe gleich T', so bewegt sich das Bild und man kann die Stösse zählen. Die Theorie des Verfahrens liegt auf der Hand. Es kann auch auf Pendel angewendet werden, und man kann auf Grund desselben die Schwingungszeit einer Stimmgabel mit der eines Pendels vergleichen. Verf. hat die Richtigkeit seiner Voraussagen an Stimmgabeln mit den Intervallen $^1/_2$, 1, $^2/_3$ und 2 bestätigt. *Bde.*

A. CORNU. Sur la synchronisation des horloges de précision et la distribution de l'heure. C. R. **105**, 1106-1112.

C. WOLF. Comparaison des divers systèmes de synchronisation électrique des horloges astronomiques. C. R. **105**, 1155-1159.

A. CORNU. Réponse à une note de M. WOLF intitulée „Comparaison des divers systèmes de synchronisation des horloges astronomiques". C. R. **105**, 1209-1211.

C. WOLF. Réponse à la note de M. CORNU. C. R. **105**, 1211-1213.

Im Anschluss an seine allgemeine Untersuchung über die Bedingungen des Synchronismus (C. R. **104**, 1463 und 1656, vergl. Cap. 4, Mechanik) beschreibt CORNU sein System der Uhrenregulirung. Das Pendel der passiven Uhr trägt unter der Linse einen Magnetstab in Kreisbogenform, dessen Krümmungsmittelpunkt der Suspensionspunkt des Pendels ist. Mit jeder Hälfte ragt der Magnetstab bei den Bewegungen des Pendels abwechselnd in je eine Drahtrolle; die eine dieser Rollen, *A*, durch die active Normaluhr periodisch mit einer Batterie verbunden, zieht den Magneten bei jeder Schwingung einmal an, die andere, durch einen passenden Widerstand in sich geschlossen, dient als Dämpfung, welche die Eigenbewegung des Pendels soweit dämpft, dass dieses wesentlich gezwungene Schwingungen unter dem Einfluss von *A* macht. Die Bedingungen des Apparats werden näher erörtert und es wird angegeben, dass derselbe mit Strömen von wenigen Milliampere ausgezeichnet arbeitet. Herr WOLF zieht die ohne Dämpfung synchronisirten Pendel vor und erhebt gegen CORNU's Einrichtung den Einwurf, dass die passive Uhr durch die Dämpfung zum Stillstand kommt, wenn die elektrische Transmission Schaden leidet. Cornu erwidert darauf, indem er seine Erfahrungen über die treffliche Wirksamkeit der Dämpfung hervorhebt; Wolf stellt ihr andere, französische und englische Erfahrungen gegenüber, so dass die experimentelle Entscheidung über den Werth der verschiedenen Methoden wohl der Zukunft anheimgestellt werden muss. Theoretisch scheint Cornu's System das besser begründete zu sein, und ob das Stillstehen der Uhren im Fall einer Störung ein unbedingter Nachtheil ist, wäre erst noch zu erörtern; unter Umständen ist es besser, dass eine Uhr still steht, als dass sie mit uncontrolirtem, wenn auch kleinem Fehler weiter läuft. *Bde.*

J. Carpentier. Sur un pendule électrique. C. R. **104**, 1695-1697; [Cim. (3) **22**, 296; [Rev. int. de l'El. **5**, 20; [ZS. f. Istrkde. **7**, 40 2.

Das Pendel ist an einem Stahlblatte aufgehängt, welches zwischen zwei nicht näher beschriebenen Elektromagneten liegt, so zwar, dass der Aufhängungspunkt des Pendels durch die abwechselnde Wirkung der Magnete hin- und herbewegt wird. Dadurch erhält es den Ersatz seiner verlornen lebendigen Kraft. Am untern Ende hat das Pendel einen Magnet, der einen andern kleinern Magnet, ohne ihn zu berühren, durch Fernwirkung hin- und herzieht und dadurch die Auslösung der antreibenden Ströme besorgt. Das Pendel schwingt also ohne alle reibende Berührung; um es in Gang zu halten, genügen Bewegungen des Aufhängepunktes, deren Amplitude 0,02 mm nicht überschreitet. *Bde.*

H. Heele. Apparat mit mechanischer Auslösung zur Messung der Reactionszeit auf Gehörseindrücke. ZS. f. Istrkde. **7**, 241-243, 1887.

Der Apparat misst die Zeit, welche verfliesst, bis ein Schallreiz als Ton zum Bewusstsein gekommen ist und durch den Willen eine Bewegung veranlasst hat. Der Augenblick, in welchem der Schall entsteht, sowie derjenige der Ausführung der Bewegung

(Niederdrücken eines Tasters) werden durch rein mechanische Auslösungen registrirt. Dadurch werden die Fehlerquellen vermieden, welche elektromagnetischen Auslösungen anhaften. Jene beiden Augenblicke werden durch einen Stift auf eine berusste Platte gezeichnet, auf welche gleichzeitig eine schwingende Stimmgabel ihre Curven aufträgt. *Rz.*

Normal - Aichungs - Commission. Veränderlichkeit der Gewichtsstücke. Chem. Ztg. **10**, 1481; [Z. S. f. anal. Chem. **26**, 618-619†.

Die häufigste Ursache der Aenderung ist Abnutzung. Die Stücke mit Hochglanzpolitur sind derselben weniger unterworfen als matte. Ausser der Ansammlung fremder Stoffe an der Oberfläche spielt ferner eine wichtige Rolle die innere Oxidation in den vom Guss bleibenden Hohlräumen. Galvanische Vergoldung etc. bildet dabei eine besondere Gefahr, insofern die Löcher mit Flüssigkeit gefüllt bleiben, welche die Einwirkung des atmosphärischen Sauerstoffs begünstigt. Man soll daher gegossene Gewichte nach der Vergoldung in Wasser auskochen und sie nach einer etwaigen Neujustirung nicht wieder vergolden. Feine Gewichte werden am besten aus galvanisch niedergeschlagenem, dann gewalztem Kupfer hergestellt, welches völlig compact ist, und hierauf vergoldet.

Bde.

G. Papasogli. Ueber die Veränderung des Gewichts der Körper bei Aenderung des hygrometrischen Zustandes des Raumes, in dem sie sich befinden. L'Orosi **10**, 109-111; [Chem. CBl. (3) **18**. 559†.

Hält man während einer Wägung die Thüren einer Analysenwaage offen, so schlägt sich auf getrockneten Körpern merklich Wasser nieder, auch wenn sie nicht zu den hygroskopischen gerechnet werden. Glaskörper sind wenig empfindlich, die Wagschalen mehr. Verschiedene Pulver condensirten während einer Wägung (3—6 Min.) 1 bis 3 mg Wasser. Der Verfasser räth zu Vorrichtungen, welche das Auflegen der Gewichte etc. im geschlossenen Waagehäuschen gestatten. *Bde.*

G. SCHWIRKUS. Ueber den Bau und Gebrauch wissenschaftlicher Waagen. ZS. f. Istrkde. 7, 41-52, 83-89, 412-419.

Der Verfasser untersucht Fehlerquellen feiner Waagen und bespricht die aus ihnen abzuleitenden Vorschriften. Das Umschlussgehäuse soll nicht zu niedrig sein und (Flügel)thüren haben, die bis zur Decke reichen, damit erwärmte Luft sich oben ansammeln und beim Oeffnen entweichen kann. Das Holz soll nicht ausdünsten (Nussbaumholz entwickelt saure Gase). Vacuumwaagen werden besonders betrachtet.

Bezüglich der Reiter wird ein gegen dieselben öfter erhobener Einwurf zurückgewiesen und gezeigt, dass sie für alle Wägungen mit Ausnahme der feinsten auch auf schiefem Reiterlineal brauchbar sind, wenn man nicht zu schwere Reiter auf nicht zu schrägem Lineal verwendet. Man soll übrigens, wie bekannt, den Reiter nie abnehmen, sondern nur verschieben. Nur bei den allerfeinsten Wägungen sollen die Reiter höchstens zum Variiren dienen, und sind selbst dafür nicht zu empfehlen, da sie zu unsicher aufsitzen. Hier treten Anhängegewichte aus fein gewalztem Aluminiumblech oder Draht ein. Auswahl und Anordnung derselben werden vorgeschlagen. Kleinste Gewichte in Blattform sollen nicht auf Sammt oder Leder, sondern in Platten aus hartem Holz mit ausgedrehten Vertiefungen unter Glasdeckel aufbewahrt werden.

Die ARZBERGER'sche Pincette (Zeichnung im Original) wird empfohlen; gewöhnliche Pincetten sollen Elfenbeinspitzen haben. Gabeln, Zangen und Klauen für grössere Gewichte sind allseitig mit Leder oder Kork zu bekleiden.

Die möglichen Variationen von Temperatur, Feuchtigkeit und Kohlensäuregehalt der Luft bedingen einen Gesammtfehler, der eine genauere Bestimmung des verdrängten Luftgewichts als auf $^1/_{3000}$ nicht zulässt. Mit der nicht vollendeten Besprechung der

Mittel zur Vermeidung dieser Schädlichkeit schliesst die Abhandlung, deren Fortsetzung im nächsten Jahrgang zu erwarten ist.

Bde.

A. Sprung. Ueber eine registrirende Waage. Verh. Phys. Ges. Berlin, **6**, 13-16.

Das Princip dieser neuen Waage ist vom Verfasser für die Construction meteorologischer Registririnstrumente in Anwendung gebracht worden; auf dem stets horizontalen Balken einer römischen Schnellwaage verschiebt sich ein Laufrad automatisch so, dass das System immer im Gleichgewicht ist. Auf die langsam abwärts sinkende Schreibtafel werden die Stellungen des Laufrades aufgezeichnet. Die Empfindlichkeit kann durch Anwendung verschieden schwerer Laufräder variirt werden. Der Apparat kann zu allen Messungen variabler Gewichte (Verdunstender Alkohol, Glas mit Flüssigkeit, die durch einen capillaren Heber abfliesst etc.), sowie auch als galvanische Stromwaage benutzt werden. Einzelheiten des Baues finden sich ZS. f. Met. **12**, 305, 1877 und **16**, 1, ZS. f. Istrkde. **6**, Juni 1886. *Bde.*

St. v. Kruspér. Eine Präcisionswaage neuer Construction. Ung. Ber. **5**, 1-15.

Die Besonderheiten der Construction betreffen die Stellung der Querstreben des Balkens, die Schneiden, die Arretirung, die Schalen, welche lose sind, und hauptsächlich die Einrichtungen zur Manipulation der Gewichte im luftdichten Raum. Ferner die schon früher vom Verfasser angegebene Spiegelablesung, bei welcher nicht eine Scala im Fernrohr beobachtet wird, sondern zwei, deren durch Prismen reflectirte Bilder sich aneinander vorbeischieben. Dies hat den Vortheil, dass das Fernrohr nicht fest aufgestellt sein braucht, wenn nur die Scalen erschütterungsfrei sind. Hundertstel Milligramme sollen mit Sicherheit abgelesen werden können. Die vielen Einzelheiten müssen im Original nachgesehen werden, wo ein Theil derselben übrigens auch nicht sehr anschaulich wird, weil keine Zeichnung gegeben ist. *Bde.*

Litteratur.

C. F. GAUSS. Abhandlungen zur Methode der kleinsten Quadrate; deutsch von A. BÖRSCH und P. SIMON. Vorwort von HELMERT. Berlin 1887, P. Stankiewicz, V + 208 pp. [ZS. f. Math. u. Phys. **32** [2], 223-224; [Beibl. **12**, 407, 1888.

C. NEUMANN. Ueber die Methode des arithmetischen Mittels. Leipzig, Abh. **13**, 707-820.

H. STADTHAGEN. Zur zweiten Grundannahme der Fehlertheorie von LAPLACE. Astron. Nachr. **118**, 27-30.

Der Verfasser vertheidigt gegen WEINSTEIN u. A. die LAPLACE'sche Annahme, dass der Fehler 0 nur einmal, nicht als ±0 zweimal zu zählen sei.

F. Y. EDGEWORTH. Metretike: or, the Method of Measuring Probability and Utility. London, The Temple Company 1887, 68 pp. [Phil. Mag. (5) **24**, 134.

F. Y. EDGEWORTH. Observations and statistics. An essay on the theory of errors of observation and the first principles of statistics. Cambr. Trans. **14**, 138-169.

A. B. TAYLOR. Octonary numeration and its application to a system of weights and measures. Proc. Amer. Phil. Soc. **24**. 296-366.

Uebersicht über die Geschäftsthätigkeit der Aichungsbehörden im Jahre 1886. 17 pp.

Uebersicht über die Geschäftsthätigkeit der Aichungsbehörden während des Jahres 1887. 15 pp.

O. OLDBERG. A manual of weights and measures, with rules and tables. Chicago 1887, Chas. J. Johnson. [Chem. News. **56**, 11.

E. GERLAND. Die Anwendung der Elektricität bei registrirenden Apparaten. Leipzig u. Wien 1887, 270 pp. [Beibl. **11**, 559.

E. Hvalgren. Paradoxa mathematica. Mensura speculativa sive systema metricum eiusque consequentiae et extremitates. Vorberg, 8 pp., 4°.

Ch. E. Guillaume. Le nouveau système d'unités de M. de Freycinet. Lum. El. **26**, 501-504.

Kritik, welche die von Freycinet vorgeschlagene Längeneinheit als unpraktisch zurückweist.

Weights and measures. Nature **37**, 189.

Kurzer Auszug aus dem Geschäftsbericht des Standards Departement of the Board of trade. Besonders erwähnt wird die nachdrückliche Betonung des Umstandes, dass die metrischen Einheiten nicht Natur- sondern willkürliche Maasse sind.

A. G. Greenhill. Units of weights, mass and force. Nature **35**, 486-487.

Erörterung, die wesentlich die Zweideutigkeit des Wortes „Gewicht“ hervorhebt. Verf. schlägt seinen Landsleuten vor, Gewicht als Massengrösse zu definiren.

P. G. T. The „Engineer“ on the dimensions of physical quantities. Nature **35**, 462.

G. Szarvady. Théorie des unités; système C. G. S. Lum. El. **23**, 401-408.

E. Raverot. Essai sur les dimensions des grandeurs physiques. Lum. El. **23**, 101-108.

M. Hensoldt. Ueber Ablese-Mikroskope im Allgemeinen, sowie über Schrauben-Mikroskope und die Scalen-Mikroskope des Verfassers insbesondere. CZ. Opt. Mech. **8**, 242-246.

H. N. Morse. Vorrichtungen zum Ablesen des Volumens von Gasen. Amer. chem. J. **7**, 7; ZS. f. anal. Chem. **26**, 231-232.

F. W. Watkin. Apparatus for measuring the volume of gas involved in various chemical actions, with or without the application of heat. Chem. News. **56**, 152.

KLEEMANN. Mesure du volume d'un corps solide. Rev. Scient. **39** (2), 351.

Das Volumen eines Körpers wird durch Messung verdrängten Sandes bestimmt.

U. R. MÄRZ. Volumenmesser für lebende Wesen. D. R. P. No. 39385; [ZS. f. Instrumkde. **7**, 407.

W. H. PREECE. On the British Association standard screw gauge. Rep. Brit. Ass. 1887, 884; [Eng. **44**, 375.

Demonstration von Schraubkloben nach den in den letzten Jahren getroffenen Bestimmungen der Brit. Ass.; die englische Postverwaltung hat das System eingeführt.

UNWIN, KENNEDY. Apparatus for recording the effect of stress. Roy. Soc.; Engin. **43**, 477.

Erwähnung von Apparaten, die bei der Soirée der Royal Society ausgestellt waren; die Mittheilung liefert keine ausreichende Beschreibung derselben.

TH. NORDENFELT. Entfernungsmesser. D. R. P. 38910; ZS. f. Instrkde. **7**, 293.

HEURTANT. Télémètre de poche. La Nat. **15** [2], 362-363.

F. LORBER. Ein Beitrag zur Theorie der Fadendistanzmesser. ZS. f. Instrumkde. **7**, 89-93.

Untersucht den Fall, dass die Mittelvisur nicht horizontal ist; es ergiebt sich keine Abweichung von praktischem Belang.

BR. ABDANK-ABAKANOWICZ. Les intégraphes, la courbe intégrale et ses applications. Étude sur un nouveau système d'intégrateurs mécaniques. Paris 1886, Gauthier-Villars, 156 pp. [Arch. f. Math. u. Phys. (2) **5** [2], 44-45; [CBl. f. El. **9**, H. 15; [L'Electricien **11**, H. 37.

K. SKIBINSKI. Der Integrator des Prof. ZMURKO in seiner Wirkungsweise und praktischen Verwendung. Wien 1886, J. W. Richards, 28 pp.

V. VENTOSA. On certain Modifications of a Form of Spherical Integrator (letter). Phil. Mag. (5) **23**. 381.

Prioritätsfrage.

V. VENTOSA. A claim of priority. Nature 35, 513.
Bezieht sich auf einen Integrator.

F. SMITH. The spherical integrator. Nature 36, 31.

T. C. MENDENHALL and J. MACK. On the uniformity of planimeter measurements. Am. Ass.; Science 10, 87 (Titel).

C. M. JESSOP. The mechanical tracing of curves. Quart. J. 22, 151-156.

E. DUCRETET. Enregistreur mécanique et automatique des signaux transmis par les télégraphes et les projecteurs optiques. C. R. 55, 664-667; [Rev. int. de l'électr. 5, 390-392.

C. G. TH. HEYDE. Theodolit. D. R. P. No. 39128; [ZS. f. Instrumkde. 7, 294.

H. SEELIGER. Ueber den Einfluss dioptrischer Fehler des Auges auf das Resultat astronomischer Messungen München, Franz, 1887, 40 pp. [ZS. f. Instrumkde. 7, 38.

C. PIETSCH. Katechismus der Nivellirkunst. Leipzig, J. J. Weber. [ZS. f. Instrkde. 7, 185.

G. PALTER & Sohn. Wasserwaage für Horizontal- und Verticalmessungen. D. R. P. 37871; [ZS. f. Instrkde. 7, 187.

W. JORDAN. Ueber Freihand-Instrumente zum Nivelliren und Höhenwinkelmessen. ZS. f. Vermessungswesen 16, 2; [ZS. f. Instrkde. 7, 183-184.

CL. G. SMITH, E. und CH. H. WARREN. Wasserwaage mit Vorrichtung zur Höhenmessung. D. R. P. No. 37867; [ZS. f. Instrumkde. 7, 110.

On a unit of absolute time etc. Tel. J. and El. Rev. 20, H. 497.
Nicht zugänglich, vermuthlich LIPPMANN.

J. EPSTEIN. Die logischen Principien der Zeitmessung. Diss., Leipzig 1887, 48 pp., 8°.

H. D. Gardner. Fifty years progress in clocks and watches. Nat. **36**, 392-395, 484-487.

F. Allen. Standard time and measures. Science **9**, 7-8.

Plaidirt für Einführung der Normalzeit, zunächst in Amerika. Die Zählung der Stunden bis 24 ist auf mehreren amerikanischen Eisenbahnen mit gutem Erfolg eingeführt.

D. Appel. Die freie Schwerkrafthemmung der Normal-Stern-Uhr zu Princeton, N. J. ZS. f. Instrumkde. **7**, 29-31.

Sie ertheilt dem Pendel einen Stoss in dem Augenblicke, wo es die Ruhelage passirt, und lässt es während der übrigen Schwingung frei. Wegen der Einzelheiten siehe die Zeichnung des Originals.

Th. Buchney. Note on the performance of the Westminster Clock. Monthl. Not. **47**, 519-520.

Marine chronometers. Engin. **43**, 232-233.

In der Hauptsache eine Empfehlung von Chronometern, welche stärkere Erschütterungen vertragen können.

R. Einfluss magnetischer Kräfte auf den Gang der Chronometer. Allg. J. d. Uhrmacherkunst **12**, 83-84.

F. Folie. Sur l'enregistrement par microphone des battements d'un pendule. Bull. Brux. (3) **13**, 198-199; [Rev. int. **4**, 425†.

Enthält keine näheren Angaben über die Construction des Apparates.

L. Strasser. Ueber elektrische Uhren. Allg. J. d. Uhrmacherkunst **12**, 76-77, 84-86.

L'appareil Kapteyn pour l'enregistrement du temps dans les diagrammes. Lum. El. **24**, 230-231.

Speciell für Bremsversuche bei Eisenbahnen eingerichtet.

d'Arsonval. Chronomètre électrique pour mesurer la vitesse des impressions nerveuses. Lum. El. **24**, 605-606.

Der schon vor 18 Jahren vom Verf. construirte Apparat ist im Princip mit dem Hipp'schen Chronoskop identisch; ein Zeiger, der einmal in der Secunde durch ein Uhrwerk umgedreht wird, ist hier gewöhnlich an der Axe gelöst, schnappt aber ein, wenn ein

Strom unterbrochen wird und wird losgelassen, wenn der Strom sich wieder schliesst.

TH. STEIN. Photo-electrische Messungen kleinster Zeiteinhei en und deren graphische Darstellung. Allg. J. d. Uhrmacherkunst **12**, 363-365, 372-374, 380-382, 389.

W. D—r. Licht und Lichtzeit. Allg. J. d. Uhrmacherkunst **12**, 322-324.

G. BILFINGER. Die Zeitmesser der antiken Völker. Progr. Eberhard-Ludwig-Gymn. Stuttgart 1887, 78 pp. [ZS. f. Instrumkde. 7, 38; [ZS. f. Math. u. Phys. **32** [2], 57.

W. C. L. VON SCHAIK. Ueber die Pendeluhr GALILEI's. ZS. f. Instrumkde. 7, 350-354.

W. C. L. VON SCHAÏK. Nachtrag dazu ZS. f. Instrumkde. 7, 428; [ZS. f. Unterr. **1**, 174, 1888.

Führt den Nachweis, dass GALILEI's Echappement durchaus arbeitsfähig und sogar den neueren beinahe ebenbürtig war.

Zur Geschichte der Zeitbestimmungsmethoden. Allg. J. d. Uhrmacherkunst **12**, 348-349.

DELAMAU-DEBOUTHEVILLE. Pendelregulator. Dingl. J. **266**, 11-12.

Für Gasmotoren bestimmt.

A. v. OETTINGEN. Die Methode des rotirenden Spiegels. CZ. Opt. Mech. **8**, 229-231, 268-269.

Die WAGNER-FENNEL'schen Tachymeter des mathem.-mech. Instituts von O. FENNEL in Kassel. Berlin, J. Springer, 1887. [ZS. f. Instrumkde. 7, 72.

Sur une méthode d'enregistrement des faibles variations de vitesse d'un arc tournant. L'Electr. **15**, H. 195; The El. and El. Eng. **5**, H. 60, 1886.

A. SPRINGER. Torsion balances. Rep. Brit. Ass. 1887, 636-637; [Engin. **44**, 312; Chem. News. **56**, 152; [Nature **36**, 569.

E. BRAUER. Die Construction der Waage nach wissenschaftlichen Grundsätzen und nach Maassgabe ihres Special-Zweckes. 2. Aufl. Weimar 1887, VIII u. 191 pp. [ZS. f. Instrumkde. 7, 108.

REULEAUX. Fortschritte in der Kraftmessung und im Wägen. ZS. Opt. Mech. 8, 196-198.

Veränderlichkeit von Gewichtstücken. Allg. J. d. Uhrmacherkunst **12**, 340.

F. SARTORIUS. Neuerungen an kurzarmigen Waagen. Chem. Ztg. **9**, 199; [ZS. f. anal. Chem. **26**, 70. *Bde.*

1c. Laboratoriumsapparate.

A. JOANNIS. Modification de la machine pneumatique à mercure. Ann. chim. phys. (6) **11**, 285-288†; [Chem. CBl **18**, 1069, 1888; [J. de phys. (2) **7**, 384; [ZS. f. Instrkde. **8**, 179, 1888; [Beibl. **11**, 680-681†.

Zwei kegelförmige Glasgefässe sind durch eine 15 Millimeter weite U-förmige Röhre der Art mit einander verbunden, dass der verticale Abstand ihrer Mitten etwa 30 Centimeter beträgt. Das System ist bis auf etwa ²/₃ seines Inhalts mit Quecksilber gefüllt. Der das obere Glasgefäss verschliessende Hahn besitzt eine schräge Durchbohrung, welche mit der Richtung der Seite eines in den kreisförmigen Querschnitt des Hahnes eingeschriebenen gleichseitigen Dreiecks zusammenfällt und die Communication mit drei

Röhren herzustellen gestattet, welche unter Winkeln von 120° zusammenstossen und von denen die eine die Fortsetzung des oberen Glasgefässes bildet, während die beiden anderen zur Aspiration resp. zur Evacuation der Gase dienen. Der Hahn des unteren Glasgefässes ist ein Dreiweghahn und gestattet die Communication entweder mit einer Wasserluftpumpe, um durch Ansaugen des Quecksilbers das Vacuum im oberen Glasgefäss zu erzeugen, oder mit der Wasserleitung, um durch den Druck des einströmenden Wassers das Quecksilber aus dem unteren Glasgefäss wieder in das obere zu treiben. *L. Grm.*

J. T. BOTTOMLEY. On an apparatus for connecting and disconnecting a receiver under exhaustion by a mercurial pump. Proc. London **40**, 249-251, 1886.

Der Apparat besteht aus drei Theilen. Unten, zunächst an der Luftpumpe, ist ein Hahn, für den der Verfasser die GIMINGHAM-sche Form wählt. Darüber ein Becher *A*, in den ein Schliff passt; von diesem Schliff führt ein Rohr zu einem Hohlraum *B*, der oben eine genau conisch ausgeschliffene Stelle hat, und im Innern einen gleichfalls geschliffenen Schwimmer enthält, der in diese Stelle passt. An den Hohlraum *B* schliesst sich mittels Röhrenleitung der zu evacuirende Gegenstand. Will man denselben abnehmen, so schliesst man den Hahn und lüftet den Schliff *A*, indem man zugleich seinen Becher fortwährend mit Quecksilber gefüllt hält. Das Quecksilber steigt durch den Luftdruck in den Hohlraum *B*, hebt den Schwimmer, dieser verstopft den oberen Schliff und wird nun seinerseits vom Luftdruck angepresst, so dass der Raum hinter *B* dicht abgeschlossen ist. *Bde.*

S. W. HOLMAN. A regulator for maintaining constant exhaustion. Sep. aus Technol. Quarterly I, N. 1, 3 pp.

Ein Glasrohr *ij* von 1 Zoll Durchmesser steht aufrecht in

einer Quecksilberwanne *g h* von 2—3 Zoll Dm. In der Mündung von *i j* steckt ein doppelt gebohrter Kautschukstöpsel. Durch die eine Bohrung geht ein *T*-Rohr *d a b c*; *a* führt zur Luftpumpe, *c* zu dem zu evacuirenden Raum. Durch die andere Bohrung geht ein enges Rohr (1 bis 2 mm Dm.) *e f p*, welches unten zu einer Spitze ausgezogen ist und bei *p* in das Quecksilber taucht. Arbeitet die Luftpumpe, so steigt das Quecksilber in *i j* und *p f*, bis sein Niveau in *h g* unter den Punkt *p* gesunken ist; dann dringt Luft durch *p* ein und reisst das in *p f* enthaltene Quecksilber gewaltsam durch *e* nach *j*, worauf das Quecksilber in *g h* wieder steigt und *p* verschliesst. Der ersten Eruption folgen andere von geringerer Heftigkeit und bald bildet sich eine stationäre Einströmung von Luft und kleinen Quecksilbertropfen, welche nach Angabe des Verfassers den Druck in *a c* Tage lang bis auf 1 mm constant hält.

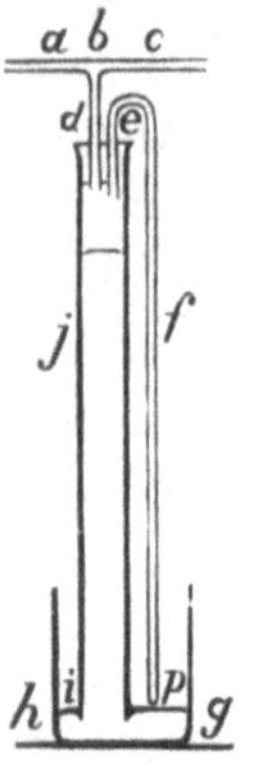

Bde.

B. NEBEL. Ein einfacher Apparat zur Destillation des Quecksilbers im Vacuum.

ZS. f. Instrkde. **7**, 175-179†; CBl. f. Elektrot. **6**, H. 14; Exner Rep. **23**, 236-241; [Beibl. **11**, 681; [Dingler J. **265**, 186-188; [CZ. f. Opt. Mech. **8**, 136-138.

Der Theil *m a c e g h* ist in Glas aus einem Stück ausgeführt; das weitere Gefäss *a* desselben hat 45 mm Durchmesser und 95 mm Länge. *b c d*, bei *b* direct über *a* umgebogen, ist 6,5 mm weit, *d e* 1,3 mm, die Kugel *f* hat 15 mm Durchmesser, der Schliff *g* ist 33 mm lang und trägt das 30 mm hohe Gefäss *h* mit dem Ausflussrohr *i*. *p* ist eine gewöhnliche umgestürzte Säureflasche, welche 7 k Quecksilber fasst, verschlossen mit einem in Paraffin getauchten Korke, der mit Drabt angebunden ist. Die Flasche ruht in 2 Holzringen, die sich in dem Schlitz *t t* verschieben lassen, so dass das Hahnrohr *o n* (5 mm weit) 20—30 cm über dem unteren Ende von *m* eingestellt werden kann. Ebenso ist der Bunsenbrenner *q* verschiebbar, ebenso das Glas *l*, welches 110 cm Länge, oben 46, unten 29 mm Durchmesser hat; dies sitzt in einem Holzgefäss, welches sich im Schlitz *tt* verschiebt, bei *b* ist eine Lage Asbestpappe zum Schutz des Holzes angebracht; *a* ist zunächst mit Asbest umwickelt, der feucht angelegt wird, um sich der Form des Glases anzuschmiegen, dann mit einem Drahtnetz umgeben. *l*, *h*, *k* haben hölzerne Deckel zum Schutz gegen Staub, *u* ist ein Glasrohr, welches in den Schliff *g* passt und zum Ansetzen der Luftpumpe dient. Das untere Ende von *m* liegt um die mittlere Barometerhöhe tiefer, als die Mitte von *a*, *de* ist 850 mm lang. Wie der Apparat mit Hülfe der Luftpumpe in Gang zu setzen sei, liegt auf der Hand; um ein tadelloses Destillat zu erhalten, soll man das Quecksilber vorher einige Tage mit concentrirter Schwefelsäure behandeln.

Bde.

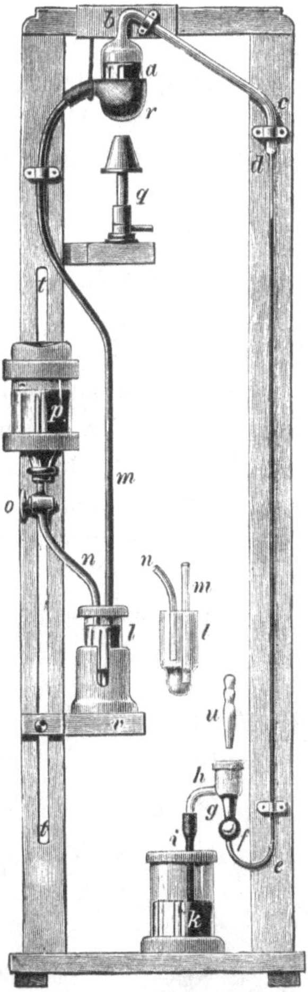

C. BOHN. Destillation von Quecksilber. ZS. f. Instrkde 7, 389-392; [Chem. CBl. 1888, 163-164; [ZS. f. Unterr. 1, 178, 1888.

Der Verfasser biegt ein eisernes Gasrohr von 1,7 m Länge in *U*-form; die beiden parallelen Schenkel sind 0,9 und 0,78 m lang, das Zwischenstück 20 mm. Das Rohr wird gereinigt, getrocknet, mit reinem Quecksilber gefüllt und unter Quecksilber umgestülpt. Dann richtet man die Flamme eines Bunsenbrenners gegen den längeren Schenkel, etwa 7 cm unter der Stelle, wo man das obere Ende der Quecksilbersäule nach dem Barometerstand vermuthen kann; das Quecksilber destillirt continuirlich von dem einen in den andern Schenkel über und wird am untern Ende des letzteren abgenommen. Auch hier muss das Quecksilber erst gereinigt werden.

Bde.

A. F. WEINHOLD. Ueber Quecksilberdestillirapparate. Exner Rep. **23**, 791-794†; [Chem. CBl. (3) **19**, 164, 1888; [Beibl. **12**, 405, 1888.

Nach einer kurzen Besprechung der verschiedenen, in früheren Jahrgängen dieser Berichte beschriebenen Formen von Quecksilberdestillirapparaten beschreibt der Verfasser eine kleine von ihm angegebene Modification, die darin besteht, dass der Heber der zum Nachfüllen dienenden MARIOTTE'schen Flasche, um das Eindringen von Luftblasen in denselben zu verhüten, mit einer Erweiterung und mit einem Glashahne versehen ist. *L. Grm.*

GREINER und FRIEDRICHS. Einige neue Glasapparate. ZS. f. analyt. Chem. **26**, 48-50†; [Chem. Ber. **20** (2), 403.

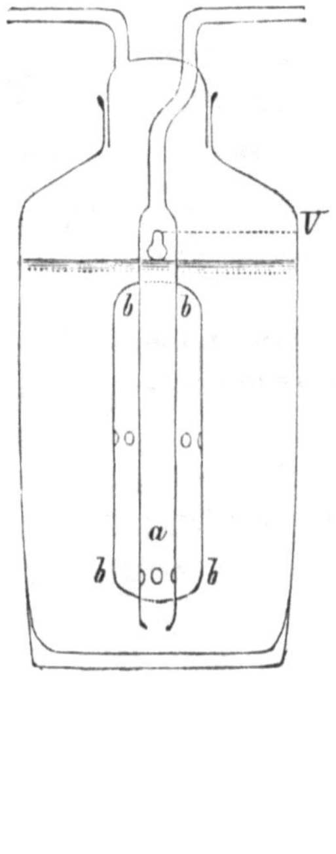

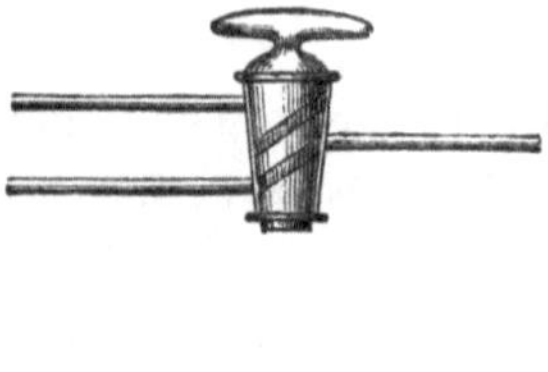

Es werden beschrieben eine doppelt wirkende Wasch- und Absorptionsflasche mit Ventil, ferner ein Wasch- resp. Absorptionsgefäss zur Beschickung mit festen oder flüssigen Absorptionsmitteln, sowie Glashähne mit schräger Bohrung, deren zweckmässige Einrichtung aus beifolgenden Figuren ersichtlich ist. *L. Grm.*

A. Eiloart. Airtight taps. Chem. News **56**, 224†; [Beibl. **12**, 405, 1888; [Chem. CBl. (3) **19**, 164, 1888.

Als beste Form seiner Hähne giebt der Verfasser einen solchen an, bei dem rings um den Hahnküken zwei ringförmige Vertiefungen laufen. Diese werden mit Quecksilber gefüllt, welches mit Glycerin befeuchtet ist. Um die Füllung vorzunehmen, stopft man die Röhre, in welcher der Hahn sitzt, mit Wachs zu, verschliesst das Hahngefäss unten mit dem Finger, giesst es voll Quecksilber und presst dann den Küken ein. *Bde.*

C. Bohn. Mittheilungen über Vorlesungsapparate. II Das Stellbrett.

Ein Brett auf drei Stellschrauben; auf demselben ist eine Glasplatte von demjenigen Grade des Plan-Parallelismus angekittet, den die besseren Spiegelscheiben besitzen. Die Vorrichtung dient zu bequemer Aufstellung der verschiedensten Apparate, und ist wohl schon in vielen Laboratorien vorhanden. *Bde.*

H. Westien. Verbesserte Universalklemme. ZS. f. Instrkde. **7**, 54-55.

Durch Anziehen einer Flügelmutter wird ein hakenförmiger Halter, der die Stativstange umgreift, gegen eine Hohlscheibe und zugleich ein Klemmstück mit winkeliger Auskerbung gegen den zu fassenden Gegenstand gedrückt. Zeichnung im Original.

Bde.

M. TH. EDELMANN. Hilfsvorrichtung zum Einknüpfen von Coconfäden. Exner Rep. **23**, 477-478†; [CBl. f. Elektrot. **9**, 181, 1887; [Beibl. **11**, 470.

— Appareil pour attacher les fils de cocon. Lum. électr. **26**, 431.

Die zum Einknüpfen des Coconfadens dienenden beiden Oesen, Haken etc. werden zwischen zwei mit grossen ebenen Messingblechen versehenen Klemmen eingeklemmt, welche auf einem prismatischen Holzstabe beliebig gegen einander verschoben und horizontirt werden können. *L. Grm.*

KAMMERMANN. Plume pour instruments enregistreurs. Arch. sc. phys. (3) **18**, 307.

Als Schreibfeder wird bei den Barographen des Genfer Observatoriums eine in eine feine Spitze ausgezogene Glasfeder angewandt, die an ihrem anderen Ende ein Reservoir zur Aufnahme der Anilintinte trägt. *L. Grm.*

Conserviren von Kautschukschläuchen. Lat. Mag. **8**, 58; [Beibl. **11**, 112.

Die Schläuche werden in geschmolzenes Paraffin getaucht, herausgezogen und mit dem anhängenden Paraffin einige Zeit auf 100° gehalten, worauf das Paraffin in sie eindringt. *Bde.*

E. F. VENABLE. Neue Form des Bunsenbrenners. Journal f. anal. Chem. **1**, 310; [Chem. CBl. (3) **18**, 1365†.

Der Zutritt des Leuchtgases (oder Gasolins) wird durch eine am Fusse des Brenners befindliche drehbare Schraube regulirt. *L. Grm.*

J BARDWELL. Sicherheitsbrenner für Kalklicht. Lat. Mag. **9**, 38-39; [Beibl. **11**, 776.

Der Wasserstoff strömt aus einer breiten Düse von 10 mm

Länge und 3,25 mm Breite aus, der Sauerstoff strömt längs der Düsenöffnung ein. Die Düsenkante ist schräg nach oben gerichtet, so dass die Flamme den Kalk unter einem Winkel von 50 bis 60° trifft. Die Flamme brennt selbst bei unregelmässigem Druck geräuschlos und soll den Kalk wenig angreifen. *Bde.*

W. A. Shenstone. The Manipulation of glass containing lead. Nature **35**, 223-224.

Nach einem Vorschlage von Madan sollte man Bleiglas vor dem Sauerstoffgebläse behandeln, um Reduction des Bleies zu vermeiden. Verf. macht dem gegenüber darauf aufmerksam, dass man auch mit dem Luftgebläse eine oxidirende Flamme von grossen Dimensionen herstellen kann, wenn man reichlich Luft aus einem guten Blasebalg durch ein Rohr, welches keine Verengerung am Ende hat, zuführt. *Bde.*

C. V. Boys. On the production, properties and some suggested uses of the finest threads. Proc. Phys. Soc. **9**, 8-19; Phil. Mag. (5) **23**, 489-499†; [J. de phys. (2) **7**, 84-85, 1888; [Sill. J. (3) **34**, 311; [Rundschau **2**, 275; [Beibl. **11**, 750†; [Chem. News. **55**, 162; [Eng. **43**, 324; [ZS. f. Unterr. **1**, 129; [Cim. (5) **25**, 73.

C. V. Boys. Apparatus for shooting threads of glass, emerald, quartz etc. Roy. Soc. 1887, 5. Juni; Chem. News. **55**, 267; Eng. **43**, 476.

— La préparation des fibres fines. Lum. Electr. **24**, 234-235.

Zur Herstellung ausserordentlich feiner Fäden, welche sich zum Aufhängen von Spiegeln etc. eignen, bedient sich Verfasser einer Armbrust, welche am Gebläsetisch der Art befestigt wird, dass sie durch den Fuss mittelst eines Fadens bei möglichst langer Schusslinie abgeschossen werden kann. Als Pfeil dient ein mit einer Nadelspitze versehener zwei bis drei Zoll langer Strohhalm, an welchen das eine Ende eines fein ausgezogenen Glasstäbchens mit Siegellack befestigt wird, während das andere Ende des Glasstäbchens mit der Hand gehalten wird. Erhitzt man dann durch eine Stichflamme die Mitte des Glasstäbchens bis zum Weichwerden desselben und schiesst dann die Armbrust ab, so erhält man einen langen, äusserst dünnen, gleichförmigen Faden. Der Untersuchung unterworfen werden ausser Glas Saphir, Rubin, Hornblende, Zirkon, Rutil, Cyanit, Flussspath, Smaragd und andere Mineralien.

Die feinsten Fäden (von weniger als $^1/_{100000}$ Zoll Dicke) lieferte Quarz. Dabei sind diese Quarzfäden stark, elastisch und von elastischer Nachwirkung frei. Vor den Spinnefäden zeichnen sie sich dadurch aus, dass sie feiner und nicht hygroskopisch sind.

L. Grm.

Leichte Versilberung. Neueste Erfahr. u. Erfind. 1887, 504; [ZS. f. Instrkde. **7**. 444.

40 Theile Chlorsilber, 40 Alkohol. abs., 40 Ammoniak, 35 Kochsalz, $^1/_2$ krystallisirte Borsäure, 25 bester Weinstein auf dem Reibstein gut verrieben, wobei ein Gemisch von gleichen Theilen Alkohol und Ammoniak zugesetzt wird, um das Verdunstende zu ersetzen. Dunkel aufzubewahren und breiig feucht mit dem Pinsel aufzutragen. Die zu versilbernden Metalle werden nach dem Aufstreichen zum Trocknen auf eine Zinkplatte gelegt, dann gewaschen und mit Sägespänen getrocknet. *Bde.*

Wasserfester Leim. Polyt. Notizbl. **42**, 168†.

Man stelle eine Lösung aus 6 Theilen Sandarach in 100 Theilen Alkohol her, welchem 6 Theile Terpentinöl zugesetzt werden, ferner eine Lösung aus Leim und Hausenblase zu gleichen Theilen in warmem Wasser. Zur Herstellung des wasserfesten Leims erhitzt man die erste Lösung bis zum Kochen und setzt von der zweiten Lösung soviel hinzu, bis ein dünner Brei entsteht. *L. Grm.*

Litteratur.

F. KOHLRAUSCH. Ueber Quecksilberluftpumpen ohne Hahn. Würzburg. Ber. 1887, 35.

GREINER und FRIEDRICHS. Quecksilberluftpumpe. Wied. Ann. **29**, 672; [ZS. f. anal. Chem. **26**, 344; [Lum. El. **23**, 336; [Chem. News. **55**, 284; siehe diese Ber. 1886 (1), 65.

Quecksilberluftpumpe mit neuem Dreiwegehahn. Dingl. J. **263**, 483-484. GREINER u. FRIEDRICHS. Siehe diese Ber. **42** (1), 65.

W. MAXWELL und T. V. HUGHES. Quecksilberluftpumpe. D. R. P. No. 39380; [ZS. f. Instrumkde. **7**, 367†.

Mehrfache Sprengelpumpe mit einer Vorrichtung, um das sich ansammelnde Quecksilber durch Luftdruck zu heben. Wegen der Einzelheiten siehe die Zeichnung des Originals.

W. W. J. NICOL. Description of a shortened self-acting Sprengel pump. Rep. Brit. Ass. 1887, 669; [Engin. **44**, 404.

A new mercury pump. Tel. J. and El. Rev. **20**, H. 482.

H. HELLMANN. Die Quecksilberluftpumpe in ihren wichtigsten Formen. Riga 1885, 34 pp. [Beibl. **11**, 211.

T. FAIRLEY. Eine ausführliche Besprechung der verschiedenen Systeme von Wasserluftpumpen. J. soc. chem. industry VI, 64; [ZS. f. analyt. Chem. **26**, 723.

(Letzteres bloss Titel.)

Wasserluftpumpe von ALVERGNIAT. Aus „La Nature“. [Scient. American. **56**, 146; [ZS. f. Instrumkde. **7**, 255.

R. LAW. Einfache Form von Filtrirpumpen. Chem. News. **56**, 245; [Chem. CBl. (3) **19**, 165.

H. N. MORSE. Quecksilberdestillirapparat. Amer. Chem. J. **7**, 10; ZS. f. anal. Chem. **26**, 238.

Dasselbe Princip, wie bei WEINHOLD und WEBER, nur findet die Erhitzung nicht in einer Kugel, sondern in einem schwach geneigten Glasrohr statt. *Bde.*

GREINER und FRIEDRICHS. Glashähne mit schräger Bohrung. ZS. f. anal. Chem. **26**, 49; [ZS. f. Instrumkde. **7**, 329.

Werden empfohlen, weil die Drehung volle 360° betragen muss, wenn der Hahn wieder die Anfangsstellung haben soll, und weil demnach der Verschluss besonders sicher ist.

Glashähne mit schräger Bohrung ohne und mit Quecksilberdichtung für Glasbüretten u. dergl. Dingler J. **263**, 481.

G. JOHNSON's Gasbehälter mit nassem und trockenem Verschluss für Laboratorien u. dergl. Dingler J. **263**, 138-139.

Laboratoriumsapparate und Einrichtungen. (W. HEMPEL, CH. M. STUART, R. MUENCKE.) Chem. Ber. **18**, 1434; Chem. News. **52**, 208; Chem. Ztg. **9**, 1119; [ZS. f. anal. Chem. **26**, 70-74; siehe frühere Berichte.

C. REINHERTZ. Ein neues Stativ von M. WOLZ in Bonn. ZS. f. Vermessungsw. **16**, 568; [ZS. f. Instrumkde. **7**, 402-403†.

Für Theodolite etc. geeignet; Kopfscheibe von 23 cm Durchmesser aus drei Platten zähen Weidenholzes; die Beine, aus dem gleichen Material, sind mit Kugelgelenken angesetzt; genauere Beschreibung im Original nachzusehen. Von REINHERTZ sehr günstig beurtheilt.

Aluminium. Engin. **43**, 37-38, 278-279.

Aluminium, its history, occurrence, properties, metallurgy and applications, including its alloys. Philadelphia 1887, 346 pp.

K. KLAR. Elektrisches Schweissen gleicher und ungleicher Metallstäbe. CZ. Opt. Mech. **8**, 135-136.

B. BLOUNT. Nickel laboratory utensils. Chem. News. **55**, 11-12.

Nickelapparate sind nach den Erfahrungen des Verfassers für chemische Operationen nur in beschränkten Fällen brauchbar.

TH. T. P. BRUCE WARREN. Nickel laboratory utensils. Chem. News. **55**, 16-17.

Säurefeste Bronze. ZS. f. Instrumkde. **7**, 188.

15 Cu, 2.34 Sn, 1.82 Pb und 1 Sb. In Oesterreich patentirt.

A. GAWALOWSKI's Tiegelschmelzofen mit Erhitzung auch des oberen Theils des Tiegels. Dingl. J. **264**, 82.

E. POLLAK. Ueber einige Laboratoriumsapparate. Rev. anal. Chem. **7**, 287-288; [Chem. CBl. (3) **18**, 770†.

Tropftrichter, Trichter und Kühler.

C. NICKELS. Ein modificirter Glastrichter. J. soc. chem. industry **6**, 134; [ZS. f. analyt. Chem. **26**, 723.

R. ANSCHÜTZ. Die Destillation unter vermindertem Druck im Laboratorium. Bonn, Behrendt 1887, 32 pp.; [Beibl. **11**, 798.

L. MEYER. Apparate zur fractionirten Destillation unter vermindertem Druck. Chem. Ber. **20**, 1833; [Bull. soc. chim. **48**, 488; [J. chem. soc. **52**, 884; [Chem. CBl. **18**, 1070; (ZS. f. Instrkde. **7**, 440; [Beibl. **12**, 185, 1888.

N. GAYON. Note sur un nouvel appareil à destillation. Ann. chim. phys. (6) **11**, 555-563; [ZS. f. Instrkde. **8**, 32, 1888.

J. RIEDEL. Quetschverschluss für Schläuche. D. R. P. 37667; [ZS. f. Instrkde. **7**, 187.

Zangenförmig, statt der Backen zwei Ringe, welche den Schlauch pressen; ein Zahngesperr lässt den Verschluss willkürlich einstellen.

Hart gewordenen Kautschuk zu erweichen. Rev. chronométrique 1886, 235; [ZS. f. Instrkde. **7**, 152†.

Vaselin aufstreichen und erwärmen, bis es eingezogen ist. Ein anderes Mittel soll das Einlegen in 1 Th. Ammoniak mit 2 Th. Wasser sein, 5—30 Minuten fortzusetzen. Das Referat der ZS. f. Instrkde empfiehlt vor Allem, den Kautschuk gegen Luft und Licht zu schützen.

Neue Verfahren und Apparate zur Darstellung von Wasserstoff, Wasserstoffsuperoxyd und Ozon. Dingl. J. **266**, 373-376. *Bde.*

F. SCHMIDT und HAENSCH. Neues Leuchtgas-Sauerstoffgebläse und Zirkonlicht nach Prof. LINNEMANN.

Sep. 6 pp.; [ZS. phys.-chem. Unterr. 1, 87; siehe diese Ber. 1885, (1) 82.

The CLAMOND incandescent gas-light.

Chem. News **56**, 270. *Bde.*

SEIFERT. Ueber das AUER'sche Glühlicht. Würzburger Ber. 1887, 11-13†; siehe diese Ber. 1886, (1), 72-73. *L. Grm.*

L. WRIGHT. The Zirconia oxy-hydrogen light.

Nature **35**, 583.

Nach den Versuchen des Verfassers hat sich das Zirconlicht bei Anwendung eines starken Knallgasstromes weniger bewährt als Kalklicht.

F. GUIDS. Sfiatatoio per condotte d'acqua a semplici tubi e senza valvole. Atti Pont. Linc. **41**, 96-101.

W. A. SHENSTONE. The Methods of Glass Blowing for the use of physical and chemical students.

London, Rivingtons 1887, 86 pp.; [ZS. f. Instrkde. 7, 73; [Beibl. **11**, 609.

W. A. SHENSTONE. Anleitung zum Glasblasen für Physiker und Chemiker. Bearbeitet von H. EBERT.

Leipzig 1887, J. A. Barth, 86 pp.; [ZS. phys.-chem. Unterr. **1**, 82.

What is a filament? Tel. J. und El. Rev. **20**, H. 481.

E. BECKMANN. Sichere Methode zum Absprengen von Glas. ZS. f. anal. Chem. 1886, 530; [Polyt. Not. **42**, 24; siehe diese Ber. 1886, (1), 73.

Bohren von Glas. Rev. chronométrique 1886, October, 185; ZS. f. Instrkde. **7**, 76.

Mattätzen von Glas. Aus „Metallarbeiter"; [Neueste Erfahr. u. Erfind. 1887, 507; ZS. f. Instrkde. **7**, 444.

17 Theile essigsaures Natron und 9 Theile calcinirte Soda mit 30 Theilen 50procentiger Flusssäure; der Wasserzusatz muss je nach der Art des Glases durch den Versuch bestimmt werden.

K. KRAJEWITSCH. Ueber die longitudinale Porosität der Wände von Glasröhren. J. russ. phys. chem. Ges. **19**, 23-26, 1887; [Beibl. **11**, 565.

LADEWIGG. Un papier resistant au feu et à l'eau. Rev. Scien. **40**, 766.

25 Theile Amianthfasern werden mit 25—30 Theilen schwefelsaurer Thonerde gemischt, mit Chlorzink befeuchtet und gut gewaschen. Dann behandelt man das Ganze mit einer Lösung von 1 Theil Harzseife in 8—10 Theilen reinen Thonsulfats und verwendet es hierauf als Papierpasta.

Kitt für rissig gewordene Kautschukwaaren. Dingl. J. **266**, 283; nach Polyt. Notizbl. **42**, 148.

20 Theile Guttapercha, 40 Theile Kautschuk, 10 Theile Hausenblase in 160 Theilen Schwefelkohlenstoff. *Bde.*

---

2. Dichtigkeit.

N. P. SLUGINOW. Ueber eine Methode der Berechnung der absoluten und Grenzdichten. J. russ. phys. chem. Ges. **19**, 36-37; [Chem. CBl. (3) **18**, 832-833†.

Die absolute Dichte ϱ ist die Dichte der Molekülmasse, die Grenzdichte D diejenige, welcher die Dichte des Körpers bei der Annäherung der Molekülabstände an 0 zustrebt. Denkt man sich die Moleküle als massive Kugeln vom Durchmesser δ und vom gegenseitigen mittleren Abstand λ, so ist das Verhältniss zwischen der gewöhnlichen Dichte δ und der absoluten Dichte

$$d = \frac{\pi}{6} \cdot \frac{\varrho}{\left(1 + \frac{\lambda}{\delta}\right)^3}$$

λ wird 0 bei der Temperatur

$$t = \frac{-\lambda_0}{\alpha(\lambda_0 + \delta)},$$

wenn λ_0 den Molekülabstand bei 0° und α den linearen Ausdehnungskoëfficienten bezeichnet. Die Grenzdichte ist dann

$$D = \frac{\pi}{6} \cdot \varrho.$$

In der Gleichung von VAN DER WAALS giebt die Grösse b an, welchen Theil des ursprünglichen Volumens (bei 0° und 760 mm) die in das Quadrat erhobene Summe des Volumens aller Gasmoleküle einnimmt. Sie wird berechnet nach der Gleichung

$$b = \frac{T}{p} \cdot 45{,}8 \, . \, 10^{-6}$$

wo T und p die kritische Temperatur und den kritischen Druck bezeichnen. Ist die Gasmasse bei 0° und 760 mm Druck bekannt, so erhält man durch Division mit $\frac{1}{4}b$ die Dichte der Moleküle in absoluten Einheiten. Man erhält für die folgenden Gase die beigesetzten Werthe:

H_2	O_2	Cl_2	CO_2	H_2O	CH_4	NH_3	N	$(C_2H_5)_2O$	C_2H_5OH	C_2H_2	C_6H_6
0,72	3,9	5,56	3,92	2,12	1,78	1,9	2,8	2,3	2,3	2,22	2,78.

Den grössten Dichten des flüssigen Zustandes entsprechen mithin auch die grössten Moleküldichten und umgekehrt. Die so gefundenen Moleküldichten sind viel besser mit den gewöhnlichen Dichten vergleichbar als die nach andern Methoden ermittelten. Nach den von Exner berechneten Werthen für ϱ findet man für die Grenzdichte die folgenden Zahlen

H_2	O_2	N_2	Cl_2	P_4	S_6	C_2	Hg	CO_2	HCl
0,5	4,1	3,3	3,25	3,2	4,2	2,9	12,8	3,3	2,8

Bgr.

L. BRASSE und E. VLASTO. Apparat zur Bestimmung des specifischen Gewichtes fester Körper. Génie civil 1886/87, **10**, 16; Dingl. J. **263**, 30-31†.

Der Apparat dient zur schnellen Bestimmung des Volumens des zu untersuchenden Körpers. An einem Stativ ist ein Pyknometer verschiebbar, dessen Stöpsel in eine mit einer Marke versehene Kapillarröhre ausgezogen ist und welches unten in eine Röhre ausläuft, durch die dasselbe mittelst eines Gummischlauches mit einer unten mit Glashahn versehenen und in $^1/_{10}$ ccm eingetheilten Bürette verbunden ist, welche ebenfalls von dem Stativ getragen wird. Man füllt Wasser (oder eine andere auf den betreffenden Körper nicht wirkende Flüssigkeit) in den Apparat, senkt das Pyknometer, bis die Flüssigkeit an der Marke steht, liest den Theilstrich an der Bürette ab, hebt das Pyknometer, bringt den gewogenen Körper hinein, senkt wieder, bis die Flüssigkeit an die Marke reicht und liest den Theilstrich an der Bürette wieder ab. Die Differenz zwischen beiden Ablesungen giebt das Volumen des Körpers an. Genauigkeit: bis etwa $^1/_4$ Proc. *Bgr.*

Sollas. On a separating apparatus for use with heavy fluids. Proc. Dubl. Soc. 5, 621-22†.

Um die Bestandtheile gemengter Gesteine durch Flüssigkeiten von verschieden grossem specifischen Gewicht von einander zu trennen, bedient sich der Verf. zweier an den beiden Enden durch Hähne verschliessbarer, graduirter Röhren, welche in vertikaler Lage durch eine Fassung verbunden werden können. Durch geeignetes Oeffnen und Schliessen der Hähne und Verbinden und Trennen der Röhren kann man die durch ihr verschiedenes specifisches Gewicht getrennten Bestandtheile gesondert für sich erhalten und Flüssigkeiten von geringerem specifischen Gewicht durch Mischen der ursprünglich vorhandenen schwereren Flüssigkeit mit einer specifisch leichteren darstellen. *Bgr.*

Sollas. On a modification of Sprengel's apparatus for determining the specific gravity of solids. Proc. Dubl. Soc. 5, 623-625†.

Der Apparat von Sprengel besteht aus einer U-förmigen Röhre, welche in rechtwinklig umgebogene Kapillaren endet, von denen die eine sich verjüngt, die andere dagegen sich erweitert. Auf letzterer ist eine Marke eingeätzt. Taucht man die erstere der Kapillaren in eine Flüssigkeit und saugt an der letzteren, bis die Flüssigkeit an die Marke reicht, so hat man ein bestimmtes Volumen derselben abgemessen. Der Verf. biegt, um das specifische Gewicht von Mineralpulvern mit dem Apparat zu bestimmen, die erweiterte Röhre senkrecht aufwärts und versieht sie mit einer trichterförmigen Mündung. Der Apparat wird dann bis zur Marke mit flüssigem Paraffin von bekanntem specifischen Gewicht gefüllt; dann wird ein bestimmtes Gewicht des Mineralpulvers durch den Trichter eingeschüttet, die Flüssigkeit wieder bis zur Marke entfernt und nochmals gewogen. Wasser lässt sich zum Füllen nicht verwenden, weil in demselben das fein gepulverte Mineral nicht ganz untersinkt sondern zum Theil als feines Häutchen auf der Oberfläche schwimmt. Der Verf. beschreibt noch die Art und Weise, wie der einfache Apparat zu füllen und zu entleeren ist, und wie man sich denselben vor dem Gebläse aus einer Glasröhre leicht selbst herstellen kann. *Bgr.*

A. STRENG. Ueber die Bestimmung des specifischen Gewichtes schwerer Mineralien. Ber. Oberhess. Ges. **25**, 110-113†; [Rundsch. **2**, 459.

Um das specifische Gewicht von Mineralien, bei denen $s > 3{,}3$, durch Schweben in gleichschweren Flüssigkeiten zu bestimmen (deren specifisches Gewicht sich über diese Grenze hinaus nicht gut erheben lässt — vergl. Goldschmidt, diese Ber. 1886), benutzt der Verf. kleine Schwimmer aus Glas mit möglichst dünnen Wänden, die leicht aus Glasröhren hergestellt werden können, vom absoluten Gewicht $m = 0{,}25$ g und einem spec. Gewicht S' von etwa 2,85, welches man möglichst genau mittelst einer schweren Flüssigkeit bestimmt. Man wägt den Schwimmer, dann Schwimmer + Substanz, füllt ihn durch Eintröpfeln mit der schweren Flüssigkeit, bringt ihn in die schwere Flüssigkeit und fügt so lange verdünntere ($s = 2{,}5$) oder concentrirtere ($s = 3{,}1$) Flüssigkeit hinzu, bis der Schwimmer in der Flüssigkeit schwebt. Endlich bestimmt man nach dem Herausnehmen des Schwimmers das spec. Gewicht der Flüssigkeit S. Ist m' das Gewicht des Minerals vom spec. Gewicht x, so ist

$$\frac{m}{S'} + \frac{m'}{x} = \frac{m+m'}{S},$$

woraus

$$x = \frac{S}{1 + \frac{m}{m'}\left(1 - \frac{S}{S'}\right)}$$

folgt. *Bgr.*

A. Kurz. Genauere Bestimmung des specifischen Gewichtes. Carl Rep. **23**, 69-71†.

Der Verf. entwickelt die für die Reduction des spec. Gewichts auf den leeren Raum geltende Gleichung

$$s = \frac{p'}{p''}\left(1 - \delta - \lambda\frac{p' - p''}{p'}\right)$$

in welcher s das reducirte spec. Gewicht bezeichnet, ferner p' das in der Luft gefundene Gewicht des Körpers, p'' das Gewicht, welches dem Auftrieb gleich ist, δ die Correctur wegen der geringeren Wasserdichte (als 1), endlich λ das spec. Gewicht der Luft ist. *Bgr.*

A. Handl. Zur genaueren Bestimmung des specifischen Gewichtes. Carl Rep. **23**, 467-469†; [Beibl. **12**, 135, 1888.

Der Verf. leitet die obige Formel in einer etwas anderen Weise ab, ohne dass (wie bei Kurz) irgendwelche Werthe vernachlässigt werden und berücksichtigt weiter den Fall, dass während der Bestimmung des spec. Gewichtes der Zustand der Luft, also der Werth von λ eine Aenderung erfährt. *Bgr.*

A. Kurz. Das Skalenaräometer im Unterrichte. Carl Rep. **23**, 470-472†.

Ist g das grösste, k das kleinste spec. Gewicht, welches durch ein Aräometer angezeigt wird, und bezeichnet x den Theilpunkt, bis zu welchem das Aräometer in einer Flüssigkeit vom spec. Gewicht s einsinkt, so gilt die Gleichung

$$g = \left(1 + x.\frac{g-k}{k}\right)s,$$

welche nach s oder x aufgelöst gestattet, zu jedem Theilpunkt der

Skala das zugehörige spec. Gewicht zu berechnen oder die Skala selbst nach den anzuzeigenden spec. Gewichten zu kalibriren. Am einfachsten ist das Letztere durch Zeichnung ausführbar, wie der Verf. weiter ausführt, indem er sich dabei auf die von G. G. SCHMIDT (Grens Journ. d. Phys. III, 364) angegebene Methode stützt, deren Erfindung in dem physikalischen Lexikon von O. MARBACH (Bd. I, 295) auch KARMARSCH zugeschrieben wird. *Bgr.*

W. A. ASHE. The Corresponding Volumes etc., of Jce and Sea-Water. Seieuce **10**, 24†.

Nach Bestimmungen, welche in der Hudsonstrasse (62° 33′ 45″ n. Br. 70° 41′ 15″ w. L.) gemacht wurden, verhält sich der über das Meerwasser hervorragende Theil des Eises zu dem untergetauchten wie 1 : 14,8. Ein Volumen Meerwasser nimmt in Eis verwandelt den Raum von 1,0634 Volumen ein; die Dichten verhalten sich wie 0,922 : 1,000. *Bgr.*

K. OLSZEWSKI. Ueber die Dichte des flüssigen Methans, sowie des verflüssigten Sauerstoffs und Stickstoffs. Wied. Ann. **31**, 58-75†; [J. de phys. (2) **7**, 572-575, 1888; [Cim. (3) **24**, 174, 1888; [Chem. Ber. **20** (2), 276; [Natf. **20**, 253; [J. Chem. Soc. **52**, 694; [Rundsch. **2**, 258; Sill. J. (3) **34**, 224; [Chem. CBl. (3) **18**, 565.

Die Abhandlung enthält die ausführliche Beschreibung der Apparate, welche der Verf. anwandte, um die genannten Gase im statischen Zustande zu verflüssigen. Die Ergebnisse der Untersuchung sind bereits früher mitgetheilt (diese Ber. **40**, 439 und 441, 1884; **41**, 53, 1885. *Bgr.*

L. CAILLETET et E. MATHIAS. Recherches sur la densité de l'acide sulfureux à l'état liquide et de vapeur saturée. C. R. **104**, 1563-1568†.

BERTRAND. Observations C. R. **104**, 1568-71†; [Chem. Ber. **20** (2), 445; [ZS. f. phys. Chemie **1**, 528; [Chem CBl. **18**, 1097; [Beibl, **11**, 764-765.

Zur Bestimmung der Dichte des gesättigten Dampfes diente der von den Verf. bereits früher angewendete Apparat (s. diese Ber. 1886, 111); die geringe Modification bezog sich auf die wegen des hochgelegenen kritischen Punktes (+ 156°) nothwendig werdende Heizvorrichtung. Folgendes sind die Resultate, bezogen auf Wasser von + 4° (*t* die Temperatur, *d* die zugehörige Dichte):

$t =$	+7.3°	+16.5	+24.7	+37.5	+45.4	+58.2	+78.7	+91.0
$d =$	0.00624	0.00858	0.0112	0.0169	0.0218	0.0310	0.0464	0.0626
$t =$	+100.6	+123.0	+130.0	+135.0	+144.0	+152.5	+154.9	
$d =$	0.0786	0.1340	0.1607	0.1888	0.2495	0.3426	0.4017.	

Um die Dichte des flüssigen Schwefeldioxyds zu messen, bedienten sich die Verfasser der thermometrischen Methode, indem sie die flüssige Verbindung in ein thermometerähnliches Gefäss mit dicken Wänden brachten, dessen Röhre sorgfältig geaicht und calibrirt war. Die Versuchsergebnisse waren die folgenden:

$t =$	0.0°	+21.7°	+35.2	+52.0	+62.0	+82.4	+102.4	+120.45
$d =$	1.4338	1.3757	1.3374	1.2872	1.2523	1.1845	1.1041	1.0166
$t =$	+130.3	+140.8	+146.6	+151.75°	+154.3	+155.05.		
$d =$	0.9560	0.8690	0.8065	0.7317	0.6706	0.6370.		

Trägt man die Temperaturen als Abscissen, die beiden Arten von Dichten als Ordinaten in ein Coordinatensystem ein, so fallen die beiden so entstehenden Curven beim kritischen Punkte zusammen, sodass hier der gesättigte Dampf und die flüssige Verbindung gleiche Dichte haben. Diese kritische Dichte ist nach der graphischen Darstellung gleich 0.520.

Aus den für die Dichte beobachteten Werthen leiten die Verf. folgende Werthe für den mittleren Ausdehnungskoefficienten α her;

Temp.	156.0—155.5°	155.5—155.0°	155.0—154.0°	154.0—153,0°
α	0.7371	0.2273	0.1345	0.07721.

In der Nähe der kritischen Temperatur wächst der Ausdehnungskoefficient sehr bedeutend. — Mit Hülfe der Dampfspannungen, welche Regnault für das Temperaturintervall −30° bis +65° gegeben hat, berechnen die Verf. endlich die latente Verdampfungswärme nach der Formel:

$$L = \frac{T}{E}(u' - u)\frac{dp}{dt}$$

und finden:

Temp.	0°	+10	+20	+30	+40	+50	+60.
L	91.2 Cal.	88.7	84.7	80.5	75.5	70.9	69.0

Die Bemerkungen von Herrn BERTRAND beziehen sich auf die Dampfspannung. Er stellt dieselbe für alle Flüssigkeiten und alle Temperaturen durch die Formel dar:

$$p = G\left(\frac{T-\lambda}{T}\right)^{50},$$

in welcher G eine Constante ist, die durch eine besondere Messung bestimmt werden muss. Für SO_2 ist log. $G = 7.400259$. λ besitzt für die Dämpfe der einzelnen Stoffe folgende Werthe:

	SO_2	H_2O	Aether	CS_2	Chorkohlenstoff	CO_2	NH_3	Schwefeldampf
$\lambda =$	49.459	78.3	55.4	54.784	61.667	35	46.728	134.890.

Bgr.

D. MENDELEJEW. Das specifische Gewicht der Schwefelsäure-Lösungen. ZS. phys. Chem. **1**, 273-84†; [Chem. Ber. **20** [2], 497; [J. chem. soc. **54**, 343-344, 1888; [Chem. CBl. **18**, 1012-1014; [Beibl. **12**, 135, 1888.

Anschliessend an seine früheren Untersuchungen (s. diese Ber. 1886) hat der Verf. die Zunahme des spec. Gewichtes s beim Wachsen des Gehaltes der Schwefelsäure an Monohydrat p, also die Werthe des Quotienten ds/dp berechnet. Der Differentialquotient erweist sich für Lösungen der Schwefelsäure als geradlinig veränderlich mit der Veränderung des Gehaltes p an Monohydrat, lässt sich aber nicht durch eine fortlaufende Gerade darstellen, sondern durch mehrere Gerade, deren Unterbrechungen bestimmten Hydraten entsprechen. Die erste (und grösste) Curvenunterbrechung entspricht dem Monohydrat; die zweite (sehr geringe) dem Dihydrat $H_2SO_4 . H_2O$; die dritte, welche wieder grösser ist, als die vorige, dem Trihydrat $H_2SO_4 . 2\,H_2O$ (bei ihm erreicht ds/dp den grössten Werth); die vierte dem Hydrat $H_2SO_4 . 6\,H_2O$; die fünfte (wahrscheinlich) dem Hydrat $H_2SO_4 . 150\,H_2O$. Für die mit m Mol. Wasser vermischte Schwefelsäure ergeben sich mithin 5 Gerade, welche durch folgende Gleichungen dargestellt werden:

$$\text{von } H_2O \text{ bis } m = 150: \frac{ds}{dp} = 76.51 - 2.650\,p$$

$$,,\ m = 150\ ,,\ m = 6: \frac{ds}{dp} = 71.16 + 0.407\,p$$

$$,,\ m = 6\ ,,\ m = 2: \frac{ds}{dp} = 61.90 + 0.796\,p$$

$$,,\ m = 2\ ,,\ m = 1: \frac{ds}{dp} = 326.65 - 2.705\,p$$

$$,,\ m = 1\ ,,\ m = 0: \frac{ds}{dp} = 728.755 - 7.492\,p.$$

Von H_2SO_4 bis zur rauchenden Schwefelsäure, welche bis zu 110% H_2SO_4 enthält, fand der Verf. endlich noch $\frac{ds}{dp} = -651 + 7.8p$.

Drei von den Differentalquotienten stellen mithin absteigende Gerade dar, die 3 andern ansteigende. Diese Gleichungen stellen keine Annäherungen, sondern wirkliche Gesetzmässigkeiten dar, wie sich noch deutlicher ergiebt, wenn man integrirt, also $s = f(x)$ berechnet. In der entstehenden Gleichung $s = C + Ap + Bp^2$ haben die Constanten C in allen Fällen vollkommen bestimmte und einfache Werthe und zwar ist in allen verdünnten Lösungen bis zum Trihydrat ($m = 2$) die Constante C gleich dem spec. Gewichte des Wassers, von da bis zum Dihydrat ($m = 1$) gleich Null, von da bis zur rauchenden Säure gleich dem spec. Gewicht der Schwefelsäure. Die 6 Gleichungen sind

I.	$s = 9998.7 + 76.51\,p$	$-1.325\,p^2$	von H_2O	bis $m = 150$
II.	$s = 9998.7 + 71.56\,p$	$+0.2035\,p^2$	,, $m = 150$	,, $m = 6$
III.	$s = 9998.7 + 61.90\,p$	$+0.3980\,p^2$	,, $m = 6$	,, $m = 2$
IV.	$s = 0 + 326.65\,p$	$-1.3525\,p^2$	,, $m = 2$	,, $m = 1$
V.	$s = 18527 + 20.445\,(100-p)$	$-3.746\,(100-p)^2$	,, $m = 1$	,, $m = 0$
VI.	$s = 18527 + 129\,(p-100)$	$+3.9\,(p-100)^2$	,, $m = 0$	,, rauchende Säure.

Die spec. Gewichte der wässerigen Lösungen von Alkohol haben mit noch grösserer Sicherheit ergeben, dass die Differentialquotienten geradlinige Funktionen von p sind, und dass sich die Hydrate $C_2H_6O \cdot 12\,H_2O$, $C_2H_6O \cdot 3\,H_2O$, $3\,C_2H_6O \cdot H_2O$ nachweisen lassen. *Bgr.*

J. G. McGregor. On the density of weak aqueous solutions of certain salts. Chem. News 55, 3-6†; [Chem. Ber. 20 (2) 38; [J. Chem. Soc. 52, 209; [Chem. CBl. 18, 399; Trans. Roy. Soc. Canada Sect. 3, 3, 15-19, 1885; [Beibl. 11, 412-413.

Der Verf. hat seine früheren Untersuchungen auf $ZnSO_4$, $MgSO_4$ und $CaCl_2$ ausgedehnt (s. diese Berichte 1886, 106). Als Dilatometer dienten geräumige Flaschen von etwa 2600 ccm Inhalt, die durch Kautschukpfropfen fest verschlossen waren, durch welche Glasröhren von möglichst gleichem Querschnitt (0,4 qcm) gingen. Die Dilatometer wurden mit destillirtem Wasser gefüllt und in ein Bad von constanter Temperatur gesetzt. Dann brachte man in eines derselben abgewogene Mengen des wasserfreien Salzes und verglich das Niveau der entstehenden Lösung mit demjenigen in einem nur mit destillirtem Wasser gefüllten Dilatometer. Aus der Vergleichung erhielt man folgende Werthe für die Dichtigkeiten:

Menge des zugefügten Salzes	Zinksulfat		Magnesiumsulfat		Calciumchlorid	
	Salzmenge in d. Einheit d. Lösung	Dichte d. Lösung bei 19.5°	Salzmenge in d. Einheit d. Lösung	Dichte d. Lösung bei 9.5°	Salzmenge in d. Einheit d. Lösung	Dichte d. Lösung bei 9.5°
5 g	0.00186	1.00179	0.00191	1.00170	0.00191	1.00168
5	0.00371	1.00356	0.00380	1.00346	0.00381	1.00317
5	0.00556	1.00530	0.00569	1.00526	0.00570	1.00465
5	0.00740	1.00711	0.00758	1.00705	0.00759	1.00615
5	—	—	—	—	0.00947	1.00765
10	0.01106	1.01065	0.01132	1.01060	0,01320	1.01050
10	0.01469	1.01410	—	—	—	—
10	0.01829	1.01753	—	—	—	—
10	0.02187	1.02112	—	—	—	—
10	0.02542	1.02446	—	—	—	—
10	0.02895	1.02798	—	—	—	—

Trägt man die in der Einheit der Lösungen enthaltenen Salzmengen als Abscissen, die zugehörigen Dichten als Ordinaten in ein Coordinatensystem ein, so erhält man bei Zink- und Magnesiumsulfat eine gerade Linie, beim Calciumchlorid eine gegen die X-Axe schwache convexe Curve. Bei diesen Salzen ist also nicht, wie beim CuSO gefunden war, das Volumen der Lösung kleiner als dasjenige des in ihr enthaltenen Wassers. *Bgr.*

J. A Wanklyn. **Remarkable specific gravity of lime water.** Chem. News **55**, 217; [Chem. Ber. **20** [2], 466; [J. chem. soc. **52**, 700; [Dingler J. **264**, 519; [Chem. CBl. (3) **18**, 1889.

1000 Theile Wasser und 1.344 Theile Kalk liefern eine Lösung von spec. Gewicht 1.00235, so dass die Lösung weniger Raum einnimmt, als das in ihr enthaltene Wasser. *Bde.*

W. W. J. Nicol. **Ueber das specifische Gewicht wässeriger Glycerinlösungen.** Pharm. Journ. and Trans. 1887 8, 297; [Chem. Ztg. **11**, Rep. 246; [Chem. CBl. (3) **18**, 1455†.

Procente Glycerin	Spec. Gew.	Procente Glycerin	Spec. Gew.
100	1.26348	40	1.10118
90	1.23720	30	1.07469
30	1.21010	20	1.04884
70	1.18293	10	1.02391
60	1.15561	Wasser bei	
50	1.12831	20^0	1,00000

Bgr.

G. Costa. **Studii sulla densità e sulla dilatazione dell' alcool amilico.** Rend. Napoli (2) **1**, 173-180†; [Beibl. **12**, 239, 1888.

Die Dichte des Amylalkohols (Sdp. 131^0) bei 0^0 auf Wasser von 4^0 ergab sich zu 0.824883 und 0.823131. Der zweite Werth wurde gefunden, nachdem die Probe Amylalkohol von Grassi zur Bestimmung der Dampfspannung benutzt worden war, die erste vor diesen Versuchen. Die Ausdehnung folgte vor den Dampfspannungsversuchen der Gleichung

$$v = v_0\,(1 + 0.0_3830768\,t + 0.0_5325699\,t^2 - 0.0_8722077\,t^3),$$

nach denselben der Gleichung:

$$v = v_0\,(1 + 0.0_3755575\,t + 0.0_528244\,t^2 + 0.0_8215099\,t^3).$$

Für v_{100}/v_0 ergiebt sich daraus 1.1085 und 1.1052, während Pierre 1.1090 und Kopp 1.1089 gefunden hatte. Den Unterschied erklärt Kopp durch die Verschiedenheit der Proben sowie durch den Umstand, dass durch wiederholtes Kochen sich die Ausdehnung dauernd vermindere. *Bgr.*

A. Blümcke. Ueber die Bestimmung der specifischen Gewichte einiger Gemische von Aethylalkohol und Kohlensäure.

Wied. Ann. **30**, 243-50†; [J. de phys. (2) **7**, 568-569, 1888; [Cim. (3) **24**, 82, 1888; [Chem. Ber. **20** (2), 87; [J. chem. soc. **52**, 435; [Chem. CBl. **18**, 217.

Mittelst der früher beschriebenen Methode (s. diese Ber. 1884, 88) bestimmte der Verf. die spec. Gewichte von Mischungen flüssiger Kohlensäure und Aethylalkohol und erhielt folgende Resultate, die sich durch Interpolation aus den thatsächlich beobachteten Werthen ergaben.

p	0,4° C. Druck 35 Atm.	17° C. Druck 55 Atm.	25° C. Druck 66 Atm.
	Specifisches Gewicht		
0	0.810	0.795	0.790
10	0.826	0.808	0.799
20	0.841	0.822	0.808
30	0.858	0.835	0.818
40	0.874	0.848	0.827
50	0.890	0.859	0.836
60	0.899	0.870	0.845
70	0.916	0.876	0.852
80	0.925	0.877	0.844
90	0.931	0.871	0.830
100	0.934	0.841	0.728

In der Tabelle bedeutet p den Procentgehalt der Mischung an Kohlensäure. In der zweiten Reihe ergiebt sich demnach ein Maximum der Dichte für die etwa 80procentige, in der dritten ein solches für die 70procentige Mischung. — Was die Volumenzunahme des Alkohols betrifft, so ist, wenn n die Anzahl der aufgenommenen Volume Kohlensäure bezeichnet, in ccm bei 0° und 760 mm gemessen, das Volumen der Mischung $V = 1 + n\alpha$, wenn als Anfangsvolumen 1 ccm genommen wird. Die folgende Tabelle enthält die den einzelnen Werthen von n entsprechenden Werthe von α.

Temp.	0,4° C.		17° C.		25° C.	
p	n	α	n	α	n	α
10	45	0.00199	45	0.00208	44	0.00224
20	103	198	101	206	100	222
30	177	197	174	207	172	221
40	275	197	270	208	268	221
50	412	199	405	210	402	221
60	618	202	607	211	603	222
70	962	203	944	214	938	223
80	1649	204	1610	219	1608	230
90	3710	207	3641	223	3618	255
100	∞	210	∞	234	∞	265

Die anfänglich stattfindende geringe Abnahme von α erklärt sich durch Versuchsfehler; in allen drei Reihen ist später eine bedeutende Zunahme von α zu beobachten, die bei höheren Temperaturen bedeutender ist als bei niederen. Die Volumenzunahme des Alkohols ist also nur bis etwa zur 50procentigen Mischung proportional der aufgenommenen CO_2-Menge. ANDREEW fand für die Dichte der flüssigen Kohlensäure (Lieb. Ann. **110**, 1859) die Werthe

t	0°	17°	25°
d	0.947	0.849	0.783,

von denen der letztere erheblich von den Bestimmungen des Verf. abweicht, vielleicht, weil ANDREEW's Bestimmungen unter der Annahme der Allgemeingültigkeit des GAY-LUSSAC-MARIOTTE'schen Gesetzes ausgeführt wurden, während thatsächlich die Gase in der Nähe des kritischen Punktes stark von demselben abweichen. — Berechnet man das spec. Gewicht der flüssigen CO_2 aus den von CLAUSIUS und SARRAU aufgestellten Zustandsgleichungen, so passt die CLAUSIUS'sche Gleichung besser für Temperaturen über Null, die SARRAU'sche besser für Temperaturen unter Null. *Bgr.*

H. KOPP. Ueber die Molecularvolumina der Flüssigkeiten. **Heidelberg u. Paris, 1881, 31pp. Ausführliches Referat in Beibl. 11, 189-191†.**

Der Verfasser wendet sich gegen die Polemik, welche Bartoli in Ann. chim. phys. (6) **7**, 386 gegen seine Untersuchungen geführt hat, weist Missverständnisse in Bartoli's Auffassung nach und zeigt, dass seine bekannten Regeln für die Molecularvolumina sich beim jetzigen Standpunkt der Kenntnisse besser bestätigen als früher. Er erhebt ferner gegen die Untersuchung von Bartoli und Stracciati über pennsylvanische Kohlenwasserstoffe den Einwurf, dass die von diesen Autoren angewandte Methode der Destillation mit Salpetersäure keine reinen Producte liefert. *Bde.*

A. Horstmann. Ueber den Einfluss der doppelten und ringförmigen Bindung auf das Molekularvolumen.

Ber. chem. Ges. **20**, 766-781†; [Bull. soc. chim. **47**, 942-944; [J. chem. soc. **52**, 545-546; [ZS. f. phys. Chem. **2**, 108, 1888; [Chem. CBl. **18**, 741-742; [Rundsch. **2**, 182-183; [Beibl. **11**, 482.

Wie Brühl nachgewiesen hat, wird die Molecularrefraction der C-Verbindungen durch jede sog. doppelte Bindung um einen constanten Betrag erhöht, durch die ringförmige Bindung dagegen nicht verändert. Der Verf. weist nun nach, dass die Art der Kohlenstoffbindung auch das Molecularvolumen im gleichen Sinne beeinflusst. Er benutzt zu diesem Zwecke die Molecularvolumina sowohl bei 0⁰ als bei den Siedepunkten.

Zunächst zeigt sich, dass, wenn man ganz verschieden constituirte Verbindungen untersucht, deren Formel sich um H_2 unterscheidet, man ganz verschiedene Werthe für die Differenz der Molecularvolumina erhält.

Name	Formel	Molecular-volumen bei 0⁰	Differenz	Siede-punkte	Molekular-vol. bei den Sdp.	Differenz
Norm. Oktan	C_8H_{18}	158.6		125⁰	186.3	
			15.3			21.5
Isoxylolhydrür	C_8H_{16}	143.3		118⁰	164.8	
			1.2			
Octin	C_8H_{14}	142.1		—	—	
			2 + 10.9			3.8.4
Isoxylol	C_8H_{10}	120.2		140⁰	139.7	
			7.8			8.6
Styrol	C_8H_8	112.4		146⁰	131.1	
			4.6			5.5
Phenylacetylen	C_8H_6	107.8		142⁰	125.8	

Vergleicht man aber Verbindungen mit verschiedenem *H*-Gehalt, in denen die Art der Bindung eine ähnliche ist, so werden die Unterschiede regelmässiger. Dies ist z. B. der Fall, wenn unter Lösung einer doppelten Kohlenstoffbindung in einer offenen Kette Wasserstoff aufgenommen wird, wie beim Uebergang der Olefine in Paraffine, von Allylpyridin in Propylpyridin u. s. w. Ein constanter Volumenzuwachs entsteht allerdings auch hier nicht durch die Aufnahme von 2 H, er schwankt indes innerhalb enger Grenzen (bei 0° zwischen 4.0 und 9.4, bei den Siedepunkten zwischen 5.7 und 9.1 für H_2). Derselbe Werth ergiebt sich, wenn man die Hydrüre der Benzolwasserstoffe und diese selbst vergleicht (bei 0° 7.5, bei d. Sdp. 8.2 für H_2). Vergleicht man dagegen die Hydrüre der Benzolkohlenwasserstoffe mit den Grenzkohlenwasserstoffen, wobei also die Ringbindung gelöst wird und eine offene Kette entsteht, so ist die Volumdifferenz zwar wieder annähernd constant, aber viel grösser als in den vorigen Fällen (durchschnittlich 16.5 bei 0° und 20.7 bei den Siedepunkten für H_2). Noch auffallender tritt dies hervor, wenn man die Hydrüre mit den isomeren Gliedern der Olefinreihe vergleicht, welch letztere bei gleicher Formel statt der ringförmigen Bindung eine kettenförmige zeigen. Es ergeben sich hierbei für die Molecularvolumina Differenzen, wie sie bei den Benzolderivaten nur für einen Zuwachs von H_2 beobachtet werden, wie dies die folgende Tabelle zeigt (M.V. = Molecularvolumen).

Name	Formel	M.-V. bei 0°	Differenz	Siedepunkt	M.-V. bei d. Sdp.	Differenz
Benzoylhydrür	C_6H_{12}	110.5	9.5	—	—	
Hexylen	C_6H_{12}	120.0		—	—	
Toluolhydrür	C_7H_{14}	126.6	9.3	97°	141.8	13.0
Heptylen	C_7H_{14}	135.9		—	154.8	
Isoxylolhydrür	C_8H_{16}	143.3	8.2	118°	164.8	12.4
Octylen	C_8H_{16}	151.5		123°	177.2	
Xyloltetrahydrür	C_8H_{14}	135.1	7.0	—	—	
Octin	C_8H_{14}	142.1		—	—	

Durch die Ringschliessung wird mithin das Molecularvolumen erheblich mehr vermindert als durch eine gewöhnliche Doppelbindung zweier Kohlenstoffatome. Dies zeigt auch eine Vergleichung vom Naphtalin mit seinem Hydrür, von diesem mit Cymol, von diesem endlich mit dem Dekan; ebenso vom Thiophen mit dem Diäthylsulfid; von Aminen und Nitrilen; endlich von Pyridin und Pyrrolderivaten. Alle diese Thatsachen fasst der Verf. in dem Satze zusammen:

Die ungesättigten Verbindungen mit ringförmiger Atomkette besitzen ein beträchtlich kleineres Molecularvolumen als diejenigen mit offener Kette und mehrfacher Bindung der Atome. Der numerische Betrag unterliegt Schwankungen; der Unterschied in der Raumerfüllung ist aber grösser als jeder andere, der bisher auf eine Verschiedenheit in der Constitution zurückgeführt werden konnte.

Das Molecularvolumen wird durch die Bindung der Atome in demselben Sinne beeinflusst wie die Molecularrefraction, nimmt das erstere ab, so thut es auch das letztere.

	Molecularvolumen bei 0°	Molecularvolumen beim Sdp.	Molecularrefraction
Cymol	151.2	184.5	45.50
Hydronaphtalin	140.1	171.2	43.12.

Während Brühl der Atomrefraction des Wasserstoffs einen bestimmten Werth beilegt, betrachtet der Verf. das Atomvolumen dieses wie der anderen Elemente als unbekannte Grössen, weil nicht nur die Aenderung der Zusammensetzung der Verbindungen sondern auch die Aenderung der Constitution die Raumerfüllung beeinflusst. Bei den Siedepunkten scheint ausserdem die Auflösung einer Doppelbindung keinen erheblichen Einfluss auf das Molecularvolumen auszuüben. Die Volumendifferenzen, welche wir bei verschiedener Zusammensetzung beobachten, hängen demnach weit mehr von der Configuration der Atome und Molecüle ab, als von dem ungleich grossen Volumen, welches die Masse der Molecüle selber ausfüllt. Bei dieser Auffassung erklärt sich alsdann auch leicht der grosse Einfluss, welchen die Ringbindung auf das Molecularvolumen auszuüben vermag. *Bgr.*

F. Neubeck. Ueber Molecularvolumina aromatischer Verbindungen. ZS. phys. Chem. 1, 649-66†; [Chem. Ber.

21 [2], 47-48; [J. chem. soc. 54, 895, 1888; [Chem. CBl. 1888, 214-215; [Beibl. 12, 413-415, 1888.

Im Sinne der Forderungen HORSTMANN's (s. diese Ber. 1886) hat der Verf. die Molecularvolumina einer Reihe zusammengehöriger Verbindungen unter verschiedenen Drucken bei den entsprechenden Siedepunkten bestimmt. Es wurde dabei die von RAMSAY angegebene Methode (Bestimmung des Gewichtes eines bekannten Volumens einer Flüssigkeit beim Siedepunkt) angewendet, welche indes eine wesentliche Verfeinerung erfuhr. Die folgende Tabelle enthält die Versuchsergebnisse. In ihr bedeutet T den Siedepunkt bei dem entsprechend verminderten Druck, S das spec. Gewicht gegen Wasser von 4°, M.-V. das Molecularvolumen.

Benzol

T	S	M-V
40.1	0.85716	90.79
41.3	0.85493	91.02
53.2	0.84324	92.29
54.7	0.84006	92.63
64.1	0.83101	93.64
64.2	0.83089	93.67
72.9	0.82099	94.79
73.4	0.82079	94.81
79.2	0.81389	95.62
79.9	0.81297	95.72

Nitrobenzol

T	S	M-V
150.7	1.07134	114.57
153.3	1.07033	114.68
158.4	1.06276	115.50
173.6	1.04807	117.12
176.3	1.04477	117.49
186.6	1.03246	118.89
189.4	1.03059	119.10
200.1	1.01794	120.59
207.3	1.00846	121.80
208.2	1.00718	121.88

p-Mononitrotoluol

T	S	M-V
177.5	1.00668	135.81
178.5	1.00467	136.08
201.0	0.98371	138.98
213.0	0.96812	141.22
225.0	0.95455	143.23
237.5	0.94522	144.64
239.0	0.94342	144.92

Anilin

T	S	M-V
130.9	0.92256	100.62
135.1	0.91858	101.06
147.2	0.90708	102.34
148.0	0.90632	102.43
162.0	0.89272	103.99
162.6	0.89233	104.03
173.9	0.88087	105.38
181.6	0.87443	106.16
181.8	0.87424	106.18
183.1	0 87384	106.23

Toluol

T	S	M-V
61.2	0.82664	111.04
63.3	0.82441	111.39
63.5	0.82435	111.35
81.2	0.80656	113.80
81.5	0.80637	113.83
93.4	0.79487	115.48
102.6	0.78576	116.82
103.0	0.78515	116.91
110.1	0.77803	117.96
110.7	0.77741	118.07
110.8	0.77694	118.14

o-Xylol

T	S	M-V
90.4	0.81449	129.85
90.6	0.81422	129.89
112.7	0.79497	153.04
112.9	0.78435	133.14
123.8	0.78196	135.25
133.9	0.77406	136.63
141.1	0.76673	137.94
142.5	0.76569	138.12

o-Mononitrotoluol

T	S	M-V
160.0	1.02496	133.38
186.1	0 99814	136.97
187.1	0.99679	137.16
197.7	0.98395	138.95
208.7	0.97149	140.73
209.2	0.97087	140.82
218.0	0.96184	142.15
219.8	0.96047	142.37

o-Toluidin

T	S	M-V
142.7	0.89397	119.47
143.3	0.89292	119.61
163.2	0.87527	122.02
163.9	0.87456	122.12
178.4	0.86071	124.08
186.9	0 85200	125.35
198	0.84453	126.53
199	0.84334	126.64

p-Xylol

T	S	M-V
86.9	0.80202	131.87
106.9	0.78341	135.00
107.1	0.78310	135.05
119.2	0.77292	137.15
129.6	0.75975	139.21
137.1	0.75425	140.22
138.4	0.75305	140.45

m-Mononitrotoluol

T	S	M-V
171.0	1.01143	135.17
194.1	0.98756	138.44
207.8	0.97208	140.65
218.8	0.96017	142.39
227.0	0.95091	143.78
227.5	0.94984	143.94
228.5	0.94943	144.03

m-Toluidin

T	S	M-V
149	0.88545	120.62
169	0.86525	123.43
171	0.86283	123.78
184	0.85231	125.31
185	0.85121	125.47
191	0.84369	126.59
193	0.84293	126.70
201	0.83530	127.86
203	0.83368	128.10

p-Monoamido-m-Xylol

T	S	M-V
159.5	0.86669	139.35
182	0.84874	142.29
197	0.83473	144.68
205	0.82374	146.61
215.5	0.81615	147.98
218	0.81445	148.29

p-Toluidin			m-Xylol			p-Mononitro-m-Xylol		
T	S	M-V	T	S	M-V	T	S	M-V
143	0.88313	120.93	88.8	0.80588	131.24	176	0.98667	152.73
143.2	0.88269	120.99	89.3	0.80552	131.29	179.5	0.98254	153.37
168	0.86131	123.99	108.3	0.78722	134.34	182	0.98057	153.67
178.4	0.85025	125.61	108.7	0.78667	134.44	186	0.97535	154.50
181	0 84858	125.85	120.5	0.77483	136.49	206	0.95637	157.56
192.6	0.83837	127.40	121.8	0.77427	136.59	218	0.94078	160.18
200	0.83174	128.41	129.2	0.76643	137.99	233	0.92955	162.11
201.5	0.82995	128.68	138.1	0.75797	139.54	243	0.91809	164.14
			139.1	0.75672	139.76	244	0.91634	164.45

Die Resultate sind in der Abhandlung auch graphisch dargestellt. Es ergiebt sich aus denselben, dass das Volumen aller Componenten einer Verbindung mit zunehmendem Drucke wächst, weshalb es fraglich erscheinen kann, ob die Beziehungen, welche bei Vergleichung der Regelmässigkeiten unter atmosphärischem Druck gelten, auch für jeden andern Druck gültig sind. Kopp hat gegenüber Bartoli diese Frage bejahend beantwortet (s. o.); zu demselben Resultate gelangt auch der Verf. auf Grund seiner Bestimmungen. Er berechnet nämlich für die Drucke 760 mm, 450 mm und 200 mm die Differenzen zwischen dem Molecularvolumen homologer Kohlenwasserstoffe, sowie zwischen demjenigen der Nitro- und Amidoverbindungen einerseits und dem der Kohlenwasserstoffe andererseits. Dabei ergeben sich die nachstehend verzeichneten Zahlen, von denen die erste immer für 760 mm, die zweite für 450 mm, die dritte für 200 mm gilt:

$CH_3 - H$	$NO_2 - H$	$NH_2 - H$
Toluol — Benzol	Nitrobenzol — Benzol	Anilin — Benzol
22.42; 21.9; 20.9	26.16; 25.5; 24.3	10.53; 10.4; 10.2
p-Xylol — Toluol	p-Nitrotoluol — Toluol	p-Toluidin — Toluol
22.31; 21.7; 21.3	26.78; 25.8; 25.0	10.54; 10.4; 10.3
m-Xylol — Toluol	m-Nitrotoluol — Toluol	m-Toluidin — Toluol
21.62; 21.0; 20.5	25.88; 25.1; 24.4	9.96; 9.9; 9.8
o-Xylol — Toluol	o-Nitrotoluol — Toluol	o-Toluidin — Toluol
19.98; 19.8; 19.1	24.21; 23.5; 22.9	8.50; 8.5; 8.6
	1. 3. 4. Nitrometaxylol — m-Xylol	1. 3. 4. Amidometa-Xylol — m-Xylol
	24.69; 23.8; 22.8	8.51; 8.2; 8.0

Der Einfluss einer im Benzol substituirten Gruppe auf das Molecularvolumen ist mithin verschieden je nach der Stellung, welche sie einnimmt; tritt sie in p-Stellung zu einer schon vorhandenen, so ist ihr Einfluss etwa so gross wie beim Eintritt in das Benzol, aber erheblich grösser als bei der Bildung der m-Verbindungen und bei diesen wieder grösser als bei den 0-Verbindungen. Die Darstellung des Volumens einer Verbindung als Summe der Volumina ihrer Bestandtheile kann mithin nicht streng richtig sein. Diese Beziehungen gelten, wie aus der obigen Zusammenstellung hervorgeht, für jeden Druck, wodurch die erwähnte Frage im Sinne KOPP's entschieden wird.

In Bezug auf das Volumen der von ihm untersuchten isomeren Verbindungen zeigt der Verf., dass das Volumen der p-Verbindungen gegenüber den andern beiden den grössten Werth hat, und dass die m-Verbindungen wiederum ein grösseres Volumen haben, als die 0-Verbindungen. Die Differenzen zwischen den Molecularvolumen der p- und m-Verbindungen sind wesentlich kleiner als die zwischen den m- und 0-Verbindungen. *Bgr.*

G. A. HAGEMANN. Studien über die Molecularvolume einiger Körper. Berlin 1887. Friedländer u. Sohn. [Chem. Ber. **20**, [2], 1†; [Thür. ZS. **60**, 201-203; [Arch. Pharm. **225**, 324; [ZS. phys. Chem. **1**, 47-48.

Theoretische Betrachtungen über die Volumenänderungen beim Auflösen von Säuren, Basen und Salzen und bei der Neutralisation in wässeriger Lösung. Es wird dabei die Ansicht in den Vordergrund gestellt und vertheidigt, dass die Auflösung ein wesentlich chemischer Vorgang sei. Neue eigene Messungen hat der Verf. nur wenige und oberflächliche angestellt.

(Horstmann.) Bgr.

P. DOBRINER. Ueber die Siedepunkte und specifischen Volumina der Aether normaler Fettalkohole. Lieb. Ann. **243**, 1-22†; [J. Chem Soc. **54**, 334, 1888; [Chem. CBl. 1888, 209-211.

Die Arbeit bildet die 8. Abhandlung der von W. Lossen und seinen Schülern unternommenen Untersuchungen über die physikalischen Eigenschaften flüssiger Verbindungen (vergl. die früheren Jahrgänge dieser Berichte). Die Bestimmungen des Verf. sind in folgender Tabelle enthalten, in welcher S den Siedepunkt, d_0^0 die Dichte bei 0°, d_0^s diejenige beim Siedepunkte, V_0^s das Volumen beim Siedepunkte, SV das spec. Volumen bezeichnet.

	S	d_0^0	V_0^s	d_0^s	SV
Methyl-Aethyläther . .	10.8°	0.7252	1.0163	0.7127	84.0
Methyl-Propyläther . .	38.9	0.7471	1.0610	0.70415	105.1
Methyl-Butyläther . .	70.3	0.7635	1.1065	0.6901	127.2
Methyl-Heptyläther . .	149.8	0.7953	1.1927	0.6667	194.6
Methyl-Octyläther . .	173	0.8014	1.2258	0.65386	219.8
Diäthyläther	34.9	0.7360	—	—	106.1
Aethyl-Propyläther . .	63.6	0.5457	1.0981	0.6871	127.8
Aethyl-Butyläther . .	91.4	0.7680	1.1322	0.6785	150.1
Aethyl-Heptyläther . .	166.6	0.7949	1.2217	0.65065	220.8
Aethyl-Octyläther . .	189.2	0.8008	1.2531	0.6390	246.7
Dipropyläther . . .	90.7	0.7633	1.1322	0.6743	150.9
Propyl-Butyläther . .	117.1	0.7773	1.1710	0.6638	174.4
Propyl-Heptyläther . .	187.6	0.7987	1.2441	0.6420	245.6
Propyl-Octyläther . .	207	0.8039	1,2753	0.6300	272.4
Dibutyläther	140.9	0.7865	1.1963	0.6575	197.3
Butyl-Heptyläther . .	205.7	0.8023	1.2680	0.6327	271.3
Butyl-Octyläther . .	225.7	0.8069	1.2854	0.6277	295.7
Diheptyläther . . .	261.9	0.8152	1.3464	0.6055	352.7
Heptyl-Octyläther . .	278.8	0.8182	1.3555	0.6038	376.8
Dioctyläther	291.7	0.82035	1.3771	0.5983	403.6

Auf Grund dieser Zahlen gelangt der Verf. zu einer Reihe von allgemeinen Sätzen. Dieselben betreffen zunächst die Siedepunktsregelmässigkeiten. Bei metameren Aethern liegt der Siedepunkt um so niedriger, je weniger der C-Gehalt der beiden Alkyle differirt. Die Methyläther haben den höchsten, die Diäther den niedrigsten Siedepunkt. Homologe Aether zeigen dann die regelmässigste Siedepunktsänderung, wenn sie ein Alkyl gemeinsam haben. Die Siedepunktsdifferenzen nehmen bei ihnen im allgemeinen mit wachsendem C-Gehalt ab (nur die Differenz zwischen dem Methyl- und Aethyläther einer solchen Reihe ist kleiner als die zwischen dem Aethyl- und Propyläther). — Die Siedepunktsdifferenz zwischen dem Methyl- und Octyläther desselben Alkyls ist um so grösser, je geringer der C-gehalt dieses Alkyls ist. Die Abnahme beträgt etwa 10° für je zwei auf einander folgende Reihen. — Die noch nicht bestimmten Siedepunkte der Amyl- und Hexyläther lassen sich deshalb annähernd aus der Differenz zwischen den Siedepunkten der Butyl- und Heptyläther berechnen. Der Verf. stellt hierfür eine Tabelle auf, welche in der Abhandlung nachzusehen ist. — Die Siedepunktsdifferenzen der Diäther nehmen mit steigendem C-Gehalt ab und zwar vom Diäthyläther an um etwa 5° für zwei aufeinander folgende Differenzen. Daraus lässt sich der Siedepunkt des Diamyl- und Dihexyläthers ebenfalls berechnen; man erhält Zahlen, die mit den zuvor erhaltenen ziemlich gut übereinstimmen (186.1° und 226.3°). — Unter Hinzuziehung der früheren das gleiche Ziel verfolgenden Untersuchungen findet der Verf., dass die Differenz zwischen den Siedepunkten der Methyl- und Aethylverbindungen regelmässig kleiner ist, als die zwischen den Aethyl- und Propylverbindungen, sobald die Alkoholradicale direct an ein Sauerstoffatom gebunden sind. Ist letzteres dagegen nicht der Fall, so ist die Differenz zwischen Methyl- und Aethylverbindungen grösser als zwischen Aethyl- und Propylverbindungen. Die Zusammenstellungen, durch welche die Richtigkeit dieser Behauptungen nachgewiesen wird, sind in der Abhandlung nachzusehen.

In Bezug auf die spec. Gewichte findet der Verf.: Bei metameren Aethern haben die am höchsten siedenden die grössten, die am niedrigsten siedenden die kleinsten spec. Gewichte. Die spec. Gewichte homologer Aether wachsen mit steigendem C-Gehalt, wenn sie bei 0° verglichen werden, nehmen dagegen ab, wenn man den Siedepunkt als Vergleichstemperatur wählt.

Hinsichtlich der spec. Volumina zeigt ein Vergleich der Aether mit den von GARTENMEISTER untersuchten Estern (diese Ber. 1883) dass das spec. Volumen eines Aethers beinahe vollkommen zusammenfällt mit demjenigen eines Esters, dessen Radicale denselben C-Gehalt haben wie diejenigen des Aethers. Ein Diäther lässt sich nur mit einem Ester vergleichen, ein gemischter dagegen mit zwei Estern. Für Aether und Ester gilt also der von KOPP zeitweilig als allgemein giltig angenommene Satz, dass 1 O-Atom ohne wesentliche Aenderung des spec. Volumens 2 H-atome ersetzen kann. — Die Beziehungen der spec. Volume der Aether zu einander sind deshalb natürlich dieselben wie die bei den Estern beobachteten (l. c.). — Die spec. Volume der Aether sind grösser als diejenigen der metameren Alkohole und bei den C-ärmeren Gliedern kleiner als diejenigen normaler Fettsäuren von gleichem C-Gehalt. *Bgr.*

P. DOBRINER. Ueber die specifischen Volumina der normalen Alkyljodide. Lieb. Ann. **243**, 23-31†; [J. Chem. Soc. **54**, 334-335, 1888; [Chem. CBl. 1888, I, 211.

Unter Anwendung derselben Bezeichnung wie im vorigen Referat geben wir in nachfolgender Tabelle die wichtigsten numerischen Ergebnisse der Untersuchung.

	S	d_0^0	V_0^s	d_0^s	SV
Methyljodid . . .	42.8°	2.3346	1.0542	2.2146	63.9
Aethyljodid . . .	72.5	1.9795	1.0903	1.8156	85.6
Propyljodid . . .	102.5	1.7829	1.1249	1.585	106.9
Butyljodid . . .	129.9	1.6476	1.1515	1.4308	128.2
Amyljodid . . .	151.7	1.5444	1.1764	1.3128	150.4
Hexyljodid . . .	177.1	1.4661	1.2052	1.2165	173.8
Heptyljodid . . .	203.8	1.4008	1.2348	1.1344	198.6
Octyljodid . . .	225.5	1.3533	1.2585	1.075	222.6

Die (mit steigendem C-Gehalt abnehmenden) Siedepunktsdifferenzen zeigen, dass die Siedepunkte von $C_5H_{11}J$ und $C_6H_{13}J$ nicht richtig bestimmt sind. — Das spec. Volumen eines Jodids $C_nH_{2n+1}J$ ist eben so gross wie das einer Carbonsäure $C_nH_{2n+1}.CO.OH$. Auch KOPP nahm eine solche Uebereinstimmung an: er setzte SV eines Jodatoms = 37.5, dasjenige einer Carboxylgruppe = 36.5. *Bgr.*

J. Pinette. Siedepunkte und specifische Volumina einiger Phenole und Phenoläther. Lieb. Ann. **243**, 32-63†.

Die nachfolgende Tabelle enthält die Versuchsergebnisse. Wegen der Bezeichnung vergl. die beiden vorhergehenden Referate.

	Formel	S	d_0^0	V_0^s	d_0^s	SV
Phenol	$C_6H_5.OH$	182.9°	1.0906	1.1833	0.9217	101.8
Phenol-Methyläther		154.3	1.0110	1.1750	0.8604	125.2
„ -Aethyläther		170.3	0.9822	1.2024	0.8169	148.9
„ -Propyläther		190.5	0.9639	1.2219	0.7889	172.0
„ -Butyläther		210.3	0.9500	1.2396	0.7664	195.3
„ -Heptyläther		266.8	0.9319	1.3171	0.7075	270.8
„ -Octyläther		282.8	0.9221	1.3285	0.6941	296.1
Ortho-Kresol	$C_6H_4(\overset{1}{OH})(\overset{2}{CH_3})$	190.8	1.0578	1.1929	0.8867	121.5
o-Kresol-Methyläther		171.3	0.9957	1.1951	0.8331	146.1
„ -Aethyläther		184.8	0.9679	1.2188	0.7941	170.9
„ -Propyläther		204.1	0.9517	1.2400	0.7675	195.0
„ -Butyläther		223.0	0.9437	1.2595	0.7493	218.4
„ -Heptyläther		277.5	0.9243	1.3174	0.7016	292.95
„ -Octyläther		292.9	0.9231	1.3368	0.6905	317.9
Meta-Kresol	$C_6H_4(\overset{1}{OH})(\overset{3}{CH_3})$	202.8	1.0498	1.2006	0.8744	123.2
m-Kresol-Methyläther		177.2	0.9891	1.1981	0.8255	147.45
„ -Aethyläther		192.0	0.9650	1.2234	0.7888	172.0
„ -Propyläther		210.6	0.9484	1.2433	0.7628	196.2
„ -Butyläther		229.2	0.9407	1.2674	0.7422	220.45
„ -Heptyläther		283.2	0.9202	1.3283	0.6927	296.7
„ -Octyläther		298.9	0.9194	1.3485	0.6818	321.95
Para-Kresol	$C_6H_4(\overset{1}{OH})(\overset{4}{CH_3})$	201.8	0.9962	1.2055	0.8728	123.45
p-Kresol-Methyläther		175.0	0.9868	1.1975	0.8241	147.7
„ -Aethyläther		189.9	0.9662	1.2255	0.7884	172.1
„ -Propyläther		210.4	0.9497	1.2438	0.7635	196.0
„ -Butyläther		229.5	0.9419	1.2711	0.7410	220.8
„ -Heptyläther		283.3	0.9228	1.3364	0.6905	297.7
„ -Octyläther		298.0	0.9199	1.3512	0.6808	322.4
Thymol	$C_6H_3.\overset{1}{CH_3}.\overset{3}{C_3H_7}.\overset{4}{OH}$	231.8	0.9941	1.2547	0.7923	188.9
Thymol-Methyläther		216.2	0.9531	1.2483	0.7635	214.3
„ -Aethyläther		226.9	0.9334	1.2614	0.7400	240.0
„ -Propyläther		243.0	0.9276	1.2856	0.7215	265.5
„ -Butyläther		258.3	0.9230	1.2984	0.7108	289.15
„ -Heptyläther		306.7	0.9097	1.3555	0.6712	368.7
„ -Octyläther		319.8	0.9026	1.3659	0.6608	395.6
Ortho-Xylol		141.9	0.8932	1.1624	0.7684	137.6
Meta-Xylol		138.9	0.8812	1.1645	0.7567	139.75
Para-Xylol		138.0	0.8801	1.1643	0.7558	139.9

Aehnlich den von Gartenmeister und Dobriner (s. o.) bei Estern und Aethern beobachteten Siedepunktsregelmässigkeiten ist auch hier bei den homologen Verbindungen desselben Phenols die Siedepunktsdifferenz zwischen Methyl- und Aethyläther kleiner (etwa 5%) als diejenige zwischen Aethyl- und Propyläther. Von letzterem an nehmen die Differenzen mit wachsendem C-Gehalt ab. Die Siedepunktsdifferenz zwischen dem Phenol- und Thymoläther desselben Alkyls ist um so grösser, je weniger C das Alkyl enthält. Sie ist also zwischen Methyl- und Octyläther beim Phenol am grössten, beim Thymol am kleinsten. — m- und p-Kresol und die entsprechenden Aether beider haben nahezu gleiche Siedepunkte; die o-Verbindungen sieden höher, das o-Kresol etwa 11°, die Aether etwa 6°. — Phenolpropyl-, -butyl- und -octyläther haben denselben Siedepunkt wie die metameren Aether des m- und p-Kresols, also der Aethyl-, Propyl- und Heptyläther. Die metameren Aether des o-Kresols und des Thymols sieden niedriger. — Die Differenz zwischen dem (höher gelegenen) Siedepunkt der Hydroxylverbindung und demjenigen der zugehörigen Methoxylverbindung nimmt mit wachsendem Moleculargewicht der Phenole ab.

Hinsichtlich der spec. Volumina treten ähnliche Regelmässigkeiten zu Tage wie bei Aethern und Estern. Der Formeldifferenz CH_2 entsprechen regelmässig wachsende Volumendifferenzen. Das spec. Volumen der Phenole ist kleiner als dasjenige der metameren Phenoläther (entsprechend den Alkoholen und ihren metameren Aethern). Relativ klein ist das Volumen der Phenol-Methyläther. Die spec. Volumen des Phenols und seiner Aether stimmen nahezu überein mit denen des Normalbutylalkohols und seiner Aether; das des Normalbutylalkohols ist dem des m- und p-Kresols gleich. In diesen Verbindungen sind also $2H$ durch $1\,C$ ohne Volumenänderung ersetzt. Da das spec. Volumen der Butyläther gleich demjenigen der Buttersäureäther mit gleichem Alkyl ist (s. o. Dobriner), so haben mithin auch entsprechende Phenoläther und Buttersäureester annähernd gleiches Volumen. Aehnlich ist es mit den m- und p-Kresol- und den Valeriansäureestern. m- und p-Kresol sowie ihre entsprechenden Aether haben annähernd gleiches spec. Volumen. Das des o-Kresols und seiner Aether ist um etwa 1% kleiner. Das spec. Volumen der Thymoläther ist relativ klein, wie auch ihr Siedepunkt relativ niedrig ist. Auch bei den Xylolen ist das spec. Volumen bei der o-Verbindung kleiner als bei der m- und p-Verbindung. — Die ausführlichen Tabellen über die Ausdehnung der untersuchten Verbindungen für je 10° Temperaturdifferenz sind in der Abhandlung nachzusehen. *Bgr:*

W. Lossen. Bemerkungen zu den vorangehenden Abhandlungen. Lieb. Ann. **243**. 64-103†; [Beibl. **12**, 416-421, 1888; [Chem. Ber. **16** (2), 126, 1888; [J. Chem. Soc. **54**, 335, 1888; [Chem. CBl. 1888, 211-212, 212-214.

Dieselben beziehen sich zunächst auf die Siedepunktsdifferenzen. Wie Dobriner hervorgehoben hat, ist bei den von ihm untersuchten Verbindungen die Siedepunktsdifferenz zwischen Methyl- und Aethylverbindungen (erste Differenz) dann kleiner als diejenige zwischen den entsprechenden Aethyl- und Propylverbindungen (zweite Differenz) wenn die Alkyle direct an Sauerstoff gebunden sind (bei Sauerstoffbindung der Alkyle); sie ist dagegen grösser, wenn die Alkyle an Kohlenstoff gebunden sind (bei Kohlenstoffbindung). Der Verf. sucht diesen Satz, dem er die Form giebt: Bei *O*-Bindung der Alkyle ist die erste Differenz kleiner als die zweite, bei *C*-Bindung ist die erste Differenz grösser als die zweite als allgemein gültig nachzuweisen, indem er in zwei Tabellen die Siedepunkte von Verbindungen der ersten und zweiten Art nach den überhaupt vorliegenden Beobachtungen zusammenstellt. Wegen dieser und der im Folgenden erwähnten Tabellen müssen wir auf die Abhandlung verweisen. Unter den 36 Beispielen mit *O*-Bindung zeigen nur drei eine Ausnahme von der oben aufgestellten Regel. Hierzu kommen noch 28 weitere Beispiele aus den 3 vorstehend erwähnten Abhandlungen mit nur einer Ausnahme, sodass der erste Theil des obigen Satzes beinahe ausnahmslos gültig ist. Bei den Verbindungen mit *C*-Bindung zeigen sich zwar mehr Ausnahmen (unter 55 Beispielen 22); immerhin trifft aber ohne Zweifel bei der grossen Mehrzahl dieser Verbindungen die zweite Hälfte des Satzes ebenfalls zu. Die Abweichungen können zum Theil vielleicht durch einen kleinen Fehler in der Bestimmung des Siedepunktes bei solchen Verbindungen erklärt werden, bei denen die Siedepunktsdifferenzen für eine gewisse Anzahl von Gliedern nahezu gleich sind; zum Theil allerdings existiren bestimmte Ausnahmen von der

Regel (wie bei den Fettalkoholen und den Aethylestern der Fettsäuren), bei denen die Abnahme der Siedepunktsdifferenz nicht gleich nach der Aethylverbindung, sondern erst später nach dem Glied, welches ungefähr 5 At. *C* enthält, beginnt. In einer dritten Tabelle vergleicht der Verf. die Siedepunktsdifferenzen solcher Verbindungen, in denen die Alkyle an andere Elemente als *O* und *C* gebunden sind. Nur bei einer geringen Zahl (8 unter 22) ist die erste Differenz kleiner als die zweite; diese 8 Verbindungen sind meistens Schwefelverbindungen, bei denen also ein Steigen der Differenz vorwaltet.

Im 2. Theile der Abhandlung wendet sich der Verf. mit Rücksicht auf die Abhandlungen von Horstmann (s. d. Ber. 1886, 93 u. oben) zur Vergleichung der Molecularvolumina bei gleichen Temperaturen. In 11 Tabellen berechnet er die Molecularvolumina der Aether, Jodide, Phenole und Phenoläther bei 0° und diejenigen einer Anzahl anderer Verbindungen bei 0° oder anderen constanten Temperaturen. Aus den Tabellen ergiebt sich nun:

1. In der nämlichen homologen Reihe entsprechen der Zusammensetzungsdifferenz CH_2 oder $n \cdot CH_2$ nahezu, jedoch nicht völlig gleiche Volumendifferenzen. Als homolog sind dabei solche Verbindungen bezeichnet, welchen die gemeinsame Formel $R.(CH_2)_n.R'$ zukommt, wo R' meistens CH_3, R ein anderes einwerthiges Radikal ist. Während bei manchen Reihen von Verbindungen (Aether der Fettalkohole, Fettsäureester, Fettsäuren) sowohl bei 0° als bei 100° die Volumendifferenz bei niederen Homologen grösser als bei höheren ist, kommt in anderen Fällen (Paraffine, Fettalkohole) das Umgekehrte vor, oder die Volumendifferenzen nehmen anfangs ab, später zu. Bei den Siedepunkten endlich entspricht nach Gartenmeisters und den vorigen Arbeiten in homologen Reihen gleicher Zusammensetzung eine wachsende Volumendifferenz, deren Wachsthum grösser ist als die Aenderung der Volumdifferenzen bei gleichen Temperaturen.

2. Bei der nämlichen Temperatur entspricht derselben Zusammensetzungsdifferenz von $n\,CH_2$ in heterologen Reihen meistens nahezu gleiche Volumendifferenz, seltener ungleiche. So ergaben sich aus 23 heterologen Reihen bei 0° Differenzen für C_7H_{14}, welche

zwischen 114.0 und 116.8 liegen. Für CH_2 ist die Differenz mithin im Minimum 16.3, im Maximum 16.7. Aus andern Reihen folgt bei 30° für C_6H_{12} 98.1 bis 99.3; für CH_2 mithin 16.35 bis 16.55; aus andern endlich bei 100° für CH_2 17.41 bis 17.53. Allein nicht in allen Fällen entspricht einer gleichen Zusammensetzungsdifferenz eine nahezu gleiche Volumendifferenz, namentlich dann nicht, wenn man willkürlich aus heterologen Reihen herausgegriffene Abschnitte vergleicht, ohne den *C*-Gehalt der einzelnen Glieder zu berücksichtigen. Zwar können in homologen Reihen bei derselben Temperatur die gleicher Zusammensetzungsdifferenz entsprechenden Volumendifferenzen mehr von einander abweichen, als beim Siedepunkt; in den verschiedenen heterologen Reihen zeigen sich dagegen beim Siedepunkte grössere Abweichungen als bei gleichen zwischen 0 und 100° liegenden Temperaturen.

3. Die Molecularvolumina metamerer Körper stimmen bald beim Siedepunkte besser überein als bei gewöhnlicher Temperatur, bald ist das Umgekehrte der Fall.

In den unter 1—3 angegebenen Sätzen ist nach der Ansicht des Verf. alles enthalten, was mit Sicherheit über die regelmässigen Beziehungen der Molecularvolumina flüssiger Verbindungen zu ihrer Zusammensetzung ermittelt ist. Eine Reihe von anderen Regelmässigkeiten sind, wie der Verf. zeigt, Folgerungen aus diesen Sätzen. HORSTMANN's Vorschlag, die Molecularvolumina statt bei den Siedepunkten bei gleichen Temperaturen zu vergleichen, erscheint dem Verf. beachtenswerth, da die beim Siedepunkt beobachteten Regelmässigkeiten auch für die gleiche Temperatur gelten, und Beobachtungen bei gleicher Temperatur sicherer und müheloser ausführbar sind. *Bgr.*

M. SCHUMANN. Ueber die Compressibilität wässeriger Chloridlösungen. Wied. Ann. **31**, 14-58†; [Cim. (3) **24**, 95-96, 1888; [Chem. Ber. **20** (2) 275-276; [J. Chem. Soc. **52**, 696; [ZS. f. phys. Chemie **1**, 429; [Rundschau **2**, 241-242.

Die Lösungen wurden in cylindrischen Piezometern mit eingeschliffener Capillarröhre unter den Recipienten einer Luftpumpe gebracht und es wurde die Volumenabnahme $\triangle v$ gemessen, welche bei einer Druckvermehrung um p mm eintrat. Ist μ die wahre, δ die scheinbare Abnahme der Volumeneinheit der Flüssigkeit, k die Aenderung der Volumeneinheit des Piezometers vom Volumen v, wenn der Druck um eine Atmosphäre zunimmt, so ist

$$\delta = \frac{\triangle v}{v} \cdot \frac{760}{p}; \quad \mu = \frac{\triangle v}{v} \cdot \frac{760}{p} + k.$$

Der Werth der Quotienten $\triangle v/v$ betrug bei den vier zur Verwendung gelangten Piezometern (I—IV) für 1 mm Röhrenlänge $0.0_5 1564$; $0.0_5 1846$; $0.0_5 3404$; $0.0_5 1796$; die Constante k besass bei denselben Piezometern die Werthe $0.0_5 135$; $0.0_6 90$; $0.0_5 324$; $-0.0_6 84$. Für jede Lösung wurden zwei Beobachtungsreihen bei verschiedenen Temperaturen ausgeführt, die eine bei oder in der Nähe von 0°, die andere bei gewöhnlicher Temperatur. In der Formel $\mu = \mu_0 (1 + mt)$, worin μ_0 die Compressibilität bei 0°, μ diejenige bei $t°$ und m eine Constante, den Temperaturfactor, bezeichnet, liess sich dann der Werth von m berechnen und mittelst desselben wurden endlich die in nachstehender Tabelle enthaltenen Werthe für die wahre Compressibilität bei 15° und beim Druck von einer Atmosphäre berechnet.

Procent-gehalte	$\mu\,10^6$ bei 0°	$\mu\,10^6$ bei $t°$	Temperatur $t°$	Temperaturfaktor m	$\mu\,10^6$ bei 15°
			Wasser		
5	50.3	46.4	15°	— 0.005221	46.4
			Chlornatriumlösungen		
1.32	49.7	44.9	16.4°	— 0,005912	45.3
3.51	—	44.0	14.8	—	44.0
13.53	35.7	33.9	15.0	— 0.003358	33.9
18.18	32.8	33.5	22.0	+ 0.000859	33.3
22.16	27.9	28.2	16.4	+ 0.000654	28.2
26.21	24.9	25.5	15.5	+ 0.001614	25.5
			Chlorkaliumlösungen		
2.52	48.0	48.1	15.9°	+ 0.000145	48.1
5.35	45.7	42.2	16.0	— 0.004772	42.4
10.68	43.4	40.0	15.2	— 0.005267	40.0
16.81	36.6	35.5	13.8	— 0.002283	35.4
22.83	33.8	—	—	—	—

Procent-gehalt	μ 10⁶ bei 0°	μ 10⁶ bei t^0	Temperatur t^0	Temperaturfactor m	μ 10⁶ bei 15°
		Chlorammoniumlösungen			
2.29	50.9	44.7	18.4°	—0.006604	45.9
11.62	43.4	40.8	20.9	—0.002847	41.5
17.58	41.6	41.1	17.0	—0.000764	41.1
21.58	39.0	35.5	21.0	—0.000391	36.5
26.30	—	33.5	18.7	—	—
		Chlorcalciumlösungen			
3.86	48.4	48.9	17.1°	+0.000593	48.8
8.01	41.2	46.2	16.3	+0.007360	45.8
14.08	36.0	36.5	15.5	+0.000805	36.5
22.50	31.5	30.7	17.0	—0.001349	30.8
23.06	30.1	30.5	22.1	+0.000630	30.4
28.23	25.4	28.1	15.7	+0.006908	28.0
37.89	—	19.7	17.7	—	—
		Chlorbariumlösungen			
2.11	50.1	44.7	18.9°	—0.005640	45.8
4.52	46.7	43.4	19.1	—0.003684	44.1
10.84	43.7	41.1	21.3	—0.002801	41.8
18.44	38.9	38.4	21.2	—0.000654	38.6
20.16	37.1	36.0	18.9	—0.001542	36.2
		Chlorstrontiumlösungen			
1.24	53.7	45.4	16.3°	—0.009482	46.0
6.43	45.7	42.4	18.7	—0.003797	43.1
17.70	35.6	37.2	17.6	+0.002599	37.0
27.26	30.6	32.3	19.7	+0.002790	31.9

Die Procentgehalte gelten für die wasserfreien Salze. — Um die für die Compressibilität der Lösungen eines und desselben Salzes bei 0° und bei 15° erhaltenen Werthe mit einander zu vergleichen, trägt der Verf. den Procentgehalt als Abscissen, die Werthe von $\mu . 10^6$ als Ordinaten ab und erhält so für jede Lösung zwei Curven, von denen die eine für die Temperatur 0°, die andere für die Temperatur von 15° gilt. Er gelangt dabei zu folgenden allgemeinen Ergebnissen:

1. Die Compressibilität wässeriger Lösungen eines und desselben Chlorides ist bei derselben Temperatur im Allgemeinen um so kleiner, je concentrirter die Lösung ist.

2. Geringe Mengen verschiedener Salze modificiren die Compressibilität des Wassers sehr verschieden, und zwar hängt diese Modification ausser von der Quantität des gelösten Salzes und diesem selbst wesentlich von der Temperatur ab.

3. Schwache Lösungen von KCl und $CaCl_2$ bei ca. 15°, von NH_4Cl und $SrCl_2$ bei 0° besitzen eine grössere Compressibilität als reines Wasser von derselben Temperatur. Es giebt daher immer eine Lösung dieser Salze von derselben Compressibilität wie reines Wasser.

4. Alle verdünnten Salzlösungen zeigen in Bezug auf die Temperatur dieselbe Anomalie wie das Wasser, bei 0° eine grössere Compressibilität zu besitzen als bei höherer Temperatur.

5. Die Lösungen von NH_4Cl und $CaCl_2$, wahrscheinlich auch diejenigen von KCl, besitzen sogar bei jeder Concentration die Eigenschaft des Wassers, bei niederer Temperatur compressibler zu sein als bei höherer.

6. Die Lösungen von $NaCl$, $CaCl_2$ und $SrCl_2$ verhalten sich von einer gewissen, für die einzelnen Salze sehr verschiedenen Concentration an wie die meisten Flüssigkeiten: die Compressibilität wächst mit der Temperatur, und zwar ist für die stärker concentrirten Lösungen von $NaCl$ und $SrCl_2$ der Einfluss der Temperatur von der Concentration unabhängig, für die ersteren Lösungen im besonderen sehr gering.

7. Derjenige Concentrationsgrad, von dem an die Lösungen dieser drei Salze sich normal verhalten, liefert für jedes derselben eine Lösung, deren Compressibilität von der Temperatur unabhängig ist.

8. Werden die Salze nach der Grösse der Compressibilität gleich concentrirter Lösungen geordnet, so zeigt sich bei 0° von den 10-procentigen Lösungen an dieselbe Reihenfolge (abgesehen von $CaCl_2$, das bei den 10-procentigen Lösungen noch unter $NaCl$ steht); nämlich: NH_4Cl, $BaCl_2$, KCl, $SrCl_2$, $CaCl_2$, $NaCl$. Bei 15° ist die Reihenfolge bis auf eine Vertauschung von KCl mit $SrCl_2$ dieselbe, nur kommt sie erst von 15 Proc. an rein zur Geltung. Dies geht am deutlichsten aus der folgenden Zusammen-

stellung für 0° und 15° hervor, welche für ganze Procente interpolirt ist.

Lösung von	bei 0°					bei 15°				
	5 %	10 %	15 %	20 %	25 %	5 %	10 %	15 %	20 %	25 %
$NaCl$	45.5	39.7	34.8	30.6	25.8	42.5	37.5	33.7	30.9	26.3
KCl	46.0	43.7	38.6	35.1	—	43.1	40.3	36.7	35.4	—
NH_4Cl	48.7	44.7	42.4	40.0	—	44.6	42.3	41.3	38.3	—
$CaCl_2$	46.4	39.5	35.5	32.8	28.3	48.0	42.7	35.8	32.5	29.5
$BaCl_2$	46.5	44.0	41.1	37.2	—	44.0	42.1	40.0	36.4	—
$SrCl_2$	47.9	42.5	38.1	34.4	31.7	43.9	41.2	38.5	35.8	33.1

Die Resultate für NH_4Cl, KCl und $NaCl$ stimmen (nach den nöthigen Umrechnungen) mit den von RÖNTGEN und SCHNEIDER erhaltenen überein. Eine einfache Beziehung zwischen Compressibilität und Dichtigkeit liess sich nicht auffinden, dagegen existirt ein Zusammenhang zwischen ihr und dem Aequivalentgewicht. Ist nämlich μ_0 die Compressibilität des Wassers und μ_p diejenige einer p-procentigen Salzlösung bei derselben Temperatur, so ist $\mu_0 - \mu_p$ das Mass für die Modification, welche das in Wasser aufgelöste Salz in der Compressibilität desselben hervorruft. Die in der Tabelle enthaltenen Werthe von μ_p zeigen nun, dass das Product jener Differenz in das Aequivalentgewicht M_s des gelösten Salzes für gleiche Concentrationen einen constanten Werth: $(\mu_0 - \mu_p).M_s = c$ besitzt. Nur das Chlorammonium folgt dieser Gesetzmässigkeit nicht. Dividirt man c durch den Procentgehalt, so erhält man eine überall fast gleiche Zahl $c_1 = 0.0_3116$. Es ist daher

9. die Modification, welche ein in Wasser gelöstes Metallchlorid in der Compressibilität desselben hervorruft, von einem gewissen Salzgehalte an dem Procentgehalt der Lösung an Salz direct und dem Aequivalentgewicht des Salzes umgekehrt proportional: $\mu_0 - \mu_p = c_1 \cdot \frac{p}{M_s} = C.p.$ Bezeichnet man mit a die Anzahl von Mol. Salz, die in 100 Mol. Wasser vom Aequivalentgewicht M_w gelöst sind, so gelangt man zur Uebereinstimmung mit den Versuchs-

ergebnissen von Röntgen und Schneider, wenn man a aus der Gleichung $a = 100 \cdot \frac{p \cdot M_w}{(100 - p) M_s}$ berechnet.

Der Verf. benutzt endlich seine Zahlen, um den Contractionsdruck beim Lösen von Salzen zu berechnen, d. h. die Anzahl von Atmosphären, welche eine Aenderung der Volumeneinheit der entstehenden Salzlösung um den Betrag der beim Lösen stattfindenden Contraction bewirken. Im Falle einer Volumenvergrösserung wäre ein Dilatationszug das Analogon. Interpolirt man die so erhaltenen Zahlen für runde Molecülzahlen, so erhält man die in der folgenden Tabelle enthaltenen Werthe, in welcher die letzte Spalte die Verhältnisse des Contractionsdruckes einer Metallchloridlösung zu demjenigen einer Lösung mit äquivalenter Menge $NaCl$ enthält.

Auf 100 Mol. aq. a Salz	Contractionsdruck P	$\frac{P}{a}$	
	$(NaCl)_2$		
Mol.	Atm.		
0.5	104.1	208.2	1
1	199.3	199.3	1
2	383.6	191.8	1
3	556.0	185.3	1
4	702.7	175.7	1
5	838.1	167.6	1
	$(KCl)_2$		
0.5	120.9	241.8	1.16
1	223.9	223.9	1.12
2	412.4	206.2	1.08
			1.12
	$(NH_4Cl)_2$		
0.5	— 24.0	— 48	—
1	— 64.3	— 64.3	—
2	— 144.7	— 72.4	—
3	— 236.9	— 79.0	—
4	— 334.0	— 83.5	—

Auf 100 Mol. aq. a Salz	Contractionsdruck P	$\frac{P}{a}$	
	$CaCl_2$		
Mol.	Atm.		
0.5	183.2	366.4	1.76
1	365.2	365.7	1.78
2	675.2	337.6	1.76
3	951.1	317.0	1.71
4	1233.1	308.3	1.76
5	1510.1	302.0	1.80
6	1772.6	395.4	—
			1.76
	$BaCl_2$		
0.5	182.0	364.0	1.75
1	339.8	339.8	1.71
2	643.4	321.7	1.67
			1.71
	$SrCl_2$		
0.1	187.2	374.4	1.80
1	346.2	346.2	1.74
2	626.8	313.4	1.63
3	914.5	304.8	1.65
4	1171.5	292.9	1.67
			1.70

Es ergiebt sich daraus:

10. Der Contractionsdruck wässeriger Chloridlösungen ist der Anzahl von gelösten Salzmolecülen nicht proportional, vielmehr erzeugen die ersten Mol. Salz einen relativ grösseren Contractionsdruck als die folgenden.

11. Die Concentrationsdrucke von Metallchloridlösungen mit äquivalenten Mengen Salz in derselben Menge Wasser sind einander proportional, von Lösungen von Chloriden der Erdalkalimetalle im besonderen einander gleich.

12. Die Contractionsdrucke von Lösungen äquivalenter Mengen von $NaCl$ und $CaCl_2$ in derselben Menge Wasser verhalten sich bei gleichem Chlorgehalte wie die Aequivalentgewichte der beiden Metalle, die mit Chlor das Salz bilden. *Bgr.*

W. C. RÖNTGEN und J. SCHNEIDER. Ueber die Compressibilität von verdünnten Salzlösungen und die des festen Chlornatriums. Wied. Ann. **31**, 1000-1006†; [Cim, (3) **24**, 268-269, 1888; [Chem. Ber. **20** (2), 496-497; J. Chem. Soc. **54**, 22-23, 1888; ZS. f. phys. Chem. **1**, 523-524.

Die Verf. bestreiten auf Grund eigener Versuche die in der vorigen Abhandlung unter 3. angeführte Schlussfolgerung und constatiren, dass die von ihnen gefundenen Werthe des Compressibilitätscoefficienten für Lösungen des $NaCl$ nicht die gute Uebereinstimmung mit den von SCHUMANN beobachteten Werthen zeigen, wie derselbe behauptet hatte. Als Nachtrag zu ihrer Untersuchung bemerken die Verf., dass, wie sie sich durch viele Versuche überzeugt haben, möglichst luftfreies und bei Atmosphärendruck mit Luft gesättigtes Wasser nahezu denselben Compressibilitätscoefficienten besitzen. Sie bestimmten ferner direct, indem sie Steinsalzstäbchen in ein Piezometer brachten und dasselbe mit concentrirter Kochsalzlösung füllten, den (relativen) Compressibilitätscoefficienten vom festen Steinsalz gleich 0,049. Setzt man in der von ihnen aufgestellten Interpolationsformel (s. o.) $n = \infty$, so ergiebt sich die wenig abweichende Zahl 0.044. Es scheint also möglich zu sein, die Compressibilität eines festen Körpers aus derjenigen seiner wässerigen Lösungen wenigstens annähernd zu berechnen. Wird die Compressibilität des Wassers $= 46.7 . 10^{-6}$ (bei 18°) gesetzt, so ist die wahre Compressibilität des Steinsalzes bei 18°:

nach den directen Bestimmungen mit festem $Na\,Cl = 5.0 \times 10^{-6}$;

aus der Interpolationsformel für die relative scheinbare Compressibilität der Lösungen $= 4.8 \times 10^{-6}$;

aus der Interpolationsformel für die relative moleculare Compressibilität $= 4.7 . 10^{-6}$.

Gegenüber der stark abweichenden Angabe von Braun für diese Grösse (1.4×10^{-6} bei 1°) theilen die Verf. die Einzelheiten ihrer Beobachtungen mit. *Bgr.*

F. Braun. Ueber die Abnahme der Compressibilität von Chlorammoniumlösungen mit steigender Temperatur. Wied. Ann. **31**, 331-335†; Cim. (3) **24**, 180, 1888; [J. Chem. Soc. **52**, 768-769; [ZS. f. phys. Chem. **1**, 523.

Der scheinbare Compressibilitätscoefficient (μ) einer gesättigten Salmiaklösung ist bei 17.8° um etwa 3% kleiner als bei 0.6° ($0.0_4 3225$ und $0,0_4 3347$); ebenso sinkt er bei derselben Temperatur mit dem Procentgehalt p der Lösung, wie aus folgender Uebersicht hervorgeht, die für 15° und eine Druckänderung von 5.43 Atm. gilt:

$p =$	20.3	24.3	26.3
$\mu =$	$0.0_4 333$	$0.0_4 300$	$0.0_4 287$.

Bgr.

F. Braun. Bemerkung über den Zusammenhang der Compressibilität einer Lösung mit derjenigen der Bestandtheile. Wied. Ann. **32**, 504-508†; [Chem. Ber. **20** (2), 768; [J. Chem. Soc. **54**, 214-215; [Cim. (3) **25**, 169, 1889.

Gegenüber der Angabe von Röntgen und Schneider über den Compressibilitätscoefficienten vom festen Steinsalz weist der Verf. darauf hin, dass der von ihm angegebene Werth 1.4×10^{-6} nur zur Controlle der Richtigkeit seiner Gleichung dienen sollte. — Die weiteren Bemerkungen des Verf. beziehen sich auf die von den

Herren RÖNTGEN und SCHNEIDER zur Bestimmung der Compressibilität γ einer Lösung benutzten Gleichung: $\gamma = \gamma' v' + \gamma'' v''$, wenn v' und v'' die in der Volumeneinheit enthaltene Anzahl ccm Wasser und Salz und γ' und γ'' die Compressibilitätscoefficienten der Bestandtheile bezeichnen. Der Verf. hatte nun früher gezeigt, dass jene Gleichung die Beobachtungen nicht darstelle, dass vielmehr, wenn γ' die Compressibilität des Wassers bezeichnet, γ'' einen negativen Werth erhalten muss, um γ zu berechnen, während RÖNTGEN und SCHNEIDER γ'' positiv fanden. Indes berechnet sich auch, wenn man die von den genannten beiden Verf. für γ und γ' beobachteten Werthe einsetzt, ein negativer Werth für γ'', sodass zwei sich scheinbar ausschliessende Resultate doch neben einander müssen bestehen können. *Bgr.*

E. H. AMAGAT. Dilatation et compressibilité de l'eau et déplacement du maximum de densité par la pression. C. R. **104**, 1159-1161†; [Cim. (3) **22**, 256; [J. Chem. Soc. **52**, 695-696; [ZS. f. phys. Chem. **1**, 520; [Rundschau **2**, 234; [Beibl. **11**, 758; Dingl. J. **265**, 429.

Bei der Versuchsanordnung des Verf. wird der Druck bestimmt, welcher nöthig ist, um ein und dieselbe Menge Wasser bei verschiedenen Temperaturen auf demselben Volumen zu erhalten. Ist dieser Druck für zwei verschiedene Temperaturen gleich gross, so muss die Temperatur für die Maximaldichte des Wassers zwischen beiden liegen. In diesem Falle ist ferner auch die Deformation des Piezometers ohne Einfluss auf das Resultat, da dieselbe beide Male gleich gross ist. Die Versuche wurden bei Drucken bis zu 3200 Atm. ausgeführt, die Temperaturen lagen zwischen 0° und 50°. Es ergab sich, dass durch einen Druck von 200 Atm. (ungefähr) die Temperatur der Maximaldichte sich dem Nullpunkte genähert hat; sie liegt dann zwischen 0° und 0.5°. Bei Drucken von etwa 700 Atm. wird die Maximaldichte erst unter 0° erreicht. Trägt man die Drucke als Abscissen, das Volumen derselben Masse Wasser bei den einzelnen Temperaturen als Ordinaten ab, so schneiden sich die Curven nach einander in Punkten, bei denen die Ausdehnung des Wassers das Zeichen wechselt und lagern sich bei zunehmendem Druck wieder in der Reihenfolge der Temperaturen. Bei 200 Atm. haben sie wieder die regelmässige Anordnung und liegen um so enger an einander, je niedriger die Temperaturen sind, denen sie entsprechen. Bei noch weiter wachsendem Druck werden ihre Abstände regelmässig, der Ausdehnungscoefficient wächst erst schnell, dann langsam mit dem Druck. Bei allen andern untersuchten Flüssigkeiten findet genau das Gegentheil statt. Bei 3000 Atm. hört der Ausdehnungscoefficient beim Wasser (wie bei den andern Flüssigkeiten) auf zu wachsen; wahrscheinlich wird er kleiner. Für einen bestimmten Druck muss mithin bei steigender Temperatur der Compressibilitätscoefficient des Wassers abnehmen, entgegengesetzt anderen Flüssigkeiten, worauf schon Grassi hingewiesen hat. Diese Abnahme verschwindet bei steigendem Druck und steigender Temperatur (nach Pagliani und Vincentini oberhalb 50°, s. diese Ber. 1884, 90). Das eigenthümliche Verhalten des Wassers verschwindet mithin bei genügender Druck- und Temperatursteigerung. *Bgr.*

Isambert. Mémoire sur la compressibilité de quelques dissolutions aqueuses. Ann. chim. phys. (6) **12**. 538-553†; [Beibl. **12**, 448, 1888; C. R. **105**, 375-378; [Chem. Ber. **20** (2), 624; [J. chem. soc. **54**, 20, 1888; [Chem. CBl. **18**, 1193; [Rundsch. **2**, 430.

Da verflüssigte Gase einen verhältnissmässig sehr grossen Compressibilitätscoefficienten besitzen, während dieser Coefficient bei den Lösungen von Salzen in Wasser kleiner ist als beim reinen Wasser, so versuchte der Verf. durch Messung des Compressibilitätscoefficienten von Flüssigkeiten, welche Gase gelöst enthalten, die Frage nach der Constitution derartiger Lösungen der Entscheidung näher zu bringen. Das Piezometer mit der zu comprimirenden Flüssigkeit war mit der in Quecksilber tauchenden Oeffnung nach unten gerichtet. Die Compression erfolgte in einem Magnus'schen Compressionsapparat. Besondere Sorgfalt wurde auf die Berücksichtigung der durch die Compression hervorgerufenen Temperaturänderungen verwendet. Die untersuchten Flüssigkeiten sind wässerige Lösungen von Ammoniak und Salzsäure, erstere von verschiedener Concentration, dann Lösungen von Ammoniak und schwefliger Säure in Alkohol, endlich eine Lösung von Ammoniak in Aether. Da die erhaltenen Zahlenwerthe nur die scheinbare Compressibilität (ohne Rücksicht auf die Volumenveränderung des Gefässes) ergaben, so wird auf eine Wiedergabe derselben hier verzichtet. Ein Vergleich mit der ebenfalls neu bestimmten Compressibilität des reinen Wassers und des Alkohols zeigte, dass der Coefficient bei Ammoniak in Wasser, Salzsäure in Wasser und schwefliger Säure in Alkohol einen kleineren Werth besass. Diese Lösungen sind mithin als mehr oder weniger beständige Hydrate zu betrachten. Unterbleibt beim Auflösen eines Gases die chemische Einwirkung auf das Lösungsmittel, so wird der Compressibilitätscoefficient des letzteren nicht verändert wie bei der schwefligen Säure in Alkohol oder beim Ammoniak in Aether. *Bgr.*

F. ISAMBERT. Sur la compressibilité de la dissolution d'éthylamine dans l'eau. C. R. **105**, 1173-75†; [Chem. Ber. **21** (2), 42, 1888; [J. Chem. Soc. **54**, 216, 1888; [ZS. f. phys. Chem. **2**, 249, 1888; [Chem. CBl. 1888-89.

Da der Compressibilitätscoefficient des flüssigen Ammoniaks sich schwer bestimmen lässt, mithin in der Schlussfolgerung des Verf. (s. vor. Referat) ein Glied fehlt, so untersuchte derselbe wässerige Lösungen des bei 18° siedenden Aethylamins und bestimmte ausserdem den Compressibilitätscoefficienten der flüssigen Verbindung. Derselbe wurde zwischen 5 und 7° bei einem Drucke von 8–45 Atm. gleich 0.0_3120 gefunden. Beim Vermischen gleicher Volumina Aethylamin und Wasser findet eine Contraction um 0.07 des Gesammtvolumens beider Flüssigkeiten statt. Wären beide Flüssigkeiten nur gemischt, so wäre der mittlere Compressibilitätscoefficient 0.0_4820. Thatsächlich wurde er gleich 0.0_4425 gefunden (bei 4—6° und 13—50 Atm. Druck). Das Gemisch enthält etwa 7 Aeq. Wasser auf 1 Aeq. Aethylamin. Wird diese Lösung noch mit dem gleichen Volumen Wasser verdünnt, sodass nun auf 1 Aeq. Aethylamin 20.5 Aeq. Wasser kommen, so verringert sich der

Compressibilitätscoefficient abermals, sodass er nur noch 0.0_4342 beträgt (bei 8—11° und 11—44 Atm. Druck). Bei der ersten Verdünnung scheint also ein Theil des Aethylamins unverbunden geblieben zu sein, um sich dann erst beim weiteren Zusatz von Wasser mit demselben zu vereinigen. Das Aethylamin zeigt mithin durch die schnelle Abnahme des Compressibilitätscoefficienten noch deutlicher als das Ammoniak, dass beim Zusatz von Wasser keine blosse Mischung entsteht, sondern chemische Verbindungen sich bilden. Uebrigens findet dabei eine Wärmeentwickelung statt welche beim Vermischen von 1 Aeq. Aethylamin mit 2 l Wasser 6.25 Cal. beträgt. Die Wärmeentwickelung beim Lösen des Gases beträgt nach BERTHELOT für 1 Aequivalent 12.9 Cal.: die Verdampfungswärme der Verbindung ist mithin gleich 6.65, also wie beim Ammoniak annähernd gleich der Verbindungswärme mit Wasser. *Bgr.*

W. BOTT und D. S. MACNAIR. Ein Apparat zur Bestimmung von Dampfdichten. Chem. Ber. **20**, 916-922†; Bull. soc. chim. **48**, 125-126; [J. Chem. soc. **52**, 632; [Chem. CBl. **18**, 744; [Beibl. **11**, 741.

Die Dampfdichte wird durch die Druckveränderung bestimmt, welche durch Vergasung einer bestimmten Substanzmenge in einem Raum von bekannter Ausdehnung hervorgerufen wird. Die Substanz wird in einer cylindrischen Glasbirne (50 cm lang, 3.5 cm breit) durch den Dampf einer Heizflüssigkeit erwärmt. Eine oben angeschmolzene Glasröhre (5 mm weit) führt zu einem trichterartig erweiterten zur Aufnahme der Substanz dienenden Ansatzrohr, welches unten durch einen Glashahn mit weiter Durchbohrung, oben durch einen durchbohrten ebenfalls mit Glashahn versehenen Kork verschlossen ist. Ein seitliches Rohr verbindet diesen Ansatz entweder mit einem U-förmigen Manometer oder (bei Bestimmungen unter vermindertem Druck) mit einer in Quecksilber tauchenden Glasröhre von 760 mm Länge. Ist s das Gewicht der Substanz, C der Rauminhalt des Apparates, P der Stand des Quecksilbers im Manometer vor dem Verdampfen, P_1 der Stand desselben nach dem Verdampfen, t die Temperatur der zum Heizen dienenden Dämpfe, so ist die Dampfdichte (auf H bezogen):

$$d = \frac{s}{0.0_4 8958 . \left[\left(C - \frac{C . P}{P_1}\right) . \frac{P_1}{760\,(1+0.00367 t.}\right]} .$$

Die Genauigkeit der Messungen ist nicht sehr gross, um so geringer, je kleiner der Druck ist, bei dem die Bestimmungen ausgeführt wurden. *Bgr.*

D. S. MACNAIR. An apparatus for determining vapour densities. Chem. News **55**, 289†; J. Chem. Soc. **52**, 765; [Chem. CBl. **18**, 885; Dingl. J. **265**, 190.

Der Verf. bringt die zu untersuchende Substanz in einer engen Röhre in den längeren Schenkel eines ganz mit Quecksilber gefüllten Heberbarometers und erhitzt in einem Heizkolben, welcher demjenigen von V. MEYER ähnlich ist. Der Stand des Quecksilbers nach dem Verdampfen der Substanz wird durch einen verschiebbaren Kautschukring markirt. Nach dem Erkalten füllt man den längeren Schenkel bis zu dem markirten Punkte mit Quecksilber, und bestimmt durch Wägen der Quecksilbermenge das Volumen des Dampfes. Ein Versuch mit Toluen gab befriedigende Resultate. Der Apparat ist l. c. skizzirt. Er ist besonders für Stoffe construirt, die sich beim Erhitzen unter gewöhnlichem Druck zersetzen.

Bgr.

C. SCHALL. Zur Dampfdichtebestimmung. Chem. Ber. **20**, 1435-1441†.

— Berichtigung dazu. Chem. Ber. **22**, 1759†; [Bull. soc. chim. **48**, 251, 487; J. chem. Soc. **52**, 695; [Arch. sc. phys. (3) **19**, 77. 1888; [Chem. CBl. **18**, 744.

Der Apparat beruht auf demselben Princip wie der vorstehend beschriebene. Die Dampfdichte D der zu untersuchenden Substanz wird nach der Formel berechnet:

$$D = \frac{s\,(1+\alpha t)\,(B+h)}{B\,(h'-h)\,[1+(\gamma-\beta)\,t]} . \frac{760}{V . g},$$

in welcher s das Gewicht der Substanz, t die Zimmertemperatur, B den anfänglichen Druck, $B+h$ den Druck nach dem Erhitzen, $B+h'$ den Druck nach dem Erhitzen und Verdampfen der Substanz, γ den Ausdehnungscoefficienten der Manometerflüssigkeit, β denjenigen des Massstabes, g das Gewicht von 1 ccm Luft bei 0° und 760 mm bezeichnet. Das Volumen v der zum Manometer führenden Capillare ist dabei gegen das Volumen V des Gefässes als verschwindend klein angenommen. Der Ausdehnungscoefficient des Glases wird durch den Quotienten $B+h/B$ berücksichtigt. Der Apparat ist l. c. skizzirt; wegen seiner näheren Einrichtung und seiner Handhabung sei auf die Abhandlung verwiesen. *Bgr.*

C. SCHALL. Dampfdichtebestimmungen hochsiedender Verbindungen bei vermindertem Druck. Chem. Ber. **20**, 1827-1830†, 2127-2129†; [Bull. soc. chim. **48**, 487-488, **49**, 102. 1888; [J. chem. soc. **52**, 882.

Die Substanz wird in einem MEYER'schen Erhitzungskolben mit um die Hälfte verkürztem Hals mittelst eines Heizmantels erhitzt. Ein seitlicher Rohransatz verbindet den Hals durch ein T-Rohr mit einem U-förmigen Manometer, welches zu einem U-förmigen Wasserreservoir führt, dessen einer Schenkel oben verjüngt, graduirt und mit einem Glashahn verschlossen ist, während der andere oben zu einer Kugel erweitert ist, von der aus eine Röhre zur Wasserluftpumpe führt. Man evacuirt nun bis zum gewünschten Druck, bringt die Heizflüssigkeit zum Sieden und lässt später in das U-förmige Wasserreservoir vorsichtig etwas Luft eintreten, bis das Wasser eben den Glashahn erreicht. Dieser wird dann geschlossen, die Substanz in den Erhitzungskolben gebracht, verdampft und der Glashahn aufs Neue geöffnet, bis im Manometer der ursprüngliche Druck hergestellt ist. Die Wassersäule im graduirten Rohre wird dann sinken, und das an der Theilung abzulesende Volumen v' ist dasjenige des entstandenen Dampfes. Seine Dichte ist.

$$D = \frac{s\,(1+\alpha t)\,760}{v'\,(B-\tau)\,0.0012937},$$

wo s das Gewicht der Substanz, B den herrschenden Druck, t die Temperatur und τ die Tension des Wasserdampfes bei Zimmertemperatur bezeichnen.

Die ergänzende Mittheilung enthält die Beschreibung einiger unwesentlicher Modificationen, welche den Apparat auch für höhere Drucke brauchbar machen. *Bgr.*

G. Dyson. A new apparatus for the determination of vapour densities. Chem. News. **55**, 88; [Chem. Ber. **20** (2) 346: [J. Chem. Soc. **52**, 431; [Chem. CBl. **18**, 352; [Beibl. **11**, 561; Dingl. J. **254**, 125-26.

Der Apparat dient ebenfalls zur Bestimmung der Dampfdichte solcher Substanzen, die bei gewöhnlichem Druck nicht unzersetzt flüchtig sind. An das obere Ende einer Glasbirne von etwa 250 ccm Inhalt ist eine 4—5 mm weite, 50 cm lange Röhre angeschmolzen, deren erweitertes oberes Ende durch einen Kork verschlossen ist, durch den eine Fallvorrichtung für das die betreffende Substanz enthaltende Gefäss hindurchgeht. Unterhalb der Erweiterung sind zwei durch Hähne verschliessbare Capillarröhren seitlich angeschmolzen, von denen die eine mit dem Hahn c zu einer Luftpumpe, die andere mit dem Hahn d zu einem U-förmigen Manometer führt. Man evacuirt bis zu dem gewünschten Druck, schliesst c, erhitzt, bis das Quecksilberniveau im Manometer constant bleibt, lässt die Substanz auf den (mit Asbest oder Sand bedeckten) Boden herabfallen, und liest die Druckzunahme am Manometer ab, nachdem d geschlossen und c geöffnet wurde. Ist V der Inhalt von Birne und Stiel, p der Druck vor dem Einbringen der Substanz, p' der Druck nach dem Verdampfen derselben, t die Temperatur des Dampfes der Heizflüssigkeit, S das Gewicht der Substanz, so ist ihre Dampdichte

$$d = \frac{S \,.\, 760\,(1 + \alpha t)}{V \,.\, (p' - p) \,.\, 0.001293}.$$

Der Apparat ist l. c. skizzirt. *Bgr.*

H. MALFATTI und P. SCHOOP. Die Methoden der Dampfdichtebestimmung bei vermindertem Druck. ZS. phys. Chem. **1**, 159-164†; [Chem. Ber. **20** [2], 277; [J. chem. soc. 336, 1888; [Chem. CBl. **18**, 561; [Beibl. **12**, 1, 1888.

Der Apparat ist so eingerichtet, dass zur Bestimmung der Dampfdichte D ausser der Temperatur das Gewicht und das Volumen des Dampfes gegeben sind und nur der Druck zu bestimmen ist. In eine einseitig geschlossene Glasröhre (Bombenröhre) von 60—100 ccm Inhalt wird ausser der Substanz ein als Manometer dienendes abgekürztes Barometer von etwa 200 mm Länge gebracht und darauf das offene Ende der Röhre zu einer mit einer Anschwellung (zum Ueberstreifen des Gummischlauches) versehenen Capillare ausgezogen. Man evacuirt bis zu dem gewünschten Druck, schmilzt die Capillare zu, liest den Stand des Manometers ab, erhitzt mittelst einer Heizflüssigkeit, liest abermals das Manometer ab, lässt erkalten, bricht die Spitze der Bombenröhre unter Wasser ab und bestimmt durch Wägung der eindringenden Wassermenge das Volumen der Röhre. Das corr. Volumen berechnet sich dann aus der Gleichung v corr. $= V(1+\beta T) - v'$, wo $\beta = 0.0_4 25$, T die Differenz der Barometertemperatur und der Temperatur bei Ermittelung des Volumens der Röhre, v' das Volumen des zeitweiligen Vacuums im Manometer bei der Versuchstemperatur bedeutet (der Werth von v' kann meistens vernachlässigt werden). Der corrigirte Druck ist: P corr. $= \frac{P}{1+\gamma T}$, wenn $\gamma = 0.0_4 16$ (der scheinbare Ausdehnungscoefficient) ist, und endlich ist

$$D = \frac{g\,(1+\alpha T)\,760}{V\,.\,P\,.\,0.001293}$$

wo g das Gewicht der Substanz, P der Druck in mm Quecksilber (bei 0°), V das Volumen bei 0° und 760 mm und T die Versuchstemperatur bezeichnet.

Das Manometer kann (für höhere Temperaturen) statt mit Quecksilber auch mit einer Legirung aus 3 T. Blei und 1 T. Zinn gefüllt werden, die bei 180° schmilzt. *Bgr.*

W. A. SHENSTONE and J. T. CUNDALL. The Volumetric Relations of Ozone and Oxygen. A Lecture Experiment. J. Chem. Soc. **51**, 625-627†; [Chem. News. **55**, 244; [Bull. soc. chim. **50**, 534, 1888; [Sill. J. (3) **34**, 395; [Chem. CBl. **18**, 774, 1131.

Bei einer senkrecht stehenden Ozonröhre ist an der zum Austritt des ozonhaltigen Sauerstoffs bestimmten Oeffnung ein heberförmig abwärts und dann wieder aufwärts gebogenes Rohr (ähnlich einem WELTER'schen Sicherheitsrohr) angeschmolzen, welches am Ende und am Beginn des zweiten Schenkels erweitert ist. Die zum Einleiten des Sauerstoffs dienende Röhre kann durch einen Glashahn verschlossen werden; ihrer Eintrittsstelle in die Ozonröhre gegenüber ist eine durch einen Kork verschliessbare kurze Glasröhre angeschmolzen, durch welche eine dünnwandige zugeschmolzene mit Terpentinöl gefüllte Glaskugel eingeführt werden kann. Man füllt den Apparat mit Sauerstoff, schliesst den Glashahn, bringt in die doppelt gebogene Glasröhre bis zu einer Marke Schwefelsäure, die durch Indigo gefärbt ist, und leitet den Inductionsstrom durch die Ozonröhre. Es findet eine Contraction statt, sodass die Schwefelsäure zurücksteigt. Zerbricht man dann durch Hin- und Herbewegen die Kugel mit Terpentinöl, so wird das Ozon absorbirt. An der citirten Stelle befindet sich eine Skizze des Apparates.

Bgr.

J. MENSCHING und V. MEYER. Ueber das Verhalten des Antimons, Phosphors und Arsens bei Weissglühhitze. Lieb. Ann. **240**, 317-26†; [Chem. Ber. **20** (2), 624; [Chem. CBl. **18**, 1339; Chem. Ber. **20**, 1833; [Bull. soc. chim. **48**, 490, [J. chem. soc. **52**, 888; [Sill. J. (3) **34**, 396; [Rundsch. **2**, 329; [Arch. Pharm. **225**, 822-823; Götting. Nachr. 1887, 258-265; [Beibl. **11**, 676.

Zum Erhitzen dienten innen und aussen glasirte Porzellanbirnen mit einem Cylinder von 200 ccm Inhalt und 150 mm Höhe, der in einen Stiel von 500 mm Länge auslief. Die Temperatur im Innern der Birne wurde durch Verbindung des Windofens mit einem kräftig wirkenden Windflügelgebläse auf 1437° gesteigert. Die Birne wurde mit trocknem Stickstoff gefüllt. Nach dem Einwerfen des Antimonstückes erfolgte ein langsames aber regelmässiges Austreten von Gasblasen, welches zeigte, dass die Verdampfungstemperatur des Antimons noch nicht erreicht war. Als Werth der Dampfdichte ergaben sich in 2 Versuchen die Zahlen 12.31 und 12.48, während die Rechnung ergiebt für

Sb_4	Sb_3	Sb_2	Sb_1
16.50	12.37	8.25	4.12

Da mithin schon bei unvollständiger Vergasung der Werth der Dampfdichte kleiner ist als 16.50, so folgt, dass das Antimonmolekül nicht aus 4 Atomen besteht. Jedenfalls ist es auch kleiner als Sb_3, mit dessen Werth die gefundene Dampfdichte nur zufällig übereinstimmt. Ob das Molekül die Formel Sb_2 oder Sb_1 besitzt, kann nur durch vollständige Vergasung des Elementes entschieden werden.

Die Versuche mit Phosphor und Arsen wurden ebenfalls in einer Stickstoffatmosphäre ausgeführt. Folgende Zahlen wurden erhalten:

	Phosphor	Arsen
Mässige Rothgluth . . .	4.16	10.47; 10.38; 10.33
Beginnende Gelbgluth . .	3.85	9.67
Helle Gelbgluth (ca. 1225°)	3.71 u. 3.72	9.31 u. 9.27
Temperatur von 1325° . .	—	7.61
Weissgluth (1437°) . . .	3.03	6.53

Die Rechnung ergiebt für P_4: 4.29; für As_4: 10.36. Die Moleküle beider Elemente erleiden mithin bei Weissglühhitze eine beträchtliche Dissociation. Eine Constanz der Dichte konnte indess noch nicht erreicht werden. Wahrscheinlich würde die Dichte bei noch höherer Temperatur die Werthe von P_2 und As_2 erreichen. — Wismuth verdampft in dem Ofen sehr merklich, aber bedeutend langsamer als Antimon. Mit Realgar und Auripigment wurden keine übereinstimmenden Resultate erhalten. *Bgr.*

G. DACCOMO und V. MEYER. Bestimmung der Dichte des Stickoxyds bei niederer Temperatur. Lieb. Ann. **240**, 326-330†; [Chem. Ber. **20** (2), 625; [Chem. CBl. **18**, 1339; [Arch. Pharm. **225**, 928; Götting. Nachr. 1887, 322-26; Chem. Ber. **20**, 1832† kurze Notiz; Referat über dieselbe in [Bull. soc. chim. **48**, 490; [J. Chem. Soc. **52**, 887; [Sill. J. (3) **34**, 395-396; [Chem. CBl. **18**, 1014; [Arch. Pharm. **225**, 777; [Beibl. **11**, 675.

Von der Erwägung ausgehend, dass das Stickoxid, dessen Molekül NO mit den allgemeinen Principien der Valenztheorie im Widerspruch steht, vielleicht durch Dissociation der nur in niederer Temperatur beständigen Verbindung N_2O_2 entsteht, untersuchten die Verf. die Dichte dieser Verbindung in einer Kältemischung aus fester CO_2 und Aether. Zwei Glasröhren von genau gleichem Inhalt befinden sich in einem zur Aufnahme der Kältemischung bestimmten Cylinder. An das obere Ende einer jeden ist ein Capillarrohr angeschmolzen, welches zu einer Glasbürette führt, in der die austretenden Gase über Schwefelsäure aufgefangen und gemessen werden; durch ein Capillarrohr am untern Ende der Röhren wird die eine mit Luft, die andere mit Stickoxid gefüllt. Bringt man dann (bei geschlossenen Hähnen) in den Cylinder die Kältemischung und öffnet die zu den Büretten führenden Hähne, so beobachtet man infolge der Abkühlung in beiden Röhren eine Volumenverminderung. Dieselbe war in beiden Fällen gleich. Das Stickoxid ändert mithin beim Abkühlen seine Dichte nicht. Die Temperatur betrug -70^{0}. *Bgr.*

A. MICHAELIS. Ueber die Dampfdichte des Tellurtetrachlorids und über die Valenz des Tellurs. Chem. Ber. **20**, 1780-1784†; [Bull. soc. chim. **48**, 491-492; [J. chem. soc. **52**, 770; [Sill. J. (3) **34**, 225-226; [Chem. CBl. **18**, 946; [Beibl. **11**, 742.

Während nach CLAUSNITZER das Selentetrachlorid beim Erhitzen zerfällt und eine viel zu kleine Dampfdichte ergiebt, das Schwefeltetrachlorid überhaupt nur bei -21^{0} beständig ist, lässt sich das Tellurtetrachlorid mit Leichtigkeit verdampfen und zeigt noch weit über seinem Siedepunkte (380°) die seiner Formel entsprechende Dampfdichte. Die Bestimmungen wurden nach dem V. MEYER-schen Luftverdrängungsverfahren ausgeführt und zwar einmal im Dampfe von Schwefel (448°) und dann im Dampfe von $P_2 S_5$ (530°). Im ersten Fall wurden für die Dampfdichten die Werthe 9.028 und 9.224; im letzteren die Zahlen 8.859 und 8.468 erhalten, während der theoretische Werth 9.32 ist. $TeCl_4$ ist mithin bei 448° ganz, bei 530° nahezu unzersetzt flüchtig. — Die Vierwerthigkeit des Tellurs (und auch der analogen Elemente *S* und *Se*) ist dadurch nachgewiesen. *Bgr.*

L. F. NILSON und O. PETTERSON. Ueber die Dampfdichte des Aluminiumchlorids und die Werthigkeit der Grundstoffe in der Aluminiumgruppe. ZS. phys. Chem. **1**, 459-64†; [Chem. Ber. **20** [2], 623-624; [J. chem. soc. **54**, 788, 1888; [Chem. CBl. **18**, 1277; [Rundsch. **3**, 147-148, 1888; [Beibl. **11**, 742.

Die Verf. bestimmten nach der von ihnen ausgearbeiteten Methode (s. diese Ber. 1886) aufs Neue die Dampfdichte *D* des Aluminiumchlorids und erhielten bei den Temperaturen *T* die folgenden Werthe:

$T =$	440	758	835	943	1117	1244	1260
$D =$	7.789	4.802	4.542	4.557	4.269	4.247	4.277

Die von DEVILLE und TROOST als constant bezeichnete Dampfdichte 9.20, welche zur Aufstellung der Formel $Al_2 Cl_6$ geführt hat, existirt mithin nicht; vielmehr scheint das Chlorid schon unterhalb 835° die Dichte 4.60 anzunehmen, welche der Formel $Al Cl_3$ entspricht. Mit dieser Formel, nach welcher das Aluminium dreiwerthig ist, würden auch die von BUCKTON und ODLING aus der Dampfdichte hergeleiteten Formeln $Al(C_2 H_5)_3$ und $Al(CH_3)_3$ im Einklang stehen, ebenso die von V. MEYER aufgestellte Formel $In Cl_3$ für das in dieselbe Gruppe des natürlichen Systems gehörende Indium. Auch die von FRIEDEL am Galliumchlorid ausgeführten Dampfdichtebestimmungen entsprechen weit besser der Formel $Ga Cl_3$ als der verdoppelten Formel. Die Verwandtschaft zwischen *Al* und *Fe*, dessen Chlorid nach V. Meyer die Formel $Fe_2 Cl_6$ besitzt, müsste demnach modificirt werden, wie dies auch die Stellung im periodischen System nothwendig macht. *Bgr.*

G. Krüss und P. F. Nilson. Ueber die Dampfdichte des Thoriumchlorids. ZS. f. phys. Chem. **1**, 301-306†; [Chem. Ber. **20**, [2], 498; [Chem. CBl. **18**, 947; [Beibl. **11**, 675.

Ganz reines Thoriumchlorid zeigte folgende Dampfdichten bei den Temperaturen T:

$T =$	1400	1270	1140	1102	1057
$D =$	9.835	11,232	11.556	12.418	12.424

Die Formel $Th Cl_4$ verlangt $D = 12.928$. Bei geringer Temperatursteigerung über 1100° nimmt mithin die Dampfdichte ab, weil das Thoriumchlorid in Chlor und eine chlorärmere Verbindung zerfällt; die grösste Annäherung an den wahren Werth wird bei 1057° erhalten; eine niedrigere Temperatur lässt sich nicht anwenden, weil schon bei 1057° die Verdampfung der Verbindung langsam erfolgt. Jedenfalls ist die Vierwerthigkeit des Thoriums durch die Versuche nachgewiesen; die abweichenden Resultate von Troost's Untersuchungen dürften sich aus Versuchsfehlern erklären.

Bgr.

A. Scott. On some Vapour Densities at High Temperatures. Proc. Edinb. **14**. 410-415†; Rep. Brit Ass. 1887, 668-669; [Nature **36**, 571; [Beibl. **12**, 411, 1888; [ZS. phys. Chem **2**, 760-761, 1888.

Zu den Bestimmungen diente der von Dewar und Scott modificirte Apparat V. Meyer's. Die Ergebnisse sind:

Stoff	Beobachtet	Theoretisch	Molecularformel die der Beobachtung am nächsten entspricht
Natrium	25.5	23	Na
Kalium	37.7	39	K
Quecksilber	203	200	Hg
Schwefel	67.3	64	S_2

Stoff	Beobachtet	Theoretisch	Molecularformel die der Beobachtung am nächsten entspricht
Jod	179.3	169	$J_2 + 2J$
Caesiumjodid	267	260	CsJ
Caesiumchlorid	179.2	168.5	$CsCl$
Jodrubidium	221.6	212.3	RbJ
Chlorrubidium	139.4	120.8	$RbCl$
Jodkalium	184.1	164	KJ
Chlorsilber	160.8	143.5	$AgCl$
Chlorblei	262.7	278	$PbCl_2$
Chlormangan	132.3	126	$MnCl_2$
Eisenchlorid	136.1	162.5	$FeCl_3$
Chromchlorid	154.9	159	$CrCl_3$
Bromcadmium	242.2	272	$CdBr_2$
Jodcadmium	251.1	366	$CdJ_2 + Cd + 2J$
Schwefelquecksilber	161.8	155	$2Hg + S_2$
Quecksilberchlorür	193.7	$2Hg + Cl_2 = 157$	Gemische $Hg + Cl_2 +$
Quecksilberchlorid	155.6	$Hg + Cl_2 = 135.5$	etwas $HgCl_2$

Die Temperatur war „höher als die Schmelzhitze des Gusseisens aber kaum hoch genug, um Jodkalium und Chlorsilber schnell zu verflüchtigen". Man bemerkt die Bestätigung der Dissociation des Joddampfes. *Bde.*

Litteratur.

O. OLDBERG. Manual of weights, measures and specific gravity, including principles of metrology etc. Chicago 1886, 238 pp.

C. BOHN. Bestimmung des specifischen Gewichts von Flüssigkeiten. Exn. Rep. **22**, 402; [Beibl. **10**, 651: [ZS. f. anal. Chem. **26**, 341. Siehe diese Ber. **42**, (1) 79, 1886.

Neue Vorschläge zur Bestimmung des specifischen Gewichts. [ZS. f. anal. Chem. **26**, 619-621.

L. MEYER. On Prof. RAMSAY's method of determining specific volumes. Rep. Brit. Ass. 1887, 653. Titel.

G. TISSANDIER. La vérification des alcoolomètres. La Nat. **17** [1], 259-60.

ZEHNDER. Bestimmung des specifischen Gewichts leicht löslicher Substanzen. Rundsch.; Ph. CBl. **28**, 48; [Chem. CBl. (3) **18**, 281. Siehe diese Ber. **42** (1) 83, 1886.

G. BEILBY. Ueber das specifische Gewicht von festem, geschmolzenem und gelöstem Paraffin. J. Chem. Soc. **48**, 388; [ZS. f. anal. Chem. **26**, 111.

E. R., E. H. und C. F. SQUIBB. Ueber das specifische Gewicht des reinen Alkohols und seiner Mischungen mit Wasser. Chem. News **51**, 7; [ZS. f. anal. Chem. **26**, 94-95.

E. R., E. H. und C. F. SQUIBB. Eine Tabelle des specifischen Gewichts von Mischungen von Aether und Alkohol. Chem. News **51**, 77; [ZS. f. anal. Chem. **26**, 96-97.

MENDELEJEFF. Alcohol and water combinations. Rep. Brit. Ass. 1887, 674.

Specifische Gewichte von Salzlösungen. (GERLACH, MC. GREGOR, TH. FELS.) Die Chem. Industrie **9**, 241; Chem. News **55**, 3; Arch. d. Pharm. (3) **25**, 216; [ZS. f. anal. Chem. **26**, 619.

ÅNGSTRÖM. Vátskors volym och tehátets förändringar genom gas absorption. Öfversigt af K. Vetensk. Ak. Förhandl. **44**, 415, 1887.

J. G. MAC GREGOR. Ueber das Verhältniss des Rauminhaltes gewisser Lösungen und des Wassers darin. Proc. Nova Scotian Inst. of Nat. Sc. **6**, part **4**, 261-264, 1885/86; [Beibl. **11**, 753. Siehe diese Ber. **42**, 106, 1886.

B. BRAUNER. Bemerkungen zur Dichtigkeit der Lösungen von Cersulfaten. Prag. Ber. 1887, 107-113. Böhmisch.

TH. FELS. Specifische Gewichte officineller Flüssigkeiten. Arch. d. Pharm. **225**, 216-217.

TAIT. Further determinations of the effect of pressure on the maximum density point of water. Edinb. Proc. **14**, 110. Titel.

TAIT. On the compressibility of water, of mercury and of glass. Edinb. Proc. **14**, 419. Titel.

D. COLLADON u. C. STURM. Abhandlung über die Compressibilität der Flüssigkeiten und die Geschwindigkeiten des Schalles im Wasser. (Mem. Akad. Paris 1827) und

D. COLLADON. Ueber die Fortführung des Schalles in Flüssigkeiten. C. R. **13**, 1841; Genf 1887, CH. SCHUCHARDT 90 pp.; [Beibl. **12**, 407, 1888.

J. W. S. Vapour density. Chem. News **55**, 69.

N. S. S. Vapour density. Chem. News **55**, 80.

K. von GARZAROLLI-THURULAKH. Ueber die neuen Verfahren zur Dampfdichtebestimmung. Progr. Staats-Oberrealschule Prag 47 pp. [Chem. CBl. (3) **18**, 1070.

TH. T. P. BRUCE WARREN. Vapour densities. Chem. News **55**, 228-29; [Chem. Ber. **20** [2], 357; [J. chem. soc. **52**, 695; [Chem. CBl. **18**, 685; [Beibl. **11**, 741.

Practische Winke bezüglich eines vom Verfasser hergestellten Apparates.

W. JÄGER. Ueber die Schallgeschwindigkeit in Dämpfen und die Bestimmung der Dampfdichte. Diss. Berlin 1887. [Chem. CBl. (3) **18**, 1425.

F. LUX. Die Gaswage. Monographie, Ludwigshafen. [ZS. f. anal. Chemie **26**, 38-42; [Chem. CBl. **18**, 134; [Dingler J. **263**, 481. Siehe diese Ber. **42** (1), 108, 1886.

3. Zusammensetzung der Molekel; Physikalische Betrachtung chemischer Processe.

K. PEARSON. On a certain Atomic hypothesis.
Cambr. Trans. **14**, 71-120†; [J. chem. Soc. **54**, 902-910, 1888.

Der Verfasser beginnt seine Abhandlung mit den Worten „Jene Auffassung der physikalischen Erscheinungswelt (physikal universe), welche dieselbe als ein continuirliches Medium betrachtet, scheint schnell die alte Molecularhypothese zu verdrängen". Er hebt sodann den Gegensatz beider hervor. Während diese Atome, die mit besonderen Kräften ausgestattet sind, als Elemente des Universums annimmt, erblickt jene in den Atomen Gebiete des allgemeinen Mediums, welche von ihrer Umgebung durch einen besonderen Bewegungszustand unterschieden, aber nicht die Träger besonderer Kräfte sind. Vielmehr sind die Kräfte, welche zwei Atome scheinbar auf einander ausüben, zu erklären als eine gegenseitige Beeinflussung ihres Bewegungszustandes, welche durch den Aether vermittelt wird. Durch Annahme dieser Hypothese gewinnt das hydrodynamische Problem der Bewegung von Körpern, deren Oberfläche auch eine pulsirende Bewegung ausführen darf, in Flüssigkeiten eine über das specielle Gebiet der Hydrodynamik hinausreichende Bedeutung.

Der Verfasser untersucht in seiner Abhandlung die Flüssigkeitsbewegung, welche bei mehreren pulsirenden, kugelförmigen Atomen eintritt, und sucht die gewonnenen Resultate von seinem Standpunkt aus physikalisch zu verwerthen.

Es wird zunächst das rein hydrodynamische Problem durch Reihenentwickelung unter der Voraussetzung gelöst, dass die pulsirende Bewegung der Kugeloberflächen durch Reihen gegeben ist, welche nach Kugelfunctionen fortschreiten. Dann wird die kinetische Energie des ganzen Systems bestimmt, und daraus werden Differentialgleichungen für die Coefficienten jener eben erwähnten Reihen abgeleitet. Nimmt man die Entfernung der einzelnen

Kugeln hinreichend gross, so kann man die gegenseitige Beeinflussung der Kugeln vernachlässigen, man gelangt zu den „freien Pulsationen“ der Atome. Wenn die Entfernung geringer ist, so beeinflussen sich die Atome, man gelangt zu anderen Ausdrücken für die Schwingungsdauern. Der Verfasser vergleicht die so gewonnenen Resultate mit den Ergebnissen der Untersuchung des Spectrums gasförmiger Körper.

In Folge der Pulsationen gewinnen die Atome eine fortschreitende Bewegung, d. h. sie üben scheinbar Kräfte auf einander aus. Der Verfasser vergleicht dieselben mit den chemischen, molecularen und Gravitationskräften. *F. K.*

K. v. Chroustschoff. Russium, ein neues Element. B.- u. H.-Ztg. **46**, 329 [2]; Chem. CBl. (3) **18**, 1277-78†.

Im Spectrum von manchen Thonerdepräparaten und gewissen Schlammrückständen von Gesteinen finden sich Linien, die auf ein dem Thorium und Zink nahestehendes Element schliessen lassen. Möglicherweise handelt es sich um ein oder mehrere Elemente der Yttriumgruppe. *Cn.*

G. H. Bailey. The derttermination of atomic Weights by means of the Normal Sulphate. J. chem. soc. **51**, 676-683†; [Chem. Ber. **21** (2), 38-39; [ZS. f. phys. Chem. **2**, 859; [Chem. CBl. **18**, 1192.

Bei der Atomgewichtsbestimmung durch Verwandlung des Oxids in das normale Sulfat kann ein Theil des Salzes schon zersetzt werden, während ein anderer Theil noch freie Säure enthält. Beide Fehlerquellen wirken im entgegengesetzten Sinn. Der Verf. bestimmte für die schwefelsauren Salze von Wismuth, Natrium, Blei, Barium, Zink, Magnesium und Didym die Temperatur, bei welcher das Gewicht des Salzes constant wurde, und weiter die Temperatur, bei welcher es durch den Beginn von Zersetzung wieder anfing abzunehmen; in dem so bestimmten Intervall kann also eine Atomgewichtsbestimmung gute Resultate geben. Nur bei Didymsulfat liess sich kein Temperaturintervall angeben, in welchem das Gewicht des Salzes constant blieb. *Cn.*

A. SCOTT. On the composition of Water by Volume. Rep. Brit. Ass. 1887, 668; Proc. Roy. Soc. **42**, 396-400†; [Rundsch. **2**, 425; [Beibl. **11**, 743; [J. chem. Soc. **54**, 411.

Der Verf. wiederholt die GAY-LUSSAC'sche Bestimmung des Volumverhältnisses, unter dem Sauerstoff und Wasserstoff bei der Wasserbildung zusammentreten, verwendet besondere Sorgfalt auf die Herstellung reiner Gase, wendet grössere Volumina an als GAY-LUSSAC, misst beide Gase in demselben Gefäss und untersucht das gebildete Wasser auf seine Reinheit. Er erhält als wahrscheinlichen Werth für das obige Verhältniss 1.994. Nehmen wir für die Dichtigkeit des Sauerstoffs, auf *H* bezogen, den Werth 15.9627 an, so folgt das Atomgewicht $O = 16.01$. Der Sauerstoff war aus chlorsaurem Kali, einmal aus Quecksilberoxid, der Wasserstoff electrolytisch dargestellt. Das gebildete Wasser war vollständig frei von Säure und Stickoxiden. *Cn.*

E. H. KEISER. Ueber die Verbrennung abgewogener Mengen von Wasserstoff und über das Atomgewicht des Sauerstoffs. Chem. Ber. **20**, 2323-2325†; [Bull. soc. chim. **41**, 358-359; [J. chem. **52**, 1078; [Chem. CBl. **18**, 1277; [Arch. Pharm. **225**, 924; [Beibl. **11**, 743.

Um gewogene Mengen *H* zu erhalten, wiegt der Verf. Palladium, das reinen Wasserstoff im Maximum aufgenommen hat, treibt durch Erhitzen den Wasserstoff aus und wägt wieder. Das ausgetriebene Gas wird über erhitztes Kupferoxid geleitet und das gebildete Wasser gewogen. Aus 3 Versuchen berechnet sich das Atomgewicht $O = 15.872$; nach STAS ist $O = 15.84$. *Cn.*

C. RAMMELSBERG. Ueber das Atomgewicht der Yttriummetalle in ihren natürlichen Verbindungen und über den Gadolinit. Berl. Ber. 1887, 549-556†; [J. chem. soc. **54**, 112;

[Chem. CBl. **18**, 1098-1099; [Rundsch. **2**, 258-259; [Chem. Ber. **21**, 776, 1888.

Herr Rammelsberg wendet sich wie Marignac gegen die Behauptung von Nordenskiöld, dass das Atomgewicht der Yttriummetalle in ihren natürlichen Verbindungen stets nahe dasselbe sei, und zeigt, dass, wenn man alle Atomgewichtsbestimmungen, wie sie vom Verf., Lindsröm, Blomstrand u. a. ausgeführt sind, berücksichtigt, das Atomgewicht der natürlichen Gemenge von Yttriummetallen zwischen 97.5 und 132.5 schwankt. Die Angaben zeigen sogar bei dem nämlichen Mineral gleichen Fundorts grössere Differenzen. Es lässt sich auch zeigen, dass gleiche oder nahe gleiche Atomgewichte aus verschiedenen Gemengen hervorgehen können; z. B. ist

$$4Y + Tb = 105.2$$
$$5Y + Ytb = 104$$
$$8Y + Tb + Ytb = 105.9.$$

Cn.

T. E. Thorpe and J. W. Young. On the Atomic Weight of Silicon. J. Chem. Soc. **51**, 576-579†; [Chem. News. **55**, 199; [Bull. soc. chim. **50**, 365; [Chem. Ber. **20** (2) 501-502; [Sill. J. **34**, 197; [ZS. f. phys. Chem. **2**, 858; [Chem. CBl. **18**, 687; [Beibl. **12**, 136.

Aus der Zersetzung von $SiBr^4$ mit Wasser und der Bestimmung der gebildeten SiO^2 ergab sich als wahrscheinlichster Werth aus 9 Versuchen des Atomgewichts $Si = 28.332$. *Cn.*

H. C. Reynolds and W. Ramsay. Experiments for the purpose of comparing the Equivalent of Zinc with that of Hydrogen. J. chem. Soc. **51**, 854-866†; [Chem. Ber. **21** [2], 166-167; [Sill. J. (3) **35**, 250-251; [ZS. f. phys. Chem. **2**, 860; [Beibl. **12**, 136; [Chem. News. **55**, 268.

Es wurde von mit grösster Sorgfalt gereinigtem Zink eine gewogene Menge in Schwefelsäure aufgelöst und das Volumen resp. das Gewicht des entwickelten Wasserstoffs bestimmt. Einzelheiten über die grosse Zahl von Vorsichtsmassregeln, die dabei getroffen wurden, und den complicirten Apparat müssen im Original nachgesehen werden. Nimmt man für das Gewicht von 1 Liter H die Zahl 0.0896, so ergiebt sich als Mittelwerth aus 5 einwurfsfreien Versuchen $Zn = 65.4787 + 0.01614$ für $H = 1$. *Cn.*

G. KRÜSS. Ueber das Atomgewicht des Goldes. Chem. Ber. **20**, 205-211† und 2365-2369†; [J. chem. soc. **52**, 340, 1019; [Chem. CBl. **18**, 215-216 und 364; [Bull. soc. chim. **47**, 558-559 u. **49**, 193; [ZS. f. phys. Chem. **1**, 423 und **2**, 109; [Beibl. **12**, 2 und 137.

T. E. THORPE and A. P. LAURIE. On the Atomic Weight of Gold. J. Chem. Soc. **51**, 565-576, 866-868; [Chem. News. **55**, 198, **56**, 205; [Bull. soc. chim. **49**, 475 u. **50**, 365; [Chem. Ber. **20** (2), 501 u. **21** (2) 167; [Sill. J. (3) **34**, 397-398; [Chem. CBl. (3) **18**. 364 u. 689; [Beibl. **12**. 136 u. 137; [ZS. f. phys. Chem. **2**. 347.

KRÜSS bestimmte durch die Analyse von Aurichlorid und Kaliumauribromid das Atomgewicht des Goldes zu 196.64 und betrachtet es als auf $^1/_{2000}$ genau bestimmt.

THORPE und LAURIE bestimmten ebenfalls durch Analyse des Kaliumauribromids das Atomgewicht im Mittel zu 196.852.

Die Abweichung der beiden Werthe sucht KRÜSS dadurch zu erklären, dass THORPE und LAURIE die im Kaliumbromid des Goldes immer vorhandene Verunreinigung durch metallisches Gold übersehen hätten. Nach seinen Versuchen beträgt dieselbe im Mittel 0.05%; bringt man die sich daraus ergebende Correction an dem THORPE-LAURIE'schen Resultat an, und nimmt aus allen Versuchsresultaten das Mittel, so erhält man wieder den ersten Werth 196.64.

In einer zweiten Arbeit verwahren sich THORPE und LAURIE gegen den Vorwurf und halten ihre alte Zahl aufrecht. Sie halten sie eher noch für zu niedrig, da noch nicht publicirte Versuche von MALLET andeuten, dass der wahre Werth keinenfalls geringer als 196.8 ist. *Cn.*

A. C. COUSINS. Relations of mercury to other metals. Chem. News. **56**, 113-114†; J. chem. soc. **52**, 1080.

Das Atomgewicht des Quecksilbers ist das Mittel aus den Atomgewichten des Goldes und des Thalliums; das spec. Gewicht des flüssigen *Hg* das Mittel aus ihren spec. Gewichten; das Atomvolumen ist nahe gleich dem theoretischen Atomvolumen einer Legirung von Gold und Thallium zu gleichen Theilen.

Cn.

W. N. SHAW. On the Atomic Weights of Silver and Copper.

Phil. Mag. (5) **23**, 138-141†; [Cim. (3) **23**, 178; [Chem. Ber. **20** (2) 87; [J. chem. Soc. **52**, 444; [ZS. f. phys. Chem. **1**, 195-196; [Chem. CBl. **18**, 1221; [Beibl. **11**, 481.

Der Verf. vergleicht elektrolytisch das Atomgewicht des Kupfers mit dem des Silbers, das zu 107.66 mit einem Fehler < 0.05 bestimmt ist, und findet aus 15 Versuchen 3.39983 für das Verhältniss der elektrochemischen Aequivalente: mithin das Atomgewicht $Cu = 63.333$. Das Verhältniss der Atomgewichte $\frac{Ag}{Cu} = \frac{17}{10}$ ist gleich $\frac{K}{Na}$.

G. KRÜSS und L. F. NILSON. Ueber das Aequivalent- und Atomgewicht des Thoriums.

Chem. Ber. **20**, 1665-1676†; [Bull. soc. chim. **48**, 492-493; [J. chem. soc. **52**, 704; [ZS. f. phys. Chem. **2**, 153; [Chem. CBl. (3) **18**, 977-978; [Beibl. **11**, 676.

Das Atomgewicht *Th* folgt aus den Versuchen der Verfasser $Th = 231.87$ mit einem Fehler < 0.1. Die Dichte des Chlorids ist bei 1057° 12.424, nach der Formel $ThCl_4$ berechnet 12.928.

Cn.

H. WILDE. On the origin of elementary substances, and on some new relations of their atomic weights.

Mem. Manch. (3) **10**, 118-145, 1887.

WILDE fasst von den bekannten Elementen eine Anzahl in 3 Gruppen zusammen. Für die von ihm angenommenen Atomgewichte findet er Reihen, welche eine gewisse Aehnlichkeit haben mit BODE's Reihe für die Abstände der Planeten von der Sonne.

In Anknüpfung an Prout's Hypothese, dass der Wasserstoff das allen Stoffen gemeinsame Urelement sei, und auf Grund der aufgestellten Beziehungen entwickelt Wilde eine Theorie der Entstehung der Elemente durch Spiralbewegung und Wirbel im Urnebel.

Rz.

A. Bartoli. Die Newton'sche Anziehung im periodischen System der Elemente. L'Orosi **9**, Febr. 1886, 7 pp. [Beibl. **11**, 484†.

Nimmt man an, dass die Atome der Körper kugelförmig sind und gleichen Abstand von einander haben, so ergiebt sich für die gegenseitigen Anziehungen der Atome, nach dem Newton'schen Gesetz aus Dichte und Atomgewicht berechnet, ein Anwachsen in jeder Reihe des L. Meyer'schen Systems bis zur Mitte und nachheriges Abnehmen.

Cn.

H. Fritz. Ueber die gegenseitigen Beziehungen der physikalischen Eigenschaften der chemischen Elemente. Rundsch. **2**, 381-382†; Chem. Ztg. **11**, Ref. 286; [Chem. CBl. (3) **19**, 91.

Der Verf. modificirt seine Formel $As \,.\, \triangle \,.\, s = \sqrt[3]{Ts}$, über die diese Ber. 1886 berichtet wurde, in $As \,.\, \triangle \,.\, s \sqrt[3]{\frac{A}{\triangle}} = \sqrt[3]{\frac{T \,.\, \triangle \,.\, s}{1.28}}$, wodurch sie eine allgemeinere Gültigkeit erlangen soll; es bedeuten darin A Atomgewicht, $\triangle$ Dichtigkeit, s specifische Wärme, T Schmelztemperatur. Es wird s aus der Formel berechnet und mit beobachteten Werthen verglichen. Bei Zink, Gallium, Lithium und Brom zeigen sich grössere Abweichungen.

Cn.

J. Guareschi. Ueber das Gesetz der paaren Zahlen in der Chemie. Atti di Torino **22**, 133-143; [Chem. CBl. (3) **18**, 331-332†.

Das Gesetz der paaren Zahlen von Gerhardt und Laurent

lässt sich allgemein in der Form aussprechen: die Summe der Atome oder Gruppen von ungerader Valenzzahl, welche sich in einem Molekül vorfinden, muss immer eine gerade Zahl sein. Eine Ausnahme bilden unter den anorganischen Verbindungen die Permanganate und Stickoxid. *Cn.*

A. MICHAELIS. Ueber organische Wismuthverbindungen und über die Valenz des Wismuths. Chem. Ber. **20**, 52-54†; [Bull. soc. chim. **47**, 554-555; [J. chem. soc. **52**, 368; [Sill. J. (3) **33**, 421; [Chem. CBl. **18**, 188; [Rundsch. **2**, 132; [Beibl. **11**, 381.

Es werden die sehr beständigen Verbindungen $(C_6H_5)_3BiCl_2$ und $(C_6H_5)_3BiBr_2$ dargestellt, woraus die Pentavalenz des Wismuths folgt. *Cn.*

W. OSTWALD. Studien zur chemischen Dynamik. V. Ueber die Affinitätsgrössen der Basen. J. pract. Chem. **35**, 112-121†; [Chem. Ber. **20**, [2] 88; [J. chem. soc. **52**, 324; [ZS. phys. Chem. **1**, 201-202; [Chem. CBl. **18**, 296; [Rundsch. **2**, 142; [Natf. **20**, 147.

Je $^1/_{20}$ normale Lösungen der zu untersuchenden Base und des Essigesters wurden im Thermostat auf 25° vorgewärmt, gemischt und in geeigneten Zwischenräumen mit ein $^1/_{40}$ normaler Schwefelsäure titrirt, wodurch die Geschwindigkeit, mit welcher der Ester von der Base verseift wurde, sich ergab. Während der nach der Gleichung

$$\frac{dx}{dt} = k(a-x)(b-x) \text{ oder } k = \frac{x}{a-x} \cdot \frac{1}{at}$$

berechnete Reactionscoëfficient bei den starken Basen constant blieb, sank er bei den schwachen Basen rapide im Verlaufe der Reaction. Den Grund hiervon erkannte Verfasser in der verzögernden Wirkung, welche das entstehende Neutralsalz auf den weiteren Umsatz ausübt, wie daraus hervorging, dass anfänglicher Zusatz desselben die Geschwindigkeit nicht nur stark herunterdrückte, sondern auch gleichzeitig einen bedeutend weniger schwankenden Reactionscoëfficienten berechnen liess.

Durch Extrapolation des Reactionscoëfficienten auf den Beginn der Reaction, welcher von diesem störenden Einflusse frei ist, ergaben sich folgende Werthe für die Verseifungsgeschwindigkeit:

	Verseifungsgeschw.	galv. Leitungsverm.
Kali	161	161
Natron	162	149
Lithion	165	142
Thalliumhydroxyd	158	156
Ammoniak	3.0	4.8
Methylamin	19	20.2
Aethylamin	19	20.5
Propylamin	16.6	18.4
Isobutylamin	14.4	15.2
Amylamin	18.5	18.6
Allylamin	4.0	6.9
Dimethylamin	22	23.5
Diäthylamin	26	28.3
Trimethylamin	7.3	9.7
Triäthylamin	22	20.2
Piperidin	27	27
Tetraäthylammoniumhydroxyd .	131	128

Der Parallelismus, welcher zwischen den dynamisch durch die Reactionsgeschwindigkeit und statisch durch die Leitfähigkeit gemessenen Affinitätscoëfficienten besteht, springt in die Augen.

Ost.

L. MEYER. Die bisherige Entwickelung der Affinitätslehre. ZS. phys. Chem. **1**, 134-44†; Phil. Mag. (5) **23**, 504-513; [Chem. Ber. **20**, [2], 244; [Chem. CBl. **18**, 447; [Beibl. **12**, 422, 1888.

Nach einer historischen Darstellung, welche das unmotivirte Aufgeben des richtigen Theiles von BERTHOLLET's Ideen und das lange Festhalten an BERZELIUS' electrochemischer Theorie eingehend schildert, wendet sich Verf. der Frage zu, was man unter „chemischer Affinität“ zu verstehen habe. Die Identificirung derselben mit der bei dem chemischen Processe entwickelten Wärme, wie es besonders

Berthelot durchzuführen gesucht hat, erscheint unhaltbar; unter vielem anderen ist für diese Anschauung die Beobachtung verhängnissvoll, dass Stärke und Neutralisationswärme der Säuren nicht nur in keiner erkennbaren Beziehung stehen, sondern ihrer Grösse nach sogar eine ganz verschiedene Reihenfolge aufweisen. Die Thatsache, dass die Neutralisationswärme eine additive Eigenschaft ist, lässt sich kaum anders erklären als dass die Wärmeentwickelung nur die Folge der Zustandsänderung ist, welche die Stoffe erleiden, und dass so, was man bisher als Wechselwirkung mehrerer Stoffe ansah, einfach die Summe von Zustandsänderungen darstellt, welche sie einzeln erleiden.

Von der kinetischen Auffassung aus gelangt Verfasser zu folgenden Ansichten über die Affinität. Jedes Atom besitzt für sich einen bestimmten Vorrath verfügbarer Energie; der Aenderung dieses Vorrathes entsprechen die bei Zustandsänderungen oder chemischen Processen beobachteten Wärmetönungen. Die Annahme einer Anziehungskraft zwischen den Atomen erscheint dem Verfasser unter diesen Annahmen entbehrlich; denn man kann sich wohl vorstellen, dass bei gewissen, freilich unbekannten Bewegungsformen oder Geschwindigkeiten der Atome eine Vereinigung oder ein Austausch derselben stattfinden kann. Verfasser erhofft daher die nächsten Fortschritte von dem weiteren Ausbau einer wesentlich kinetischen Affinitätslehre. *Nst.*

R. Fink. Ueber die Affinität der Vitriolmetalle zu Schwefelsäure. Mitgetheilt von L. Meyer.

Chem. Ber. **20**, 2106-2109†; [Bull. soc. chim. **49**, 105-106, 1888; [J. chem. soc. **52**, 885.

Von den reinen neutralen Sulfaten wurden $^{1}/_{5}$ normale Lösungen hergestellt, von denen man 50 ccm mit dem erforderlichen Volumen Natronlauge (10 ccm) ausfüllte; der gut gewaschene Niederschlag wurde mit 50 ccm Wasser und der äquivalenten Menge (50 ccm) der Sulfatlösung eines anderen Metalls versetzt. Nachdem die Lösung 3 Stunden unter häufigem Umschütteln im Wasserbade sich befunden hatte, wurde filtrirt und Niederschlag wie auch Lösung analysirt. Diejenigen Hydrate, welche unlösliche basische Sulfate bilden, wurden zunächst mit der Lösung ihres Sulfats in der soeben angegebenen Weise und hierauf erst mit der Lösung eines anderen Sulfats, ebenfalls wie oben angegeben, behandelt.

Basis	Salz	gefällt
Zink (b)	Kupfer	alles Kupfer
Kupfer (b)	Eisen	60.8 % des Eisens
Magnesium	Eisen	71.2 % „ „
Kobalt (b)	Mangan	14.7 % „ Mangans
Nickel	Mangan	12.3 % „ „
Kupfer (b)	Magnesium	kein Magnesium
Magnesium	Nickel	60.5 % des Nickels
Eisen	Mangan	kein Mangan
Zink (b)	Nickel	wenig Nickel
Magnesium	Mangan	71.2 % des Mangans

Die mit Basis überschriebene Spalte enthält das Metall, welches als Hydrat oder basisches Salz, letzteres durch (b) bezeichnet, und die folgende das Salz, welches als Sulfat angewendet wurde.

Der Verf. sucht aus obigen Zahlen, Schlüsse über die Stärke der untersuchten Basen zu ziehen; dies ist jedoch nicht angängig, weil für den Grad der Fällbarkeit wesentlich die Löslichkeitsverhältnisse massgebend sind, und letztere in keinem Zusammenhange mit der Stärke stehen. *Nst.*

W. Ostwald. Ueber die Natur der chemischen Verwandtschaft. ZS. phys. Chem. **1**, 61-62†; [Chem. Ber. **20** [2], 187; [J. chem. soc. **54**, 338 (1888); [Chem. CBl. **18**, 398; [Beibl. **12**, 138 (1888).

Verf. weist darauf hin, dass die Messungen der Stärke (Leitungsvermögen) der organischen Säuren dafür sprechen, dass die Affinitätseigenschaften der Elemente „gerichtete Grössen“ seien, zu welchem Schlusse neuerdings auch v. Baeyer auf Grund seiner Untersuchungen über die Stabilität der Kohlenstoffringe gelangt sei.

Nst.

P. CHROUSTSCHOFF et A. MARTINOFF. Des coefficients d'affinité chimique. CR. **104**, 571-574†; Ann. chim. phys. (6) **11**, 234-263; [Chem. Ber. **20**, [2] 187; [J. chem. soc. **52**, 548-549; [ZS. phys. Chem. **1**, 419-420; [Chem. CBl. **18**, 399; [Rundsch. **2**, 163; [Beibl. **12**, 139.

CHROUSTSCHOFF. De la précipitation simultanée des melanges d'iodates et de sulfates par les sels barytiques. CR. **104**, 1711-1714†; [Chem. CBl. [3] **18**, 918; [ZS. phys. Chem. **1**, 668.

In der ersten Abhandlung werden die Theilungsverhältnisse, welche bei der Fällung zweier löslicher Salze durch ein in weniger als zur vollständigen Fällung ausreichenden Menge zugesetztes Fällungsmittel ($K_2\,SO_4$ und $K_2\,CrO_4$ durch $Ba\,Cl_2$, $SrCl_2$ und $Ba\,Cl_2$ durch $K_2\,SO_4$) eintreten, und die sie begleitenden thermischen Erscheinungen beschrieben; in der zweiten Abhandlung wird die analoge Untersuchung für die Ausfällung eines Gemenges Natriumiodat und Natriumsulfat durch ein Baryumsalz durchgeführt. Bekanntlich sind derartige Reactionen für die Bestimmung von Affinitätscoëfficienten unbrauchbar, weil der Gleichgewichtszustand wesentlich durch die Löslichkeitsverhältnisse bestimmt wird.

Nst.

G. A. HAGEMANN. Einige kritische Bemerkungen zur Aviditätsformel. Chem. Ber. **20**, 556-562†; Sep. Dtsch. von Kundsen, Berlin 1887. R. Friedländer u. Sohn; [Bull. soc. chim. **47**, 935; [J. chem. soc. **52**, 633; [ZS. phys. Chem. **1**, 199-200; [Chem. CBl. **18**, 712.

J. THOMSEN. Ueber Herrn G. A. HAGEMANN's kritische Bemerkungen zur Aviditätsformel. Chem. Ber. **20**, 1155-1158; [Bull. soc. chim. **48**, 125; [J. chem. soc. **52**, 633; [Chem. CBl. **18**, 744; [Beibl. **11**, 762.

HAGEMANN gelangt zu dem Schlusse, dass THOMSEN's und OSTWALD's Berechnungen über die Vertheilung einer Basis zwischen zwei Säuren falsch seien, weil die Mitwirkung des Wassers ohne Berücksichtigung bliebe.

THOMSEN erwidert, dass neben anderen Irrthümern HAGEMANN fortwährend plus und minus verwechsele. *Nst.*

A. GEUTHER. Zur Kenntniss des Arseniks. Lieb. Ann. **240**, 208-225†; J. chem. Soc. **52**, 888.

Nach den Arbeiten von BERZELIUS, HITTORF und BETTENDORFF giebt es 3 Modificationen des Arsens:

1) Das bei der Sublimation sich zunächst der Glühstelle absetzende, stahlfarbene, metallglänzende, rhomboedrisch-krystallisirte Arsen; spec. Gewicht 5.727 bis 14°; an der Luft leicht oxidirend, von verdünnter HNO_3 sehr leicht gelöst.

2) Das sich an weniger heissen Stellen (210—220°) absetzende schwarze, glasglänzende, völlig amorphe Arsen; spec. Gewicht 4.713 bei 14°, an der Luft nicht oxidirend, in verdünnter HNO_3 schwieriger sich lösend: verwandelt sich bei 360° in 1).

3) Das sich am kältesten Theil absetzende, gelbe amorphe Pulver, das sich rasch dunkler färbt und sich in 2) verwandelt.

3a) GEUTHER stellt ein braunschwarzes amorphes Arsen dar, indem er ein aus 3 Mischungsgewichten Phosphortrichlorid und 2 Mischungsgewichten Arsentrichlorid bereitetes homogenes Gemenge langsam mit kaltem Wasser bis zur vollständigen Lösung versetzt und dann einkocht; spec. Gewicht 3.70 bei 15°, an der Luft sich kaum oxydirend; vielleicht eine dichtere Art von 3).

Die spec. Gewichte der 3 Modifikationen 1) 2) 3a) verhalten sich wie 4 : 5 : 6: die Molecularformeln wären also As_6 As_5 As_4 oder ein einfaches Multiplum dieser Grössen.

BERZELIUS schrieb das Schwarzwerden der Modification 1) an der Luft der Bildung eines Suboxids zu; nach dem Verf. ist das nicht der Fall; sondern das Arsen oxidirt sich zu arseniger Säure; entfernt man die sich an der Oberfläche bildende Säure von Zeit zu Zeit durch Lösen in Wasser, so schreitet die Oxidation gleichmässig fort, bis alles Arsen zu arseniger Säure oxidirt ist; der schwarze Rückstand beim Entfernen der oberflächlichen arsenigen Säure ist reines Arsen, dessen krystallinische Struktur durch partielle Oxidation zerstört ist.

Das Realgar ist nach dem Verf. ein Subsulfid, das sich nach der Gleichung:

$$5\,As_2\,S_2 + 6\,Na_2\,S = 6\,As + 4\,As\,S_4\,Na_3$$

zersetzt. *Cn.*

M. C. LEA. On Red and Purple Chloride, Bromide and Jodide of Silver: on Heliochromy and on the Latent Photographic Image. Part. I. Sill. J. (3) **33**, 349-364†; [J. d. phys. (2) **7**, 545-546; [Chem. Ber. **20**. (2) 499; [J. chem. Soc. **54**, 1-9; [Beibl. **12**. 50†.

Auf sehr verschiedene Weise kann ein sehr beständiges Silbersalz erhalten werden, für welches der Verf. den Namen Photochlorid vorschlägt und das aus Chlorsilber mit einer Beimengung von 2—9 % Silberchlorür besteht. So wird z. B. dieses Gemenge fast immer erhalten, wenn irgend ein lösliches Silbersalz mit irgend einer reducirenden Flüssigkeit behandelt und dann mit Salzsäure übersättigt wird, ebenso giebt fast jedes Silbersalz, dem Licht ausgesetzt und dann mit Salzsäure und heisser concentrirter Salpetersäure behandelt, Photochlorid. Es kann fast alle Spectralfarben annehmen, am häufigsten ist es roth gefärbt: es widersteht eine zeitlang der Einwirkung von heisser Salpetersäure und ist vor Licht geschützt sehr beständig. Gewöhnlichem diffusen Licht ausgesetzt, werden alle hellen Nüancen rasch purpurn und schwarz, die dunkleren verändern sich langsamer. Mit verdünnter Chlorkalium-Lösung und dann mit HCl behandelt geht die rothe Färbung allmählich in reines Weiss über. Durch Erwärmung wird die schwarze Modification roth oder rosa. Photobromid und Photojodid sind vom Photochlorid kaum zu unterscheiden in Bezug auf die Leichtigkeit, mit der sie die verschiedensten Färbungen annehmen, sind aber weniger stabil. Liess der Verf. auf rosa Photochlorid ein Spectrum wirken, so wurde im Violett der Körper rein violett, im Blau schieferblau, im Grün und Gelb trat eine schwache Bleichung ein und im Roth blieb er unverändert. Das Maximum der Wirkung befand sich in der Nähe von F, ein anderes weniger markirtes Maximum am Ende des sichtbaren Violett. Rothes Chlorid wird im weissen Licht schwarz; setzt man dagegen etwas

Bleichlorid oder Zinkchlorid zu, so wird es gebleicht, so dass es nicht ausgeschlossen erscheint, durch Zusatz von andern Chloriden und geeigneter Behandlung mit Hülfe des Photochlorids Bilder in den natürlichen Farben zu erzeugen. Die Empfindlichkeit wird durch Zusatz von Natriumsalicylat bedeutend erhöht, mindestens verdreifacht. *Cn.*

J. WISLICENUS. Ueber die räumliche Anordnung der Atome in organischen Molecülen und ihre Bestimmung in geometrisch-isomeren ungesättigten Verbindungen. Leipzig, Abh. **14**, 5-77†; [Arch. Pharm. **225**, 790; [Bull. soc. chim. **49**, 457-461; [J. chem. soc. **54**, 34; [Chem. Ber. **20** [2], 448-453; [Chem. CBl. **18**, 1005-1009; [Rundsch. **2**, 253-256; [Natf. **20**, 363 -365; [Beibl. **11**, 801-803.

W. LOSSEN. Ueber die Lage der Atome im Raume. Chem. Ber. **20**, 3306-3310; [Bull. soc. chim. **49**, 461-462; [J. chem. soc. **54**, 218-219; [Chem. CBl. 1888, 321.

Um eine Reihe von abnormen, bisher unverständlichen Isomeriefällen bei ungesättigten organischen Verbindungen (Maleinsäure und Fumarsäure, Krotonsäure und Isokrotonsäure) zu erklären, erweitert WISLICENUS die VAN'T HOFF'sche Theorie der Art, dass sie bei identischer Struktur des Molecüls noch eine verschiedene räumliche Anordnung der Elementaratomgruppen zulässt. Wie VAN'T HOFF denkt WISLICENUS sich die vier Valenzen des Kohlenstoffatoms unter sich gleichwerthig und nach den 4 Ecken eines Tetraeders wirkend. Bei der einfachen Bindung zweier *C*-Atome werden die beiden Tetraeder mit einer Ecke zusammenstossen, bei der doppelten Bindung mit einer Kante, bei der 3fachen in einer Fläche. WISLICENUS nimmt nun weiter an, dass bei der einfachen Bindung die Atomgruppen der beiden *C*-Atome um den Punkt, in dem sie zusammenstossen, durch Wärmestösse veranlasst, vollständige Drehbewegungen ausführen können. Macht man weiter die durchaus plausiblen Annahmen 1) dass die mit den einzelnen Valenzen eines *C*-Atoms verbundenen andern Atome und Atomgruppen nicht ohne besondere Veranlassung ihre Plätze gegen einander austauschen können, und 2) dass auch im Molecül die einzelnen Atome und Atomgruppen abgesehen von der Massenanziehung noch mit verschiedenen anziehenden Kräften chemischen Ursprungs auf einander einwirken, so wird im Molecül derjenige Gleichgewichtszustand bevorzugt sein, in welchem die chemisch verwandtesten Atome einander am Nächsten liegen. Bei der doppelten Bindung soll eine solche Drehung nicht möglich sein, sondern höchstens ein Oscilliren um die Verbindungslinie der beiden C-Atome. Wie Lossen hervorhebt, dürfen wir dann die C-Atome nicht mehr als kugelförmige Punkte voraussetzen, die sich nach allen Seiten gleichmässig verhalten, sondern müssen sie als Körper annehmen, bei denen Theile zu unterscheiden sind, von welchen die Wirkung auf andere Atome ausgeht, (z. B. selbst als Tetraeder). Denn wären bei der doppelten Bindung die C-Atome nur mit der doppelten in der Verbindungslinie wirkenden Kraft mit einander verbunden, so wäre nicht ohne Weiteres einzusehen, warum in diesem Fall eine Drehung um diese Axe ausgeschlossen sein sollte.

Der Uebergang strukturidentischer, aber chemisch verschiedener Modificationen in einander (z. B. von Maleinsäure in Fumarsäure) wird so erklärt, dass zunächst die ungesättigte Verbindung durch Addition zweier Radicale in eine gesättigte Verbindung übergeht; in dieser ist eine Drehung des einen Systems gegen das andere möglich der Art, dass die mit den grösseren Affinitäten auf einander wirkenden Radicale sich einander möglichst nähern; aus dem so modificirten Molecül entsteht dann durch Austritt zweier Radicale die zweite ungesättigte Verbindung. Es lässt sich also aus dem bekannten Verhalten der einzelnen Radicale zu einander ein Schluss auf die eintretende neue Anordnung ziehen.

Es werden im Anschluss an ältere folgende neue Bezeichnungen eingeführt. Ist jedes von zwei doppelt gebundenen C-Atomen mit denselben beiden unter sich verschiedenen Radicalen verbunden, so nennt man Körper von der Formel $\begin{array}{c} Cab \\ \| \\ Cab \end{array}$ im Gegensatz zu den strukturisomeren $\begin{array}{c} Caa \\ \| \\ Cbb \end{array}$ symmetrische. Bei der Configuration $\begin{matrix} a\,C\,b \\ \| \\ b\,C\,a \end{matrix}$ nennt WISLICENUS die Lage der gleichartigen Radicale centrisch- oder axial-symmetrisch, weil sie symmetrisch zum gemeinschaftlichen Schwerpunkt und zur gemeinschaftlichen Axe des Systems liegen. Bei der zweiten Configuration $\begin{matrix} a\,C\,b \\ \| \\ a\,C\,b \end{matrix}$ nennt der Verf. die Lage plansymmetrisch, weil die Anordnung symmetrisch gegen eine Ebene ist, welche man sich senkrecht zur Axe zwischen den beiden C-Atomen hindurch gelegt denkt. Correspondirende Lagen werden allgemein diejenigen genannt, welche zur gemeinschaftlichen Axe des Doppelsystems in gleicher Richtung liegen, von welchen Senkrechte zur Axe also einander parallel sind. In Systemen mit doppelter Bindung sind demnach die plansymmetrischen Lagen gleichzeitig die correspondirenden.

In dem ausführlichen speciellen Theil giebt WISLICENUS eine Anwendung seiner Theorie und zeigt in verschiedenen Fällen, an dem Verhalten der Tolandichlorüre und -bromüre, der Fumar- und Maleinsäure, der Brenzcitronensäure und der ungesättigten Säuren der Acrylsäuregruppe, dass sich die relativen räumlichen Lagerungsverhältnisse für jeden einzelnen Fall wirklich auf Grund experimenteller Thatsachen bestimmen lassen. *Cn.*

A. COLSON. Recherches physiques sur l'isomérie de position. C. R. **104**, 428-431†; [Chem. Ber. **20**, [2] 160; [J. chem. soc. **52**, 420; [ZS. f. ph. Ch. **1**, 366-367; Rev. Scient. (3) **24**, 694.

Für die Isomere des Ortho- Meta- und Paraxylol ergiebt sich:

1) die specifische Wärme nimmt ab, wenn die Dichte wächst. Das Produkt aus beiden ist constant.

	specif. Wärme zwischen 15° u. 40°	specif. Wärme zwischen 15° u. 60°	Dichte	C×D
Dibromparaxylol . . .	0.180	0.188	2.012	0.362
Dibromorthoxylol . . .	0.183	0.190	1.988	0.363
Dibrommetaxylol . . .	0.184	0.191	1.959	0.361
Dichlorparaxylol . . .	0.282		1.417	0.414

	specif. Wärme zwischen 15° u. 40°	15° u. 60°	Dichte	C×D
Dichlororthoxylol . . .	0.283		1.393	0.394
Dichlormetaxylol . . .	0.295		1.370	0.404
Tetrachlorparaxylol . .		0.242	1.606	0.290
Tetrachlororthoxylol . .		0.24	1.601	0.288

2) dividirt man die latente Schmelzwärme durch die absolute Schmelztemperatur, so erhält man bei den betreffenden Isomeren denselben Werth. Multiplicirt man noch mit dem Moleculargewicht, so erhält man die Tabelle:

Dichlorparaxylol . . . . $\frac{175 \,.\, 32{,}7^{\text{cal}}}{273 + 100^0} = 15.3$

Dichlororthoxylol . . . . $\frac{175 \,.\, 29^{\text{cal}}}{273 + 55^0} = 15.4$

Dichlormetaxylol . . . . $\frac{175 \,.\, 26{,}7^{\text{cal}}}{273 + 34^0} = 15.2$

Dibromorthoxylol . . . . $\frac{264 \,.\, 24{,}25^{\text{cal}}}{273 + 95^0} = 17$

Dibrommetaxylol . . . . $\frac{264 \,.\, 21{,}45^{\text{cal}}}{273 + 77^0} = 16.2$

Tetrachlorparaxylol . . . . $\frac{244 \,.\, 22{,}1^{\text{cal}}}{273 + 95^0} = 14.7$

Tetrachlororthoxylol . . . . $\frac{244 \,.\, 21{,}0^{\text{cal}}}{273 + 86^0} = 14.3$

Paraxylol . . . . $\frac{106 \,.\, 39{,}3^{\text{cal}}}{273 + 16^0} = 14.4$

Sollten die Resultate sich verallgemeinern lassen, so hiesse das: Beim Schmelzpunkt ist die Differenz zwischen der Entropie der Flüssigkeit und des festen Körpers constant für Isomerieen der Lage und wird, auf gleiches Moleculargewicht bezogen, durch Substitution von *Cl* für *H* nicht merklich geändert. Aus Anwendung der Clausius-Clapeyron'schen Gleichung würde dann folgen, dass bei Isomeren die Schmelztemperatur proportional dem Druck wächst. *Cn.*

A. Piutti. Ueber die wechselseitige Umwandlung der beiden optisch activen Asparagine in einander. L'Orosi 1887, 1; Ann. Chim. e. di Farm. 1887, 129-131; [Arch. Pharm. **225**, 363; [Chem. CBl. (3) **18**, 510-511†.

Aus inactiver Asparaginsäure wurde durch Aetherificiren und Behandeln mit alkoholischem Ammoniak ein Gemisch des rechts- und linksdrehenden Asparagins erhalten, die sich durch langsames Krystallisirenlassen aus Wasser von einander trennen liessen. Die aus rechtsdrehendem süssen Asparagin erhaltene inactive Asparaginsäure lieferte durch Aetherificiren und Amidiren ein Gemenge der beiden activen Asparagine. Das ist, wie bei den Experimenten von Jungfleisch mit den beiden Weinsäuren, ein Fall, dass entgegengesetzt drehende Körper in einander übergeführt werden können. *Cn.*

J. H. van't Hoff. Dix années dans l'histoire d'une théorie. Rotterdam 1887, P. E. Bazendigk†; [ZS. phys. Chem. 1, 576†.

Die Schrift, welche eine erweiterte Auflage der vor 10 Jahren erschienenen „Atomlagerung im Raume" des Verfassers darstellt, enthält zunächst die historische Entwickelung der vom Verfasser und fast gleichzeitig von Le Bel aufgestellten Hypothese, dass die Valenzen des Kohlenstoffs tetraedrisch im Raume angeordnet sind, und stellt sodann die Thatsachen zusammen, welche der Theorie des asymmetrischen Kohlenstoffatoms eine sichere Grundlage gewähren. Die verschiedenen Methoden zur Spaltung inactiver Gemenge erhalten besondere Berücksichtigung, speciell um die neulich aufgefundene Existenz einer bestimmten Temperatur klarzulegen, bei welcher diese Spaltung spontan stattfindet.

Anschliessend hieran wird die aus obigen Ansichten hervorgehende Isomerie bei doppelter Kohlenstoffbindung ausführlich erörtert, welche neuerdings durch die Untersuchungen von Michael über Alloisomerie und speciell durch die Arbeiten von Wislicenus in den Vordergrund getreten ist. Ein Schlusscapitel ist dieser letzten Arbeit gewidmet, um den darin angeführten Entwickelungen durch ein einfaches vom Ueblichen nur wenig verschiedenes Formelsystem Ausdruck zu geben. *Nst.*

H. Le Chatelier. Ueber die Identität der Gesetze des Gleichgewichts bei physikalischen, chemischen und mechanischen Erscheinungen. ZS. phys. Chem. **1**, 565-72†; [Chem. Ber. **20**, [2] 765; [Chem. CBl. **18**, 1534.

Für ein im Gleichgewicht befindliches System, d. h. ein System, welches nach einer Deformation in seinen früheren Zustand zurückkehrt, wenn man die Ursache der Deformation entfernt, sind entsprechend den wichtigsten Formen der Energie, Wärme, Elektricität, Arbeit, drei Factoren massgebend, nämlich Temperatur, elektromotorische Kraft, Druck. Das Gleichgewicht eines Systems ist indifferent, wenn die Deformation sich vollziehen kann, ohne eine Aenderung jener Faktoren zu bedingen [z. B. Verdampfen des Wassers, Elektrolyse der Salze] und es ist stabil, wenn dieses nicht der Fall ist: im letzteren Falle tritt bei Aenderung eines Factors stets eine solche Aenderung der übrigen ein, dass sie, wenn sie allein stattfände, den ersten Factor im entgegengesetzten Sinne ändern würde [Verallgemeinerung des mechanischen Gesetzes von Action und Reaction].

Die Sätze der mechanischen Wärmetheorie führen zu der Beziehung, dass ein System im Gleichgewichte bleibt, wenn die Factoren im Sinne der Gleichung

$$\Sigma\alpha\frac{dT}{T}+\Sigma\beta\frac{d\varepsilon}{\varepsilon}+\Sigma\gamma\frac{dP}{P}=0$$

geändert werden; darin bedeuten T, ε, P Temperatur, elektromotorische Kraft, Druck, und α, β, γ die Energiemengen, welche in Form von Wärme, Elektricität und äusserer Arbeit frei werden, wenn das System eine virtuelle Aenderung erfährt, d. h. eine solche, bei welcher die Factoren des Gleichgewichts unverändert gelassen werden. Für rein mechanische Systeme wird α und β je gleich Null und man erhält das Prinzip der virtuellen Verschiebungen, welches durch obige Gleichung ausserordentlich verallgemeinert wird.

Die Gleichung lehrt nichts über den Einfluss der relativen Massenverhältnisse; man kann jedoch auch diesen thermodynamisch ermitteln, wenn man sich entweder der Hypothese von Gibbs: „die Entropie eines Gasgemenges ist bis auf eine Constante gleich der Summe der Entropieen der einzelnen Gase für sich" oder der einfacheren und allgemeineren van't Hoff'schen: „die Trennung eines Stoffes aus einem Gemenge kann immer als eine umkehrbare Operation angesehen werden, wenn die beiden Theile des Systems, der getrennte und das Gemenge, stets im gegenseitigen Gleichgewicht gehalten werden" bedient.

Macht man die (übrigens discutable) Hypothese, dass ein Stoff, welcher sich unter bestimmten Bedingungen des Drucks, der Temperatur und der elektromotorischen Kraft befindet, beim Verschwinden aus einem im Gleichgewicht befindlichen System stets dieselbe Menge elektrischer Energie entwickelt, welches auch der chemische Vorgang sei, durch welchen er verschwindet, so würde sich obige Gleichung auf die viel einfachere Form

$$\Sigma\left(\alpha\frac{dT}{T}+\beta\frac{d\varepsilon}{\varepsilon}+\gamma\frac{dP}{P}\right)=0$$

bringen lassen, worin die Summe Σ soviel Glieder enthält, als verschiedene Stoffe vorhanden sind. *Nst.*

H. Le Chatelier. Le principe du travail maximum et les lois des équilibres chimiques.

C. R. **104**, 356-359†; Bull. soc. chim. **47**, 482-488†; [Chem. Ber. **20**, [2] 132; [ZS. phys. Chem. **1**, 190; [Chem. CBl. **18**, 448 u. 561; [Beibl. **11**, 514, 574.

Für die Dissociation eines festen Stoffes (z. B. Calciumcarbonat) gilt die Gleichung:

$$ln\,p+k\frac{L}{T}=ln\,p_0+k\frac{L}{T_0};$$

darin ist L die (von der Temperatur als unabhängig angenommene)

Dissociationswärme, p und p_0 der den Temperaturen T und T_0 entsprechende Dissociationsdruck und k eine Constante.

Wendet man die Gleichung auf zwei Stoffe an, die dissociationsfähig sind und miteinander im Gleichgewicht sich befinden, wie Calciumcarbonat und Calciumhydrat, die nach der Formel

$$Ca\,CO_3 + H_2O = Ca\,(OH)_2 + CO_2$$

in Wechselwirkung treten können, so wird

$$ln\frac{p'}{p''} + \frac{L'-L''}{T} = k\left[\frac{L'}{T_0'} - \frac{L''}{T_0''}\right].$$

Damit für den Sinn der Reaction allein ihre Wärmetönung (im obigen Fall $L''-L'$) massgebend sei, wie es das principe du travail maximum verlangt, müssten

$$p'-p'' \text{ und } L''-L'$$

stets gleiches Vorzeichen besitzen; dies ist aber nur möglich, wenn die rechte Seite vorstehender Gleichung verschwindet d. h.

$$\frac{L'}{T_0'} = \frac{L''}{T_0''}$$

wird. Es müssten also hiernach die Dissociationswärmen, welche den zu einem gleichen Druck gehörigen absoluten Temperaturen entsprechen, letzteren proportional sein. Dieser Satz gilt nach Despretz angenähert auch für die Verdampfung; Verfasser findet in der That die Werthe von $\frac{L_0}{T_0}$, welche der Dissociationsspannung einer Atm. entsprechen, annähernd constant (0.021 bis 0.026) und zwar annähernd gleich dem Betrage, welchen der Quotient von molekularer Verdampfungswärme und Siedetemperatur in absoluter Zählung besitzt. Zum Belege werden folgende Zahlen angeführt:

	JrO_2	$CaCO_3$	Pd_2H	$Ca(OH)_2$
$\frac{L}{T}$	0.0243	0.0234	0.0230	0.0278
T	1273	1085	403	721.

Ferner berechnet Verfasser folgende Quotienten aus Verdampfungswärme und Siedetemperatur in absoluter Zählung:

	$\frac{L}{T}$
$P, S, Hg, CO_2, CS_2, SCOl_2, SH_2, PCl_3$ $CCl_4, C_6H_6, C_2H_5Br, C_2H_5Cl,$	0.021—0.022

$Br, SO_2, BoCl_3, NH_3, C_{10}H_{16}, C_2H_5J, C_4H_{10}O,$	0.022—0.023
$H_2O, CH_4O, C_5H_{12}O, C_2H_4O_2,$	0.023—0.026
$C_2H_6O, O, N,$	0.026—0.030

Wenn man bedenkt, dass die Werthe von T zwischen 170 und 2300 schwanken, so erscheint die immerhin geringe Veränderlichkeit von $\frac{L}{T}$ von grossem Interesse. Die Dissociationswärmen sind grossentheils aus der Aenderung der Dampfspannung mit der Temperatur berechnet. *Nst.*

Sarrau et Vieille. Influence du rapprochement moléculaire sur l'équilibre chimique de systèmes gazeux homogènes. C. R. **105**, 1222-25; Chem. Ber. **21**, [2] 42 1888; [J. chem. soc. **54**, 339-340, 1888; [ZS. phys. Chem. **2**, 247, 1888; [Chem. CBl. 1888, 172; [Rundsch. **3**, 154-155, 1888.

Bei denjenigen Explosivstoffen, wo der Sauerstoff nicht in zur völligen Oxidation hinreichender Menge vorhanden ist, hängt der Zustand des Systems nach der Verpuffung von dem Volumen ab, welches dem Sprengstoff zu Gebote steht, d. h. von dem Drucke, bei welchem die Vertheilung des Sauerstoffs erfolgt. Bei niederen Drucken erscheint freier Wasserstoff, welcher durch die Reaction

$$CO + H_2O = H_2 + CO_2$$

gebildet wird; bei höheren wirkt der Wasserstoff theilweise auf Kohlenoxid nach der Gleichung ein

$$2CO + 2H_2 = C_2O + CH_4$$

um Methan zu bilden. Es ist zu beachten, dass die erste Reaction ohne Volumänderung vor sich geht, die zweite hingegen mit einer sehr beträchtlichen Volumverminderung verbunden ist.

Zum Belege des Obigen theilen die Verfasser eine Anzahl von Analysen des Gasgemisches mit, welches bei der Explosion von 0.010 bis 0.300 g Schiessbaumwolle und von 0.1 bis 0.5 g Pikrinsäure in einem Liter entstand; der Druck betrug im ersten Falle 100 bis 4000, im zweiten 1000 bis 7500 Atm. *Nst.*

F. Wald. Zur Theorie der chemischen Gleichgewichtszustände. ZS. phys. Chem. 1, 299-300†; [Chem. Ber. **20** [2], 498; [Chem. CBl. **18**, 919.

Unter der Annahme, dass sich die Entropie verdünnter Lösungen mit der Concentration ebenso ändere wie die der Gase mit der Dichte, lässt sich für die Wechselzersetzung der Salze der Satz ableiten, dass die Aenderung der freien Energie bei der Verdrängung einer einbasischen Säure durch eine andere von der Natur der Base unabhängig sei. *Nst.*

M. ROGOW. **Einige Anwendungen der Theorie von GULDBERG und WAAGE.** J. russ. chem. Ges. **19**, 149, 1887; [ZS. phys. Chem. 1, 427†; [Chem. CBl. **18**, 1071.

Die Gleichgewichtsconstanten der Esterbildung aus Essigsäure mit folgenden Alkoholen betragen aus MENSCHUTKIN's Messungen berechnet:

Propylenglycol	2.25	Mannit	0.13
Glycerin	0.72	Milchsäureanhydrid	4.45
Erythrit	0.444		

Nst.

L. TH. REICHER. **Ueber die Umwandlungstemperatur des Kupfercalciumacetats.** ZS. phys. Chem. 1, 221-26†; [Chem. soc. **54**, 360, 1888; [Chem. Ber. **20** [2], 358; [Chem. CBl. **18**, 709; [Beibl. **11** 678.

Die Umwandlungstemperatur der Reaction

$$CaCu(Ac)_4\,8\,H_2O = Ca(Ac)_2\,H_2O + Cu(Ac)_2\,H_2O + 6\,H_2O$$

liegt, wie die Bestimmung mittelst Dilatometers ergab, zwischen 78° und 76.2°; da das tetragonale Doppelsalz blau, das monosymmetrische Kupferacetat grün und das in feinen Nadeln krystallisirende Calciumacetat farblos ist, so lässt sich Zerfall oder Bildung des Doppelsalzes unter dem Mikroskop deutlich verfolgen.

Nst.

E. BOUTY. **Détermination de la quantité de bisulfate de potasse dans une liqueur étendue.** C. R. **104**, 1839-42†; [Cim. (3) **22**, 277; [Chem. CBl. **18**, 947; [Rev. int. de l'électr. **5**, 66; [Beibl. **12**, 63, 1888.

Von den Annahmen ausgehend, dass die molecularen Leitfähigkeiten des Kaliumbisulfats und des neutralen Sulfats gleich seien und dass ferner die Leitungsfähigkeit einer Lösung gleich der Summe der Leitungsfähigkeiten der einzelnen Componenten sei, versucht Verfasser den Gleichgewichtszustand zwischen Schwefelsäure und ihren Kaliumsalzen in verdünnten Lösungen zu bestimmen.

Nst.

D. Gernez. Recherches sur l'application du pouvoir rotatoire à l'étude de certains composés, qui se produisent dans des solutions d'acide tartrique. C. R. **104**, 783-786; [Cim. (3) **22**, 82; [Chem. Ber. **20**, [2], 251; [J. chem. soc. **52**, 540-541; [ZS. phys. Chem. **1**, 426-427; [Beibl. **11**, 710.

D. Gernez. Recherches sur l'application du pouvoir rotatoire à l'etude des composés formés par l'action du molybdate d'ammoniaque sur les solutions d'acide tartrique. C. R. **105**, 803-806†; [Chem. Ber. **20** [2], 773; [J. chem. soc. **54**, 97-98, 1888; [ZS. phys. Chem. **2**, 158, 1888; [Chem. CBl. **18**, 1533; [Beibl. **12**, 204, 1888.

Beim Zusatz wachsender Mengen Natriummolybdat zu Weinsäure steigt das Drehungsvermögen rapide, bis die beiden Stoffe im äquivalenten Verhältniss vorhanden sind: weiterer Zusatz ist ohne merklichen Einfluss. Verfasser schliesst hieraus auf die Existenz einer stabilen Verbindung $2\,C_4\,H_6\,O_6 + Na_2\,MoO_4$, die ausserordentlich stark optisch activ ist.

Ebenso wird bei Zusatz von Ammoniummolybdat ein Maximum der optischen Activität der Lösung erreicht, nachdem auf 1 Aeq. Säure die gleiche Menge der Ammoniumbase hinzugefügt ist; das Drehungsvermögen steigt hier bis auf das 57fache der reinen Säure an. *Nst.*

G. Foussereau. Sur la décomposition réversible des acétates par l'eau. C. R. **104**, 1265-1267†; Ann. chim. phys. (6) **12**, 553-66; [Cim. (3) **22**, 258; [Chem. Ber. **20** [2], 357: [J. chem. soc. **52**, 767; [ZS. phys. Chem. **1**, 521; [Rev. int. de l'électr. **4**, 498; [Beibl. **11**, 744; [Chem. CBl. **12**, 1888, 170-171.

Im Gegensatz zu den Chloriden vermindern die Acetate bei

der langsamen Zerlegung, welche sie durch das Wasser erfahren, ihre Leitfähigkeit, weil die in Freiheit gesetzte Essigsäure schlechter, die Salzsäure aber besser leitet als ihre Salze. Während ferner die „umkehrbare Zersetzung", d. h. die Aenderung, welche das Leitungsvermögen der Lösung nach Erhitzung auf 100° und hierauf erfolgtem Abkühlen erleidet und welche allmählich wieder verschwindet, bei den Chloriden mit zunehmender Verdünnung zunimmt, geht sie bei den Acetaten mit zunehmender Verdünnung durch ein Maximum, um dann wieder abzunehmen. Die Zersetzung ist am stärksten beim Kupferacetat, geringer beim Zinkacetat und sehr schwach beim Bleiacetat. [Ostwald erklärt in seinem Referate, ZS. phys. Chem. **1**, 521, die Erscheinung daraus, dass Essigsäure ein mit der Verdünnung sehr stark zunehmende, Salzsäure aber ein fast constantes moleculares Leitungsvermögen besitzt.] *Nst.*

H. Le Chatelier. Ueber die Constitution der Thone. ZS. phys. Chem. 1, 396-402†; C. R. **104**, 1517-1520; [Chem. Ber. **20** [2], 454.

Die vom Verf. angewandte Methode, um bestimmte Verbindungen zu characterisiren, beruht auf der Messung des Zersetzungspunktes; sie wurde erprobt an einer Anzahl natürlicher Thonerdesilicate, welche man in einem Hohlkegel von Platin erhitzte. Durch ein graduirtes Thermoelement Platin-Platinrhodium wurde das Ansteigen der Temperatur verfolgt und zwar in der Weise, dass alle zwei Secunden mittelst eines Inductionsfunkens der Stand der Galvanometernadel photographisch fixirt wurde. Der Zersetzungspunkt liess sich ziemlich scharf an der Verzögerung der Temperatursteigerung erkennen, welche der durch Verlust des Hydratwassers bedingten Wärmeabsorption entsprach; es treten übrigens auch plötzliche Beschleunigungen ein, welche das Stattfinden von wärmeentwickelnden Vorgängen anzeigen.

Auf diesem Wege gelangte Verf. dazu, auf die Existenz von fünf verschiedenen Gruppen hydratischer Aluminiumsilicate zu schliessen, wobei jedoch die Existenz der letzten zweifelhaft bleibt:

Kolloysit	$2\,SiO_2$, Al_2O_3, $2\,H_2O$, aq.
Kaolin	$2\,SiO_2$, $Al_2O_3\;3\,H_2O$
Allophan	SiO_2, Al_2O_3, aq.
Pyrophyllit . . .	$4\,SiO_2$, Al_2O_3, H_2O
Montmorillonit . .	$4\,SiO_2$, Al_2O_3, H_2O, aq. *Nst.*

H. LE CHATELIER. Ueber die Oxydation des Silbers. ZS. phys. Chem. **1**, 516-518†; Bull. soc. chim. **47**, 834, **48**, 342-345; [Chem. CBl. (3) **18**, 1336-1337; [Beibl. **12**, 293, 1888; [Chem. Ber. **20** [2], 675.

Nach einer vom Verf. [diese Ber. S. 130] aufgefundenen Regel ist

$$\frac{L}{T} = 0.023,$$

worin L die Dissociationswärme und T die absolute Temperatur bedeutet, bei welcher die Dissociationsspannung eine Atm. beträgt. Für Silber ist $L = 14$, somit $t = T - 273 = 327^0$ mit einer Unsicherheit von etwa $+ 60^0$.

Die Dissociationsspannung des Silberoxids betrug nun aber bei 300^0 schon mehr als 10 Atm.; wegen der langsamen Einstellung des Gleichgewichts ist keine genaue Messung möglich. Verfasser vermuthet, dass die Dissociationswärme des Silbers von THOMSEN um 15—30% zu hoch bestimmt worden ist. Erhitzt man metallisches Silber mit Sauerstoff von 15 Atm. Druck, so findet eine deutliche Oxidation statt; das Silber bildet also keine Ausnahme gegenüber den anderen Metallen.

Platin würde sich bei 1000^0 vermuthlich ebenfalls durch geeigneten Druck oxidiren lassen. *Nst.*

SV. ARRHENIUS. Ueber die Dissociation der in Wasser gelösten Stoffe. ZS. phys. Chem. **1**, 631-48†; Ofversigt of K. Vetensk. Ak. Förhandl. **44**, 56, 1887; [J. de phys. (2) **7**, 178-184; Chem. Ber. **21** [2], 45-47, 1888; [J. chem. soc. **54**, 896-897, 1888; [Chem. CBl. 1888, 215; [Beibl. **12**, 140-42, 1888.

Der Satz von VAN'T HOFF (diese Ber. 41. 146), wonach der osmotische Druck einer gelösten Substanz ebenso gross ist, wie der Gasdruck, unter welchem die Substanz sich befinden würde, wenn man das Lösungsmittel entfernt dächte, scheint auf den ersten Blick eine grosse Anzahl Ausnahmen zu erleiden, indem besonders viele Stoffe in wässeriger Lösung einen zu grossen osmotischen Druck (bez. zu grosse Dampfdruck- und Gefrierpunktserniedrigung) aufweisen. In der gleichen Weise nun, wie man die abnormen Dampfdichten bei Stoffen wie Chlorammonium u. dgl. erklärt, nämlich durch einen mehr oder weniger vollständigen Zerfall der Molecüle, sucht Verf. das abnorme Verhalten der gelösten Substanzen zu deuten, indem er sie als mehr oder weniger weitgehend dissociirt ansieht.

Was die Frage nach der Natur der Dissociationsproducte anlangt, so fällt zunächst auf, dass die abnorm sich verhaltenden Stoffe fast sämmtlich Electrolyte sind; schon CLAUSIUS nahm eine wenigstens spurenweise stattfindende Dissociation der Electrolyte an und Verfasser geht einen Schritt weiter, indem er den Grad dieser Dissociation berechnet. Diese Berechnung ist nun aber auf zweierlei Weise möglich, einerseits aus der Gefrierpunktserniedrigung, welche der Gesammtzahl der in Lösung befindlichen Molecüle (Ionen plus undissociirten Molecüle), andererseits aus dem Leitungsvermögen, welches der Anzahl der freien Ionen proportional ist. Bezeichnet α den Dissociationsgrad, d. h. die Anzahl dissociirter zur Anzahl insgesammt vorhandener Molecüle, k die Anzahl Ionen, in welche der Electrolyt sich spaltet (für KCl ist z. B. $k = 2$, für $BaCl_2$ $k = 3$ u. s. w.), so wird der VAN'T HOFF'sche i — Coëfficient (Verhältniss des beobachteten zu dem aus der Moleculargrösse berechneten osmotischen Drucke)

$$i = 1 + (k - 1)\,\alpha.$$

Bezeichnet t die moleculare Gefrierpunktserniedrigung des betreffenden Electrolyten, so ist einerseits

$$i = \frac{t}{18.5}.$$

Ist μ das Leitungsvermögen des Electrolyten bei der betreffenden Concentration, μ_∞ dasjenige bei sehr grosser Verdünnung, woselbst der Electrolyt als vollständig dissociirt angesehen werden kann, so wird andererseits

$$\alpha = \frac{\mu}{\mu_\infty} \text{ und } i = 1 + (k - 1) \frac{\mu}{\mu_\infty}.$$

Die nach den beiden Methoden berechneten i-Werthe stimmen bis auf wenige Ausnahmen innerhalb der Beobachtungsfehler überein; diese von der Theorie vorhergesehene Beziehung zwischen Leitungsvermögen und Gefrierpunktserniedrigung ist der erste Erfolg der Hypothese von der elektrolytischen Dissociation und bildet eine wichtige Bestätigung der Annahmen des Verfassers:

1) dass VAN'T HOFF's Gesetz allgemein gültig ist;

2) dass jeder Elektrolyt in wässeriger Lösung theils aus activen (in die Jonen gespaltenen), theils aus inactiven Molecülen besteht, welche ersteren mit zunehmender Verdünnung auf Kosten der letzteren wachsen.

Was den Grad der elektrolytischen Dissociation anlangt, so sind die aus einwerthigen Atomen oder Radicalen zusammengesetzten Salze (wie $NaCl$ etc.) bereits in 0.1 normalen Lösungen sehr weitgehend gespalten; das Gleiche gilt von den starken Säuren und Basen. Viel geringer ist die Dissociation bei Stoffen, wie K_2SO_4 und dgl., oder $CuSO_4$ und verwandten Stoffen.

Eine weitere Folgerung der Hypothese des Verfassers besteht darin, dass die Eigenschaften des gelösten Stoffes, wenn er vollständig oder wenigstens nahezu zerfallen ist, sich additiv zusammensetzen müssen aus den Eigenschaften der positiven Ionen und denen der negativen Ionen. Derartige Eigenschaften sind die Neutralisationswärme, das specifische Volumen, specifische Brechungsvermögen, elektrische Leitungsvermögen, Gefrierpunktserniedrigung u. dergl. Bei wenig dissociirter Lösung braucht dies additive Verhalten zwar natürlich nicht nothwendig aufzuhören, aber ist doch wenigstens nicht mehr eine unbedingte Folgerung der Theorie, wie denn in der That der Verfasser an vielen Beispielen ausführt, dass bei schwach dissociirten Stoffen häufig die Additivität aufhört. *Nst.*

M. PLANCK. Ueber die moleculare Constitution verdünnter Lösungen. ZS. phys. Chem. 1, 577-82†; [Chem. Ber.

21 [2], 43-44, 1888; [J. chem. soc. 54, 895-896, 1888: [Chem. CBl. 1888, 209; [Beibl. 12, 142, 1888.

Verfasser weist darauf hin, dass man aus den van't Hoff-schen Gesetzen der Gefrierpunkts- und Dampfspannungserniedrigung, wie auch schon van't Hoff selber angedeutet hatte, auf eine Dissociation der in Lösung befindlichen Stoffe in den Fällen schliessen müsse, wo jene Erniedrigungen grösser als die normalen sind: letztere finden sich besonders häufig bei den Säuren, Basen und Salzen in wässeriger Lösung. *Nst.*

F. M. Raoult. Kryoskopische Studien über Traubensäure und traubensaure Salze. ZS. f. phys. Chem. 1, 186-189†; [Chem. Ber. 20 (2), 278; [J. chem. soc. 54, 361-362; [Rundsch. 2, 290; [Beibl. 11, 876.

Zerfällt die Traubensäure $C_8 H_{12} O_{12} + 2 H_2 O$ in wässriger Lösung vollständig in Rechts- und Links-Weinsäure, so muss sie bei gleichem Gewicht die gleiche Gefrierpunktserniedrigung wie die Weinsäure zeigen; bleibt sie dagegen als Traubensäure bestehen, so darf die Gefrierpunktserniedrigung nur halb so gross sein. Die Versuche ergaben, dass in verdünnten (weniger als 5 %igen) Lösungen die Traubensäure vollständig gespalten ist; dagegen findet man aus den Versuchen durch eine angenäherte Rechnung, dass in einer fast gesättigten Lösung von 100 g reiner und trockner Traubensäure 94 g Weinsäure und 6 g unzersetzte Traubensäure enthalten ist. Das Resultat stimmt mit calorimetrischen Messungen von Berthelot und Jungfleisch überein. In ähnlicher Weise zeigt der Verf., dass das traubensaure Natronammoniak $2 (C_4 H_4 O_6 . NH_4 . Na + H_2 O)$ selbst in kalter und concentrirter Lösung vollständig in die beiden weinsauren Salze $C_4 H_4 O_6 . NH_4 . Na + 4 H_2 O$ zerfällt. *Cn.*

J. J. Thomson. Reply to Prof. Wilhelm Ostwald's criticism on my paper „On the chemical combination of gases.“ Phil. Mag. (5) 23, 379-381†.

W. OSTWALD. Lettre on the Chemical combination of gases. Phil. Mag. (5) **13**, 472†.

THOMSON vertheidigt seine Entwickelungen über die Dissociation von Gasen gegenüber OSTWALD, welcher seine im Lehrbuch der allg. Chemie **2**, 746 gemachten Einwände zurücknimmt. *Nst.*

A. RICHARDSON. Action of heat on peroxide of nitrogen. J. chem. soc. **51**, 397-403†; [Chem. News **55**, 135; [Bull. soc. chim. **50**, 267-268, 532-533, 1888; [Chem. Ber. **20** [2], 310; [Chem. CBl. **18**, 401.

Stickstoffdioxid, welches bei niederer Temperatur bekanntlich sich im Sinne der Gleichung

$$N_2\,O_4 = 2\,N\,O_2$$

dissociirt, wird bei 500° farblos, wie RAMSAY beobachtet hat, und zwar, wie Verfasser constatirt, infolge eines weiteren Zerfalls in Stickoxid und Sauerstoff im Sinne der Gleichung

$$2\,NO_2 = 2\,NO + O_2.$$

Die Messung der Dampfdichte (bezogen auf Wasserstoff) nach DUMAS' Methode lieferte folgende Werthe:

Temperatur	Druck	Dampfdichte	Dissociationsgrad
130	718.5	23.26	—
184	752.0	22.45	0.043
184.1	757.1	22.35	0.058
222.1	747.5	22.52	0.042
222.5	755.6	22.4	0.053
279.2	741.5	21.59	0.131
278.4	733.0	21.53	0.136
358.0	769.5	21.19	0.171
390.0	740.0	19.57	0.351
423	739.7	19.63	0.345
447	744.2	18.98	0.433
448.2	760.0	19.20	0.406
466.3	755.5	18.37	0.504
485.4	763.5	17.84	0.578
490.0	761.0	18.04	0.550

Temperatur	Druck	Dampfdichte	Dissociationsgrad
494.4	743.0	17.98	0.558
494.4	742.0	17.78	0.587
619.5	760.0	15.30	1.000

Bei etwa 140° ist die Dampfdichte der Formel NO_2, bei 619.5 einem Gasgemisch von der Zusammensetzung $2NO + O_2$ entsprechend. *Nst.*

E. W. MORLEY. On the amount of moisture remaining in a gas after drying by phosphorus pentoxide. Sill. J. (3) **34**, 199-204†; [Chem. Ber. **20** [2], 681-682; [Rundsch. **2**, 497.

Phosphorsäureanhydrid lässt beim Hindurchleiten von 10000 Liter Luft höchstens ein mgr Wasser passiren. *Nst.*

J. D. VAN DER PLAATS. Ueber das Trocknen der Gase. Rec. trav. chim. **6**, 47-58; [Chem. Ber. **20** [2], 361†; [J. chem. soc. **54**, 409-410, 1888.

Die Arbeit enthält eine Zusammenstellung der älteren Angaben über das Trocknen von Gasen sowie ergänzende Versuche des Verf. Schwefelsäure eignet sich am besten zum Trocknen von Gasen, die sich chemisch indifferent gegen sie verhalten. *Nst.*

H. LESCOEUR. Dissociation de l'acide oxalique hydraté. C. R. **104**, 1799-1800†; Ann. chim. phys. (6) **11**, 431-32; Bull. soc. chim. **48**, 112-113; [Beibl. **11**, 770; [ZS. phys. Chem. **1**, 525; Chem. CBl. (3) **18**, 921-922.

Krystallisirte Oxalsäure $C_2H_2O_4 2H_2O$ verliert ihr sämmtliches Wasser mit constanter Spannung; vermuthlich aber vermag sie bei niederer Temperatur noch ein höheres Hydrat zu bilden. *Nst.*

H. LESCOEUR. Ueber die Hydrate des Chlorbaryums. C. R. **104**, 1511-1513; [Bull. **11**, 769; [ZS. phys. Chem. **1**, 525, [J. chem. soc. **52**, 766.

Die Dissociationsspannungen betragen;

Temperatur	$BaCl_2\,6H_2O$	$BaCl_2\,2H_2O$	$BaCl_2\,H_2O$
5	5.4	—	—
10	7.5	—	—
30	—	—	—
40	—	5.7	—
50	—	10.5	—
60	—	60	—
80	—	208	50.5
100	—	623	271

Die Existenz des Salzes $BaCl_2 6H_2O$ ist nicht ganz sicher: das Monohydrat erhält man, wenn man das Dihydrat einer Temperatur von 60—65° aussetzt. *Nst.*

S. U. Pickering. Decomposition of sodium carbonate by fusion. J. chem. soc. **51**, 72-75†; [Chem. Ber. **20** [2], 38; [Beibl. **11**, 429; [Bull. soc. chim. (2) **51**, 33, 1889.

Kleine Unterschiede in der Lösungswärme des geschmolzenen und des nicht geschmolzenen Natriumkarbonats werden durch eine theilweise Zersetzung des Salzes in Oxid beim Schmelzen erklärt. *Nst.*

H. Landolt. Ueber die Zeitdauer der Reaction zwischen Jodsäure und schwefliger Säure. Chem. Ber. **20**, 745-761†; Berl. Ber. 1887, 21-37; [ZS. phys. Chem. **1**, 193-194; [Chem. CBl. **18**, 321-325, 349-351; [Bull. soc. chim. **47**, 940-941; [Rundsch. **2**, 227.

In Fortsetzung seiner früheren Messungen (diese Ber. **42**, 155) untersuchte Verfasser zunächst den Einfluss der Temperatur. Für die Zeit t (in sec.), welche bis zum Beginn der Jodabscheidung (Blaufärbung hinzugesetzter Stärke) verfliesst, hatte sich die Formel

$$t = \frac{K}{C_S^{0.904}\, C_J^{1.642}}$$

ergeben, worin C_S und C_J die Concentration, d. h. die in ein cbm Mischung enthaltene Anzahl g-Mol. SO_2 und HJO_3 bedeuten. Für $T = 20^0$ hatte sich $K = 524.35$ ergeben; Verf. findet nun, dass K sich als Temperaturfunction durch die Gleichung

$$K = 906.05 - 23.01\,T + 0.1888\,T^2$$

darstellen lässt, welche für Temperaturen zwischen 5 und 40^0 und wie die obige für Concentrationen, bei denen C_S nicht grösser als $3\,C_J$ ist, Gültigkeit besitzt. Die Reactionszeiten lassen sich bis auf weniger als 1 sec. mittelst dieser Formel berechnen. Die beiden anderen Zahlencoëfficienten der obenstehenden Gleichung (0.904 und 1.642) scheinen von den Temperaturen ziemlich unabhängig zu sein.

Sodann wurde der Einfluss eines Zusatzes von Substanzen untersucht, die sich selber an der Reaction nicht betheiligen. Stark beschleunigend wirken Säuren und zwar stieg bei den fünf untersuchten: Essigsäure, Oxalsäure, Schwefelsäure, Salpetersäure, Salzsäure die Wirkung in dieser Reihenfolge, also in der gleichen, welche man erhält, wenn man die Säuren nach ihrer Stärke den Ostwald'schen Messungen zufolge ändert. Setzt man die Wirkung der Salzsäure = 100, so ergiebt sich für die vier anderen 2.7, 70, 90, 96. Auch Neutralsalze wirken beschleunigend, jedoch in viel geringerem Grade, noch weniger Alkohol; Stoffe, durch deren Gegenwart die Reaction verzögert wird, liessen sich nicht mit Sicherheit auffinden. *Nst.*

W. Spring u. E. van Aubel. Ueber die Geschwindigkeit der Einwirkung des bleihaltigen Zinkes auf einige Säuren bei verschiedenen Concentrationen und Temperaturen. ZS. phys. Chem. **1**, 465-80†; Ann. chim. phys. (6) **11**, 505-555; Bull. soc. chim. **48**, 102-108; [Chem. Ber. **20**, [2], 624; Rundsch. **3**, 11-13, 1888; [Beibl. **11**, 678; [J. chem. soc. **52**, 1074-77; [Chem. CBl. **18**, 1073-74.

Aus Zink mit einem Gehalte von 0.6% Blei gebildete Cylinder, deren Oberfläche mit Ausnahme der einen Grundfläche mit

Wachs überzogen war, wurden in Säuren von bekanntem Gehalte getaucht und die Menge des entwickelten Wasserstoffs messend ververfolgt. Die Geschwindigkeit ist anfänglich gering — Stadium der Induction —, erreicht hierauf ein Maximum, um dann schliesslich proportional der Concentration zu fallen. Unter den Halogenwasserstoffsäuren besitzt Bromwasserstoff eine grosse Auflösungsgeschwindigkeit; diejenige der Schwefelsäure ist etwa 27 Mal geringer als die der Salzsäure. *Nst.*

J. J. Boguski. Ein Beitrag zur Kenntniss der Geschwindigkeit der Reaction zwischen Marmor und Salzsäure. ZS. phys. Chem. 1, 558-64†; [Chem. Ber. **20** [2], 764-65; [J. chem. soc. **54**, 900, 1888; [Chem. CBl. **18**, 1534; [Beibl. **12**, 501, 1888.

Es werden einige weitere Beobachtungen über die Art und Weise sowie die Geschwindigkeit, mit welcher Marmor in Säuren sich löst, mitgetheilt. Der Satz, dass die Auflösungsgeschwindigkeit in jedem Augenblicke der Säureconcentration proportional ist, gilt nur annähernd. Die Natur des Lösungsmittels der Säure, als welches reines Wasser sowie 50 procentige Alkohol- oder Glycerinlösung gewählt wurde, zeigte sich von grösstem Einfluss.

Nst.

G. Foussereau. Sur la décomposition des hyposulphites par les acides. C.R. **104**, 1842-1844†; [ZS. phys. Chem. **1**, 668; [Beibl. **12**, 491-92, 1888.

Durch Zusatz von Säuren zur Lösung eines Hyposulfites trübt sich die Flüssigkeit alsbald infolge Abscheidung von Schwefel; je verdünnter die Lösung ist, um so langsamer erscheint eine sichtbare Trübung. Durch Messung des elektrischen Leitungsvermögens von Lösungen, die durch Zusammengiessen von Salzsäure und Natriumhyposulfit entstanden waren, constatirte Verf., dass der Vorgang sich sehr allmählich vollzieht, indem der Leitungswiderstand bei einer Concentration von $^1/_{12}$ Aequivalent der reagirenden Stoffe nach 10 Tagen, bei einer Concentration von $^1/_{1200}$ Aequivalent erst nach sehr viel längerer Zeit einen Grenzwerth erreichte, welcher 3/2 des Anfangswerthes betrug. Zusatz einer kleinen Menge einer älteren Lösung, in welcher die Ausscheidung schon begonnen hat, beschleunigt den Vorgang, höchstwahrscheinlich weil hierdurch die Abscheidung des Schwefels erleichtert wird. *Nst.*

DREYFUS. De la vitesse d'oxydation de substances organiques par le permanganate de potasse. C. R. **105**. 523-525†; Bull. soc. chim. **49**. 884-5; [J. chem. Soc. **54**, 24, 1888; [ZS. phys. Chem. **2**, 245-246, 1888; [Chem. CBl. **18**, 1307.

Indem man die Menge übermangansaures Kali, welche während einer kurzen Zeit durch eine wässerige Lösung einer organischen Substanz verbraucht wird, mit derjenigen vergleicht, welche in der gleichen Zeit von einer einprocentigen Alkohollösung verbraucht wird, erhält Verfasser Zahlenwerthe für die relativen Oxidationsgeschwindigkeiten einer grossen Anzahl organischer Stoffe: es ergiebt sich diese selbst bei Substanzen sehr ähnlicher Zusammensetzung ausserordentlich stark verschieden und kann daher dazu dienen, um isomere Stoffe zu charakterisiren. Gesättigte Verbindungen wirken weniger als ungesättigte, Aldehyde sind wirksamer als Alkohole; Phenole sind besonders activ. *Nst.*

N. MENSCHUTKIN. Ueber die Geschwindigkeit der Esterbildung. ZS. phys. Chem. **1**, 611-630†; J. russ. chem. phys. Ges. **19**. 244; Rep. Brit. Ass. 1887, 646-47; C. R. **105**, 1016-1019; [J. chem. soc. **54**. 901-902, 1888; [Chem. CBl. (3) **18**, 620. 1888, 214; [Beibl. **12**. 425; [Nature **36**, 569; [Chem. Ber. **21** [2]. 41-42, 1888.

Ein Volum der molecularen Mischung von Essigsäureanhydrid und verschiedenen Alkoholen wurde mit 15 Volumen Benzol verdünnt und der Fortschritt der total und bei Anwendung von Aethylalkohol z. B. nach dem Schema

$$(C_2H_3O)_2O + C_2H_6O = C_2H_3(C_2H_5)O_2 + C_2H_4O_2$$

verlaufenden Reaction durch Titration des rückständigen Anhydrids verfolgt. Die Versuchstemperatur betrug 100°.

Primäre Alkohole	Geschwindigkeitsconstanten	Ungesättigte primäre Alkohole	Geschwindigkeitsconstanten
Methyl	0.1053	Allyl	0.0287
Aethyl	0.0505	α-Methylallyl	0.0267
Propyl	0.0480	Benzyl	0.0280
Norm. Butyl	0.0465	Secundäre Alkohole	
Isobutyl	0.0401	Dimethyl	0.0148
Norm. Heptyl	0.0393	Methyläthyl	0.0123
Norm. Octyl	0.0377	Methylhexyl	0.00916
Norm. Tetradecyl	0.0291	Methylallyl	0.00643
Norm. Hexadecyl	0.0269		
Norm. Octodecyl	0.0245	Tertiäre Alkohole	
Myricyl	0.0174	Trimethyl	0.00091

Die Geschwindigkeitsconstante k ist nach der für bimoleculare Reactionen gültigen Differentialgleichung

$$\frac{dx}{dt} = k\,(a-x)\,(b-x)$$

berechnet. Methylalkohol besitzt die grösste Constante; mit zunehmendem Moleculargewicht nimmt sie in homologen Reihen ab. Von Einfluss ist ferner die Constitution: unter den isomeren primären Alkoholen haben die normalen den grössten Werth; die ungesättigten primären Alkohole wirken langsamer als die entsprechenden gesättigten. Die Werthe stehen in einem ungefähren Parallelismus zu den von Reicher (diese Berichte **41**, 164) gefundenen über die Esterbildung. Wurde anstatt des Benzols Hexan oder Xylol gewählt, so wurde die Constante sehr erheblich und zwar in etwa der gleichen Weise für die beiden untersuchten Alkohole [Isobutyl und Isopropyl] geändert. *Nst.*

L. Th. Reicher. Ueber die Geschwindigkeit der Verseifung. Dritte Abhandlung. [Vgl. diese Ber. **41**, 164]; Lieb. Ann. **238**, 276-87†; [Chem. Ber. **20** [2], 277; [J. chem. soc. **52**, 767; [ZS. phys. Chem. **1**, 420; [Beibl. **11**, 677.

Der Vorgang der Verseifung geht entsprechend der Differentialgleichung

$$-\frac{dc}{dt} = k\,c\,c_1$$

worin t die variable Zeit, c und c_1 die Concentration von Natron und Essigester und k die Geschwindigkeitsconstante der Reaction bedeuten, auch in dem Falle vor sich, dass c und c_1 von einander sehr verschieden sind. *Nst.*

D. KONOWALOW. Ueber die Bildung und Zersetzung der Ester. Erste Abhandlung. ZS. phys. Chem. **1**, 63-67†; J. russ. chem. phys. Ges. **19**, 616-617; [Chem. Ber. **20** [2], 187; J. chem. soc. **54**, 340-341, 1888; [Chem. CBl. **18**, 405-406, **19**, 177, 1888; Beibl. 426, 1888.

Die von MENSCHUTKIN beobachtete Erscheinung, dass erwärmtes, flüssiges, tertiäres Amylacetat sich im Amylen und Essigsäure anfänglich langsam, hierauf in beschleunigten Tempo und erst nachdem etwa 50 % zerfallen ist, wieder langsam zersetzt, wird vom Verfasser dahin erklärt, dass die entstandene Essigsäure durch eine Art von Contactwirkung beschleunigend auf den Vorgang einwirkt. Thatsächlich ging die Zersetzung viel schneller vor sich, wenn anfänglich Essigsäure beigemischt war; ebenso wirkten Propion-, Butter- und die Halogenwasserstoffsäuren. Zusatz von Amylen, des anderen Zersetzungsproduktes, ist unwirksam, ebenso gasförmige Essigsäure in vergastem Amylacetat. *Nst.*

S. ARRHENIUS. Einfluss der Neutralsalze auf die Reactionsgeschwindigkeit der Verseifung von Aethylacetat. ZS. phys. Chem. **1**, 110-133†; Ofversigt at K. Vetensk. Ak. Förhandl. **44**, 39, 1561; Bihang till. K. Svenska Ak. Handl. **13**, Abth. 2, No. 230 pp. 1887; [Chem. Ber. **20** [2], 244; [J. chem. soc. **54**, 340 (1888); [Chem. CBl. **18**, 509-510; [Bull. **11**, 744-746.

Der Einfluss, welchen Zusatz von Neutralsalzen der verschiedensten Art auf die Verseifungsgeschwindigkeit von Aethylacetat durch Kali, Natron oder Baryt (starke Basen) ausübt, ist sehr gering und betrug bei $^1/_{40}$ normalen Lösungen und bei äquivalentem

Zusatz nie über 0.75 %; vermuthlich hat man es hier mit einer Wirkung secundärer Natur zu thun.

Ganz anders liegen die Verhältnisse bei einer schwachen Basis, als welche Verfasser Ammoniak untersuchte; hier wirkt die Gegenwart von Ammoniumsalzen im höchsten Maasse erniedrigend auf die Verseifungsgeschwindigkeit, indem sich z. B. bei Anwendung von $^1/_{40}$ normalen Ammoniaks und einer äquivalenten Menge des Esters nach Zusatz von $^1/_4$ Aequivalent Ammoniumsalz eine mehr als 20mal kleinere Reactionsgeschwindigkeit ergab. Der Einfluss einer zugesetzten Ammoniumsalzmenge S auf die Geschwindigkeit k lässt sich durch folgende empirische Formel bestimmen:

$$k = \frac{A}{1 + a S + b S^2},$$

worin

$$A = 0.1561, \ a = 1241, b = -11413,$$

S in g-Aequivalenten pro Liter auszudrücken ist und k sich auf die Minute als Zeiteinheit bezieht. Diese Formel, welche für 24.7° gültig ist, gilt für alle Ammoniumsalze einbasischer Säuren.

Das Verhältniss zwischen Leitungsvermögen von $^1/_{32}$ normalem Kali und Ammoniak ist 37.3, dasjenige der Reactionsgeschwindigkeiten von $^1/_{40}$ normalen Lösungen der gleichen Stoffe 41.1, also nicht sehr verschieden. *Nst.*

W. SPRING. Ueber den Einfluss der Temperatur auf die Geschwindigkeit der Einwirkung der Mineralsäuren auf Marmor. ZS. phys. Chem. **1**, 209-220†; Bull. Brux. [3] **13**, 82-83, 173-198; Bull. soc. chim. **47**, 927-34; [Chem. Ber. **20**, [2], 357-358; [Chem. CBl. **18**, 711-712 u. 1888, 241; [Beibl. **11**, 679; [Rundsch. **2**, 238; [J. chem. soc. **52**, 882.

Gleich grosse Würfel aus karrarischem Marmor, bei denen, um unter möglichst gleichartigen Bedingungen zu arbeiten, fünf Seiten mit Wachs überzogen sind, so dass nur die sechste senkrecht gestellte Fläche dem Angriff der Säure unterliegt, wurden der Einwirkung äquivalenter Säurelösungen unterworfen. Die entweichende Kohlensäure wurde in einem graduirten Glascylinder aufgefangen und die Zeiten beobachtet, deren es zur successiven

Entwickelung von 25 ccm bedurfte, wodurch die Reactionsgeschwindigkeit für den ganzen Verlauf der Reaction sich ergab.

Die starken Mineralsäuren lösen, wie schon BOGUSKI fand, bei äquivalenten Concentrationen Marmor mit gleicher Geschwindigkeit auf, Essigsäure aber nur etwa $^1/_{80}$ so schnell. Der Vergleich der bei 15 und 35°, bei 35 und 55° gemessenen Geschwindigkeiten ergab, dass einer Erhöhung der Temperatur um 20° etwa eine Verdoppelung der Auflösungsgeschwindigkeit entspricht. *Nst.*

F. URECH. Bemerkungen zur Formulirung des Einflusses der Reactionsproducte auf die Reactionsgeschwindigkeitsconstante. Chem. Ber. **20**, 234-237†; [Bull. soc. chim. **47**, 552; [ZS. phys. Chem. **1**, 423; [Chem. CBl. **18**, 351; [Beibl. **11**, 611.

F. URECH. Eine Erörterung betreffend Reactionsgeschwindigkeitsformeln. Chem. Ber. **20**, 1634-1636†; [Bull. soc. chim. **48**, 486-487; [J. chem. soc. **52**, 697; [Beibl. **12**, 291, 1888.

Die Arbeiten enthalten die Herleitung einer Anzahl Formeln, welche verschieden sind von denen, die das Gesetz der Massenwirkung verlangt; Anwendungen auf specielle Fälle fehlen.

Nst.

F. URECH. Ueber Formulirungsversuche des Temperatureinflusses auf die Geschwindigkeitsconstante (specifische Geschwindigkeit) der Inversion von Saccharabiose durch Chlorwasserstoffsäure in verschiedenen Concentrationen. Beleuchtung thermodynamischer Formulirungen. Chem. Ber. **20**, 1836-1840†; [Bull. soc. chim. **48**, 488-489; [J. chem. soc. **52**, 768; [Chem. CBl. **18**, 1009-1010; [Beibl. **12**, 291, 1888.

Die Berechnung dieser Messungen nach der durch thermodynamische Betrachtungen wahrscheinlich gemachten Formel

$$ln\, k = \frac{A}{T} + BT + C$$

oder der einfacheren

$$k = a^{T+b}$$

lieferte dem Verfasser keine befriedigenden Resultate. *Nst.*

A. Wüllner und O. Lehmann. **Ueber die Entzündbarkeit explosibler Grubengasgemische durch elektrische Funken und glühende Drähte.** Anlagen zum Hauptbericht der preuss. Schlagwettercommission. **3**, 193-221, Ernst u. Korn 1886; [Beibl. **10**, 563†; [Rundsch. **2**, 12.

Die Explosionen wurden erzeugt in einem cylindrischen Glasgefässe von 16.5 mm Durchmesser und ca. 150 mm Höhe, durch welches continuirlich ein Strom des Gemisches von Grubengas und Luft, dessen Zusammensetzung bekannt war, hindurchströmte. Durch den verschliessenden Gummistopfen waren bei der ersten Versuchsreihe zwei Elektroden eingeführt, zwischen welchen Oeffnungsfunken eines galvanischen Stroms, Entladungsfunken einer Leydener Flasche oder ein kleiner Lichtbogen erzeugt werden konnte.

Es ergab sich, dass Oeffnungsfunken zwischen Kupferdrähten erst, doch nicht immer, zünden, wenn die Stromstärke mehr als 15 Amp. beträgt, mit Sicherheit dagegen bei mehr als 18 Amp. Bei Eisendrähten erfolgte die Zündung etwas leichter und insbesondere, wenn sie durch wiederholte Stromunterbrechung heiss geworden, konnte schon bei 8 Amp. die Zündung erfolgen. Weit schwieriger fand Zündung bei Anwendung von Gaskohle statt, mit Sicherheit erst bei 20 Amp.; es konnte sogar ein kleiner Lichtbogen bis zu 10 Amp. Stärke unterhalten werden, ohne dass Explosion erfolgte. Aehnlich geschah die Zündung durch die Funken von Leydener Flaschen erst beim Ueberschreiten einer bestimmten Schlagweite, die mit Verkleinerung ihrer Belegung anstieg; eine Influenzmaschine ohne Condensator vermochte erst bei Funken von über 5 mm die Zündung zu bewirken.

Die Versuche mit glühenden Drähten wurden ganz analog ausgeführt, indem zwischen die Elektroden ein feiner U-förmig gebogener Draht von ca. 50 mm Länge eingespannt und durch einen regulirbaren Strom zum Glühen gebracht wurde. Es ergab sich:

1) Kein Grubengasgemisch wird durch schmelzenden Silberdraht entzündet.

2) Kupferdraht entzündet meistens erst im Moment des Durchschmelzens; in einzelnen Fällen schien das Durchschmelzen die Folge der Explosionswärme zu sein.

3) Platindraht von 0.15 mm Durchmesser kann in Gemischen, die weniger als 11 Luft auf 1 Grubengas enthalten, durchgeschmolzen werden, ohne zu zünden; in luftreicheren Mischungen zündet er erst bei Temperaturen über 1650°. Es ist dabei gleichgültig, ob das Gas langsam oder rasch am Drahte vorbeiströmt.

4) Platindraht von 0.5 mm Durchmesser entzündet das Gemenge 1 : 14 bei langsamem Gasstrom schon bei 1480° und erst bei Temperaturen über 1700°, d. h. in der Nähe des Schmelzpunktes des Platins, wenn das Gas die Zusammensetzung 1 : 10 besitzt. Die Explosion ist dann am heftigsten. Für die übrigen Mischungsverhältnisse liegt die Zündungstemperatur zwischen diesen Grenzen. Bei langsamem Gasstrom erfolgt die Zündung stets bei niedrigerer Temperatur als bei raschem.

5) Platindraht von 0.5 mm Dicke entzündet das Gemisch 1 : 14 bei langsamem Strom schon bei 11.70°; rasche Bewegung erhöht die Entzündungstemperatur.

6) Platindrahtnetz zündet weit leichter als alle einfachen Drähte.

7) In allen Fällen ist das Gemisch 1 : 14 das am leichtesten entzündliche.

8) Dem Gemenge 1 : 10 entspricht bei Platindraht von 0.5 mm Dicke ein Maximum, bei Platindrahtnetz ein Minimum der Entzündungstemperatur. Es verursacht die heftigsten Explosionen.

9) Glühende Drähte zünden bis zu gewisser Grenze um so leichter, je grösser ihre Oberfläche; um so grösser ist dann aber auch der Einfluss der Geschwindigkeit des Gasstroms. Grössere Geschwindigkeit verzögert in allen Fällen die Zündung.

10) Eisendraht zündet schwieriger als Platindraht, und zwar

bei dünnem Draht erst beim Schmelzen; dünne Drähte schmelzen ab ohne zu zünden.

11) Sämmtliche Resultate gelten für 15—17° und mittleren Barometerstand; übrigens scheint die Entzündungstemperatur hiervon nicht wesentlich innerhalb der in Betracht kommenden Aenderungen abhängig zu sein. *Nst.*

L. T. Wright. On the induction of the explosive wave and on an altered gaseous condition in an explosive gaseous mixture by a vibratory movement. Proc. Roy. Soc. **42**, 472-73†; [Beibl. **12**, 460, 1888.

Aus Versuchen über die Explosion von Leuchtgas und Luft in weiten Glasröhren schliesst Verfasser, dass die Explosionswelle nie ohne vorhergehende Schwingungen der Flamme entsteht; bei derselben Mischung ist die Explosionswelle von bestimmter Dauer. Es scheint, als ob die ganze Säule des explosionsfähigen Gases durch die Flamme so inducirt wird, dass die Gasmolecüle reactionsfähiger werden als unter gewöhnlichen Umständen; hierfür sprechen auch directe Versuche, nach welchen ein Gasgemisch durch schwache elektrische Funken leichter entzündbar wird, wenn man dasselbe in Schwingungen versetzt. Verfasser erblickt den Grund hiervon darin, dass durch die Erschütterungen, welche sich im Gasgemisch fortpflanzen, die molecularen Bewegungen zum Theil synchron werden und auf diese Weise in die Nähe des Entzündungscentrums eine grössere Anzahl reactionsfähiger Molecüle gelangt. *Nst.*

O. Loew. Ueber einige katalytische Wirkungen. Chem. Ber. **20**, 144-145†; [Bull. soc. chim. **47**, 553-554; [J. chem. soc. **52**, 440; [Chem. CBl. **18**, 298; [Beibl. **12**, 6, 1888.

Zusatz von Kupferoxydul zu einem Gemisch von 15procentiger Formaldehydlösung und concentrirter Natronlauge befördert energisch die Reaction

$$H_2CO + NaOH = HCOONa + H_2.$$

Hydroxylamin zersetzt sich sehr schnell in Stickstoff, Ammoniak und Wasser, wenn neben Natronlauge noch Platinschwarz zugegen ist. *Nst.*

C. WILLGERODT. Indium und Gallium als Halogenüberträger. J. prakt. Chem. **35**, 142-144†; [Chem. CBl. **18**, 507-508.

— Die Halogenüberträger in den natürlichen Gruppen und den Perioden der Elemente. J. prakt. Chem. **35**. 391-400†; [Chem. CBl. (3) **18**, 720.

Die Vermuthung des Verfassers, dass zwischen der Fähigkeit der Elemente, Chlor auf Benzol zu übertragen, und ihrer Stellung im periodischen System ein Zusammenhang vorhanden sei, bestätigt sich im Grossen und Ganzen; *Y*, *Ce* und *Di* machen jedoch eine Ausnahme, die sich vermuthlich aus der Unlöslichkeit ihrer Chloride in Benzol erklärt. *Nst.*

L. MEYER. Ueber Sauerstoffüberträger. Chem. Ber. **20**, 3058-3061†; [Chem. CBl. 1888, 29; [ZS. phys. Chem. **2**, 347, 1888.

Verfasser theilt die Versuchsergebnisse von F. BINNECKER mit, welcher den beschleunigenden Einfluss von Metallsalzen auf die Verbindung von schwefliger Säure und Sauerstoff untersuchte. Die beiden Gase wurden 4 Stunden lang im gleichmässigen Strome durch auf 100° erwärmte Lösungen verschiedener Metallsalze von bekannter Concentration geleitet und die gebildete Schwefelsäure analytisch bestimmt. Am wirksamsten war Mangansulfat, dann Manganchlorür; es folgten die Salze von Kupfer, Eisen, Kobalt, bei welchen die Chloride stärker wirkten als die Sulfate, sodann die Sulfate von Nickel, Zink, Cadmium, Magnesium; wie reines Wasser verhielten sich die Sulfate von Kalium und Thallium sowie reine Schwefelsäure.

Da im allgemeinen diejenigen Metalle, welche leicht von einer Oxydationsstufe in die andere übergehen können, am wirksamsten sind, so hält Verfasser eine Uebertragung des Sauerstoffs durch abwechselnde Reduction und Oxydation für wahrscheinlich.

Nst.

W. SPRING u. J. H. VAN'T HOFF. Ueber einen Fall von durch Druck bewirkter chemischer Zersetzung. ZS. phys. Chem. **1**, 227-30†; Bull. Brux. (3) **13**, 409-416; [Chem. Ber. **20** [2], 358; [J. chem. soc. **54**, 341-342, (1888); [Chem. CBl. **18**, 709; [Beibl. **11**, 678; [Sill. J. (3) **35**, 493, 1889; [ZS. f. Unterr. **1**, 125, 188.

Nach dem bekannten Satze, wonach durch Anwendung von Druck der Eintritt einer Reaction nach derjenigen Richtung hin befördert wird, welche mit Volumverminderung verbunden ist, muss einerseits durch Druck die Bildung von Verbindungen, deren Volum kleiner ist als dasjenige ihrer Componenten, und andrerseits die Zersetzung von Verbindungen, wo das Umgekehrte der Fall ist, erleichtert werden. Für ersteren Fall sind viele Beispiele bekannt; für letzteren haben die Verff. zum ersten Male eines in der Zersetzung des Kupfercalciumacetates in Kupferacetat und Calciumacetat durch Druck beigebracht, woselbst das Volum der Bestandtheile merklich kleiner ist als das der Verbindung. Bei Atmosphärendruck zersetzt sich das Doppelsalz bei etwa 75°, indem es durch Abscheidung von $6 H_2 O$ sich theilweise verflüssigt; bei 16° und 6000 Atmosphären waren Anzeichen einer Verflüssigung, bei 40° oder gar 50° schon bei Anwendung geringeren Druckes deutliche Zersetzung vorhanden. Der Zerfall geht um so schneller vor sich, je höher Druck und Temperatur sind. *Nst.*

J. A. MÜLLER. Sur l'influence de la pression et de la température dans l'action du chlorure de potassium sur la méthylamine brute carbonatée. Bull. soc. chim. **47**, 379-82†; [Chem. Ber. **20** [2], 362; [J. chem. soc. **52**, 771; [Chem. CBl. **18**, 406; [Beibl. **12**, 7, 1888.

Bei Anwendung von 2.14 Molecülen rohen Methylamins auf 2 Molecüle KCl und 25 % CO_2 kann man bei 0° die Carbonisirung unter gewöhnlichem, bei Zimmertemperatur unter einem Druck von ca. 3 Atm. vornehmen. *Nst.*

G. FOUSSEREAU. Sur l'influence de la pression dans l'altération des chlorures dissous. C. R. **104**, 116-163†; [Cim. (3) **22**, 257; [Chem. Ber. **20** [2], 309; [J. chem. soc. **52**, 697; [ZS. phys. Chem. **1**, 520; [Rev. int. de l'électr. **4**, 470-471; [Beibl. **11**, 723; [Chem. CBl. 1888, 170.

Bei einem Druck von 175 Atm. verminderte sich der elektrische Widerstand einer verdünnten Lösung von Eisenchlorid um etwa 1 %, um nach Aufhören desselben binnen 6 Tagen allmählich wieder den früheren Werth anzunehmen; eine etwas stärkere Lösung zeigte eine Aenderung um $^1/_{23}$ im gleichen Sinne. Bei Aluminiumchlorid zeigten sich schwächere Wirkungen. *Nst.*

A. DITTE. Action de l'acide carbonique sur quelques alcalis. C. R. **105**, 612-614†; [Beibl. **12**, 428, 1888.

Kohlensäure, die bei gewöhnlichem Druck selbst in der Kälte auf Anilin nicht einwirkt, liefert bei starkem Druck eine bei 8° schmelzende, krystallisirte Verbindung, deren Dissociationsspannung bei den Temperaturen 0, 2, 5, 7° bez. 6, 9, 17, 28 Atm. beträgt; es ist dies Carbonat unlöslich in flüssiger Kohlensäure, löslich in Anilin. Aehnlich verhielt sich Orthotoluidin, während bei Xylidin und Pyridin eine Abscheidung von Crystallen nicht zu erzielen war.

Nst.

W. MÜLLER-ERZBACH. Die Geschwindigkeit der Dissociation und die Messung der sie begleitenden Dampfspannung. Wied. Ann. **31**, 75-78†; [Chem. Ber. **20** [2], 276; [J. chem. soc. **52**, 696-697; [Chem. CBl. **18**, 589.

— Die Dissociation des Kupfervitriols in höherer Temperatur. Wied. Ann. **32**, 313-329†; [J. de phys. (2) **7**, 502, 1888; [J. chem. soc. **54**, 104, 1888; [ZS. phys. Chem. **2**, 100; [Chem. CBl. **18**, 1534.

In der ersten Notiz vertheidigt Verfasser die von ihm benutzte Methode gegen den Einwand von LESCOEUR (Vergl. Seite 157), dass dieselbe zur Messung absoluter Dissociationsspannungen unbrauchbar sei; die beobachtete Verdampfungsgeschwindigkeit sei unabhängig 1) von der Menge des angewandten Salzes 2) von den Dimensionen der Versuchsröhren, was unmöglich sein würde, wenn das Salz nicht von einer Atmosphäre mit seiner Spannung gesättigten Wasserdampfes umgeben wäre.

In der zweiten Abhandlung wird constatirt, dass Kupfervitriol bei niederen Temperaturen die Dissociationsstufen

$$\begin{array}{l|l} Cu\,SO_4 + HO_2 & \\ \quad\;\; + H_2O & + H_2O \\ \hline \quad\;\; + 2\,H_2O & \end{array}$$

erkennen lasse, gleichgültig ob das Salz durch Verbindung von entwässertem Vitriol und Wasserdampf oder auf gewöhnliche Weise hergestellt sei, dass bei Temperaturen über 50° aber die Verbindungen $Cu\,SO_4 + 2H_2O$ und $Cu\,SO_4 + 3H_2O$ nicht mehr verschieden seien. *Nst.*

W. MÜLLER-ERZBACH. Das Volumen und der Dampfdruck des Wassers in seinen chemischen Verbindungen. Exner's Rep. **23**, 510-518†; [Chem. CBl. **18**, 1426; [Beibl. **12**, 184, 1888.

Von der Annahme ausgehend, dass die chemische Verwandschaft zwischen Salz und Wasser um so stärker wirke, je grösser einerseits die Contraction und je geringer andererseits die Dampfspannung ist, hat Verf. letztere beiden Eigenschaften mit einander in Parallele gesetzt; es ergab sich, dass in der That die stärksten Contractionen mit den stärksten, die schwächsten Contractionen mit den geringsten Verminderungen des Dampfdrucks zusammentreffen. Die Berechnung der Contraction führt Verf. in der Weise aus, dass er sie auf Rechnung des Wassers setzt. Es ergiebt sich diese Beziehung nicht nur bei den krystallwasserhaltigen Salzen, sondern auch bei den Lösungen der Salze in Wasser. *Nst.*

W. MÜLLER-ERZBACH. Die Dissociation des phosphorsauren Natrons und das aus seiner Dampfspannung abgeleitete Maass für die chemische Anziehung des

Krystallwassers. Chem. Ber. **20**, 137-141†; [Bull. soc. chim. **47**, 552-553; [J. chem. soc. **52**, 435; [Chem. CBl. **18**, 325; Beibl. **11**, 636.

— Die wasserhaltigen Verbindungen des Baryts und des Strontians. Chem. Ber. **20**, 1628†; [J. chem. soc. **52**, 765.

— Die Dissociation des Bleiacetats und des unterschwefligsauren Natrons. Chem. Ber. **20**, 2974-2981†; [J. chem. soc. **54**, 213, 1888; [Beibl. **12**, 184, 1888; [Bull. soc. chim. **49**, 466, 1888.

Für die Dampfspannung p des phosphorsauren Natrons fand Verf. bei den daneben stehenden Temperaturen nach der Verdunstungsmethode folgende Werthe;

$Na_2HPO_4 + 7$ bis $12\,H_2O$			$Na_2HPO_4 + 2$ bis $7\,H_2O$		
t	p	$t - t_1$	t	p	$t - t_1$
13.8	8.2	5.4	17.5	6.36	12.9
18.9	11.5	5.4	26.25	12.7	11.3
24.8	17.7	4.5	26.6	13.4	10.7
29.9	24.1	4.5	32.6	19.0	11.2
31.5	27.5	3.9	56.1	79.2	9.1
35.9	34.4	4.4	57.8	87.1	8.9
52.0	82.8	4.1	59.2	86.2	10.5
54.2	90.6	4.5	60.1	93.4	9.8
57.4	109.4	3.9	61.8	101.9	9.7
59.3	116.6	4.4			

t_1 bedeutet die Temperatur, bei welcher reines Wasser die gleiche Spannung hat, wie das Salz bei der Temperatur t; die Differenzen $t - t_1$ sind annähernd constant und schliesst Verfasser, welcher letztere Grösse als Maass der Affinität ansehen will, dass innerhalb der beobachteten Temperaturgrenzen die chemische Anziehung zwischen Salz und Wasser sich nicht merklich ändert.

In der zweiten Notiz unterscheidet Verfasser nach den Dampfspannungen folgende Hydrate $Ba\,OH + 9\,H_2\,O$, $Ba\,OH + 8\,H_2\,O$, $Ba\,OH + 3\,H_2\,O$, $Ba\,OH + 2\,H_2\,O$ und $Sr\,OH + 9\,H_2\,O$, $Sr\,OH + 8\,H_2\,O$, $Sr\,OH + 2\,H_2\,O$, in der dritten $Na_2\,S_2\,O_3 + 5\,H_2\,O$, $Na_2\,S_2\,O_3 + 2\,H_2\,O$; Bleiacetat verliert seine $3\,H_2\,O$ mit constanter Spannung. *Nst.*

W. MÜLLER-ERZBACH. Die Abhängigkeit der chemischen Verwandschaft von der Temperatur. Chem. Ber. **20**, 1152-1153†; [Bull. soc. chim. **48**, 124; [J. chem. soc. **52**, 628; [Chem. CBl. **18**, 743-744; [Beibl. **11**, 770.

Bringt man ein Reagenzglas mit Kupfervitriol von der Zusammensetzung $CuSO_4 + 3$ bis $4.5\ H_2O$ in eine Flasche, deren Boden mit Schwefelsäure vom spec. Gewicht 1.418 gefüllt ist, so entzieht bei 12° der Vitriol der Säure Wasser, während bei 50° das Umgekehrte der Fall ist. *Nst.*

H. LESCOEUR. La dissociation du sulfate de cuivre. Réponse à une observation de M. W. MÜLLER-ERZBACH. Bull. soc. chim. **47**, 377-79†; [Chem. CBl. **18**, 447-448; [Beibl. **11**, 637.

Das Verfahren von MÜLLER-ERZBACH, welches in der Messung der Verdunstungsgeschwindigkeit wasserhaltiger Krystalle besteht, erlaubt zwar im Allgemeinen, die verschiedenen Etappen der Dampfspannung mit abnehmendem Wassergehalt zu unterscheiden und somit die verschiedenen Hydrate zu charakterisiren, ist aber zur Messung der absoluten Dissociationsspannungen unbrauchbar. *Nst.*

P. C. F. FROWEIN. Die Dissociation krystallwasserhaltiger Salze. ZS. phys. Chem. **1**, 5-14 u. 362-64†; [Chem. Ber. **20**, [2], 133 und 498; [J. chem. soc. **54**, 337-38; Chem. CBl. **18**, 295-296 u. 918-919; Beibl. **11**, 329; Rec. trav. chim. **6**, 95-115.

Aus der Anwendung der mechanischen Wärmetheorie auf chemische Vorgänge ergiebt sich für die Wärmetönung g einer Reaction die Beziehung

$$g = 2\,T^2 \frac{dln\,K}{dT},$$

worin T die absolute Temperatur und K die Gleichgewichtsconstante bedeutet, wie sie sich aus dem Massenwirkungsgesetze berechnet. Für die Dissociation krystallwasserhaltiger Salze wird K gleich der Dichte des mit dem Krystall im Gleichgewicht befindlichen Wasserdampfes; bezeichnet man das Verhältniss der Maximaltensionen von Krystall und flüssigem Wasser bei der Temperatur T mit F, so wird

$$q = \frac{2\,T_1\,T_2}{T_1 - T_2}\,ln\,\frac{F_1}{F_2},$$

worin q die durch Aufnahme von 18 g flüssigen Wassers seitens des entwässerten Salzes entwickelte Wärme (in *g-cal*) bedeutet.

Da die Prüfung dieser Formel bereits Horstmann völlig ungenügende Resultate lieferte, wovon der Grund offenbar in der Ungenauigkeit der Messungen von F lag, so hat Verfasser mittelst eines Differentialtensimeters unter Anwendung von Oel als manometrischer Flüssigkeit die Dissociationsspannungen einer Anzahl Salze mit grosser Genauigkeit gemessen. Der Vergleich der mittelst obiger Gleichung berechneten mit den von Thomsen direct gemessenen Werthen von q lieferte folgendes Ergebniss:

Salz	q beob.	q ber.
$Cu\,SO_4$ 5 aq. .	3410	3340
$Ba\,Cl_2$ 2 aq. . .	3830	3815
$Sr\,Cl_2$ 6 aq. . .	2336	3190
$Mg\,SO_4$ 7 aq. .	3700	3990
$Zn\,SO_4$ 7 aq. . .	3417	3440
$Zn\,SO_4$ 6 aq. . .	2178	2280
$Na_2\,HPO_4$ 12 aq.	2244	2240

Mit Ausnahme des Strontiumchlorids, wo eine offenbare Abweichung vorhanden ist, deren Ursache noch nicht aufgeklärt werden konnte, constatirt man eine ausgezeichnete Uebereinstimmung.

Nst.

J. Juttke. Ueber die Bindung des Krystallwassers in einigen Alaunen. Diss. Berlin 1887. [Chem. CBl. (3) **18**, 777†; [J. chem. soc. **54**, 112-113.

Bei 34° beginnt der gewöhnliche Alaun Wasser zu verlieren, er verliert bei 42° 11 Mol., bei 65° 19 Mol., bei 91° 19 Mol. und bei 100° 24 Mol. Wasser. Bei 100° kann sämmtliches Krystallwasser ausgetrieben werden. *Cn.*

C. R. Schulze. Ueber den Gehalt einiger Salze an Krystallwasser. Wied. Ann. **31**, 204-233†; [Chem. Ber. **20** (2), 309; [J. chem. soc. **52**, 766-767; [ZS. f. phys. Chem. **1**, 525; [Chem. CBl. **18**, 739; [ZS. f. anal. Chem. **26**, 722.

Eine grosse Zahl sehr sorgfältig angestellter Versuche über die Verwitterungsgeschwindigkeit von Zinksulfat ergab dem Verf., dass die Müller-Erzbach'sche Methode zur Messung der Dampfspannungserniedrigung von wasserhaltigen Salzen unsichere, von jeweiligen Umständen abhängige Resultate liefert. *Cn.*

J. Kallir. Ueber den Krystallwassergehalt gelöster Kobaltsalze. Wied. Ann. **31**, 1025-1028†; [Cim. (3) **24**, 269; [Chem. Ber. **20** (2), 497; [J. chem. Soc. **54**, 23-24; [ZS. f. phys. Chem. **1**, 526.

Eine wässerige Lösung von Kobaltchlorid ändert beim Erhitzen ihre Farbe in Folge der Entwässerung der Salzmolecüle: die Farbenreaction wird bei Zusatz von Chlornatrium intensiver. Durch Messung der Lichtabsorption mit dem Glan'schen Photometer wurde der Vorgang quantitativ verfolgt und das folgende Resultat erhalten: 1) die Art und Weise des Verlaufs der Entwässerung ist für alle mit $NaCl$ versetzten Lösungen und für jeden beliebigen $NaCl$gehalt wesentlich dieselbe. 2) Das Variiren des $NaCl$gehalts bewirkt eine Verschiebung des Temperaturintervalls, innerhalb dessen die Entwässerung vor sich geht, und zwar verläuft der Process bei um so niedrigerer Temperatur, je mehr $NaCl$ in der Lösung ist. *Cn.*

Colardeau. Influence du magnétisme sur les réactions chimiques. J. de phys. (2) **6**, 129-34†; [Chem. Ber. **20** [2], 244; [Beibl. **11**, 665.

Wie schon Ira Remsen fand, erfolgt der Niederschlag von Kupfer auf einer magnetisirten und mit der Lösung eines Kupfersalzes bedeckten Eisenplatte dort am schwächsten, wo die Magnetisirung am stärksten ist. Den Grund zu dieser Erscheinung könnte man zunächst in einer elektrodynamischen Wirkung des Magnetismus auf die elektrischen Lokalströme erblicken, welche die Ausfällung des Kupfers und Auflösung des Eisens nothwendig begleiten; allein diese Annahme wird durch die Thatsache widerlegt, dass bei einer magnetisirten Zinkplatte, die sich ebenfalls in der Lösung eines Kupfersalzes verkupfert, die Erscheinung ausbleibt, trotzdem in diesem Falle die Lokalströme sicherlich auch vorhanden sind.

Verfasser sieht die Ursache vielmehr in dem Magnetismus des in Lösung gehenden Eisensalzes, welches an den Stellen stärkster Magnetisirung am stärksten festgehalten wird und das Eisen mit einem schützenden Ueberzuge nicht lösender Flüssigkeit umgiebt. Hierfür spricht einerseits die Thatsache, dass die Erscheinung nicht mehr auftritt, wenn man die Lösung umrührt und andererseits kann man bei Anwendung einer alkoholischen tief grünen Lösung von Kupferchlorid auf der Eisenplatte die Bildung gelber Punkte wahrnehmen, welche aus Eisenchloridlösung bestehen und sich in Richtung der Kraftlinien fortentwickeln; besonders an den Kanten der Magnetpole, woselbst der Magnetismus am stärksten ist, findet eine Ansammlung des gelben Chlorürs statt.

Man braucht daher auch nicht mit Remsen anzunehmen, dass magnetisirtes Eisen merklich schwerer in Lösung geht, weil es stärker festgehalten wird. *Nst.*

J. W. Langley. On a probable manifestation of chemical attraction as a mechanical stress.

Rep. Brit Ass. 1887, 657.

Gladstone und Tribe haben in Proc. Roy. Soc. 19, 498 darauf aufmerksam gemacht, dass, wenn man Kupfer in Silbersalpeterlösung taucht, die Menge der in der Lösung enthaltenen Salpetersäure in der Nähe des Kupfers zunimmt; die Kupferlösung ist relativ concentrirter als die Silberlösung war. Entsprechend findet der Verfasser eine relative Concentration der Säure, wenn in dieselbe ein Metall, Metalloxid oder -oxidhydrat gebracht wird, in der Nähe dieses Körpers. Werden zwei nicht polarisirbare Elektroden in eine elektrolytische Lösung gehängt, so nimmt in den ersten Secunden die Anode scheinbar an Gewicht zu, erst nachher tritt die regelrechte Gewichtszunahme der Kathode ein. An der Anode wird anfangs Säure angesammelt, an der Kathode tritt eine Concentrationsverminderung auf messbare Distanz ein.

Zur Erklärung nimmt der Verfasser eine „lineare Anziehung" zwischen Metall und Säure an, deren Begründung aus der Notiz des Reports nicht deutlich zu ersehen ist. *Bde.*

Litteratur.

W. OSTWALD. Lehrbuch der allgemeinen Chemie. Leipzig, 1885-1887, W. Engelmann [Rundsch. **2**, 416-417; [Beibl. **11**, 301.

L. MEYER. Les théories modernes de la chimie et leur application à la mécanique chimique. Traduit de l'allemand par A. BLOCH. Paris, 1887, G. Carré [Rev. Scient. **40**, 693-94.

L. MEYER. Les théories de l'affinité. Rev. Scient. **40**, 1-5

L. MEYER. Ueber die neuere Entwickelung der chemischen Atomlehre. Math.-naturw. Mittheil. **3**, 24 pp; [Beibl. **11**, 744†.

R. G. DURRANT. Laws and definitions connected with chemistry and heat. With notes on physical and theoretical chemistry. London, 1887, 112 pp.

T. E. THORPE. On certain modern developments of Graham's ideas concerning the constitution of matter. Nature **35**, 522-24 u. 547-49.

H. E. ROSCOE Ueber die Fortschritte der Chemie in den letzten 50 Jahren. Address. Brit. Ass. 1887; [Rundsch. **2**, 445-454, 463-464; Chem. News. **56**, 93-103; [Eng. **44**, 270.

H. MULLER. n the recent progress of the chemical science. Nature **35**, 536-38.

T. S. HUNT. Integral Weights in Chemistry. Phil. Mag. (5) **24**, 318-325; [J. chem. soc. **52**, 1077; Rep. Brit. Ass. 1887, 637-638; [Beibl. **13**, 338, 1889; [Nature **36**, 569.

T. L. PHIPSON. Outlines of a new atomic theory. London 1886, T. L. Phipson.

W. CROOKES. Genesis of the elements. Chem. News. **55**, 83-88, 95-99; [Chem. CBl. **18**, 399-400; [Bull. soc. chim. **47**, 934-935; [Rev. scient. **40**, 193-206.

Auch sep. französisch von RICHARD, Paris, Gauthier-Villars, 53 pp.

C. MARIGNAC. Quelques réflexions sur le groupe des terres rares à propos de la théorie de M. CROOKES sur la genèse des éléments. Arch. sc. phys. (3) **17**, 373-390.

Notes on the Group of Rare Earths, considered à propos of MR. CROOKES's Theory of the Genesis of Elements. Chem. News. **56**, 39-40†; [Chem. Ber. **21** (2), 534-535.

E. DEMARCAY. Ueber die Ceriterden. C. R. **105**, 580; [Chem. Ber. **20**. (2) 198.

A. BASAROW. Ueber die Atomgewichte der Elemente. J. russ. phys. chem. Ges. **19**, 61-73; [Chem. CBl. (3) **18**, 619-620†; [Chem. Ber. **20** (2), 190-192.

Ordnet man die Atomgewichte nach dem MENDELEJEW'schen System, so ergiebt sich eine Periodicität der Verhältnisszahlen zweier auf einander folgenden Atomgewichte. *Cn.*

S. HAUGHTON. A geometrical interpretation of the first two periods of chemical elements following hydrogen, showing the relations of the fourteen elements to each other and to hydrogen by means of a right line and cubic curve with one real asymptote. Proc. Roy. Soc. **42**, 482. Titel.

E. HUTH. Sammlung naturwissenschaftlicher Vorträge. Das periodische Gesetz der Atomgewichte und das natürliche System der Elemente. Berlin 1887, R. Friedländer u. Sohn. [Chem. News. **55**, 259.

W. SPRING. On a method of illustrating the periodic law. Chem. News. **56**, 4.

Prioritätsreclamation.

O. BILLETER. Place assignée au germanium dans la série des corps simples. Soc. de Neuchâtel 1886 December 23. Arch. sc. phys. (3) **17**, 243.

Zwischen *Si* und *Sn*.

G. KRÜSS. Untersuchungen über das Gold. Lieb. Ann. **237**, 274-307, **238**, 30-78, 241-76; [Mon. scient Quesneville (4) **1**, Oct.; [Rundsch. **2**, 246-247; [Arch. Pharm. **225**, 452, 542; [Bull. soc. chim. **49**, 475-478, 1888; [Chem. Ber. **20** [2], 162-163, 247-248, 360; [Beibl. **11**, 703; [J. chem. soc. **52**, 450, 554-555, 778; [Chem. CBl. **18**, 779, 840.

J. W. MALLET. The atomic weight of gold. Rep. Brit. Ass. Manchester, 635-636; [Nature **36**, 568; [Chem. N. **56**, 132; [Chem. Ber. **20** [2], 680; [Chem. CBl. (3) **18**, 1341; [Beibl. **12**, 138, 1888, **13**, 339, 1889.

Bemerkungen über Methodik; endgültige Ergebnisse werden erst in Aussicht gestellt.

L. HOFFMANN u. G. KRÜSS. Ueber die Sulfide des Goldes. Chem. Ber. **20**, 2369; [ZS. f. phys. Chem. **2**, 153.

KRÜSS och NILSON. Om Thoriums eqvivalent och atom vigt. Öfversigt af K. Vetensk. Ak. Förhandl. **44**, 251, 1887.

Th = 231.87, vierwerthig.

CL. ZIMMERMANN, G. ALIBEGOFF u. G. KRÜSS. Zur Atomgewichtsbestimmung des Urans. Lieb. Ann. **232**, 273; [ZS. f. anal. Chem. **26**, 129-36.

Das Atomgewicht des Germaniums. (CL. WINKLER, LECOQ DE BOISBAUDRAN.) Z. f. pract. Chem. **34**, 202: CR. **103**, 452; ZS. f. anal. Chem. **26**, 274-75.

O. T. CHRISTENSEN. Beiträge zur Chemie des Mangans und des Fluors. II. Das Atomgewicht des Fluors und die Anwendung der Mangandoppelfluoride zur Bestimmung derselben. J. pract. Chem. **35**, 541-559; [Chem. CBl. (3) **18**, 948.

Historisch kritischer Rückblick; dann eigene Bestimmungen: *F* = 18.99 für O = 16.

NILSON och PETTERSSON. Om aluminiumchloridens ångthätet och grundämmen as atomvarde inom aluminium gruppen Öfversigt af K. Vetensk. Ak. Förhandl. **44**, 506, 507, 1887.

G. H. Bailey. The atomic weight of Zirconium. Rep. Brit. Ass. 1887, 636; Nat. **36**, 568-9; [Beibl, **13**, 260.

Vorläufige Mittheilung ohne endgültiges Ergebniss.

J. Waddel. Atomic Weight of Tungsten. Amer. chem. J. **8**, 280-288; [J. chem. Soc. **52**, 111; Chem. News. **55**, 101-103, 112-113.

Für $O = 16$ ist $W = 184{,}50$: das spec. Gewicht des mit möglichster Sorgfalt gereinigten Metalls war 18.77.

Th. W. Richards. A determination of the relation of the atomic weight of copper and silver. Proc. Amer. Acad. **22**, 342-348; [Chem. Ber. **21** [2], 166, 1888.

$$\frac{Cu}{2Ag} = 0.29457.$$

A. Popper. Das Atomgewicht des Antimons. Lieb. Ann. **233**, 153; ZS. f. anal Chem. **26**, 409-12.

W. Dittmar and J. M'Arthur. Critical experiments on the chloroplatinate method for the determination of potassium, rubidium and ammonium; and a redetermination of the atomic weight of platinum. Trans. Edinb. **33**, 561-633.

$Pt = 195.5$.

H. Erdmann. Atomgewicht des Sauerstoffs. Thüring. ZS. **60**, 597.

Hebt die Unsicherheit der Bestimmungen hervor, die zwischen 15.84 und 16.01 selbst in neuester Zeit noch schwanken.

H. Moissan. Recherches sur l'isolement du fluor. Am. chim. phys. (6) **12**, 472-538; [Sill. J. (3) **35**, 249-250; [Chem. CBl. 1888, 136-137; C. R. **102**, 1543, **103**, 202,256; [Polyt. Notbl. **42**, 23.

A. E. Tutton. Isolation of fluorine. Nature **37**, 179-82.

P. T. Cleve. Contributions to the knowledge of Samarium. Nov. Act. Upsala **13**, 39 pp., 1887.

H. KLINGER u. A. MAASSEN. Ueber einige Sulfinverbindungen und die Valenzen des Schwefels. I. Lieb. Ann. **243**, 193-219; [J. Chem. Soc. **54**, 357, 1888.

L. HENRY. Bestimmung des relativen Werthes der vier Affinitätseinheiten des Kohlenstoffatoms. C. R. **104**, 1106-1119; Chem. CBl. (3) **18**, 560-561. Siehe diese Ber. **42**, 137.

A. P. N. FRANCHIMONT. Der Einfluss der sog. negativen Atomgruppen auf die Eigenschaften der Verbindungen. Rec. trav. chim. **6**, 224-233; [Chem. Ber. **20** (2), 689-690; [Chem. CBl. (3) **18**, 1100.

ARMSTRONG. Note on valency, especially as defined by HELMHOLTZ. Rep. Brit. Ass. 1887, 647; Nature **36**, 509.

H. E. ARMSTRONG. Valency and residual affinity. Nature **35**, 570-72, 596-98.

W. DURHAM, H. E. ARMSTRONG. Residual affinity. Nature **36**, 30-31.

C. J. REED. The graphical representation of the relation between valence and atomic weight. 1886. [Chem. News. **55**, 139.

WISLICENUS. Bestimmung räumlicher Lagerung der Atome in den Molecülen organischer Verbindungen. Verh. Schweiz. Natf. Ges. in Frauenfeld **70**, 48; Arch. sc. phys. (3) **18**, 352-354.

J. WISLICENUS. Ueber die Entwickelung der Lehre von den isomeren chemischen Verbindungen. Tagebl. Versamml. Wiesbaden 1887, 47. [Rev. scient. **40**, 609-617; [Rundsch. **2**, 394-401.

WISLICENUS. The relation of geometrical structure to chemical properties. Rep. Brit. Ass. 1887, 647; Nature **36**, 569.

L. MANN. Der Atomaufbau in den chemischen Verbindungen. Berlin 1884, 90 pp. [ZS. f. Math. u. Phys. **32** (2), 106.

A. SCHRAUF. Ueber das Molekül des krystallisirten Benzols. Wied. Ann. **31**, 540-543†; [Chem. Ber. **20** (2), 447; [J. chem. soc. **52**, 922; [Chem. CBl. **18**, 849.

F. R. JAPP. Tridimensional formulae in organic chemistry. Nature **37**, 121-132†.

Eine kurze Besprechung des VAN'T HOFF'schen Buches Dix Années dans l'histoire d'une Théorie. Deuxième édition de la Chimie dans l'Espace.

D. GERNEZ. Krystallinische Ueberschmelzung des Schwefels und Umwandlung der monosymmetrischen in die rhombische Modification. Ann. chim. phys. 1886, (6) **7**, 233; [ZS. f. Krystallogr. **13**, 427-428.

A. VON INOSTRANZEFF. Ueber Schungit, ein äusserstes Glied in der Reihe der amorphen Kohlenstoffe. N. Jahrb. f. Miner. 1886. **1**, 92-93; [ZS. f. Krystallogr. **13**, 317.

Streit über Namengebung.

H. LE CHATELIER. Lois des équilibres chimiques. Bull. soc. chim. **48**, 161; [Chem. CBl. **18**, 1192; [Rev. scient. **40**, 646-649. Siehe dieseBer. **42** (1), 139.

VAN'T HOFF u. VAN DEVENTER. Die Umwandlungstemperatur bei chemischer Zersetzung. ZS. phys. Chem. **1**, 165-185; [Chem. Ber. **20** [2], 277-278; [Chem. CBl. **18**, 589-592. Diese Ber. **42**, 148-149. *Bde.*

J. H. VAN'T HOFF. Le point de transition et le point de fusion. Rec. trav. chim. **6**, 36-42, 137-339.

H. W. B. ROOZEBOOM. Sur l'astrakanite et les sels doubles hydratés en général. Rec. trav. chim. **6**, 333-355; [J. chem. Soc. **54**, 1164-1166, 1888.

H. W. B. ROOZEBOOM. Sur les points triples et multiples, envisagés comme points de transition. Rec. trav. chim. **6**, 304-332; [J. chem. Soc. **54**, 1151-53, 1888.

H. W. B. ROOZEBOOM. Sur les différentes formes de l'équilibre chimique hétérogène. Rec. trav. chim. **6**, 262-303.

Die 4 letzten Abhandlungen werden 1888 im Zusammenhang berücksichtigt. *Nst.*

L. Th. Reicher. Le point de transition de l'acétate cupricalcique. Rec. trav. chim. **6**, 356-358.

E. Czyrnianski. Ein Beitrag zur chemisch-physikalischen Theorie. Krakau, 1886, 20 pp.

P. Sabatier. Partage d'une base entre deux acides. Ann. de Toulouse 1, G. 1-40. Diese Ber. **42**, 142.

V. H. Veley. Interaction of metals and sulphuric acid. Chem. News. **56**, 221-222; J. chem. Soc. **54**, 104.

G. André. Einwirkung von Quecksilber auf gelöste Chloride. C. R. **104**, 431-33; [Chem. CBl. (3) **18**, 331.

A. Potilitzin. Mutual displacement of the halogens in their compounds with oxygen. [Chem. CBl. 1887, 1218-1219; [Chem. Ber. **20** (2), 772-773; J. Russ. phys. chim. Soc. 1887, 358-364; [J. Chem. Soc. **54**, 220, 1888.

P. F. Frankland and J. Dingwall. The decomposition of potassium chlorate and perchlorate by heat. J. Chem. Soc. **51**, 274-283; [Chem. Ber. **20** [2], 280; [Chem. CBl. **18**, 327-328; [Bull. soc. chim. (2) **51**, 192-193, 1889.

F. L. Teed. Potassium chlorate and perchlorate. J. Chem. Soc. **51**, 283-87; [Chem. Ber. **20** [2], 280; [Chem. CBl. **18**, 328.

E. J. Mills. On the Action of Heat on Potassic Chlorate and Perchlorate. Phil. Mag. (5) **23**, 375-379; [Cim. (3) **23**, 282, 1888; [J. chem. soc. **52**, 767-768.

Foussereau. Sur la décomposition lente des chlorures par l'eau. Ann. chim. phys. (6) **11**, 383-415; J. de. phys. (2) **6**, 349-366. Diese Ber. **42**, 154.

Berthelot et André. Sur la décomposition du bicarbonate d'ammoniaque par l'eau et sur la diffusion de ses composants à travers l'atmosphère. Bull. soc. chim. **47**, 850-53; C. R. **103**, 716-721; [Biederm. CBl. **16**, 290.

Berthelot et André. Contributions à l'histoire de la décomposition des amides par l'eau et les acides étendus. Bull. soc. chim. **47**, 840-46.

BERTHELOT et ANDRÉ. Recherches sur la tension du bicarbonate d'ammoniaque sec. Bull. soc. chim. **47**, 848-50.

CARNELLEY and J. WALKER. The dehydration of metallic hydroxides by heat, with special reference to the polymerisation of the oxides and to the periodic law. Chem. News. **56**, 207.

N. COLLIE. On the Action of Heat on the Salts of Triethylbenzylphosphonium. Phil. Mag. (5) **24**. 27-38; [Chem Ber. **20** [2], 808; [J. chem. soc. **52**, 1106.

H. GAUTIER. Sur l'influence de la chaleur et de la lumière dans les chlorurations. C. R. **104**, 1714-16; [Chem. Ber. **20** [2], 470; [J. chem. soc. **52**, 922; [Chem. CBl. **18**, 848-849; [Beibl. **11**, 779.

E. v. MEYER. Zur Kenntniss der Blausäure und des Jodcyans. Kolbe J. **36**, 292; [ZS. phys. Chem. **2**, 40, 1888.

A. RENARD. De l'action de la chaleur sur l'heptène. C. R. **104**, 574-576; [Chem. Ber. **20** [2], 201; [J. chem. soc. **52**, 565-566; [Chem. CBl. **18**, 404.

B. H. TWAITE; E. CROWE. Dissociation in the steel furnace. Engin. **43**, 33, 58, 190.

F. SIEMENS. Dissociation in the steel furnace. Eng. **43**, 106.

F. SIEMENS. Dissociation der Verbrennungsproducte und ihre Bedeutung für die Pyrotechnik. Vortrag in naturw. Ges. Isis, Dresden, 1886, 12 pp.

— Ueber Dissociationstemperatur mit besonderer Rücksicht auf pyrotechnische Fragen. Proc. Roy. Inst. Great. Britain 1886, 12 pp.

— Die Verhütung des Schornsteinrauches. Civilingenieur **32**, H. 5, 15 pp., 1886.

— Gasflammofen mit freier Flammenentfaltung. Civilingenieur **32**, H. 8, 18 pp., 1886.

— Ueber den Verbrennungsprocess. Vortrag zu Leipzig, 18. Dec. 1886. Berlin, 1887, J. Springer.

— Die Entwickelung der Regenerativöfen etc. ZS. d. österr. Ing. u. Arch. Ver. 1886, H. 1, 12 pp.; [Beibl. **11**, 226. Vergl. diese Ber. **42**, 144.

G. H. BAILEY. The temperatures at which various sulphides undergo decomposition. Chem. Soc. 1887, Juni 16; Chem. News. **56**, 21; [Chem. CBl. **18**, 975.

W. RAMSAY and S. YOUNG. On the nature of liquids, as shown by a study of the thermal properties of stable and dissociable bodies. Proc. Phys. Soc. 8, 127-37

H. LESCOEUR. Sur la vitesse de dissociation. Bull. soc. chim. **47**, 30-33. Siehe diese Ber. **42** (1), 157, 1886.

J. SCHRAMM u. J. ZAKRZEWSKI Spectraluntersuchungen über die Energie der Einwirkung von Brom auf aromatische Kohlenwasserstoffe. Wien. Ber. **96** (2), 8; [Rundsch. **3**, 217-218.

URECH. Rationelle Formulirung der Reductionsgeschwindigkeit von alkalischer Kupferoxydlösung durch Dextrose. Verh. Schweiz. Natf. Ges. in Frauenfeld **70**, 45-46; Arch. Sc. Phys. (3) **18**, 348; [Chem. CBl. **18**, 1454.

F. URECH. Itinerarium durch die theoretische Entwickelungsgeschichte der Lehre von der chemischen Reactionsgeschwindigkeit. Berlin 1885, A. W. Schade 71 pp.; [Beibl. **11**, 302-303.

F. URECH. Einwirkungsgeschwindigkeit von Fehlingscher Lösung auf einige reducirende Zuckerarten und Gemische davon. Ber. d. chem. Ges. **17**, 1539-43.

F. URECH. Einwirkung von Natronhydratlösung auf Invertzucker, Dextrose und Milchzucker. Ber. d. chem. Ges. **17**, 1543-6.

F. URECH. Einwirkung von Kalihydrat auf Dextrose. Ber. d. chem. Ges. **17**, 1546-7.

Die 3 letzten Abhandlungen sind in Cap. 15a erwähnt.

A. POTILITZIN. Products and rate of decomposition

of the salts of the halogen oxy-acids by heat. [Chem. CBl. 1887, 1218; J. Russ. phys. chem. Soc. 1887; 339-57; [Chem. Ber. **20** [2], 769-772: [J. Chem. Soc. **54**, 219, 1888; [ZS. phys. Chem. **2**, 110, 1888.

L. MANFREDI, G. BOCCARDI e G. JAPPELLI. Influenza dei microorganismi sull' inversione del saccarosio. Rend. Napoli (2) **1**, 233-36.

G. ERRERA. Decomposition of Mixed Ethers by Heat and Nitric Acid. Gazz. chim. **17**, 193-209; [J. chem. soc. **52**, 1103.

Ueber Entflammungs- und Entzündungstemperaturen einiger flüssiger Handelsartikel. Polyt. Not. **42**, 99-100.

M. BERTHELOT. Sur la force des matières explosives d'après la thermochimie. 3. édition. 2. vols. Paris, 1887, 26+ 405+ 451 pp.

H. DIXON. Sur la combustion du cyanogène. J. Chem. Soc. **49**, 384, 1886; [Bull. soc. chim. **50**, 255-257, 1888.

H. DIXON. Sur la combustion de l'oxyde de carbone et de l'hydrogène. J. Chem. Soc. **49**, 94, 1886; [Bull. soc. chim. **50**, 253-255, 1888.

MAUMENÉ. L'alun de potasse. Bull. soc. chim. **47**, 2.

Kalialaun soll nicht 24, sondern 23,73 aeq. Wasser enthalten, das wäre dem Gewicht nach so viel Wasser wie Alaun, wie es der Theorie des Verf. entspricht.

P. DE BOISSIER. Sur l'eau de cristallisation des aluns. Bull. soc. chim. **47**, 494-97; [Chem. Ber. **20** [2], 676; [J. chem. soc. **52**, 892; [Beibl. **12**, 43, 1888.

DE BOISSIER. L'eau de cristallisation des aluns. Bull. soc. chim. **47**, 481.

SILVA. A propos de la communiation précédente. ibd., 482.

E. MAUMENÉ. Sur les aluns. Bull. soc. chim. **47**, 743-45; [Chem. Ber. **20** [2], 676.

MAUMENÉ. L'eau de cristallisation des aluns. Bull. soc. chim. **47**, 659.

Die vier vorstehenden Abhandlungen und Streitschriften über MAUMENÉ's „Theorie." BOISSIER citirt Resultate von Analysen, um MAUMENÉ zu widerlegen, während dieser behauptet, die Versuche der Gegner seien durch Verwitterung des Alauns gefälscht.

S. U. PICKERING and P. G. SANFORD. On the composition of hydrated salts. Chem. News. **55**, 22,23.

Wenden sich gegen MAUMENÉ's Theorie, nach der Formeln wie $(Ba\,O)_9$ $(H_2O)_{76.5}$ existiren sollen.

S. R. PICKERING. On the composition of hydrated salts. Chem. News. **55**, 46; MAUMENÉ dazu **55**, 33, 68.

CHR. GÖTTIG. Ueber den Einfluss der Wärme auf die Krystallwasserverbindung des Natriumsulfids. J. Pract. Chem. **35**, 89-91; [Chem. Ber. **20** [2], 92; [J. chem. soc. **52**, 331; [Chem. CBl. **18**, 138.

P. C. F. FROWEIN. Sur la dissociation du phosphate sodique hydraté. Rec. trav. chim. **6**, 361-364, 1887.

G. SPEZIA. Ueber die Druckwirkung bei der Anhydritbildung. Atti di Torino 1886, **21**, 20. Juni; [ZS. f. Krystallogr. **13**, 302-303. Siehe diese Ber. **42** (1) 167, 1886.

H. A. ROWLAND. On chemical action in a magnetic field. Brit. Ass. [Nature **36**, 547.

Vorl. Mittheilung.

3a. Krystalle.

M. Websky. Anwendung der Linearprojection zum Berechnen der Krystalle. (G. Rose's Elemente der Krystallographie III). XVIII u. 377 pp., 11 Tafeln. Berlin, E. S. Mittler & Sohn, 1887 ([Thüring. ZS. **60**, 492-494.

Das vorliegende Buch enthält eine ausführliche Anleitung zur Krystallberechnung nach der von Chr. S. Weiss begründeten, von G. Rose und Quenstedt weiter entwickelten Methode, d. h. unter Zugrundelegung der Linearprojection. Es soll den von G. Rose mit den „Elementen der Krystallographie" begonnenen und von Sadebeck in seiner „angewandten Krystallographie" fortgesetzten Cyclus zum Abschluss bringen. Von mathematischen Vorkenntnissen werden nur die der ebenen und sphärischen Trigonometrie vorausgesetzt; alle sonst benöthigten Sätze werden ausführlich entwickelt.

Das Buch zerfällt in 8 Abschnitte, die in insgesammt 50 Capitel eingetheilt sind. Die zur Erläuterung dienenden Figuren erfüllen 11 besondere Tafeln in Steindruck.

Im 1. Abschnitt sind zunächst die Grundsätze der geometrischen Krystallographie zusammengestellt und die gebräuchlichsten Symbole erklärt. (Der Verf. bedient sich der Weiss'schen Symbole und nimmt nur gelegentlich auf die Miller'schen Bezug). Ferner werden die verschiedenen Gesichtspunkte erörtert, welche bei der Krystallberechnung in Betracht kommen.

Der zweite Abschnitt handelt vom axonometrischen Zeichnen, der dritte von der Linearprojection, deren unmittelbare Verwerthung an Beispielen erläutert wird.

Im 4. Abschnitt, betitelt „analytische Hülfssätze", werden einige später zu benutzende Sätze der analytischen Raumgeometrie, sowie insbesondere Formeln für das Rechnen mit Zonen entwickelt. Darauf geht der Verf. zur Krystallberechnung selbst über und behandelt in den folgenden 3 Abschnitten nacheinander die dabei sich darbietenden 3 Gruppen von Aufgaben: I. Berechnung der Kanten- und Flächenwinkel bei gegebenen Axenelementen und Flächensymbolen, II. Berechnung der Symbole unbekannter Flächen aus ihren Neigungswinkeln gegen andere bekannte, III. Berechnung der Elemente aus den gemessenen Winkeln nach geeigneter Wahl der Symbole. Diese Rechnungen werden der Reihe nach für die einzelnen Krystallsysteme durchgeführt (zum Theil noch auf mehreren Wegen) und an zahlreichen Beispielen erläutert.

Der letzte Abschnitt enthält die Umrechnung der Symbole bei Veränderung der Axeneinheiten und Axenrichtungen, wobei auch die MILLER'schen Symbole der rhomboëdrischen Formen Berücksichtigung finden. *F. P.*

V. GOLDSCHMIDT. Krystallographische Projectionsbilder. Berlin, J. Springer 1887; [Thüring. ZS. f. Naturwissensch. **60**, 497.

Das unter vorstehendem Titel erschienene Tafelwerk schliesst sich dem „Index der Krystallformen der Mineralien" des Verf. an, indem es die graphische Darstellung der Gesammtformen der formenreichsten Mineralien liefert. Auf 19 Tafeln von grossem Format (75 : 66 cm) sind die gnomonischen Projectionen der bekannten Formen von Pyrit, Calcit, Rothgiltigerz, Eisenglanz, Quarz, Bournonit, Humit und Chondrodit zur Darstellung gebracht, und zwar auf je einer Tafel das Totalbild mit vielen Zonenlinien, Theilung des Feldes in Sectoren (entsprechend den Hemiëdrien), Buchstaben, Symbolen und Maassstäben (nämlich den rationalen Bruchtheilen der Einheiten) und auf je einer zweiten das nur die Flächenprobe enthaltende Punktbild. Ferner sind einige besondere Darstellungen der wichtigsten Zonen, ferner Beispiele für die Anwendung rastrirten Papiers zur Construction von Projectionsbildern, und eine Figur für Anorthit als Beispiel zur Darstellung von Zwillingen in gnomonischer Projection vorhanden; endlich ist auf einer Tafel am Beispiel des Amphibol die Ableitung des perspectivischen und des horizontalen Projectionsbildes aus dem gnomonischen erläutert. Beim Chondrodit ist der (ziemlich erfolglose) Versuch gemacht, durch Eintragung der Vicinalflächen eine Gesetzmässigkeit in deren Vertheilung hervortreten zu lassen. — Die Tafeln sollen in erster Linie zur Demonstration dienen, aber auch zu detaillirten Studien geeignet sein *F. P.*

H. A. Miers. Zonenformel für orthogonale Systeme.

ZS. f. Kryst. **12**, 462-463†; [N. Jahrb. f. Miner. 1889, **1**, 3.

Sind P, Q, R, S vier in einer Zone liegende Flächen, von denen P und Q aufeinander senkrecht stehen, so ist deren Doppelverhältniss $m = \frac{tg\,(P\,S)}{tg\,(P\,R)}$ und folglich

$$sin\,(2PR + RS) = \frac{m+1}{m-1}\,sin\,R\,S,$$

wonach $P\,R$ zu berechnen ist, wenn man $R\,S$ kennt. *F. P.*

G. Cesàro. Note sur une méthode simple pour effectuer le changement d'axes crystallographiques.

Ann. Soc. géol. Belg. **12**, 82-115, 1885†; [ZS. f. Krystallogr. **13**, 181; [N. Jahrb. f. Min. 1887, **1**, 230.

Um die Axeneinheiten für ein neues System von Fundamentalkanten zu bestimmen, giebt der Verf. folgende Regel an. Man bestimme zunächst die Längen, welche auf den neuen Axenrichtungen durch je eine gegenüberliegende Fläche desjenigen Parallelepipeds abgeschnitten werden, welches man aus den alten Axeneinheiten (a, b, c) als Kanten construiren kann, und zwar so, dass man den Schnitt der neuen z-Axe z' mit der Fläche $z = c$ aufsucht u. s. w. Diese Abschnitte OZ', OX', OY' nennt der Verf. die Grundparameter des neuen Axensystems. Sind nun $h\,k\,l$, $h'\,k'\,l'$ die alten Indices der beiden neuen Fundamentalflächen, als deren Schnitt die z'-Axe angesehen wird, so hat man OZ' mit $hk'—kh'$ zu multipliciren, um die neue Axeneinheit auf der z'-Axe zu bekommen; analog ist bei den beiden anderen Axen zu verfahren. Bei Zugrundelegung der so gewonnenen Axeneinheiten erhält eine Fläche mit den alten Indices u, v, w in Bezug auf das neue Axensystem die Indices

$$U = u(l'k'' - k'l'') + v(h'l'' - h''l') + w(k'h'' - h'k''),$$
$$V = u(kl'' - lk'') + v(lh'' - hl'') + w(hk'' - kh''),$$
$$W = u(kl' - k'l) + v(lh' - hl') + w(hk' - kh').$$

h'', k'', l'' sind die alten Indices der dritten neuen Fundamentalfläche.

Es ist zu beachten, dass die wie angegeben bestimmten Axeneinheiten sich von den Abschnitten, welche durch die alte Einheitsfläche auf den neuen Axen erzeugt werden, um gewisse ganzzahlige Factoren S_1, S_2, S_3 unterscheiden, von denen der auf die z'-Axe bezügliche z. B. den Werth $kl' - k'l + lh' - hl' + hk' - kh'$ besitzt. — Die vorliegende Abhandlung enthält ausser der Begründung der obigen Regel eine Anzahl von Beispielen für ihre Anwendung. *F. P.*

W. RAMSAY. Om tetartoëdri hos turmalin. Bihang till K. Svenska Ak. Handl. **12**, Abth. 2, No. 1, 1-11, 1886, **13**, Abth. 2, No. 6, 1-10, 1887; Ofversigt af K. Vetensk. Ak. Forhandl. **44**, 196, 1887; [ZS. f. Kryst. **15**, 431-432†, 1889.

Der Verf. hat an zahlreichen Turmalinkrystallen eine unvollzählige Ausbildung der Flächen des Skalenoëders $k\,(12\bar{3}2)$ am antilogen Pol und der Flächen des ditrigonalen Prismas $(14\bar{5}0)$ beobachtet, aus welcher er auf eine rhomboëdrisch-tetartoëdrische Symmetrie des Turmalins schliesst. Diese letztere will er auch durch die asymmetrische Lage natürlicher Aetzfiguren auf einer Fläche von R bestätigt gefunden haben, ferner durch das Vorkommen von Zwillingen zweier tetartoëdrisch ausgebildeter Individuen mit parallelen Axenrichtungen.

Sollte den vom Verf. beobachteten Erscheinungen wirklich eine Gesetzmässigkeit zu Grunde liegen, so würde der Turmalin, da er hemimorph nach der Hauptaxe ist, nicht, wie der Verf. meint, der rhomboëdrisch-tetartoëdrischen, sondern der ogdoëdrischen Gruppe angehören. *F. P.*

E. PRENDEL. Ueber die möglichen Arten der Hemiëdrie.
ZS. f. Kryst. **12**, p. 460-62†.

Indem der Verf. von dem Grundsatz ausgeht, dass die Hemiëdrie vom physikalischen Standpunkte betrachtet eine Erscheinung darstelle, die vom gleichen Bau der abwechselnden Krystallräume abhängt und zugleich eine ungleiche Structur der benachbarten Krystallräume bedingt, und indem er für diese Krystallräume die Oktanten in den trimetrischen, die Dodekanten im hexagonalen Systeme setzt, kommt er zum Schluss, dass eine ganze Reihe von Hemiëdrien gar nicht existiren, und dass deren Repräsentanten im wesentlichen als mimetische Krystalle aufzufassen sind.

E. B.

L. WULFF. 1. Ueber die Existenz verschiedener Tetartoëdrien im regulären Systeme.
2. Ueber die Hemiëdrien und Tetartoëdrien der Krystallsysteme.
3. Ueber die regelmässigen Punktsysteme. ZS. f. Krystallogr. **13**, 263-288†, 474-502†, 503-566†; [Beibl. **12**, 235-239. 1888; [N. Jahrb. f. Miner. 1889, **1**, 195-196.

1. Ausgehend von der durch die bisherigen Beobachtungen begründeten Hypothese, dass an einem regulär tetartoëdrischen Krystallindividuum höchstens zwei von den 4 aus demselben Hexakisoktaëder abgeleiteten Tetartoëdern, und an dem enantiomorphen Individuum nur die beiden anderen Tetartoëder auftreten können, legt der Verf. dar, dass im regulären Systeme 3 Arten von Tetartoëdrie zu unterscheiden seien je nach der Art und Weise, wie die verschiedenen Tetartoëder an den enantiomorphen Individuen vertheilt sind. Diese 3 Tetartoëdrien, welche durch die 3 verschiedenen möglichen Combinationen je zweier Hemiëdrien erhalten werden, sind folgende; 1) die gyroëdrisch-tetraëdrische, wo sich die zusammenkommenden Tetartoëder zu einem Dyakisdodekaëder ergänzen, 2. die pentagonal-gyroëdrische, wo sie sich zu einem Hexakistetraëder, und 3. die pentagonal-tetraëdrische, wo sie sich zu einem Pentagon-Ikositetraëder (Gyroëder) ergänzen. Die hemiëdrisch erscheinenden Grenzformen einer Hemiëdrie können

an einem tetartoëdrischen Individuum nur dann als Gegenformen auftreten, wenn die betreffende Hemiëdrie mit zur Ableitung der Tetartoëdrie (— entsprechend der vorstehenden Bezeichnung —) benutzt ist.

Unter II versucht der Verf., die Möglichkeit dreier, trotz völlig übereinstimmender geometrischer Form und Symmetrieeigenschaften verschiedener, Tetartoëdrieen im regulären System unter Vermeidung der oben erwähnten Hypothese aus der Sohncke'schen Theorie der Krystallstructur herzuleiten. Der tetartoëdrischen Gruppe des regulären Systems gehören nach Sohncke Punktsysteme an, deren Punkte zu Gruppen von je 12 vereinigt sind; die Punkte eines solchen Zwölfpunktners befinden sich in den Endpunkten von Linien, welche durch die Ecken eines Oktaëders senkrecht zu den dort endigenden Oktaëderaxen und mit bestimmter Neigung gegen die beiden anderen Axen gelegt und durch die Oktaëderecken halbirt werden. Ist die erwähnte Neigung = 0 oder 90° so erhält man eine pentagonal-hemiëdrische, ist sie = 45°, eine tetraëdrisch-hemiëdrische Structur, für andere Werthe eine tetartoëdrische. Der Verf. sucht nun (auf Grund der Sohncke'schen Theorie der wahrscheinlichen Flächenvertheilung) zu begründen, dass man die 1., 2. oder 3. der oben angeführten Tetartoëdrien erhält, je nachdem die Neigung der erwähnten Verbindungslinien gegen die Würfelebenen näher an 45°, 0° oder 22½° liegt; doch ist diese Entwickelung nicht durchweg mit der früheren (in 1) im Einklang. Auch erscheint es bedenklich, dass nach der in 1 gemachten Hypothese die 3 Tetartoëdrien scharf getrennt wären, nach der zweiten Ableitung aber nicht. — Das Fehlen der Circularpolarisation bei den Nitraten von *Ba*, *Sr*, *Pb* (— welches wohl am meisten für die Existenz verschiedener Tetartoëdrien spricht —) erklärt der Verf. durch die Annahme, dass nur diejenigen Tetartoëdrien Circularpolarisation zeigen, zu deren Ableitung die gyroëdrische Hemiëdrie dient; oder, vom Standpunkte der Sohncke'schen Theorie, dass die gleichgerichtete Abweichung der Lage der oben erwähnten Verbindungslinien von der pentagonalen bezw. tetraëdrischen Lage auch eine gleich gerichtete Circularpolarisation erzeugt, in welchem Falle für Abweichungswinkel von ca. 22½° keine Circularpolarisation stattfinden kann. Diese Erklärung erscheint insofern zulässig, als die betreffenden Nitrate nach den beobachteten Formen zur pentagonal-tetraëdrischen Tetartoëdrie zu rechnen wären.

Der Verf. hält es für wahrscheinlich, dass das essigsaure Uranylnatrium, Brom- und Chlornatrium der gyroëdrisch-tetraëdrischen Tetartoëdrie angehören, doch sei eine sichere Entscheidung noch nicht möglich.

2. In dieser Arbeit unterzieht der Verf. die Beziehungen zwischen den Hemiëdrien und Tetartoëdrien der übrigen Krystallsysteme einer analogen Betrachtung, wie er sie im I. Theil von 1 für das reguläre System durchgeführt hat. Von den 4 Tetartoëdern, die man durch Combination irgend zweier Hemiëdrien aus der allgemeinen holoëdrischen Form erhält, können nach der vom Verf. acceptirten Hypothese von Groth an einem und demselben Individuum nur das rechte positive und das linke negative oder das linke positive und das rechte negative auftreten, wobei sich die Unterscheidungen von + und — bezw. rechts und links auf die zur Ableitung benutzten Hemiëdrien beziehen; ein solches Paar von Tetartoëdern ergänzt sich nun immer zu einer hemiëdrischen Form, die einer bei der Ableitung der Tetartoëder nicht benutzten Hemiëdrie angehört. Diese dritte Hemiëdrie nennt nun der Verf. abgeleitet aus den beiden ersteren, und er zeigt, dass man die Hemiëdrien eines Krystallsystems so in Gruppen von je dreien (Triaden) ordnen kann, dass sich aus irgend zwei Hemiëdrien jedesmal die dritte derselben Triade ableiten lässt.

Im hexagonalen System unterscheidet der Verf. 7 Hemiëdrien: 1. die trigonotype (sphenoidische), 2. die deuterotrigonotype, 3. die deuterorhomboëdrische, 4. die rhomboëdrische, 5. die pyramidale, 6. die hemimorphe, 7. die trapezoëdrische. Die 1. und 2. besitzen dieselben Symmetrieverhältnisse und unterscheiden sich nur durch die Lage der krystallographischen Nebenaxen (die bei 2. um 30° gegen die Richtungen bei 1. gedreht sind); in demselben Verhältniss stehen 3. und 4. zu einander. Die Anordnung dieser Hemiëdrien in 7 Triaden wird durch folgendes Schema veranschaulicht:

1

2 3

4

5 6 7

Es bilden nämlich dann jedesmal die auf einer Seite oder Höhenlinie des gleichseitigen Dreiecks, sowie die auf den Seitenmitten liegenden Hemiëdrien eine Triade. Zu jeder Triade gehören 3 einander geometrisch gleiche Tetartoëdrien, sodass im Ganzen 21 verschiedene Tetartoëdrien theoretisch möglich sind, unter denen aber nur 5 verschiedene Formen vorkommen.

Im tetragonalen System liegen die Verhältnisse ganz analog; es ist nur an Stelle von trigonotyp „rhombisch", an Stelle von rhomboëdrisch „sphenoidisch" zu setzen. Die rhombische und deuterorhombische Hemiëdrie (welche sich unter einander, wie die sphenoidische und deuterosphenoidische, wieder nur durch die Lage der Nebenaxen unterscheiden) können indessen nicht als mit dem Charakter des tetragonalen Systems vereinbar zugelassen werden, da sie sich nach ihrer Symmetrie (— die doch allein massgebend sein muss —) in nichts von der Holoëdrie des rhombischen Systems unterscheiden. Natürlich sind auch die entsprechenden Tetartoëdrien auszuschliessen.

Im rhombischen System erhält der Verf. dadurch eine Triade, dass er auch die sog. monokline Hemiëdrie zulässt, was aber aus ähnlichen Gründen, wie die eben angeführten, nicht zu rechtfertigen sein dürfte.

Beim monoklinen Systeme lässt der Verf. selbst dahin gestellt, ob man ausser der Hemimorphie nach der Symmetrieaxe noch eine Hemimorphie nach einer Richtung im Hauptschnitte und eine „trikline" Hemiëdrie zulassen könne.

Was die Ogdoëdrien betrifft, so erhält man dieselben durch Combination von irgend drei Hemiëdrien, die nicht einer Triade angehören; sie kommen daher nur im hexagonalen und tetragonalen Systeme vor. Die einzigen dabei auftretenden Formen sind drei bezw. zwei an einem Ende der Hauptaxe gelegene Flächen.

3. In dieser Abhandlung sucht der Verf. die Existenz der in der vorhergehenden aufgestellten Unterabtheilungen durch Be-

trachtung der SOHNCKE'schen regelmässigen Punktsysteme zu begründen, ähnlich wie er dies für das reguläre System in 1 durchgeführt hatte. Dabei geht er überhaupt näher auf die Fragen ein, welche von den von SOHNCKE aufgestellten Punktsystemen auch mechanisch möglich sind, und welche Ebenen als Krystallflächen auftreten können. Der Verf. nimmt mit SOHNCKE zunächst an, dass alle möglichen Krystallflächen Netzebenen eines der Raumgitter sein müssen, die parallel in einander gestellt das Punktsystem bilden; und stellt jene zweite Frage demnach so: welche um ein begrenztes regelmässiges Punktsystem gelegten Ebenen können als Krystallflächen auftreten? — In einem regelmässigen Punktsystem, das aus n Raumgittern besteht, sind unter allen parallelen Netzebenen im Allgemeinen n verschiedene Arten zu unterscheiden. Da nun eine Krystallfläche beim Wachsthum des Krystalls ihre Beschaffenheit nicht ändert, so können nur die Netzebenen einer von jenen n-Arten als Grenzflächen vorkommen. Hieraus folgt, dass sich beim Wachsthum der Krystalle auf die Flächen immer Schichten von n Netzebenen, an den Seiten jeder solchen Schicht n Punktreihen, an den Ecken Complexe von n Punkten anlagern müssen, und dass man somit einen Complex von n Punkten (einen „n-Punkter“) als die Aufbaueinheit eines Krystalles anzusehen hat, dessen Structur durch ein aus n Raumgittern zusammengesetztes SOHNCKE'sches Punktsystem dargestellt wird. Demgemäss erkennt der Verf. nur diejenigen Punktsysteme als mögliche Krystallstructuren an, welche eine solche Gruppirung naturgemäss zulassen; es sind dies lauter solche, welche aus den BRAVAIS'schen Raumgittern dadurch ableitbar sind, dass man die Punkte der letzteren durch parallel gestellte n-Punkter ersetzt. In Fortfall kommen die SOHNCKE'schen „Schraubensysteme“ und das „System der Rhombensäule 2. Art“, sowie (aus anderen Gründen) das „abwechselnde Quadratsäulensystem“.

Im II. Theile der Arbeit wird für die einzelnen Punktsysteme die Vertheilung der möglichen Krystallflächen untersucht, indem jedesmal der Abstand sämmtlicher Flächen, die ein Holoëder von allgemeinen Zeichen bilden, vom Centrum des n-Punkters bestimmt wird, um die gleichberechtigten Flächen zu finden.

Für die Gruppen des hexagonalen Systems ergiebt sich hierbei, dass die Ogdoëdrie im Rhomboëdersysteme für den allgemeinen Fall und die 2. hemimorphe Tetartoëdrie (Gruppe des Turmalins) in demselben für einen Grenzfall enthalten ist (— entgegen der Ansicht SOHNCKE's, dass alle Hemimorphien nur durch die Natur der Molecüle selbst erklärt werden können —), dass aber aus den SOHNCKE'schen Punktsystemen nicht ableitbar sind: die hemimorphe Hemiëdrie, die erste hemimorphe Tetartoëdrie und die rhomboëdrische Tetartoëdrie. Das Fehlen der letzteren ist von besonderer Wichtigkeit, da sie am Dioptas und Phenakit beobachtet ist. Der Verf. construirt nun Punktsysteme, welche die Structur dieser fehlenden Gruppen darzustellen vermögen; dieselben sind aber nicht mehr regelmässige Punktsysteme im Sinne SOHNCKE's, insofern es nicht möglich ist, jedes von den das Punktsystem zusammensetzenden Raumgittern mit jedem andern durch Parallelverschiebungen und Drehungen des ganzen Systems zur Deckung zu bringen. Der Verf. stellt nur die Forderung, dass sich die Centra der Punktgruppen (— die den BRAVAIS'schen Molecülen entsprechen —) zur Deckung bringen lassen.

Auch beim monoklinen, rhombischen und tetragonalen Krystallsystem findet der Verf., dass gewisse hemimorphe Gruppen nicht durch die SOHNCKE'schen Punktsysteme geliefert werden, sondern die Annahme allgemeinerer Punktsysteme erfordern, welche aus den SOHNCKE'schen durch gewisse Drehungen der n-Punkter und Punktpaare erhalten werden. Es sind dies von den allgemein anerkannten Gruppen folgende; im monoklinen System die Hemiëdrie und Hemimorphie, im rhombischen die Hemimorphie, im tetragonalen die hemimorphe Hemiëdrie die sphenoidische und hemimorphe Tetartoëdrie. Der Abschnitt 3 enthält eine Tabelle der Abtheilungen sämmtlicher Krystallsysteme nebst den vom Verf. als die entsprechenden Krystallstructuren angesehenen Punktsystemen.

Die hier vom Verf. durchgeführte Ableitung der Unterabtheilungen aus den Punktsystemen führt zu denselben Resultaten, zu welchen er in der vorhergehenden Arbeit auf anderem Wege gelangte; es ergeben sich wieder die dort aufgestellten Beziehungen zwischen den zu Triaden geordneten Hemiëdrien und den Tetartoëdrien und Ogdoëdrien.

Zum Schluss spricht der Verf. die Hoffnung aus, dass die physikalische Untersuchung der Begrenzungsflächen der Krystalle zu näheren Aufschlüssen über die specielle Structur der letzteren führen könne. *F. P.*

L. SOHNCKE. Elementarer Nachweis einer Eigenschaft parallelepipedischer Punktsysteme. ZS. f Kryst. **13**, 209-14†; [ZS. f. physik. Chemie **2**, 110, 1888; [Beibl. **12**. 448, 1888.

Der Verf. giebt einen neuen Beweis dafür, dass alle Elementarparallelogramme eines Netzes und alle Elementarparallelepipede eines Gitters gleich sind. Elementarparallelogramme bezw. Parallelepipede sind solche, bei denen die Ecken Systempunkte sind, die aber sonst weder im Innern noch auf der Begrenzung Systempunkte enthalten. Für die Parallelogramme ist der Beweis etwa folgender. In jedem beliebigen Elementarparallelogramm kann man eine Seite als Grundlinie festhalten und die Gegenüberliegende in ihrer eigenen Richtung so verlegen, dass die beiden übrigen Seiten möglichst kurz werden. Dann wird senkrecht über der Grundlinie ein Eckpunkt liegen und das erhaltene Elementarparallelogramm besitzt den kleinsten Umfang von allen denjenigen mit derselben Grundlinie. Wiederhole ich bei dem neuen Parallelogramm dieselbe Operation, indem ich die andere Linie als Grundlinie wähle, so ändert sich die erste Grundlinie und wenn das Resultat nicht das Parallelogramm von kleinstem Umfang über derselben sein sollte, so muss man sie als Grundlinie wählen und die Operation fortsetzen u. s. w. Der Inhalt bleibt immer der gleiche, der Umfang nimmt stets um endliche Beträge ab, es muss also eine Grenze erreicht werden und zwar, wenn das Elementarparallelogramm in kein anderes von kleinerem Umfang verwandelt werden kann, und wenn es die kleinsten Punktabstände des Netzes zu Seiten hat. Jedes Elementarparallelogramm ist also diesem besonderen mit den kleinsten Punktabständen inhaltlich gleich, folglich sind alle untereinander gleich. Ganz ähnlich ist der Beweis auch für die Elementarparallelepipede. Die Sätze lassen sich auch so aussprechen: Je dichter eine Punktreihe einer Netzebene oder die Netzebene eines Raumgitters mit Punkten besetzt ist, um so grösser ist ihr Abstand von der nächsten Parallelreihe bezw. der nächsten Netzebene. *E. B.*

L. Sohncke. Ueber Spaltungsflächen und natürliche Krystallflächen. ZS. f. Kryst. **13**, 214-36†; [ZS. f. physik. Chemie **2**, 111, 1888; [Beibl. **12**, 448, 1888.

Bravais hielt es für wahrscheinlich, dass die Spaltungsflächen der Krystalle diejenigen seien, deren Netzebenen den grössten Abstand besitzen und dass diejenigen Flächen einer Art an Krystallen relativ die häufigsten wären, deren Netzebenen am dichtesten mit Punkten besetzt sind. Der wichtigste Einwurf gegen diese Theorie ist nun, dass bei den Raumgittern von Bravais die am dichtesten mit Punkten besetzten Ebenen zugleich unter sich den grössten Abstand haben (vergl. d. vorige Referat), während die Spaltflächen durchaus nicht immer als häufigste natürliche Flächen vorkommen. Der Verf. zeigt, dass in seiner Theorie (Entwickelung einer Theorie der Krystallstructur, Leipzig 1879) diese Schwierigkeiten wegfallen, weil die am dichtesten mit Punkten besetzten Ebenen nicht mehr den grössten Abstand zu haben brauchen. Der Verf. hält an der Annahme von Bravais insofern fest, als er voraussetzt, die Spaltbarkeit sei am vollkommensten parallel solchen Netzebenen, für welche gleichzeitig die beiden Bedingungen „grossen Abstandes und grosser tangentialer Cohäsion möglichst vollständig erfüllt sind und, dass andererseits „im Allgemeinen die dichtest besetzten Ebenen sich am leichtesten bilden, und daher am häufigsten als Krystallflächen auftreten.“ Bei den Sohncke'schen Punktsystemen brauchen nun diese Bedingungen nicht für dieselben Flächen erfüllt zu sein, auch sind bei denselben weder alle einander parallele mit unendlich vielen Punkten besetzten Ebenen äquidistant noch alle gleich dicht mit Punkten besetzt. Der Verf. erläutert diese Verhältnisse eingehend an mehreren Beispielen. *E. B.*

TH. LIEBISCH. Ueber eine besondere Art von homogenen Deformationen krystallisirter Körper. Götting. Nachr. 1887, 435-448; N. Jahrb. f. Min. Beil. Bd. 6, 1888, 105-120†; [Beibl. 12, 449, 1888.

Die Abhandlung bezieht sich auf die Natur der Deformation, welche bei der am Kalkspath, Eisenglanz, Korund, Diopsid etc. beobachteten mechanischen Bildung von Zwillingen nach Gleitflächen stattfindet. Diese künstlich hergestellten Zwillinge unterscheiden sich von natürlichen dadurch, dass zwar die Structur, aber nicht die Begrenzungsflächen symmetrisch sind zur Zwillingsebene (hier Gleitfläche). Die Deformation, welche der in die Zwillingsstellung übergeführte Theil erleidet. ist dadurch charakterisirt, dass alle zur Gleitfläche parallelen Ebenen in sich selbst in einer bestimmten Richtung und um Strecken verschoben werden, die ihren Abständen von der Gleitfläche proportional sind. Der Verf. untersucht den nach den bisherigen Beobachtungen weitaus häufigsten Fall, dass die Gleitfläche senkrecht zu einer Symmetrieebene und parallel einer Symmetrieaxe ist; die Richtung der Schiebung ist dann parallel der Schnittlinie jener Symmetrieebene mit der Gleitfläche.

Die Deformation ist vollständig bestimmt, wenn man ausser der Gleitfläche z_1 noch eine andere Ebene z_2 kennt, welche bei der Deformation keine Verzerrung erleidet; es giebt stets eine und nur eine solche Ebene, und zwar steht dieselbe auf der Symmetrieebene senkrecht. Die Ebenen z_1 und z_2 sind die Kreisschnittebenen des Deformationsellipsoids; durch ihre Lage sind also auch (nämlich als die Winkelhalbirenden) die grösste und kleinste Hauptaxe des Deformationsellipsoids der Richtung nach bekannt. Die dritte Hauptaxe ist die der Gleitfläche parallele Symmetrieaxe; in ihrer Richtung findet keine Längenänderung statt. Da ferner bei der einfachen Schiebung (— wie die betrachtete Art von homogener Deformation nach THOMSON und TAIT bezeichnet wird —) keine Volumänderung stattfindet, so lassen sich aus dem Winkel $(z_1 z_2) = 2k$, d. h. dem spitzen Winkel swischen den Kreisschnittebenen vor der Deformation, auch die Dilatationen parallel den beiden anderen Hauptaxen berechnen: dieselben sind

$$\sigma = \cotg k \text{ und } \frac{1}{\sigma} = \operatorname{tg} k;$$

σ wird das Verhältniss der Schiebung genannt. Der von der Hauptaxe $\frac{1}{\sigma}$ halbirte Winkel der Kreisschnitte nach der Deformation ist $= 180^{\circ} - 2k$, die Schiebung bewirkt daher eine Drehung der beiden Hauptaxen um $V = 90^{\circ} - 2k$, so dass also, falls die Gleitfläche festgehalten wird, keine reine Deformation stattfindet, sondern eine solche verbunden mit einer Rotation. Die Grösse der Schiebung, d. i. die Verschiebung eines Punktes im Abstande 1 von der Gleitfläche, ist gegeben durch

$$s = 2 \operatorname{tg} V = \sigma - \frac{1}{\sigma}.$$

Beispielsweise ist für die Zwillinge des Kalkspaths nach $-\frac{1}{2}R$:

$2k = 70^{\circ} 51' 48''$, $\sigma = 1{,}40549$, $s = 0{,}693395$, $V = 19^{\circ} 8' 12''$.

Durch die betrachtete Deformation wird die krystallographische Bedeutung der den Krystall begrenzenden Flächen und Kanten im Allgemeinen geändert. Der Verf. stellt die Formeln auf, welche dazu dienen, die Indices einer Fläche nach der Deformation, bezogen auf die neue Lage des krystallographischen Axensystems (— die zur alten symmetrisch in Bezug auf z_1 ist —), aus deren ursprünglichen Indices und denjenigen von z_1 und z_2 zu berechnen. Die wichtigsten Folgerungen aus diesen Formeln sind diese: Es giebt immer zwei ausgezeichnete Zonen von der Art, dass jede ihrer Flächen durch die Deformation in eine gleichberechtigte Fläche übergeführt wird; diese Zonen sind bestimmt durch die beiden Kreisschnittebenen und die zu ihnen senkrechte Symmetrieebene. Die einzigen Flächen, welche gar keine Aenderung der Indices erleiden, sind die Ebene z_2 und die der Schiebungsrichtung parallelen Flächen. — Erhält eine Fläche, deren ursprüngliche Indices h_1, h_2, h_3 sind, durch die Schiebung die Indices h_1, h_2, h_3, so geht umgekehrt die Fläche mit den alten Indices h_1, $\underline{h_2}$, h_3 in diejenige mit den neuen Indices h_1, h_2, h_3 über.

Das Symbol der zweiten Kreisschnittebene kann man berechnen, wenn man ausser der Gleitfläche noch das Symbol irgend einer Fläche vor und nach der Deformation kennt.

Im letzten Abschnitt wendet der Verf. die allgemeinen Ergebnisse auf die beobachteten Fälle an.

Den allgemeinsten untersuchten Fall bieten monokline Krystalle dar, bei denen eine Fläche aus der Zone der Symmetrieaxe Gleitfläche ist, wie beim Diopsid. Hier gilt von allen einfachen Krystallformen, dass ihre Flächen auch nach der Deformation zu einfachen Formen verbunden bleiben. — Beim rhombischen Anhydrit sind die Kreisschnittebenen die Flächen des Prismas (101); die Deformation bewirkt hier einfach eine Vertauschung der Brachy- und Vertikalaxe. — Beim Kalkspath und Natriumnitrat, wo eine Fläche von $-\frac{1}{2}R$, sowie am Eisenglanz und Korund, wo eine Fläche von R Gleitfläche ist, ist das Grundrhomboëder R die einzige einfache Krystallform, welche bei der Deformation ihre krystallographische Bedeutung vollständig behält. Die Formen $-\frac{1}{2}R$, $-2R$, $0R$ und $\infty P2$ stehen in der Beziehung zu einander, dass ihre Flächen wieder in Flächen dieser Formen übergeführt werden.

F. P.

O. MÜGGE. Zur Kenntniss der Flächenveränderungen durch secundäre Zwillingsbildung. N. Jahrb. f. Min. 1886, 1, 136-54†; ZS. f. Kryst. **13**, 307-11†.

Unter secundärer Zwillingsbildung versteht man die interessante Deformation, welche REUSCH zuerst am Kalkspath nachwies, welche dann in der Form des BAUMHAUER'schen Versuches bekannter wurde und welche der Verf. auch an einer Reihe anderer Krystalle erhielt. In dieser Arbeit werden die Formeln abgeleitet um die Indices der Krystallflächen nach der Deformation zu finden, wenn ausser der Zwillingsebene zwei Flächen gegeben sind, die ihre Indices nicht ändern („Flächen der Grundform"), ferner wird auch der Fall untersucht, dass die Grundform erst gesucht werden muss, wenn die Zwillingsebene bekannt ist, und man ausserdem weiss, in welche Flächen sich zwei andere Flächen verwandeln.

Der Verf. discutirt dann eingehender die Verhältnisse an Zwillingslamellen von Korund und Rutil. *E. B.*

O. MÜGGE. Ueber künstliche Zwillingsbildung durch Druck am Antimon, Wismuth und Diopsid. (Neues Jahrb. f. Min. 1886, 1, 183-91†; [ZS. f. Kryst. 13, 314-15.

Bei Wismuth und Antimonkrystallen wird die secundäre Zwillingsbildung durch einen Schlag auf die Polkante des Rhomboëders oder durch Pressen mit einem platten Eisenstift erzeugt. Bei Diopsid gelang sie sowohl durch directen Druck, wie durch Pressung, nachdem die Krystalle erst in einen Bleiklotz eingeschmolzen waren. Die Zwillingsebene des Diopsids ist $\{001\}$ und die verticale Säulenzone Grundzone. *E. B.*

E. MALLARD. Sur la théorie des macles. (Ueber die Theorie der Zwillinge.) Bull. d. la soc. min. d. France 1885, 8, 452-68†; [ZS. f. Kryst. 12, 661-63†.

Der Verf. unterscheidet unter den Verwachsungen gleichartiger Krystalle (Groupements), solche deren Individuen in einer Ebene aneinanderstossen und solche, in welchen die gegenseitige Begrenzung eine unregelmässige ist. Für die ersteren behält er die Bezeichnung von ROMÉ DE L'ISLE „macle“ bei, für die anderen schlägt er den Namen „Groupement par pénétration“, Durchdringung, vor. Bei den Verwachsungen nach der ersten Art sind die Raumgitter auf den beiden Seiten der Verwachsungsebene bezüglich dieser zu einander symmetrisch gelegen. Die Orientirung der Molecüle nimmt bei holoëdrischen Krystallen an dieser Symmetrie Theil. Für die Hemiëdrie, deren verschiedene Fälle der Verf. unter diesem Gesichtspunkte eingehender untersucht, kann aber neben diesem Fall auch derjenige eintreten, dass die Molecüle nicht symmetrisch sind. Bei der Tetartoëdrie werden die Verhältnisse sogar noch complicirter. Hierauf geht der Verf. nicht näher ein. Die Einführung des Begriffes der „hémitropie“ oder der Drehung um 180° um eine Zwillingsaxe in die Definition des Zwillings trägt unter Umständen nur zur Verdunkelung der Verhältnisse bei, der Verf. spricht sich sehr entschieden gegen dieselbe aus.

Die „Groupements par pénétration“ sind der Beobachtung nach

immer derart, dass das eine Raumgitter das Symmetrische des anderen bezüglich eines Punktes (Centrum der Symmetrie) ist, oder derart, dass man das eine Raumgitter in das andere durch eine Drehung um $\frac{2\pi}{n}$ (worin n gleich 2, 3, 4 oder 6 ist) um eine Punktreihe des Gitters überführen kann. Der Verf. hat schon früher nachzuweisen gesucht, dass die Drehungsaxe eine Symmetrieaxe oder Pseudosymmetrieaxe des Gitters ist.

Trotz des grossen principiellen Unterschiedes zwischen den vom Verf. unterschiedenen Verwachsungsarten können doch Fälle vorkommen, in denen ein gewisser Uebergang zwischen ihnen vorkommt, z. B. bei den vielen rhombischen pseudohexagonalen Substanzen, die sowohl mit ebenen als auch mit unregelmässigen Begrenzungen verwachsen können. Der Verf. giebt zum Schluss eine mechanische Erklärung für die erste Art der Verwachsungen, welche zugleich Anwendung auf den Reusch-Baumhauer'schen Versuch findet.

Herr Frossard knüpft an die Mittheilung Herrn Mallard's die Bemerkung an, dass macle nicht von Macula-Fleck, sondern von Macula-Masche (eines Netzes) abzuleiten ist und dass das Wort in diesem Sinne auch in der Heraldik gebräuchlich ist.

E. B.

E. Mallard. Les groupements cristallins. Rev. Scient. 40, 129-38†, 165-71.

Vortrag, gehalten vor der Pariser chemischen Gesellschaft, in welchem der Verf. im Zusammenhang seine Theorie der Krystallgruppirung und die darauf sich stützende Erklärung der optischen Anomalien giebt. *E. B.*

John W. Judd. Ueber die Beziehungen zwischen den Lösungsflächen von Krystallen und denen secundärer Zwillingsbildung; und über die Art der Bildung negativer Krystalle nach den vorigen. Min. Mag. a. J. of the Min. Soc. 7, 81-92; [ZS. f. Kryst. 13, 398-99†.

Krystalle, welche Spannungen erleiden, sollen in Richtungen, welche durch die Spannungen bestimmt sind, leichter löslich sein, wodurch sich orientirte Hohlräume in denselben erklären. Orientirte Einschlüsse können durch Lösung und Ausfüllung der Hohlräume durch fremde Substanz entstehen. Obwohl die Lösungsflächen und andere Structurflächen nicht die gleichen zu sein brauchen, kommen doch Fälle vor, wo die Gleitflächen mit Lösungsflächen übereinstimmen. Beim Kalkspath beobachtet der Verf. z. B. nach secundärer Zwillingsbildung als Lösungsfläche die Gleitfläche $-\frac{1}{2}R$ die dann sogar vor der gewöhnlichen Lösungsfläche $-2R$ vorherrscht. *E. B.*

F. BECKE. Aetzversuche am Pyrit. Wien. Anz. **24**, 45-46†.

Die Versuchsresultate liessen sich durch Angabe von Aetzzonen allein nicht erschöpfend darstellen. Durch Messung der Dicke der auf verschiedenen Krystallflächen gelösten Schichten ergab sich, dass bei Aetzung mit Salpetersäure die Flächen der Aetzzone (001) und π (102) einen ungefähr 1,5 mal so grossen Lösungswiderstand besitzen, wie die Flächen (111), (101) und π (201). *E. B.*

H. BAUMHAUER. Ueber die Abhängigkeit der Aetzfiguren des Apatit von der Natur und Concentration des Aetzmittels. Berl. Ber. 1887, 863-78†.

Die mit verschiedenen Säuren geätzten Basisflächen des Apatits zeigen Figuren von hexagonalem Umriss, die meistens durch die Neigung ihrer Seiten gegen den Umriss der Fläche die hemiëdrische Natur des Minerals bestätigen. Es entstehen bei einer Aetzung zumeist Figuren von zwei verschiedenen Stellungen, die als α und β unterschieden werden. „Von besonderem Interesse ist nun die Thatsache, dass die Aetzeindrücke α und β mit zunehmender Concentration der Salpetersäure eine Drehung erfahren, wodurch sie sich mehr einer Protopyramide nähern, gerade umgekehrt, wie bei den mit Salzsäure geätzten Krystallen, bei welchen der grösseren

Concentration der Säure eine grössere Annäherung der Eindrücke *a* an die Lage einer Deuteropyramide entspricht. *E. B.*

R. Brauns. Ueber Winkelschwankungen isotroper und doppeltbrechender regulärer Krystalle. N. Jahrb. f. Min. 1887, **1**, 138-146†; [Beibl. **11**, 512.

Um nachzuweisen, „ob die durch das optisch anomale Verhalten sich verrathende Störung der Molecularstructur eine entsprechende Störung der Krystallform bedinge", hat der Verfasser an einer Reihe von theils einfach brechenden, theils optisch anomalen Krystallen von Bleinitrat, Ammoniak-Thonerde-Alaun und Spinell eingehende Winkelmessungen vorgenommen. Ein Unterschied zwischen den Winkeln der einfach- oder doppeltbrechenden regulären Krystalle hat sich hierbei nicht ergeben. Der Verfasser folgert hieraus, dass die Winkel, deren Werth sich aus der Symmetrie des Systems ergiebt, durch einen Spannungszustand der Krystalle keine Aenderung erfahren, und dehnt diesen Satz auf Grund von Beobachtungen am Apophyllit und Turmalin auch auf die Krystalle anderer Systeme aus. — Eine gewisse Regelmässigkeit der Winkelabweichungen an den untersuchten oktaëdrischen Bleinitrat-Krystallen, welche sämmtlich auf einer Fläche von (111) auflagen, wies deutlich auf die Wirkung der Schwerkraft als störende Ursache hin. *F. P.*

A. Franzenau. Untersuchungen über die Beständigkeit der Winkelwerthe des Datolithes der Seisser-Alpe. Ung. Ber. **5**, 241-248†.

Der Verf. hat 5 ausgezeichnete Datolithkrystalle untersucht, welche neunzehn Formen, darunter die am Datolith neuen (621) und (443), darboten. Tabellen der gemessenen Winkel geben eine Vorstellung von den ziemlich erheblichen, an jenen 5 Krystallen vorkommenden Schwankungen. *F. P.*

O. Lehmann. Ueber spontane, durch innere Kräfte hervorgerufene Formänderungen krystallisirter fester Körper. Wied. Ann. **25**, p. 173-88†; [ZS. f. Kryst. **13**, p. 183-84†.

Wenn ein Körper in verschiedenen Modificationen krystallisirt, die durch Temperaturänderungen ineinander übergeführt werden können, so lässt sich vermuthen, dass die Structur der einen Modification in gewisser Beziehung zu der der anderen steht und dass auch in der Orientirung der umgewandelten Substanz gegen die ursprüngliche irgend eine Gesetzmässigkeit vorhanden sein wird. Andeutungen hierfür sind verschiedentlich beobachtet worden, aber die vom Verf. beschriebenen Erscheinungen dürften wichtiger als die bisher bekannten sein. Zur Untersuchung wurde das vom Verf. construirte Krystallisationsmikroskop benutzt.

Chinonhydrodicarbonsäureester krystallisirt aus heissen, am besten mit etwas Colophonium verdickten Lösungen in farblosen parallelogrammatischen Blättchen mit einem Winkel von 44°. Zuweilen tritt von der kürzeren Seite noch eine Krystallfläche unter dem Winkel 72° hinzu, oder es sind auch nur die Flächen, die den letzteren Winkel bilden, vorhanden. Erniedrigt sich die Temperatur bis zu einem bestimmten Grade, so verändern die Blättchen ihre Gestalt und werden zugleich blassgrün. In einer Linie parallel der kürzeren Seite des Parallelogrammes stossen die umgewandelten Theile mit den ursprünglichen zusammen. Die längere Seite dreht sich um 15° und die früheren Winkel 44° und 72° verwandeln sich in 60° und 82°. Erwärmt man, so vollzieht sich die Umänderung wieder im entgegengesetzten Sinne. „Man hat dabei den Eindruck, als hätte man eine Art Nürnberger Scheere vor sich, die abwechselnd aufgezogen und wieder zusammengeschoben wird.“ Die eine Hauptschwingungsrichtung liegt parallel zur kürzeren Seite des Parallelogramms und bleibt bei dem Vorgange ungeändert. Ein ganz ähnliches Verhalten, abgesehen von der Grösse der Winkel zeigen Krystalle von Protocatechusäure aus wässeriger, stark phenolhaltiger Lösung. Ueber die geometrische Seite dieser Umwandlungen vergl. ZS. f. Kryst. **11**, p. 146 und Wied. Ann. **41**, p. 559. Abgesehen von noch einem Falle (Chlorammonium aus einer mit Cadmiumchlorid verunreinigten Lösung), wo eine allotrope Umwandlung stattfindet, aber unter weniger regelmässigen Erscheinungen, enthält die Arbeit wesentlich theoretische Betrachtungen über die Theorien der allotropen Umwandlung (Theorie der Allotropie, des Polymorphismus: MALLARD'sche Zwillingsstructurtheorie, Theorie der physikalischen Isomerie). Der Verf. ist zur Annahme der Theorie der physikalischen Isomerie geneigt und entwickelt deren Consequenzen für verschiedene physikalische Vorgänge. 1) Die drei Aggregatzustände. „Nach der Theorie der physikalischen Isomerie kann chemisch ein und derselbe Körper stets nur in einem Aggregatzustande auftreten: continuirliche Uebergänge eines Körpers aus einem Aggregatzustande in einen anderen (VAN DER WAALS) sind unmöglich. Wo solche scheinbar doch auftreten, wird angenommen, dass eine Mischung zweier Modificationen vorliege, deren chemisches Gleichgewicht von Temperatur und Druck abhängig ist. 2) Anomalien des MARIOTTE-GAY-LUSSAC'schen Gesetzes werden dadurch erklärt, dass sich vor dem Condensiren eine Lösung von Flüssigkeit im Gase bildet. 3) Anomalien der Ausdehnung und Compressibilität der Flüssigkeiten bei höheren Temperaturen und Drucken: hier bleibt ein Theil des Dampfes in der Flüssigkeit gelöst. Durch eine Lösung von Dampf erklären sich auch die 4) Anomalien der Capillarität. 5) Dichtemaximum des Wassers: vor dem Ausscheiden des Eises bildet sich eine Lösung von Eis in Wasser. Aehnliche Vorgänge kann man zur Erklärung von 6) Anomalien der specifischen Wärme des Wassers in der Nähe des Siedepunktes wie des Gefrierpunktes, ferner 7) der Erniedrigung des Schmelzpunktes durch Beimengungen, 8) der Zunahme der Löslichkeit mit der Temperatur, 9) Existenz mehrerer Schmelz- und Sättigungspunkte heranziehen. Unter demselben Gesichtspunkte behandelt der Verf. ferner kurz 10) Analogien zwischen krystallwasserhaltigen Salzen und allotropen Modificationen und 11) Lösung fester Körper in Gasen und Sublimation. 12) Die Wärmetönung beim Schmelzen und Sieden ist, wie es nach der Theorie erwartet werden kann, derjenigen bei Bildung von krystallwasserhaltigen Salzen und Doppelsalzen der Grössenordnung nach sehr ähnlich. Zum Schluss wendet sich der Verf. noch 13) der Lösung und Quellung und 14) der Krystallisationskraft und den Analogien zwischen elastischer Verschiebung und allotroper Umwandlung zu und verweist endlich auf die Möglichkeit, die Krümmungen und Drehungen bei der Trichitenbildung durch Oberflächenspannungen bei festen Körpern zu erklären. *E. B.*

O. LEHMANN. Ueber Krystallisation von Gemengen. ZS. f. physik. Chemie **1**, p. 15-26, 49-60†; [Chem. Ber. **20** [2], 139; [J. chem. Soc. **54**, 342, 1888; [Chem. CBl. **18**, 504-6; [Beibl. **11**, 686.

Der Verf. bespricht zuerst die bisherigen Erfahrungen und Anschauungen über das Zusammenkrystallisiren von verschiedenen Substanzen. Abgesehen von den isomorphen Körpern ist dies Gebiet noch ziemlich dunkel. Jedenfalls kommen Misch- und Schichtkrystalle auch bei Substanzen vor, deren chemische und krystallographische Beziehungen nicht ganz eng sind und derartige Fälle, welche neuerdings häufiger beobachtet werden, untersucht der Verf., indem er die Vorgänge mikroskopisch verfolgt. Befinden sich in einer Lösung, die sich abkühlt, zwei Körper *A* und *B*, so wird möglicherweise, nachdem sich anfangs *A* allein ausscheidet, zunächst der Sättigungspunkt von *B* in Bezug auf Krystalle von *A* erreicht; dann wachsen die Krystalle von *A* fort durch eine Schicht, welche auch *B* enthält, bis eventuell die Lösung als Lösung von *B* betrachtet auch ihren Sättigungspunkt in Bezug auf Krystalle von *B* erreicht und sich neben den Mischkrystallen von *A* auch reine Krystalle von *B* bilden. Es ist also möglich, dass Mischkrystalle die Substanz *B* nur bis zu einem bestimmten Grenzgehalt aufnehmen (Mischung von Salmiak mit Eisenchlorid-Chlor-Ammonium). Wird die Lösung, als Lösung von *A* betrachtet, in Bezug auf die Krystalle von *B* eher gesättigt, als die von *B* in Bezug auf die eigenen Krystalle, so kann sich *B* nicht rein sondern auch nur in Mischkrystallen ausscheiden. Je nach dem Gehalt der Lösung an *A* und *B* erhält man *A*-reiche oder *B*-reiche Krystalle. „Das Mischungsverhältniss der Stoffe bei den Grenzgliedern der Reihe scheint von der Natur des Lösungsmittels nicht wesentlich abhängig zu sein, so dass auch aus gemengten Schmelzflüssen dieselben beiden Grenzformen erhalten werden.“ Möglich ist auch der Fall, dass die Reihe der krystallisirten Mischungen ohne Unterbrechung beiderseits zu den reinen Krystallen reicht, wie man es früher bei den isomorphen Körpern allgemein annahm. Ein wesentliches Hülfsmittel bei der Untersuchung war die verschiedene Färbung der benutzten Substanzen.

1) Chinondihydroparadicarbonsäure krystallisirt in drei Formen, einer stabilen rhombischen, einer farblosen asymmetrischen und einer anderen, grünen, asymmetrischen.

2) Succinylobernsteinsäureester, asymmetrische Krystalle, welche mit den beiden asymmetrischen Modificationen von 1) Aehnlichkeit haben, obwohl die Winkel andere sind.

3) Von 1) und 2) erhält man Mischkrystalle in der rhombischen Form von 1) und in der Form von 2), während die asymmetrischen Krystalle von 1) die Substanz 2) nicht aufzunehmen vermögen.

4) Dioxychinonparadicarbonsäureester besitzt eine labile monosymmetrische und eine stabile asymmetrische Form. Letztere hat eine gewisse Aehnlichkeit mit der grünen asymmetrischen Form von 1) und es bilden sich

5) Mischkrystalle der asymmetrischen Form von 4) mit 1), während die monosymmetrische Form nur wenig von 1) aufzunehmen scheint. Auch erhält man

6) Mischkrystalle der asymmetrischen Form von 4) und der Substanz 2). Ob die monosymmetrische Form von 4) die Substanz 2) aufnehmen kann, ist fraglich.

7) Tetraoxybenzolparadicarbonsäureester krystallisirt in asymmetrischen, nahezu rechteckigen Blättchen und ist obwohl keine Aehnlichkeit mit den übrigen vorhanden ist, im Stande,

8) Mischkrystalle mit der Substanz 2), ferner

9) Mischkrystalle mit der rhombischen Modification von 1) zu bilden, und zwar in der Form der letzteren. Die beiden anderen Modificationen von 1) scheinen 7) nicht aufnehmen zu können, ebensowenig wie 7) die Substanz 1).

10) Man erhält Mischkrystalle von 7) mit 4). Da sie aber braun und sogar unter Umständen undurchsichtig sind, während die Bestandtheile rothgelb bezw. grünlich aber durchsichtig waren, so ist hier, wie der Verf. bemerkt, eine chemische Umwandlung möglich, obwohl es andererseits nicht ausgeschlossen ist, dass sich durch eine besondere optische Wirkung die eigenthümliche Farbe erklärt und die Krystalle wahre Mischkrystalle sind. *E. B.*

C. DECHARME. Le rôle de l'électricité dans la cristallisation. Lum. El. **25**, 201-4, 270-75, 324-28, 421-27, 522-28†.
— Influence du magnétisme sur la cristallisation. Lum. El. **26**, 69-75†; [Beibl. **26**, 69-75.

Der Verf. beschreibt eingehend die bekannten dendritischen Krystallisationen, welche in Metallsalzlösungen entweder bei Zersetzung durch den elektrischen Strom oder durch Niederschlag durch Zink in grossen Stücken oder Zinkfeilicht entstehen. Die von verschiedenen Centren ausgehenden Krystallisationen stossen sich ab und zeigen im Uebrigen namentlich bei Zusatz von Gummi zur Lösung die gewöhnlichen Zeichen gestörter Krystallisation. Im Anschluss an die Versuche Anderer erhielt der Verf. auch regelmässige Anordnung von Mennigepulver, welches er in einer dünnen Wasserschicht vertheilte, wenn er letzteres erst gefrieren und dann verdunsten liess. Der Verf. setzt auch in solchen Fällen elektrische Wirkungen voraus und sieht eine Stütze dieser Auffassung namentlich in der Lichtentwickelung bei manchen Krystallisationen und den Elektricitätsentwickelungen beim Zerschlagen und Erhitzen mancher Krystalle. Um auch den Einfluss magnetischer Kräfte auf die Krystallisation nachzuweisen, setzt der Verf. den Lösungen wieder Gummi zu, in der Voraussetzung, dass dadurch die sonst überwiegend starken Cohäsionskräfte geschwächt werden. In der That beobachtete er dann, dass bei mehreren Krystallisationen, z. B. Bleiacetat und Bleisulfat, die Krystalle sich annähernd in Richtung der magnetischen Kraftlinien anordnen. *E. B.*

L. WULFF. Mittheilungen über die Krystallisation des

Zuckers. ZS. f. R. Z. Ind. 1875, 917-47, Oct.; [Chem. CBl. 3, **18**, 1573-74†.

Die Thatsache, dass Zucker so schwierig krystallisirt und dass seine übersättigten Lösungen leichter zum Krystallisiren gebracht werden können, wenn sie einigemale angewärmt werden, erklärt der Verf. durch die Annahme, dass in Lösung der Zucker amorph ist und beim Auskrystallisiren erst in die andere Modification übergeführt werden muss. *E. B.*

L. WULFF. Ein neues Krystallisationsverfahren. Pharm. Z. **32**, 70, 2. Febr.; [Chem. CBl. (3) **18**, 210†.

Der Verf. empfiehlt im geraden Gegensatz zu den bisherigen Anschauungen Bewegung der Lösung als geeignet zur Erzielung gut ausgebildeter Krystalle. *E. B.*

G. WYROUBOFF. Sur deux cas embarassants d'isomorphisme. Bull. soc. franç. d. Min. **9**, 102-115†, 1886.

E. MALLARD. Dasselbe. ibid. 115-121†.

C. FRIEDEL. Dasselbe. ibid. 121-128†; [Beibl. **11**, 317-319.

WYROUBOFF ist der Ansicht, dass die MITSCHERLICH'sche Definition der Isomorphie unzureichend sei, weil es grosser Willkür unterliege, was man unter ähnlichen Formen verstehen will. Er führt als Beispiel einige Substanzen an, bei denen die Isomorphie nach der bisherigen Anschauung zweifelhaft erscheint. Es sind dies erstens das neutrale Ammoniumracemat und das neutrale Thalliumracemat, welche beide monoklin krystallisiren mit den ähnlichen Elementen

$$a : b : c = 0.4985 : 1 : 1.6673, \gamma = 90^{0}\,29'$$
$$a : b : c = 0.5305 : 1 : 1.7310, \gamma = 90^{0}\,27'$$

und auch Mischkrystalle bilden, aber, bis auf die Basis, ganz verschiedene Formen zeigen und sich dadurch unterscheiden, dass das Thalliumsalz eine Spaltbarkeit besitzt, das Ammoniumsalz nicht.

Zweitens führt der Verf. das neutrale Ammonium- und Thalliumtartrat an, welche Salze sehr ähnliche Formen besitzen und sich nur durch die Spaltbarkeit und optischen Eigenschaften wesentlich unterscheiden, aber dennoch wie dimorphe Körper zusammenkrystallisiren, insofern die Mischkrystalle selbst bei ca. 90 % Thalliumsalz noch die Spaltbarkeit und optischen Eigenschaften des Ammoniumsalzes aufweisen.

Im Anschluss an diese Mittheilung WYROUBOFF's erklärt MALLARD, dass er von den 3 von MITSCHERLICH für die Isomorphie aufgestellten Bedingungen: Aehnlichkeit der Form, Analogie der chemischen Zusammensetzung, Fähigkeit des Zusammenkrystallisirens in beliebigen Verhältnissen, nur die erste für nothwendig und zur Definition der Isomorphie geeignet hält. So sind nach seiner Ansicht KNO_3 und $Ca\,CO_3$, $Na\,Al\,Si_3\,O_8$ und $Ca\,Al_2\,Si_2\,O_8$ trotz der verschiedenartigen Zusammensetzung isomorph. Das Zusammenkrystallisiren sei keine nothwendige Bedingung für die Isomorphie, da es auch von den Verhältnissen der Löslichkeit und der Molecularvolumina abhänge. Bei weniger vollkommener Isomorphie seien bestimmte Mischungsverhältnisse vorherrschend. Viele Doppelsalze sind nach MALLARD als derartige isomorphe Mischungen anzusehen, z. B. Dolomit und Pyroxen.

Im Gegensatz zu MALLARD hält FRIEDEL an der alten Definition der Isomorphie fest. Wenn man nur die Formähnlichkeit verlange und für diese ziemlich weite Grenzen zulasse, so seien schliesslich fast alle Körper isomorph, namentlich wenn man mit MALLARD allen Krystallen Structuren zuschreibe, die der regulären sehr nahe stehen. Die von WYROUBOFF beschriebenen Fälle seien mit der gewöhnlichen Ansicht über Isomorphie vereinbar. $Na\,NO_3$ und $Ca\,CO_3$ seien nicht isomorph, da Kalkspathkrystalle in $Na\,NO_3$-Lösung nicht eigentlich weiter wachsen, sondern nur richtend auf die Salpeterkrystalle einwirken, was auch bei ganz verschieden krystallisirenden Körpern vorkommt. FRIEDEL hebt als Kennzeichen der Isomorphie zweier Substanzen die Fähigkeit der einen Substanz, übersättigte Lösungen der anderen zum Krystallisiren zu bringen, hervor. KNO_3 und $Ca\,CO_3$ hält er nicht für isomorph, ebensowenig Natron- und Kalk-Feldspath, die nach seiner Ansicht nur eine Reihe discreter Mischungen oder Verbindungen eingehen. Der Dolomit und andere Doppelsalze seien als chemische Verbindungen anzusehen, für ersteren sei die Constitutionsformel $CO<^{O\,Mg\,O}_{O\,Ca\,O}>CO$ wahrscheinlich. *F. P.*

A. Schrauf. Ueber Morphotropie und Atometer.

N. Jahrb. f. Min. 1886, **1**, 234-238; [ZS. f. Kryst. **13**, 319.

Der Verf. giebt einige Belege für den von ihm aufgestellten Satz: „Das Atomgewicht ist eine der zahlreichen Ursachen, welche die Wirkung der morphotropischen Kraft eines Elementes bei intramolecularen Vorgängen beeinflussen.“ So krystallisiren die Mischungen von Selen und Schwefel $Se\,S$ bis $Se\,S_4$ monoklin und isomorph mit Selen, und erst $Se\,S_5$ ist isomorph mit dem rhombischen Schwefel. Die Krystalle beider Gruppen wurden aus Lösungen in Schwefelkohlenstoff erhalten. In ähnlicher Weise zeigt sich bei Mischungen von $Mg\,SO_4 + 7\,H_2\,O$ und $Fe\,SO_4 + 7\,H_2\,O$, dass diese die Form des Eisensulfats haben, so lange sie nicht 3 Atome *Mg* gegen 1 Atom *Fe* enthalten: erst dann zeigt auch das Zahlenverhältniss der Moleculargewichte ein Ueberwiegen des *Mg*, denn es verhalten sich $2\,Mg : Fe = 48 : 56$

$$3\,Mg : Fe = 72 : 56.$$

Dass indessen der Einfluss des Atomgewichts nicht allein massgebend ist, sondern auch die Affinität und die Krystallisationsfähigkeit der einzelnen Körper entscheidet, beweist das Verhalten der Mischungen von $K\,Mn\,O_4$ und $K\,Cl\,O_4$ und $(Mg\,Fe)\,CO_3$.

Zuletzt begründet der Verf. durch den obigen Satz eine früher (ZS. f. Kryst. **9**, 264-277, 1884) von ihm mitgetheilte Berechnung der Parameter des Hydrosantonins aus denen des Santonins, bei der die „Atometer“ von *H* und *O* als im Verhältniss von 1 : 16 wirksam angenommen sind. *F. P.*

A. Schrauf. Ueber das Molecül des krystallisirten Benzols.

Wied. Ann. **31**, 540-543; [Chem. Ber. **20** [2], **447**; [J. chem. soc. **52**, 922; [Chem. CBl. **18**, 849.

J. Thomsen hat angenommen, im Benzol seien die Atome in

den Ecken eines Octaëders gelagert, so wie Fig. 1 es für die halben Axen darstellt:

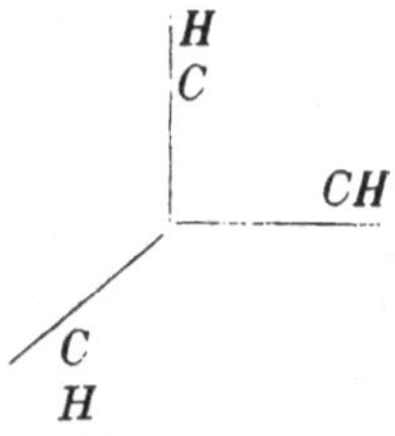

SCHRAUF weist darauf hin, dass eine solche Lagerung nothwendig ein isotropes Molecül ergeben muss; er nimmt eine Lagerung, wie die folgende

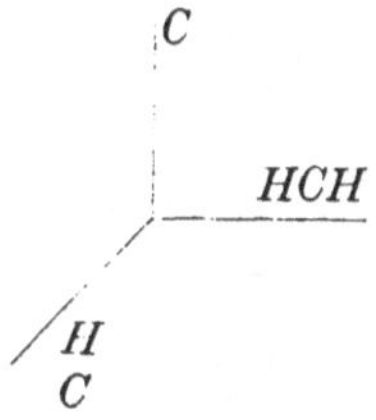

an und berechnet aus ihr, indem er dem Wasserstoff das Atometer 426 giebt, für die Benzolkrystalle das Axenverhältniss 0.898 : 1 : 0.796, während die Erfahrung nach GROTH 0.891 : 1 : 0.799 ergiebt. *Bde.*

G. WYROUBOFF. Quelques considérations sur l'isomérie et le polymorphisme. Bull. soc. min. Fr. **8**, 398-406†, 1885; [ZS. f. Krystallogr. **12**, 659.

Um die bisher herrschende Inconsequenz in der Bezeichnungsweise zu beseitigen, schlägt der Verf. vor, Substanzen von gleicher procentischer Zusammensetzung und verschiedenen Eigenschaften isomer zu nennen, wenn die Verschiedenheit auch noch bei ihren einander entsprechenden Verbindungen bestehen bleibt, dagegen polymorph, wenn dies nicht der Fall ist. Isomere Körper würden als polymer oder metamer zu bezeichnen sein, je nachdem sie verschiedene oder gleiche Moleculargrösse besitzen. Dagegen hält der Verf. die Unterscheidung von chemischer und physikalischer (optischer, geometrischer) Isomerie nach dem gegenwärtigen Stande unserer Kenntnisse nicht für berechtigt, da die Grenzen zwischen chemischen und physikalischen Eigenschaften noch nicht feststånden. Eine Zwischenstellung zwischen Isomerie und Polymorphie nimmt nach dem Verf. die Allotropie der Elemente ein, insofern die allotropen Elemente theils isomer, theils nur polymorph zu sein scheinen. — Indem übrigens der Verf. unter anderen die Frage als noch zu entscheiden aufwirft, ob zwei isomere Molecüle immer in allen von ihnen eingegangenen Verbindungen verschieden bleiben, giebt er zu, dass die Trennung der Isomerie von der Polymorphie doch vielleicht keine ganz scharfe sei. *F. P.*

L. Fletcher. Cubic crystals of graphitic carbon.

Min. Magaz. a. Journ. of the Min. Soc., Juli 1887; Nature **36**, 304-305; [ZS. f. Kryst. **13**, 383-384; [Beibl. **11**, 757; [N. Jahrb. f. Miner. 1888, **2**, 217, 225-226.

Bei der chemischen Untersuchung eines 1884 im Districte Youndegin, West-Australien, aufgefundenen Stückes Meteoreisen ergab sich ein in Säuren unlöslicher Rückstand von sehr kleinen, metallglänzenden, graulichschwarzen, hexaëdrischen Krystallen, von denen einige noch Flächen von (110) und von einem Tetrakishexaëder aufwiesen. Ihre Härte wurde = 2½, das spec. Gewicht = ca. 2.12 gefunden. Das chemische Verhalten stimmte vollkommen mit demjenigen des Graphit überein, so dass hier wahrscheinlich eine dritte allotrope Modification des krystallisirten Kohlenstoffs vorliegt, für welche der Verf. den Namen Cliftonit vorschlägt. Von derselben Natur, wie diese Krystalle von Youndegin, waren wahrscheinlich diejenigen angeblich aus dem Meteoreisen von Arva stammenden Krystalle, welche Haidinger 1846 als „Graphit, pseudomorph nach Eisenkies" beschrieben hat. Wenngleich nun das Fehlen einer Spaltbarkeit und das Vorkommen von Höhlungen in den vom Verf. untersuchten Krystallen auf pseudomorphe Bildung hinweisen könnten, so hält der Verf. die letztere doch schon deswegen für ausgeschlossen, weil das in Meteoriten beobachtete Schwefeleisen niemals Pyrit ist, und weil die fraglichen Krystalle augenscheinlich holoëdrisch sind. Gegen eine etwaige

Entstehung der letzteren aus Diamant spricht der Umstand, dass ihre Flächenbeschaffenheit (riffartige Erhöhungen auf (110), conische oder sphärische auf (100), am Diamant noch nie beobachtet wurde. Der Verf. hat ähnliche Krystalle auch in dem im britischen Museum befindlichen Eisen von Cocke (-Sevier) County aufgefunden.

F. P.

F. FEIST. Krystallographische Untersuchungen. ZS. f. Kryst. **12**, 449-450†.

1) $(C_9 H_{15} O_2)\ 2\ Ca + 3\ H_2 O$. Monoclin, $a:b:c = 0.9185:1:0.9610$, $\beta = 85^0\ 12$. Gemessen (110), (010), (011).

2) $C_{10} H_{16} O_4$ = β-Isobutylhomoparaconsäure. Monoclin, $a:b:c = ?:1:1.0593$, $\beta = 59^0\ 31'$; beobachtete Formen: (100), (010), (011). Ebene der optischen Axen (010), Neigung der 1. Mittellinie gegen c im stumpfen Winkel β 43^0, Winkel der optischen Axen ca. $36^1/_2{}^0$. *F. P.*

G. LINCK. Krystallographische Untersuchungen. ZS. f. Kryst. **12**, 442-449†; [Bull. soc. chim. **47**, 562-563; [J. chem. soc. **52**, 334.

1) Borwolframsaures Cadmium. Aus der sog. KLEIN'schen Lösung scheiden sich zunächst hellere, tafelförmige, sodann dunklere (braungelbe), prismatische Krystalle aus, welche sich aber in der Zusammensetzung, die nahezu der Formel $9\ Wo\,O_3,\ B_2\,O_3,\ 2\ Cd\,O, 6\ H_2\,O + 12\ aq.$ entspricht, kaum unterscheiden. Die helleren Krystalle sind monoclin: $a:b:c = 1.3321:1:1.1383$, $\beta = 57^0\ 47'$, Ebene der opt. Axen ca. 20^0 gegen $\bar{1}01$, ca. 147^0 gegen 001 geneigt über dem spitzen Winkel β, Axenwinkel in Oel $78^0\ 53'$ für Na; die dunkleren sind triklin: $a:b:c = 0.6261:1:0.4398$, $\alpha = 114^0\ 56'$, $\beta = 92^0\ 42'$, $\gamma = 94^0\ 57'$, Winkel der opt. Axen, an einer Platte parallel 19. 19. 20 bestimmt, in Oel

114° 35′ für *Na*, Doppelbrechung positiv, deutlicher Pleochroismus.

2) Saures methylvinaconsaures Silber. Monoclin, $a:b:c = 1.023:1:0.7540$, $\beta = 79° 36'$, vollkommen spaltbar nach (001).

3) Gebromtes Lacton. Monoclin, $a:b:c = 0.5883:1:0.7897$, $\beta = 64° 44'$; Ebene der optischen Axen 010, erste Mittellinie im stumpfen Winkel β schwach geneigt gegen die Normale von (001).

4) Phenyloxybutyrolacton. Monoclin, $a:b:c = 2.2566:1:3.0965$, $\beta = 66° 34'$; vollkommen spaltbar nach (100) und (010). Ebene der optischen Axen 010 (für Blau vielleicht senkrecht dazu), 2. Mittellinie ca. 6° gegen c im stumpfen Winkel β geneigt; Axenwinkel $2V = 12° 38'$ für *Na*, sehr klein für Blau. Brechungsindices (mittelst eines natürlichen Prismas bestimmt):

	Li	*Na*	*Tl*
$\beta =$	?	1.6539	1.6596
$\gamma =$	1.5026	1.5049	1.5075.

Für *Li*-Licht wurde der Strahl vom Brechungsindex β vollständig absorbirt. *F. P.*

F. GRÜNLING. Chemisch - krystallographische Untersuchungen. ZS. f. Krystallogr. **13**, 30-44†; [Chem. CBl. 1888, 39.

Enthält die krystallographische und zum Theil die optische Beschreibung folgender Substanzen (No. 1—3 von E. KALKOWSKY, No. 4 und 5 von E. SCHALL, No. 6—8 von A. LEPPLA, die übrigen vom Verf. untersucht):

1) Lutidinplatinchlorid (monoclin, isomorph mit Picolinplatinchlorid); 2) Ammoniumdisulfowolframat (triklin); 3) Kaliumsulfowolframat (rhombisch, isomorph mit Ammoniumsulfowolframat und Ammoniumsulfomolybdat); 4) Tetrabenzylacetondicarbonsäure (monoclin); 5) Orthonitrobenzophenon (monoclin); 6) Spartëin-Jodmethylat (rhombisch); 7) Indazol (monoclin); 8) p-methyl-o-chinolinsulfosaures Natrium (monoclin); 9) Cinchen (rhombisch, identisch

mit Cinchoniden); 10) Cinchenjodmethylat (monoclin, identisch mit Cinchonidenjodmethylat): 11) Chinen (rhombisch, identisch mit Conchinen); 12) Chlorzinkdoppelsalz des Chinen (rhombisch, identisch mit dem Conchinendoppelsalz); 13) Chininchlorid (rhombisch); 14) Cocäthylin (monoclin hemimorph): 15) pyridindisulfosaures Kalium (monoclin); 16) β-Dichinolylin (monoclin). *F. P.*

G. GRATTAROLA. Krystallographische Untersuchung von rechtsdrehendem Asparagin. Atti. Soc. Tosc. Sc. nat. 1886, **8**, 2. Heft; [ZS. f. Krystallogr. **13**, 305-306†; [Chem. CBl. **18**, 1310.

An Krystallen, welche von PIUTTI aus rechtsdrehender Lösung dargestellt waren, wurden die Formen beobachtet:
(010), (001), (100), (110), (011), (021), (065), (095), (101), $\varkappa$ (111).

Die beobachteten Winkel stimmten mit den aus dem Axenverhältniss des Links-Asparagins ($a:b:c = 0.4737:1:0.8327$) berechneten gut überein. Die Flächen waren oft unregelmässig und unvollzählig entwickelt. Einmal wurde ein Ergänzungszwilling aus einem rechten und einem linken Individuum beobachtet. Die an natürlichen Prismen gemessenen Brechungsindices für *Na*-Licht: $\alpha = 1.5496$, $\beta = 1.5800$, $\gamma = 1.6200$ stimmen ebenfalls mit denen des Links-Asparagins überein; die Axenebene ist, wie bei letzterem, parallel (010), und die c-Axe die 1. Mittellinie; $2V = 86^0 58'$, Dispersion $\varrho < v$. *F. P.*

V. v. ZEPHAROVICH. Die Krystallformen des Mannit. ZS f. Krystallogr. **13**, 145-149; [Bull. soc. chim. **49**, 263, 1888.

Der Mannit ist dimorph; beide Formen sind rhombisch und einander ziemlich ähnlich. Für die Form *A* ist:

$$a:b:c = 0.47:1:0.52;$$

Spaltbarkeit sehr vollkommen nach (010); Ebene der optischen Axen (001), erste (negative) Mittellinie b, $2E =$ ca. 100^0, geringe Dispersion $\varrho < v$.

Für die viel häufigere Form *B* gilt:

$$a:b:c = 0.51:1:0.66,$$

Spaltbarkeit wie bei *A*; Ebene der optischen Axen (100), 1. (negative) Mittellinie *b*, $2E = 71^\circ 30'$ (beim Erwärmen bis zum Schmelzpunkt bis auf ca. 81° steigend) $\varrho > v$.

Das chemische Verhalten, die Löslichkeit sowie der Schmelzpunkt beider Formen stimmt überein. Es scheint, dass sich beide aus derselben Lösung bilden können, jedoch *B* zuerst und sehr vorherrschend. Beim Umkrystallisiren der Form *A* erhält man immer *B*; eine Umwandlung im festen Zustande konnte dagegen nicht beobachtet werden. Als bedingend für die Entstehung der Form *A* vermuthet der Verf. eine bestimmte Concentration oder die Gegenwart einer fremden Substanz in der Lösung. Der Verf. wünscht, dass das hier vorliegende Verhalten als „Dimorphie" von der „physikalischen Isomerie" unterschieden würde.

Schliesslich weist der Verf. darauf hin, dass die beiden Formen des Dulcit, Dulcose und Isodulcit, analoge Beziehungen aufweisen.

F. P.

P. Cazeneuve und F. Morel. Ueber die krystallographischen Beziehungen der Kampherderivate.

C. R. **101**, 438-440, 1885; [ZS. f. Krystallogr. **12**, 642-643.

Die bisher gemessenen Monosubstitutionsproducte des Kamphers krystallisiren monoclin und sind isomorph, wie folgende Winkeltabelle zeigt:

	(110)	(100)(001)	(001)(101)
$C_{10}H_{15}ClO$	$79^\circ 20'$	$86^\circ 45'$	$40^\circ 5'$
$C_{10}H_{15}BrO$	$79^\circ 27'$	$86^\circ 8'$	$40^\circ 29'$
$C_{10}H_{15}CyO$	$78^\circ 50'$	$85^\circ 15'$	$39^\circ 20'$
$C_{10}H_{15}JO$	$77^\circ 42'$	$86^\circ 0'$	—

Auch die folgenden, rhombisch krystallisirenden Disubstitutionsproducte zeigen untereinander sehr ähnliche Winkel:

	(110)	(011)
$C_{10}H_{14}Cl_2O$	$56^\circ 50'$	$77^\circ 32'$
$C_{10}H_{14}ClBrO$	$55^\circ 12'$	$77^\circ 36'$
$C_{10}H_{14}Cl(NO_2)O$	$52^\circ 52'$	$73^\circ 25'$
$C_{10}H_{14}Br_2O$	$51^\circ 36'$	$74^\circ 42'$
$C_{10}H_{14}Br(NO_2)O$	$51^\circ 21'$	$73^\circ 6'$.

Eine Reihe von Derivaten, deren Typus der Körper ($C_{10}H_{14}$ $NO_2O)_2Zn$ repräsentirt, krystallisirt wahrscheinlich ebenfalls rhombisch, aber mit andern Winkeln und anderem Habitus. *F. P.*

E. BICHAT. Sur le dédoublement des composés optiquement inactifs par compensation. C. R. **102**, 428-431, 766-767†, 1886

J. JOUBERT. Sur la cristallisation du paratartrate de soude et d'ammoniaque. C. R. **102**, 507-508†.

G. WYROUBOFF. Sur le dédoublement des racémates sodico-ammonique et sodico-potassique. C. R. **102**, 627-629†; [ZS. f. Krystallogr. **13**, 424.

BICHAT hat gefunden, dass der Zerfall des traubensauren Natrium-Ammoniums in das rechts- und linksweinsaure, welches bei der Krystallisation in offenen Gefässen bei Temperaturen unter 28° eintritt, vermieden wird, wenn die Krystallisation unter Luftabschluss stattfindet. Die Spaltung des inactiven Salzes muss demnach durch irgendwelche Bestandtheile des atmosphärischen Staubes veranlasst werden, und zwar nach Ansicht des Verf. durch kleinste Krystalltheilchen des rechts- oder linksweinsauren Salzes, da ihm die Möglichkeit, dass organische Keime die Ursache seien, durch einen besonderen Versuch ausgeschlossen zu sein scheint. Mit Bezugnahme auf diese Untersuchung BICHAT's theilt JOUBERT mit, dass er schon vor längerer Zeit grosse Krystalle des traubensauren Salzes (Paratartrats) durch ein Verfahren erhalten habe, bei welchem ebenfalls der Zutritt atmosphärischen Staubes zur Lösung verhindert wurde.

Entgegen der obigen von BICHAT vertretenen Ansicht sucht WYROUBOFF darzulegen, dass der Zerfall des Paratartrates in die beiden Tartrate nicht durch in der Luft schwebende Salztheilchen verursacht werden könne, da man bei Temperaturen oberhalb 28° auch an freier Luft nur Paratartrat-Krystalle erhält; die Erscheinung hänge vielmehr lediglich von den durch die Temperatur geregelten Löslichkeitsverhältnissen der Salze ab. Die Bildung des Paratartrats bei niederer Temperatur unter den von BICHAT beobachteten Vorsichtsmassregeln sei auf Uebersättigung der gleichzeitig vorhandenen Tartratlösungen, in Folge deren nur das Paratartrat auskrystallisirt, zurückzuführen.

Diese Einwände sucht BICHAT in seiner zweiten Notiz (p. 766) zu widerlegen. *F. P.*

Litteratur.

B. HECHT. Beiträge zur Krystallberechung. Jahrb. f. Min. 5. Beilage-Bd., 579-642, 1887.

B. MINNIGERODE. Untersuchungen über die Symmetrieverhältnisse der Krystalle. Jahrb. f. Min., 5. Beilage-Bd., 145-166.

TSCHERMAK. Zwillingsartige Verwachsung von Orthoklas Min. und Petrogr. Mitth. 8, 415.

LUEDECKE. Ueber Zwillinge mit geneigten Hauptaxen beim Quarz. Thüring. ZS. **60**, 343.

L. WULFF. Wie wirkt die Bewegung auf die Krystallisation ein? Chem. Ztg. **11**, 739; [Chem. CBl. (3) **18**, 1130.

A. LAGORIO. Ueber die Natur der Glasbasis, sowie der Krystallisationsvorgänge im eruptiven Magma. Min. u. Petrogr. Mitth. **8**, 421-529.

CH. GUIGNET. Krystallbildung durch Diffusion, C. R. **103**, 873; Exner Rep. **23**, 250-252; [ZS. f. Unt. **1**, 219, 1888.

G. FLINK. Ueber die Krystallform und Zwillingsbildung des Skolecit von Island. Bihang till K. Svenska. Ak. Handl. **13**, Abth. 2, No. 8, 29 pp., 1887; Öfversigt **44**, 348.

O. SCHOTTLÄNDER. Ueber die Krystallform des Kaliumgoldbromids. Lieb. Ann. **240**, 346-48; [Bull. soc. chim. **49**, 769, 1888; [Chem. Ber. **20** [2], 625; [J. chem. soc. **52**, 1079.

WEIBULL. Om några Zirkoniumföreningars krystallform. Öfversigt af K. Vetensk. Ak. Förhandl. **44**, 329, 1887.

TH. HIORTDALL. Krystallform der Erdalkali-Molybdate. Die morphotropen Reihen des Scheelit. ZS. f. Krystallogr. **12**, 411-419.

O. LÜDECKE. Krystallographische Untersuchung einiger Polyjodide. Lieb. Ann. **240**, 85-92; [Bull. soc. chim. **49**, 772-773, 1888; [Chem. Ber. **20** [2], 555-556; [J. chem. soc. **52**, 910; [Chem. CBl. **18**, 1106.

FRENEY u. VERNEUIL. Einwirkung des Fluorcalciums auf die Krystallisirbarkeit der Thonerde. Dingl. J. 264, 408.

H. BÄCKSTRÖM. Kristallografisk undersökning af två nya kolväten. Bihang till K. Svenska. Ak. Handl. **13**, Abth. 2, No. 5, 10 pp., 1887; Öfvers. **44**, 196.

C. C. STUHLMANN. Krystallographische Untersuchungen des Amarins und seiner Verbindungen. ZS. f. Krystallogr. **13**, 339-362.

G. LA VALLE. Krystallographische Untersuchung einiger neuer Derivate der Isobernsteinsäure. Rend. Linc. 1887, 9. Jan. [Chem. CBl. (3) **18**, 783.

P. LATSCHINOFF. Ueber die Krystallform der Choleïnsäure. Chem. Ber. **20**, 1053-1056; [Bull. soc. chim. **49**, 57, 1888.

C. HINTZE. Krystallographische Beziehungen von Terpenverbindungen. ZS. f. Krystallogr. **13**, 321-332; [Beibl. **12**, 451, 1888.

CHR. GÖTTIG. Ueber die Krystallisation der Alkalihydrate aus alkoholischer Lösung. J. Pract. Chem. **35**, 560-66; [Bull. soc. chim. **49**, 114-115, 1888; [Chem. CBl. **18**, 946; Chem. Ber. **20**, 1907; [Arch. Pharm. **225**, 833.

CHR. GÖTTIG. Bemerkungen zur Krystallisation der Alkalien aus alkoholischer Lösung. J. Pract. Chem. **36**, 56†; [Chem. CBl. **18**, 947.

L. BOURGEOIS. Nouveaux procédés de préparation des carbonates cristallisés. Bull. Soc. chim. **47**, 81-83.

L. BOURGEOIS. Échantillons de carbonates cristallisés. Bull. soc. chim. **47**, 145.

C. H. Knott. Notes on a large crystal sphere. J. impér. univ. Japan 1. 377-380; [Rundsch. 2, 377-378.

Kugel von 15 cm Durchmesser, äusserst klar, soll vom Mitakeberge, District Higaschi, Provinz Koschu stammen. *Bde.*

4. Mechanik.

J. L. Lagrange. Analytische Mechanik. Deutsch herausgegeben von H. Servus. Berlin. Springer. XXXI u. 640 S. gr. 8°.

Der vorliegenden deutschen Ausgabe von Lagrange's „Mécanique analytique" ist die zweite Originalausgabe, welche der Verf. zum grösseren Theile noch selbst besorgt hatte, zu Grunde gelegt worden, die dritte von Bertrand veranstaltete ist indessen auch benutzt. Die Uebersetzung schliesst sich dem Texte worttreu an; doch hat der Herausgeber zuweilen Wörter und Sätze eingeschoben, sobald ihm dies zum Verständnisse nöthig schien. Obschon der Plan des buchhändlerischen Unternehmens, dem das Buch angehört, nämlich einer populären Ausgabe älterer mathematischer Werke von hervorragender Bedeutung (vergl. F. d. M. **17**, 1885, 200), dem Herausgeber zu diesem Verfahren Anlass gegeben hat, möchte Ref. doch dagegen protestiren. Damit der Leser weiss, was von Lagrange herrührt, und was Hinzufügung des Uebersetzers ist, müssen solche Zusätze als Fussnoten unter den Text verwiesen werden, wie dies in der Bertrand'schen Ausgabe geschehen ist. Es ist auch nicht ungefährlich, den Ausdruck von Lagrange verbessern zu wollen; Referent hat nämlich manche Zusätze beim Lesen dadurch entdeckt, dass die betreffenden Stellen unverständlich oder sogar fehlerhaft geworden sind. So ist gleich auf S. 7 in No. 4 die Darstellung der Lehre vom Hebel durch einen Einschub und durch Abweichung vom Original verdunkelt. Auf S. 295 ist von einer Grösse K die Rede, welche in Bezug auf die Grössen $f, g, h, \ldots$ nur von der zweiten Dimension ist (à deux dimensions, was der Uebersetzer verdeutlichen zu müssen meint: „in Quadraten und Producten zu zweien"). LAGRANGE argumentirt weiter: „la quantité $\frac{2K\partial^2K - \partial K^2}{\partial f^2}$ sera nécessairement sans f, sa différentielle relative à f étant $\frac{2K\partial^3K}{\partial f^2}$ et par conséquent nulle." Aus diesem durchaus klaren, einfach verständlichen Satze macht der Herausgeber: „Da die Grössen $f, g, h, \ldots$ in dem Werthe von K nur in Quadraten und Producten zu zweien vorkommen, muss die Grösse $\frac{2K\partial^2K - \partial K^2}{\partial f^2}$ nothwendig frei von f sein. Es ist also das Differential dieser Grösse in Bezug auf f, nämlich $\frac{2K\partial^3K}{\partial f^2}$, gleich Null." Eine streng an den Wortlaut sich haltende Uebersetzung würde die sinnlose Verdrehung der Stelle vermieden haben.

Der Stil der Uebersetzung ist ungleich; während manche Seiten frei von Härten sind und ein echt deutsches Gepräge tragen, sind anderswo Verstösse gegen Stil und gegen angemessene Ausdrucksweise zu verzeichnen. Man vergleiche den Satz: „Das Erstere beweist man, indem man die Bewegung, welche ein durch zwei Kräfte, die nicht im Gleichgewichte sind, getriebener Körper annehmen muss, betrachtet, und welche, da nur eine einzige Bewegung möglich ist, von einer Kraft herrühren muss (NB. peut être attribué à . . .), die allein auf ihn in Richtung seiner Bewegung wirkte." Ohne auf einzelne Missverständnisse und Ungenauigkeiten, die allerdings im ganzen Werke häufiger als wünschenswerth vorkommen, grosses Gewicht zu legen, muss Ref. auf Abweichungen von der hergebrachten Terminologie hinweisen. Die deutsche Mechanik kennt keine „variirende" Bewegung, sondern nennt sie „ungleichförmig"; statt Grösse der Bewegung sagen wir „Bewegungsgrösse", u. s. w. Die „méthode géométrique des premières et dernières raisons“ ist nicht eine „Methode der ersten und letzten Gründe“, sondern NEWTON's methodus rationum primarum et ultimarum, wo ratio = raison = Verhältniss für den Nichtkenner dieser geschichtlichen Beziehung vielleicht als Exhaustionsmethode der Verhältnisse zu kennzeichnen ist.

Der kurze Lebensabriss, welchen der Herausgeber hinter dem Vorworte des Verfassers giebt, ist im Wesentlichen ein Auszug, an manchen Stellen eine wörtliche Uebersetzung der „Notice sur la vie et les ouvrages de LAGRANGE“ von DELAMBRE, die im ersten Bande der „Oeuvres complètes“ von LAGRANGE abgedruckt ist.

Lp.

J. G. MACGREGOR. An elementary treatise on kinematics and dynamics. London. Macmillan and Co. XVI u. 512 S†. [Beibl. **12**, 409, 1888.

Dieses Lehrbuch begreift alles in sich, was gewöhnlich unter der Bezeichnung der theoretischen Mechanik zusammengefasst wird, indem es die Kinematik, die Kinetik und die Statik enthält, und ist für Studirende bestimmt, deren Wissen sich noch nicht auf die Infinitesimalrechnung oder irgend einen Zweig der höheren Mathematik erstreckt. Der erste Theil des Bandes (S. 1-184) behandelt die Kinematik einschliesslich der Kinematik starrer Systeme und der Deformation. Der zweite Theil (S. 187-504) ist zwar Dynamik betitelt, aber der üblichen Eintheilung in Kinetik und Statik ist nicht beigetreten, indem statische Probleme durchweg als Grenzfälle kinetischer angesehen und die Gleichgewichtsbedingungen aus denen der Bewegung abgeleitet sind. NEWTON's Bewegungsgesetze sind zur Grundlage der Darstellung der Dynamik gemacht, und eine grosse Frische der Behandlung zeichnet die verschiedenartigen Capitel aus. (Vgl. auch die Anzeige des Werkes durch den Uebersetzer des Referats in den Verhandl. der Berl. Phys. Ges. 7, 17-19, 1888). *Gibson.* (*Lp.*)

O. FABIAN. Abriss der analytischen Mechanik als Einleitung in die theoretische Physik. Lemberg 1886. 8°. 239 S. (Polnisch.)†

Der Verfasser hat beabsichtigt, ein Compendium zu liefern, welches das zum erfolgreichen Studium der theoretischen Physik aus der Mechanik Erforderliche enthalten soll. Im ersten Theil seiner Schrift behandelt er die Mechanik des Punktes und zwar zuerst die Kinematik und dann die Dynamik desselben. (§ 1 Definition der Kraft und die darauf sich gründenden mechanischen Begriffe und Definitionen, § 2 die Bewegungsgleichungen.) Im zweiten Theil behandelt der Verfasser die Mechanik des Punktsystems, nämlich die Kinematik (§ 1 Bewegung eines festen Körpers, § 2 relative Bewegung, § 3 Bewegung eines veränderlichen Systems) und die Dynamik des Punktsystems (§ 1 die auf ein starres Punktsystem wirkenden Kräfte, § 2 die Principien der Dynamik, § 3 die Gleichungen für das Gleichgewicht und die Bewegung eines festen Körpers, § 4 die nach dem NEWTON'schen Gesetz wirkenden Kräfte, § 5 die Hindernisse der Bewegung).

Das Werk empfiehlt sich für Studirende, die durch dasselbe einen recht guten Einblick in die wichtigsten Sätze der analytischen Mechanik gewinnen können. *Dickstein.* (*Lp.*)

J. PETERSEN. Dynamik. Forelaesninger holdte ved den Polytekniske Laereanstalt. Kjoebenhavn. 194 S. 8°.

J. PETERSEN. Lehrbuch der Dynamik fester Körper. Deutsche Ausgabe, unter Mitwirkung des Verfassers besorgt von R. VON FISCHER-BENZON. Kopenhagen. Höst & Sohn. 213 S. 8°†.

Dem Lehrbuche der Statik fester Körper (F. d. M. **14**, 1882, 731) und der Kinematik (diese Ber. **40**, 1, 1884, 213) hat Hr. PETERSEN jetzt ein nach denselben Grundsätzen gearbeitetes Lehrbuch der Dynamik folgen lassen. Nach einer Einleitung über die Grundbegriffe behandelt das Buch in zehn Capiteln der Reihe nach die geradlinige und die krummlinige Bewegung eines freien Theilchens, die Bewegung eines gebundenen Punktes, die allgemeinen Principien für die Bewegung zusammengesetzter Systeme, das Trägheitsmoment, den Stoss, die Bewegung eines Körpers mit einer festen Axe, die Bewegung eines einzelnen Körpers, die relative

Bewegung und vermischte Untersuchungen. Der Verfasser hat die Auswahl des Stoffes mit grossem Geschick getroffen und durch knappe Darstellung innerhalb des engen Rahmens eine bemerkenswerthe Reichhaltigkeit erzielt, so dass alle Dinge berührt werden, die in einer Vorlesung über Dynamik vorzukommen pflegen. Geradezu erstaunlich ist z. B. die Fülle des Stoffes, welchen der Verfasser in dem vierten Capitel über die allgemeinen Principien bewältigt hat. Wie in den beiden früheren Leitfäden, so sind auch dieses Mal jedem Capitel Uebungsaufgaben ohne Lösungen angehängt; den schwierigeren sind Andeutungen über die Lösungen zugefügt. Diese Aufgaben, unter denen manche neue und interessante enthalten sind, bilden eine werthvolle Zugabe der Petersen-schen Lehrbücher und dürften ihnen viele Freunde verschaffen. Manche leicht lösbare, welche nur zur Beleuchtung der vorgetragenen Sätze dienen, eignen sich zu einer ganz elementaren Behandlung. *Lp.*

W. K. Clifford. Elements of dynamic: an introduction to the study of motion and rest. Part I. Kinematic. Book IV and appendix. London. Macmillan and Co. IX u. 120 S.†; [Beibl. **11**, 672.

Das Buch ist eine Fortsetzung der „Elements of dynamic", die 1878 noch zu Lebzeiten des Verfassers erschienen. Das vorliegende Werk ist durch Herrn Tucker als kundigen Herausgeber veröffentlicht, hat jedoch leider ein sehr fragmentarisches Aussehen. Die Seiten 1-56, welche aus drei Capiteln mit den Ueberschriften: Massenmittelpunkt, zweite Momente und Moment bestehen, sind ungefähr in der Gestalt gedruckt, in welcher Clifford sie hinterlassen hat. Der übrige Theil des Buches setzt sich aus mannigfachen abgerissenen Bestandtheilen des Manuscriptes zusammen, die zur Einfügung in den vollständigen Lehrgang bestimmt gewesen zu sein scheinen. Proben von den in den Classenprüfungen durch Clifford vorgelegten Fragen werden als charakteristisch für sein Werk mitgegeben, ebenso ein Register für beide Bände.

Gibson. (*Lp.*)

G. FUMAGALLI. Principii di dinamica. Torino. Löscher. 8°. IV u. 130 S.†.

Ein elementares, aber ausgezeichnetes Lehrbuch der Dynamik zum Gebrauche an den technischen Mittelschulen. Titel der Abschnitte: Einleitung. I. Die drei Gesetze der Bewegung. II. Die Erhaltung der Bewegung des Massenmittelpunktes. III. Die Erhaltung der Flächen. IV. Die Erhaltung der Energie. V. Die gleichmässig veränderliche Bewegung; die harmonischen einfachen Schwingungen. VI. Die Centralbewegung auf einem Kegelschnitte. VII. Die Schwere auf der Erdfläche. VIII. Die universelle Gravitation. IX. Das Weltsystem. *Vivanti.* (*Lp.*)

P. DULOS. Cours de mécanique, à l'usage des Écoles d'Arts et Métiers et de l'enseignement spécial des Lycées. 5 vol. Paris. Gauthier-Villars.

Von diesem grossen Werke sind früher erschienen Bd. IV (Mechanische Wärmetheorie, 1879), Bd. V (Specielle Lehre von den Dampfmaschinen, 1882), Bd. I (Theoretische Mechanik, 2. Aufl. 1885). Von den Bänden II (Technische Mechanik) und III (Hydraulik) liegen im Berichtsjahre neue Auflagen vor. Bei dem Leser werden nur die Kenntnisse der Elementarmathematik vorausgesetzt. (Verlagskatalog von Gauthier-Villars, I u. II trim. 1887). *Lp.*

J. B. LOCK. Dynamics for beginners. London. Macmillan and Co. 178 S. (1887)†.

J. B. LOCK. Elementary statics. London. Macmillan and Co. VIII u. 248 S. (1888)†.

R. H. PINKERTON. Dynamics and hydrostatics. London. Blackie and Son. 276 S. (1888)†.

Bücher für Anfänger. Beim ersten ist die Hauptneuigkeit die Einführung von Namen für verschiedene Einheiten. So ist die Geschwindigkeit (velocity) von einem Fuss in der Secunde ein „velo" genannt, eine Beschleunigung von einem Fuss in der Secunde ein „celo". Neuerdings haben ja viele Erörterungen über die Annahme gewisser Einheiten stattgefunden, und da ein Ausschuss der Gesellschaft zur Verbesserung des geometrischen Unterrichts den Gegenstand in seiner Tragweite für den Elementarunterricht augenblicklich in Erwägung zieht, so dürfen wir auf ein völlig befriedigendes Ergebniss in Bezug auf den Gegenstand hoffen.

Gibson. (*Lp.*)

E. KOHLRAUSCH. Physik des Turnens. Hof. R. Lion. VIII u. 68 S. 8°. Mit 88 Fig.†

Das vorliegende Büchlein soll dem Turnlehrer die Kenntniss der beim Turnen in Betracht kommenden Naturkräfte und Bewegungsgesetze vermitteln. Da es sich hierbei im Wesentlichen um die Mechanik fester Körper handelt, so haben wir es mit einem populären Abriss der Mechanik zu thun, deren Gesetze sofort immer auf die bezüglichen turnerischen Uebungen angewandt werden. Sätze, welche anderen Gebieten der Physik angehören, kommen kaum vor oder werden, wie im Anhange die Lehre von der Verwandlung der Energie, nur eben gestreift. Die Zusammenstellung zeugt von der Sachkunde des Verfassers, und die erläuternden Figuren dürften den Freunden des Turnens sehr willkommen sein. Die Darstellung schliesst sich im Allgemeinen der Sprache der Wissenschaft an, nimmt jedoch mit Rücksicht auf den Leserkreis, für den das Buch berechnet ist, einen popularisirenden Ton an. Dadurch sind wohl manche Ungenauigkeiten und Irrthümer veranlasst, die dem Werke anhaften und deren sorgfältige Ausmerzung bei einer folgenden Auflage wünschenswerth erscheint.

Falsch ist z. B. der Satz über einen rotirenden Körper (S. 8, Ende von § 20): „Die Gesammtwirkung aller dieser Centrifugalkräfte ist eine solche, als wäre die ganze Masse im Schwerpunkte vereinigt“.

Lp.

PH. GILBERT. Bibliographie. Mathesis 7, 156-160†.

Bericht über die von Hrn. DARBOUX zu der Mechanik von DESPEYROUS hinzugesetzten Noten.

Mansion. (*Lp.*)

C. Neumann. Grundzüge der analytischen Mechanik, insbesondere der Mechanik starrer Körper. Leipz. Ber. **39**, 153-190†.

Es giebt in der Mechanik gewisse Principien (wie z. B. das der virtuellen Verrückungen und das d'Alembert'sche Princip), die man nur höchst mangelhaft zu beweisen im Stande ist. Der Verfasser zeigt, wie man unter Vermeidung derartiger Principien die Mechanik construiren kann, indem man dabei ausgeht von drei bestimmten und einfachen Hypothesen. Diese Hypothesen sind repräsentirt durch das Trägheitsgesetz, das Gesetz des Parallelogramms und das Gesetz der Gleichheit der Action und Reaction. *C. Neumann.* (*Lp.*)

R. F. Muirhead. The laws of motion. Phil. Mag. (5) **23** 473-489†; [Cim. (3) **25**, 278; [Beibl. **12**, 146.

Dieser Aufsatz gewann den zweiten Smith'schen Preis zu Cambridge im Jahre 1886. Das Ziel desselben ist, in möglichst klarer Weise den besten vorhandenen Begriff der Wissenschaft der Dynamik festzustellen, einen Begriff, der versteckt in der Denk- und Schlussweise der besten neueren Meister enthalten ist. Die Kritik richtet sich fast ausschliesslich auf Newton's Entwurf der dynamischen Principien. Der folgende Auszug ergiebt die Grundlage der Stellung des Verfassers: „Wir sind jetzt zu dem Schlusse gekommen, dass der Versuch zur Festlegung der Bewegungsgesetze vermittelst einer Reihe vereinzelter Definitionen und Axiome eitel ist. Wir haben gefunden, das Newton's erstes Bewegungsgesetz nicht festgesetzt werden kann, bis wir den Begriff eines gewissen Bezugsystemes haben, dessen Definition sowohl die Kenntniss des ersten Gesetzes in sich schliesst als auch die Definition der Kraft u. s. w. Wir haben mithin eingesehen, dass die erfahrungsmässige Grundlage der Dynamik als eine organische Theorie oder als eine Hypothese hingestellt werden müsste. Wir haben es als passend gefunden, eine Wissenschaft der abstracten Dynamik zu gestalten, die eine verallgemeinerte Kinematik ist, bloss von Raum- und Zeitabmessungen abhängt, aber die Vorstellungen von Kraft und Masse (abstract) in sich schliesst.“ In einer dem Aufsatze angehängten Note merkt der Verfasser an, dass Kirchhoff in seiner Mechanik eine Ansicht zu vertreten scheint, die der im Aufsatze vorgetragenen ähnelt. *Gibson.* (*Lp.*)

J. M. de Tilly. Sur les notions de force, d'accélération et d'énergie en mécanique. Belg. Bull. (3) **14**, 975-1013†.

Kritische Prüfung der Anschauungen de Saint-Venant's und Tait's über die Principien der Mechanik und über den Lehrgang für diese Principien. 1) Unter Ausschluss des Begriffs der Kraft und unter Beibehaltung desjenigen der Beschleunigung nach de Saint-Venant kann die Darlegung der Principien der Mechanik in logischer und strenger Weise erfolgen. 2) Man kann auf diesem Wege noch weiter gehen und die theoretische Mechanik als die Darstellung der Gesetze gleichzeitiger Aenderungen von Gruppen aus vier Grössen (Zeit, Coordinaten eines Punktes) ansehen, die an einen constanten Coëfficienten (die Masse) gebunden sind. 3) Wissenschaftlich ist diese Darstellung von Nutzen, weil sie in der Mechanik eine bessere Unterscheidung ermöglicht zwischen dem, was der Erfahrung entspringt, und dem, was eine logische Folge von Grundsätzen oder Forderungssätzen ist, die als Ausgangspunkt zugegeben und aus der Erfahrung durch Idealisation abgezogen sind. 4) Beim Unterrichte empfiehlt es sich für die Mehrzahl der Schüler, bei der Untersuchung der geringsten Anzahl erster Principien der Mechanik nicht so hoch aufzusteigen. Wahrheiten, welche einen halb-experimentellen, halb-logischen Ursprung haben, deren Wesen dem Begriffsvermögen der meisten zugänglicher ist, müssen als Ausgangspunkt dienen, aber das in den Händen der Schüler befindliche Lehrbuch muss als Note oder Anhang die streng wissenschaftliche Darstellung der Mechanik enthalten. Beim Unterrichte soll man also den Kraftbegriff beibehalten, indem man immerhin den Schülern die Möglichkeit der Einsicht lässt, wie man den Gebrauch dieses Begriffes auf das stricte Minimum reduciren kann. 5) Der Energie-Begriff, den Hr. Tait anstatt des Kraftbegriffs in die theoretische Mechanik einführen will, ist viel weniger klar. Wie soll man ihn erklären für den Fall eines Drucks, den keine sichtbare Wirkung begleitet? Ausserdem hat das Princip von der Erhaltung der Energie nur dann einen Sinn, wenn man die virtuelle Energie erklärt, und diese letztere hat kein actuelles Dasein und ist ein mathematisches Wesen, das man der Erkenntniss nur nahe bringen kann, wenn man wenigstens auf den Begriff der Beschleunigung zurückgreift. 8) DUHAMEL hat mit seinem Ausspruche Recht, dass man ein System ohne Translation nicht definiren kann; bei der Translation ist alles relativ. Die Bewegung und die absolute Ruhe sind für uns undefinirbar. 9) Mit der Rotation verhält es sich anders; denn wenn bei ihr alles relativ wäre, was würden dann die Versuche mit den frei fallenden Körpern bedeuten (Bergwerk zu Freiberg), mit dem FOUCAULT'schen Pendel und Gyroskop? Die Frage, ob die Erde oder das Fixstern-System sich umdreht, wäre eine sinnlose, wenn man nur relative Bewegungen darunter verstände. Die Antwort würde lauten, jedes der beiden Dinge drehe sich in Bezug auf das andere, und dies sei alles, was man wissen könne. Augenscheinlich ist dem nicht so. 10) Das Trägheits-Princip soll man so aussprechen: Wenn keine Kraft auf einen materiellen Punkt einwirkt, so bleibt er in Ruhe oder bewegt sich mit gleichförmiger Bewegung auf einer festen und unbeweglichen Geraden. Es setzt also den vorgängigen Begriff absoluter Unbeweglichkeit voraus; diese absolute Unbeweglichkeit kann man dem Fixsternsysteme zuschreiben; denn nur wenn man dieselbe zugiebt, hört der FOUCAULT-sche Pendelversuch auf, bedeutungslos zu sein. 11) Der Begriff der Kraft oder der des freien Punktes kann den der absoluten Unbeweglichkeit in einer wissenschaftlichen Darstellung der theoretischen Mechanik ersetzen; anders verhält es sich jedoch mit den Begriffen der Beschleunigung und der Energie, welche nur in der Mechanik der relativen Bewegung einer Definition fähig sind. 12) Die Vorstellung der Kraft ist ferner zur Erklärung der Einwirkung der freien Willensäusserungen auf die materielle Welt unerlässlich (so lange eine Theorie ihres Eingreifens, ähnlich wie die von Hrn. BOUSSINESQ, durch die Erfahrung nicht aufgestellt ist). In Wirklichkeit ergiebt sich nämlich der Zustand des Weltalls in jedem Augenblicke nicht einfach aus seinem Zustande im vorangehenden, wie LAPLACE behauptet hat, sondern auch aus den Aenderungen, welche von den Naturgesetzen hineingetragen werden, die ihre Einwirkung innerhalb der beiden Augenblicke ausgeübt haben, und aus den unaufhörlichen Eingreifen von Willensmächten, die dem Stoffe entgegentreten und seine gewöhnlichen Gesetze abändern. In den dann folgenden Noten dieser bemerkenswerthen Abhandlung giebt Hr. DE TILLY, ausser verschiedenen bibliographischen Nachweisungen, einen Ueberblick über die Art, wie er die Principien der theoretischen Mechanik auf das Princip der Unbeweglichkeit bei der Rotation zurückführt; er zeigt auch, wie die Principe der Bewegung des Massenmittelpunktes, der Flächen, der lebendigen Kraft im ganzen Weltall trotz der Einwirkung der Mächte des freien Willens wahr bleiben können; es genügt hierzu die Annahme, dass diese wie Kräfte an mehreren Punkten wirken.

Mansion. (*Lp.*)

DE FREYCINET. Note sur certaines définitions de Mécanique et sur les unités en vigueur. C. R. **105**, 903-910†. [Beibl. **12**, 549, 1888.

Durch ähnliche Ueberlegungen wie auf dem Gebiete der Wärmelehre, der Elektricität und der Elasticität ist der Verf. dazu geführt, die Maasseinheiten der Mechanik wie folgt zu definiren: „Dynamische Capacität“ ist die Eigenschaft der Körper, vermöge deren sie mehr oder weniger Kraft oder dynamische Einwirkung verbrauchen, um in derselben Zeit dieselbe Geschwindigkeit zu erlangen. Wird die dynamische Capacität des Wassers als Einheit genommen, so wird diejenige eines anderen Körpers durch die Zahl für sein specifisches Gewicht ausgedrückt. „Dynamie“ oder „Krafteinheit“ ist die Kraft, die man anwendet, um einem Kubikdecimeter Wasser in der Zeiteinheit die Einheit der Geschwindigkeit zu ertheilen. „Dynamische Grösse“ eines Körpers von beliebigem Volumen ist das Product aus seiner dynamischen Capacität und aus seinem Volumen. „Masse“ heisst der Stoff der Körper, wenn man ihn unter dem blossen Gesichtspunkte der Bewegung betrachtet. Zwei Massen werden als gleich angesehen, wenn sie dynamisch äquivalent sind. Bei gleichem Volumen sind die Massen den specifischen Capacitäten proportional. Die Dichtigkeit ist der specifischen Capacität gleich. Nachdem so diese Begriffe unabhängig von der Schwere festgestellt sind, schliesst man durch Beobachtung, dass die Schwerkraft proportional der Masse wirkt, dass daher das Kilogramm (für Paris) sowohl als Masseneinheit als auch als Krafteinheit dienen kann. Nunmehr wird als Längeneinheit die Grösse $g = 9.808$ m vorgeschlagen, damit die Masseneinheit durch die Zahl 1 dargestellt werden könne. Ohne die weiteren Ueberlegungen des Verfassers mitzutheilen, stellen wir nach seinem Vorgange nur noch die von ihm gewünschten Einheiten zusammen: Längeneinheit ist die Länge der Geschwindigkeit, welche ein im luftleeren Raume zu Paris frei fallender Körper nach Verlauf einer Secunde mittlerer Zeit erlangt. Diese Einheit ergiebt eine Verkehrseinheit durch ihr Zehntel = 0.98 m ungefähr. Volumeinheit ist der Würfel, dessen Kante gleich 0.01 von der Längeneinheit ist, also etwa 0.94 Liter. Masseneinheit ist die in der Volumeinheit enthaltene Wassermasse (von der Temperatur 4.1°). Gewichtseinheit ist das Gewicht der Masseneinheit zu Paris. Krafteinheit ist gleich Gewichtseinheit. Die anderen Einheiten sind hieraus abzuleiten.

Der Verf. verhehlt sich nicht die praktischen Bedenken, welche der Aenderung des metrischen Systems entgegenstehen, möchte aber seine Einheiten in den Unterricht der Mechanik einführen. Möge es in Paris geschehen; für andere Oerter ist die Maassregel weder bequem noch dringlich. *Lp.*

R. HEGER. Das Parallelogramm der Bewegungen und der Kräfte. Pr. Wettiner Gymn. Dresden, 33 S. u. 2 Taf. 4°†.

Um die betreffenden Sätze als unbeweisbare Grundsätze der Mechanik zu kennzeichnen, führt der Verf. die bezüglichen Stellen aus den ersten Autoren über diesen Gegenstand ausführlich vor, nämlich aus STEVIN, GALILEI, ROBERVAL, VARIGNON, NEWTON, EULER. Bei allen Forschern werden die Vorzüge und die Mängel hervorgehoben und die von DÜHRING gefällten bezüglichen Urteile erörtert; im Anschlusse an VARIGNON werden auch die neueren Darstellungen bei Resal und Helm kritisirt. Zuletzt fasst der Verf. seine Ansicht in vier Thesen zusammen und giebt danach einen kurzen Abriss der Einleitung in die Mechanik für Schulen. Der erste historisch-kritische Theil ist als werthvoll der Beachtung zu empfehlen. *Lp.*

Piarron de Mondésir. Sur la force, le principe de d'Alembert, l'équation de Lagrange, le principe moderne de la conservation du travail transformé. Ing. civ. **2**, 191, 361, 475†.

Der Verfasser geht davon aus, dass die Kraft F gleich der Ableitung der Bewegungsgrösse Mv sei; er bemängelt jedoch, dass die Masse allgemein als unveränderlich angenommen werde, und setzt daher abweichend vom gewöhnlichen Gebrauch

$$F = M\frac{dv}{dt} + v\frac{dM}{dt}.$$

Wie dies zu verstehen sei, geht aus dem ersten vom Verfasser behandelten Beispiel hervor; über eine Rolle ist ein gewichtsloser Faden gelegt, welcher beiderseits eine Kette trägt, deren unteres Ende auf einer Unterlage ruht. Diejenige Seite, auf welcher ein schwereres Stück hängt, wird so lange mit steigender Geschwindigkeit sinken, bis eine Gleichgewichtslage erreicht ist; dann wird die Geschwindigkeit abnehmen, bis endlich die andere Seite anfängt zu sinken, u. s. f. Hier werden als veränderliche Massen die hängenden Stücke der Ketten betrachtet. Die Bestimmung der Schwingungen wird dann mit dem oben angedeuteten Princip des Verfassers ausgeführt. Referent hat allerdings nicht zu erkennen vermocht, welche Vortheile die Auffassung des Verfassers gegenüber der Anwendung der gewöhnlichen Principien der Mechanik gewährt.

Ist α die Grösse einer Ausflussöffnung, V die Geschwindigkeit, ϱ die Dichtigkeit einer Flüssigkeit, g die Gravitationsconstante, so nennt der Verf. den Ausdruck

$$F = \frac{\alpha\varrho V^2}{2g}$$

die „Kraft des ausfliessenden Strahles". Dass dieser Ausdruck, wenn man mit dem Verfasser TORRICELLI's Formel für V zu Grunde legt, gleich dem Druck ist, welchen die verschlossene Oeffnung erleiden würde, ist leicht zu übersehen, und der Weg von drei Seiten, den der Verf. hierauf verwendet, scheint uns für die Gewinnung des Resultates etwas lang.

Ein weiteres Beispiel bildet die mathematische Grundlage einer interessanten experimentellen Bestimmung eines Trägheitsmomentes. Es sei M die Masse eines Rades, K sein Trägheitshalbmesser, ω seine anfängliche Winkelgeschwindigkeit. Das Rad trägt einen gewichtslosen Faden, an dessen Ende eine zunächst auf ebener Unterlage ruhende Kette befestigt ist. Indem das Rad sich dreht, wird ein immer grösseres Stück der Kette aufgehoben und dadurch die Geschwindigkeit mehr und mehr verzögert. Ist λ die Länge des aufgehobenen Kettenstückes in dem Moment, wo Ruhe eintritt, so ist die gesammte ursprünglich vorhandene kinetische Energie $\frac{1}{2}MK^2\omega^2$ dazu verwandt, um den Schwerpunkt der aufgehobenen Kettenmasse $\mu\lambda g$ auf die Höhe $\frac{1}{2}\lambda$ zu heben, d. h. es ist

$$\tfrac{1}{2}MK^2\omega^2 = \tfrac{1}{2}\mu\lambda^2 g \text{ oder } K = \frac{\lambda}{\omega}\sqrt{\frac{\mu g}{M}}.$$

Man sieht, dass auch diese Aufgabe sich vollständig ohne das von dem Verfasser aufgestellte Princip der veränderlichen Massen erledigen lässt. *F. K.*

M. LÉVY. Sur le principe de l'énergie. Nouv. Ann. (3) **6**, 501-525†.

Eine Vorlesung über die ersten Begriffe und Sätze in der Lehre von der Energie; zuerst im Jahre 1880 am Collège de France, später theilweise in der École centrale des Arts et Manufactures in dieser Fassung gehalten. *Lp.*

J. MESTSCHERSKY. Differentialbedingungen in dem Falle

eines einzigen materiellen Punktes. Chark. Ges. 68-79. (Russisch)†.

Es wird vorzugsweise der Fall betrachtet, wo die Bedingungsgleichungen Differentialquotienten erster Ordnung von den Coordinaten des Punktes enthalten. Nachdem der Verfasser gezeigt hat, dass die durch eine derartige Gleichung ausgedrückte Bedingung in der Regel durch ein auf den materiellen Punkt wirkendes Medium erfüllt werden kann, bildet er die Differentialgleichungen der Bewegung des Punktes und wendet dieselben auf zwei specielle Fälle an. *Mestschersky.* (*Lp.*)

G. SCHOUTEN. No. 5 der prijsvragen voor het jaar 1885. Nieuw. Archief. **14**, 1-77†.

Fortsetzung und Schluss einer früher genannten Abhandlung (siehe diese Ber. **42**, 1886). Jetzt werden die folgenden besonderen Fälle untersucht.

Die bewegende Kraft ist gegeben durch: 1) $ar^{-3}+br^{-7}$, 2) $ar^{-3}+br^{-5}$, 3) $ar^{-3}+br^{-4}$, 4) $ar^{-3}+br$, 5) $ar^{-3}+br^{3}$, 6) $ar^{-3}+br^{5}$, 7) $ar^{-4}+br^{-5}$, 8) $ar^{-5}+br^{-7}$, 9) $ar^{-5}+br$, 10) $ar^{-7}+br$. Die Behandlung ist dieselbe wie die bereits mitgetheilte; die Formeln werden auf elliptische Functionen zurückgeführt und daraus die Formen der Bahnen abgeleitet. Da der Verfasser von der Voraussetzung ausgeht, dass die Anfangsgeschwindigkeit senkrecht zum Leitstrahl ist, so findet er von den neun möglichen Hauptformen nur fünf. *van Geer.* (*Lp.*)

O. STAUDE. Ueber bedingt periodische Bewegungen. Dorpat. Naturf. Ges. Ber. **8**, 249-262†.

Im ersten Paragraphen werden diejenigen bedingt periodischen Functionen kurz charakterisirt, welche der Verfasser in den Math. Ann. **29**, p. 468-585 näher untersucht hat. Durch diese Functionen werden ganze Gruppen mechanischer Probleme gelöst, welche sich in ihrer Gesammtheit als eine Gattung einfach bedingt periodischer Bewegungen an die Gattung der unbedingt periodischen Bewegungen anreihen (§ 2). Hierher gehören:

1) Die Bewegung eines schweren Punktes auf einer Rotationsfläche mit verticaler Rotationsaxe, wenn diese Fläche von keiner Rotationsebene in mehr als einem Parallelkreise geschnitten wird (§ 3). 2) Die Bewegung eines Punktes der Axe eines Kreisels, wenn dieser sich auf eine horizontale Ebene stützt (§ 4). 3) Die Bewegungen eines materiellen Punktes auf dem dreiaxigen Ellipsoide, wenn α) bloss die Trägheit in Betracht kommt, β) eine vom Mittelpunkte des Ellipsoides ausgehende, der Entfernung proportionale Anziehungskraft wirksam ist (§ 5). 4) Die Bewegung eines von zwei festen Centren nach dem NEWTON'schen Gesetze angezogenen Punktes (§ 6). In Betreff der letzten Aufgabe verweist der Verfasser auch auf den Aufsatz: „Ueber eine Gattung transcendenter Raumcoordinaten". Acta math. **10**, p. 183-200. Der letzte Paragraph ist der Betrachtung der Verwandtschaft dieser Bewegungsformen gewidmet. „Bei der Bewegung eines schweren Punktes auf einer Rotationsfläche windet sich die Bahncurve im allgemeinen zwischen zwei Parallelkreisen der Fläche, die sie abwechselnd berührt, in immer neuen und neuen Windungen hin und her" (vgl. STÄCKEL, diese Ber. **41**, 1, 1885, 222). „Ein beliebiger Punkt der Figuraxe des Kreisels beschreibt eine Raumcurve, die zwischen zwei Kreisen mit senkrecht übereinander liegenden Mittelpunkten ihre rosettenartigen Windungen in der Weise zieht, dass sie sich abwechselnd mit einer Spitze auf den einen Kreis aufsetzt und den anderen berührt. Ein Punkt, der auf dem Ellipsoid ohne Einfluss von Kräften oder unter Einfluss der Centralkraft g^2r sich bewegt, beschreibt eine Curve, die sich zwischen zwei Aesten einer Krümmungscurve hin- und herwindet und beide abwechselnd berührt. Aehnlich verhält sich die Bahncurve eines von zwei festen Centren angezogenen Punktes unter Umständen zu zwei confocalen Ellipsen, deren Brennpunkte die beiden Centra sind". *Lp.*

O. STAUDE. Ueber verzweigte Bewegungen. Dorpat. Naturf. Ges. Ber. **8**, 336-342†.

Wie eine ebene Curve aus getrennten Theilen bestehen kann, die aber als zusammengehörig aufzufassen und durch Aenderung eines Parameters der Curvengleichung (durch eine Uebergangsform hindurch) zu einem einzigen Curvenzweig zu vereinigen sind, so giebt es periodische Bewegungen (z. B. auf Curven oder Flächen), welche deshalb als Zweige einer einzigen Bewegung angesehen werden müssen, weil sie bei geeigneter stetiger Aenderung der Constanten allmählich in eine einzige periodische Bewegung verschmelzen; dazwischen schiebt sich eine singuläre Bewegungsform ein. Dies erläutert der Verf. an der periodischen Bewegung eines schweren Punktes auf der Fusspunktencurve einer Ellipse mit verticaler kleiner Axe und an der bedingt periodischen Bewegung eines schweren Punktes auf der Kreisringfläche mit verticaler Rotationsaxe. *Lp.*

U. Dainelli. Del moto di un punto materiale libero sollecitato da una forza diretta constantemente ad una retta fissa. Bologna Mem. (4) 8, 91-102†.

E. Cesaro. Sul moto d'un punto sollecitato verso una retta. Palermo Rend. 1, 304-309†.

M. Gebbia. Intorno ad una nota di Valentino Cerruti. Palermo Rend. 1, 310-313†.

Der erste Artikel behandelt folgende Aufgabe: Ein Punkt M von der Masse 1 beschreibe eine Raumcurve, den Durchschnitt der beiden Cylinder $\varphi(x, y) = 0$, $\psi(y, z) = 0$, unter dem Einflusse einer Kraft, deren Richtung fortwährend eine gegebene Gerade r schneidet. Die Geschwindigkeit und die beschleunigende Kraft zu bestimmen. Der Verfasser findet durch analytische Behandlung: 1) „Die Geschwindigkeit ist dem Abstande des beweglichen Punktes von der festen Geraden und dem Cosinus des Winkels, welchen die Ebene P durch M und die feste Gerade mit der Normalebene P_n zur Bahncurve bildet, umgekehrt proportional“:

$$(1) \qquad v = \frac{h'}{\delta \cos (PP_n)}.$$

2) „Die Kraft F ist dem Sinus des Winkels zwischen der Ebene P und der Schmiegungsebene P_0 der Bahncurve direct, dagegen dem Krümmungsradius, dem Quadrate des Abstandes

des beweglichen Punktes von der festen Geraden und dem Kubus des Cosinus des Winkels zwischen der Ebene P und der Normalebene zur Bahncurve umgekehrt proportional":

$$(2) \qquad F = \frac{h^2 \sin(PP_0)}{\varrho\delta^2 \cos^3(PP_n)}.$$

Als Specialfälle werden hieraus die entsprechenden Formeln abgeleitet, 1) wenn die Gerade im Unendlichen liegt, und 2) wenn die gegebene Curve eben, die gegebene Gerade senkrecht zur Ebene der Curve ist (Centralbewegung), für welchen Fall:

$$(1_a) \qquad v = \frac{h}{p} \quad \text{(NEWTON)}, \qquad (2_a) \qquad F = \frac{h^2\delta}{\varrho p^3} \quad \text{(MOIVRE)}.$$

Ist die Kraft F gegeben, so enthält (2) eine Eigenschaft der Bahncurve, welche der Verf. für besondere Fälle der NEWTON'schen Gravitation im Zwei- und Dreikörperproblem entwickelt. Zuletzt wird das Verhältniss der Geschwindigkeit des Massenpunktes M zu derjenigen des Schnittpunktes m der Ebene P mit einer beliebigen Curve C bestimmt, ebenso das Verhältniss der Geschwindigkeit dieses Punktes m zu der Geschwindigkeit, welche in m ein freier Punkt μ haben würde, der die Curve C unter der Einwirkung einer in der erwähnten Ebene liegenden Kraft beschriebe.

Herr CESARO behandelt in seiner Note dieselbe Aufgabe mit Hülfe geometrischer Methoden.

Herr GEBBIA weist darauf hin, dass die von Herrn DAINELLI untersuchte Bewegung ein besonderer Fall einer allgemeineren Bewegung ist, bei welcher die Kraftlinien einem linearen Complexe angehören und welche behandelt ist von V. CERRUTI in dem Aufsatze: „Intorno ad una generalizzazione di alcuni teoremi di Meccanica" (In memoriam Chelini, 1881, F. d. M. **13**, 1881, 693). Die bezüglichen allgemeinen Sätze, welche implicite in der älteren Arbeit von CERRUTI enthalten sind, werden durch Herrn GEBBIA entwickelt, aus ihnen die des Herrn DAINELLI abgeleitet. *Lp.*

R. BORCK. Bewegung eines materiellen Punktes auf einem um seinen verticalen Durchmesser rotirenden Kreise. Pr. Höhere Bürgersch. (Wilhelmsschule) Liegnitz (No. 211). 22 S. u. 1 Taf. 4°†.

Die Abhandlung hat auf S. 3 die Ueberschrift: „Ueber die Bewegung eines schweren materiellen Punktes auf einem Kreise, welcher um seinen verticalen Durchmesser mit gleichmässiger Geschwindigkeit rotirt.“ Zu der Schwere tritt also noch die horizontale Centrifugalbeschleunigung. Ist die z-Axe vertical, die x-Axe horizontal, r der Radius des Kreises, ω die Winkelgeschwindigkeit, 2λ der normale Widerstand des Kreises, so sind die Differentialgleichungen der Bewegung:

$$\text{(I)} \qquad \frac{d^2x}{dt^2} = 2\lambda x + \omega^2 x, \frac{d^2z}{dt^2} = 2\lambda z - g,$$

mit der Bedingung $x^2 + z^2 = r^2$. Führt man den variablen Ausschlag ψ des Pendels statt x und z durch die Gleichungen $x = r \sin \psi$, $z = - r \cos \psi$ ein, so leitet man aus (I) durch das Princip der lebendigen Kraft leicht die Gleichung ab:

$$\text{(II)} \qquad \left(\frac{d\psi}{dt}\right)^2 = \omega^2 (\cos \psi - \cos \alpha) (\cos \beta - \cos \psi),$$

wo $\cos \alpha$ (und $\cos \beta$) aus der Gleichung $\frac{d\psi}{dt} = 0$ für $\psi = \alpha$ oder:

$$0 = \frac{2g}{r} \cos \alpha - \omega^2 \cos^2 \alpha + C$$

zu bestimmen und $\cos \beta = \frac{2g}{r\omega^2} - \cos \alpha$ ist.

Die Discussion von (II) zeigt, dass die Geschwindigkeit ein Maximum hat 1) für $\psi = 0$, 2) für $\psi_0 = \text{arc} \cos \frac{g}{r\omega^2}$, ein Minimum für 3) $\psi = \pi$. Ist $r\omega^2 < g$, so ist Fall 2) unmöglich und die Bewegung des Punktes hat einen ähnlichen Charakter wie die des mathematischen Pendels. Die beiden dort bekannten Bewegungsarten entstehen, je nachdem α reell oder imaginär ist (β ist in diesem Falle immer imaginär). Ist dagegen $r\omega^2 > g$ und ausserdem $\cos^2 \frac{1}{2} \alpha > \frac{g}{r\omega^2}$, so werden α und β reell und die Bewegung findet um einen Punkt herum statt, der seitlich liegt und dem Winkel ψ_0 entspricht; α giebt den grössten, β den kleinsten Abstand vom untersten Punkt des Kreises.

Nachdem so die verschiedenen Bewegungsformen erhalten sind, wird die Zeit t aus (II) als elliptisches Integral erster Gattung dargestellt, wobei jeder der drei Hauptfälle eine besondere Behandlung erfordert, nämlich 1) der Punkt durchläuft den ganzen Kreis, 2) der Punkt pendelt zwischen zwei äussersten Lagen ($+\alpha$ und $-\alpha$) und durchläuft die unterste Stelle des Kreises, 3) der Punkt bewegt sich zwischen zwei Ausschlagswinkeln α und β ($\alpha > \beta$). In allen Fällen ermittelt der Verfasser die Ausdrücke für die Winkelgeschwindigkeit $\frac{d\psi}{dt}$ und für z als elliptische Functionen von t in der Jacobi'schen Form und als Quotienten von Thetafunctionen, Ausdrücke, die hier zu viel Raum beanspruchen würden. In einem kurzen Paragraphen wird zuletzt auch der Normalwiderstand des Kreises berechnet. Andere Bedingungen, welche auf hyperelliptische Integrale führen, haben den Verfasser nicht auf Resultate geführt, die er der Veröffentlichung werth erachtet. *Lp.*

J. P. Hünermann. Ein mechanisches Problem. Pr. Höhere Bürgersch. Hechingen (No. 460), 30 S. 4°†.

Die bekannte Eigenschaft der Lemniskate in einer verticalen Ebene (von Saladini 1804 entdeckt), dass, wenn ihre Axe um 45° gegen die Horizontale geneigt ist, ein schwerer Punkt den im Mittelpunkte beginnenden Bogen innerhalb derselben Zeit durchläuft wie die zugehörige Sehne, wird benutzt, um die betreffende Bewegung nach allen Gesichtspunkten hin zum Gegenstande von Rechnungen zu machen. Zuletzt werden mehrere Zahlenbeispiele beigefügt, in denen ausser den Fallzeiten auch die durchlaufenen Wege (Lemniskatenbogen) berechnet und die zugehörigen Zeiten auf der Brachistochrone (Cycloide) durch den Anfangs- und Endpunkt der Bewegung ermittelt werden.

Lp.

G. Kobb. Sur le mouvement d'un point matériel sur une surface de révolution. Acta Math. 10, 89-108†.

Die Abhandlung knüpft an den Satz Jacobi's an (J. für Math.

24, 5-27, De motu puncti singularis), dass, wenn eine Kräftefunction vorhanden ist und die Bewegung nur von der Lage des Massenpunktes innerhalb eines Meridianschnittes der Umdrehungsoberfläche abhängt, die Integration der Bewegungsgleichungen stets auf Quadraturen zurückführbar ist. In den Fällen, wenn die Gleichung der Oberfläche algebraisch und die Kräftefunction eine rationale Function ist, ergeben diese Quadraturen ABEL'sche Integrale; der Verf. stellt sich die Aufgabe, die Bedingungen zu ermitteln, denen die Gleichung der Fläche genügen muss, damit die ABEL'schen Integrale auf elliptische zurückkommen.

Die Masse des beweglichen Punktes sei gleich eins, die Umdrehungsaxe der Fläche werde als x-Axe gewählt, die Gleichung der Meridiancurve in rechtwinkligen Coordinaten x, r habe die Form $f(r^2, x) = 0$, die Kräftefunction $U = R(r^2, x)$, wo R eine rationale Function bedeutet; endlich sei ψ der Winkel, welcher der geographischen Länge des Punktes entspricht, H die Constante im Princip von der Erhaltung der Kraft, c die doppelte Sectorengeschwindigkeit der Projection des Punktes auf eine Ebene, die zur Rotationsaxe senkrecht ist, dann ist:

$$(1) \quad t = \int_{x_0}^{x} \xi dx, \qquad (2) \quad \psi - \psi_0 = c\int_0^t \frac{dt}{r^2} = c\int_{x_0}^{x} \frac{\xi dx}{r^2},$$

wo gesetzt ist:

$$\xi^2 = \frac{r^2\left\{1+\left(\frac{dr}{dx}\right)^2\right\}}{r^2(2H+2U)-c^2}.$$

Indem man nun $r^2 (= y^2 + z^2)$ zwischen der letzten Gleichung für ξ^2 und der Gleichung $f(r^2, x) = 0$ eliminirt, kommt man zu einer neuen Gleichung zwischen ξ^2 und x, $\varphi(\xi^2, x) = 0$, und es ergiebt sich zunächst, dass das Geschlecht der Curven f und φ dasselbe ist. Die Untersuchung erstreckt sich daher auf die Erforschung des Geschlechtes der Curven φ und wird mit den Hülfsmitteln der Algebra und der Functionentheorie durchgeführt, indem hauptsächlich von WEIERSTRASS'schen Sätzen und Formeln Gebrauch gemacht wird. Das Ergebniss dieser Betrachtungen ist: Es muss sein

$$r^2 = R_1 \qquad x = R_2(\zeta), \quad (\zeta),$$

wenn ζ einen variabeln Parameter, R_1 und R_2 rationale Functionen von ζ bedeuten. Ferner sind R_1 und R_2 so zu bestimmen, dass der Ausdruck für ξ nur eine Quadratwurzel aus einem Polynom dritten oder vierten Grades, $\sqrt{R_3(\zeta)}$, enthält. Als besondere Folgerungen für U gleich einer Constanten k und für den Fall der Schwerkraft $U = gx$ findet der Verfasser folgende Sätze:

„Alle Umdrehungsflächen, welche die Eigenschaft besitzen, dass die Coordinaten einer geodätischen Linie durch elliptische Functionen eines Parameters ausgedrückt werden können, haben nothwendig die Form $r^2 = R_1(\zeta), x = R_2(\zeta)$."

Ist die auf den Punkt einwirkende Kraft allein die Schwere in der Richtung der Umdrehungsaxe, so „kann die Integration des Systems (1), (2) durch elliptische Functionen ausgeführt werden, wenn die Umdrehungsfläche durch eine der fünf Gleichungen bestimmt wird: 1) $r = mx$, 2) $r^2 + x^2 = a^2$, 3) $r^2 = 4ax$, 4) $9ar^2 = x(x-3a)^2$, 5) $2r^4 + 3a^2r^2 - 2xa^2 = 0$. Dies sind die einzigen möglichen Fälle. Die drei ersten waren schon bekannt, die beiden anderen scheinen neu." *Lp.*

G. KOBB. Om integrationen af differential-eqvationerna för en materiel punkts rörelse pà en rotationsyta. Stock. Öfv. **44**, No. 3, 159-165†.

Darstellung der nothwendigen und hinreichenden Bedingungen, damit die Differentialgleichungen der Bewegung eines materiellen Punktes auf einer Rotationsfläche im sogenannten JACOBI'schen Falle mittels elliptischer Functionen integrirt werden können. (S. das vorige Referat). *Kobb.* (*Lp.*)

BR. DECKER. Ueber die sphärisch-elliptische Bewegung Hoppe Arch. (2) **5**, 430-441†.

Auf einer Kugel mit dem Radius ϱ befindet sich ein fester Punkt M und ein frei beweglicher Massenpunkt m. Zwischen beiden wirkt in Richtung der Verbindungslinie eine Kraft R. Wie muss dieselbe beschaffen sein, damit m um M eine sphärische

Ellipse beschreibt, deren einer Brennpunkt in dem festen M gelegen ist? Die Analyse dieser Frage führt zu folgendem Ergebniss. Bedeutet r den Abstand des Punktes m von M, so stellt sich jene Kraft R als Function von r in der Form dar

$$R = \frac{\text{const.}}{r^2\left(1 - \frac{r^2}{4\varrho^2}\right)^{\frac{3}{2}}};$$

wird umgekehrt diese Kraftfunction der Beziehung von m zu M zu Grunde gelegt, so wird als Bahn für m eine sphärische Ellipse hergeleitet. *Schn.*

H. Vogt. Die elementare Herleitung des Newton'schen Anziehungsgesetzes aus den Kepler'schen Gesetzen. Hoffmann Z. **18**, 481-491†.

Nach einer kurzen Besprechung der bisher gegebenen Beweise für die Ableitung einer dem umgekehrten Quadrate der Entfernung proportionalen Beschleunigung legt der Verfasser einen Beweisgang vor, der streng und ganz elementar ist, insbesondere nicht der Kenntniss des Krümmungshalbmessers der Ellipse bedarf. Zunächst erfolgt die Herleitung der Beschleunigung der Kreisbewegung für einen beliebigen Punkt im Innern als Anziehungspunkt (Newton, Principia lib. 1, prop. 7), sodann die Zurückführung der elliptischen Bewegung auf die Kreisbewegung durch Parallelprojection (cf. Möbius, Elemente der Mechanik des Himmels § 24). Natürlich gilt diese Ableitung nur für die elliptische Bewegung. Der Beweis von Herrn Lespiault in Flammarion Revue d'Astron. **5**, 1886, 412 ist weniger einfach, weil er von den Bezeichnungen der InfinitesimalrechnungGebrauch macht, und selbst von diesen befreit mehr Rechnung erheischt. *Lp.*

J. Puluj. Vacuumfallapparat. Wien. Anz. **24**, 256-257†; [Phil. Mag. (5) **25**, 77, 1888.

Die in der Fallröhre von $1^1/_2$ m Länge befindlichen beiden Körper sind eine eiserne Kugel von 15 mm Durchmesser und eine leichte Feder, in deren Kielende eine 2 mm lange eiserne

Nadelspitze steckt. Ein Elektromagnet, der erregt ist, hält diese beiden Körper beim Beginne des Versuchs an dem einen Ende der Röhre in seinem Felde fest. Bei der Oeffnung des erregenden Stromes tritt der Fall der Körper gleichzeitig ein. *Lp.*

J. T. BOTTOMLEY. On a nearly perfect simple pendulum. Phil. Mag. (5) **23**, 72†; Cim. (3) **23**, 177, 1888; [Sill. J. (3) **33**, 238; [Rundsch. **2**, 102; [Beibl. **11**, 490.

Eine Bleikugel von 1/3 Gramm (1/16 Zoll im Durchmesser) an einem gehälfteten Coconfaden von 2 Fuss hing in einer cylindrischen Glasröhre von 3/4 Zoll Durchmesser, die bis auf ein Zehnmilliontel Atmosphäre ausgepumpt war. Bei einem ursprünglichen Ausschlag von 1/4 Zoll nach jeder Seite waren die Schwingungen noch nach Verlauf von 14 Stunden leicht zählbar. *Lp.*

F. ROTH. Ueber die Bahn eines freien Theilchens auf einer sich gleichmässig drehenden Scheibe. Exner Rep. **23**, 1-22, 457-466, 553-558.

F. ROTH. Berichtigung. ibid. 338 und 758; [Beibl. **11**, 386, **12**, 153.

III. Bestimmung der relativen Bahnen, wenn Kräfte vorhanden sind, welche der Scheibe entlang wirken. A. Die gegebene Kraft sei der Stärke nach unveränderlich und wirke in Beziehung zu der sich drehenden Scheibe immer nach derselben Richtung. Der Reibungswiderstand fehle. „Die gesuchte Bahn ist eine excentrische Kreisevolvente, bei welcher der Mittelpunkt der abzuwickelnden Rolle nicht im Drehungspole der Scheibe, sondern um $f:\omega^2$ gegen die Richtung der gegebenen Bahn davon entfernt liegt.“ „Die absolute Bahn ist eine Cycloide, welche durch eine Stelle in der Ebene eines Kreises erzeugt wird, der mit unveränderlicher Geschwindigkeit rollt“. *Lp.*

M. KOPPE. Der FOUCAULT'sche Pendelversuch. Poske Zs. **1**, 14-22.

M. KOPPE. Das FOUCAULT'sche Pendel. Poske Zs. 1, 70-71†.

Ausser einer experimentellen Methode zur Nachahmung des Versuches in rein kinematischer Auffassung durch Apparate, die hierzu ersonnen sind, werden auch elementare theoretische Betrachtungen angestellt, um die Gesetze der Bewegung, besonders auch die Form der Curve zu ermitteln, welche der Endpunkt des Pendels beschreibt. *Lp.*

J. KÖNIG. Ueber eine neue Interpretation der Fundamentalgleichungen der Dynamik. Ungar. Ber. 5, 131-179†; Math. Ann. **31**, 1-42, 1888†.

Der Verfasser charakterisirt die Aufgabe, welche er sich gestellt hat, folgendermassen:

Für die einfachste aller Bewegungserscheinungen, die freie Bewegung eines einzelnen Punktes von der Masse m unter der Einwirkung einer Kraft P, hat man die folgenden beiden Sätze:

1) Die Grösse der Beschleunigung (oder auch der in die Richtung der Kraft fallenden Beschleunigungscomponente) ist P/m.

2) Beschleunigung und Kraft sind gleich gerichtet.

Es hat ein unbestreitbares Interesse, ein solches allgemeines Grundgesetz der Mechanik aufzustellen, das für die Bewegung eines unter dem Einfluss ganz beliebiger Kräfte stehenden Punktsystems bei der Annahme irgend welcher auch die Zeit und Geschwindigkeit enthaltenden Bedingungsgleichungen gültig ist, diese Bewegung vollständig bestimmt und dabei nur aus der Verallgemeinerung jener beiden Sätze besteht. Da der erste jener Sätze eine Gleichung, der zweite ein System von gleichberechtigten Gleichungen vertritt, die wieder in einem Maximums- oder Minimumssatz vereinigt werden können, wird dieses Grundgesetz sich dementsprechend aus zwei Theilen zusammensetzen.

In dem ersten Abschnitte, „einleitende Festsetzungen", wird betont, dass bei Ermittelung des Grundgesetzes der Bewegung in erster Reihe die Invarianteneigenschaften der Bewegung zu fixiren sind. Der zweite Abschnitt führt eine Reihe neuer mechanischer

Begriffe ein. Sind x_i, y_i, z_i die Coordinaten eines Systempunktes, m_i seine Masse, X_i, Y_i, Z_i die parallel zu den Coordinatenaxen genommenen Componenten der zur Zeit t auf m_i einwirkenden Kraft, so heisst die Summe:

$$\Sigma m_i (x_i''^2 + y_i''^2 + z_i''^2) \qquad (i = 1, 2, 3, \ldots, n)$$

die Beschleunigungsenergie des Punktsystems, ferner die Summe:

$$\Sigma (X_i x_i' + Y_i y_i' + Z_i z_i') \qquad (i = 1, 2, 3, \ldots, n)$$

das Geschwindigkeitsvirial der wirkenden Kräfte; dasselbe ist also der nach der Zeit genommene Differentialquotient der bis zum Zeitpunkt t geleisteten Arbeit. Ferner erhält die Summe:

$$\Sigma \frac{1}{m_i} (X_i^2 + Y_i^2 + Z_i^2) = E \qquad (i=1,2,3,\ldots,n)$$

den Namen Energem des Kräftesystems, als charakteristische Eigenschaft des wirkenden (Kräfte-)Systems, welcher im beweglichen Systeme die Energie entspricht. Ist ferner:

$$M = \Sigma m_i, \quad R^2 = M \,.\, E, \quad X_i = M\alpha_i, \quad Y_i = M\beta_i, \quad Z_i = M\gamma_i,$$

so drückt die Gesammtheit der Coëfficienten α_i, β_i, γ_i eine zweite Eigenschaft des Kräftesystems aus, und wird als Disposition des Kräftesystems bezeichnet. Jedes Kräftesystem kann in einer und nur in einer Weise so in zwei partielle Systeme zerlegt werden, dass das eine dieser Systeme eine gegebene Disposition besitzt und die Summe der Energeme der beiden partiellen Systeme gleich dem Energeme des gegebenen Systems ist. Es folgen noch mehrere Sätze über die Dispositionen von Kräftesystemen, deren Aufzählung hier unmöglich ist.

Nach diesen Vorbereitungen werden im dritten Abschnitte die Grundgesetze der Bewegung aufgestellt. Man findet zunächst im § 15 die Sätze (erstes Gesetz):

Das Beschleunigungsvirial der freien Componente des auf das Punktsystem wirkenden Kräftesystems ist in jedem Zeitpunkte gleich dem Energem dieser freien Componente des Kräftesystems.

Unter allen Bewegungen, die den Zwangsgleichungen und dem in Bezug auf das Beschleunigungsvirial soeben ausgesprochenen

Satze gemäss erfolgen könnten, findet in Wirklichkeit diejenige statt, für welche die Beschleunigungsenergie in jedem Zeitpunkte ein Minimum ist.

Zur Erklärung des Begriffs freie Componente diene die Bemerkung, dass beim Vorhandensein von Zwangsbedingungen das Kräftesystem für jeden Zeitpunkt in einer (und nur einer) bestimmten Weise so in zwei Componenten zerlegt werden kann, dass die eine dem Zwange unterworfen, die andere eine freie Componente ist.

In den folgenden §§ 15—17 wird nun gezeigt, wie dieses Gesetz immer zu den gewöhnlichen Differentialgleichungen der Bewegung und nur zu diesen führt; der § 18 dagegen deutet an, wie ein anderes Grundgesetz der Bewegung erhalten werden kann, wenn man die dem Beschleunigungsvirial und der Beschleunigungsenergie zukommenden Rollen miteinander vertauscht. Ein Satz, dem der erste Theil des Gesetzes fehlt, und welcher zwar nothwendige, aber nicht hinreichende Angaben zur vollständigen Bestimmung der Bewegung enthält, lautet:

Bei der wirklich stattfindenden Bewegung ist das Beschleunigungsvirial in jedem Zeitpunkt grösser als bei jeder anderen Bewegung, welche den Zwangsgleichungen entspräche, und für welche die Beschleunigungsenergie in jedem Zeitpunkte dieselbe wäre, wie für die wirklich stattfindende Bewegung. — Es trennen sich bei der weiteren Behandlung die freie und die Zwangsbewegung.

Das Beschleunigungsvirial eines ohne Zwang wirkenden Kräftesystems ist in jedem Zeitpunkte gleich der Beschleunigungsenergie des Punktsystems; das Energem des wirklich auftretenden Kräftesystems ist kleiner als das jedes anderen Kräftesystems, dessen Beschleunigungsvirial gleichfalls in jedem Zeitpunkte der Beschleunigungsenergie des Punktsystems gleich ist.

Das Energem des Systems der Zwangskräfte ist ein Minimum, verglichen mit dem Energem aller jener Kräftesysteme, nach deren Hinzufügung zu dem ursprünglichen gegebenen Systeme der wirkenden Kräfte die freie Bewegung des Punktsystems eine den Zwangsgleichungen entsprechende wäre. *Lp.*

L. HENNEBERG. Ueber das Princip der virtuellen Verrückungen und das Princip von D'ALEMBERT. Civiling. **33**, 93-96†.

J. J. WEYRAUCH. Ueber das Princip der virtuellen Verrückungen. Civiling. **33**, 185-190†.

In einer Besprechung der „Statik der starren Systeme" von L. HENNEBERG (F. d. M. **18**, 1886, 802) hatte Herr WEYRAUCH es als unbefriedigend bezeichnet, dass das Princip der virtuellen Verrückungen, d. h. die Gleichung:

$$(1) \qquad \Sigma (X_i \delta x_i + Y_i \delta y_i + Z_i \delta z_i) = 0,$$

welche gewöhnlich aus D'ALEMBERT's Princip:

$$(2) \qquad \Sigma \left(m_i \frac{d^2 x_i}{dt^2} - X_i\right) \delta x_i + \left(m_i \frac{d^2 y_i}{dt^2} - Y_i\right) \delta y_i + \left(m_i \frac{d^2 z_i}{dt^2} - Z_i\right) \delta z_i = 0$$

hergeleitet werde, als Hypothese aufgestellt sei.

Dem gegenüber hebt Herr HENNEBERG hervor, dass die zweite Gleichung nicht bewiesen sei, und dass also eine Folgerung aus derselben nicht als Beweis gelten könne.

Herr WEYRAUCH bemerkt, dass er von einem Beweise nicht gesprochen habe, dass man es aber keinesfalls als unrichtig bezeichnen dürfe, wenn in „geschätzten Lehrbüchern der Mechanik" eine Herleitung des Satzes als Beweis bezeichnet werde, da ja jeder Beweis an Voraussetzungen geknüpft sei. Herr WEYRAUCH versucht dann selbst eine Herleitung des Princips, welche hier übergangen werden kann. Es muss aber hervorgehoben werden, dass Herr WEYRAUCH die Tragweite der Gleichung (2) beträchtlich unterschätzt, wenn er behauptet, dass die Gültigkeit des Princips davon abhängig sei, ob die Normalcomponenten der virtuellen Verrückungen gegen die Hindernisse gleich Null sind oder nicht, dass dieselbe also aufhöre, wenn bewegliche Hindernisse vorhanden sind. Ein einfacher Hinweis auf das Beispiel einer Bewegung materieller Punkte in einer Röhre, welche selbst um einen Punkt drehbar ist, genügt um das Gegentheil dieser Behauptung als richtig hinzustellen. Die Behauptung, dass solche Fälle von technisch nicht geschulten Mathematikern unbeachtet geblieben seien, ist ebenso unrichtig.

Die moderne Behandlung des Problems der Bewegung eines festen Körpers in einer Flüssigkeit beruht lediglich auf der geschickten Anwendung des Princips der virtuellen Verrückungen, und doch ist das Hinderniss der freien Flüssigkeitsbewegung (der feste Körper) beweglich. Meines Wissens haben sich bisher keine Techniker, wohl aber Physiker und Mathematiker, die der Technik völlig fern stehen, an der Discussion der Frage betheiligt. *F. K.*

G. Sabinine. Sur les considérations d'Ostrogradsky et de Jacobi relatives au principe de la moindre action. Annali di Mat. (2) **15**, 27-51†.

Ostrogradsky hat in den Mémoires der Petersburger Akademie (6) **4** folgende Fassung für das Princip der kleinsten Wirkung vorgeschlagen: Bei der Bewegung eines beliebigen Systems von Körpern, auf welche Kräfte einwirken, deren Kräftefunction Π nur von den Coordinaten, nicht aber von der Zeit t explicit abhängt, wird das zwischen den Grenzen t_0 und t_1 genommene Integral $\int_{t_0}^{t_1}(\Pi+T)\,dt$, in welchem T die halbe lebendige Kraft des Systems bezeichnet, zu einem Minimum, vorausgesetzt dass man die Anfangs- und die Endlage des Systems als gegeben ansieht, und dass die Variationen von t bezüglich der Grenzen t_0 und t_1 unter einander gleich sind. In den ersten beiden Paragraphen beschäftigt sich der Verf. mit dem Nachweise der Richtigkeit dieses Satzes und der Herleitung der Bewegungsgleichungen aus ihm. Er ist der Ansicht, das Ostrogradsky'sche Theorem enthalte als besonderen Fall jedes der beiden Principien, welche er selbst in dem Aufsatze „Sur le minimum d'une intégrale" (Annali di Mat. (2) **14**, 30, diese Ber. **42**, 1, 1886) ausgesprochen und dort als Principe der kleinsten lebendigen Kraft sowie der kleinsten Intensität der Kräfte bezeichnet hat. Bei der Ableitung der Bewegungsgleichungen zeigt Hr. S. die Ungenauigkeit einer Bemerkung Ostrogradsky's in Betreff der bezüglichen Methode bei Lagrange.

Im dritten Paragraphen sucht der Verf. zu beweisen, dass das Minimum, welches durch das Princip der kleinsten Wirkung in der Jacobi'schen Fassung bestimmt wird (Vorlesungen über Dynamik, S. 45), ein relatives ist, und dass der Herleitung der Bewegungsgleichungen aus dem Principe der kleinsten Wirkung bei Jacobi (l. c. S. 50 und 51) eine Ungenauigkeit anhaftet; dieselbe sei vollkommen derjenigen analog, welche Bertrand in seiner Ausgabe der Mécanique analytique bei Lagrange hervorgehoben habe (Bd. **1** S. 277 und 279 der dritten Aufl.). *Lp.*

H. von Helmholtz. Zur Geschichte des Princips der kleinsten Action. Berl. Ber. 1887, 225-236†.

Nachdem der Verfasser am 27. Jan. 1887 über dieses Thema in der öffentlichen Sitzung der Akademie einen Vortrag gehalten hatte, ist ihm die Broschüre von Hrn. Adolf Mayer bekannt geworden: „Geschichte des Princips der kleinsten Action", Leipzig 1877. Daher veröffentlicht er von diesem Vortrage nur zwei Erörterungen, die eine über den Begriff der Action bei Leibniz, worüber sich bei A. Mayer nichts findet, und die zweite, das Verhältniss des Princips der kleinsten Action zu Hamilton's Princip betreffend, worin das Urtheil des Verfassers von dem des genannten Autors (vergl. diese Ber. **42**, 1886) abweicht.

Der Begriff der Action findet sich in dem von C. J. Gerhardt 1860 herausgegebenen, unvollendet gebliebenen Leibniz'schen Manuscript über Dynamik als actio formalis bezeichnet; ihr rechnungsmässiger Werth wird schliesslich gleich dem Producte aus der Masse, der Weglänge und der Geschwindigkeit gesetzt oder, wenn die Weglänge durch das Product aus der Geschwindigkeit und der Zeit dargestellt wird, auch gleich dem Producte aus der lebendigen Kraft und der Zeit. Hält man mit dieser Begriffsbildung ein Fragment eines Briefes zusammen, der angeblich von Leibniz an Hermann gerichtet ist, in welchem der Ausdruck steht, die Action sei gewöhnlich ein Maximum oder Minimum, so erkennt man, dass für Leibniz „die Entdeckung des Princips der kleinsten Wirkung gleichsam vor den Füssen gelegen hat"; ausserdem bekommt das Princip einen anschaulicheren Sinn, wenn wir den Leibniz'schen Begriff der Action hineintragen.

In dem zweiten Theile des Aufsatzes wird das Verhältniss von Hamilton's allgemeinem Princip der Mechanik zu dem der kleinsten Action erörtert, indem dieses letztere zuerst nach dem Lagrange'schen Verfahren dargestellt wird; „Lagrange's und Hamilton's Form sind durchaus übereinstimmend in den Voraussetzungen über die in das Problem eintretenden Functionen F und L, wie in den daraus zu ziehenden Folgerungen". Zuletzt wird die Jacobi'sche Form mit der Hamilton'schen verglichen. „Die Form von Lagrange ist die gemeinsame Quelle der beiden anderen Formen, die durch Elimination verschiedener Grössen mittelst der Zusatzbedingung entstehen." *Lp.*

G. Helm. Die Lehre von der Energie historisch-kritisch entwickelt. Nebst Beiträgen zu einer allgemeinen Energetik. Leipzig, 1887, A. Felix VI u. 104 pp., gr. 8°†; [Beibl. **12**, 407-409; 1888.

Die Einleitung der Schrift (S. 1-3) handelt vom Stil in der Wissenschaft, von der Eigenart historischer Betrachtung und dem Werthe derselben für die Naturforschung.

Der erste Theil der Arbeit (S. 4-22) spürt den Quellen der Energie-Ideen auf den verschiedensten Gebieten nach, nämlich in der theoretischen Mechanik, in der Physik, in der Philosophie und besonders in der Technik.

Im zweiten Theile (S. 23-44) wird die Begründung des Energiegesetzes erörtert. An der Spitze findet man die Aufstellung des Energieprincips durch R. Mayer nebst einer Kritik seiner Schlussweise. Die experimentellen Belege der Aequivalenz von Wärme und Arbeit durch J. P. Joule und ihre Bedeutung für die Befestigung der Energie-Ideen werden dann geschildert. Hieran schliesst sich die Darstellung der Grundvorstellungen über die Erhaltung der Energie nach Hrn. H. von Helmholtz; seine Herleitung des Satzes aus dem Axiom, dass ein Perpetuum mobile unmöglich ist, hält der Verf. für die einzige stichhaltige Begründung desselben. Der weitere Helmholtz'sche Satz, dass die Summe der vorhandenen lebendigen Kräfte und Spannkräfte constant ist, leitet dann zur Betrachtung der Eigenenergie der Körper durch R. CLAUSIUS und W. THOMSON über und damit zur Begründung der jetzigen Terminologie durch den letzteren Physiker und durch RANKINE. Eine Schlussbetrachtung fasst das Ergebniss dieses hauptsächlich historischen zweiten Theiles zusammen.

Der dritte Theil (S. 45-75) ist dazu bestimmt, einen Abriss der Energetik zu geben. Am Schlusse des vorangehenden Theiles hatte der Verf. die Frage aufgeworfen: „Welches ist das Kennzeichen einer Energieform?“ Nach seiner Meinung liegen die Mittel zur Beantwortung dieser Frage nicht auf dem Gebiete der reinen Energie-Ideen, sondern sind aus dem Bündnisse derselben mit dem Vorstellungskreise des Entropiebegriffs erwachsen. Die Abschnitte, in welchen die Befruchtung der Energie-Ideen durch den Entropiebegriff klar gelegt wird, sind betitelt: das Energiegesetz als Integralgesetz, der Einfluss des Entropiegesetzes, das Energiegesetz als Grundgesetz, die Formen der Energie. Im Anschluss an die historische Entwickelung giebt der Verf. eine Vorstellung, wie man durch Ausbeutung der schon von MAXWELL, ZEUNER und MACH betonten analytischen Gleichartigkeit der Energieformen zu einer Energetik im Sinne RANKINE's gelangen kann; zuletzt geht der Schluss dieses Theiles sogar mit wenigen Worten auf die Anwendbarkeit der entwickelten Gedanken auf die Volkswirthschaftslehre ein.

Die 79 litterarischen oder auch erläuternden Anmerkungen sind an das Ende des Werkes gestellt (S. 76-104).

Wegen der grossen Menge und Vielseitigkeit der darzustellenden Gedanken ist das Ganze eine in grossen Zügen angelegte Skizze, welche der Durchführung im Einzelnen bedarf. Sie ist daher zwar geeignet, eine erste Uebersicht über das weite betrachtete Feld zu geben, kann aber nicht eine klare Vorstellung aller Einzelheiten verschaffen. *Lp.*

G. J. STONEY. Curious consequences of a well-known dynamical theorem. Proc. Dubl. Soc. **5**, 448-52; Phil. Mag. (5) **13**, 544-47†.

Eine poetische Phantasie über das Thema: Wenn zu irgend

einem Zeitpunkte die Geschwindigkeiten der verschiedenen Körper eines dynamischen Systems umgekehrt werden, ohne dass irgend eine andere Aenderung geschieht, so werden die vorangehenden Zustände des Systems in umgekehrter Folge alle wieder auftreten. Von der Anwendung dieses Satzes auf die ganze Welt als ein dynamisches System (wie dies in einem deutschen Gedichte über die verkehrte Welt humoristisch geschildert ist) verspricht sich der Verfasser eine Klärung der Begriffe über wirkliche und scheinbare dynamische Gesetze, über Ursache und Wirkung, über den Zeitbegriff. Den in neuerer Zeit erhobenen Einwand, dass die Welt nicht ohne weiteres als ein dynamisches System angesehen werden dürfe, berücksichtigt der Verf. natürlich nicht. *Lp.*

A. Schönflies. Ueber Gruppen von Bewegungen I, II. Math. Ann. **28**, 319-342 und **29**, 50-80†.

Der Verfasser bestimmt in diesen beiden Abhandlungen alle Gruppen von Bewegungen des euklidischen Raumes. Er will dabei die gruppentheoretische Seite der Aufgabe mehr zu ihrem Rechte kommen lassen, als dies Herr Sohncke bei seiner Bestimmung aller derartigen Gruppen gethan hat. Für Herrn Sohncke waren nämlich nicht die Gruppen an und für sich der Endzweck, sondern die ihnen entsprechenden regulären Gebietseintheilungen des Raumes, welche in der Theorie der Krystallstructur eine grosse Rolle spielen.

Herr Schönflies beschränkt sich auf solche Gruppen von Bewegungen, aus deren erzeugenden Bewegungen keine beliebig kleinen Ortsveränderungen abgeleitet werden können, also schliesst er die continuirlichen Gruppen von Bewegungen aus.

Unter den Gruppen von Bewegungen sind zu unterscheiden: erstens solche Gruppen, welche bloss aus Translationen bestehen, zweitens solche, welche nur Rotationen um einen Punkt enthalten, und drittens alle übrigen, „die allgemeinen Bewegungsgruppen“, wie sie Herr Schönflies nennt.

Die beiden ersten Arten von Bewegungsgruppen setzt Herr Schönflies als bekannt voraus und beschäftigt sich daher bloss mit der Bestimmung der allgemeinen Bewegungsgruppen. Dabei benutzt er den Satz, dass es zu jeder allgemeinen Bewegungsgruppe eine isomorphe Gruppe von Rotationen um einen Punkt giebt, und dass diese isomorphe Rotationsgruppe nach KLEIN's Benennung entweder die cyklische Gruppe oder die Vierergruppe oder die Diedergruppe oder die Tetraeder- oder die Octaedergruppe ist. Aus diesem Satze folgt, dass jede allgemeine Bewegungsgruppe eine invariante Untergruppe enthält, in welcher dieselben Translationen vorkommen wie in der betreffenden allgemeinen Bewegungsgruppe, und aus welcher diese letztere durch Multiplication mit einer geeigneten Bewegung hergestellt werden kann.

Auf die einzelnen Bewegungsgruppen kann dieser Bericht nicht eingehen; nur soviel sei bemerkt, dass Herr SCHÖNFLIES seiner Untersuchung eine beträchtliche Anzahl von Figuren beigefügt hat, welche die Beschaffenheit der verschiedenen Bewegungsgruppen veranschaulichen. *Engel.* (*Lp.*)

MOHR. Ueber Geschwindigkeitspläne und Beschleunigungspläne. Ein Beitrag zur graphischen Kinematik. Civiling. **33**, 631-650†.

Trägt man die Geschwindigkeiten mehrerer sich in einer Ebene bewegender Punkte A, B, C, . . . von einem Punkte P_1 nach Grösse und Richtung ab, so wird eine Figur $A_1 B_1 C_1$ . . . erhalten, welche „Geschwindigkeitsplan“ heisst. Ebenso erhält man den „Beschleunigungsplan“ $A_2 B_2 C_2$ . . . . Es ist ohne weiteres klar, dass der Beschleunigungsplan der Figur ABC . . . identisch mit dem Geschwindigkeitsplan von $A_1 B_1 C_1$ . . . ist. Sind A und B durch eine starre Grade verbunden, so steht die Richtung $A_1 B_1$ senkrecht auf AB; und der Geschwindigkeitsplan einer starren Figur ist eine der ursprünglichen ähnliche, welche um einen rechten Winkel gedreht ist. Auch für den Fall ähnlich veränderlicher Figuren bleibt die Geschwindigkeitsfigur ähnlich der gegebenen. Dasselbe gilt natürlich dann auch von dem Beschleunigungsplan der ähnlich veränderlichen Figur. Diese und ähnliche Betrachtungen wendet der Verfasser auf die ebene kinematische Kette und das ebene Fachwerk an. *F. K.*

J. C. McConnell. On Lagrange's equations of motion. Cambr. Proc. **6**, 25-27 (1886)†.

Eine Abänderung des Beweises für diese Gleichungen, welchen Lord Rayleigh in seiner Theory of Sound gegeben hat. Die Vereinfachung wird durch die Annahme bewirkt, dass die willkürlichen Verrückungen des Systems nicht mit der Zeit sich ändern. Der Verf. meint, dadurch trete die Rolle klarer hervor, welche das letzte Glied der Endgleichungen der Bewegung spiele. Am Schluss der Note wird der von Clerk Maxwell in Electricity and Magnetism gegebene Beweis der Lagrange'schen Gleichungen kritisirt. *Lp.*

R. Rijkens. Transformatie en integratie van de dynamische vergelijkingen volgens de methode van Hamilton en Jacobi. Diss. Groningen. Wolters. 86 S. 4⁰.

Nach Anleitung der „Vorlesungen über Dynamik" von Jacobi behandelt diese Dissertation die Transformation und Integration der allgemeinen dynamischen Grundgleichungen unter Zugrundelegung der Methode von Hamilton und speciell mit Rücksicht auf den Umstand, dass die Zeit in den Bedingungen oder in der Kräftefunction auftritt.

Der erste Abschnitt beschäftigt sich mit der Einführung der allgemeinen Coordinaten von Lagrange, im zweiten folgt die Ableitung der canonischen Gleichungen, im dritten wird der erste Satz von Hamilton besprochen; der vierte leitet aus diesem Satz die zweite Form von Lagrange für allgemeine Coordinaten ab, aus denen im fünften von neuem die canonischen Gleichungen aufgestellt werden, worauf einige Beispiele als Anwendungen sich anschliessen. Im sechsten Abschnitt wendet sich der Verfasser zu der partiellen Differentialgleichung Hamilton's, im siebenten zum Theorem von Jacobi über die Function V, von der einige besondere Fälle bearbeitet werden. Im achten, neunten und zehnten

Abschnitt folgt die Integration der partiellen Differentialgleichung Hamilton's mit einer, zwei oder mehr unabhängigen Veränderlichen, wovon einige Beispiele vorgeführt werden; endlich im letzten Abschnitt wird eine Erweiterung des Theorems von Poisson behandelt, welche bereits früher mitgetheilt wurde. *van Geer.* (*Lp.*)

Lord Rayleigh. The reaction upon the driving-point of a system executing forced harmonic oscillations of various periods, with applications to electricity. Phil. Mag. (5) **21**, 369-381.

Der Zweck dieser Mittheilung ist der Beweis einiger allgemeinen mechanischen Theoreme, welche in gewisser Hinsicht als Erweiterungen jenes Thomson'schen betreffs der Energie anfänglicher Bewegungen angesehen werden können (Thomson and Tait, Nat. Phil. §§ 316, 317). In der Einleitung zur Abhandlung ist das Theorem über die kinetische Energie in eine Form gebracht, welche das Theorem von Thomson und das von Bertrand als bloss verschiedene Ansichten derselben Wahrheit erscheinen lässt. In enger Verwandtschaft zu diesem Theoreme stehen zwei andere. Das erste derselben gilt für ein System, welches aus dem stabilen Gleichgewichte durch eine Kraft von festgesetztem Typus abgebracht wird: wenn die Grösse der entsprechenden Verrückung gegeben wird, so ist die Kraft ein Minimum; oder wenn die Grösse der Kraft gegeben wird, so ist die Verrückung ein Maximum, falls kein Zwang vorhanden ist. Das zweite bezieht sich auf die Eigenschaften der Dissipationsfunction. Die Frage wird dann aufgenommen, unter welchen Bedingungen die Theoreme gelten, wenn die (mitgetheilte) Kraft eine harmonische Function der Zeit ist, indem alle drei Theoreme voraussetzen, dass nur eine von den drei Functionen: kinetische Energie (T), Dissipation (F), potentielle Energie (V) jedesmal in Betracht kommt. Nunmehr wird der Hauptgegenstand der Abhandlung in Angriff genommen, nämlich das Verhalten von Systemen, in denen F und die eine oder die andere der übrigen Functionen T und V wahrnehmbar sind, aber ohne die Beschränkung auf sehr schnelle oder sehr langsame Bewegungen, wodurch der Einfluss der zweiten Function beseitigt werden kann. Als Beispiele für das allgemeine Theorem führt der Verf. die Probleme an, welche Stokes in seiner Schrift über „The effect of the internal friction of fluids on the motion of pendulums" betrachtet hat. Für den Fall zweier Grade von Freiheit erörtert er die Rückwirkung der in einem benachbarten secundären Stromkreis inducirten elektrischen Ströme auf den primären Stromkreis und das Problem zweier elektrischen Conductoren in Parallelstellung. Der Fall mehrerer Conductoren in Parallelstellung wird auch kurz behandelt. *Gibson.* (*Lp.*)

F. Rudio. Ueber die Bewegung dreier Punkte in einer Geraden. J. für Math. **100**, 442-446†.

In Bd. IV der gesammelten Werke von C. G. J. Jacobi S. 533-539 veröffentlichte Hr. Wangerin aus Jacobi's Nachlass eine Abhandlung über die Bewegung dreier Punkte in einer Geraden, wenn die Punkte sich umgekehrt dem Kubus der Entfernung anziehen. Aus diesem Anlasse übergiebt Hr. Rudio eine denselben Gegenstand behandelnde Arbeit dem Drucke. Schon 1881 beendigt, stützt sich die Abhandlung auf Betrachtungen aus Jacobi's Vorlesungen über Dynamik und liefert die Coordinaten als Functionen der Zeit und einer von der Zeit abhängenden Function φ. Die Form des Resultates wird durch die Berichtigung eines Versehens, welche Bd. **102** S. 8 erfolgt, ein wenig geändert. *Lp.*

---

de la Rive. Étude mathématique sur un cas particulier de la gravitation. Arch. sc. phys. (3) **16**, 593-595 (1886)†.

Die Notiz giebt nur den Gedankengang und den Verlauf der Rechnung einer grösseren Arbeit im Auszuge an. Als Ergebniss wird angeführt: Wenn eine Masse m um eine andere M kreist, so giebt es einen Punkt P, dessen Lage mit dem Fahrstrahle fortrückt, von solcher Beschaffenheit, dass ein Massenpunkt μ, der sich in seiner Nähe befindet, dort bleiben kann, indem er eine geschlossene Bahn um diesen Punkt beschreibt (unter der combinirten

Einwirkung der Attraction und der Centrifugalbeschleunigung). Theoretisch ist es also zulässig, dass ein Sternschnuppenschwarm während einer gewissen Zeit kreisen kann, indem er einem Planeten in seiner einem Kreise angenäherten Bahn folgt. *Lp.*

K. BOHLIN. Ueber die Bedeutung des Princips der lebendigen Kraft für die Frage von der Stabilität dynamischer Systeme. Acta Math. **10**, 109-130†.

Man nehme an, dass die Bewegungsgleichungen eines in einer Ebene frei beweglichen materiellen Punktes auf ein erstes Integral von der Form

$$\left(\frac{ds}{dt}\right)^2 = f(x, y) - h$$

führen (ds das Wegdifferential, x und y die rechtwinkligen Coordinaten des Punktes, h die Integrationsconstante). Statt der rechtwinkligen Coordinaten treten häufig bipolare r, ϱ auf, so dass $f(x, y) = F(r, \varrho)$. Die Curve $f(x, y) = h$ oder $F(r, \varrho) = h$ bezeichnet die Grenze, auf welcher die Geschwindigkeit Null wird; dagegen stellt $f(x, y) - h = c^2$ eine Curve dar, auf welcher die Geschwindigkeit den Werth c hat. Die Grenzcurve $f(x,y) - h = 0$ zerlegt die Ebene in solche Theile, dass c^2 das Zeichen wechselt, wenn der Punkt (x, y) die Curve überschreitet. Negative Werthe kann c^2 aber nicht annehmen; der Punkt muss sich also immer in einem positiven Gebiete der Ebene befinden. Ist die Grenzcurve um ein positives Gebiet geschlossen, so bleibt daher die Bewegung stabil. Wird die Grenzcurve irgendwo erreicht, so erhält die Bahncurve in dem bezüglichen Punkte eine Spitze.

Diese Betrachtungen werden zunächst an bekannten Beispielen erläutert: 1) An der relativen Bewegung eines der beiden Körper im Zweikörperproblem um den anderen. Aus $\left(\frac{ds}{dt}\right)^2 = \frac{2\mu}{r} - \frac{\mu}{a}$ folgt die Gleichung der Grenzcurve $r = 2a$, für positive a also ein Kreis. 2) An der Bewegung eines von zwei festen Punkten nach dem NEWTON'schen Gesetze angezogenen Punktes. Das Quadrat der Geschwindigkeit wird:

$$\left(\frac{ds}{dt}\right)^2 = \frac{2m}{r} + \frac{2\mu}{\varrho} - h,$$

die Grenzcurve hat daher die Gleichung

$$\frac{2m}{r} + \frac{2\mu}{\varrho} = h,$$

und ist die Niveaucurve der beiden anziehenden Punkte; ein positiver Werth von h sichert die Stabilität der Bewegung. Danach werden die Schlüsse auf die Erforschung folgender Fälle von Bewegungen in einer Ebene angewandt:

1) Ein materieller Punkt μ beschreibt mit gleichförmiger Winkelgeschwindigkeit n einen Kreis vom Radius a um einen zweiten Punkt m. Beide ziehen nach dem Newton'schen Gesetze einen dritten Punkt P an, von welchem vorausgesetzt wird, dass er auf die vorigen keine Einwirkung ausübt. Man sucht die Bedingungen dafür, dass die Bewegung in Bezug auf die beiden anziehenden Punkte stabil ist. Die eingehendere Discussion der in Betracht kommenden Curve

$$n^2 r^2 + \frac{2m}{r} + \frac{2\mu}{\varrho} = h$$

ist im Bihang till Kongl. Svenska Vetenskapsakademiens handlingar, B. 13 No. 1 veröffentlicht.

2) Ein besonderer Fall des Dreikörperproblems. Die Geschwindigkeit des einen materiellen Punktes μ sei in einem gewissen Augenblicke längs der y-Axe gerichtet. Die beiden anderen Punkte, jeder von der Masse m, haben in demselben Augenblicke Lagen und Geschwindigkeiten, die symmetrisch in Bezug auf die y-Axe sind.

3) Das Dreikörperproblem in der Ebene. Die zu discutirende Gleichung, über welche einige Betrachtungen angestellt werden, ist

$$\frac{c}{r} + \frac{c'}{r'} + \frac{c''}{r''} = h.$$

4) Nach der Bemerkung, dass entsprechende Schlüsse auf den Raum übertragen werden können, wird eine Anwendung der angeführten Betrachtungsweise auf die Untersuchung über die Existenz der Libration in der Länge eines Planeten hinzugefügt.

Lp.

A. GUYÉTAND. Note sur les propriétés du point central dans les actions mutuelles des trois corps. Brux. S. sc. **11**, 320-336.

Wenn drei Körper sich derartig anziehen oder abstossen, dass ihre gegenseitigen Einwirkungen paarweise gleich gross und entgegen gerichtet sind, so gehen die Resultanten der Einwirkungen von zwei beliebigen der drei Punkte auf den dritten durch einen und denselben Punkt. Diesen nennt der Verfasser den Centralpunkt; er sucht die Lage desselben auf und bestimmt dann die Resultante der Einwirkungen der beiden ersten Punkte auf den dritten. Anwendungen und Eigenschaften. *Mansion.* (*Lp.*)

H. BRUNS. Ueber die Integrale des Vielkörper-Problems. Leipz. Ber. **39**, 1-39. 55-82; Acta Math. **11**, 25-96†.

„Die bis jetzt bekannten Integrale des Vielkörper-Problems nämlich die Schwerpunkts- und Flächen-Sätze und der Satz von der lebendigen Kraft, besitzen die gemeinsame Eigenschaft, dass sie die Coordinaten und die Geschwindigkeits-Componenten nur in algebraischen Verbindungen enthalten. Dieser Umstand, sowie die Vergeblichkeit der bisherigen Bemühungen zur Auffindung weiterer Integrale legen die Vermuthung nahe, dass der Kreis der algebraischen Integrale mit den genannten abgeschlossen sei. Es soll deshalb hier die Aufgabe behandelt werden, alle algebraischen die Zeit nicht explicite enthaltenden Integrale aufzusuchen.“

Die Untersuchung betrifft die Eigenschaften der Integrale gewisser Differentialgleichungen und gehört somit eigentlich in das Capitel der Differentialgleichungen. Da es nicht angeht, den Gedankengang hier auszugsweise vorzuführen, so begnügen wir uns mit der Wiedergabe der hauptsächlichsten Ergebnisse. Der Inhalt der §§ 1—8 wird vom Verfasser in § 9 zusammengefasst: „Gegeben ist das System von Differentialgleichungen

$$\frac{dx_a}{dt}=y_a,\quad \frac{dy_a}{dt}=A_a \qquad (a=1,2,\dots,m),$$

in welchem die A als homogene rationale Funktionen von der geraden Ordnung $2N$ aus den x und einer gewissen Irrationalität s

zusammengesetzt sind. Die Grösse s ist Wurzel einer irreductiblen Gleichung

$$s^n + S_1 s^{n-1} + \ldots + S_n = 0,$$

deren linke Seite eine ganze homogene Function der s, x von der n^{ten} Ordnung bildet. Wenn das vorgelegte System von Differentialgleichungen algebraische, von t freie Integrale besitzt, so lassen sich dieselben allemal darstellen als algebraische Functionen eines oder mehrerer Integrale φ, welche folgende Eigenschaften besitzen: 1) Jedes φ ist eine ganze rationale Function der y, eine rationale Function der x und s. 2) φ ist in den Dimensionen homogen, d. h., wenn man für die x, s, y resp. setzt xk^2, sk^2, yk^{1+2N} (k = Constante), so nimmt φ wieder die ursprüngliche Gestalt an, jedoch versehen mit einer gewissen Potenz von k als Factor. 3) Bedeutet φ_0 das Aggregat der Glieder in φ, welche in Bezug auf die y von der höchsten Ordnung sind, so sind, wenn φ_0 nach den y geordnet wird, die Coëfficienten ganze rationale Functionen der x ohne gemeinsamen Theiler. 4) Der Ausdruck φ_0 genügt der Bedingung $\Sigma y_a \frac{\partial \varphi_0}{\partial x_a} = 0$, enthält also die x nur in den Verbindungen $y_1 x_a - y_a x_1$ ($a = 2, 3, \ldots . m$)."

Die Differentialgleichungen des Vielkörper-Problems, welche einen speciellen Fall der hier betrachteten Differentialgleichungen bilden, werden von da an für sich untersucht, und am Ende von § 14 wird der Satz gewonnen:

„Bei dem Vielkörper-Problem ist der Kreis der algebraisch aus den Coordinaten und Geschwindigkeiten zusammengesetzten und von t freien Integrale vollständig mit den bekannten Integralen, nämlich den Schwerpunktsätzen, den Flächensätzen und dem Satz von der lebendigen Kraft abgeschlossen."

Nachdem dieses Hauptresultat der Untersuchung erreicht ist, transformirt der Verfasser die Gleichungen für das Dreikörperproblem in ein System zwölfter Ordnung; aus ihm erhält er durch Abspaltung der Reihe nach ein System zehnter und dann ein System achter Ordnung; endlich erlangt er ein System sechster Ordnung, über welches er in § 16 sich so ausspricht: „Eine weitere Reduction als auf dieses System sechster Ordnung, welches schon mehrfach, wenn auch in abweichender Gestalt, abgeleitet worden ist, lässt sich, wie aus den Untersuchungen von Hrn. LIE über Gruppen (Math. Ann. 8) hervorgeht, an der Hand der bisher bekannten Integrale nicht erreichen."

Im zweiten Theile der Arbeit wird zunächst (§ 17) gezeigt, dass, wenn ein Integral des Vielkörperproblems auch noch die Variable t algebraisch enthält, das Gebiet aller algebraischen Integrale durch die bekannten zehn völlig erschöpft ist. Sodann wird die Frage in Angriff genommen, wie weit es möglich sei, durch algebraische Transformationen der Lösung des Vielkörperproblems näher zu kommen; doch wird die Untersuchung nur für das Dreikörper-Problem durchgeführt. Statt des Systems achter Ordnung wird das System siebenter Ordnung betrachtet, welches sich aus dem System achter Ordnung dadurch ergiebt, dass man mittels des Integrals der lebendigen Kraft die Variable p fortschafft und q an Stelle von t als unabhängige Variable einführt. Wir geben zuletzt die Schlussworte der Untersuchung (§ 25): „Es existiren zu dem System siebenter Ordnung keine ABEL'schen Integrale, und ebenso auch nicht zu dem System achter Ordnung. Bei den vorstehenden Entwickelungen waren wir von einer besonderen Form der Bewegungsgleichungen für das Dreikörper-Problem ausgegangen, nämlich dem hier benutzten System siebenter Ordnung. Da jedoch ein ABEL'sches Integral durch eine algebraische Transformation der Variabeln wiederum in ein ABEL'sches übergeht, so gilt das gefundene negative Resultat für alle Formen der Bewegungsgleichungen, welche aus den ursprünglichen durch rein algebraische Umformungen entstehen. Das gefundene Resultat gilt ferner auch für das Vielkörper-Problem. Reducirt man nämlich beim Vielkörper-Problem die Ordnung des Systems ähnlich wie bei dem Dreikörper-Problem durch Benutzung der bekannten Integrale, so erhält man algebraische Differential-Gleichungen. Existirt zu diesen ein ABEL'sches Integral, so enthält der Ausdruck, über welchen die Quadratur auszuführen ist, die Massen nur in algebraischer Weise; man müsste also unter allen Umständen durch das Verschwindenlassen einer oder mehrerer Massen zu einem ABEL'schen Integral für das Dreikörper-Problem gelangen, was nicht sein darf. Die vorstehend hergeleiteten negativen Ergebnisse enthalten, wie mir scheint, eine hinreichende Erklärung für die Thatsache, dass man bei der Aufsuchung neuer Integrale des Dreikörper-Problems seither nicht über den bereits vor einem Jahrhundert erreichten Standpunkt hinausgelangt ist." *Lp.*

H. PFAFF. Ueber die freie und eine bestimmte unfreie Bewegung eines Systems materieller Punkte, zwischen denen den Massen und der Entfernung proportionale anziehende Kräfte wirken. Pr. Gymn. Holzminden (No. 644), S. 3-32, 4°†.

Die auf Veranlassung des Hrn. DEDEKIND unternommene Arbeit erledigt die Aufgabe der Bewegung von n Massenpunkten, welche sich gegenseitig im Verhältnisse ihrer Entfernungen und ihrer Massen anziehen, 1) für den Fall, dass alle Massenpunkte frei beweglich sind, 2) für den Fall, dass jeder einzelne gezwungen ist, sich in je einer ihm vorgeschriebenen Ebene zu bewegen. Die Abhandlung giebt also ein Beispiel für das Vielkörperproblem, bei welchem sämmtliche Integrale der Differentialgleichungen herstellbar sind.

Für die freie Bewegung gestaltet sich die Rechnung sehr einfach. Dem Principe von der Erhaltung des Schwerpunktes entsprechend, bewegt sich der Schwerpunkt aller Massenpunkte geradlinig und mit constanter Geschwindigkeit. Die relative Bewegung eines jeden der materiellen Punkte um den Schwerpunkt erfolgt so, als ob die Gesammtmasse des Systems im festgedachten Schwerpunkte vereinigt wäre und nach dem zu Grunde liegenden Anziehungsgesetze wirkte. (Der Verf. unterlässt es, NEWTON's Principia lib. 1 Prop. 64 als Quelle zu citiren). Daher führen die Punkte des Systems um den Schwerpunkt als Mittelpunkt elliptische Schwingungen aus, und die Zeitdauer eines Ellipsenumlaufs ist für alle Punkte des Systems dieselbe, nämlich der Masse des Systems umgekehrt proportional. Die Gestalt der absoluten Bahn eines der Massenpunkte ist mithin eine gleichmässig gewundene Schraubenlinie auf einem elliptischen Cylinder. Die Höhe des Schraubenganges ist für alle Punkte des Systems dieselbe, nämlich gleich dem Wege, den der Schwerpunkt in der Umlaufszeit zurücklegt.

Die Untersuchung desjenigen Falles, bei welchem die einzelnen Massenpunkte auf vorgegebenen Ebenen zu verharren gezwungen sind, erfordert viel grössere Zurüstungen und führt bei der Erforschung der Bewegung des Schwerpunktes zu Rechnungen, welche denen bei der Aufsuchung der Hauptaxen einer Fläche 2. Ordnung sehr ähnlich sind. Der Verfasser hat denn auch den Zusammenhang zwischen beiden Problemen beleuchtet, und wir führen seine Ergebnisse auf Grund der Schlussbetrachtungen an. Der Massenpunkt $m_\varkappa$ bewege sich auf der Ebene $E_\varkappa$, deren Gleichung

$$A_\varkappa x + B_\varkappa y + C_\varkappa z = D_\varkappa$$

sei. Man setze $Q_\varkappa^2 = A_\varkappa^2 + B_\varkappa^2 + C_\varkappa^2$ und bilde die halbe Summe V der Quadrate der Entfernungen eines beliebig im Raume gewählten Punktes (x, y, z) von sämmtlichen Ebenen $E_\varkappa$, jedes Quadrat multiplicirt mit $m_\varkappa$, also:

$$(1) \qquad V = {}^1\!/_2 \Sigma \frac{m_\varkappa}{Q_\varkappa^2} (D_\varkappa - A_\varkappa x - B_\varkappa y - C_\varkappa z)^2.$$

Fragt man, für welchen Punkt oder für welche Punkte im Raume diese Function ein Minimum wird, so hat man zu setzen

$$\frac{\partial V}{\partial x} = 0, \qquad \frac{\partial V}{\partial y} = 0, \qquad \frac{\partial V}{\partial z} = 0,$$

oder man hat die Gleichungen dreier Ebenen (in denen die Bedeutung der Coëfficienten C_{ik} aus (1) ersichtlich ist):

$$(\mathrm{E}_1) \qquad C_{11}x + C_{12}y + C_{13}z = C_{14},$$
$$(\mathrm{E}_2) \qquad C_{12}x + C_{22}y + C_{23}z = C_{24},$$
$$(\mathrm{E}_3) \qquad C_{13}x + C_{23}y + C_{33}z = C_{34}.$$

Ist die Determinante $A_3 = |C_{ik}|$ dieser drei Gleichungen nicht Null, so schneiden sich die drei Ebenen E_1, E_2, E_3 in einem Punkte, dem Bewegungsmittelpunkte; um diesen führt nämlich der Schwerpunkt des Systems eine schwingende Bewegung aus.

Ist $\mathrm{A}_3 = 0$, so schneiden sich E_1, E_2, E_3 in einer Geraden, der Bahn des Bewegungscentrums, welche „Centralgerade" zu sämmtlichen gegebenen Ebenen $E_\varkappa$ parallel ist.

Ist ausser A_3 auch noch

$$\mathrm{A}_2 = C_{11}\, C_{22} - C_{12}^2 + C_{11}C_{33} - C_{13}^2 + C_{22}C_{33} - C_{23}^2 = 0,$$

so fällt jede der Ebenen E_1, E_2, E_3 mit einer „Centralebene“ zusammen, in welcher die Bewegung des Schwerpunktes stattfindet. Das den Mittelpunkt der Bewegung enthaltende Centralgebilde ist hiernach zu definiren als der Punkt, resp. als der geometrische Ort des Punktes, für welchen V seinen kleinsten Werth besitzt. Die Bewegung des Schwerpunktes findet im Allgemeinen, d. h. wenn A_3 nicht verschwindet, um einen festen Punkt statt. Ist $A_3 = 0$, so schreitet die Bewegung längs einer Geraden ins Unendliche fort. Ist auch $A_2 = 0$, so ist der Schwerpunkt selbst das Centrum der Bewegung. Die Gleichungen für die Coordinaten des Schwerpunktes [als lineare Functionen von sin $\omega_i t$ und cos $\omega_i t$ $(i = 1, 2, 3)$] werden in allen besonderen Fällen aufgestellt. Wenn der Schwerpunkt das Centralgebilde des Punktsystems passirt, hat er seine grösste Geschwindigkeit. Die Geschwindigkeit nimmt ab, wenn die Funktion V zunimmt, und ist für alle die Punkte der Schwerpunktsbahn dieselbe, für welche V denselben Werth hat. Diese Punkte liegen nach (1) auf einer Fläche zweiter Ordnung, die somit als Niveaufläche von V anzusehen ist.

Mit Hülfe der gefundenen Gleichungen der Schwerpunktsbewegung sind die Differentialgleichungen der relativen Bewegung eines beliebigen Massenpunktes $m_\varkappa$ integrirbar. Die Bewegung findet um den Fusspunkt des vom Bewegungscentrum des Systems auf die Ebene $E_\varkappa$ gefällten Lotes als Mittelpunkt der Bewegung statt. Die Bewegung kann vorgestellt werden als zusammengesetzt aus drei einfachen gradlinigen Schwingungen und aus einer elliptischen. In besonderen Fällen tritt eine Vereinfachung der Bewegungsform ein. *Lp.*

H. Seipp. Einige Sätze über Massenmittelpunkte.

Arch. f. Math. u. Phys. (2) 5. 178-189†.

Der Verf. nimmt in den Eckpunkten eines beliebigen (räumlichen oder ebenen) Vielecks gleich grosse Massen an und beweist mit Hülfe der bekannten Ausdrücke für die Coordinaten des Massenmittelpunktes mehrere einfache rein geometrische Sätze, von denen der erste ohne Rechnung sofort einleuchtet. Der zweite schon in POINSOT's Éléments de statique stehende lautet: In jedem räumlichen oder ebenen n-Eck ist die n-fache Quadratensumme der von dem Schwerpunkte E der Ecken nach den Ecken gezogenen Geraden gleich der Summe der Quadrate sämmtlicher Seiten des vollständigen n-Ecks. Ein dritter Satz bezieht sich auf die algebraische Summe gewisser Dreiecksflächen. *Lp.*

WEINMEISTER. Ueber den Schwerpunkt des Mantels eines schiefen Cylinders. Hoffmann Zs. **18**, 107-108†.

Es wird der allgemein gültige Satz bewiesen: Haben die Grundflächen eines schiefen Cylinders Mittelpunkte, so liegt in der Verbindungslinie derselben der Schwerpunkt des Mantels. *Lg.*

MOHR. Ueber die Bestimmung und graphische Darstellung von Trägheitsmomenten ebener Flächen. Civiling. **33**, 43-68†.

Sind df ein Flächenelement, z seine Entfernung von einem festen Punkte P, φ_1 und φ_2 die Winkel zwischen der Verbindungslinie und zwei durch P gehenden Geraden PB und PC, so ist das Deviationsmoment von df bezüglich der beiden Geraden:

$$df\,z^2 \sin\varphi_1 \sin\varphi_2.$$

Beschreibt man nun irgend einen durch P gehenden Kreis mit dem Radius r, so schneiden der verlängerte Strahl (P, df), sowie PB, PC den Kreis zum zweiten Mal in A_1, B_1, C_1, und es ist nach bekannten geometrischen Sätzen der Abstand des Punktes A_1 von der Sehne B_1C_1 gleich $2r \sin\varphi_1 \sin\varphi_2$. Denken wir uns nun in A_1 die Masse

$$\frac{df\,z^2}{2r}$$

vereinigt, so ist deren statisches Moment bezüglich B_1C_1 gleich dem Deviationsmoment von df bezüglich der Strahlen PB und PC. Fallen die Geraden PB und PC zusammen, so geht das Deviationsmoment in das Trägheitsmoment über, und die Sehne B_1C_1 wird eine Tangente des gezeichneten Kreises. Das Deviationsmoment einer ausgedehnten Fläche ist also gleich dem statischen Moment einer über den Kreisbogen ausgedehnten Masse in Bezug auf die Sehne $B_1 C_1$. Will man das erstere bestimmen, so bedarf man also nur der Kenntniss der über den Kreisbogen ausgedehnten Masse und der Lage ihres Schwerpunktes T_p. Sind nun Fi_1^2, Fi_2^2, Fi_3^2 die Trägheitsmomente der Fläche F in Bezug auf drei durch P gehende Axen, h_1, h_2, h_3 die Abstände des Punktes T_p von den zugehörigen Kreistangenten, so ist

$$\frac{Fi_1^2}{h_1} = \frac{Fi_2^2}{h_2} = \frac{Fi_3^2}{h_3}$$

der Ausdruck für die Masse des Kreises, ausserdem geben die Gleichungen die Bestimmungsstücke für die Lage von T_p. Die Masse von T_p ist das durch $2r$ dividirte polare Trägheitsmoment Fi_p^2 der gegebenen Fläche bezüglich P.

Ist nun S der Schwerpunkt der Fläche, P irgend ein anderer Punkt, welcher von jenem die Entfernung p hat, so ist der Trägheitsschwerpunkt T_p in Bezug auf irgend einen durch P und S gehenden Kreis gleichzeitig der Schwerpunkt der in T_s angebrachten Masse $\frac{Fi_s^2}{2r}$ (Trägheitsmasse des Schwerpunktes) und der in P selbst angebrachten Masse $\frac{Fp^2}{2r}$.

Macht man den Durchmesser des Kreises gerade gleich dem Halbmesser des polaren Trägheitsmomentes, so kann man den Trägheitshalbmesser für irgend eine Axe, welche den Kreis in S und A schneidet, sehr leicht folgendermassen construiren: Ueber der Strecke $T_p M$ (Mittelpunkt des Kreises) als Durchmesser beschreibe man einen zweiten Kreis; die Verbindungslinie MA schneide den letzteren in B und die Verbindungslinie AT_s den ersten Kreis in C resp. C', dann sind AC und AC' gleich dem Trägheitsradius i in Bezug auf SA.

Besonders interessant sind die Punkte, bei denen die Trägheitsmomente in Bezug auf alle Axen einander gleich sind; bei diesen muss der Trägheitsschwerpunkt stets mit dem Mittelpunkt des Kreises zusammenfallen. Solche Punkte giebt es stets zwei.

Der Verfasser construirt sie folgendermassen. Der Mittelpunkt eines durch S gehenden Kreises vom Durchmesser i_s wird auf der Axe des kleineren Hauptträgheitsmomentes angenommen; dann liegt auch T_s auf dieser Axe. Der Endpunkt des Durchmessers ST_s sei H_2. Ueber ST_s als Durchmesser wird ein zweiter Kreis beschrieben, dann wird in M ein Lot zu MS errichtet, welches den eben beschriebenen Kreis in A_1 und A_2 schneidet. Die Schnittpunkte B_1 und B_2 der Verbindungslinien H_2A_1 aus H_2A_2 mit der Tangente in S sind die gesuchten Punkte, welche der Verfasser Brennpunkte nennt. Zahlenbeispiele, Andeutungen für eine graphische Darstellung der Trägheitsmomente und eine Anwendung der vorgetragenen Entwickelungen auf eine Aufgabe der Festigkeitslehre bilden den Schluss der interessanten Abhandlung.

F. K.

R. LE BRUN. Méthodes approchées de quadratures. Génie civ. **11**, 340†.

Im Anschluss an ältere Formeln für näherungsweise Berechnung von Flächeninhalten (LECLERK, SIMPSON, PONCELET, CATALAN) theilt Herr LE BRUN neue Formeln mit, welche sich von jenen theils durch grössere Einfachheit, theils durch grössere Genauigkeit unterscheiden. Auch Methoden zur Bestimmung von Schwerpunkten und Trägheitsmomenten kommen zur Besprechung. *F. K.*

G. STONEY. An experimental method of determining moments of inertia Proc. Dubl. Soc. **5**, 335-38†; [Beibl. **12**, 223, 1888.

Die Methode ist nur anwendbar zur Bestimmung des Trägheitsmomentes einer ebenen dünnen Platte, die aus einem cylindrischen Balken durch zwei parallele ebene Querschnitte senkrecht zur Erzeugenden des Cylinders herausgeschnitten ist. Wenn mn die in der Ebene der Platte liegende Gerade ist, in Bezug auf welche das Trägheitsmoment der Platte ermittelt werden soll, so schneide man durch eine neue Ebene, welche durch mn geht, einen Keil aus dem Balken, so dass also die eine der Grenzebenen des

Keils ein senkrechter, die andere ein schiefer Querschnitt des Cylinders ist. Bezeichnet nun y den Abstand des Schwerpunktes der Platte von mn, Y die in dem senkrechten Querschnitt gemessene Ordinate des Schwerpunktes des Keils, so ist das Trägheitsmoment der Platte $J = AYy$, worin A den Flächeninhalt des senkrechten Querschnittes bezeichnet. Die drei Grössen A, Y, y sind durch Messungen bestimmbar. *Lp.*

A. Harnack. Die Grundlagen der Theorie des logarithmischen Potentiales und der eindeutigen Potentialfunction in der Ebene. Leipzig, Teubner, 158 S.†.

Die Untersuchungen, welche der Verfasser im vorigen Jahre über die Existenz der Green'schen Function in der Ebene und im Raume [cf. Leipz. Ber. 1886, 144f.] angestellt hatte, haben ihn veranlasst, die Theorie des Potentials in der Ebene systematisch zu bearbeiten. Dabei bezweckte er vor allem, neben den von ihm selbst gefundenen Resultaten die früheren Arbeiten von H. A. Schwarz, Christoffel und C. Neumann, die der Form nach von einander abweichen, während sie dem Inhalt nach völlig verwandt sind, und deren Verständniss theils durch ihre kurze Ausdrucksweise, theils durch das Hereinziehen andersartiger Untersuchungen nicht leicht ist, unter einheitlichem Gesichtspunkt und in einheitlicher Form darzustellen. Diese Darstellung bildet den Inhalt des vorliegenden Buches, welches von dem dermaligen Stande der Theorie, soweit dieselbe eindeutige Functionen mit vorgeschriebenen Unstetigkeiten betrifft, in klarer und erschöpfender Weise Rechenschaft giebt, sowie einzelne Lücken der Theorie ergänzt.

Das Buch zerfällt in fünf Capitel, deren erstes und umfangreichstes den allgemeinen Sätzen über das logarithmische Potential und die Potentialfunctionen gewidmet ist. Beide Begriffe sind dadurch unterschieden, dass das Potential ein bestimmtes Verhalten im Unendlichen besitzt, die Potentialfunction oder, wie sie auch genannt wird, harmonische Function aber nicht, während im übrigen die Potentialfunction die Eigenschaften des Potentials besitzt. Der

Verfasser beginnt mit der Definition des logarithmischen Potentials, bestimmt dasselbe für Kreis, Kreissector und Rechteck, stellt die partiellen Differentialgleichungen, denen das Potential für Punkte ausserhalb resp. innerhalb der Masse genügt, auf, untersucht dann die Eigenschaften des Potentials einer einfachen Curvenbelegung sowie einer Doppelbelegung, leitet die GREEN'schen Sätze ab und behandelt die Niveaulinien und Knotenpunkte des Potentials, extreme Werthe und Schwankungen der Potentialfunction, endlich unendliche Reihen von Potentialfunctionen. Von Einzelheiten heben wir aus diesem Capitel folgende Sätze hervor. „Jede Potentialfunction u, welche längs einer Geraden Werthe besitzt, die auf der Geraden eine reguläre analytische Function bilden, muss über dieselbe hinaus fortsetzbar sein.“ Ferner: „Ist die Dichtigkeit $f(x, y)$ einer Flächenbelegung in der Umgebung einer Stelle eine eindeutige und reguläre Function, so ist auch das logarithmische Potential dieser Belegung in der Umgebung der betrachteten Stelle eindeutig und regulär.“ Ein Gleiches gilt für die zugehörige Potentialfunction. — In das erste Capitel hat der Verfasser die Resultate zweier seiner früheren Untersuchungen aufgenommen; die eine derselben betrifft das CAUCHY'sche Integral (cf. Leipz. Ber. 1885, 379-98), auf welches hier die Betrachtung der zu einer Potentialfunction conjugirten Function führt, die andere einen Satz über eine unbegrenzte Reihe von harmonischen Functionen. [cf. diese Ber. **42**. 1, 1886, 255 ff., Nr. 4].

Im zweiten Capitel werden die zur Bestimmung einer Potentialfunction ausreichenden Bedingungen erörtert; insbesondere werden die wesentlichsten Eigenschaften der GREEN'schen Function und die GREEN'sche Darstellung einer harmonischen Function im Innern einer Curve mittelst ihrer Randwerthe abgeleitet; die GREEN'sche Function selbst wird für Kreis und Rechteck bestimmt, und zum Schluss folgen die allgemeinen Sätze zur Darstellung eines Potentials für das äussere Gebiet einer Curve.

Im dritten Capitel wird die C. NEUMANN'sche Methode zur Construction einer Potentialfunction aus ihren Randwerthen (Combinationsmethode) auseinander gesetzt. Durch diese Methode wird festgestellt, dass für jedes geradlinige oder aus Kreisbogen zusammengesetzte Polygon ohne einspringende Ecken eine und nur eine harmonische Function existirt, welche stetig nach gegebenen Randwerthen U convergirt, falls U selbst eine stetige Function längs des Randes ist; und welche im Allgemeinen stetig nach diesen Randwerthen convergirt, aber überall endlich bleibt, wenn U eine überall endliche und im Allgemeinen stetige Function auf dem Rande ist, die nur an einzelnen Stellen Unstetigkeitssprünge erleidet.

Das vierte Capitel dehnt sodann die Untersuchungen zunächst auf beliebige Polygone, weiter auf beliebig berandete, einfach oder mehrfach zusammenhängende Flächen aus. Hier werden die Resultate, welche der Verfasser in der oben citirten Arbeit aus dem Jahre 1886 abgeleitet hatte, in modificirter Darstellung reproducirt. Es wird also zunächst die Existenz der Green'schen Function für beliebige Flächen nachgewiesen und daraus die Potentialfunction mittelst eines Grenzwerthes des Green'schen Integrals definirt, falls die Randwerthe der Potentialfunction stetig sind. Dann wird gezeigt, dass eine harmonische Function auch dann eindeutig bestimmt ist, wenn in einzelnen Punkten des Randes das Verhalten der Function unbestimmt gelassen, jedoch gefordert wird, dass sie endlich bleibt. Weiter wird noch die analytische Fortsetzung der Potentialfunctionen und Potentiale, das Verhalten der Green'schen Function, wenn ihr Pol in einen Randpunkt rückt, schliesslich die Construction von Functionen mit vorgeschriebenen Unstetigkeiten besprochen. Von einer Mittheilung der hier abgeleiteten Sätze müssen wir, um das Referat nicht zu umfangreich zu gestalten, absehen.

Das Schlusscapitel endlich enthält als Anwendungen der allgemeinen Theorie Bemerkungen zur Theorie der conformen Abbildung und der Transformation durch reciproke Radien. Dabei macht der Verfasser auf einige Lücken aufmerksam, die bei den bisherigen Beweisen von gewissen allgemeinen Aussagen vorhanden sind. Dass z. B. bei der Abbildung einer einfach zusammenhängenden Fläche F auf den Kreis jedem Punkte des Randes von F ein Punkt der Kreisperipherie eindeutig und mit conformer Umgebung zugeordnet ist, wurde bisher nur für den Fall bewiesen, dass die Randcurve von E aus Stücken analytischer Curven besteht, die nur einzelne singuläre Punkte enthalten. *Wn.*

C. NEUMANN. Ueber die Methode des arithmetischen Mittels. Erste Abhandlung. Leipz. Abh. **13**, 707-820.†

In der Ebene sei eine geschlossene Curve σ gegeben, die sich selber nirgends durchschneidet, übrigens aber beliebig viele Eckpunkte besitzen mag. Ebenso wie bei einem Polygon, ebenso kann man auch bei der Curve von den Innenwinkeln sprechen. Ist s ein beliebiger Punkt der Curve σ und τ_s ihr Innenwinkel beim Punkte s, so wird offenbar τ_s stets gleich π sein, ausser wenn s ein Eckpunkt der Curve ist. Setzt man also

$$(\alpha) \qquad \tau_s = \pi(1 - \vartheta_s),$$

so wird ϑ_s stets gleich 0 sein, ausser wenn s ein Eckpunkt ist.

Es sei nun auf der Curve σ irgend eine Function f in bestimmter Weise vorgeschrieben, welche längs σ stetig ist. Ferner bezeichne p einen beliebigen Punkt in eben derselben Ebene, in welcher σ liegt. Man zerlege σ in unendlich kleine Elemente $d\sigma$ und bezeichne die scheinbare Grösse eines solchen Elementes $d\sigma$ für einen in p befindlichen Beobachter mit $\pm (d\sigma)_p$, und zwar mit $+ (d\sigma)_p$ oder $- (d\sigma)_p$, jenachdem jener Beobachter die innere oder äussere Seite des Elementes $d\sigma$ vor Augen hat. Das so definirte $(d\sigma)_p$ multiplicire man mit dem in $d\sigma$ vorhandenen Functionswert f und bilde das über die ganze Curve σ sich ausdehnende Integral

$$(\beta) \qquad \int f (d\sigma)_p$$

sowie auch das aus diesem für $f = 1$ hervorgehende einfachere Integral

$$(\gamma) \qquad \int (d\sigma)_p.$$

Für den speciellen Fall, dass p unmittelbar auf σ liegt, sollen übrigens unter den Ausdrücken (β), (γ) die Grenzwerthe der betreffenden Integrale verstanden werden. Denkt man sich nämlich, was diesen speciellen Fall betrifft, die Integrale zunächst gebildet mit Ausschluss eines sehr kleinen den Punkt p enthaltenden Curvenstücks, so sollen unter den Ausdrücken (β) und (γ) diejenigen Werthe verstanden werden, gegen welche diese Integrale convergiren, sobald man das genannte Curvenstück ins Unendliche sich verkleinern lässt. — Solches festgesetzt, überzeugt man sich sofort von der Richtigkeit folgender drei Elementarsätze:

I. — Es ist

$$\int (d\sigma)_p = 0 \text{ oder } = 2\pi,$$

jenachdem p ausserhalb oder innerhalb σ sich befindet. Liegt aber p unmittelbar auf σ, etwa in s, so gilt die Formel:

$$\int (d\sigma)_s = \pi\tau_s = \pi(1 - \vartheta_s),$$

wo τ_s und ϑ_s die in (α) genannten Bedeutungen haben.

II. — Setzt man

$$\int d\sigma = \Sigma,$$

so besitzt das so definirte Σ einen bestimmten endlichen Werth. Dieser Werth heisst der Umfang der Curve.

III. — Setzt man

$$\int abs.(d\sigma)_p = \Omega_p,$$

so wird die so definirte positive Function Ω_p in der ganzen Ebene überall endlich sein, derart dass sie stets $< M$ bleibt, wo M eine angebbare endliche Constante vorstellt.

Dass diese zum Theil aus der geometrischen Anschauung herstammenden Elementarsätze I, II, III auch noch gültig seien für ganz nebelhaft vorschwebende Curven, z. B. für Curven, die mit unendlich vielen Ecken behaftet sind, — wird niemand behaupten wollen. Sie bilden aber das Fundament der vorliegenden Abhandlung. Und der Verfasser hebt besonders hervor, dass seine Untersuchungen Gültigkeit besitzen für alle diejenigen Curven, für welche diese drei Elementarsätze gelten.

Bezeichnet man von den beiden Gebieten, in welche die unendliche Ebene durch die Curve σ zerlegt wird, das äussere mit $\mathfrak{A}$, und das innere mit $\mathfrak{J}$, so wird man sich eine Function $\Psi = \Psi(x,y)$ vorstellen können, die folgenden beiden Bedingungen entspricht: Erstens soll Ψ auf $\mathfrak{J}$, inclusive σ, eindeutig und stetig sein. Zweitens sollen auf $\mathfrak{J}$, exclusive σ, die ersten und zweiten Ableitungen von Ψ nach x, y stetig, und $\Delta\Psi = 0$ sein. Jede Function Ψ, die diesen beiden Bedingungen entspricht, nennt der Verfasser eine Fundamentalfunction des Gebietes $\mathfrak{J}$. In ähnlicher, aber etwas complicirterer Art definirt der Verfasser die Fundamentalfunctionen des Gebietes $\mathfrak{A}$; worauf hier nicht näher eingegangen werden soll.

Diese Definitionen vorangeschickt, gelangt nun der Verf. nach mannigfaltigen Betrachtungen zu einem Satz, der gewöhnlich aus dem DIRICHLET'schen Princip hergeleitet wird, der aber in der vorliegenden Abhandlung unter Vermeidung dieses Princips in vollkommen strenger Art bewiesen wird. Dieser Satz lautet folgendermassen:

Setzt man voraus, dass die gegebene Curve σ überall convex, und dass sie weder ein geradliniges Dreieck noch auch ein geradliniges Viereck sei, so wird stets eine Fundamentalfunction Ψ des Gebietes $\mathfrak{J}$ existiren, welche auf σ die daselbst vorgeschriebenen Werthe f besitzt. Auch wird nur eine solche Function Ψ existiren. — Zugleich zeigt der Verfasser, dass man diese Function Ψ wirklich zu construiren im Stande ist, und giebt hierzu folgende Vorschrift:

Von den vorgeschriebenen Werthen f ausgehend, bilde man den Ausdruck $\int f\,(d\sigma)_s$ für irgend einen auf σ gelegenen Punkt s und definire sodann eine neue Function f' mittelst der Formel:

$$f'_s = \vartheta_s f_s + \frac{1}{\pi}\int f\,(d\sigma)_s,$$

wo ϑ_s die in (α) angegebene Bedeutung haben soll. Ueberdies sollen f_s und f'_s die Werthe der Functionen f und f' im Punkte s vorstellen. Sodann construire man weitere Functionen f'', f''', etc. etc., und zwar derart, dass in der ganzen Reihe

$$f,\ f',\ f'',\ f''',\ \ldots,\ f^{(n)},\ \ldots$$

jedwede Function aus der vorhergehenden genau in derselben Weise entsteht, wie f' aus f. Diese Functionenreihe hat, wie der Verf. zeigt, die Eigenschaft, dass $\lim_{n=\infty} f^{(n)}$ eine Function repräsentirt, die längs der ganzen Curve σ überall einen und denselben Werth hat; so dass man also schreiben kann

$$\lim_{n=\infty} f^{(n)} = C,$$

wo C eine Constante vorstellt.

Bildet man jetzt für einen beliebigen Punkt p die Integrale

$$W_p = \frac{1}{\pi}\int f\,(d\sigma)_p, \quad W'_p = \frac{1}{\pi}\int f'\,(d\sigma)_p,$$

$$W''_p = \frac{1}{\pi}\int f''\,(d\sigma)_p, \text{ etc.,}$$

und setzt:

$$\Psi_p = C + (W_p - W'_p) + (W''_p - W'''_p) + \ldots,$$

so wird diese Reihe, so lange p innerhalb $\mathfrak{J}$ bleibt, stets convergent sein. Und gleichzeitig wird alsdann die durch diese Reihe definirte Function Ψ_p jene zu construirende Fundamentalfunction des Gebietes $\mathfrak{J}$ sein, welche auf σ identisch ist mit der daselbst vorgeschriebenen Function f.

Zur Vereinfachung der Ausdrucksweise erscheint es angemessen, eine Fundamentalfunction des Gebietes $\mathfrak{J}$, welche am Rande von $\mathfrak{J}$, d. i. auf σ, mit einer daselbst vorgeschriebenen Function f identisch ist, kurzweg als die dieser Function f entsprechende Fundamentalfunction zu bezeichnen. Alsdann kann das Theorem, zu welchem der Verf., nach Aufstellung einiger Hülfssätze über die Kreislinie, am Schluss seiner Abhandlung gelangt, folgendermassen ausgesprochen werden:

Die geschlossene Curve σ sei nach wie vor derart, dass für sie die Elementarsätze I, II, III gelten, sonst aber ganz beliebig gegeben, so dass sie also z. B. theils convex, theils concav sein darf. Ferner sei auf σ eine daselbst stetige Function f vorgeschrieben. Ueberdies sei (durch irgend welche Methode, vielleicht auch durch Zufall) eine mit einem variablen Parameter q behaftete Function $f^{(q)}$ gefunden, die ebenfalls und zwar für jedwedes q auf σ stetig ist, und die für $q = \infty$ auf der ganzen Curve gleichmässig gegen f convergirt. Gelingt es alsdann, die dieser Function $f^{(q)}$ entsprechende Fundamentalfunction $\Psi^{(q)}$ des Gebietes $\mathfrak{J}$ zu construiren, so wird hierdurch zugleich auch die Existenz einer der Function entsprechenden Fundamentalfunction Ψ des Gebietes $\mathfrak{J}$ ausser Zweifel gesetzt sein. Und zwar wird Ψ nichts anderes sein, als der Convergenzwerth von $\Psi^{(q)}$ für $q = \infty$. Auch wird dieser Uebergang von $\Psi^{(q)}$ in Ψ für $q = \infty$ auf der ganzen Fläche $\mathfrak{J}$ (inclusive σ) von gleichmässiger Convergenz sein.

Wir haben hier immer nur das Gebiet $\mathfrak{J}$ betrachtet. Analoge Resultate aber enthält die vorliegende Abhandlung auch für das ausserhalb σ liegende und ringsum sich ins Unendliche erstreckende Gebiet $\mathfrak{A}$.

Schliesslich sei bemerkt, dass die Untersuchungen des Verfassers nicht nur auf eine geschlossene Curve in der Ebene, sondern Schritt für Schritt in paralleler Weise auch auf eine im Raum gegebene geschlossene Fläche sich erstrecken. *C. Neumann.* (*Lp.*)

E. SARRAU. Sur un théorème de la théorie de l'attraction. Nouv. Ann. (3) **6**, 469-485†.

Der hier mitgetheilte Beweis der POISSON'schen Formel

$$\varDelta V^{(i)} = -4\pi k$$

stimmt in allen wesentlichen Punkten mit dem von GAUSS in den „Allgemeinen Lehrsätzen" gegebenen überein. Die Darstellung ist nur insofern modificirt, als die benutzten Hülfssätze zuerst ohne Beziehung auf das vorgelegte Problem entwickelt werden, wodurch sich der eigentliche Beweis ziemlich kurz gestaltet.

Wn.

J. WEINGARTEN. Zur Theorie des Flächenpotentials. Acta Math. **10**, 303-309†.

Es werden zuerst die Unstetigkeiten der zweiten Differentialquotienten des Potentials einer in einem endlichen Raum stetig vertheilten Masse auf einem sehr einfachen Wege hergeleitet. Ist k die Dichtigkeit, V das Potential jener Masse, und zwar $V^{(a)}$ für einen äusseren, $V^{(i)}$ für einen inneren Punkt, sind ferner x_1, x_2, x_3 die Coordinaten, so ist für jeden Punkt der Grenzfläche

$$\left(\frac{\partial V}{\partial x_\lambda}\right)^{(a)} - \left(\frac{\partial V}{\partial x_\lambda}\right)^{(i)} = 0 \qquad (\lambda = 1, 2, 3).$$

Wendet man diese Gleichung auf zwei unendlich nahe Punkte der Grenzfläche an, so erkennt man, dass der Ausdruck

$$(1) \qquad \left(\frac{\partial^2 V}{\partial x_\lambda \partial x_\mu}\right)^{(a)} - \left(\frac{\partial^2 V}{\partial x_\lambda \partial x_\mu}\right)^{(i)} \qquad (\lambda, \mu = 1, 2, 3)$$

proportional ist dem Cosinus des Winkels α_μ, welchen die in dem betrachteten Punkte nach aussen errichtete Normale mit der Axe x_μ bildet. Andererseits ist derselbe Ausdruck proportional $\cos\alpha_\lambda$, woraus folgt, dass der Ausdruck (1)

$$= \varrho_1 \cos\alpha_\lambda \cos\alpha_\mu$$

ist, wobei ϱ_1, einen von der Wahl der Indices λ, μ unabhängigen Werth darstellt. ϱ_1 aber lässt sich mit Hülfe der bekannten Gleichung

$$(\varDelta V)^{(a)} - (\varDelta V)^{(i)} = 4\pi k$$

bestimmen, und dadurch folgt für den Ausdruck (1) der Werth

$$(2) \qquad 4\pi k \cos\alpha_\lambda \cos\alpha_\mu.$$

Aus diesem Resultat ergeben sich leicht die Unstetigkeiten der ersten Ableitungen des Flächenpotentials. Ist J das Potential der mit der Dichtigkeit h (die als eine eindeutige, endliche und stetige Function des Ortes angenommen wird) belegten Fläche Σ:

$$J = \int \frac{h d\sigma}{r},$$

so ergänze man Σ durch Hinzufügung eines neuen Flächenstücks Σ' zu einer geschlossenen Fläche S. Innerhalb des von S umschlossenen Raumes vertheile man eine Masse mit der stetigen Dichtigkeit k, wobei man k innerhalb S beliebig wählen kann, wenn nur der Bedingung genügt wird, dass in allen Punkten der inneren Seite von Σ

$$k = \frac{h}{\cos\alpha_1}$$

ist. α_1 ist hier der Winkel, welchen die äussere Normale von Σ mit der Axe x_1 bildet. Ist nun V das Potential der im Innern von S vertheilten Masse, so wird nach einem bekannten Satze

$$(3) \qquad \frac{\partial V}{\partial x_1} = - J - J' + W,$$

falls J' ein über die Fläche Σ' zu erstreckendes Integral von derselben Form wie J, W ein Körperpotential für die Dichtigkeit $\frac{\partial k}{\partial \eta_1}$ darstellt, unter η_1 die erste Coordinate eines Punktes innerhalb S verstanden. Da beim Durchgang des angezogenen Punktes durch Σ die ersten Ableitungen von J' und W sich continuirlich ändern, so folgt aus (3):

$$\left(\frac{\partial^2 V}{\partial x_1 \partial x_\lambda}\right)^{(a)} - \left(\frac{\partial^2 V}{\partial x_1 \partial x_\lambda}\right)^{(i)} = -\left\{\left(\frac{\partial J}{\partial x_\lambda}\right)^{(a)} - \left(\frac{\partial J}{\partial x_\lambda}\right)^{(i)}\right\}$$

$$= 4\pi k \cos\alpha_1 \cos\alpha_\lambda = 4\pi h \cos\alpha_\lambda;$$

und diese Gleichung ergiebt unmittelbar die discontinuirliche Aenderung von J an der Fläche Σ. Die Ableitung ist wegen des geringen Aufwandes analytischer Hülfsmittel bemerkenswerth.

Wn.

G. MORERA. Sulle derivate seconde della funzione potenziale di spazio. Lomb. Ist. Rend. (2) **20**, 295, 302-310†; Nuovo Cimento **22**, 240-249; [Beibl. **12**, 298, 1888.

G. MORERA. Intorno alle derivate normali della funzione potenziale di superficie. Lomb. Ist. Rend. (2) **20**, 543-548†.

In der ersten Arbeit untersucht der Verfasser, unter welchen Bedingungen die Integrale, welche die zweiten Ableitungen des Potentials einer räumlich ausgedehnten Masse darstellen, für Punkte der Masse einen bestimmten Sinn haben, also unabhängig sind von der Art und Weise, in welcher der Uebergang von einem Integrationsgebiet, das die Umgebung des betrachteten Punktes nicht enthält, zu dem eigentlichen Integrationsgebiet bewerkstelligt wird. Es ist dazu erforderlich, dass, wenn k die veränderliche Dichtigkeit, k_o die Dichtigkeit in dem betrachteten Punkte (dem Pol) ist, das Integral

$$\int_0^r \frac{|k - k_o|}{r}\, dr$$

für jeden von dem Pol ausgehenden Radius r einen bestimmten, endlichen Werth hat.

Dies einfache Kriterium für die Existenz der zweiten Ableitungen von Körperpotentialen, das die Differentiirbarkeit von k nicht voraussetzt, wird folgendermassen abgeleitet. Sind x, y, z die Coordinaten des Pols, a, b, c die Coordinaten eines beliebigen Massenpunktes, dS ein Volumenelement, so ist

$$\frac{\partial V}{\partial x} = -\int k \frac{\partial \frac{1}{r}}{\partial a}\, dS = -k_o \int \frac{\partial \frac{1}{r}}{\partial a}\, dS - \int (k - k_o) \frac{\partial \frac{1}{r}}{\partial a}\, dS.$$

Das erste Integral rechts lässt sich in ein Oberflächenintegral verwandeln, so dass, wenn $d\sigma$ ein Element der Oberfläche von S ist,

$$\frac{\partial V}{\partial x} = k_o \int_\sigma \frac{1}{r} \frac{\partial a}{\partial n}\, d\sigma - \int_S (k - k_o) \frac{\partial \frac{1}{r}}{\partial a}\, dS$$

wird. Nun lässt sich durch strenge Grenzbetrachtungen zeigen, dass

$$\lim_{\Delta x = 0} \int_S (k - k_0) \frac{\Delta\left(\dfrac{\partial \frac{1}{r}}{\partial a}\right)}{\Delta x} dS = - \int_S (k - k_0) \frac{\partial^2 \frac{1}{r}}{\partial a^2} dS$$

wird; und das rechts stehende Integral hat, ebenso wie die in der eben erwähnten Grenzbetrachtung vorkommenden, bei Erfüllung des obigen Kriteriums einen bestimmten Sinn. Der entsprechende Grenzübergang für das Oberflächenintegral hat, wenn der Pol nicht auf der Oberfläche liegt, keine Schwierigkeit.

Somit ergiebt sich:

$$\frac{\partial^2 V}{\partial x^2} = - k_0 \int_\sigma \frac{\partial \frac{1}{r}}{\partial a} \frac{\partial a}{\partial n} d\sigma + \int_S (k - k_0) \frac{\partial^2 \frac{1}{r}}{\partial a^2} dS,$$

woraus

$$\Delta_2 V = - k_0 \int_\sigma \frac{\partial \frac{1}{r}}{\partial n} d\sigma = - 4\pi k_0$$

folgt.

In der zweiten Abhandlung handelt es sich darum, die discontinuirliche Aenderung des Flächenpotentials beim Durchgang durch die Fläche abzuleiten, ohne die Differentiirbarkeit der Dichtigkeit vorauszusetzen. Zu dem Zwecke wird zuerst das Potential einer mit Masse von der constanten Dichtigkeit s belegten Fläche betrachtet. Ist n eine beliebige Normale, n_0 die Normale im Punkte P_0 der Fläche, n'_0 die nach der entgegengesetzten Seite gerichtete Normale in P_0; sind ferner P und P' zwei Punkte auf n_0 resp. n'_0, so wird für den Punkt P:

$$\text{(1)} \qquad \frac{\partial V}{\partial n_0} = \int \frac{\partial \frac{1}{r}}{\partial n_0} d\sigma = \int \left(\frac{\partial \frac{1}{r}}{\partial n_0} + \frac{\partial \frac{1}{r}}{\partial n} \right) d\sigma - \int \frac{\partial \frac{1}{r}}{\partial n} d\sigma.$$

Von dem ersten Integrale lässt sich zeigen, dass es einen endlichen und bestimmten Werth behält, wenn P in P_0 fällt, falls nur alle Normalschnitte der Fläche in P_0 eine endliche Krümmung besitzen; und zwar ist dieser Grenzwerth

$$\theta = \int \frac{\cos(r_0 n_0) - \cos(r_0 n)}{r_0^2} d\sigma,$$

wobei r_o ein von P_o ausgehender Radius ist. Das letzte Integral in (1) ist der räumliche Winkel, unter dem die mit Masse belegte Fläche von P aus erscheint. Denkt man sich diese Fläche zu einer geschlossenen, P umhüllenden ergänzt, so ergiebt sich, dass der Grenzwerth des in Rede stehenden Integrals $= 2\pi + \Omega$ ist, wo

$$\Omega = \int \frac{\partial \frac{1}{r_o}}{\partial n} d\sigma$$

den räumlichen Winkel bezeichnet, unter dem die mit Masse belegte Fläche von P_o erscheint. Somit wird

$$\lim_{PPo=0} \frac{\partial V}{\partial n_o} = -(2\pi + \Omega) + \theta,$$

während

$$\lim_{P'Po=0} \frac{\partial V}{\partial n'_o} = -(2\pi - \Omega) - \theta$$

wird.

Von dem Fall constanter Dichtigkeit gelangt man zu dem variabler Dichtigkeit h, wenn in den Ausdrücken für $\frac{\partial V}{\partial n_o}$ und $\frac{\partial V}{\partial n'_o}$ gesetzt wird

$$h = h_o + h - h_o,$$

wobei h_o die Dichtigkeit in P_o ist. Damit $\frac{\partial V}{\partial n_o}$ einen bestimmten endlichen Sinn behält, ist erforderlich, dass das über irgend eine von P_o ausgehende Linie s der Fläche erstreckte Integral

$$\int \frac{|h - h_o|}{r_o} ds$$

endlich ist. Dies vorausgesetzt, wird

$$\lim \frac{\partial V}{\partial n_o} = -2\pi h_o - F_o, \qquad \lim \frac{\partial V}{\partial n'_o} = -2\pi h_o + F_o,$$

wo

$$F_o = h_o(\Omega - \theta) - \int (h - h_o) \frac{\partial \frac{1}{r}}{\partial n_o} d\sigma$$

ist. *Wn.*

R. HOPPE. Umkehrung eines Satzes über die Anziehung einer Kugel. Hoppe Arch. (2) 5, 351-352†.

Das hier abgeleitete Resultat, dass das NEWTON'sche Gesetz das einzige ist, bei dem eine homogene Kugel einen äusseren Punkt so anzieht, als wäre ihre Masse im Mittelpunkt vereinigt, ist nicht richtig. Auch wenn die Anziehung der Entfernung direct proportional ist, gilt ein Gleiches [cf. Laplace, Mécanique Céleste. Liv. 2, Chap. 2]. Der Fehler der Argumentation des Verfassers liegt in der Nichtberücksichtigung des Umstandes, dass Gleichheit der Anziehung auch stattfindet, wenn die zugehörigen Potentiale sich um eine von der Lage des angezogenen Punktes unabhängige Grösse unterscheiden. *Wn.*

C. SOMIGLIANA. Sopra le funzioni potenziali logaritmiche e la serie di Fourier. Lomb. Ist. Rend. (2) 20, 635-642†.

In den Abhandlungen der Berl. Akad. f. 1850 hat DIRICHLET die Aufgabe gelöst, die Dichtigkeit der Massenbelegung einer Kugelfläche zu bestimmen, wenn die Werthe des Potentials dieser Massenbelegung an der Kugelfläche gegeben sind. Die analoge Aufgabe für den Kreis, und zwar unter Zugrundelegung des logarithmischen Potentials, bildet den Gegenstand der vorliegenden Arbeit. Dieselbe geht von den bekannten Integralen aus, welche das Potential für einen inneren oder äusseren Punkt mittels der Werthe darstellen, die jenes Potential an der Kreisperipherie annimmt. Die betreffenden Integrale werden durch Einführung der Function*)

$$F(\theta) = \frac{\theta^2}{2} \log R + \sum_{n=1}^{\infty} \frac{1}{n^3} \left(\frac{\varrho'}{R}\right)^n \cos n(\theta - \theta')$$

umgeformt, wodurch das Potential V_i für einen inneren Punkt ϱ', ϑ' die Form annimmt:

*) Im Original steht fälschlich $\frac{\theta^3}{2.3}$ statt $\frac{\theta^2}{2}$.

$$V_i(\varrho', \vartheta') = -\frac{1}{\pi}\varrho'\frac{\partial}{\partial\varrho'}\left[\int_{-\pi}^{+\pi} V''(\theta)\,F(\theta)\,d\theta\right] + \frac{1}{2\pi}\int_{-\pi}^{+\pi} V(\theta)\,d\theta.$$

Darin ist $V(\theta)$ der gegebene Potentialwerth an der Peripherie des Kreises mit dem Radius R, $V''(\theta)$ seine zweite Ableitung nach θ. Aus der letzten Gleichung und der analogen für das Potential V_e eines äusseren Punktes erhält man unter Benutzung der bekannten Relation

$$\lim_{\varrho'=R}\left(\frac{\partial V_e}{\partial\varrho'} - \frac{\partial V_i}{\partial\varrho'}\right) = -2\pi\,.\,\delta(\theta')$$

für die Dichtigkeit δ der Kreisbelegung das Resultat:

$$\delta(\theta') = \frac{1}{\pi^2 R}\int_{-\pi}^{+\pi} V''(\theta)\log\left(2\sin\frac{\theta-\theta'}{2}\right)d\theta - \frac{1}{4\pi^2 R\log R}\int_{-\pi}^{+\pi} V(\theta)\,d\theta.$$

Dies Resultat führt den Verfasser weiter dazu, unter gewissen Bedingungen eine willkürlich gegebene periodische Function durch ein bestimmtes Integral darzustellen. Ist nämlich die Dichtigkeit $\delta(\theta)$ gegeben, so kann man daraus den Werth von $V(\theta)$ berechnen; setzt man diesen in die letzte Gleichung ein, so ergiebt sich:

$$\delta(\theta') = -\frac{1}{\pi^2}\int_{-\pi}^{+\pi} d\theta\log\left(2\sin\frac{\theta-\theta'}{2}\right) \times\frac{d^2}{d\theta^2}\left[\int_{-\pi}^{+\pi}\delta(\alpha)\log\left(2\sin\frac{\pi-\theta}{2}\right)d\alpha\right] + \frac{1}{2\pi}\int_{-\pi}^{+\pi}\delta(\alpha)d\alpha.$$

Doch gilt diese Gleichung nur, falls $\delta(\theta)$ eine continuirliche Function ist, deren erste und zweite Ableitung existiren und integrabel sind. Entwickelt man $\log\left(2\sin\frac{\alpha-\theta}{2}\right)$ resp. $\log\left(2\sin\frac{\theta-\theta'}{2}\right)$ in eine FOURIER'sche Reihe, so folgt auch die Entwicklung von $\delta(\theta')$ in eine solche Reihe. Umgekehrt kann daher das Integral auf der rechten Seite der letzten Gleichung als eine Summationsformel jener FOURIER'schen Reihe angesehen werden. *Wn.*

U. Bigler. Potential einer elliptischen Scheibe von der Dichtigkeit 1, deren Punkte den Gleichungen $\frac{x^2}{A}+\frac{y^2}{B}\leqq s,\ z=0$ genügen, abgeleitet mittelst des discontinuirlichen Factors von Dirichlet. Bern. Mitth. 1887, 62-71†.

Die Arbeit steht mit einer vorangehenden, rein analytischen Abhandlung („Betrachtung des räumlichen Integrals $\iiint\frac{dx\,dy\,dz}{r^{1+\alpha}}$, ausgedehnt über das Innere des Ellipsoides $\frac{x^2}{A}+\frac{y^2}{B}+\frac{z^2}{C}=1$“) in engem Zusammenhange, so dass einige Betrachtungen aus der einen auch in der anderen Verwerthung finden. Die vom Verfasser benutzten Integrationswege der complexen Veränderlichen sind zum Theile dieselben wie die in seiner Arbeit: „Ueber Gammafunctionen mit beliebigem Parameter“ im Journ. für Math. **102**, 237. *Lp.*

U. Bigler. Potential eines homogenen rechtwinkligen Parallelepipedes. Bern. Mitt. 1887, 127-142†.

Der Verfasser behandelt den Gegenstand ungefähr von dem Gesichtspunkte aus wie Hr. Röthig im J. für Math. **58**, 249-258. Am Anfange schreibt der Verfasser: „Aus der Literatur über diesen Gegenstand ist mir nur ein Aufsatz des Hrn. Röthig aus dem Jahre 1860 bekannt.“ Es hat danach den Anschein, dass Hr. Bigler die beiden Aufsätze nicht kennen gelernt hat: Mehler, „Ueber die Anziehung eines homogenen Polyeders“ (J. für Math. **66**, 375-381, 1860) und Mertens, „Bestimmung des Potentials eines homogenen Polyeders“ (J. für Math. **69**, 286-288, 1868).

Lp.

E. Lampe. Ueber eine Aufgabe aus der Mechanik. Berl. phys. Ges. Verh. **6**, 61-62†.

Wird unter der geographischen Breite φ ein Kilogrammstück 1 Meter hoch gegen die Richtung der Schwere gehoben und hier festgehalten, so wird (unter gewissen Voraussetzungen über die

Constitution der Erde) die Rotationsgeschwindigkeit ω der Erde um den Betrag $64.\ 10^{-33} \cos^2\varphi\ .\ \omega$ verringert. *Lp.*

A. Vaschy. Sur la nécessité de la loi d'attraction de la matière. J. de phys. (2) 5, 165-172, (1886.)†

Ein Beitrag zur Aetherstosstheorie. Die gewöhnliche Beweisführung zur Ableitung der Beschleunigung als umgekehrt proportional mit dem Quadrate der Entfernung wird als ungenau bemängelt: „Wenn eine gewisse Anzahl von Aether-Atomen, welche sonst M treffen würden, daran durch die Begegnung mit M' verhindert wird, so werden dafür andere, welche nicht nach M gelangt wären, durch ihr Abprallen von M' dorthin gesandt, und nichts beweist, dass zwischen diesen beiden Wirkungen, von denen die eine M nach M' hin, die andere M von M' weg drängt, kein Ausgleich stattfinden kann.“ Der Verf. unternimmt einen Beweis auf Grund folgender Annahmen: 1) „Es ist kein Grund vorhanden. für ein Atom einen Zustand der Wärme oder irgend einer potentiellen Energie zu betrachten; seine einzige Energie wird durch seine halbe lebendige Kraft der Translation dargestellt; hieraus folgt, dass der Stoss der beiden Atome die Summe ihrer lebendigen Kräfte nicht ändern darf. 2) Die Massen m (der Aethermolecüle) sind gleich und tauschen daher nur ihre gegenseitigen Geschwindigkeiten bei einer Begegnung aus; alles trägt sich bei dieser Annahme so zu, wie wenn sie sich nie begegneten“. Mit Hülfe dieser Annahmen gelingt der gewünschte Nachweis. Das Gesetz vom Producte der Massen dagegen scheint dem Verfasser schwer beweisbar ohne die Einführung einer Hypothese über den Massenbegriff. Dieser Theil des Newton'schen Gesetzes ist ja eben derjenige, der allen Erklärungsversuchen den zähesten Widerstand entgegenstellt und zu dessen Erläuterung jeder Erklärer sonst zu neuen verwickelten Annahmen zu greifen pflegt. *Lp.*

P. Volkmann. Ueber Fern- und Druckwirkungen. Schr. d. Königsb. Ges. 27, 95-103, (1886.)

Eine gedrängte Uebersicht über die historische Entwickelung

der wissenschaftlichen Anschauungen von Newton bis Faraday und Maxwell. „Man wird nicht mehr erwarten dürfen, als die Gesichtspunkte angedeutet zu finden, nach denen die Forschung in dieser Richtung sich bisher entwickelt hat und vielleicht noch entwickeln wird.“ *Lp.*

G. Cantoni. Congetture su le azioni a distanza.

Linc. Rend. (4) **3**, [2], 118-124†.

Der Verfasser überlegt, auf welche Weise man sich den Aufbau der Masse vorstellen könne, um dadurch eine einheitliche Hypothese für alle Kräfte zu erhalten.

Nach dem von ihm erdachten Plane besteht eine stufenmässige Unterordnung der verschiedenen sich zusammenschliessenden Systeme: Körper; physikalisches Molecül; chemisches Atom; Aether- (oder bipolares) Molecül; barische oder gravitirende Punkte. Hieraus ergeben sich die bemerkenswerthen Verschiedenheiten in der Geschwindigkeit der Schall-, Licht-, Elektricitäts- (und magnetischen) und der Schwere-Wellen. Dadurch begreift man, dass die Wärme einerseits sich mit auffälliger Langsamkeit in den festen und flüssigen Körpern von Molekel zu Molekel fortpflanzt, dagegen als strahlend mit ungestümer Schnelligkeit in die weitesten Entfernungen: mit Rücksicht auf die verschiedenen Gruppen, in denen diese Schwingungen zu Stande kommen, entsprechen die Vorgänge rein mechanischen Erscheinungen. Gleichzeitig wird die Ursache der Möglichkeit der Umwandlung kinetischer Energie der Translationsbewegung in Wärmebewegung der Molekeln u. s. w. erkannt.

Lp.

J. Wilsing. Mittheilung über die Resultate zur Bestimmung der mittleren Dichtigkeit der Erde.

Berl. Ber. 1887, 327-334†.

Die Methode ist bereits im Sitzungsbericht vom 15. Januar 1885 angegeben worden. Das von Repsold ausgeführte Pendel besteht aus einem 1 m langen gezogenen Messingrohr von 4 cm Durchmesser, dessen Enden Kugeln aus Rothguss von etwa 550 g Gewicht tragen. Durch die Mitte des Rohres ist die mit ihm fest verbundene 6 cm lange Achatschneide geführt, welche auf einem gleichfalls aus Achat bestehenden Lager von gleicher Länge aufliegt. Am oberen Ende des Instrumentes können drei kleine, leicht zu entfernende Messingscheiben aufgelegt werden. Die Beobachtung der Schwingungsdauer mit und ohne Scheiben liefert die für die Rechnung nothwendigen Constanten: das Trägheitsmoment und die Lage des Schwerpunktes des Pendels. Das Instrument befindet sich in einem Holzkasten, der zu besserem Schutze gegen Temperatureinflüsse noch mit einem Blechmantel umgeben ist und im Souterrain des Observatoriums zu Potsdam steht. Als anziehende Massen dienten zwei gusseiserne Cylinder, deren Gewicht (je 325 kg) durch Wägung direct bestimmt wurde. Sie waren mit Hülfe eines Systems von Rollen so aufgehängt, dass sie sich gegenseitig im Gleichgewicht hielten, und ihre horizontal gerichteten Axen durch die Mittelpunkte der oberen bez. unteren Pendelkugel gingen. War dann die Gleichgewichtslage des Instrumentes durch Beobachtung von vier aufeinander folgenden Elongationen bestimmt, so wurde die Stellung der Massen vertauscht, und sofort die neue Gleichgewichtslage ermittelt. Die Differenz beider Stellungen des Pendels gab das Maass für die doppelte Anziehung der Massen. Es ergaben 37 Beobachtungsreihen mit den Kugeln am Pendel den Werth 5.651 ± 0.017, 31 andere, bei denen die Kugeln abgenommen waren, 5.731 ± 0.020, hieraus als wahrer Werth für die mittlere Dichtigkeit der Erde 5.594 ± 0.032. Die Rechnungsmethoden sowie die sonstigen Vorsichtsmaassregeln bei der Ausführung der Versuche sind in der Mittheilung selbst nachzulesen. *Lp.*

E. VON REBEUR-PASCHWITZ. Ueber einen Versuch, die Veränderungen der Horizontalebene mit Hülfe eines ZÖLLNER'schen Horizontalpendels photographisch zu registriren. Astron. Nachr. **118**, 9-15†; [Beibl. **12**, 735 (1888).

Um die Frage nach der Veränderlichkeit der Richtung der Lothlinie durch präcise Aufzeichnungen zu beantworten, hat der Verf. eine Abänderung des ZÖLLNER'schen Horizontalpendels vorgenommen und die Zweckmässigkeit seines Apparates durch eine längere Reihe von Versuchen in einem Keller der technischen Hochschule zu Karlsruhe erprobt. Die beiden Drähte des Zöllner'schen Pendels sind durch zwei feine Stahlspitzen in nahe horizontaler Lage ersetzt. Dieselben zeigen nach entgegengesetzten Richtungen und sind so gefasst, dass sie in zwei Achatlager des Pendels eingreifend zum Einhängen desselben dienen. Die Schwingungen, deren Dauer 16,12 Secunden betrug (gegen $0^s,454$ bei verticaler Aufhängung), waren, ebenso wie die fortschreitende Bewegung, von grosser Regelmässigkeit und liessen Winkelgrössen von 0",004 in der Neigung der Drehungsaxe im Sinne des Meridians erkennen. Durch 12 Tage lang fortgesetzte Ablesungen bei verschiedenen Tages- und Nachtstunden ergab sich die Existenz einer täglichen Periode, zu Folge deren das Pendel gegen 6^h die grösste südliche, gegen 18^h die grösste nördliche Elongation erreichte. Wenn halbstündliche Beobachtungen gemacht wurden, war die Regelmässigkeit der Periode so auffallend, dass die graphische Darstellung der Ablesungen fast mit einer gewöhnlichen Sinuscurve übereinstimmt. Die ganze Amplitude der täglichen Bewegung betrug hierbei nahezu 0",5, die lineare Bewegung der Spitze des Pendels 0,5 mm. Nach diesen Vorversuchen wurde, zur Vermeidung der Beschwerlichkeit der Ablesungen und zur Erreichung grösserer Vollständigkeit, eine Vorrichtung zum automatischen Photographiren hinzugefügt. Während der Dauer von 16 Tagen hat dieser Registrirapparat zur vollständigen Zufriedenheit functionirt. Die erhaltenen Curven zeigen ausser dem oben hervorgehobenen periodischen Charakter auch sehr eigenthümliche, zum Theil wellenförmige Schwankungen, deren Ursache unaufgeklärt ist; einmal tritt auch eine plötzliche Unterbrechung auf, die der Verf. durch einen Erdstoss erklärt.

Lp.

A. Schönflies. Geometrie der Bewegung in synthetischer Darstellung. Leipzig, Teubner. VI u. 194 S.† (1886).

In dem vorliegenden Lehrbuch wird eine systematische Entwickelung der kinematischen Geometrie gegeben. Ohne die Begriffe „Geschwindigkeit“ und „Beschleunigung“ in die Betrachtung einzuführen, werden die geometrischen Gesetze, welche sich bei der Bewegung eines räumlichen Systems gegen ein anderes darbieten, rein aus den gegenseitigen Lagen abgeleitet, welche die Systeme der Reihe nach gegen einander einnehmen. Besonders fruchtbar für die Entwickelung dieser Gesetze erweist sich der Gedanke, mit der Bewegung eines Systems σ gegen ein System σ' zugleich die indirecte Bewegung, nämlich die des Systems σ' gegen das System σ, zu verknüpfen; gerade hierdurch gelingt es dem Verfasser, wechselseitige geometrische Verwandtschaftsverhältnisse herzustellen, welche eine Einsicht in die Natur der Probleme leicht und zweckmässig vermitteln.

Das erste Capitel beschäftigt sich mit der Bewegung eines starren ebenen Systems in seiner Ebene. Indem zunächst zwei Lagen σ_0 und σ_1 des Systems σ gegen das System σ' betrachtet werden, wird der Blick auf das System der Mittelpunkte der Sehnen gelenkt, welche homologe Punkte von σ_0 und σ_1 verbinden. Dieses System ist ähnlich mit σ_0 und hat den Drehpunkt von σ_0 und σ_1 zum selbstentsprechenden Punkte. Das Verwandtschaftsverhältniss dieser beiden Systeme vermittelt leicht die Erkenntniss derjenigen Gesetze, welche sich auf zwei consecutive Lagen des Systems σ beziehen. Nachdem die Bewegung von σ gegen σ', sowie von σ' gegen σ, auf die rollende Bewegung einer Curve auf einer anderen, also auf die Bewegung der Polcurven, zurückgeführt ist, wendet sich der Verfasser zu drei Lagen des Systems σ gegen σ'. Durch drei Homologiepunkte eines Punktes A in den drei Lagen σ_0, σ_1, σ_2 des Systems σ führt ein Kreis, dessen Centrum als ein Punkt A' des Systems σ' aufgefasst werden kann. Bei der umgekehrten Bewegung entspricht A' in den drei Lagen σ'_0, σ'_1, σ'_2 des Systems σ' in gleichem Sinne der Punkt A von σ. Die in dieser Weise durch A und A' aufeinander bezogenen ebenen Systeme σ und σ' stehen in quadratischer Verwandtschaft; jeder Geraden in σ entspricht ein Kegelschnitt in σ', welcher durch die drei Drehungscentra der directen Bewegung hindurchgeht, und umgekehrt, jeder Geraden in σ' ein Kegelschnitt, welcher die drei Drehungscentra der indirecten Bewegung in sich hat. Diese quadratische Verwandtschaft führt auf einfache und durchsichtige Weise zur Theorie der Wendekreise und der Wendepole für die directe und indirecte Bewegung der Systeme σ und σ'. Mit ihrer Hülfe werden, wenn die Bewegung eines Systems σ durch die Bahnen zweier Punkte desselben gegen σ' bestimmt ist, der Drehungspol, die Polcurventangente, die Wendekreise und der Krümmungsmittelpunkt der Bahn eines beliebigen Systempunktes aus den gegebenen Elementen durch Construction abgeleitet. Beispiele erläutern die Bedeutung der gewonnenen allgemeinen Ergebnisse.

Vier Lagen des Systems σ stellen den Verf. vor die Frage, ob es Punkte in σ giebt, welche in den vier Lagen σ_0, σ_1, σ_2, σ_3 auf einem und demselben Kreise liegen. Diese Punkte bilden, wie BURMESTER zuerst gezeigt hat, eine Curve dritter Ordnung K^3; dieselbe führt durch die sechs Drehungspole, welche die vier Lagen bestimmen, und durch die imaginären Kreispunkte. Die Mittelpunkte der Kreise, welche den Punkten von K^3 entsprechen, bilden eine in σ' gelegene Curve dritter Ordnung $K^{3\prime}$: diese gewinnt bei der umgekehrten Bewegung dieselbe Bedeutung, welche K^3 bei der directen Bewegung besitzt. Nachdem hiermit über die Punkte stationärer Krümmung eine Einsicht gewonnen ist, schreitet die Entwickelung zu der Krümmung der von Systemcurven umhüllten Enveloppen fort.

Umhüllt eine Systemcurve $\varkappa$ eine Curve $\varkappa'$, so fällt in jedem Augenblick der Krümmungsmittelpunkt von $\varkappa'$ mit dem Krümmungsmittelpunkt derjenigen Bahn zusammen, welche der Krümmungsmittelpunkt der Systemcurve $\varkappa$ beschreibt. Bei der indirecten Bewegung übernimmt $\varkappa'$ die Rolle von $\varkappa$. Wenn daher $\varkappa$ und $\varkappa'$ zwei beliebige Curven von σ und σ' sind, welche im gegenseitigen Verhältniss von Curve und Enveloppe stehen, so sind ihre Krümmungsmittelpunkte im momentanen Berührungspunkt stets zwei entsprechende Punkte A und A' für die quadratische Verwandtschaft, welche den betrachteten Bewegungsmoment kennzeichnet. Die Polcurven sind Curven dieser Art. Indem auf sie die in früheren Paragraphen aus der quadratischen Verwandtschaft entwickelten Relationen über die Lage entsprechender Punkte zum Drehungspol herangezogen werden, gelangt der Verfasser zur SAVARY'schen Gleichung, welche die Verbindung zwischen der Krümmung der Polcurven und dem Durchmesser des Wendekreises herstellt. Ist im besonderen $\varkappa$ eine Gerade, so liegt ihr Krümmungsmittelpunkt im Unendlichen; daher liegt der Krümmungsmittelpunkt ihrer Enveloppe auf dem Wendekreis des Systems σ'. Liegt aber der Krümmungsmittelpunkt einer Curve des Systems σ auf dem Wendekreise, so hat die von ihr umhüllte Enveloppe des anderen Systems im momentanen Berührungspunkt einen Wendepunkt. Einige Beispiele zeigen die Bedeutung der entwickelten Gesetze für die Untersuchung specieller Bewegungsformen.

Das zweite Capitel beschäftigt sich mit der Bewegung eines starren Körpers um einen festen Punkt. Der bewegliche Körper wird als Strahlenbündel aufgefasst, und die Bewegung dieses Strahlenbündels um seinen Mittelpunkt untersucht. Geht der Strahlenbündel S aus der Lage S_0 in die Lage S_1 über, so bilden die Halbirungslinien der Winkel entsprechender Strahlen einen Strahlenbündel, welcher mit S_0 und S_1 collinear ist. Diese collinearen Bündel haben die Drehaxe, welche S_0 in S_1 überführt, und die zu ihr senkrechte Ebene entsprechend gemein. Diese Verwandtschaft bildet die Grundlage für die Entwickelung vieler räumlichen Beziehungen, zu denen zwei Lagen des Körpers Anlass geben. Drei Lagen S_0, S_1, S_2 führen zu einer anderen geometrischen Verwandtschaft. Sind a_0, a_1, a_2 homologe Strahlen, so schneidet die Ebene, welche den Winkel $(a_0 a_1)$ halbirt und normal zur Ebene des Winkels steht, die Ebene, welche die gleiche Beziehung zu a_1 und a_2 hat, in einer Geraden. Diese kann als ein Strahl a' in einem festen Bündel S' aufgefasst werden, welcher dem Strahl a im Bündel S entspricht. Die beiden in dieser Weise auf einander bezogenen Strahlenbündel stehen in quadratischer Verwandtschaft. Diese Verwandtschaft vermittelt in analoger Weise, wie bei den ebenen Systemen, eine grosse Zahl von Gesetzen, die sich auf drei consecutive Lagen beziehen. Ein Strahl und seine Krümmungsaxe stehen in dieser Verwandtschaft. Sind $\varkappa$ und $\varkappa'$ irgend zwei Kegelflächen der Bündel S und S', welche im gegenseitigen Verhältniss von Kegel und Enveloppe stehen, so sind die momentanen Krümmungsaxen der Kegel im gemeinsamen Berührungsstrahl zugeordnete Strahlen derjenigen quadratischen Verwandtschaft, welche den betrachteten Bewegungsmoment charakterisirt. Die Rolle, welche für die ebenen Systeme die Wendekreise spielen, übernehmen hier zwei orthogonale Kegel. Diese haben jedoch nicht dieselbe kinematische Bedeutung, vielmehr sind die Wendekegel in den Systemen S und S' dritter Ordnung. Nachdem diese sowie ihre Polarkegel in ihrer kinematischen Bedeutung behandelt sind, schliesst das Capitel mit dem Kegel der stationären Krümmungsaxen. Derselbe ist ein Kegel H^3 von der dritten Ordnung, seine sämmtlichen Punkte beschreiben Bahnen, welche vierpunktig berührende Krümmungskreise besitzen, und die Krümmungsaxen dieser Bahnen bilden im System S' einen Kegel $H^{3'}$. Bei der Umkehrung der Bewegung vertauschen beide Kegelflächen ihre Bedeutung.

Das dritte Capitel behandelt die Bewegung eines starren räumlichen Systems. Wenn ein solches System Σ aus der Lage Σ_0 in die Lage Σ_1 übergeht, so bilden die Mittelpunkte der Sehnen, welche homologe Punkte verbinden, ein System Σ^m, welches mit Σ_0 und Σ_1 im Verwandtschaftsverhältniss der Affinität steht. Die Ebenen, welche in den Mitten der Sehnen senkrecht zu ihnen errichtet sind, bilden ein System Σ^v, welches mit Σ_0 und Σ_1 reciprok ist. Daher sind auch Σ^m und Σ^v reciproke Systeme, und zwar geht jede Ebene des einen Systems durch den entsprechenden Punkt des anderen; sie bilden also ein Nullsystem. Dieses Verwandtschaftsverhältniss führt zur kinematischen Bedeutung der conjugirten Geraden, der zu Büscheln paralleler Ebenen adjungirten Durchmesser und der Hauptaxe des Systems. Aus diesen Gesichtspunkten wird die Schraubenbewegung entwickelt und die allgemeinste Bewegung eines starren Systems auf ein Rollen und Gleiten einer Pol- oder Axenfläche auf einer anderen zurückgeführt. Nachdem über Centralpunkte, Centralebene und Parameter beider Flächen gehandelt ist, wendet sich der Verfasser zu dem linearen Strahlencomplex, welcher aus den sich selbst conjugirten Geraden des Nullsystems gebildet ist. Wenn zwei unendlich nahe Lagen von Σ betrachtet werden, so steht jede Gerade dieses Complexes normal zu den Bahnen aller ihrer Punkte; jede Gerade, welche zwei conjugirte Geraden schneidet, gehört diesem Complex an; die Momentanaxe trifft den kürzesten Abstand zweier conjugirten Geraden und steht auf ihm senkrecht u. s. w. Zwei Paare conjugirter Geraden bestimmen den Complex der Normalstrahlen, dasselbe geschieht durch fünf Strahlen des Complexes. Nachdem eine Reihe wichtiger Sätze über die von den Ebenen und den Geraden des bewegten Systems erzeugten Gebilde entwickelt ist, behandelt der Verfasser den Complex der Bahntangenten. Derselbe ist ein tetraedraler Strahlencomplex, für welchen das Fundamentaltetraeder sich auf die Axe der Schraubenbewegung und die zu ihr senkrechte unendlich ferne Gerade reducirt. Die Untersuchung der speciellen Natur dieses Complexes führt zu einer grossen Anzahl von interessanten Gesetzen. Es muss genügen, einige derselben hervorzuheben. Die Charakteristiken aller Ebenen, welche durch eine beliebige Gerade des räumlichen Systems hindurchgehen, bilden ein orthogonales Hyperboloid. Ist die Gerade Tangente der Bahn eines Punktes, so entartet dasselbe in einen orthogonalen Kegel. Die Punkte des räumlichen Systems, deren Bahnen nach einem festen Punkt gerichtet sind, liegen auf einer Raumcurve dritter Ordnung, welche als Durchschnitt eines orthogonalen Kegels und eines Kreiscylinders auftritt; dieselbe enthält die Kreispunkte der zur Axe der Schraubenbewegung senkrechten Ebenen. Lage und Natur dieser Gebilde wird eingehend untersucht, und es werden Sätze hinzugefügt, welche sich auf die Ebenen beziehen, deren Charakteristiken in einer beliebigen Ebene des Raumes enthalten sind, oder die Tangenten derjenigen Bahnen betreffen, welche die Punkte einer Ebene beschreiben.

Drei consecutive Lagen des Systems Σ führen zu den Krümmungsaxen der Bahnen. Dieselben bilden einen tetraedralen Strahlencomplex mit imaginären Hauptpunkten und Hauptebenen. Die Punkte, deren Krümmungsaxen in einer Ebene enthalten sind, bilden eine Raumcurve dritter Ordnung, also auch die Punkte, welche Wendepunkte ihrer Bahnen durchlaufen. Nachdem auf die reciproke Beziehung für den Complex der Krümmungsaxen der ursprünglichen Bewegung und denjenigen der umgekehrten Bewegung hingewiesen ist, werden vier auf einander folgende Lagen des Systems Σ betrachtet. Vier Homologiepunkte eines Punktes A des Systems bestimmen eine Kugel; ihr Mittelpunkt A', als Punkt von Σ' betrachtet, bestimmt bei der umgekehrten Bewegung in gleichem Sinne den Punkt A. So entspricht jedem Punkt A von Σ eindeutig ein Punkt A' von Σ'. Die hierdurch auf einander bezogenen räumlichen Systeme stehen in einer kubischen Verwandtschaft. Diese Verwandtschaft führt zu dem Orte der Punkte, deren Bahnen vierpunktig berührende Schmiegungsebenen und deren Bahnen fünfpunktig berührende Schmiegungsebenen haben, und zu den Punkten, welche Bahnen mit sechspunktig berührenden Schmiegungsebenen beschreiben. Weiter leitet die Untersuchung zu dem Ort derjenigen Punkte, deren Bahnen vierpunktig berührende Krümmungskreise besitzen, zu dem Ort derjenigen, deren Bahnen fünfpunktig berührende und deren Bahnen sechspunktig berührende Schmiegungskugeln haben, sowie endlich zu denjenigen Punkten, welche Bahnen mit siebenpunktig berührenden Schmiegungskugeln beschreiben. Das nächste Capitel behandelt die Grade der Bewegungsfreiheit eines starren räumlichen Systems. Die indirecte Bewegung lässt die Bedingung, dass ein Punkt auf einer festen Fläche gleite, sofort als gleichwertig mit der Forderung erkennen, dass eine Fläche des bewegten Systems durch einen festen Punkt gehe. Aus den theoretischen Grundlagen, welche bereits gewonnen sind, werden leicht und übersichtlich die mannigfachen Gesetze entwickelt, welche Schönemann und später Mannheim über diesen Gegenstand gegeben haben. Eine besondere Behandlung erfährt das Cylindroïd, d. i. der Ort der Momentanaxen für die zulässigen Bewegungen des Systems Σ, wenn dasselbe mit vier Punkten auf vier festen Flächen geführt wird. An diese Untersuchungen schliesst sich eine Reihe interessanter bezüglicher Relationen. Beispiele, welche die Bewegungen specieller räumlicher Gebilde darstellen und der Erläuterung der allgemeinen theoretischen Ergebnisse dienen, schliessen das reichhaltige, die Wissenschaft der Kinematik nach vielen Richtungen erweiternde, anziehende Werk. *Schn.*

L. Burmester. Lehrbuch der Kinematik. I_3. Leipzig. A. Felix. XX u. 561-941 mit einem Atlas; [ZS. f. Istrkde. 7, 73.

Von dem Werke, über dessen beide ersten Lieferungen seiner Zeit Bericht erstattet wurde (s. diese Ber. **42** (1), 1886, 217 ff.) liegt die dritte Lieferung (p. 561—928) vor. Mit ihr erfolgt der Abschluss des ersten Bandes, welcher die Bewegung in der Ebene zum Gegenstand der Betrachtung macht. Auch in dieser Fortsetzung findet das reichhaltige Material, welches die wissenschaftliche Forschung auf dem Gebiete der Kinematik zu Tage gefördert hat, seine systematische Verarbeitung. Die Vorzüge, auf welche bei der Besprechung der ersten Lieferungen hingewiesen wurde, charakterisiren auch diesen Theil des Werkes.

An die Erzeugung ähnlicher Bewegungen vermittelst des Pantographen oder Storchschnabels und gewisser aus allgemeineren Gesichtspunkten herzuleitenden Mechanismen schliesst sich die Darstellung inverser Bewegungen. Dieselbe knüpft an den Hart'schen Inversor an, behandelt den quadruplanen Inversor von Sylvester und Kempe und schliesst mit der Behandlung des Inversors von Peaucellier. Einzelne interessante geometrische Beziehungen erscheinen in enger Verbindung mit dem behandelten Gegenstande. Die Grundlage für gewisse Mechanismen, die Sylvester angegeben hat, bildet der Satz, dass, wenn in einem Gelenkviereck die Summen der Quadrate der gegenüberliegenden Seiten einander gleich sind, die Diagonalen senkrecht aufeinander stehen. Im Anschluss an diesen Satz wird das Wesen dieser Mechanismen entwickelt und ihre Beziehung zum Peaucellier'schen Inversor klar gelegt. Die Betrachtung mehrfach geführter und übergeschlossener Mechanismen bildet den Schluss dieses Abschnittes. Dem folgenden Capitel, welches sich mit der angenäherten Geradführung beschäftigt, ist eine zusammenhängende Entwickelung der geometrischen Gesetze vorausgeschickt, zu denen die Betrachtung der Lagenbeziehungen von drei, vier oder fünf complanen congruenten ebenen Systemen den Anlass bietet. Die eigenthümlichen Verwandtschaftsverhältnisse, zu denen die Entwickelung führt, werden untersucht, die Bedeutung der Kreispunktcurve und der

Mittelpunktcurve für vier in einer Ebene gelegene congruente Systeme klar gelegt, ihre Constructionen aus ihrer geometrischen Natur hergeleitet und endlich die Bestimmung derjenigen Kreise gegeben, welche fünf homologe Punkte von fünf congruenten in einer Ebene liegenden Systemen enthalten. Durch diese allgemeine und umfassende Entwickelung wird die geometrische Grundlage für die systematische Bearbeitung des reichhaltigen Stoffs gewonnen, zu dem das Problem der angenäherten Geradführung im Lauf der Zeiten die wissenschaftliche Arbeit geleitet hat. Im Anschluss an diesen Theil des Werkes werden die Mechanismen derjenigen Schiebersteuerungen behandelt, welche sich in der Praxis bewährt haben; die zweckentsprechenden Constructionen der Technik finden hier ihre enge Verbindung mit der rein theoretischen Wissenschaft der Kinematik. Den Principien dieser Wissenschaft gemäss werden im folgenden Capitel die Begriffe der Beschleunigung, der Deviation, der Normal- und Tangentialbeschleunigung zu vollkommener Klarheit entwickelt; die Beschleunigungen höherer Ordnung erhalten ihre Vermittelung durch die von Hamilton ersonnenen Hodographen der Bewegung. Die eingeführten Begriffe finden ihre Anwendung bei der sich anschliessenden Behandlung einfacher Bewegungsformen, wie sie sich in der Wurfbewegung, der allgemeinen Centralbewegung, der Planetenbewegung u. s. w. darbieten. Die Zusammensetzung von Beschleunigungen führt zu dem Satz von Coriolis, und im Anschluss an ihn finden die Begriffe „absolute Beschleunigung“, „relative Beschleunigung“, „Führungsbeschleunigung“ ihre Erläuterung. Für die bisher gebräuchliche Benennung „zusammengesetzte Centripetalbeschleunigung“ bringt der Verfasser den angemesseneren Ausdruck „Zusatzbeschleunigung“ in Vorschlag. Zahlreiche Beispiele interessanter Bewegungsformen zeigen die Fruchtbarkeit des Coriolis'schen Lehrsatzes. Die Beschleunigungen der Punkte eines ebenen starren Systems, ihre allgemeinen und ihre besonderen Beziehungen führen über zur constructiven Bestimmung der Beschleunigung bei einfachen und zusammengesetzten Mechanismen; ein reicher Stoff ist hier in den Kreis der Betrachtung gezogen, und seine wissenschaftliche Durcharbeitung leitet zu tieferer Erkenntniss eines wesentlichen Theils der Maschinenlehre.

Der letzte Abschnitt ist der Bewegung gesetzmässig veränderlicher ebener Systeme gewidmet. Nach einer einleitenden Betrachtung der allgemeinen Gesetze solcher Bewegung werden ebene Systeme behandelt, welche während der Bewegung ihre Aehnlichkeit bewahren, und besondere Formen dieser Bewegung verfolgt. Eine grosse Fülle von geometrischen Relationen erhält so eine innigere wissenschaftliche Verbindung. Es folgt die Behandlung solcher Systeme, welche während der Bewegung in Affinitätsverwandtschaft verbleiben, und den Schluss bildet ein Capitel, welches sich mit der Bewegung der bifocal-veränderlichen Systeme beschäftigt. Diese Systeme hat der Verfasser in den Math. Ann. 1880. Bd. **14** zuerst behandelt, und es ist seiner Zeit in Bd. **12** des Jahrbuchs über die Fortschritte der Mathematik darüber berichtet worden.

Es hat hier das reichhaltige Werk nur nach seinem wesentlichen Inhalt und in einigen allgemeinen Zügen gekennzeichnet werden können; auf Einzelnheiten näher einzugehen, verbietet das der Berichterstattung zustehende Maass des Raumes. *Schn.*

F. WITTENBAUER. Sätze über die Bewegung eines ebenen Systems. Wien. Anz. **23**, 145-146 (1886), Schlömilch Z. **32**, 314.

Wenn ein ebenes System gleichzeitig mehreren Bewegungen unterworfen ist, von denen jede einzelne durch den momentanen Drehpunkt C_n, den Wendepol W_n und die Winkelgeschwindigkeit ω_n charakterisirt ist, so ist der resultirende Drehpunkt C Schwerpunkt aller Punkte C_n, wenn dieselben mit den bezüglichen Winkelgeschwindigkeiten belastet gedacht werden. Zu diesem bereits bekannten Gesetz fügt Herr WITTENBAUER folgendes: Der Wendepol W der resultirenden Bewegung ist der Schwerpunkt aller Wendepole W_n und aller Drehpunkte C_n, wenn die ersteren bezüglich mit ω_n^2, die letzteren mit $\omega_n(\Sigma\omega - \omega_n)$ belastet gedacht werden.

Wenn ein ebenes System gleichzeitig zwei Bewegungen mit den Drehpunkten C_1 und C_2 und den Wendepolen W_1 und W_2

besitzt, so ist der Wendepol der resultirenden Bewegung auf einer Parabel gelegen, welche W_1 und W_2 enthält. Die Tangenten in W_1 und W_2 schneiden sich im Mittelpunkte der Strecke $C_1 C_2$.

Schn.

J. NEUBERG, G. DE LONGCHAMPS, G. B. MATHEWS. Solutions of questions 8220, 8552. Ed. Times **46**. 85-86, 98-99.

Eine Curve (C) und ein Winkel XOY sind gegeben. Eine beliebige Tangente von (C) trifft OX in A, OY in B. 1) Die Tangente des Ortes zu finden, den der Höhenschnitt des Dreiecks OAB beschreibt. 2) Die Tangente des Ortes zu finden, den das Inkreiscentrum von OAB beschreibt. 3) Die Tangente des Ortes für den Schwerpunkt von OAB zu finden.

Alle drei von Herrn NEUBERG herrührenden Aufgaben werden an der ersten Stelle von ihm selbst mit Hülfe kinematischer Betrachtungen gelöst. An der zweiten Stelle geben die Herren L. und M. rein geometrische Constructionen nebst einigen Erweiterungen.

Lp.

PH. GILBERT. Sur les accélérations des points d'un système invariable en mouvement. C. R. **104**. 162-165.

Die Ausdrücke für die Beschleunigungen erster Ordnung der Punkte eines starren Systems haben Herrn GILBERT zu einer Reihe allgemeiner Beziehungen geführt, welche die Beschleunigungen mit anderen bei der Analyse der Bewegung auftretenden Grössen verknüpfen. Sie alle anzuführen, würde hier zu weit führen; zu ihrer Charakterisirung möge deshalb eines der Theoreme genügen. Bildet man die geometrischen Producte einerseits aus der Beschleunigung eines Punktes und der augenblicklichen Drehaxe OJ, andererseits aus seiner Geschwindigkeit und der Winkelbeschleunigung OL, so ist die Summe dieser Producte für jeden Punkt Null, wenn das starre System sich um einen festen Punkt dreht. Ist dagegen das starre System frei beweglich, so ist diese Grösse für alle Punkte constant und zwar gleich der nach der Zeit genommenen

Derivirten des Products, welches aus der Rotations- und Gleitungsgeschwindigkeit zu bilden ist. *Schn.*

R. Mehmke. Zur Construction der Strictionslinie der Bahnfläche einer bewegten Geraden, sowie der Berührungslinie einer bewegten Ebene mit ihrer Hüllbahn. Böklen Mitt. **2**, 99-101.

In den C. R. **102**, 604-606 hatte Herr Godefroy einen Satz veröffentlicht, über den in dies. Ber. **42** (1), 1886, 285 berichtet ist. Herr Mehmke giebt diesem Satz eine andere Gestalt: „Bewegen sich zwei Punkte *a* und *b* in einer Ebene, so lässt sich von einem festen Punkte *p* in jedem Moment der Bewegung eine Strecke *pc* gleich und parallel mit *ab* gezogen denken. Sind *A*, *B*, *C* zu einem Zeitpunkt die Tangenten an den Bahnen, welche *a*, *b*, *c* beschreiben, so ist der Berührungspunkt der Geraden *ab* mit ihrer Hüllbahn auf folgende Art zu construiren. Man ziehe durch *a* parallel zu *B* die Gerade *A'* und durch *b* parallel mit *A* die Gerade *B'*, durch den Schnittpunkt von *A'* und *B'* führe man eine Gerade parallel zu *C*; diese Gerade bestimmt auf der Geraden *ab* den Berührungspunkt mit ihrer Hüllbahn.“ Dieser Construction setzt Herr Mehmke eine andere zur Seite, welche, wenn *a* und *b* beliebige Raumcurven beschreiben, den Centralpunkt der durch *ab* erzeugten Regelfläche finden lehrt. Hierzu fügt er noch folgende Verallgemeinerung. Bewegen sich drei Punkte *a*, *b*, *c* beliebig im Raum, so lässt sich in jedem Moment der Bewegung von einem festen Punkte *p* ein Loth auf die Ebene *abc* gefällt denken. Trägt man darauf eine Strecke *pd* proportional dem Inhalt des Dreiecks *abc* ab, und zwar in einer Richtung, die eindeutig bestimmt wird, so beschreibt *d* in einem Bewegungsmoment die Bahnrichtung *D*, wenn *a*, *b*, *c* ihre Bahnen mit den Bahnrichtungen *A*, *B*, *C* beschreiben. Legt man nun durch *bc* parallel mit *A* die Ebene Α, durch *ca* parallel mit *B* die Ebene Β und durch *ab* parallel mit *C* die Ebene Γ, so schneiden sich diese drei Ebenen Α, Β, Γ in einem Punkt. Führt man durch diesen senkrecht zu *D* eine Ebene, so schneidet diese die Ebene *abc* in ihrer Charakteristik, d. h. in der Berührungslinie der von der Ebene des Dreiecks *abc* umhüllten Fläche.

Schn.

J. Réveille. Détermination du rayon de courbure d'une trajectoire particulière d'un point faisant partie d'un solide invariable assujetti à quatre conditions. C. R. **104**, 1827-1829.

Wenn ein starres System mit 4 Punkten auf 4 festen Flächen geleitet wird, so beschreibt bekanntlich jeder Punkt des Systems eine Flächentrajectorie. Die Normalen derselben treffen zwei Gerade D und Δ. Unter den Elementarbewegungen des Systems, welche mit den Bedingungen der Leitung verträglich sind, lässt sich diejenige unterscheiden, welche allein in einer Rotation um die Gerade D besteht. Indem man diese besonderen Elementarbewegungen verfolgt, wird ein beliebiger Punkt a des Systems eine Trajectorie $(a)_D$ beschreiben, welche auf der Flächentrajectorie $[a]$ gelegen ist. Die Krümmungsaxe dieser besonderen Trajectorie $(a)_D$ wird nunmehr bestimmt aus den Krümmungselementen der vier gegebenen Flächen, auf denen das System mit vier Punkten geführt wird. *Schn.*

J. Réveille. Détermination des éléments de courbure de la surface décrite par un point quelconque d'un solide invariable, dont quatre points donnés décrivent des surfaces dont les éléments de courbure sont donnés. C. R. **105**, 159-163.

Die Elemente für die Lösung der Frage werden jenen kinematisch-geometrischen Betrachtungen entnommen, für welche die Arbeiten des Herrn Mannheim die wesentlichsten Gesichtspunkte gegeben haben. *Schn.*

D. Bobylew. Ueber die Bewegung einer Oberfläche, welche eine andere ruhende Oberfläche berührt. Petersb. Abh. **55**, 97-121. (Russisch.)

In dieser kinematischen Untersuchung werden Ausdrücke für die Bedingungen derjenigen mechanischen Verbindungen gebildet und betrachtet, welche einen starren, von einer gegebenen Oberfläche begrenzten Köper zwingen, eine gegebene ruhende Oberfläche so zu berühren, dass die Spuren der Berührungspunkte auf beiden Oberflächen vorgeschriebene Curven sind; dabei werden auch Relationen zwischen den Geschwindigkeiten und Beschleunigungen betrachtet, die aus der Existenz dieser Bedingungen hervorgehen. Ausserdem wird hinsichtlich der Bedingungen des Rollens ohne Gleiten, welche sich als Bedingungen zwischen den Geschwindigkeiten oder, was dasselbe ist, unter der Form zweier Differentialgleichungen erster Ordnung darstellen lassen, der Nachweis geführt, dass diese Gleichungen unmittelbar nicht integrabel sind, sobald die Berührungsspuren auf beiden Oberflächen nicht gegeben sind, und es wird ferner gezeigt, wie sie sich integriren lassen, wenn die genannten Curven vorgeschrieben sind. *Bobylew.* (*Lp.*)

G. FLOQUET. Sur le mouvement d'une surface autour d'un point fixe. C. R. **105**, 746-749.

Es bewege sich eine Fläche vom Grade m um einen festen Punkt O. Für jede Lage der Fläche bestimmt eine feste Ebene (P) Pole, deren Anzahl $(m-1)^3$ beträgt. Ist M einer derselben, so wird dieser während der Bewegung continuirlich seine Lage ändern. Von einer gegebenen Anfangslage aus wird die weitere Bewegung an die Bedingung geknüpft, dass die augenblickliche Rotation OS jeder Zeit gegen den Pol M hin gerichtet und eine Function des Abstandes OM sei. Die Bewegungsgleichungen, welche die Bahn des Pols M zu beurtheilen gestatten, führen zu folgendem Ergebniss: wenn der Pol M zu Anfang auf der beweglichen Oberfläche liegt, so dass die feste Ebene (P) die Fläche in ihm berührt, so bleibt die Berührung der Oberfläche mit der festen Ebene bestehen, und zwar rollt die Oberfläche, ohne zu gleiten, auf der festen Ebene P. *Schn.*

Pinczon. Sur la génération de l'herpolhodie. C. R. **104**, 1048-1051.

Es sei XOY die Ebene, welche senkrecht zur Axe des Moments der Bewegungsgrössen steht, und O_x, O_y, O_z seien die Hauptträgheitsaxen. Die Ebene xOy schneidet XOY längs der Geraden O_χ. Projicirt man den Richtstrahl ϱ der Herpolodie auf die Ebene XOY, so bildet dieser mit O_χ einen Winkel σ. Durch die Gleichung zwischen ϱ und σ wird die Curve in Polarcoordinaten auf die bewegliche Axe O_χ bezogen. Die Discussion der Curve folgt aus den aufgestellten Gleichungsformen. *Schn.*

G. Floquet. Sur une propriété de la surface $xyz = l^3$. C. R. **105**, 854-856.

Die in rechtwinkligen Coordinaten in der Form $xyz = l^3$ sich darstellende Fläche (S) bewege sich um den als fest gedachten Coordinatenanfang O in der Art, dass sie auf einer festen Ebene P rollt, ohne zu gleiten; die augenblickliche Rotation OS sei in jedem Augenblick gegen den Berührungspunkt M hin gerichtet und sei proportional dem Richtstrahl OM. Bei einer so charakterisirten Bewegung der Fläche wird die Bewegung des Punktes M in der festen Ebene untersucht. Ist h der Abstand der festen Ebene (P) von dem festen Centrum, so giebt es ein bestimmtes zweischaliges Hyperboloid (H), dessen Axen durch h und l bedingt sind, welches die Bewegung jenes Punktes M in anderer Form darzustellen gestattet. Ist nämlich die augenblickliche Rotation ω durch $n \,.\, OM$ gemessen, so kann das Hyperboloid (H) an die Stelle der Fläche (S) treten, wenn man die Constante n durch $2n$ ersetzt. Es ist also der Ort der Punkte M die Herpolodie einer Poinsot'schen Bewegung des Hyperboloids (H), wobei die feste Ebene jene Ebene (P) und die Constante der Winkelgeschwindigkeit $2n$ ist. Wenn also die Flächen (S) und (H) unter den angegebenen Bedingungen sich bewegen, so haben die Pole M in der Ebene (P) dieselbe Bahn, und zwar berühren sich jeder Zeit (S) und (H) in dem betreffenden M. Die augenblickliche Rotation ist für beide

Flächen nach M hin gerichtet. Es lässt sich daher die Bewegung von (H) so auffassen, als rolle (H) auf der fest gedachten Fläche (S) mit einer Winkelgeschwindigkeit, welche durch $n \,.\, OM$ gemessen ist. Es bietet sich hier also eine POINSOT'sche Bewegung dar, bei der die feste Ebene durch eine krumme Fläche ersetzt ist.

Schn.

R. W. GENESE. Reciprocation in Statics. Lond. M. S. Proc 17, 409-413†.

Der Verfasser geht von der Bemerkung aus, dass, wenn ein ebenes System von Kräften P_1, P_2, ... in Gleichgewicht ist und die Richtungslinien derselben von einer Transversale in J_1, J_2, ... unter den Winkeln θ_1, θ_2, ... geschnitten werden, die zur Transversale senkrechten Componenten $P_1 \sin\theta_1$, $P_2 \sin\theta_2$, ... an den Angriffspunkten J_1, J_2, ... im Gleichgewicht sind. Hierdurch gelangt er zu Sätzepaaren, die sich dualistisch gegenüber stehen, und dies führt ihn zu dem Beweise des folgenden Satzes: „Wenn in den Polen der Wirkungslinien eines beliebigen ebenen Kräftesystems in Bezug auf einen Kreis mit dem Mittelpunkte O parallele Kräfte angebracht werden, die den Momenten dieser Kräfte in Bezug auf O (mit den passenden Zeichen versehen) proportional sind, so wirkt die resultirende Kraft längs der Polare des Mittelpunktes der parallelen Kräfte, und ihre Grösse und Richtung kann aus dem resultirenden Gewichte gefunden werden.“ Durch Orthogonalprojection wird der Satz auf die Ellipse ausgedehnt, durch imaginäre Projection auf die Hyperbel; für die Parabel wird die entsprechende Modification aufgestellt. Endlich wird auch noch eine Ausdehnung auf die Kinetik gemacht. *Lp.*

T. K. ABBOT. To what order of lever does the oar belong? Phil. Mag. (5) **23**, 58-61; [Cim. (3) **23**, 176†; [Beibl. **11**, 565.

F. A. TARLETON. To what order of lever does the oar belong? Phil. Mag. (5) **23**, 222-223†.

Hr. ABBOT betrachtet das Ruder als einen Hebel erster Art mit dem Stützpunkte am Ruderpflock und nicht, wie manche

Schriften über Mechanik angeben, als einen Hebel zweiter Art mit dem Stützpunkte im Wasser. Hr. Tarleton hält die Schlussweise des Hrn. Abbot für sachlich correct, aber für paradox, wenn nicht ungenau ausgedrückt. *Gibson.* (*Lp.*)

Sir R. S. Ball. Dynamics and modern geometry. A new chapter in the theory of screws. Royal Irish Ac.: „Cunningham Memoirs“ No. 4, 1-44.

Die Untersuchungen in dieser Abhandlung beruhen auf der Abbildung des Cylindroids auf einem Kreise, so dass jeder Schraube des ersteren ein Punkt auf dem letzteren entspricht. Da eine Schraube auf dem Cylindroid durch die Gleichungen bestimmt wird: $y = x \operatorname{tang} \theta$, $z = m \sin 2\theta$ und der zu θ gehörige Windungsparameter (pitch) der Schraube durch $p = p_0 + m \cos 2\theta$, so giebt die Elimination von θ zwischen den Gleichungen für z und p:

$$(p - p_0)^2 + z^2 = m^2,$$

und diese Gleichung mit p und z als laufenden Coordinaten giebt den zu Grunde gelegten Kreis der Abbildung. Vermittelst dieses Kreises werden einfache Erörterungen gegeben über die Vertheilung des Windungsparameters auf dem Cylindroid, über die Zusammensetzung und Zerlegung von Drillungen und Dynamen (twists and wrenches), über die Eigenschaften des virtuellen Coëfficienten; endlich werden die Theorien der Stosskräfte nebst denen der kleinen Schwingungen in eingehender Weise vorgeführt. *Gibson.* (*Lp.*)

R. S. Ball. A dynamical parable. Nature **36**, 424-429†, Brit. Ass. Rep. (Manchester), 569-579; [Eng. **44**, 311.

R. S. Ball. Una parabola dinamica. Traduzione dall' Inglese di G. Vivanti. Il Politecnico 12 S. 8⁰†.

Als Vorsitzender der Section A (Mathematik und Physik) der British Association zu Manchester giebt der Verfasser in der vorliegenden Eröffnungsrede unter der Form einer humoristisch gehaltenen, erzählenden Parabel eine populäre allgemeine Uebersicht über seine Leistungen auf dem Gebiete der Theorie der Schrauben.

und Dynamen (screws and wrenches). Hr. Vivanti begleitet seine italienische Uebersetzung mit dem Ausdrucke des Wunsches, sie möchte zum Studium einer der schönsten Theorien anregen, deren sich die neuere Mechanik rühme. *Lp.*

G. Emery. Sulla posizione dell'asse centrale dei momenti delle quantità di moto in un sistema materiale rigido animato di moto sferico. Ann. d. R. Ist. Tecn. e Naut. di Napoli, 24 S., Napoli Rend. (2) **1**, 97-100†.

Bei einem in Bewegung befindlichen starren Körper werde die Bewegungsgrösse jedes Massenpunktes als eine Kraft betrachtet; das so entstandene Kräftesystem reducire man auf eine Dyname. Die Axe dieser Dyname (oder Centralaxe der Bewegungsgrössen) liegt im Körper fest, wenn die Bewegung eine Drehung um eine feste Axe ist. Geschieht dagegen die Bewegung als Drehung um einen festen Punkt, so steht die Centralaxe der Momente der Bewegungsgrössen in ihren veränderlichen Lagen stets senkrecht auf der Verbindungslinie des festen Punktes mit dem Schwerpunkte und erzeugt in dem starren Körper ein Cylindroid, dessen Gestalt von der näheren Bewegung des Körpers, insbesondere von der Gestalt des Axenkegels des bewegten Körpers abhängt. Wenn dieser Axenkegel in eine Ebene ausartet, wird auch das Cylindroid zu einer Ebene, und die veränderliche Schnittgerade beider beschreibt ein Conoid dritten Grades. Die gegenseitige Beziehung der Momentanaxen und der Centralaxe wird noch näher bestimmt.

Lp.

D. Edwardes, Sircom, A. M. Nash. Solution of question 8545. Ed. Times **46**, 123-124.

Ein homogener Stab bewegt sich in einer Verticalebene unter der Einwirkung der Schwere, mit seinem unteren Ende auf einer glatten horizontalen Ebene, mit seinem oberen auf einer glatten Curve. Falls der Stab am Anfange der Bewegung in Ruhe ist, so erreicht er die horizontale Lage in der kürzesten Zeit, wenn die Curve ein Bogen einer Ellipse mit der Excentricität $^1/_2\sqrt{3}$ und dem Parameter gleich der halben Stablänge ist. Nimmt man an, dass der Stab in der Anfangslage die Curve nicht schneide, so giebt es zwei Ellipsen, welche der Bedingung genügen, falls die Tangente der Neigung des Stabes gegen die Horizontale in der Anfangslage kleiner als $\sqrt{2}$ ist; für beide Curven ist die Zeit des Falles dieselbe. Der Beweis wird durch die Bemerkung elementar, dass nach Fortnahme der Curve die Bewegung am schnellsten wird, dann der Schwerpunkt aber eine Gerade beschreibt. *Lp.*

A. Mayer. Ueber ein Bewegungsproblem. Leipz. Ber. **39**, 123-132†.

„Ein schwerer Körper gleitet mit seiner ebenen Basis reibungslos auf einer festen schiefen Ebene. Der Körper besitzt überdies eine Höhlung von gegebener geometrischer Gestalt, an deren Wandfläche ein schwerer Punkt ebenfalls ohne Reibung herabfällt. Es handelt sich darum, die gleichzeitige Bewegung des Körpers und des Punktes zu bestimmen". Dabei ist vorausgesetzt, dass der Körper nicht umkippen darf, und dass der Punkt auf der Höhlenwand zu bleiben genöthigt ist. Der Verfasser führt die Aufgabe auf die Integration dreier partiellen Differentialgleichungen zurück, von denen er, dem Flächensatze und dem Satze der lebendigen Kraft entsprechend, zwei Integrale aufstellt. Hieraus folgt, dass die Aufgabe auf eine partielle Differentialgleichung erster Ordnung mit zwei unabhängigen Veränderlichen zurückkommt, zu deren vollständiger Lösung die Kenntniss einer von ihr unabhängigen Lösung einer gewissen anderen, linearen partiellen Differentialgleichung genügt, d. h. in diesem Falle lässt sich die Aufgabe mit Hülfe von algebraischen Operationen und blossen Quadraturen vollständig lösen.

Wird z. B. die Wand der Körperhöhlung von einer Rotationsfläche gebildet, deren Axe senkrecht zur ebenen Basis des Körpers ist und durch seinen Schwerpunkt geht, so ist dieses Problem vollständig lösbar; dagegen vermag man die Bewegung eines schweren Punktes ohne Reibung und bei beliebiger Richtung der Anfangsgeschwindigkeit auf der Wand des nicht mehr beweglichen, sondern auf der schiefen Ebene festgeschraubten Körpers noch nicht genau zu bestimmen. Ferner wird die allgemeine Aufgabe immer lösbar, wenn sich die Körperhöhlung auf eine blosse Rinne oder auf einen Kanal reducirt. *Lp.*

Kircher. Ein Beitrag zur Bewegung unveränderlicher ebener Systeme, dargestellt nach den Principien der Grassmann'schen Ausdehnungslehre. Pr. Realgymn. Meiningen (No. 652), S. 2-36 in 4° mit 1 Taf.†

Die Arbeit zerfällt in zwei Theile. Im ersten Theile entwickelt der Verfasser nach Grassmann die Gesetze der geometrischen Addition und Subtraction, die Definition des Massenmittelpunktes, die geometrische Differentiation, die äussere Multiplication der Strecken und ihre Anwendung zur Momentenbildung und leitet danach die Bewegungsgleichungen eines starren ebenen Systems her. Dieser erste Abschnitt ist also für solche Leser bestimmt, welche mit den Grassmann'schen Principien nicht bekannt sind. Nach der Einleitung ist der Verf. hierzu durch eine Vorlesung des Hrn. Abbe im Wintersemester 1876/77 angeregt worden; doch ist ihm wohl nicht bekannt geworden, dass Hr. J. Lüroth in seinem „Grundriss der Mechanik" (München, 1881) sich der Streckenrechnung bedient und ausdrücklich dabei auf Grassmann hingewiesen hat; in dieser letzteren Schrift ist daher der ganze Stoff der Mechanik unter ähnlichen Gesichtspunkten behandelt.

Der zweite Theil löst einzelne Aufgaben sowohl nach der im ersten Theile dargelegten Methode, als auch auf dem gewöhnlichen Wege mittels der Euler'schen Differentialgleichungen für die Bewegung eines starren Körpers. Weder sind jedoch die Beispiele neu, noch beweisen sie die Ueberlegenheit der vom Verfasser an die Spitze gestellten Methode. Die behandelten Aufgaben sind: 1) Das Rollen eines homogenen, schweren Kreiscylinders innerhalb eines anderen mit horizontaler Axe (allgemeiner bei Hoppe, Arch. d. Math. **69**, 162). 2) Das Rollen eines homogenen schweren Kreiscylinders auf schiefer Ebene (Vgl. u. a. Ritter, Technische Mechanik). 3) Ein Kreiscylinder mit excentrischem Schwerpunkte rollt a) innerhalb eines Hohlcylinders, b) auf schiefer Ebene. (In anderer Fassung u. a. bei JULLIEN, „Problèmes de Mécanique rationnelle"). 4) Das Rollen eines homogenen schweren Kreiscylinders innerhalb eines hohlen Cykloidencylinders. (Besonders in englischen Aufgabensammlungen für manche andere Cylinder noch untersucht.). *Lp.*

E. J. BORCHERT. Eine Aufgabe aus der analytischen Mechanik. Pr. Gymn. Hohenstein in Ostpr. (No. 5), 12 S., 4°†.

„Ein homogener geradliniger Stab liegt auf einer Horizontalebene und ist gezwungen, mit einem Endpunkte längs eines in der Horizontalebene liegenden straff gespannten Fadens ohne Reibung zu gleiten. Der Stab soll anfänglich einen rechten Winkel mit dem Faden bilden und auf das freie Ende ein Stoss parallel dem Faden geführt werden. Welche Bewegung nimmt der Stab an?"

Die Componente der Geschwindigkeit des Schwerpunktes parallel zur Fadenrichtung ist constant. Zwischen der Zeit t und dem Winkel ϑ, welchen der Stab mit der Fadenrichtung zur Zeit t bildet, findet die Gleichung statt

$$t = \tfrac{4}{3} \int_{1/2\pi}^{\vartheta} d\varphi \sqrt{1 - \tfrac{3}{4} \sin^2\varphi}\,,$$

oder auch nach der LEGENDRE'schen Bezeichnung:

$$t = \tfrac{4}{3} \left\{ E(\vartheta, k) - E(\tfrac{1}{2}\pi, k) \right\},$$

wenn $k = \sqrt{0{,}75}$ gesetzt wird.

Der Verfasser berechnet ein Zahlenbeispiel mit Hülfe der LANDEN'schen Transformation aus den JACOBI'schen Formeln und macht zum Schlusse auf mehrere ähnliche Aufgaben aufmerksam. *Lp.*

PFANNSTIEL. Ueber eine Stelle in POISSON's Mechanik. Schlömilch Zs. **32**, 244-246†.

W. HESS. Ueber eine Stelle in POISSON's Traité de Mécanique. Schlömilch Zs., **32** 382-384†.

An der kinematischen Behandlung der Bewegung eines starren Körpers in Poisson's Traité de Mécanique (No. 408 der 2. Aufl.) glaubte Hr. Pfannstiel einen Fehler bemerkt zu haben. Hr. W. Hess dagegen zeigt, dass bei richtiger Auffassung des offenbaren Sinnes der Stelle nichts Fehlerhaftes in ihr enthalten sei. Uebrigens ist dieselbe Stelle auch schon in der ersten Auflage des Traité de Mécanique von 1811 enthalten (No. 377); jedoch ist die Begründung der älteren Fassung ein wenig ausführlicher. *Lp.*

W. Hess. Ueber das Gyroskop bei allgemeinster Wahl des zur Bewegung anregenden Momentankräftesystems.

Math. Ann. **29**, 500-580†.

Der Verf. spricht sich in der Einleitung der umfangreichen Abhandlung über das Ziel derselben in folgenden Worten aus:

„Das Problem der Bewegung eines schweren Umdrehungskörpers, welcher um einen festen Punkt seiner Axe rotirt, ist analytisch durch die bekannte Arbeit Lottner's (Reduction eines schweren, um einen festen Punkt rotirenden Revolutionskörpers auf die elliptischen Transcendenten, J. für Math. **50**, 111-125) und die im Wesentlichen damit übereinstimmenden eigenartigen Untersuchungen Jacobi's (Fragments sur la rotation d'un corps. B. C. Ges. Werke **2**, 477-514) insoferne als gelöst zu betrachten, als man im Stande ist, auf Grund derselben die Lage des Systems der drei Hauptträgheitsaxen, welches den Körper zu ersetzen geeignet ist, gegen ein festes Coordinatensystem des Raumes in Function der Zeit und der Constanten des Problems zu reduciren. Eine geometrische Discussion scheint jedoch bislang nur der Fall des „gewöhnlichen Gyroskops" erfahren zu haben (W. Hess. Ueber das Gyroskop. Math. Ann. **19**, 121-154, diese Ber. **37**, 1881, 154) d. i. eines Umdrehungskörpers, welcher durch eine blosse Rotation um seine Axe in Bewegung gesetzt wurde, während für die Annahme eines ganz allgemein gewählten Momentankräftesystems weder die Bewegung dieser Axe noch die Gestalt der Poinsot'schen Kegel verfolgt sein dürften, noch auch weiterhin unseres Wissens die Aufstellung der Elemente der Euler'schen Rotationen.

Diese dreifache Lücke auszufüllen ist Zweck der vorliegenden Arbeit. Es werden diesem Ziel entsprechend untersucht:

I. Die Bewegung der Axe des Gyroskops im Raume.

II. Die Formen des beweglichen Kegels der „Polodie" und des festen Kegels der „Herpolodie", durch deren Abrollen nach Poinsot die successive Ueberführung des rotirenden Körpers von einer ersten in eine zweite, endlich davon verschiedene Lage versinnlicht werden kann.

III. Die Lage jener ausgezeichneten Axe des Raumes, längs welcher nach Euler eine einzige Drehung von endlicher Amplitude genügt, um sofort den Körper aus der ersten obigen Lage in die zweite zu transferiren, sowie die Grösse jener Amplitude."

Die zu Grunde gelegte Rechnung schliesst sich in I zunächst an die citirte Arbeit Lottner's, dann auch an die von Jacobi an. Die geometrische Erörterung erheischt jedoch die Unterscheidung so vieler einzelnen Fälle, dass es unmöglich ist, diese hier vorzuführen. Die einzelnen Paragraphen dieses Theiles sind betitelt: Der Winkel zwischen der Figuraxe und der Verticalen, die Normalanfangslage der Figuraxe, gegenseitiges Verhalten von Anfangs- und Endlage, Untersuchung der verschiedenen Möglichkeiten, der Poinsot'sche Fall der nutationsfreien Bewegung, die Präcessionsbewegung der Figuraxe, Untersuchung auf Wendekanten, graphische Darstellung der verschiedenen Typen. Um den von der Figuraxe im Raume beschriebenen Kegel zu veranschaulichen, stellt der Verf. in § 8 die verschiedenen Typen derjenigen sphärischen Curven zusammen, welche der Schwerpunkt des Gyroskops im Raume beschreibt, und führt sie in Horizontalprojection graphisch vor. Es sind 16 Typen von Figuren, unter denen einige, um den Einfluss der Grösse der Constanten zu versinnlichen, für mehrere Werthe derselben abgebildet sind.

Die Betrachtung des Kegels der Polodie in II stützt sich auf neue analytische Entwickelungen, deren geometrische Discussion abermals die Unterscheidung vieler Einzelfälle erfordert. Der Radiusvector der Polodie, die Winkelgeschwindigkeit des instantanen Drehpols, die Untersuchung der Polodie auf Wendepunkte (identisch mit der Frage nach den Wendepunkten der Herpolodie

POINSOT's), der Polarwinkel der Polodie sind die Themata der ersten Paragraphen dieses Abschnittes; ihnen folgt eine Classification der Formen der Polodie in 12 Typen, deren Cyklus wieder abgebildet ist. Die Winkelgeschwindigkeit der Drehung um zwei Hauptaxen des Aequators wird zuletzt analytisch dargestellt.

Bei der Besprechung des Kegels der Herpolodie werden untersucht die Kugelzone, welche die Herpolodie umschliesst, und die Horizontalprojection der Herpolodie.

Im Abschnitte III wird zunächst von den neun Neigungscosinus in Functionen der Zeit gehandelt und aus den LOTTNER'schen Formeln der Satz abgeleitet: „Die constante Winkelgeschwindigkeit ω, mit welcher das System der gleichen Hauptträgheitsaxen des rotirenden Körpers in der Aequatorebene rotirend gedacht wird, sowie der Winkel φ einer der Hauptaxen, x', mit der Linie der Knoten kann durch einen Ausdruck dargestellt werden, in welchen elliptische Functionen mit nur einem constanten Parameter eingehen, zum Unterschiede von den Darstellungen LOTTNER's und JACOBI's, welche deren zwei zur Verwendung brachten." Die letzten Paragraphen erörtern endlich die Elemente der EULER'schen Rotation in Functionen der Richtungscosinus des beweglichen Axensystems, die symmetrischen EULER'schen Winkel und die Elemente der EULER'schen Rotation in Functionen der Zeit. Von den verschiedenen Sätzen, zu welchen der Verfasser hier gelangt, setzen wir nur den letzten her, den er als Seitenstück zu dem JACOBI'schen Theorem von der Ersetzbarkeit einer LAGRANGE'schen Rotation durch zwei POINSOT'sche Rotationen bezeichnet:

„Die periodischen Elemente der EULER'schen Rotation, durch welche ein unter dem Einfluss beliebiger Momentankräfte sich drehendes Gyroskop aus einer ersten Lage in eine zweite übergeführt werden kann, besitzen denselben Charakter wie die periodischen Elemente, welche die Lage der Hauptträgheitsaxen eines ohne Einfluss äusserer Kräfte rotirenden Körpers im Raume bestimmen. Wie bei dem JACOBI'schen Theorem entsprechen sich die invariable Horizontalebene des Gyroskops und die invariable Ebene des den rotirenden Körper afficirenden Momentankräftepaars, die invariable Richtung der Schwere und die invariable Axe dieses

Paares, endlich die gleichförmige Eigenbewegung der Coordinatenaxen in den invariablen Ebenen". *Lp.*

A. CORNU. Sur la condition de stabilité d'un système oscillant soumis à une liaison synchronique pendulaire. C. R. **104**, 1463-1470†; J. de phys. (2) **6**, 448-462; [Beibl. **12**, 149-152, 1888.

A. CORNU. Sur la synchronisation d'une oscillation faiblement amortie. Indicatrice de synchronisation représentant le régime variable. C. R. **104**, 1656-1666†; [J. de phys. (2) **6**, 452; [Lum. El. **25**, 81-82. (Vergl. hierzu auch Cap. 1 dieses Bandes.)

Bei manchen Experimenten stösst man auf die Aufgabe: „Die Oscillationen eines gegebenen beweglichen Systems (Balancier, schwingende Platte, Galvanometer u. s. w.) mit einer ebenfalls gegebenen periodischen Bewegung (Schlag einer Uhr, eines Relais, u. dgl. m.) genau synchronisch zu machen." Hierbei ist das schwingende zu synchronisirende System im Allgemeinen ein unveränderlicher Körper, auf welchen einwirken: 1) eine der Entfernung proportionale Hauptkraft, 2) eine der Geschwindigkeit proportionale störende Kraft, 3) eine hinzutretende Kraft, welche die synchronische Verbindung herstellt, deren Intensität periodisch ist, und die der Einfachheit wegen als unabhängig von der Lage des Systems vorausgesetzt ist. Dann ist die Differentialgleichung des Systems

$$(1) \qquad \mu \frac{d^2\theta}{dt^2} + q \frac{d\theta}{dt} + r\theta = F,$$

wenn θ den Winkelausschlag des Systems, μ das Trägheitsmoment, q und r die Momente der beiden ersten Kräfte, welche der Einheit der Geschwindigkeit und Entfernung entsprechen, F das Moment der synchronischen Verbindung als Function der Zeit allein bezeichnen. Das allgemeine Integral dieser Gleichung ist

$$(2) \qquad \theta = Ae^{-\alpha t} \sin\left(\frac{2\pi t}{T} - \varphi\right) + \mathfrak{F} \left\{ \begin{aligned} \alpha &= -\frac{q}{2\mu} \\ \frac{2\pi}{T} &= \sqrt{\frac{r}{\mu} - \left(\frac{q}{2\mu}\right)^2}, \end{aligned} \right.$$

wenn A und φ die Integrationsconstanten bezeichnen. Das erste Glied rechts (die Lösung von (1), wenn $F = 0$) stellt eine Schwingung dar, deren Amplitude mit der Zeit erlischt; das zweite, $\mathfrak{F}$, ist eine particuläre Lösung der vollständigen Gleichung (1). Die vom Verfasser gestellte und sowohl theoretisch wie experimentell behandelte Aufgabe besteht in der Untersuchung, ob es möglich ist, die resultirende Bewegung mit einer periodischen Function $\mathfrak{F}$ zusammenfallen zu lassen, deren Periode Θ von der eigenen Schwingungsperiode T des Systems verschieden ist.

In dem ersten Artikel wird $\mathfrak{F}$ zunächst in der Form $B.\sin 2\pi\left(\frac{t}{\Theta}-\psi\right)$, dann in der Form einer trigonometrischen nach den Vielfachen von t/Θ fortschreitenden Reihe angenommen; im zweiten Artikel wird $\mathfrak{F}$ nicht mehr als continuirlich, sondern als momentan wirkende Kraft vorausgesetzt. Die Darstellung der Resultate, besonders der experimentell sehr hübsch ersonnenen und dargestellten Indicatricen der Synchronisation ist im Auszuge nicht möglich. *Lp.*

G. Lorenzoni. Sulla equazione differenziale del moto di un pendolo fisico il cui asse di suspensione muovesi rimanendo parallelo a sè stesso. Ven. Ist. Atti (6) **5**, 331-375†.

Eine erste Bewegung der Aufhängeaxe eines physischen Pendels rührt davon her, dass die Stütze der Schneide nicht absolut starr und ihr Widerstand gegen das Gleiten der Schneide nicht ausreichend ist. Eine zweite Bewegung wird dadurch hervorgerufen, dass die Schneide keine geometrische Gerade ist, sondern als Cylinderfläche betrachtet werden kann. In Bezug auf den Einfluss der ersten Bewegung citirt der Verf. aus den Abhandlungen der K. bayer. Ak. der Wissenschaften **14** (1883) die Abhandlung des Hrn. Orff: „Bestimmung der Länge des einfachen Secundenpendels auf der Sternwarte zu Bogenhausen.“ Von Bessel bereits in Betracht gezogen, ist diese erste Bewegung theoretisch berücksichtigt durch Cellérier (Archives des sciences phys. et. nat. 1875) und durch Peirce und Plantamour (Gradmessungsbericht für 1877.

Berlin 1878). Die cylindrische Beschaffenheit der Schneide ist in Betracht gezogen worden durch LAPLACE (1816 in einem Vortrage der Akademie, veröffentlicht in der Connaissance des temps für 1820: „Sur la longueur du pendule à secondes") durch BESSEL (1826) in den „Untersuchungen über die Länge des einfachen Secundenpendels" und durch POISSON in der Abhandlung „Sur le pendule de Borda" (Additions à la Connaissance des temps pour l'an 1833. Paris, 1830). Zu diesen vom Verf. citirten Autoren ist hinzuzufügen EULER in Nova Acta Acad. Petrop. 1788 (vgl. JULLIEN, Probl. de Méc. rat. 2). Von der italienischen geodätischen Commission beauftragt, die Fragen bezüglich der Bestimmung der Schwere mittels des REPSOLD'schen Reversionspendels zu studiren, hat sich Hr. LORENZONI zunächst die Aufgabe gestellt, die bisher getrennt behandelten beiden Seiten des Problems in einer Differentialgleichung zu vereinigen. Er gewinnt dieselbe in der Form:

$$(2)\quad \begin{cases} \dfrac{d^2\theta}{dt^2}\left\{i^2 + s^2 + 2s\varrho\cos(\theta-\beta) + \varrho^2\right\} \\ = \dfrac{d^2y}{dt^2}(s\cos\theta + \varrho\cos\beta) - \dfrac{d^2x}{dt^2}(s\sin\theta + \varrho\sin\beta). \end{cases}$$

Die x-Axe ist vertical nach unten, die y-Axe horizontal und senkrecht gegen die Aufhängeaxe; ferner bedeuten θ den veränderlichen Ausschlag des Pendels, verglichen mit der Ruhelage, i den Trägheitsradius für eine Axe durch den Schwerpunkt, parallel zur Aufhängeaxe, s den Abstand des Schwerpunktes von der Aufhängeaxe, β den (negativ gerechneten) Winkel, welchen die Ebene durch die Aufhängeaxe und die Momentanaxe der Rotation mit der Verticale bildet, ϱ den Abstand beider Axen.

Aus der Gleichung (2) folgt unter der Annahme einer Kraft, die auf die Aufhängeaxe einwirkt, in der Schwingungsebene liegt und mit der Horizontale den Winkel β bildet:

$$(2^a)\qquad \frac{d^2\theta}{dt^2}\,(l + \varrho\cos(\theta-\beta)) = -\,g\sin\theta,$$

wo l die Grösse $(i^2+s^2)/s$ bezeichnet; die Pendellänge l ist also um $\varrho\cos(\theta-\beta)$ in jedem Augenblicke vermehrt zu denken. Aus (2) leitet der Verf. leicht die Gleichung CELLÉRIER's ab; eine etwas längere Umrechnung führt auf die Ergebnisse BESSEL's. Danach ermittelt Hr. L. die horizontale und verticale Componente des Druckes des Pendels gegen die Stützfläche, ferner die Bewegung der Schneide, welche von der Elasticität der Stützfläche und ihrem unzulänglichen Widerstande gegen das Gleiten der Schneide herrührt, nebst dem Einflusse dieser Bewegung auf die (ein wenig vergrösserte) Schwingungsdauer; das Resultat wird als übereinstimmend mit dem Bessel'schen nachgewiesen. Es folgen dann noch mehrere Rechnungen, welche theils neue Ableitungen von Gl. (2) aus den Principien der Dynamik liefern, theils dem Vergleiche mit den Formeln der im Eingange erwähnten Forscher gewidmet sind. *Lp.*

C. H. C. Grinwis. Over den invloed der massaverdeeling op de slingerlengte. Amst. Versl. en Meded. (3) **3**, 328-359.

In dieser Abhandlung wird untersucht, welchen Einfluss die Vertheilung der Masse auf die Pendellänge hat. Von der Bestimmung des Schwingungsmittelpunktes durch Chr. Huygens ausgehend, wendet der Verf. eine Methode an, durch die das Auffinden dieses Punktes bei zusammengesetzten und ausgehöhlten ebenen Figuren sich vereinfacht. Dabei untersucht er den Einfluss, welchen sowohl Grösse als Form solcher Figuren auf die Pendellänge haben. Die weitere Ausführung der Theorie geschieht durch Anwendung auf zwei complementare Kreissegmente und auf einen durch ein gleichseitiges Dreieck oder durch ein Viereck ausgehöhlten Kreis. Darauf wird der Schwingungsmittelpunkt eines Dreiecks und eines Vierecks aufgesucht, welche um eine auf ihrer Ebene senkrecht stehende, durch eine der Ecken gehende Axe schwingen, ebenso der eines Kreissectors, wenn die Schwingungsaxe durch den Mittelpunkt des Kreises senkrecht zu seiner Ebene genommen wird. Die Resultate jedes Falles werden ausführlich besprochen und erläutert. *van Geer.* (*Lp.*)

G. A. HIRN. Théorie et application du pendule à deux branches. C. R. **105**, 40-45†; [La Nat. **15**, (2), 118; [Beibl. **12**, 219, 1888.

Unter dem zweiarmigen Pendel versteht Hr. HIRN ein (in der Länge 0,5 m ausgeführtes) Pendel, so wie es an dem Metronom von MÄLZL gebraucht wird. In der Theorie, welche er giebt, betrachtet er das Laufgewicht und das untere feste Gewicht als Massenpunkte und vernachlässigt die Dicke des Lineals, welche das Pendel bildet. Die von Hrn. HIRN vermisste Behandlung der Aufgabe, ein solches Pendel zu graduiren, d. h. für eine gewünschte Anzahl n von Schlägen in der Minute die Stelle des Laufgewichtes zu bestimmen, beansprucht im zweiten Bande der Problèmes de Mécanique rationnelle von JULLIEN etwa zwei Drittel einer Seite mit Figur und Aufgabe. *Lp.*

E. RONKAR. Note sur les oscillations d'un pendule produites par le déplacement de l'axe de suspension. Belg. Bull. (3) **14**, 296-311.

F. FOLIE. Rapport sur ce Mémoire. Belg. Bull. (3), **14**, 195-196.

Der bemerkenswertheste Fall ist derjenige, bei welchem das Pendel und die Axe dieselbe Schwingungsdauer haben; in diesem Falle kann das ruhende Pendel eine Bewegung annehmen und behalten, deren Amplitude der von der Axe erhaltenen Anzahl der Impulse proportional ist. *Mansion.* (*Lp.*)

FLEURIAIS. Gyroscope collimateur. La Nature **15**, 83-84†; Bulletin astron. **3**, 579-584 (1886); [Beibl. **11**, 387-388.

DE JONQUIÈRES. Sur quelques essais faits à la mer avec le gyroscope collimateur de M. le capitaine de vaisseau FLEURIAIS. C. R. **104**, 1039-1041†.

Zum Ersatze für die oft nicht sichtbare Linie, in welcher die Meeresfläche und das Himmelsgewölbe zusammenstossen, welche aber dem Seemanne bei Messungen von Sternhöhen nöthig ist, bringt Hr. Fleuriais vor dem Fernrohre des Spiegelsextanten einen Kreisel an. Derselbe trägt an den Enden eines Durchmessers zwei planconvexe Linsen von der Brennweite dieses Durchmessers. Zwei schwarze horizontale Striche in der Mitte der Linse erscheinen bei der Rotation des Kreises als eine schwarze Linie in unendlicher Entfernung, die sich in Folge der Präcessionsbewegung des Kreisels hebt und senkt. Wenn diese letztere Bewegung durch Annäherung des Schwerpunktes des Kreisels an seine Spitze sehr langsam ist im Verhältnisse zu den Schwankungen des Schiffes, so ist die Mittellage jener Linie die Lage des Horizontes. Während nun durch die eine Hälfte des Fernrohres diese Linie fixirt wird, richtet man es so ein, dass man durch die andere Hälfte, wie sonst, den Stern erblickt. Das Mittel zwischen zwei aufeinander folgenden Ablesungen (bei extremen Lagen der schwarzen Linie) liefert die gesuchte Höhe. Die französische Akademie hat die Erfindung gekrönt; auf mehreren Schiffen ist das Instrument bereits in Gebrauch, und Hr. de Jonquières theilt in seiner Note die Ergebnisse mit, welche Hr. Baule als Commandant eines Schiffes auf der Fahrt von Bordeaux nach Brasilien mit demselben erzielt hat. Obwohl dieser keine Zeit hatte, sich einzuüben oder sich über den Gebrauch belehren zu lassen, liegen die Beobachtungsfehler alle unterhalb 3 Minuten. *Lp.*

R. J. Dallas. Note on the kinematics of a quadrilateral. Edinb. M. S. Proc. 5, 92-93.

Von folgender Aufgabe wird eine Lösung mitgetheilt: Ein Viereck $ABCD$ aus vier Gelenkstäben ist gegeben: der Stab CD werde festgehalten; es ist die Tangente an den Ort von P, dem Schnittpunkte von DA, CB in beliebiger Lage, zu finden und die folgende Construction für den Krümmungshalbmesser der Bahn von P zu bestätigen: Es sei PQ die dritte Diagonale; man errichte in P auf PQ ein Loth, welches BA, CD in L und L' schneide; durch L und L' ziehe man Parallelen zu PQ, die AD in M und M' treffen; durch M und M' ziehe man Senkrechte zu AD, welche die zu P gehörige Normale in O und O' treffen; dann ist

$$-\frac{1}{\varrho} = \frac{1}{OP} + \frac{2}{O'P}.$$

Gibson. (*Lp.*)

P. J. SOMOFF. Ueber die Freiheitsgrade der kinematischen Ketten. Phys. Ges. St. Pet. **19**, 443-476. (Russisch.)

In dieser Abhandlung werden die Bedingungen bestimmt und untersucht, unter welchen eine geschlossene einfache oder zusammengesetzte kinematische Kette durch Feststellung eines ihrer Glieder in einen Mechanismus verwandelt wird. Unter Mechanismus versteht der Verfasser eine kinematische Kette, deren sämmtliche Punkte gezwungen sind, sich auf vorgeschriebenen Curven zu bewegen. *Bobylew.* (*Lp.*)

J. TAUBELES. Ueber die Bildung ebener kinematischer Ketten. Techn. Blätter, **19**, 20-40†.

Als Ziel der Abhandlung wird die Methode der Bildung ebener kinematischer Ketten bezeichnet. Besondere Aufmerksamkeit wird der für die Technik besonders wichtigen Erzielung der Zwangläufigkeit gewidmet. Nebenher kommt die Verbindung zwangläufiger Ketten zur Sprache. *F. K.*

A. FÖPPL. Zur Fachwerktheorie. Schweiz. Bauztg. **9**†.

Ein Fachwerk mit k Knotenpunkten muss, wenn es geometrisch bestimmt sein soll, mindestens $2k-3$ Stäbe enthalten. Diese Bedingung reicht nicht immer aus; ist jedoch ein Fachwerk von $2k-3$ Stäben geometrisch bestimmt, so ist es auch statisch bestimmt. Es seien x_α, y_α; x_β, y_β die Coordinaten zweier durch einen Stab verbundenen Knotenpunkte, $l_{\alpha\beta}$ die Länge des Stabes; dann gelten die $2k-3$ Gleichungen

$$(x_\alpha - x_\beta)^2 + (y_\alpha - y_\beta)^2 - l_{\alpha\beta}^2 = 0.$$

Da wir die beiden Coordinaten eines Knotenpunktes und eine Coordinate eines zweiten Knotenpunktes willkürlich annehmen können, so bleiben noch $2k-3$, d. h. ebensoviel Unbekannte wie Gleichungen. Ist nun das Fachwerk geometrisch bestimmt, so giebt es kein von Null verschiedenes System von Variationen δx_a und δy_a, welches mit den Gleichungen vereinbar wäre. Bezeichnen wir nun die Gleichungen in irgend einer Reihenfolge mit $f_\lambda = 0$ und die Unbekannten durch x_μ, so wird die Determinante

$$(1) \qquad \left|\frac{\partial f_\lambda}{\partial x_\mu}\right| \qquad \begin{pmatrix}\lambda = 1,2,\ldots, 2k-3\\ \mu = 1,2,\ldots, 2k-3\end{pmatrix}$$

einen von Null verschiedenen Werth haben müssen. Die Spannung in dem Stabe l_λ möge S_λ sein, die Componenten in dem Knotenpunkt mit den Coordinaten x_{μ_1}, x_{μ_2} seien X_{μ_1}, X_{μ_2}, dann gelten, wie leicht zu sehen, die Gleichungen:

$$(2) \qquad X_\mu = \tfrac{1}{2}\sum_{\lambda=1}^{\lambda=2k-3} \frac{S_\lambda}{l_\lambda}\frac{\partial f_\lambda}{\partial x_\mu} \qquad (\mu = 1,2,\ldots, 2k-3).$$

Für den Stab mit einer unbekannten Coordinate haben wir nur eine Gleichung, für den festen Knotenpunkt gar keine, für alle anderen zwei Gleichungen, also im ganzen $2k-3$ Gleichungen für die $2k-3$ unbekannten Spannungen. Da die Determinante (1) einen von Null verschiedenen Werth hat, so sind die Spannungen durch die Gleichungen (2) bestimmt. *F. K.*

R. LAND. Ueber die statische und geometrische Bestimmtheit der Träger, insbesondere der Fachwerkträger. Centralbl. d. Bauverw. 7, 363-365†.

Der Verfasser entwickelt zunächst die Beziehungen zwischen den Anzahlen der Knotenpunkte und Auflagerpunkte einerseits und der Stäbe andererseits, welche erkennen lassen, ob ein Träger statisch oder geometrisch unbestimmt, bestimmt oder überbestimmt sei. Diese Anzahlen allein reichen jedoch nicht immer aus, um die genannte Frage zu entscheiden. Es wird, um die angeregte Frage zu beantworten, zunächst das Fachwerk durch Stäbe vervollständigt, welche die Auflagerbedingungen ersetzen; dann wird die so entstehende Figur vereinfacht durch Fortlassung derjenigen Knotenpunkte, welche gerade durch zwei Stäbe mit zwei anderen Knotenpunkten verbunden sind. Die Restfigur hat dann dieselbe Beweglichkeit wie die Hauptfigur und kann daher für die weitere Untersuchung an Stelle der letzteren zu Grunde gelegt werden.

Es ergiebt sich als Kriterium der geometrischen Bestimmtheit der Grundfigur der Satz:

„Lässt sich unter Beibehaltung einer Seitenlänge zu einem Vielseit (Stabwerk) ein entsprechendes mit parallelen Seiten und gleichartigen Ecken zeichnen, welches mit dem gegebenen Vielseit nicht vollständig übereinstimmt, so ist das letztere auch nicht geometrisch bestimmt." (Vergl. das folgende Ref.) *F. K.*

H. Müller-Breslau. Beitrag zur Theorie des ebenen Fachwerks. Schweiz. Bauztg. 9, 121-123†.

Nach den Entwickelungen des Hrn. Müller-Breslau ist ein Fachwerk geometrisch bestimmt oder nicht, je nachdem alle Figuren, deren Seiten denen des Fachwerks parallel sind, dem letzteren ähnlich sind oder nicht. Es seien 1, 2, 3, ..., n die Ecken eines ebenen Fachwerks, 1', 2', 3', ..., n' die Ecken einer parallellinigen Figur. Jeder Knotenpunkt möge sich nun senkrecht zu derjenigen Linie bewegen, welche ihn mit dem entsprechenden der Hülfsfigur verbindet, und zwar um eine unendlich kleine Strecke, die jener Verbindungslinie proportional ist. Irgend ein Stab ändert dabei seine Länge nicht, und seine Bewegung ist nichts anderes als eine Drehung um denjenigen Punkt $\mathfrak{P}_{\alpha,\beta}$, in welchem sich die Verbindungslinien seiner Enden α, β mit den entsprechenden Punkten α', β' schneiden. Soll nun das Fachwerk geometrisch bestimmt, d. h. seine Gestalt unveränderlich sein, so ist jede Bewegung eine Drehung um einen Punkt P, und es müssen also stets die Drehpunkte der einzelnen Stäbe in einen einzigen Punkt zusammenfallen. Damit ist die anfangs ausgesprochene Behauptung bewiesen.

Im weiteren Verlauf zeigt Hr. Müller-Breslau noch, wie sich die Hülfsfigur zur Bestimmung der Spannungen verwenden lässt, indem man das Fachwerk durch Fortnahme eines Stabes in eine zwangläufige kinematische Kette verwandelt. *F. K.*

H. Müller-Breslau. Beitrag zur Theorie der ebenen Träger. Schweiz. Bauztg. **10**, 129-131†.

R. Land. Kinematische Theorie der statisch bestimmten Träger. Schweiz. Bauztg. **10**, 157-160†.

Hr. Müller-Breslau behandelt im Anschluss an die Arbeit in Bd. **9** der Schweiz. Bauztg. (vergl. das vorige Ref.) die für die Werthschätzung neuer Arten von Trägern wichtige Frage:

„Zu untersuchen, ob die durch Nachgeben der Widerstände hervorgerufenen Verrückungen der Stützpunkte etwa unzulässige Formänderungen des Trägers verursachen“.

Herr Land erhebt bezüglich der von Hrn. Müller-Breslau vorgetragenen Methode Prioritätsansprüche, indem er auf einen Artikel im „Wochenblatt für Baukunde 1887“ verweist. Aus den dort gegebenen allgemeinen Beziehungen werden speciellere Folgerungen gezogen, bezüglich deren wir auf die Abhandlung selbst verweisen. *F. K.*

H. Müller-Breslau. Theorie statisch unbestimmter Systeme unter Berücksichtigung der Anfangsspannungen. ZS. Oestr. Ing. u. Arch. **39**, 157†.

Fr. Steiner. Erwiderung hierauf. ZS. Oestr. Ing. u. Arch. **39**†.

Discussion im Anschluss an den Aufsatz von Hrn. Steiner gleichen Titels in Bd. **38** (diese Ber. **42** (1), 1886, 460). Die Einwürfe des Hrn. Müller lassen sich dahin zusammenfassen: Die Berechnung einer Grösse y unter der Voraussetzung, dass y selbst gegen eine Grösse x klein sei und also überall statt $x + y$ einfach x geschrieben werden könne, liefert nicht mehr immer ein richtiges Resultat, wenn x gleich Null wird. Herr Steiner versucht einerseits durch allgemein gehaltene, nach Meinung des Referenten nicht zutreffende Ueberlegungen sein Verfahren zu rechtfertigen, andererseits sucht er die Richtigkeit der Resultate für den speciellen Fall noch besonders nachzuweisen. *F. K.*

Fr. Steiner. Unrichtigkeit bisheriger Theorien statisch unbestimmter Systeme und diesbezügliche Versuche. WS. Oestr. Ing. u. Arch. **12**, 37†.

H. Müller-Breslau. Zur Frage der Berücksichtigung der Anfangsspannungen bei der Berechnung von Trägern. WS. Oest. Ing. u. Arch. **12**, 107-109†.

Hr. Steiner hebt den Einfluss der durch Eigengewicht hervorgerufenen Anfangsspannungen hervor. Da derselbe sehr schwer zu schätzen sei, empfiehlt es sich, wo es irgend angängig ist, den statisch bestimmten Systemen den Vorzug zu geben. Dem gegenüber hebt Hr. Müller-Breslau hervor und zeigt an einem Beispiel, dass der Einfluss der Anfangsspannungen nicht nothwendig ein schädlicher sei, sondern im Gegentheil auch zuweilen günstig hervortrete. *F. K.*

G. Hauck. Ueber die reciproken Figuren der graphischen Statik. J. für Math. **100**, 365-389†.

Die Arbeit giebt in ausserordentlich einfacher, fast kann man sagen elementarer Weise die Erklärung des Auftretens von reciproken Figuren in der graphischen Statik, behandelt kurz das allgemeine räumliche Gleichgewichtssystem und liefert Beweis und Determination des Rankine'schen Satzes für das Gleichgewicht der Kräfte am polyedralen Stabnetz. Der Gang der Untersuchung ist folgender. Ist O Centrum einer Kugel, $\mathfrak{P}$ eine Ebene, so bildet der Verf. nach Fr. Neumann's Vorgange die reciproke Projection einer Geraden Q, indem er die zu ihr normale Ebene in $\mathfrak{q}$ mit $\mathfrak{P}$ zum Schnitt bringt; analog wird $\mathfrak{P}$ durch das Loth aus O auf die Ebene α in der reciproken Projection $\mathfrak{A}$ von α getroffen. $\mathfrak{q}$ und $\mathfrak{A}$ heissen die Neumann'sche Projection von Q, resp. α. Legt man zwei reciproke Figuren der graphischen Statik so, dass ein Paar entsprechender Seiten auf einander senkrecht stehen, so ist dies bei allen der Fall, und sie bieten genau das Bild der orthogonalen und Neumann'schen Projection eines offenen Polyedergebildes. Daher wird ein ebenes Stabnetz (mit Inbegriff der Actionslinien der an seinen Knotenpunkten wirkenden äusseren Kräfte) aufgefasst als die Projection eines räumlichen Stabnetzes. Ersteres repräsentirt bei k Knotenpunkten eine Combination von k im Gleichgewicht befindlichen ebenen Kräftebüscheln. Die entsprechenden räumlichen Kräftebündel brauchen nicht im Gleichgewicht zu sein; es genügt, wenn ihre Resultante senkrecht zur Ebene $\mathfrak{P}$ des ebenen Stabnetzes steht; für solche gilt der in sehr eleganter Weise abgeleitete Fundamentalsatz von der Kräftepyramide. Sind Q_1, ... die Kräfte des Bündels, dessen Resultante V senkrecht zu $\mathfrak{P}$ sei, ferner q_1, .., $\mathfrak{q}_1$, ... die orthogonalen resp. Neumann'schen Projectionen derselben in Bezug auf eine Kugel vom Radius r, deren Centrum O von $\mathfrak{P}$ um h entfernt ist, so stehen die Seiten Δ_1 der Pyramide $O(\mathfrak{q}_1 \dots)$ senkrecht zu den Kräften Q_1, ..., die Kanten $\mathfrak{q}_1$, ... ihrer Grundfläche Π senkrecht zu den Kräften q_1, ..., und es ist

$$Q_i = \frac{2}{r^2} \cdot \Delta_i; \qquad V = \frac{2}{r^2} \cdot \Pi; \qquad q_i = \frac{h}{r^2} \cdot \mathfrak{q}_i .$$

Da nun die k Kräftebündel des räumlichen Stabnetzes die genannte Bedingung erfüllen müssen, so bildet die Neumann'sche Projection des räumlichen Stabnetzes das Kräftenetz des ebenen Netzes. Aus der Bedingung, dass in jedem Stabe des ebenen Netzes zwei gleiche Spannungen in entgegengesetztem Sinne wirken, wird diejenige abgeleitet, dass die Actionslinien je zweier aufeinanderfolgenden äusseren Kräfte einander schneiden, also die Gesammtfigur des räumlichen Stabnetzes ein einfach zusammenhängendes polyedrales Flächenstück vorstellt, dessen Rand von den Actionslinien der äusseren Kräfte gebildet wird. Fügt man den k Kräftebündeln ihre Resultanten in entgegengesetztem Sinne zu, so erhält man ein allgemeines räumliches Kräftesystem im Gleichgewicht, dessen benachbarte Kräfte sich nicht zu schneiden brauchen; es wird gezeigt, wie sich ein solches leicht mit Hülfe der gegebenen Theorie berechnen lässt. Mit dem Satze von der Kräftepyramide wird weiter der von Rankine ohne Beweis gegebene Satz über das Gleichgewicht der Kräfte am polyedralen Stabnetz bewiesen und gezeigt, dass ein Rankine'sches Kräftepolyeder nur dann construirbar ist, wenn je zwei äussere Kräfte, deren Knotenpunkte durch einen Stab verbunden sind, in einer Ebene liegen. Den Schluss der Arbeit bildet die Anwendung der Theorie auf ein praktisches Beispiel (englischer Dachstuhl).

Bekanntlich haben Clerk Maxwell und Cremona (vergl. die genaueren Notizen in dem Originalartikel) die reciproken Figuren der graphischen Statik, ersterer mit Hülfe eines Rotationsparaboloids, letzterer mittels eines Nullsystems, behandelt. Wie nicht unerwähnt bleiben darf, hat Hr. Hauck noch nachgewiesen, dass zu gleichem Zwecke jede Rotationsfläche II. Ordnung dienen kann.

Buka. (*Lp.*)

(Weiteres zur Fachwerktheorie und graphischen Statik der Constructionen siehe unter Festigkeit in Cap. 7).

H. Léauté. Sur la caractéristique cinématique d'un système mécanique en mouvement. J. de Math. (4) **3**, 465-476†.

Wenn eine Maschine, welche, von irgend welchen Kräften getrieben, Arbeit leistet, sich in einem Bewegungszustande befindet, so kann die Bewegung durch diejenige von irgend einem Punkt des Mechanismus bestimmt werden. Als solcher wird ein Punkt einer in continuirlicher Rotation befindlichen Welle gewählt, und die Geschwindigkeit der Maschine durch die Zahl der Umdrehungen r bestimmt, welche dieser Punkt in der Minute macht. Die gesammte lebendige Kraft des Mechanismus ist alsdann proportional r^2. Durch Anwendung des Theorems der lebendigen Kräfte wird die der Maschine zugeführte und die durch Ueberwindung der Widerstände geleistete Arbeit mit der lebendigen Kraft des Mechanismus in Verbindung gebracht, und dadurch eine Differentialgleichung für die Grösse r gewonnen. In diese Gleichung geht eine Grösse $\varDelta$ ein mit folgender Bedeutung. Kennzeichnet r_0 einen bestimmten Geschwindigkeitszustand des Mechanismus, so wird, wenn plötzlich der Zufluss der Arbeitskräfte gehemmt wird, ohne dass die Widerstände eine Aenderung erleiden, der Mechanismus nach einiger Zeit zur Ruhe gelangen. Die Grösse Λ ist alsdann definirt durch $\int_{r=r_0}^{r=0} r dt$; sie ist also die Zahl der Umdrehungen, welche die Maschine einzig und allein in Folge der Trägheit macht, nachdem die Zuführung der bewegenden Kräfte plötzlich ohne irgend welche Modification der Widerstandskräfte unterbrochen wurde. Diese Grösse nennt der Verfasser die kinematische Charakteristik des in Bewegung befindlichen mechanischen Systems. Die Bestimmung des Werthes dieser Charakteristik ist ein Ergebniss der Erfahrung. Ihrer Bestimmung setzen sich aber in der Praxis deshalb Schwierigkeiten entgegen, weil der Zufluss der treibenden Kräfte nicht plötzlich abgeschnitten werden kann; es ist deshalb die Zeit in Rechnung zu ziehen, welche der völlige Abschluss dieser Kräfte erfordert. Während dieses Zeitraums τ_1 macht die Maschine eine Zahl von Umdrehungen λ_1, welche durch ein Zählwerk bestimmt werden kann. Die Zahl der Umdrehungen von der vollständigen Absperrung der treibenden Kräfte bis zum Stillstand der Maschine wird mit λ_2, die Zeitdauer für diese Zahl mit τ_2 bezeichnet. Zwischen diesen Grössen und der Charakteristik Λ werden die verbindenden Gleichungen hergestellt, welche gestatten, die Grösse Λ zu berechnen, nachdem die Grössen λ_1 und λ_2 durch Beobachtung gefunden sind. Die Grösse Λ entspricht einem bestimmten Geschwindigkeitszustand des Mechanismus oder, wenn die treibenden Kräfte als gegeben vorausgesetzt werden, einer bestimmten Grösse der Widerstände, welche bei der Arbeitsleistung zu überwinden sind; es würde deshalb nöthig erscheinen, bei jeder Veränderung der Widerstandsgrösse die Elemente zur Berechnung von Λ von neuem erfahrungsmässig zu bestimmen. Indessen zeigt der Verfasser, dass es für den Grad der Annäherung, den man in der Praxis nöthig hat, ausreicht, die Charakteristik Λ für einen mittleren Bewegungszustand des Mechanismus zu bestimmen.

Schn.

L. Neu. Système articulé pour tracer la courbe symmétrique par rapport à un axe d'une courbe donnée. S. M. F. Bull. **15**, 44-45†.

Wenn ein Gelenkviereck mit gleichen Seiten so geführt wird, dass zwei gegenüberliegende Ecken auf einer Geraden verbleiben, so verzeichnen die beiden anderen Ecken zu dieser Geraden symmetrische Gebilde. Um das erste Paar Ecken auf einer Geraden zu leiten, wird jede derselben mit einem Peaucellier'schen Mechanismus von sieben Gliedern verbunden. *Schn.*

S. Ch. Ray, W. J. Barton, S. Marks. Solution of question 8452. Ed. Times **47**, 52†.

Zwei homogene schwere Stäbe von der Länge a und b sind durch ein reibungsloses Gelenk an dem einen Ende verbunden, ruhen als Tangenten auf der convexen Seite eines Parabelbogens mit verticaler Axe und schliessen in der Gleichgewichtslage einen rechten Winkel ein. Dann ist der Winkel θ, welchen die Berührungssehne mit der Axe bildet, gleich $2 \operatorname{arc} \operatorname{tg} \frac{a^2}{b^2}$. *Lp.*

E. Sang. On cases of instability in open structures. Edinb. Trans. **33**, 321-333†.

Der Verfasser bemerkt, er sei im Verlaufe einiger Bemerkungen über den Plan zur Forth-Brücke, der im **11.** Bande der Transactions of the Royal Scottish Society of Arts veröffentlicht wurde, unter anderen Sätzen auch zur Aufstellung eines gar nicht vorauszusehenden geführt worden; derselbe geht darauf hinaus, dass jeder symmetrische Bau nothwendig instabil ist, der auf einer rechtwinkligen Basis errichtet ist, keine überzähligen Stücke besitzt und nur von longitudinaler Deformation abhängt. Das Theorem gehört zu einer ausgedehnten Classe, und der Zweck des Aufsatzes ist eine Erörterung des Gegenstandes von einem abstracten allgemeinen Gesichtspunkte aus. *Cayley.* (*Lp.*)

E. de Jonquières. Sur les mouvements d'oscillation simultanés de deux pendules suspendus bout à bout. C. R. **105**, 23-27†; [Cim. (3), **23**, 67, 1888; [Beibl. **12**, 219, 1888.

E. de Jonquières. Sur les mouvements oscillatoires subordonnés. C. R. **105**, 253-255.

Die Theorie eines Pendels, welches aus zwei durch ein Gelenk verbundenen starren Körpern besteht, kann nur unter solchen einschränkenden Bedingungen gegeben werden, welche in der Praxis nicht inne zu halten sind. Daher hat Hr. de Jonquières die Experimentaluntersuchung eines solchen Pendels vorgenommen, bei der er sich auf Schwingungen beschränkt hat, die in einer Ebene stattfinden, und bei der er besonders das Massenverhältniss des oberen Pendels zum unteren vielfach abgeändert hat. Die erzielten Ergebnisse werden beschrieben und mit den Formeln verglichen, welche die Herren Resal und Menabrea berechnet hatten. (Die Zusendung der Arbeit des Letzteren aus den Turiner Abhandlungen von 1854 hat die zweite Note veranlasst). Die Versuche erstreckten sich besonders auf die Ermittelung der Schwingungszahlen und der Bedingungen, unter denen beide Pendel gleichzeitig Schwingungen nach derselben (mouvement d'ensemble) oder nach entgegengesetzter Seite (mouvement à-contre) ausführen.

Lp.

E. Bazzi. Apparecchio per la composizione grafica dei movimenti pendolari. Cim. (3) **22**, 150-155†.

Schon 1882 (Cim. (3) **22**, 275-276; ZS. f. Unterr. **1**, 167; diese Ber. **38**$_1$, 190) hat der Verfasser angegeben, wie mit zwei Pendeln die Lissajous'schen Figuren erzeugt und mit Hülfe einer Schreibvorrichtung fixirt werden könnten. Gegenwärtig beschreibt er die Ausführung der Versuche, die in Vorlesungen gezeigt werden können, und führt durch die beigegebenen Copien der von ihm erhaltenen Figuren den Nachweis der Brauchbarkeit und Genauigkeit seiner Methode, insbesondere auch der Möglichkeit, die Phase der Schwingungen beliebig zu ändern. *Lp.*

STROMEYER's strain-indicator. Nature **35**, 540-541†.

Der Apparat dient zur Messung der Verlängerung oder Verkürzung, die durch Zug- oder Druckkräfte an irgend einem Stoffe hervorgerufen werden. Zur näheren Beschreibung müsste die ganze Notiz übersetzt werden. „Das Instrument liefert eins der vielen Beispiele für die werthvollen Ergebnisse, welche durch die möglichst einfachen mechanischen Mittel zu erzielen sind. Ergebnisse, welche vor der Construction des „Verzerrungsweisers" fast für unerlangbar gehalten wurden." *Lp.*

E. BOGGIO-LERA. Sulla cinematica dei mezzi continui. Ann. della R. Sc. Norm. Sup. di Pisa. **4**, 53-99†; abgedruckt in Nuovo Cimento (3) **22**, 63-69, 143-149, 231-240; **23**, 158-162; **24**, 41-45; [Beibl. **12**, 295-298, 1888.

Betrachtet man die in einem Zeitelemente stattfindenden unendlich kleinen Verschiebungen der Punkte eines Körpers als lineare homogene Functionen der Coordinaten, so besteht bekanntlich die Veränderung eines Theilchens des Körpers aus einer Translation, einer Drehung und einer Dilatation (vgl. z. B. KIRCHHOFF, Mechanik, X. Vorlesung). Behält man in den Ausdrücken der Verschiebungen auch die quadratischen Glieder bei, so kommen noch drei Bewegungen hinzu, nämlich:

a. eine Deformation, welcher ein Potential zukommt;

b. ein Tripel von Windungen (torsioni) um drei rechtwinklige, durch den Nullpunkt gehende Axen;

c. eine Biegung (flessione) um eine durch den Nullpunkt gehende Gerade.

Hierbei versteht man unter einer Windung um eine durch den Nullpunkt gehende Axe eine Bewegung, bei welcher jeder Punkt um die Axe mit einer Drehungsgeschwindigkeit rotirt, die dem Abstande der Projection des Punktes auf der Axe von dem Nullpunkte proportional ist; — unter einer Biegung um eine Axe eine Deformation, bei welcher jede die Axe rechtwinklig schneidende

Gerade einem bestimmten Gesetze gemäss in eine Parabel übergeht, welche in der durch die beiden Geraden gehenden Ebene liegt. — Die Biegungen setzen sich nach den Gesetzen der Streckentheorie zusammen. Die Biegungsgeschwindigkeit ist das constante Verhältniss der Geschwindigkeitscomponente irgend eines Punktes in der Richtung der Axe zum Quadrate des Abstandes desselben von der Axe.

Sind u, v, w die Geschwindigkeitscomponenten in einem Punkte einer incompressibeln Flüssigkeit, λ, μ, ν die Componenten der Biegungsgeschwindigkeit in demselben Punkte, so findet man:

$$\lambda = -\tfrac{1}{6}\Delta_2 u, \quad \mu = -\tfrac{1}{6}\Delta_2 v, \quad \nu = -\tfrac{1}{6}\Delta_2 w.$$

Sind die Windungen eines Theilchens stationär, so ist die Biegung desselben ebenfalls stationär.

Giebt es keine Biegung, so existirt ein „Drehungspotential", d. i. eine Function, deren partielle Differentialquotienten die Componenten der Drehungsgeschwindigkeit angeben.

Führt man (nach Analogie mit den HELMHOLTZ'schen Wirbellinien und -Fäden) Biegungslinien und -Fäden ein, so gelangt man zu interessanten Ergebnissen, auf welche aber hier nicht eingegangen werden kann.

Die Theorie wird auf zwei besondere Fälle angewandt.

Manche Rechnungs- und Druckfehler, einige ungerechtfertigte Umformungen (z. B. der Uebergang von (1) zu (*a*) S. 79) und Bezeichnungen (z. B. die Function φ S. 89), und die wohl zu analytische und unübersichtliche, bloss auf Formeltransformationen gestützte Untersuchungsmethode, — dies alles, ohne die Wichtigkeit der Resultate zu vermindern, erschwert die Lectüre der Abhandlung. *Vivanti.* (*Lp.*)

R. REIFF. Zur Kinematik der Potentialbewegung.

Böklen Mitt. I_3, 41-48†.

Bewegt sich ein stetiges System so, dass die Geschwindigkeitscomponenten die partiellen Ableitungen einer Function $\varphi(x, y, z)$ nach den Coordinaten x, y, z sind, so nennt der Verfasser diese Bewegung eine Potentialbewegung, die Function aber ist das Geschwindigkeitspotential. Die Untersuchungen erstrecken sich nun auf die Frage, welche Veränderungen ein unendlich kleines Linienelement in der Zeit dt erleidet. Dieselben bestehen in einer Verschiebung, einer Drehung und einer Dehnung; als Maass der letzteren gilt das Verhältniss des Zuwachses des Linienelementes zur ursprünglichen Länge. Diese Grösse hat für alle Linienelemente, welche in der Fläche constanten Potentials $\varphi(x, y, z) = c$ liegen, ein Maximum oder Minimum in den Krümmungslinien der Fläche, oder allgemeiner, die Dilatation eines Linienelementes dieser Fläche ist proportional der Krümmung des zugehörigen Normalschnitts der Fläche. Derartige Relationen, welche die Dehnung der Elemente, oder solche, welche die Drehung betreffen, bilden den Inhalt der vorliegenden Arbeit. *Schn.*

E. Rouché. Propriétés géométriques des polygones funiculaires. Nouv. Ann. (3) **6**, 439-465†.

Der Aufsatz enthält einen Auszug aus den Vorlesungen über graphische Statik, welche der Verf. im Conservatoire des Arts et Métiers 1886/87 gehalten hat. Nur die ebenen Seilpolygone werden betrachtet. Die Behandlung stützt sich auf ganz elementare Sätze. Nach der Definition der Seilpolygone werden einige Hülfssätze der Planimetrie entwickelt; sodann wird die Existenz der Axe nachgewiesen, die zwei Seilpolygonen desselben Kräftesystems gemeinsam ist, und diese Axe zu einigen Constructionen benutzt. Der Ort der Schnittpunkte zweier Seiten vorgeschriebenen Ranges bei den verschiedenen Seilpolygonen desselben Systems und der Ort der Pole für die Seilpolygone, bei welchen zwei Seiten vorgegebenen Ranges durch zwei gegebene Punkte gehen, werden aufgesucht, ebenso die besonderen Eigenschaften solcher Seilpolygone, welche zu einem Systeme von Kräften mit gemeinschaftlichem Angriffspunkte oder von parallelen Kräften gehören. Zuletzt wird der Pol eines Kräftepolygons bestimmt, wenn drei Seiten vorgegebenen Ranges durch drei gegebene Punkte gehen sollen. *Lp.*

HÜPPNER. Seilzug durch drei gegebene Punkte.
Civiling. **33**, 89-92†.

Beschreibung eines von MAURICE LÉVY in seiner graphischen Statik gegebenen Verfahrens zur Lösung der im Titel genannten Aufgabe. Dasselbe beruht auf dem Gedanken, dass der geometrische Ort des Poles eine gerade Linie ist, wenn der Seilzug durch zwei feste Punkte gehen soll. *F. K.*

G. EMERY. Sulla condizione di scambievolezza e sui casi d'identità fra curve rappresentanti distribuzione continua di forze parallele e curve funicolari corrispondenti, con particolare disquisizione sulle clinoidi.
Torino Atti **22**, 176-198†.

Wirkt ein stetiges System von parallelen Kräften (y-Richtung) auf eine geradlinige Strecke (x-Richtung) und ist (in schiefwinkligen Coordinaten)

$$y = f(x)$$

die Gleichung derjenigen Curve (Belastungscurve), deren Ordinate die auf die Längeneinheit bezogene Intensität der Wirkung in jedem Punkte angiebt, so ist bekanntlich:

$$y = \varphi(x) = \frac{1}{a}\int dx \int f(x)dx$$

die Gleichung der entsprechenden Seilcurve, wobei a eine willkürliche Constante bezeichnet. Der Verfasser wirft zunächst die ganz einfache Frage auf, von welcher Beschaffenheit die Function $f(x)$ sein muss, wenn zugleich der Belastungscurve $y = \varphi(x)$ die Seilcurve $y = f(x)$ entsprechen soll. Man findet als die einzig möglichen Formen:

$$f(x) = c_1 e^{\frac{x}{M}} + c_2 e^{-\frac{x}{M}} + c_3 \cos\frac{x}{M} + c_4 \sin\frac{x}{M},$$

$$f(x) = h e^{\frac{x}{N}} \sin\left(\gamma + \frac{x}{N}\right) + k e^{-\frac{x}{N}} \sin\left(\beta + \frac{x}{N}\right),$$

wo c_1, c_2, c_3, c_4, h, k, β, γ, M, N reelle Constanten sind.

Sollen ferner die zwei Curven $y = f(x)$, $y = \varphi(x)$ identisch sein, so muss offenbar $f(x)$ der Gleichung:

$$\frac{d^2 y}{dx^2} = \frac{1}{a} y$$

genügen. Die entsprechenden (reellen) Curven zerfallen in vier Arten:

1) Meneklinoïde (μένω: die Ordinate behält ihr Zeichen)

$$y = \frac{h}{2}\left(e^{\frac{x}{M}} + e^{-\frac{x}{M}}\right),$$

2) Trepsiklinoïde (τρέπω: die Ordinate ändert ihr Zeichen)

$$y = \frac{h}{2}\left(e^{\frac{x}{M}} - e^{-\frac{x}{M}}\right),$$

3) Logarithmische Curve

$$y = ce^{\frac{x}{M}},$$

4) Sinusoïde

$$y = c \cos \frac{x}{M}.$$

Jede Curve, deren Gleichung die Form:

$$y = c_1 e^{\frac{x}{M}} + c_2 e^{-\frac{x}{M}}$$

hat („Klinoïde" nach Heinzerling in Zeitschrift für Bauwesen 1869, 1872), kann durch passende Verschiebung der y-Axe auf eine der drei Arten 1, 2, 3 gebracht werden.

Endlich möge auf folgendes Problem hingewiesen werden, welches vom Verfasser gelöst wird: Die Gleichung einer Klinoïde aufzufinden, wenn der Berührungspunkt einer zur y-Axe senkrechten Tangente und ein anderer Punkt der Curve gegeben sind.

Vivanti. (*Lp.*)

E. Novarese. Sopra una trasformazione delle equazioni d'equilibrio delle curve funicolari.
Torino Atti **22**, 801-808†.

Durch Zerlegung der einen materiellen Punkt angreifenden Kraft in zwei Componenten, von welchen die eine längs des Fahrstrahls nach einem Punkte in der Schmiegungsebene der Raumcurve und die andere nach der Tangente gerichtet ist, gelangt der Verfasser zu einer Transformation der Gleichgewichtsbedingungen für die Kettenlinien. Diese Formeln lassen sich, wie er bemerkt, direct aus denjenigen für die Bewegung eines Punktes ableiten, welche Hr. Siacci und nach diesem die Herren Cerruti und Bardelli durch die gleiche Transformation (1879 und 80) gegeben haben; doch legt Hr. Novarese auf den von ihm gegebenen directen Beweis Gewicht. *Lp.*

P. Appell. Sur l'équilibre d'un fil flexible et inextensible. Toulouse Ann. **1**, B. 1-5.

Vervollständigung und Beweis eines in C. R. **94**, 688 (diese Ber. **39**, 1883, 174) ausgesprochenen Satzes. Wenn eine Kräftefunction U existirt, so können die Differentialgleichungen für das Gleichgewicht eines Fadens in die Gestalt gebracht werden:

$$(1)\quad \begin{cases} \frac{d}{ds}\left(T\frac{dx}{ds}\right)+\frac{\partial U}{\partial x}=0, \quad \frac{d}{ds}\left(T\frac{dy}{ds}\right)+\frac{\partial U}{\partial y}=0, \\ \frac{d}{ds}\left(T\frac{dz}{ds}\right)+\frac{\partial U}{\partial z}=0, \end{cases}$$

woraus sofort T (die Spannung) $= -(U+h)$ folgt. Der betreffende Satz lautet:

Man betrachte die partielle Differentialgleichung

$$(2)\quad \left(\frac{\partial \Theta}{\partial x}\right)^2+\left(\frac{\partial \Theta}{\partial y}\right)^2+\left(\frac{\partial \Theta}{\partial z}\right)^2=(U+h)^2,$$

welche Θ als Function von x, y, z definirt; nimmt man an, dass ein vollständiges Integral $\Theta(x, y, z;\ \alpha, \beta, h)$ von (2) gefunden ist, worin die beiden willkürlichen Constanten α und β von h und von der immer zu Θ zusetzbaren Constante verschieden sind, so sind die Integrale von (1):

$$\frac{\partial \Theta}{\partial \alpha}=\alpha', \quad \frac{\partial \Theta}{\partial \beta}=\beta', \quad \frac{\partial \Theta}{\partial h}=s+h',$$

wenn α', β', h' neue Constanten bezeichnen. Der Beweis schliesst sich ganz eng an Jacobi's Vorlesungen über Dynamik an. *Lp.*

E. SANG. On the minute oscillations of a uniform flexible chain hung by one end: and on the functions arising in the course of the inquiry (with a plate). Edinb. Proc. **14**, 283-286; [Beibl. **13**, 4. 1889†.

Die betrachteten Schwingungen sind einfache Oscillationen, welche durch die Differentialgleichung

$$\frac{d}{dz}\left(x\frac{dx}{dz}\right) = -ax$$

definirt werden, in der man auch $a = 1$ setzen darf. Thut man dies, so ist das Integral derselben:

$$x = 1 - \frac{z}{1^2} + \frac{z^2}{1^2 2^2} - \frac{z^3}{1^2 2^2 3^2} + \cdots,$$

also eine BESSEL'sche Function. Der Verf. untersucht die Zahlenwerthe für die aufeinander folgenden Wurzeln $z_1, z_2, \ldots, z_6$ der Gleichung $x = 0$ und noch andere Eigenschaften.

Cayley. (*Lp.*)

N. B. DELAUNAY. Zur Theorie des Stosses starrer Körper. Mosk. Math. Samml. **13**, 500-510. (Russisch.)

Der Verfasser beweist, dass für Stösse, die einer bestimmten Stossebene und einer bestimmten reducirten Masse (Vgl. Mosk. Math. Samml. **12**, 421-432) entsprechen, die Axen der durch den Stoss veranlassten Schraubenbewegung auf einem elliptischen Cylinder liegen, dass dabei die durch die Endpunkte der grossen Halbaxen gehenden Geraden permanente Axen, und die durch die Endpunkte der kleinen Halbaxen gehenden Geraden Axen grössten Gleitens sind. Danach bestimmt der Autor den Ort der Stosspunkte auf der Oberfläche des Körpers, welche einer bestimmten reducirten Masse entsprechen, und zeigt, dass, wenn der Körper eine ebene Seite besitzt, dieser Ort eine Ellipse ist.

Mestschersky. (*Lp.*)

J. Solin. Bemerkungen zur Theorie des Erddrucks. Wien. Bauztg. **52**, 53-54.

Die erste Bemerkung gilt einer Construction der Gleitfläche im unbegrenzten Erdreich bei ebener Terrainfläche und kann in ihren Ergebnissen nicht von älteren Constructionen abweichen. Die zweite Bemerkung bezieht sich auf die oft behandelte Frage, ob die Theorie des Erddrucks im unbegrenzten Erdreich zur Berechnung des Wanddrucks anzuwenden sei. Der Herr Verfasser kommt zu dem Resultat, dass dies nur in wenigen Ausnahmefällen zulässig sei. Er stützt sich dabei auf die Betrachtung einer vertical gestellten Wand, welche beiderseits von Erdreich begrenzt ist, welches eine gemeinschaftliche, durch den Kamm der Wand gehende, ebene Terrainfläche besitzt. Es sei unbestreitbar, dass der Druck auf der einen Seite, der des ansteigenden Geländes, erheblich grösser sei als auf der andern, und demgemäss sei die Theorie des unbegrenzten Erdreichs nicht anzuwenden.

Nach Meinung des Referenten ist diese Behauptung nicht richtig und beruht auf einer irrigen Auffassung des Grenzfallbegriffes. *F. K.*

A. C. Elliott. On a new formula for the pressure of earth against a retaining wall. Edinb. Proc. **14**, 85-97.

Die Untersuchung stützt sich auf das Rankine'sche Princip, doch nimmt der Verf. Rücksicht auf die Reibung zwischen der Erdmasse und der Mauer; dadurch führt er in die Theorie einen Winkel β ein, den Rankine als Null annimmt. *Cailey. (Lp.)*

J. Thoulet. Étude expérimentale et considérations générales sur l'inclinaison des talus de matières meubles. Ann. chim. phys. (6) **12**, 33-64†; C. R. **104**, 1537-1539.

Kegelförmige Haufen aus gesiebtem Sand von verschiedener Feinheit wurden in einem Glastroge erzeugt, der mit Flüssigkeiten von verschiedenem specifischem Gewichte angefüllt war. Man liess die Körner durch eine eng ausgezogene Glasröhre langsam hinabgleiten; dann bildete sich in ganz regelmässiger Form der Haufen, dessen Abdachung mit Hülfe einer Camera clara auf einem Papierbogen abgezeichnet und mit einem Transporteur gemessen wurde. Man erhielt durch wiederholte Abzeichnungen von dem wachsenden Haufen eine Reihe von Umrissbildern, bei denen die Verticale durch ein Bleiloth angegeben wurde. Aus den Versuchsergebnissen zieht der Verf. folgende Sätze:

I. Bei nach Form und Abmessungen absolut identischen, in der Dichte aber veränderlichen Sandkörnern nimmt der Böschungswinkel im Innern einer Flüssigkeit ganz wenig zu, wenn die Dichte des Mittels abnimmt. II. Bei identischen Körnern, die sich frei in Haufenform im Innern von Mitteln wachsender Dichte ablagern, nimmt dieser Böschungswinkel ganz wenig ab, wenn die Dichte des Mittels zunimmt. III. In Mitteln von derselben Dichte und bei Stoffen von derselben Art aber veränderlichen Abmessungen wird der Winkelwerth der Abdachung eines Haufens nicht von der Grösse der Körner beeinflusst; jedenfalls ist der Einfluss sehr schwach und derartig, dass die groben Körner die flacheren Böschungen liefern. IV. Im Innern von Mitteln gleicher Dichte haben die Haufen einen um so kleineren Böschungswinkel, je leichter — bei sonst gleichen Umständen — die sie bildenden Körner über einander weggleiten können, mit anderen Worten, je weniger rauh oder je mehr abgerundet sie sind. V. Welches auch das Mittel ist, in dessen Innerem ein abgedachter Haufen entsteht, der Neigungswinkel liegt nie über 41°. VI. Jede, auch die leiseste Bewegung im Innern des Mittels, das einen Dachhaufen enthält, zielt darauf ab, den Kegel abzuplatten und ihn in einen Kegelstumpf mit oberer horizontaler Grenzfläche umzuwandeln. VII. Durch die Bewegung platten sich die Kegel um so leichter ab, je geringer die Verschiedenheit der Dichte zwischen dem Mittel und den Körnern ist. VIII. Im Innern einer und derselben Flüssigkeit platten sich bei verschiedenen Stoffen die Kegel um so leichter ab, je geringer der Zusammenhalt zwischen den sie bildenden Körnern ist.

Von diesen allgemeinen Sätzen wird dann die Anwendung auf die Ablagerungen im Meere und in sonstigen Gewässern sowie auf manche geologische Theorien gemacht. Wäre das Wasser im Meere ruhig, so müsste der Böschungswinkel des Grundes vom Gestade aus zwischen 30° und 40° liegen. Die mannigfachen Bewegungen des Wassers, besonders im Meere, bedingen eine Hinausschiebung dieser Abdachung, eine Verflachung bei nicht tiefem Boden des Meeres. Die chemischen Zersetzungen tragen gleichfalls zum Verflachen, zum Abtragen von Hervorragungen bei. „Um zusammenzufassen, so berechtigt uns die Betrachtung der mechanischen, chemischen und physikalischen Vorgänge, die sich im Oceane vollziehen, zu dem Schlusse, dass im Allgemeinen und abgesehen von allen örtlichen und ausnahmsweisen Umständen, die zu scheinbaren Widersprüchen Anlass geben können, die mineralischen Bruchstücke, welche die Festländer dem Meere beständig zuführen, vom Augenblicke ihres Versinkens an sich zu regelmässigen und unterschiedlichen Gürteln anordnen. Ein Gesteinstück wird immer an Volumen sich verringern, welches auch seine Grösse sein mag, und wird, ohne je seine fortschreitende Bewegung zu unterbrechen, zuletzt im Zustande des rothen Schlammes die vom Lande entferntesten Theile des Meeres erreichen." *Lp.*

Litteratur.

Verzeichniss sämmtlicher Schriften über Mechanik und Maschinenbaukunde, welche in den Jahren 1865—1887 (Juli) im deutschen Buchhandel erschienen sind. Leipzig 1887, 68 pp.

E. DÜHRING. Kritische Geschichte der allgemeinen Principien der Mechanik. 3. Aufl. Leipzig, 1887. Fues XXIII + 610 pp.; [ZS. phys. chem. Unt. **1**, 39.

F. GRASHOF. Theorie der Kraftmaschinen. Hamburg u. Leipzig, 1886, L. Voss, [Arch. f. Math. u. Phys. (2) **5** [2], 4-5.

J. KRAMERIUS. Repetitorium aus Geometrie und Mechanik. Wien, 173 pp.

G. MINCHIN. Treatise on statics with application to physics. 2 Bde. Oxford, 347 u. 512 pp.; [ZS. f. Math. u. Phys. **33**, 35.

J. A. TODHUNTER. A treatise on analytical statics, with

numerous examples. 5 ed. by D. EVERETT. London IX. u. 364 pp. 8°. [Nature, **36**, 459.

W. R. BROWNE. The student's mechanics. Introduction ho the study of force and motion. With appendix of examples. London, 1886, 226 pp.

P. S. MICHIE. Elements of analytical mechanics. Newyork, Wiley. [Science **10**, 190.

J. BLAIKIE. Elements of dynamics. London, 1886, 216 pp.

A. B. W. KENNEDY. The mechanics of machinery. London, 1886, Macmillan and Co. XV. u. 652 pp.; [Nature **37**, 195-96; [Science **9**, 501-502.

M. W. CROMPTON. Lectures on the elements of applied mechanics. 2. edition. London, 1887, 128 pp.

NYSTROM's pocket-book of mechanics and engineering. Revised by W. D. MARTES. Philadelphia, Lippincott, [Science **10**, 190.

M. FERRARI. Lezioni di meccanica razionale. Napoli, 1887.

H. POINCARÉ. Cours de mécanique, année 1885—86. Partie I. Cinématique pure, Mécanismes; Partie II. Potentiel. Mécanique des fluides. Paris. 137 pp. 4°.

E. BOUR. Cours de mécanique et machines, professé à l'École Polytechnique. Cinématique. 2 ed. Paris, Gauthier-Villars, 1887, 325 pp.

E. CATALAN. Manuel de mécanique. 14 édition. Paris, 1887, VIII u. 122 pp.

DESPEYROUS. Cours de mécanique; enrichi des notes de M. DARBOUX. Rev. Scient (3) **39**, 339.

J. DUFAILLY. Mécanique. 13. édition. Paris, 1887, 143 pp.

E. v. d. VEN. Beginselen van de theoretische en toegepaste mechanica. 2. Abdruck. Leiden, 1887, XII u. 257 pp.

J. LUBIENSKI. Mechanik. I. Theoretische Mechanik. Warschau (polnisch).

D. BOBYLEW. Lehrbuch der analytischen Mechanik. 2. Aufl. I. Kinematik, II. Mechanik des materiellen Punktes. St. Petersburg, 1886/87, 281 u. 304 pp. (russisch). *Bde.*

L. LANGE. Die geschichtliche Entwickelung des Bewegungsbegriffs. Leipzig, Engelmann, 141 pp.; [ZS. f. Math. u. Phys. **33** [2], 34; [Beibl. **11**, 186-188.

J. HUNDHAUSEN. Zum Begriff der Kraft. Hamm, 1887, 31 pp. 8°.

GANSER. Die Entstehung der Bewegung. Graz, Leuschner u. Lubensky, 1887.

Von den in der Mechanik angewandten Kräften. C. Z. Opt. Mech. **8**, 284-285; Allg. J. d. Uhrmacherkunst **12**, 172.

E. NOVARESE. Ueber eine Analogie zwischen der Theorie der Geschwindigkeiten und der Theorie der Kräfte. Atti di Torino **21**, 900-911, 1886; [Beibl. **11**, 79; Siehe diese Ber. **42** (1), 223, 1886.

W. NEWTON's laws of motion. Nature **35**, 366.

Einige Bedenken über die Fassung des Trägheitsgesetzes, die im wesentlichen auf die Bemerkung über die Abwesenheit eines Bezugssystems hinauslaufen. *Lp.*

J. WALMSLEY. On the nomenclature of elementary dynamics. Rep. Brit. Ass. 1887, 622.

WEBB. Moment of inertia. Am. Ass. [Science **10**, 86.

J. G. MC. GREGOR. Inertia force. Science **9**, 134-135. 214-15. *Bde.*

E. H. HALL. Inertia force. Science **9**, 158-59, 231-32.

A. G. GREENHILL. Units of weight, mass, and force. Nature **35**, 486-487; **36**, 196-197, 269†.

P. G. T. (P. G. TAIT.) Weight and mass. Nature **35**, 512†.

E. GEOGHEGAN. Units of weight, mass, and force. Nature **35**, 534; **36**, 4†.

A. Lodge. Units of weight, mass, and force. Nature **35**, 557†.

R. B. Hayward. Mass, weight, and dynamical units. Nature **35**, 604-605; **36**, 221†.

C. Elliott. Units of weight, mass, and force. Nature **35**, 605-606†.

W. Weight and mass. Nature **36**, 53†.

R. H. Smith. Dynamical units. Nature **36**, 53†.

J. Lancaster, D. H. Marshall. Units of weight, mass, and force. Nature **36**, 102†.

J. B. Lock, A. Macfarlane. Units of weight, mass, and force. Nature **36**, 174-175, 317†.

In den 10 letzten Artikeln handelt es sich um die Frage, wie der streng wissenschaftliche Gebrauch der einmal festgesetzten Kunstausdrücke nicht bloss in der Sprache der wissenschaftlichen Werke festzuhalten, sondern auch in der Ausdrucksweise der Techniker sicher zu stellen sei. *Lp.*

A. de Rochas. Les forces non définies. Recherches historiques et expérimentales. Paris, 1887, 392 pp.

G. T. Le Principe de l'inertie. La Nat. **15** (2), 64.

Desjalets. Expérience sur le principe de l'inertie. La Nature **15** [2], 240.

E. Ferrière. La matière et l'énergie. Paris, 1887, Alcan; [Rev. Scient. (3) **39**, 662-63.

F. Siacci. Sugli angoli di massima gittata. Linc. Rend. (4) **3** [2], 211-217.

J. J. Rachmaninoff. Ueber die Bewegung eines materiellen Punktes auf einer Oberfläche. Kiew. Nachr. 79 pp. (russ.)

J. Mayenberg. Die Hauptsätze der Central- und Pendelbewegung in elementarer Behandlung. Progr. Kön. Studienanstalt Hof. 15 pp. 8°.

B. K. MLODZIEWSKY. Ueber die Enveloppe der Bahnen bei dem NEWTON'schen Anziehungsgesetze. Mosk. Math Sammlung **13**, 399-405, (russisch).

N. JOUKOWSKY. Bemerkung dazu. ibid. 406-408. *Bde.*

PLCH. CORNELIUS, S. J. Ein natürlicher Pendelapparat und zwei nachgebildete kleinere Pendelapparate. Casopis **17**, p. 1-10 u. 68-75. *Gs.*

A. SEYDLER. Ein Beitrag zur Lösung des KEPLER'schen Problems. Sitzungsber. d. königl. böhmischen Gesellschaft der Wissenschaften, mathematisch naturwissenschaftliche Classe 1887, 547-558.

A. SEYDLER. Weitere Beiträge zur Lösung des KEPLER-schen Problems. Ebenda 734-758. *Gs.*

H. VOGT. Die elementare Herleitung des NEWTON'schen Anziehungsgesetzes aus den KEPLER'schen Gesetzen. ZS. f. math. u. naturw. Unt. 1887, 481; ZS. f. Unt. **1**, 129, 1888.

G. MEYER. Ueber die Bestimmung der mittleren Anomalie in Ellipsen und Hyperbeln, deren Excentricität der Einheit sehr nahe kommt. Astron. Nachr. **118**, 165-173.

TH. BERTRAM. Die Apparate, welche zur Demonstration der Gesetze der gleichmässig veränderlichen Bewegung dienen. Prog. Gym. Bielefeld, 16 pp. 4°.

W. PSCHEIDL. Apparat zur Darstellung der Gesetze der Fliehkraft. Wien, 1886, 8 pp. Sep.; [Beibl. **11**, 490.

A. HANDL. Ein Versuch über die Fliehkraft. ZS. phys. chem. Unt. **1**, 73-74.

Kleine Modification des gebräuchlichen Apparats, bei welchem Kugeln auf einer Führungsstange gleiten. Die Stange dreht sich hier in verticaler Ebene. *Bde.*

W. DE FONVIELLE. Expérience du pendule de LÉON FOUCAULT au Panthéon de Paris en 1851. La Nature **15** [2], 409-411.

L. LINDELÖF. Trajectoire d'un corps assujetti à se mouvoir sur la surface de la terre sous l'influence de la rotation terrestre. Bull. Brux. (3) **14**, 400-402.

Vorläufiger Bericht von v. D. MENSBRUGGHE.

G. PESCI. Sulla deviazione meridionale dei gravi. Livorno, 1887, 13 pp. 8°.

BÖHNER. Erduhr. Arch. Sc. phys. (3) **18**, 348.

A. BOILLOT. Le galioscope. La Nat. **15** [2], 190.

Kleine Pendel, an im Kreise herumbewegten grossen Kugeln aufgehängt, zeigen die Constanz der Schwingungsebene. *Bde.*

N. JOUKOWSKY. Ueber den Mittelwerth des kinetischen Potentials. Odessa Ges. VIII 4 pp. (russ.).

DE SALVERT. Mémoire sur l'emploi des coordonnées curvilignes dans les problèmes de mécanique et les lignes géodésiques des surfaces isothermes. Bruxelles. soc. scient. **11**, 1-138; [F. d. M. **19**, 765.

J. LARMOR. On the deduction of the general dynamical equations from the principle of energy. Proc. Cambr. **6**, 95. Titel.

J. J. RACHMANINOFF. Ueber die Transformation der Differentialgleichungen bei der relativen Bewegung eines Systems in die kanonische Form. Kiew. Nachr. 14 pp. (russ.).

CORNU. Rendre les oscillations d'un système mobile donné exactement synchroniques avec un mouvement périodique également donné. Soc. franç. d. phys. 1887, juin 17; [Rev. int. **5**, 109-110.

A. WEILER. Ueber die Form der Integrale in dem Problem der drei Körper. Astron. Nachr. **116**, 17-23.

M. BRENDEL. Ueber einige in neuerer Zeit angewandte Formen für die Differentialgleichungen im Probleme der drei Körper. Astron. Nachr. **116**, 161-169.

GYLDÉN. Om den absoluta giltigheten af de uttryck

han användt vid lösningen af trekroppars problemet. Öfversigt af K. Vetensk. Ak. Forhandl. **44**, 40, 1887.

A. SEYDLER. Ausdehnung der LAGRANGE'schen Behandlung des Dreikörperproblems auf das Vierkörperproblem. Prager Abh. (7) **1**, 1-20, auch sep. bei Calve; [F. d. M. **19**, 938.

D. BESSO. Dimostrazione elementare di un teorema sul centro di gravità di un arco di circolo. Besso Per. di Mat. **2**. 26-27.

LEYGUE. Table des moments d'inertie. Paris, 1887, 8°.

PESCHEK. Der Ausdruck Trägheitsmoment. CBl. d. Bauverw. **7**, 28; [F. d. M. **19**, 923.

R. HOPPE. Das Viereck in Beziehung auf seine Hauptträgheitsaxen. Arch. f. Math. u. Phys. (2) **5**, 345-350.

TH. PRESTON. On the inversion of centrobaric bodies. Proc. Dubl. Soc. **5**, 639-641.

J. JENKINS. Grain Cargoes; on the shifting of cargoes. Eng. **43**. 383-84.

P. G. LEJEUNE-DIRICHLET. Vorlesungen über die im umgekehrten Verhältniss des Quadrats der Entfernung wirkenden Kräfte. Herausg. v. F. GRUBE. 2. Aufl. Leipzig, Teubner 1887, VIII u. 184 pp. 8°.

B. O. PEIRCE. Elements of the Theory of the Newtonian Potential Function. Boston, Ginn & Co. 1886; [Phil. Mag. (5) **23**, 220.

R. CLAUS. Ueber den allgemeinsten Ausdruck innerer Potentialkräfte, deren Potential von der Zeit, den Coordinaten, den Geschwindigkeiten und Beschleunigungen abhängt. Diss. Halle, 21 pp. 4°.

J. J. SOMOFF. Ueber die Anziehung eines Punktes nach dem NEWTON'schen Gesetze durch ein homogenes Polyeder. Mosk. Sammlg. **13**, 129-166, (russisch).

A. M. LIAPUNOFF. Ueber den Körper vom grössten Potential der Anziehungskraft. Charkow Ges. **2**, 63-73, 1886.

G. GIULIANI. Sulla funzione potenziale della sfera in uno spazio di n dimensioni. Cim. (3) **21**, 260-262.

J. HENRICI. Die Erforschung der Schwere durch GALILEI, HUYGHENS, NEWTON als Grundlage der rationellen Kinematik und Dynamik. Heidelberg, 1886, 40 pp.

E. LAMPE. Bemerkungen über die Abhandlung des Herrn J. W. HÄUSSLER: „Die Schwere analytisch dargestellt als ein mechanisches Princip rotirender Körper.“ Exner Rep. **23**, 571-574.

J. W. HÄUSSLER. Erwiderung darauf. ibid. **24**, 60-62, 1888.

E. LAMPE. Replik. ibid. **24**, 324-327, 1888.

Endigt mit einer vollständigen Widerlegung der HÄUSSLERschen Ansicht.

L. BIRKENMAJER. Neue Theorie der Gestalt und der Gravitation der Erde. Krak. Ber. **14**, Krak. Denkschr. **13**, (Polnisch).

J. FRASER. The mystery of gravity. London, 1887, 31 pp., 8°.

J. C. WALBERER. Anfangsgründe der Mechanik fester Körper. München. 1887, Th. Ackermann; [ZS. f. Math. u. Phys. **32** [2], 76.

J. TANNERY. Deux leçons de cinématique. Paris, 1886.

CRANZ. Ellipsograph. Böklen Mitt., 1886, **1** (3), 58-59; [F. d. Math. **19**, 905.

R. KLIMPERT. Lehrbuch der Statik fester Körper (Geostatik) mit 291 Erklärungen, einem ausführlichen Formelnverzeichniss, nebst einer Sammlung von 359 gelösten und ungelösten analogen Aufgaben. Stuttgart, 1886, X u. 460 pp. 8°.

L. POINSOT. Elemente der Statik. Nach der BERTRANDschen 12. Auflage deutsch von H. SERVUS. Berlin, Springer, 1887, X u. 173 pp. 8⁰; [F. d. M. **19**, 906.

MANTEL. Nouvelle théorie des couples et de la composition des forces. Ass. franç. Toulouse, 257-263.

K. MEYER. In welchen Punkten seiner Oberfläche ruht ein durch einen Halbkreis entstehendes homogenes schweres Halbellipsoid, und was für Gleichgewicht findet in ihnen statt? Diss. Erlangen 1887, 38 pp. 8⁰.

C. SEGRE. Sull' equilibrio di un corpo rigido soggetto a forze costanti in direzione ed intensità e su alcune questioni affini. Nap. Mem. (3) **6**, 35 pp. Siehe diese Ber. **40** (1), 231, 1884.

A. WEINHOLD. Zur Lehre von der Standfestigkeit. ZS. phys. chem. Unt. **1**, 74.

R. HENNIG. TÖPLER's Vorlesungsapparat zur Statik und Dynamik starrer Körper. ZS. f. phys. Unterr. **1**, 137; ZS. f. Instrumenkde. **8**, 217-218, 1888.

L. FERNBACH. Die Bewegung einer homogen mit Masse belegten starren Geraden auf einer geradlinigen Fläche. Diss. Halle, 25 pp. 8⁰.

M. RICHTER. Ueber die Bewegung eines Körpers auf einer Horizontalebene. Diss. Leipzig, 56 pp. 8⁰; [Beibl. **11**, 807.

CH. B. WARRING. On certain laws of gyrating bodies. Trans. Newyork. Akad. of Sc. **6**, 131; Engin. **43**, 576; siehe diese Ber. **41** (1), 275, 1885.

A. DE SAINT GERMAIN. Résumé de la théorie du mouvement d'un solide autour d'un point fixe, à l'usage des candidats à la licence ès sciences. Paris, 1887, Gauthier, Villars, 44 pp.

G. T. Rotation d'une pièce de 5 francs entre deux épingles. La Nat. **15**, 288.

A. KURZ. Das bifilare Pendel. Exner Rep. **23**, 406-410; [Beibl. **12**, 159, 1888.

Abhandlungen über das Pendel. I. Die Versuche von F. BERTHOUD. Allg. J. d. Uhrmacherkunst **12**, 377-378.

W. J. FRODSHAM. Ergebnisse der Versuche über die Schwingungen des Pendels mit verschiedenen Aufhängungsfedern. Allg. J. d. Uhrmacherkunst **12**, 378-380.

A new method of maintaining the vibration of a pendulum. The Electr. **19**, H. 7.

J. CARPENTIER. Pendule entretenu électriquement. L'Electr. **11**, H. 221; Tel. J. und El. Rev. **21**, H. 507.

H. SAMTER. Theorie des GAUSS'schen Pendels mit Rücksicht auf die Rotation der Erde. Berlin, 1887, Mayer u. Müller.

FIZEAU. Rapport sur une Note de M. L. ROQUES, relative à un nouveau métronome basé sur l'isochronisme des petites oscillations du pendule. C. R. **104**, 653-657.

G. HERMAN. The graphical statics of mechanism. New-York, 1887.

W. PEARSE. On the communication of motion between bodies moving at different velocities. Rep. Brit. Ass. 1887, 882-83; [Eng. **44**, 377.

Aus dem Referat ist nur zu entnehmen, dass bürsten- oder pinselförmig vertheilte Metallmassen als Dämpfer benutzt werden.

R. SUGERS. Communication of motion between bodies moving at different velocities. Brit. Ass.; [Eng. **44**, 377.

H. HENNESSY. Problems in mechanism regarding trains of pulleys and drums of least weight for a given velocity ration. Proc. Rog. Soc. **42**, 134-38.

PHILLIPS. Rapport sur un Mémoire de MM. BÉRARD et LÉAUTÉ, intitulé: „Sur les moyens de réduire les accroissements momentanés de vitesse dans les machines munies de régulateurs à action indirecte.“ C. R. **104**, 657-659.

M. WOLF. Einfache Methode, den Gang eines Triebwerkes zu prüfen. Astron. Nachr. **116**, 117-120. *Bde.*

LENOIR Regulateur de vitesse. Soc. d'encouragement pour l'ind. nationale, 1887, 14 janv.; [Rev. int. **4**, 203-204.

Kurze Beschreibung einer Vorrichtung, die den Gang einer Gasmaschine gleichförmiger zu machen bestimmt ist. *Lp.*

PICHOU. La roue universelle PICHOU. Ass. Franc. Toulouse, 242-256.

The doctrine of mechanical equivalents. Eng. **44**, 201-202.

Betrifft eine Frage der Patentjustiz.

RAFFARD's Arbeitsmesser (Bremszaum) für grosse Leistungen. Dingl. J. **264**, 473.

J. T. WALKER und Genossen. Second report of the committee for inviting designs for a good differential gravity meter. Rep. Brit. Ass. 1887, 41.

Kurze Notiz über einen Vorschlag von BOYS, der erst ausgeführt werden soll.

H. THURSTON. Dynamometric measurements. Amer. Ass. [Eng. **44**. 436.

Ganz kurze Notiz.

J. B. WEBB. New dynamometer. Am. Ass. [Science **10**, 87; [Eng. **14**, 436.

P. J. SOMOFF. Ueber die Deformation eines collinear veränderlichen Systems von drei Dimensionen. Chark. Ges. **2**, 74-94, 1886. (russisch).

H. DANNEHL. Die Kettenlinie auf einigen Rotationsflächen. (Kreiskegel, Kreiscylinder, Rotationsparaboloid.) Diss. Königsberg, 64 pp. 8°.

N. PETROFF. Neue Theorie der Reibung; deutsch von L. WURZEL. Hamburg, 1887, L. Voss; [Dingler, J. **266**, 239.

Roller friction. Eng. **44**, 198.

Auszug aus dem Bericht von H. und E. SHAW an die Brit. Ass. Technisch. *Bde.*

Z. Expérience de physique moléculaire. La Nat. **15**, (1) 40.

Ein unter der Rubrik „Physik ohne Apparate" ohne Erklärung angegebener Versuch.

J. TAUBELES. Ueber die Effectverluste beim Seilbetriebe. Techn. Blätter **19** (1), 191-207.

H. SHAW. The rolling contact of bodies. Nature **36**, 92-93.

Auszug aus einem populären Vortrage über dies Thema in der Royal Institution, 29. April 1887.

K. v. OTT. Vorträge über Baumechanik. 3. Aufl. I. Die Statik des Erdbaues, der Stützmauern und Gewölbe. Prag, 1887, 8°.

J. LAFFARGUE. Études théoriques et pratiques sur la poussée des terres et la stabilité des murs de soutènement et de revêtement. Toulouse, 1887, 95 pp.

Lp.

---

5. Hydromechanik.

J. W. TATARINOFF. Ueber die Zahl der Gleichgewichtslagen eines horizontal schwimmenden geraden vieleckigen Prismas. Mosk. Math. Samml. **13**, 544-550. (Russisch.)

Indem der Verfasser von dem Satze ausgeht, dass die Schwerpunktscurve eines beliebigen Vielecks aus hyperbolischen und parabolischen Bogen besteht, beweist er, dass ein n-seitiges horizontal schwimmendes Prisma nicht mehr als $4n$ Gleichgewichtslagen haben kann; ferner zeigt er, dass ein derartiges Prisma bei einer gewissen Dichtigkeit genau $4n$ Gleichgewichtslagen besitzt, wenn der Querschnitt des Prismas ein regelmässiges n-Eck ist. *Ms.*

G. CABJOLSKY. Ueber den Einfluss des im Innern von Schiffen, Schwimmdocks u. s. w. befindlichen Wassers auf deren Stabilität. Z. Dtsch. Ing. **31**, 425.

Wenn in einem schwimmenden Körper sich Wasser befindet, so wird die Beweglichkeit des letzteren einen nachtheiligen Einfluss auf die Stabilität ausüben. Als Maass für die Stabilität eines starren schwimmenden Systems kann man bekanntlich die Höhe des Metacentrums über dem Schwerpunkt betrachten, indem man unter Metacentrum die Grenzlage desjenigen Punktes versteht, in welchem die Wirkungslinie des Auftriebes nach einer kleinen Drehung des Schiffes die ursprüngliche Schwerlinie schneidet. Das vorhandene Wasser bewirkt eine Veränderung der Schwerpunktslage des gegebenen Systems. Verlängert man nun die Wirkungslinie der Schwere des schwimmenden Körpers und diejenige des Auftriebs, bis sie die ursprüngliche Schwerlinie in zwei Punkten A und M schneidet, so kann die Entfernung H_r, die sogenannte reducirte metacentrische Höhe, als Maass für die Stabilität benutzt werden. Der Herr Verfasser berechnet nun für einige Fälle die Länge der reducirten metacentrischen Höhe. Im Anschluss hieran bespricht er einige Mittel, die dazu dienen können, den Verlust der Stabilität, welche das Vorhandensein der Flüssigkeit im Innern — z. B. bei Petroleumschiffen — mit sich bringt, entweder ganz zu vermeiden oder wenigstens zu verringern. *F. K.*

H. POINCARÉ. Sur un Théorème de M. LIAPOUNOFF relatif à l'équilibre d'une masse fluide. C. R. **104**, 622-625†; [Beibl. **11**, 614, **12**, 432.

Wenn eine flüssige Masse sich unter Einfluss ihrer eigenen Anziehung im Gleichgewicht befindet, so muss das Potential derselben in Bezug auf sich selbst ein Maximum sein. Ob diese Bedingung ausser für die Kugel auch fur andere Körper erfüllt ist, ist unbekannt. In neuerer Zeit hat Herr LIAPOUNOFF bewiesen, dass die fragliche Grösse bei der Kugelgestalt ein absolutes Maximum erreicht. Herr POINCARÉ beweist den Satz mit Hülfe des zunächst bewiesenen Satzes der Elektrostatik, dass von allen Leitern gleichen Volumens die Kugel die kleinste elektrische Capacität besitzt. *F. K.*

H. MINCHIN. Centre of Water Pressure. Nature 37, 201.

Der Verfasser theilt folgende einfache Construction des Angriffspunktes des Wasserdrucks für ein untergetauchtes Dreieck mit.

Man suche zunächst den Schwerpunkt G des Dreiecks; alsdann den Schwerpunkt G' dreier in den Ecken des Dreieks angebrachten Massen, welche der Tiefe der betreffenden Ecken proportional sind. Der gesuchte Punkt P liegt dann auf GG' und zwar ist

$$PG = \frac{1}{4} GG'$$

F. K.

O. LUMMER. Ueber hydrostatische Wägungen.

Phys. Ges. Berlin 6, 65-73†.

Bei den Wägungen im Wasser macht sich vor allen die Capillarkraft zwischen der Wasseroberfläche und dem in dieselbe eintauchenden Drahte, an welchem der zu wägende Körper aufgehängt ist, als Fehler geltend. Sie äussert sich dadurch, dass die Waage gegen kleine Uebergewichte äusserst unempfindlich wird.

Trägt man die Uebergewichte (positive und negative) als Abscissen, die Ausschläge als Ordinaten auf, so erhält man eine Curve, welche bei Wägungen in der Luft eine gerade Linie ist, bei Wägungen in Wasser hingegen aus drei Theilen besteht, einem mittleren, horizontalen Theil, und zwei Zweigen, die annähernd der Curve für Wägungen in der Luft parallel sind. Für einige andere Flüssigkeiten ist diese Curve aber ebenfalls eine gerade Linie. Solche Flüssigkeiten sind Aether und Alkohol. Glycerin ähnelt mehr dem Wasser, Olivenöl bringt die Waage schnell zur Ruhe, zeigt aber eine gerade Curve. Dies führte den Verfasser zu einer Methode für hydrostatische Wägungen, bei welcher der Draht durch eine Röhre geführt ist, welche mit ihrem unteren Ende in das Wasser eintaucht, und in die Röhre ein Tropfen Terpentinöls oder eine Mischung von Benzin und Olivenöl gebracht ist.

Der Verfasser vergleicht an der Hand von Versuchsergebnissen die Genauigkeit dieser Methode mit anderen hydrostatischen Wägungsmethoden sowie mit der Pyknometermethode. *F. K.*

J. JOLY. On a hydrostatic balance. Proc. Dublin 5, 347-354†; [ZS. f. Unterr. 1, 31; [ZS. f. Istrkde. 8, 68-69, 1888; [ZS. phys. chem. Unterr. 1, 31; [Beibl. 11, 746.

Princip des NICHOLSON'schen Aräometers. Ein kugelförmiger Schwimmer schwimmt in einer mit Wasser gefüllten Hohlkugel, die unten ein Ansatzröhrchen mit so feiner Oeffnung hat, dass das Wasser nicht entweicht. An der Kugel ist ein Draht befestigt, der durch diese Oeffnung geht und die unten angehängte Waagschale trägt. Zu starke Schwankungen werden durch Hemmungen unterdrückt. Der Schwimmer ist offenbar in der Gleichgewichtslage labil, was denn doch der Bequemlichkeit der Wägung einigen Abbruch thun dürfte. Die Labilität kann übrigens dadurch beseitigt werden, dass man unten an der Waagschale einen zweiten Draht anbringt, der in Wasser eintaucht — dieser macht aber dann auch die bekannten Capillaritätsstörungen. *Bde.*

H. VON HELMHOLTZ. Versuch, um die Cohäsion von Flüssigkeiten zu zeigen. Phys. Ges. Berlin 6, 16-18†; [Z. f. phys. chem. Unt. 1, 31-32.

Der Apparat besteht aus einer Röhre, welche sich von der eines Heberbarometers durch eine etwas grössere Länge des langen Schenkels unterscheidet. Füllt man die Röhre wie ein Barometer mit Quecksilber und lässt etwas Wasser in dem längeren Schenkel aufsteigen, so bildet sich beim Aufrichten zuerst oben ein unvollkommenes Vacuum, während das Wasser den grössten Theil seiner Luft aufperlen lässt.

Man saugt nun am kürzeren Schenkel bis das Quecksilber oberhalb eines an diesem Schenkel befindlichen Hahnes steht.

Dann lässt man, indem man die Röhre neigt, die Luftblase und das Wasser hin- und herlaufen, schliesslich lässt man das Wasser wieder in der Röhre aufsteigen, indem man die Luftblase in dem kürzeren Schenkel zu fangen sucht, während der Hahn des kürzeren Schenkels wieder geöffnet ist. Durch eine modificirte Wiederholung des eben beschriebenen Verfahrens kann man noch mehr Luft aus dem Wasser entfernen, bis das Luftbläschen nur noch einen Durchmesser von etwa $1/4$ Millimeter hat. Dieses kann man von dem Wasser absorbiren lassen.

Richtet man jetzt die Röhre auf, so haftet das Wasser oben am Rohre und das Quecksilber am Wasser. Die Theile reissen auch nicht von einander, nachdem man die Spitze des kurzen Schenkels vermittelst eines Schlauches mit einer Luftpumpe in Verbindung gesetzt und dann die Luft so weit ausgepumpt hat, wie es die Pumpe leistet. Die Cohäsion der Flüssigkeiten überwindet also einen negativen Druck von mehr als über einer Atmosphäre. *F. K.*

G. von Wex. Hydrodynamik. Entwickelung neuer genauer Formeln zur Berechnung der Wasserabflussmengen bei Ueberfallwehren, Grundschleusen, Schützenöffnungen und der Wasserausleitungen in Canäle, ferner Mittheilungen über die neuesten diesbezüglichen in Amerika, Oesterreich und in Italien im grossen Massstabe durchgeführten Versuche. Leipzig. W. Engelmann. 168 S., 6 Tabellen, 5 Lithogr. Tafeln.

Das vorliegende Werk ist nicht eine Hydrodynamik in dem Sinne, wie der Mathematiker oder Physiker das Wort gebraucht; auch werden die im Titel genannten Probleme der Hydraulik nicht unter Benutzung der Grundlagen der wissenschaftlichen Hydrodynamik, sondern wesentlich durch Betrachtungen gelöst, wie sie schon vorher von Praktikern in Ermangelung besserer Methoden angewandt wurden. Allerdings muss zugegeben werden, dass der Herr Verfasser einige bisher unberücksichtigt gebliebene Umstände in den Kreis seiner Betrachtungen zieht, und dass so vielleicht seinen

Formeln in praktischer Beziehung eine grössere Brauchbarkeit zukommt als älteren Formeln. Ohne den Werth des vorliegenden Werkes für die Praxis irgendwie in Frage zu stellen, können wir demselben für die Entwickelung der wissenschaftlichen Hydrodynamik keinerlei Bedeutung beimessen. Schon die Grundlage des ganzen Werkes, die Ableitung der Ausflussformel für seitliche Ausflussöffnungen, ist völlig unzutreffend. Der Verfasser geht davon aus, dass die Flüssigkeit durch eine unendlich kleine Oeffnung mit der Geschwindigkeit $\sqrt{2gh}$ senkrecht zur Wand fliesst. Unter Benutzung eines häufig gebrauchten, nichts destoweniger aber falschen Gedankens überträgt der Verfasser dies auf die Elemente einer endlichen Ausflussöffnung und leitet daraus eine Formel für die sekundliche Ausflussmenge der letzteren ab, indem er über die ganze Oeffnung integrirt; dem so gewonnenen Resultat wird dann noch ein Coëfficient hinzugefügt, der seinerseits wieder als das Product eines Contractions- und eines Geschwindigkeitscoëfficienten aufzufassen ist. Dass die freie Oberfläche des Strahles eine Parabel sei, glaubt der Verfasser folgendermassen beweisen zu können. Der Abstand y irgend eines Punktes der Oberfläche von der Wandebene sei gleich der zu der betreffenden Tiefe x gehörenden Geschwindigkeit $\sqrt{2gx}$, so dass also die Gleichung der freien Oberfläche $y^2 = 2gx$ lautet. Ganz abgesehen von allem anderen, spricht schon der Umstand gegen die Entwickelungen des Verfassers, dass die Gravitationsconstante g und damit die vorliegende Gleichung von der Wahl der Zeiteinheit abhängt, während doch die Gestalt des Strahles von den letzteren unabhängig sein muss.

In den weiteren Entwickelungen spielt ein Begriff eine Hauptrolle, den die wissenschaftliche Hydrodynamik meines Wissens nicht kennt, der sogenannte hydraulische Druck. Dieser soll sich dann bemerkbar machen, wenn das Wasser in dem Gefäss nicht ruht, sondern mit einer gewissen Geschwindigkeit c zufliesst. Referent hat zunächst geglaubt, dass entsprechend der Formel

$$p = \mu g h + {}^1\!/_2 \mu (c^2 - v^2)$$

unter hydraulischem Druck das Glied $^1/_2 \mu c^2$ zu verstehen sei; das ist auch an einer Stelle der Fall. Dann aber versteht der Verfasser wieder darunter die „Stosskraft des Wassers gegen eine ruhende Fläche“, welche doppelt so gross sein soll als der h y d r a u l i s c h e D r u c k für eine eben so grosse Oeffnung.

Im Wesentlichen handelt es sich bei den Untersuchungen um die Aufgabe der Wasserbewegung in einem Gerinne, in welches man eine Wand stellt, die in einer Oeffnung durchbrochen ist. Wenn wir nun den Verfasser richtig verstanden haben, so argumentirt derselbe in der folgenden, nach unserer Meinung wenig zutreffenden Weise. Auf die Oeffnung wirkt erstlich der hydrostatische Druck, dessen Grösse für das Flächenelement df gleich $\mu g h df$ ist, zweitens der hydraulische Druck, welcher eintreten würde, wenn der Rinnenquerschnitt gerade gleich der Oeffnung wäre, also $\frac{1}{2}\mu c^2 df$, endlich ein hydraulischer Druck derjenigen Wasserfäden, welche gegen die festen Theile des Einbaus strömen. Die Berechnung dieses Theiles hat Referent nicht verstanden; er muss sich also darauf beschränken, hier anzugeben, dass dieser Druck ebenfalls eine ganze lineare Function der Tiefe ist. Der Verfasser setzt demgemäss die Druckhöhe y als Function der Tiefe x:

$$y = a s_1 \frac{z + x}{z + H},$$

dann weiter die Geschwindigkeit

$$v = \sqrt{2gy}$$

und das Ausflussquantum

$$Q = \mu \int df \sqrt{2gy}.$$

Wir glauben hiermit den Charakter der vorliegenden Entwickelungen hinreichend gekennzeichnet zu haben und sehen daher keine Veranlassung, auf die einzelnen Fragen — die ja meist rein technischer Natur sind — weiter einzugehen. Ein Hinweis auf Figur 7 Taf. I mag hier Platz finden, weil dieselbe uns von vornherein die Unhaltbarkeit der Vorstellungen des Verfassers darzulegen scheint.

Noch eine Bemerkung sei uns gestattet. Der Verfasser hebt hervor, die Mangelhaftigkeit der früher gemachten Versuche zur Lösung der vorliegenden Aufgaben könne nicht auffallen, „wenn man beachte, auf welchen Grundlagen die wissenschaftliche Hydrodynamik beruhe"; an einer andern Stelle bekennt er, dass er seine „Berichtigungen" in dem Bestreben unternahm, „die Wissenschaft der Hydrodynamik, welche nach dem Ausspruch der Fachmänner noch auf schwankenden Grundlagen aufgebaut ist, nach Kräften zu fördern". Dem gegenüber müssen wir bemerken, dass die Nichterfolge in der Behandlung hydrodynamischer Fragen meist nicht in der Mangelhaftigkeit der Grundlagen, sondern in den analytischen Schwierigkeiten ihren Grund haben. Ueberall da, wo es gelungen ist, die letzteren zu überwinden, hat sich, vorausgesetzt dass die Bedingungen und Voraussetzungen der Rechnung hinreichend genau verwirklicht wurden, auch eine hinreichende Uebereinstimmung zwischen Rechnung und Beobachtung ergeben. Ich verweise auf die Lehre von den Wellen (z. B. Kirchhoff's Untersuchungen über stehende Schwingungen) und auf Poiseuille's Formel. Ferner erinnere ich an Lord Rayleigh's Ableitung der Contractio venae aus der Helmholtz-Kirchhoff'schen Theorie der Flüssigkeitsstrahlen, sowie an desselben Autors Bestimmung eines Gesetzes für den Druck der Flüssigkeitsstrahlen gegen feste Wände. Die Probleme, welche der Verfasser hier behandelt, haben sich bisher einer strengen Behandlung unzulänglich erwiesen. Andererseits fordert die Praxis der Bautechnik unbedingt ihre Lösung. Niemand wird es einem Techniker verübeln, wenn er in dieser Zwangslage durch vereinfachende Voraussetzungen und Vorstellungen wenigstens eine angenäherte Lösung zu erzielen sucht. Aber es muss zurückgewiesen werden, dass die Differenz derartig gewonnener Resultate und der Ergebnisse von Beobachtungen den Grundlagen der wissenschaftlichen Hydrodynamik zur Last gelegt wird. *F. K.*

M. Brillouin. Questions d'hydrodynamique. Toul. Ann. **1**, 1-72.

Der Verfasser beabsichtigt in der vorliegenden Abhandlung, einen Ueberblick über diejenigen Fortschritte zu geben, welche die mathematische Untersuchung und experimentelle Behandlung der

Hydrodynamik in den letzten zwanzig Jahren gemacht hat. Das Programm des Verfassers zählt vier Abschnitte auf, von denen die beiden ersten vorliegen. Der erste Abschnitt behandelt die Theorie und experimentelle Bestimmung der Wirbel, der zweite Abschnitt die Ausflusserscheinungen und Flüssigkeitsstrahlen; mit Sachkenntniss und Geschick werden die Entdeckungen der grossen Physiker wiedergegeben, welche die Entwickelung der Hydrodynamik in den letzten Jahrzehnten so beträchtlich gefördert haben. Dass in der Ueberschrift des ersten Abschnittes neben der französischen Bezeichnung „Tourbillon" die deutschen und englischen Bezeichnungen „Wirbelbewegungen" und „Rotational motion", „Vortex motion" angeführt sind, lässt schon erkennen, dass der Verfasser mit Sorgfalt und frei von nationaler Eifersüchtelei vorgeht. Durch die Lectüre der Abhandlung wird dieser Eindruck noch verstärkt. Bei dem referirenden Charakter der vorliegenden Abhandlung selbst ist es nicht möglich, auf die Einzelheiten des Gebotenen einzugehen. Wir beschränken uns darauf mitzutheilen, dass auch die experimentelle Seite der in Frage stehenden Probleme eine eingehende, durch Abbildungen unterstützte Darstellung findet, z. B. jene interessanten Versuche, welche J. J. Thomson und Newall mittheilen (Proc. of the Royal Soc. **39**, 417-436).

Ebenso sorgfältig ist der zweite Abschnitt bearbeitet. Alle jene interessanten Fälle discontinuirlicher Flüssigkeitsbewegung kommen zur Sprache, welche im Anschluss an Helmholtz' berühmte Abhandlung von Kirchhoff, Lord Rayleigh und anderen entwickelt sind, sammt deren Anwendung auf praktische Fragen (Contractio venae, Druck von Flüssigkeitsstrahlen u. s. w.).

Mit einem Wort, wir haben es mit einer eingehenden tüchtigen Arbeit zu thun, die durch gleichzeitige Berücksichtigung der theoretischen und der experimentellen Seite der Aufgabe noch einen besonderen Werth erhält. *F. K.*

C. Razzaboni. Sul modo di dedurre le equazioni gene-

rali del moto dei fluidi e le particolari relative al moto dei liquidi. Bologna Mem. (4) 8, 17-40.

Der Verfasser entwickelt zunächst zwischen dem Druck, den äusseren Kräften X, Y, Z und den Componenten der Geschwindigkeit v_x, v_y, v_z die Gleichung

$$(1) \quad \frac{dp}{\varrho} = Xdx + Ydy + Zdz - (v_x dv_x + v_y dv_y + v_z dv_z),$$

in welcher die Differentiale die Veränderungen bezeichnen, welche die betreffenden Grössen für ein und dasselbe Flüssigkeitstheilchen erfahren. Danach wird auf bekanntem Wege noch die Gleichung der Continuität entwickelt. Für die lineare Bewegung wird dann die Gleichung abgeleitet, welche ausdrückt, dass die Geschwindigkeiten sich umgekehrt wie die Querschnitte verhalten:

$$(10) \quad S'v' = Sv.$$

Ist die wirkende Kraft die Schwere, die Dichtigkeit gleich 1, so vereinfacht sich Gleichung (1) zu der bekannten Gleichung:

$$(11) \quad dp = gdz - vdv,$$

welche Gleichung, um es noch einmal hervorzuheben, sich auf die Veränderungen bezieht, welche die Grössen p, z, v im Laufe der Zeit für dasselbe Flüssigkeitstheilchen erfahren. Bezeichnet man nun durch die Indices l und o zwei verschiedene Werthsysteme, welche denselben Flüssigkeitstheilchen in zwei verschiedenen Lagen zukommen, von denen die zweite um a tiefer ist, so würde man erhalten:

$$p_l - p_o + ga = \tfrac{1}{2}(v_o^2 - v_l^2) = \tfrac{1}{2}v_o^2\left(1 - \frac{S_o^2}{S_l^2}\right)$$

oder

$$(17) \quad v_o = \sqrt{\frac{2(p_l - p_o + ga)}{\left(1 - \frac{S_o^2}{S_l^2}\right)}}$$

oder, wenn p_l und p_o statt des Druckes selbst die Druckhöhen bezeichnen,

$$v_o = \sqrt{\frac{2g(p_l - p_o + a)}{\left(1 - \frac{S_o^2}{S_l^2}\right)}}.$$

Man sieht, wesentlich Neues enthält die Abhandlung weder in ihren Resultaten noch in deren Herleitung. *F. K.*

H. Hugoniot. Mémoire sur la propagation du mouvement dans un fluide indéfini (première Partie). J. de math. (4) 3, 477-494.

Der Verfasser verfolgt in dieser nachgelassenen, von Herrn Léauté mitgetheilten Abhandlung wie in früher besprochenen Noten der C. R. das Ziel, die Fortpflanzungsgeschwindigkeit der Flüssigkeitsbewegung zu finden, ohne die Integrale der Bewegungsgleichung wirklich aufzustellen. Er verfährt dabei in dem vorliegenden Theil der Abhandlung folgendermassen:

Für eine Flüssigkeit sei eine Abhängigkeit zwischen dem Drucke p und der Dichtigkeit ϱ gegeben durch die Gleichung $\varrho = F(p)$. Dann hat man zur Bestimmung der Geschwindigkeitscomponenten u, v, w und des Druckes p die Euler'schen Gleichungen. Es seien u_1, v_1, w_1, p_1 und u_2, v_2, w_2, p_2 zwei Integrale dieser Gleichungen. Wenn nun in verschiedenen Theilen des von der Flüssigkeit erfüllten Gebietes eine diesen Integralen entsprechende Flüssigkeitsbewegung stattfinden soll, so muss für die jeweilige Grenzfläche der beiden Gebiete $u_1 = u_2$, $v_1 = v_2$, $w_1 = w_2$, $p_1 = p_2$ werden, oder es muss in jedem Augenblicke eine Fläche geben, für welche die Ausdrücke

$$U = u_1 - u_2,\quad V = v_1 - v_2,\quad W = w_1 - w_2,\quad P = p_1 - p_2$$

den Werth Null haben (ohne dass jedoch die partiellen Ableitungen nach x, y und z sämmtlich verschwinden müssten). Für die Punkte der augenblicklichen Grenzfläche werden die Euler'schen Gleichungen sowohl durch die Functionen u_1, v_1, w_1, p_1 als auch durch u_2, v_2, w_2, p_2 befriedigt. Subtrahirt man nun zwei entsprechende derartige Gleichungen, und bezeichnet den gemeinschaftlichen Wert von u_1 und u_2 mit u, von v_1 und v_2 mit v und so fort, so erhält man folgende Gleichungen für die Ableitungen von P, U, V, W:

$$(9)\quad \begin{cases} \dfrac{1}{\varrho}\dfrac{\partial P}{\partial x} = -\dfrac{\partial U}{\partial t} - u\dfrac{\partial U}{\partial x} - v\dfrac{\partial U}{\partial y} - w\dfrac{\partial U}{\partial z}, \\ \dfrac{1}{\varrho}\dfrac{\partial P}{\partial y} = -\dfrac{\partial V}{\partial t} - u\dfrac{\partial V}{\partial x} - v\dfrac{\partial V}{\partial y} - w\dfrac{\partial V}{\partial z}, \\ \dfrac{1}{\varrho}\dfrac{\partial P}{\partial z} = -\dfrac{\partial W}{\partial t} - u\dfrac{\partial W}{\partial x} - v\dfrac{\partial W}{\partial y} - w\dfrac{\partial W}{\partial z}, \\ \dfrac{F'(p)}{F(p)}\left(\dfrac{\partial P}{\partial t} + u\dfrac{\partial P}{\partial x} + v\dfrac{\partial P}{\partial y} + w\dfrac{\partial P}{\partial z}\right) \\ \qquad\qquad + \dfrac{\partial U}{\partial x} + \dfrac{\partial V}{\partial y} + \dfrac{\partial W}{\partial z} = 0. \end{cases}$$

Es seien nun ferner λ, μ, ν die Richtungscosinus der Normale der Grenzfläche, deren Gleichung sowohl durch $U = 0$, als auch durch $V = 0$ oder $W = 0$ oder $P = 0$ dargestellt werden kann; dann gelten auch die Gleichungen

$$(10)\quad \lambda : \mu : \nu = \frac{\partial U}{\partial x} : \frac{\partial U}{\partial y} : \frac{\partial U}{\partial z} = \frac{\partial V}{\partial x} : \frac{\partial V}{\partial y} : \frac{\partial V}{\partial z}$$
$$= \frac{\partial W}{\partial x} : \frac{\partial W}{\partial y} : \frac{\partial W}{\partial z} : = \frac{\partial P}{\partial x} : \frac{\partial P}{\partial y} : \frac{\partial P}{\partial z}.$$

Während des Zeitraumes dt ändert die Grenzfläche ihre Lage; es sei dn die Länge, um welche man von einem Punkte x, y, z der ursprünglichen Lage der Grenzfläche in der Richtung der Normale fortschreiten muss, um zu einem Punkte der neuen Grenzfläche zu gelangen, so ist eben so wie $U(t, x, y, z)$ auch

$$U(t + dt, x + \lambda dn, y + \mu dn, z + \nu dn) = 0$$

oder

$$(11)\quad \begin{cases} \dfrac{\partial U}{\partial t} + \dfrac{dn}{dt}\left(\lambda\dfrac{\partial U}{\partial x} + \mu\dfrac{\partial U}{\partial y} + \nu\dfrac{\partial U}{\partial z}\right) = 0, \\ \dfrac{\partial V}{\partial t} + \dfrac{dn}{dt}\left(\lambda\dfrac{\partial V}{\partial x} + \mu\dfrac{\partial V}{\partial y} + \nu\dfrac{\partial V}{\partial z}\right) = 0, \\ \dfrac{\partial W}{\partial t} + \dfrac{dn}{dt}\left(\lambda\dfrac{\partial W}{\partial x} + \mu\dfrac{\partial W}{\partial y} + \nu\dfrac{\partial W}{\partial z}\right) = 0, \\ \dfrac{\partial P}{\partial t} + \dfrac{dn}{dt}\left(\lambda\dfrac{\partial P}{\partial x} + \mu\dfrac{\partial P}{\partial y} + \nu\dfrac{\partial P}{\partial z}\right) = 0. \end{cases}$$

Eliminirt man aus diesen sechzehn in den Ableitungen der Grössen U, V, W, P linearen homogenen Gleichungen die letzteren, so erhält man die Gleichung:

$$F'(p)\left[\frac{dn}{dt}-(\lambda u+\mu v+\nu w)\right]^2=1$$

oder

$$\frac{dn}{dt}=\lambda u+\mu v+\nu w+\sqrt{\frac{dp}{d\varrho}}.$$

Statt dieser absoluten Grösse der Fortpflanzungsgeschwindigkeit der zweiten Bewegung gegen die erste betrachte man nun die relative gegen die Bewegung der betreffenden Flüssigkeitstheilchen $\frac{dn}{dt}-(\lambda u+\mu v+\nu w)$; diese ist demnach $\sqrt{\frac{dp}{d\varrho}}$. Der Verfasser wendet diesen Ausdruck für die Fortpflanzungsgeschwindigkeit auf verschiedene Beispiele an. F. K.

G. Robin. Sur les explosions au sein des liquides.
C. R. **105**, 61-64.

In einer Flüssigkeit von der Dichtigkeit μ sei eingetaucht oder schwimme ein fester Körper, dessen eingetauchte Oberfläche S sein möge. Eine Kugel σ von unendlich kleinem Radius R möge explodiren (éclater) mit einer Percussionsintensität (intensité de percussion) $\frac{\mu m}{R}$ für jeden Punkt von σ. Man verlangt die Bestimmung 1) der Geschwindigkeitscomponenten u, v, w, p, q, r, welche der Körper hierdurch erhält, und 2) des Geschwindigkeitspotentials Φ der Flüssigkeit. Φ kann in zwei Bestandtheile zerlegt werden,

$$\Phi=\varphi+\psi,$$

von denen ψ den Werth des Potentials bezeichnen soll, wenn der starre Körper in Ruhe bleibt, während

$$\varphi=\varphi_1 u+\varphi_2 v+\varphi_3 w+\varphi_4 p+\varphi_5 q+\varphi_6 r$$

ist. Die Grössen φ und ψ genügen der bekannten Potentialgleichung und leicht zu erkennenden Grenzbedingungen. Namentlich ist für die Grenzen des festen Körpers $\frac{\partial\psi}{\partial n}=0$. Die lebendige Kraft der Flüssigkeit ist dann:

$$T=-\frac{\mu}{2}\left(\int\limits_S \Phi\frac{\partial\Phi}{\partial N}\,dS+\int\limits_\sigma \Phi\frac{\partial\Phi}{\partial n}\,d\sigma\right);$$

die lebendige Kraft des festen Körpers ist eine homogene quadratische Function T_1 von u, v, w, p, q, r. Setzt man zunächst u, v, w, p, q, r als bekannt voraus, so kann man Φ bestimmen. Die Grössen u, v, w, p, q, r sind dann durch die Bedingung bestimmt, dass

$$T + T_1 + \frac{\mu m}{R}\int_\sigma \frac{\partial \Phi}{\partial n}\, d\sigma$$

ein Minimum werde. Nun enthält auch T einen in Bezug auf die Grössen u, v, w, p, q, r quadratischen Bestandtheil

$$-\frac{\mu}{2}\int_S \varphi \frac{\partial \varphi}{\partial N}\, dS.$$

Zieht man diesen mit T_1 zu dem Ausdruck $\mathfrak{T}$ zusammen, so kann man die lebendige Kraft schreiben

$$\mathfrak{T} - \frac{\mu}{2}\left(\frac{4\pi m^2}{R} - 4\pi m Y_0 - 4\pi m\varphi + \int_S \psi \frac{\partial \varphi}{\partial N}\, dS\right).$$

Hierin bedeutet Y_0 eine Grösse, welche durch Entwickelung von ψ in die Reihe

$$\frac{m}{R} + Y_0 + Y_1 R + Y_2 R^2 + \dots$$

gewonnen wird. Ferner beziehe sich φ auf das Explosionscentrum. Endlich kann noch

$$-\int_S \psi \frac{\partial \varphi}{\partial N}\, dS = 4\pi m\varphi$$

gesetzt werden, so dass man für den vorstehenden Ausdruck erhält

$$\mathfrak{T} - \frac{\mu}{2}\left(\frac{4\pi m^2}{R} - 4\pi m Y_0 - 8\pi m\varphi\right).$$

Der zweite Bestandtheil ist linear in Bezug auf die Grössen u, v, w, p, q, r. Man erhält demnach zur Bestimmung der sechs gesuchten Grössen die linearen Gleichungen:

$$\frac{1}{\mu}\frac{\partial \mathfrak{T}}{\partial u} = -4\pi m\varphi_1,\quad \frac{1}{\mu}\frac{\partial \mathfrak{T}}{\partial v} = -4\pi m\varphi_2,\quad \frac{1}{\mu}\frac{\partial \mathfrak{T}}{\partial w} = -4\pi m\varphi_3,$$

$$\frac{1}{\pi}\frac{\partial \mathfrak{T}}{\partial p} = -4\pi m\varphi_4,\quad \frac{1}{\pi}\frac{\partial \mathfrak{T}}{\partial q} = -4\pi m\varphi_5,\quad \frac{1}{\mu}\frac{\partial \mathfrak{T}}{\partial r} = -4\pi m\varphi_6,$$

wo die rechts stehenden Ausdrücke diejenigen Werthe bezeichnen, welche die betreffenden Functionen der Coordinaten im Explosionscentrum annehmen. *F. K.*

G. H. DARWIN. On figures of equilibrium of rotating masses ofi flud. Lond. Phil. Trans. **178**(A), 379-429; (Plates 22, 23); [Proc. Roy. Soc. **42**, 359-362; Beibl. **12**, 168, 1888.

Der Verf. kommt auf einen seiner früheren Aufsätze zurück: „On the tidal friction of a planet“ etc. (Lond. Phil. Trans. 1881, 234), wo er die Bemerkung gemacht hat, es könnte ein Grund zur Annahme vorhanden sein, dass die früheste Form eines Trabanten nicht ringförmig gewesen sein dürfte. Die dort berührte Vorstellung war das Vorhandensein einer Gleichgewichtsfigur in der Gestalt von Hantelkugeln, wie in den Figuren am Ende der Schrift abgebildet ist. Diese Figuren waren bereits abgezogen, als Herrn POINCARÉ's Abhandlung erschien: „Sur l'équilibre d'une masse fluide“ etc. (Acta Math. 7, 259-380, F. d. M. **17**, 1885, 864), worin unter anderem ein ähnlicher Schluss gezogen ist, und der Verf. hielt die vorliegende Arbeit zurück, um einen Nachtrag zuzufügen. Allein er äussert sich nun dahin, der Gegenstand der Gleichgewichtsgestalten rotirender Flüssigkeitsmassen sei in seiner Schrift aus einem Gesichtspunkte behandelt, der von dem POINCARÉ'schen so verschieden sei, dass trotz der Priorität des letzteren und der grösseren Vollständigkeit seiner Arbeit es sich der Mühe zu verlohnen scheine, die Abhandlung zu veröffentlichen. Obschon einfach in der Anlage, verlangt die Methode der Behandlung einen beträchtlichen Aufwand von Rechnung. Ein Auszug der hauptsächlichsten Schlüsse wird mit Ausschluss von Rechnungen in dem letzten Abschnitt gegeben. *Cly.* (*Lp.*)

PH. LENARD. Ueber die Schwingungen fallender Tropfen. Wiedemann Ann. **30**, 209-250.

Die Untersuchungen über die Oberflächenspannung der Flüssigkeiten werden besonders schwierig durch zwei Umstände, nämlich erstens durch die Unbeständigkeit des Randwinkels und zweitens durch die Abnahme der Oberflächenspannung mit der Zeit. Beide

Umstände sind in der vom Verfasser befolgten Methode der Tropfenbeobachtung vermieden. Bringt man die Gleichung der Oberfläche des Tropfens auf die Form

$$r = \Sigma a_n P_n (\cos \theta),$$

so wird die potentielle Energie

$$P = 2\pi\alpha \Sigma \frac{(n-1)(n+2)}{2n+1} a_n^2$$

und die kinetische Energie

$$T = 2\pi\sigma a^3 \Sigma \frac{1}{(2n+1)n} \left(\frac{da_n}{dt}\right)^2;$$

es bedeutet α die Oberflächenspannung, $\frac{4}{3}\pi a^3$ das Volumen des Tropfens, σ seine Dichte. Da in diesem Ausdruck nur die Quadrate, nicht aber die Producte zu zweien der Grössen a_n und $\frac{da_n}{dt}$ auftreten, so sind die einzelnen Schwingungen unabhängig von einander, und für jede einzelne gilt die Gleichung:

$$\frac{dP}{dt} + \frac{dT}{dt} = 0.$$

Die Schwingungsdauer für die n^{te} Schwingung ist dann

$$T_n = \sqrt{\frac{3\pi}{n(n-1)(n+2)} \frac{p}{g\alpha}},$$

wo p das Gewicht des Tropfens bedeutet.

Eingehender betrachtet werden die Schwingungen niedrigster Ordnung (2, 3, 4).

Als Beobachtungsobjecte dienen Tropfen, die einzeln von einer verticalen Röhre mit kreisförmiger Mündung abfallen. Sie wurden durch elektrische Funken beleuchtet, unter Umständen so, dass jeder Tropfen einen Contact löste, und der entstehende Funke den nächsten Tropfen beleuchtete. Die einzelnen Phasen der Erscheinung werden abgebildet. Die Schwingungsdauer wurde optisch aus Reflexen bestimmt, dem Luftwiderstand eine besondere Beobachtungsreihe gewidmet; hierbei ergiebt sich das nicht unmerkwürdige Resultat, dass flüssige Tropfen an der Luft einen geringeren Widerstand erleiden, als feste Kugeln, was seinen Grund in einer Deformation der Tropfen zu haben scheint. Der Einfluss der Amplitude auf die Dauer der Schwingung ist besonders untersucht; ferner wurde constatirt, dass die Oberflächenspannung sich mit der Zeit ändert, und zwar im Sinne einer Verminderung. Dies findet sogar bei Wassertropfen in gesättigtem Dampf statt, es deutet auf Verunreinigung der Oberfläche. Zum Schluss wird die innere Reibung in Betracht gezogen und nachgewiesen, dass die zur Beleuchtung verwendete Elektricität keinen merklichen Einfluss auf die Tropfen übte. *F. K.*

L. MATTHIESSEN. Ueber die Wanderung der Interferenzcurven zweier mikroskopischer Kreiswellensysteme auf der Oberflächenhaut von Flüssigkeiten. Wiedemann Ann. **32**, 626-642.

Werden durch zwei dissonirende Stimmgabeln auf der Oberfläche einer Flüssigkeit zwei Kreiswellensysteme mit den Wellenlängen λ und λ_1 und den Schwingungszeiten T und T_1 erzeugt, so sind die partiellen Deviationen für eine Molekel mit den Abständen e und e_1 von den Erregungspunkten

$$y = a\cos 2\pi\left(\frac{t}{T}-\frac{e}{\lambda}\right) \quad\text{und}\quad y_1 = a\cos 2\pi\left(\frac{t}{T_1}-\frac{e_1}{\lambda_1}\right).$$

Die Gesammtdeviation ist also:

$$Y = y + y_1 = 2a\cos\pi\left(t\left(\frac{1}{T}+\frac{1}{T}\right)-\left(\frac{e}{\lambda}+\frac{e_1}{\lambda_1}\right)\right)$$
$$\times\cos\pi\left(t\left(\frac{1}{T}-\frac{1}{T_1}\right)-\left(\frac{e}{\lambda}-\frac{e_1}{\lambda_1}\right)\right).$$

Bezeichnen nun p und q ganze Zahlen, so sind die Interferenzcurven gegeben durch die Gleichungen

$$\text{(B)}\qquad \frac{e}{\lambda}-\frac{e_1}{\lambda_1} = \frac{2p+1}{2}+t\left(\frac{1}{T}-\frac{1}{T_1}\right) = \frac{2p+1}{2}+t(n-n_1),$$

$$\text{(C)}\qquad \frac{e}{\lambda}+\frac{e_1}{\lambda_1} = \frac{2q+1}{2}+t\left(\frac{1}{T}-\frac{1}{T_1}\right) = \frac{2q+1}{2}+t(n+n_1).$$

Da die rechten Seiten dieser Gleichungen die Zeit enthalten, so sind diese Curven nicht fest, sondern sie wandern. Setzen wir $n > n_1$ voraus, so ist nach Verlauf der Zeit

$$t_1 = \frac{1}{n-n_1} \quad\text{resp.}\quad t_2 = \frac{1}{n+n_1}$$

die zu p resp. q gehörige Curve in diejenige übergegangen, welche vorher zu $p+1$ resp. $q+1$ gehörte. Die zweite Curvenart wandert also schneller als die erste.

Die Wellenberge und Wellenthäler sind die Schnittpunkte der beiden Curven

$$\left.\begin{array}{ll}(\mathrm{J}) & \frac{e}{\lambda}-\frac{e_1}{\lambda_1}=l+t(n-n_1)\\ (\mathrm{K}) & \frac{e}{\lambda}+\frac{e_1}{\lambda_1}=m+t(n+n_1)\end{array}\right\}\ (l \text{ und } m \text{ ganze Zahlen}).$$

Eliminiren wir die Zeit t, so erhalten wir die Bahn eines einzelnen Wellenberges oder -Thales:

$$(\mathrm{D})\qquad \frac{e}{c}-\frac{e_1}{c_1}=\frac{1}{2nn_1}\left\{l(n+n_1)-m(n-n_1)\right\},$$
$$(c=n\lambda,\quad c_1=n_1\lambda_1).$$

Die Untersuchung wird nun fortgeführt unter der als Ergebniss des Experimentes anzusehenden Voraussetzung

$$n\lambda^2=\text{const.}\ (\text{also } n\lambda^2=n_1\lambda_1^2).$$

Es werden die Eigenschaften der einzelnen Curven, ihre gegenseitige Lage und die Fortschreitungsgeschwindigkeit einer Besprechung unterzogen. *F. K.*

E. Riecke. Ueber die scheinbare Wechselwirkung von Ringen, welche in einer incompressiblen Flüssigkeit in Ruhe sich befinden. Gött. Nachr. 505-515.

Im J. für Math. Bd. 71 hatte Kirchhoff den bekannten Satz über die scheinbare Wechselwirkung unendlich dünner Ringe in einer Flüssigkeit abgeleitet. In der vorliegenden Abhandlung verallgemeinert der Verfasser die entwickelten Sätze, indem er sich von der Voraussetzung über die Dimension der Ringquerschnitte frei macht, wobei jedoch zu beachten ist, dass die Entwickelungen auf Querschnittsformen von gewissem Charakter beschränkt bleiben.

Der Verfasser denkt sich ein System galvanischer Ströme $i_1, i_2, \dots$, welche in den geschlossenen Curven $s_1, s_2, \dots$ circuliren. Dann sind die Flächen constanten elektromagnetischen Potentials solche Flächen, die sich von den Curven $s_1, s_2, \dots$ fächerförmig ausbreiten, und man hat eben so viele derartige

Flächensysteme, als man Stromcurven hat. Sie werden gegen einander abgegrenzt durch bestimmte Flächen (Grenzflächen), welche sich selbst wieder aus Flächenstücken constanten Potentiales zusammensetzen.

Die Potentialflächen besitzen zwei Schaaren von Krümmungslinien; die Linien der einen Schaar sind geschlossen, die äussersten von ihnen verlaufen parallel den Stromlinien s_1, s_2, . . ., und jede folgende umschliesst die vorhergehende vollständig. Diese Curven heissen Parallelcurven p. Zieht man jetzt durch alle Punkte einer Parallelcurve die Kraftlinien m, so gelangt man zu einem Ringe R, welcher eine Stromlinie umgiebt; zu demselben Ringe gelangt man auch, wenn man durch alle Punkte einer Kraftlinie die Parallelcurven zieht. Ist nun φ das elektromagnetische Potential der oben erwähnten Ströme i_1, i_2, ..., so kann man sich die Ringe R_1, R_2, . . . mit Strömen bedeckt denken, die in den Parallelcurven p mit der Intensität $\frac{1}{4\pi}\frac{\partial\varphi}{\partial m}$ circuliren. Dadurch erscheint der in der Axe s des Ringes circulirende Strom i ausgebreitet über die Oberfläche desselben; es ist nämlich:

1) die elektromagnetische Wirkung auf alle Punkte im Innern der Ringe gleich Null;

2) die elektromagnetische Wirkung auf alle Punkte ausserhalb der Ringe dieselbe, wie die der Ströme i_1, i_2, . . ., welche in den Ringaxen s_1, s_2, . . . circuliren.

Es wird dann weiter die elektrodynamische Wirkung berechnet, welche auf ein dem Oberflächenelement $dp\,dm$ entsprechendes Stück des Ringes ausgeübt wird; für dieselbe ergiebt sich der Werth:

$$\frac{1}{8\pi}\left(\frac{\partial\varphi}{\partial m}\right)^2 dp\,dm;$$

man kann sie also betrachten als einen Druck von der Intensität

$$\frac{1}{8\pi}\left(\frac{\partial\varphi}{\partial m}\right)^2.$$

Befindet sich nun eine Flüssigkeit von der Dichtigkeit μ in der stationären Strömung vom Geschwindigkeitspotential φ, so ist der Druck an der Oberfläche eines Ringes gleich

$$-\frac{\mu}{2}\left(\frac{\partial \varphi}{\partial m}\right)^2.$$

Man erhält demnach den Satz:

Wenn eine Flüssigkeit von der Dichtigkeit $\frac{1}{4\pi}$ in der angegebenen Weise durch die Ringe hindurch in Circulation versetzt wird, so üben die letzteren eine scheinbare Wirkung auf einander aus, welche der elektrodynamischen Wechselwirkung der entsprechenden auf den Ringoberflächen ausgebreiteten galvanischen Ströme entgegengesetzt gleich ist. *F. K.*

Sir W. THOMSON. On the vortex theory of the luminiferous Aether. (On the propagation of laminar motion through a turbulently moving inviscid liquid). Brit. Ass. Rep. 486-495.

Sir W. THOMSON. On the propagation of laminar motion through a turbulently moving inviscid liquid. Phil. Mag. (5) **24**, 342-353.

Die in dieser Abhandlung angenommene Bezeichnung erschwert die Anfertigung eines kurzen Berichts über ihren Inhalt, und der Referent begnügt sich mit der Anführung eines Theiles aus dem ersten Paragraphen, der den Zielpunkt des Verfassers anzeigen mag. „In dem Versuche, die ungestüme (turbulent) Wasserbewegung zwischen zwei festen Ebenen zu untersuchen, ... habe ich etwas gefunden, was dem Anscheine nach auf dem Wege zu einer innerhalb der letzten zwanzig Jahre oft versuchten Lösung der Aufgabe liegt, durch Mittheilung von Bewegung an eine nicht zusammendrückbare, nicht zähe Flüssigkeit ein Medium zu construiren, welches Wellen von schichtenförmiger Bewegung weiter befördert, wie der Lichtäther die Lichtwellen weiter befördert.“ Im Laufe der Untersuchung der Flüssigkeitsbewegung wird das Resultat erzielt, dass schichtenförmige Störung nach Art der Torsionswellen in einem homogenen elastischen Körper fortgepflanzt wird und dass die Fortpflanzungsgeschwindigkeit ungefähr 0,47 von der mittleren Geschwindigkeit der ungestümen Bewegung der Flüssigkeit ist. *Gibson.* (*Lp*).

C. Chree. Vortices in a compressible fluid. Mess. (2) 17, 105-118.

Der Aufsatz enthält verschiedene Anwendungen von den Gleichungen der Wirbelbewegung in zwei Dimensionen auf eine zusammendrückbare Flüssigkeit. Die Stabilität der Kreisgestalt in einem und in zwei geraden Wirbeln ist unter dem Titel „Linked vortices" von Hrn. J. J. Thomson in seinem Werke „Motion of vortex rings" betrachtet worden. Der Hauptzweck des Verfassers ist die Ausdehnung der Thomson'schen Behandlungsweise auf eine zusammendrückbare Flüssigkeit. *Glaisher.* (*Lp.*)

C. Chree. On vortices. Edinb. M. S. Proc. 5, 52-59.

Betrachtet einige einfache Fälle von Wirbeln in einer zusammendrückbaren Flüssigkeit. Die Bewegung findet in zwei Dimensionen statt. *Gibson.* (*Lp.*)

Sir W. Thomson. On the stability of steady and of periodic fluid motion. Phil. Mag. (5) **23**, 459-464, 529-539, **24**, 188-196, 272-278; Edinb. Proc. **14**, 359-368; [Cim. (3) **24**, 277; Beibl. **12**, 160, 1888.

Die Flüssigkeit ist als unzusammendrückbar angenommen; doch wird festgestellt, dass die Ergebnisse allgemein auf die Bewegung natürlicher Flüssigkeiten und Gase anwendbar sind, falls die Geschwindigkeit im Vergleich zur Schallgeschwindigkeit in der betrachteten Flüssigkeit überall klein ist. Die Flüssigkeit wird zuerst ohne Zähigkeit vorausgesetzt, da die mit dieser Annahme erhaltenen Ergebnisse bei einer folgenden Untersuchung der Wirkungen der Zähigkeit nützlich sind. Die Flüssigkeit wird nach Annahme vollständig von dem sie enthaltenden Gefässe eingeschlossen; dasselbe kann entweder starr oder plastisch sein, so dass es zu jeder Gestalt geformt werden kann, oder aus natürlichem festem Material und daher zäh-elastisch. Der Zweck der ersten Mittheilung, so weit dieselbe eine nicht zähe Flüssigkeit betrifft, ist der Beweis und die Erläuterung des Beweises der drei folgenden Sätze bezüglich einer Flüssigkeitsmasse, die mit irgend einer Rotation in jedem beliebigen ihrer Theile gegeben ist: 1) Die

Energie der ganzen Bewegung kann ohne Ende vergrössert werden, indem man in einer gewissen systematischen Weise an dem enthaltenden Gefässe Arbeit leistet und es endlich zur Ruhe bringt. 2) Wenn das enthaltende Gefäss einfach zusammenhängend und aus natürlichem zäh-elastischem Stoffe ist, so kommt die gegebene in ihm sich bewegende Flüssigkeit von selbst zur Ruhe. 3) Wenn das enthaltende Gefäss mehrfach zusammenhängend und aus natürlichem zäh-elastischem Stoffe ist, so verliert die Flüssigkeit Energie, jedoch nicht etwa bis zu Null hin, sondern bis zu einem bestimmten Zustande rotationsloser Circulation mit einer bestimmten cyklischen Constanten für jeden vorhandenen Kreislauf. Die Bedingung für stetige Bewegung einer nicht zusammendrückbaren, nicht zähen Flüssigkeit, die einen endlichen gegebenen Theil des Raumes anfüllt, ist die, dass die Energie bei gegebener Wirbelbewegung ein absolutes Maximum oder ein absolutes Minimum oder ein „Minimaximum" ist; und es wird bemerkt, dass die fernere Bedingung der Stabilität durch die Betrachtung der Energie allein gesichert ist für jeden Fall stetiger Bewegung, für welchen die Energie ein absolutes Maximum oder ein absolutes Minimum ist, aber nicht für jeden Fall stetiger Bewegung, bei welchem die Energie ein Minimaximum ist. Die Erörterung der grössten und kleinsten Energie in einer Wirbelbewegung bildet den Gegenstand der zweiten Mittheilung aus der Reihe und ist ein mit Verbesserungen und Nachträgen versehener Abdruck einer vor der Brit. Ass. 1880 (Brit. Ass. Rep. 1880, 743) gelesenen Abhandlung. Dieser Artikel schliesst mit der vollständigen Lösung oder der „praktischen Verwirklichung der Lösung" folgender Aufgabe: „Bei gegebenem Momente der Bewegungsmenge und gegebener Wirbelbewegung in einer cylindrischen Büchse von gegebener Gestalt die Energie bei zweidimensionaler Bewegung zu einem absoluten Maximum zu machen."

Der dritte Artikel aus der Reihe nimmt die „geradlinige Bewegung zäher Flüssigkeiten zwischen zwei parallelen Ebenen" in Angriff. Wählt man OX in einer der begrenzenden Ebenen, OY senkrecht zu ihr, bezeichnet ferner die x-, y-, z-Componenten der Geschwindigkeiten und den Druck in (x, y, z, t) bezw. mit $U + u$,

v, w, p (wo U eine Function von y und t ist), setzt die Dichte gleich der Einheit und die Zähigkeit gleich μ, nimmt endlich die Schwere als einwirkende Kraft und den Neigungswinkel der Ebenen gegen den Horizont gleich I an, so sind die Gleichungen der Bewegung:

$$(1) \qquad \frac{\partial u}{\partial x} + \frac{\partial v}{\partial y} + \frac{\partial w}{\partial z} = 0,$$

$$(2) \qquad \left\{ \begin{array}{l} \frac{D}{Dt}(U + u) = \mu \nabla^2 (U + u) - \frac{\partial p}{\partial x} + g \sin I, \\ \text{etc. etc.} \end{array} \right.$$

wo

$$\frac{D}{Dt} = \frac{\partial}{\partial t} + (U - u)\frac{\partial}{\partial x} + v \frac{\partial}{\partial y} + w \frac{\partial}{\partial z}$$

und

$$\nabla^2 = \frac{\partial^2}{\partial x^2} + \frac{\partial^2}{\partial y^2} + \frac{\partial^2}{\partial z^2}.$$

Ist $u = 0$, $v = 0$, $w = 0$, $p = C - g \cos I . y$, so sind vier Gleichungen identisch befriedigt, mit Ausnahme der ersten, welche auf

$$(3) \qquad \frac{\partial v}{\partial t} = \mu \frac{\partial^2 v}{\partial y^2}$$

zurückkommt, wobei $U = v + \frac{1}{2}c(b^2 - y^2)$, $c = g \sin I/\mu$, $b =$ Entfernung zwischen beiden Ebenen. Die Grenzbedingungen sind:

$$(4) \qquad v = F(t) \text{ für } y = 0; \quad v = \mathfrak{F}(t) \text{ für } y = b.$$

Die Gleichungen (4) und (6) zeigen, dass die Verbreitung der Geschwindigkeit in parallelen Schichten, falls sie genau in parallelen Schichten stattfindet, dem Fourier'schen Gesetze „linearer" Wärmeleitung durch einen festen Körper folgt. Zur Ermittelung, ob die Schichtenbewegung in manchen Fällen instabil ist, werden u, v, w in (1) und (2) unendlich klein genommen, und damit werden die Gleichungen (2):

$$(5) \qquad \left\{ \begin{array}{l} \frac{\partial u}{\partial t} + [v + \frac{1}{2}c(b^2 - y^2)] \frac{\partial u}{\partial x} + v\left(\frac{\partial v}{\partial y} - cy\right) = \mu \nabla^2 u - \frac{\partial p'}{\partial x}, \\ \frac{\partial v}{\partial t} + [v + \frac{1}{2}c(b^2 - y^2)] \frac{\partial v}{\partial x} = \mu \nabla^2 v - \frac{\partial p'}{\partial y}, \\ \frac{\partial w}{\partial t} + [v + \frac{1}{2}c(b^2 - y^2)] \frac{\partial w}{\partial x} = \mu \nabla^2 w - \frac{\partial p'}{\partial z}, \end{array} \right.$$

wo $p' = p + g \cos I . y$. Eliminirt man u und v durch Differentation, so geben die Gleichungen (5)

$$2\left(\frac{\partial v}{\partial y} - cy\right)\frac{\partial v}{\partial x} = -\nabla^2 p',$$

und diese Gleichung liefert mit der zweiten von (5) zusammen eine Gleichung, welche unter Berücksichtigung geeigneter Anfangs- und Endbedingungen v und damit p, u, w bestimmt. Die einfacheren Gleichungsformen für $c = 0$, $F = a \cos \omega t$, $\mathfrak{F} = 0$ werden niedergeschrieben und befriedigt durch Annahme von $u = 0$, $v = 0$, $w = 0$, $p = 0$. Die Frage der Stabilität ist: „Kommt jede mögliche Lösung dieser (einfacheren) Gleichungen in endlicher Zeit so weit?“ Der Verfasser hält dies für wahrscheinlich, geht aber nicht auf die Untersuchung ein. Der Fall wird noch in Erwägung gezogen, bei welchem die beiden begrenzenden Ebenen mit constanter relativer Geschwindigkeit in Bewegung erhalten werden, mit Einschluss des Unterfalles, bei welchem die beiden Ebenen in Ruhe gehalten werden und die Bewegung der Flüssigkeit zwischen ihnen durch die Schwere veranlasst wird. Es wird gezeigt, dass in dem Unterfalle die stetige Bewegung gänzlich stabil ist, wie klein oder gross auch die Zähigkeit sei, und zwar ohne Beschränkung auf die zweidimensionale Bewegung der zulässigen Störungen.

Der vierte Artikel der Reihe ist dem Thema der Wasserströmung auf einem geneigten ebenen Grunde unter einer festen parallelen ebenen Decke (z. Eis) gewidmet, wobei beide Ebenen als nach allen Richtungen unendlich und die Schwere als constant angenommen sind. *Gibson.* (*Lp.*)

Die einzelnen Abhandlungen führen folgende Untertitel:

Sir WILLIAM THOMSON. On the stability of steady motion and of periodic fluid motion. Phil. Mag. (5) **23**, 459-464†.

— Maximum and Minimum energy in vortex motion. Phil. Mag. (5) **23**, 529-539†.

— Rectilineal Motion of viscous fluid between two parallel planes. Phil. Mag. (5) **23**, 188-196†.

— Broad River flowing down an inclined plane bed. Phil. Mag. (5) **24**, 272-278†; Beibl. **12**, 160†.

Sir W. THOMSON. On stationary waves in flowing water.

Phil. Mag. (5) **22**, 353, 445, 517; **23**, 52-58.

Die Classe der behandelten Themata schliesst die Wellengruppe ein, welche ein Schiff erzeugt, das durch ein ruhiges Wasser gleichförmig vorwärts getrieben wird. Man stelle sich Wasser vor, welches gleichförmig längs eines geraden Canals mit senkrechten Seitenwänden fliesst, und nehme an, dass zwischen zwei Lagen A und B kleine Unebenheiten sind, dass aber jenseit derselben der Boden eben ist. Ist a die Tiefe jenseit A, b die mittlere Tiefe jenseit B, f der Unterschied des Grundes bei A und B, so wird der An- oder Abstieg des Wasserspiegels durch die Gleichung gegeben:

$$y(= b - a - f) = \frac{fV^2/gD - (w + w')/gb}{1 - V^2/gD},$$

wo $D^3 = 2a^2b^2/(a+b)$, $V = M/D$ (M ist das Wasservolumen, das in der Zeiteinheit hindurchläuft) und w, w' Grössen sind, die von der Wellenstörung abhängen. In grossen Entfernungen jenseit B ist unter der Voraussetzung, dass keine Kräuselung der Oberfläche dort stattfindet,

$$y = \frac{fV^2/gD}{1 - V^2/gD}.$$

Ist daher $V^2 < gD$, so steigt die obere Fläche des Wassers an, wenn der Boden fällt, und fällt, wenn der Boden steigt, und das Umgekehrte findet statt, wenn $V^2 > gD$. Die ganze Horizontal-Componente des Flüssigkeitsdrucks gegen Unebenheiten im Boden wird danach aus der Betrachtung der bei der Erzeugung stationärer Wellen geleisteten Arbeit gefunden. Ist F die Summe der horizontalen Druckkräfte von den Unebenheiten auf die Flüssigkeit, U die mittlere horizontale Geschwindigkeit in einem Querschnitte von der Tiefe D, sind $\mathfrak{v}$, v die verticalen Componenten an der Oberfläche und an einem Punkte in der Tiefe y am Querschnitte, so ist:

$$F = \frac{\mathfrak{v}^4}{8} \frac{g - U^2 D/D_0^2}{\{g - U^2(D + D_0)/2D_0^2\}_2} + \frac{1}{2}\int_0^D v^2 dy.$$

Nimmt man $g = h \sin mx$ als die Gleichung der freien Oberfläche an Stellen, die fern von den Unebenheiten liegen, und setzt:

$$U^2 = \frac{g}{m}\frac{e^{mD} - e^{-mD}}{e^{mD} + e^{-mD}},$$

so wird der Ausdruck für F:

$$F = \tfrac{1}{4} gh^2 \left(1 - \frac{4mD}{e^{2mD} - e^{-2mD}}\right),$$

vorausgesetzt, dass U^2 erheblich kleiner als $2gD_0^2/(D + D_0)$ ist.

Der soeben hingesetzte Werth von F liefert das Mittel zur Berechnung des Widerstandes gegen ein Boot von beliebigen Abmessungen und Formen, wenn die Höhe der regelmässigen Wellen, welche ihm bei seinem Laufe im Canal stetig folgen, bekannt ist. Die Berechnung von h in dem Werthe für F bildet den Hauptttheil des Restes der Abhandlung, der manche interessanten Reihen und Integrale enthält. *Gibson. (Lp.)*

Sir W. THOMSON. On the formation of coreless vortices by the motion of a solid through an inviscid incompressible Fluid. Phil Mag. (5) **23**, 255-257†; [Cim. (3) **23**, 181 (1888); [Beibl. **11**, 615†; Proc. Roy. Soc. **42**, 83-86; Exner Rep. **23**, 559-566.

Bewegt sich eine Kugel mit der Geschwindigkeit V durch eine Flüssigkeit, so muss, wenn keine Trennung eintreten soll, der Druck im Unendlichen grösser als $\frac{5}{8} V^2$ sein. Wird der Druck plötzlich unter diese Grenze vermindert, so löst sich längs einer Zone die Flüssigkeit von der Kugel ab. An der hinteren Berührungslinie der neuen freien Oberfläche und der festen Kugel, fliesst relativ zur Kugel die Flüssigkeit theils vorwärts, theils rückwärts. Der vorwärts fliessende Theil muss die entstehende freie Oberfläche treffen, sodass zwei ringförmige Hohlräume entstehen, um welche die Flüssigkeit circulirt. Das weitere Verhalten hängt von dem Werthe des Ausdrucks $(\frac{5}{8} V^2 - P)/P$ ab. *F. K.*

Sir W. THOMSON. On the front and rear of a free procession of waves in deep Water. Proc. Edinb. **14**, 38-46; Phil. Mag. (5) **23**, 113-121†; [Cim. (8) **23**, 177 (188).

Der Verfasser formulirt und löst zunächst allgemein das

Problem der zweidimensionalen Wellenbewegung in einem Meere. Indem der Verfasser dann in die allgemeinen Formeln für die horizontale Coordinate sowie für die Zeit sehr grosse Werthe einsetzt, gelangt er zu Grenzwerthen, welche ihm Schlüsse bezüglich der Gestalt der Wellen erlauben. *F. K.*

A. E. LOVE. On recent english researches in Vortex motion. Math. Ann. **30**, 326-345.

Der Verfasser giebt eine eingehende Uebersicht der Untersuchungen englischer Mathematiker über die Wirbelbewegung.

Es werden zunächst die v. HELMHOLTZ'schen Fundamentalgesetze angegeben, dann gelangen die Speculationen Sir W. THOMSON's über die Wirbelbewegung und die Constitution der Materie zur Erörterung. Ferner bespricht der Verfasser im Anschluss an J. J. THOMSON die gegenseitige Einwirkung zweier Wirbelringe, welche für die Wirbeltheorie der Materie von besonderer Bedeutung ist. Es wird die Theorie erwähnt, welche HICKS bezüglich des Lichtäthers gegeben hat. Dann die Wirbeltheorie der Gravitation desselben Gelehrten. Es folgt weiter die Besprechung der eingehenden Untersuchungen, welche HICKS mit Hülfe der Toroidalfunctionen über die Bewegung eines Wirbelringes angestellt hat.

Endlich folgt die Angabe der Einzeluntersuchungen von GREENHILL, HILL, COATES, BASSET. *F. K.*

R. A. HERMANN. On the motion of two spheres in fluid and allied problems. Quart. J. **22**, 204-262.

R. A. HERMANN. On a problem in fluid motion. Quart. J. **22**, 370-381.

In den vorliegenden Abhandlungen bespricht der Herr Verfasser mehrere Aufgaben, welche mit der Bestimmung des Potentials zusammenhängen, wenn an den Oberflächen zweier Kugeln Grenzbedingungen zu erfüllen sind.

Es werden nach einander folgende Probleme der Hydrodynamik und Elektricitätslehre behandelt:

1) Bewegung einer Flüssigkeit, in der sich zwei Kugeln befinden, die in Richtung ihrer Centrale sich bewegen.

2) Bewegung der Flüssigkeit für den Fall, dass die Kugeln sich parallel und senkrecht zu der Centrale bewegen.

3) Das Geschwindigkeitspotential für Vibrationen der Oberfläche, sowohl für den Fall, dass die Mittelpunkte sich in Ruhe befinden, als auch für den Fall, dass sie sich bewegen.

4) Das Potential für zwei mit Elektricität geladene Kugeln.

5) Das magnetische Potential in einem Mittel, in welchem eine gleichmässige magnetisirende Kraft wirkt, und zwei kugelförmige Theile sich bezüglich der inductiven Capacität von dem Rest unterscheiden.

Die Methode ist für alle Aufgaben diejenige, dass die Lösung aus zwei Bestandtheilen zusammengesetzt wird. Bei den hydrodynamischen Problemen wird z. B. das Potential so zerlegt, dass der eine Bestandtheil dem Fall entspricht, dass nur eine Kugel beweglich, die andere in Ruhe ist, während dem zweiten Theile die Annahme zugehört, dass nur die zweite Kugel in Bewegung, die erste in Ruhe ist. Jeder einzelne Bestandtheil wird durch successive Correctur, indem abwechselnd die eine oder die andere Kugel berücksichtigt wird, in eine Reihe verwandelt, ein Verfahren, das schon früher von Anderen, wenn auch nur zur approximativen Berechnung angewendet wurde. Indem der Herr Verfasser ein Operationssymbol einführt, gelingt es ihm, das allgemeine Glied der gesuchten unendlichen Reihe wenigstens in symbolischer Form darzustellen. Nun lässt sich zwar dieser symbolische Ausdruck nicht für alle Probleme zu einer wirklichen Berechnung der einzelnen Glieder verwenden; beim ersten Problem erweist sich die Methode jedoch als brauchbar, und zwar wegen der nahen Beziehung der analytischen Operation zu derjenigen Abbildung durch Inversion bezüglich der beiden Kugeln, welche entsteht, indem erst das Bild J_1 des einen Kugelmittelpunktes A bezüglich der zweiten Kugel B, dann das Bild J_2 von J_1 bezüglich A, dann wieder das Bild J_3 von J_2 bezüglich B u. s. w. bestimmt wird. Nennt man α und β die Wurzeln der quadratischen Gleichung

$$x^2-(c^2-a^2-b^2)x+ab=0,$$

(a, b die Kugelradien, c die Centrale), so erhält man für die kinetische Energie die Formel:

$$P = \pi\varrho a^3 u_1^2 \left[\tfrac{1}{3} + \sum_{n=1}^{n=\infty}\left\{\frac{(\alpha-\beta)(ab)^n}{a^2(\alpha^n-\beta^n)+\alpha^{n+1}-\beta^{n+1}}\right\}^3\right]$$
$$+ \pi\varrho b^3 u_2^2 \left[\tfrac{1}{3} + \sum_{n=1}^{n=\infty}\left\{\frac{(\alpha-\beta)(ab)^n}{b^2(\alpha^n-\beta^n)+\alpha^{n+1}-\beta^{n+1}}\right\}^3\right]$$
$$+ 2\pi\varrho u_1 u_2 \left(\frac{ab}{c}\right)^3 \sum_{n=1}^{n=\infty}\left\{\frac{(\alpha-\beta)(ab)^{n-1}}{\alpha^n-\beta^n}\right\}^3.$$

Die zweite Aufgabe lässt sich nicht völlig durchführen; daher berechnet der Herr Verfasser die kinetische Energie nur bis auf Glieder von der Ordnung $\left(\frac{a}{c}\right)^{15}$.

Die Aufgaben aus der Elektricitätslehre unterscheiden sich bezüglich der Methode nicht von den besprochenen hydrodynamischen Aufgaben.

Schneiden sich die beiden fraglichen Kugeln unter einem Winkel, der ein rationaler Bruchtheil von $2R$ ist, so ist die Anzahl der Bilder eine endliche, und die unendlichen Reihen, welche beim ersten Problem auftreten, verwandeln sich in endliche Reihen. Es lässt sich also für die Bewegung eines der getroffenen Voraussetzung entsprechenden Körpers in Richtung seiner Axe ein geschlossener Ausdruck des Geschwindigkeitspotentiales finden. *F. K.*

A. B. Basset. On the motion of two spheres in a liquid and allied problems. Lond. M. S. Proc. 18, 369-377.

Der Herr Verfasser entwickelt für den Fall, dass sich zwei Kugeln in einer Flüssigkeit parallel und senkrecht zu ihrer Centrale mit den Geschwindigkeiten v_1 und v_2 bewegen, das Geschwindigkeitspotential durch Reihenentwicklungen. Dies führt ihn zu Werthen für die Coëfficienten der Energie

$$2T = A'v_1^2 + 2B'v_1 v_2 + C'v_2^2,$$
$$A' = m_1 + \tfrac{1}{2}M_1\left[1 + \frac{3a^3b^3}{c^6}\left\{\tfrac{1}{4} + \frac{b^2}{c^2} + \frac{9b^4}{4c^4} + \frac{b^3(a^3+64b^3)}{16c^6}\right\}\right],$$
$$C' = m_2 + \tfrac{1}{2}M_2\left[1 + \frac{3a^3b^3}{c^6}\left\{\tfrac{1}{4} + \frac{a^2}{c^2} + \frac{9a^4}{4c^4} + \frac{a^3(b^3+64a^3)}{16c^6}\right\}\right],$$

$$B' = \frac{\pi\varrho a^3 b^3}{c^3}\left\{1 + \frac{a^3 b^3}{4c^6} + \frac{a^3 b^3(a^2 + b^2)}{c^8}\right\}.$$

Hierin bedeuten m_1, m_2 die Massen, a, b die Radien der Kugeln, c ihre Centrale, ϱ die Dichtigkeit der Flüssigkeit, M_1, M_2 die verdrängten Massen.

Für die Bewegung in der Centrale hatte Hr. HICKS früher gefunden

$$2T = Au_1^2 - 2Bu_1 u_2 + Cu_2^2,$$

$$A = m_1 + \tfrac{1}{2}M_1\left\{1 + \frac{3a^3 b^3}{c^6}\left(1 + \frac{3b^2}{c^2} + \frac{6b^4}{c^4} + \frac{11b^6}{c^6}\right)\right\}.$$

$$B = \frac{2\pi\varrho a^3 b^3}{c^3}\left(1 + \frac{a^3 b^3}{c^6} + \frac{3a^3 b^3(a^2 + b^2)}{c^8}\right).$$

Wird jetzt

$$a = b, \quad u_1 = -u_2, \quad v_1 = v_2,$$

so ist an der Mittelebene offenbar die Flüssigkeit in Ruhe, und die lebendige Kraft ist bestimmt durch

$$T = (A + B)u_1^2 + (A' + B')v_1^2.$$

Es ist klar, dass für den Fall einer festen Wand und einer bewegten Kugel die lebendige Kraft halb so gross ist. Im Anschluss an diesen Ausdruck erörtert Hr. BASSET die abstossende oder anziehende Wirkung der Wand auf die Bewegung der Kugel.

Den Schluss bildet die Bestimmung des Potentials zweier elektrischen Kugeln im elektrischen Felde. *F. K.*

A. B. BASSET. Ueber die Bewegung eines flüssigen Ellipsoides unter dem Einfluss seiner eigenen Anziehung. Proc. Lond. Math. Soc. **17**, 256-263, 1886; [Beibl. **11**, 207-208†.

Für die Bewegung eines flüssigen Ellipsoids unter Einfluss seiner eigenen Anziehung hat RIEMANN die bekannten zehn Differentialgleichungen abgeleitet. Der Verfasser giebt nach dem Referat in den Beibl. eine neue Ableitung derselben mit Hülfe der dynamischen Methode, welche GREENHILL bei dem Problem der stationären Bewegung eines flüssigen Ellipsoids schon früher angewandt hat. *F. K.*

A. B. Basset. On the application of Lagranges equations to the motion of perforated solids in a liquid when there is circulation. Proc. Cambridge **6**, 117-126†; [Beibl. **12**, 434, 1888.

— On the application of Lagranges equations to the motion of a number of cylinders in a liquid, when there is circulation. Proc. Cambridge **6**, 135-144†.

Die kinetische Energie T eines Systems lässt sich bekanntlich in drei Formen ausdrücken: 1) nach Lagrange als homogene quadratische Function der verallgemeinerten Geschwindigkeiten, 2) nach Hamilton als Function der Bewegungsmengen, 3) als gemischte Function der Geschwindigkeiten und Bewegungsmengen. Für das in der ersten Ueberschrift behandelte Problem liegt zunächst die dritte Form vor; daraus entspringt die Aufgabe, für die Lagrange'sche Function T eine andere zu substituiren, aus welcher die Lagrange'schen Gleichungen abgeleitet werden können, ohne dass man die Geschwindigkeiten kennt. Die Function soll so bestimmt werden, dass sie berechnet werden kann, wenn man das Geschwindigkeitspotential der Flüssigkeit kennt. Zu dem Zweck wird das Routh'sche Princip der Ignoration der Coordinaten herangezogen und eine Lagrange'sche Function in der Form

$$L = \mathfrak{T} + \Sigma(Xu) - K + V$$

gefunden. Hierin ist $\mathfrak{T}$ die kinetische Energie, welche aus der Bewegung der festen Körper allein hervorgeht, u eine der componirenden Geschwindigkeiten des festen Körpers, X die verallgemeinerte Componente der Bewegungsmenge, welche u entspricht, K die kinetische Energie der cyklischen Bewegung allein, V das Potential der äusseren Kräfte.

Berechnet man die obige Function für den Fall einer Anzahl von Cylindern in einer unendlichen Flüssigkeit, so findet man, dass einzelne Glieder unendlich werden. In der zweiten Abhandlung wird daher ein Verfahren angegeben, welches diese Schwierigkeit vermeidet und es werden die Specialfälle eines und zweier elliptischen Cylinder behandelt. Das mathematische lässt sich nicht wohl im Auszug wiedergeben. *Bde.*

A. B. Basset. On the motion of a ring in an infinite liquid. Proc. Cambridge 6, 47-60†; [Beibl. 12, 436, 1888.

Berichtigungen dazu. Proc. Cambr. 6, 126.

Vorausgesetzt wird, dass sich die Flüssigkeit cyklisch und irrotational durch die Oeffnung des Ringes bewegt. Der Verfasser untersucht Specialfälle auf Grund der von Sir W. Thomson im Phil. Mag. 1871 gegebenen und von Lamb in seinem Treatise on the motion of fluids weiterentwickelten Theorie. Erst werden einzelne Fälle besprochen, in denen entweder die Flüssigkeit oder der Ring von Impulsivkräften ergriffen wird; dann werden die Stabilitätsbedingungen für die Bewegung des Ringes untersucht, wenn derselbe 1) sich parallel seiner Axe in der Richtung der cyklischen Bewegung verschiebt, 2) wenn er durch ein Paar um einen Durchmesser seiner circularen Axe angestossen wird und gleichzeitig einen Impuls in der Richtung erhält, welche der cyklischen Bewegung entgegengesetzt ist, 3) wenn er eine beliebige Winkelgeschwindigkeit um seine Axe hat, wenn er ferner durch ein Paar um eine beliebige Axe angestossen wird, und wenn endlich ein translatorischer Stoss in derjenigen Ebene zugefügt wird, in welcher die Axen des Ringes und des Paares liegen. *Bde.*

E. Sundberg. Rotationskroppars Hydrodynamik. Diss. Upsala.

Im ersten Theil der Abhandlung giebt der Verfasser eine einfache Darstellung der Bewegungsgleichungen eines festen mehrfach zusammenhängenden Körpers in einer unbegrenzten Flüssigkeit ohne Anwendung des Hamilton'schen Princips. Im zweiten Theil untersucht er die Bedingungen, damit die Gleichung, die das Geschwindigkeitspotential eines Rotationskörpers erfüllen muss, nach Einführung der orthogonalen Coordinaten u, v, θ (θ ist der Winkel zwischen zwei Meridianschnitten), wo $u = u_0$ die Gleichung der Rotationsfläche ist, ein Integral von der Form

$$\frac{1}{\varrho} \cdot P(u) \cdot Q(v) \cdot R(\theta)$$

haben muss. (ϱ ist der Abstand des Punktes (x, y, z) von der Rotationsaxe.) Es ergiebt sich, dass der Meridianschnitt eine besondere Form haben muss, und dass dann die Bestimmung des Geschwindigkeitspotentials auf die Differentialgleichung

$$\frac{d^2y}{dx^2} = \{k^2(n-\tfrac{1}{4})\operatorname{sn}^2 x + h\} y$$

zurückgeführt werden kann. Particuläre Integrale werden für

$$n = 0, \quad k < 1 \quad \text{und} \quad \operatorname{sn}^2 x < 1$$

dargestellt. Als Beispiel wird zuletzt das eindeutige Geschwindigkeitspotential eines kreisförmigen Ringes ausgewerthet. *F. K.*

F. KÖTTER. Ueber eine Verallgemeinerung eines hydrodynamischen Theorems von Lejeune Dirichlet. Berl. phys. Ges. Verh. 6, 93-97.

Die Oberfläche eines festen Körpers, der sich in einer Flüssigkeit bewegt, habe in Bezug auf zwei sich rechtwinklig schneidende Axen den hydrodynamischen Charakter einer Rotationsfläche, d. h. durch jede dieser Axen sollen sich mindestens zwei Paare senkrecht auf einander stehender Symmetrie-Ebenen legen lassen. Von einem derartig begrenzten Körper wird gesagt, „seine Gestalt habe den hydrodynamischen Charakter der Kugel“. Ueber einen solchen Körper wird ausser einem anderen Theoreme zuletzt das folgende bewiesen: „In einer schweren und incompressibeln, reibungslosen Flüssigkeit bewegt sich der Schwerpunkt einer gegebenen festen Masse M, deren Begrenzung den hydrodynamischen Charakter der Kugel hat, und der von ihr mitgeführten Masse M' in einer Parabel mit einer vertical abwärts gerichteten Beschleunigung

$$g(M - M'') / (M + M'),$$

wenn M'' die Masse der von dem Körper verdrängten Flüssigkeit bezeichnet; um diesen Punkt rotirt der feste Körper so, wie im leeren Raume ein gewisser schwerer Körper um einen von seinem Schwerpunkte verschiedenen befestigten Punkt“. *Lp.*

G. H. Halphen. Sur le mouvement d'un solide dans un liquide. C. R. 104, 807-811.

Drückt man nach Clebsch die lebendige Kraft eines von einem festen Körper und einer umgebenden Flüssigkeit gebildeten Systems, statt durch die Geschwindigkeitscomponenten U, V, W, P, Q, R des festen Körpers, durch die Grössen

$$x_1 = \frac{\partial T}{\partial U}, \quad x_2 = \frac{\partial T}{\partial V}, \quad x_3 = \frac{\partial T}{\partial W},$$
$$y_1 = \frac{\partial T}{\partial P}, \quad y_2 = \frac{\partial T}{\partial Q}, \quad y_3 = \frac{\partial T}{\partial R}.$$

aus, so wird T eine quadratische Function dieser sechs Grössen. In der vorliegenden Note handelt es sich um einen integrablen Fall des Problems, in welchem die lebendige Kraft durch passende Wahl der Axen auf

$$T = \tfrac{1}{2}p(x_1^2 + x_2^2) + \tfrac{1}{2}p'x_3^2 + q(x_1 y_1 + x_2 y_2) + q'x_3 y_3 + \tfrac{1}{2}r(y_1^2 + y_2^2) + \tfrac{1}{2}r'y_3^2$$

gebracht werden kann. Der Verfasser theilt ohne Beweis das Theorem mit, dass man die Bewegung des Körpers zerlegen kann in eine gleichmässige Schraubenbewegung um eine feste Axe im Raum, eine gleichmässige Drehung um eine in dem Körper feste Axe und in eine periodische Bewegung.

Ferner theilt der Verfasser ebenfalls ohne Beweis ein Gesetz mit, nach welchem die Rotation des Körpers in einer Flüssigkeit, ähnlich wie die eines schweren Körpers im leeren Raum, zerlegt werden kann, nämlich in zwei sogenannte Poinsot'sche Bewegungen und in eine Rotation um eine in dem Körper feste Axe. Bezüglich der genaueren Fassung des Gesetzes muss auf die Abhandlung selbst verwiesen werden. *F. K.*

Couette. Oscillations tournantes d'un solide de révolution en contact avec un fluide visqueux. C. R. 105, 1064-1067.

In einer reibenden Flüssigkeit werde ein fester Körper durch ein Drehungsmoment $A\lambda$ bewegt, welches proportional seiner Elongation λ ist. Der Einfluss der Flüssigkeit zeigt sich in einer scheinbaren Vermehrung des Trägheitsmomentes J um die Grösse C und in einem Widerstande proportional der Winkelgeschwindigkeit gleich $B \frac{d\lambda}{dt}$. Die Elongation des festen Körpers ist als Function der Zeit gegeben durch die Gleichung:

$$\lambda = \lambda_0 e^{-\mu t}\left(\cos 2\pi \frac{t}{T} + \frac{\mu T}{2\pi} \sin 2\pi \frac{t}{T}\right).$$

Sind x, y Functionen der Coordinaten r, z eines Flüssigkeitstheilchens, welche zwei partiellen Differentialgleichungen genügen, an der Oberfläche des festen Körpers den Werth Null haben und im Unendlichen unendlich klein werden, so wird die Elongation des fraglichen Flüssigkeitstheilchens durch die Gleichung

$$\psi = \lambda_0 e^{-x} e^{-\mu(t-y)}\left(\cos \frac{2\pi}{T}(t-y) + \frac{\mu T}{2\pi} \sin \frac{2\pi}{T}(t-y)\right)$$

bestimmt. Zwischen A, B, C, μ und T bestehen zunächst die Gleichungen:

$$(2) \qquad B = 2(J + C)\mu,$$

$$(3) \qquad A = (J + C)\left(\frac{4\pi^2}{T^2} + \mu^2\right).$$

Ferner hat man für B und C die über den halben Meridian zu erstreckenden Integrale

$$B = 2\pi\varepsilon \int r_0^3 \left(\frac{\partial x}{\partial n}\right)_0 ds, \quad C = 2\pi\varepsilon \int r_0^3 \left(\frac{\partial y}{\partial n}\right)_0 ds,$$

(ε Coëfficient der innern Reibung.)

Bezeichnet man mit m' und n' Constanten aus den Gleichungen

$$(13) \qquad m'^2 - m' = \left(\frac{4\pi^2}{T^2} + \mu^2\right) n'^2,$$

$$(14) \qquad 2m'n' - n' - \frac{\varrho}{\varepsilon} = 2\mu n'^2,$$

mit R den Krümmungsradius des Meridians und mit S das Integral

$$S = \int\left(\frac{1}{R} + \frac{3\cos(nr)}{r_0}\right) r_0^3\, ds.$$

so kann man auch schreiben

$$(15)\qquad B = 2\pi S \varepsilon m',$$

$$(16)\qquad C = 2\pi S \varepsilon n'.$$

Zwischen den neun Grössen J, A, B, C, μ, T, m', n', ε bestehen also sechs Gleichungen; kennt man drei von diesen Grössen, so kann man die sechs übrigen berechnen. *F. K.*

H. J. SHARPE. Motion of compound bodies through liquids. Quart. J. **22**, 262-268; Edinb. Proc. **14**, 29-36.

Der Aufsatz bezieht sich auf Flüssigkeitsbewegung in einem Gebiet von zwei Dimensionen, in welchem die festen Grenzen durch eine Linie gebildet werden, die aus verschiedenen Bestandtheilen zusammengesetzt ist, z. B. einem Halbkreise und einer anderen Linie, und ähnliche Aufgaben für ein Gebiet von drei Dimensionen. Um einen Begriff von der Art der hier behandelten Aufgaben zu geben, wollen wir das schon angeführte Beispiel in Kürze wiederholen. Für eine Bewegung in einem Gebiet von zwei Dimensionen ist das Geschwindigkeitspotential der reelle Theil einer Function von $z = x + iy = re^{i\theta}$, deren imaginärer Theil, constant gesetzt, die Gleichung der Stromlinien liefert. Bei passender Wahl dieser Function des complexen Argumentes geht ihr imaginärer Bestandtheil über in:

$$\theta - \frac{\pi}{2}\frac{r}{a}\sin\theta + \frac{2}{1.2.3}\frac{a^2}{r^2}\sin 2\theta - \frac{2}{3.4.5}\frac{a^4}{r^4}\sin 4\theta + \frac{2}{5.6.7}\frac{a^6}{r^6}\sin 6\theta + \cdots$$

Setzen wir hierin $r = a$, so verschwindet dieser Ausdruck für jeden Werth θ zwischen $-\frac{1}{2}\pi$ und $+\frac{1}{2}\pi$; und also kann bei der bezeichneten Wahl der durch diese Grenzen bestimmte Halbkreis als Strömungslinie betrachtet und durch eine feste Grenze ersetzt werden. Zu derselben Strömungslinie gehören dann andere Bestandtheile, gegeben durch die Gleichung

$$\theta - \frac{\pi}{2}\frac{r}{a}\sin\theta + \frac{2}{1.2.3}\frac{a^2}{r^2}\sin 2\theta - \frac{2}{3.4.5}\frac{a^4}{r^4}\sin 4\theta \pm \ldots = 0.$$

Im Punkte $\theta = +\frac{1}{2}\pi$ berührt die Linie den vorerwähnten

Halbkreis und hat dort a zum Krümmungsradius. Für $\theta = \pm \pi$ wird r unendlich, und zwar derart, dass $r \sin \theta = \pm 2a$ wird. Die Parallelen zur Halbirungslinie des Halbkreises, welche von letzterer die Abstände $\pm 2a$ haben, berühren also die fragliche Linie asymptotisch. Damit ist für den besprochenen Fall gewonnen, was der Herr Verfasser einen „compound body" nennt. Im Unendlichen strömt dabei die Flüssigkeit senkrecht zum Durchmesser des Halbkreises gegen die convexe Seite des letzteren. Statt dessen kann natürlich auch angenommen werden, dass die Flüssigkeit im Unendlichen ruht, und der construirte Körper sich bewegt. Aehnlich behandelt wird der Fall, dass an Stelle des Halbkreises eine halbe Ellipse tritt. Endlich wird noch der entsprechende Fall in einem Gebiet von drei Dimensionen erörtert, wo an Stelle des Halbkreises natürlich eine Halbkugel tritt. *F. K.*

F. Kötter. Ueber die contractio venae bei spaltförmigen und kreisförmigen Oeffnungen.
Hoppe Arch. (2) **5**, 392-417.

Der Verfasser kritisirt zunächst die früheren Versuche, den sogenannten Ausflusscoëfficienten theoretisch zu ermitteln. Er bespricht nach einander die Arbeiten von Bidone (Mem. di Torino **34**, 1830), Bayer (Crelle, Journal der Baukunst **25**, 1847), Navier (Leçons lithographiées de l'École des ponts et chaussées, 1829), sowie von Boussinesq (C. R. **70**, cf. F. d. M. **2**, 1869—1870, 738) und erörtert, weshalb die Resultate der zuerst genannten drei Arbeiten, die sich sämmtlich auf specielle Hypothesen über die Natur der Flüssigkeitsbewegung in der Nähe der Oeffnung stützen, unhaltbar sind, während das Urtheil über die Arbeit von Boussinesq dahin ausfällt, dass ihr Ergebniss die Herstellung mehr oder minder brauchbarer Interpolationsformeln für die locale Ausflussgeschwindigkeit sei, dass damit aber nicht der Ausflusscoëfficient theoretisch bestimmt werde.

Während diese Versuche als misslungen zu betrachten sind, ergiebt sich eine befriedigende Ableitung des in Rede stehenden Coëfficienten für einen speciellen Fall aus der Helmholtz-Kirch-

HOFF'schen Theorie der Flüssigkeitsstrahlen. Es lässt sich nämlich zeigen, dass die Bedingungen, von welchen das Geschwindigkeitspotential einer schweren, durch eine sehr schmale spaltförmige Oeffnung im Boden eines Gefässes ausfliessende Flüssigkeit abhängt, in der Nähe der Oeffnung identisch sind mit den Bedingungen, welche in einem von KIRCHHOFF (Mechanik, Vorl. 22, § 3) behandelten Beispiele die stationäre Bewegung einer Flüssigkeit, auf die keine Kräfte wirken, in einem Raum von zwei Dimensionen bestimmen. Herr KÖTTER reproducirt das erwähnte KIRCHHOFF'sche Problem in modificirter Darstellung und findet daraus für den Ausflusscoëfficienten einer spaltförmigen Oeffnung den Werth

$$\frac{\pi}{2+\pi} = 0,\ 611\ \ldots,$$

ein Resultat, das, wie auch erwähnt wird, zuerst Lord RAYLEIGH (Philosoph. Mag. (5) **2**, 1876) aus den KIRCHHOFF'schen Formeln abgeleitet hat.

Zum Schluss ermittelt Herr KÖTTER für sehr kleine kreisförmige Oeffnungen eine obere und untere Grenze, zwischen denen der Ausflusscoëfficient liegt. Zu dem Zwecke stellt er die Gleichung auf, welche ausdrückt, dass die Resultante der äusseren Kräfte, die auf einen gewissen an der Oeffnung liegenden Theil der Flüssigkeit während der Zeit dt wirken, gleich ist dem während derselben Zeit erfolgenden Zuwachs des Bewegungsmomentes. Er vereinfacht ferner die Gleichung durch Vernachlässigung von Gliedern, die sehr klein gegen die Grösse der Oeffnung sind. Auf der rechten Seite der so vereinfachten Gleichung steht das Glied

$$\text{(a)}\qquad \tfrac{1}{2}\varepsilon\int d\omega\,.\,V^2,$$

worin ε die Dichtigkeit, $d\omega$ ein Element der die Oeffnung umgebenden festen Wand, V die Geschwindigkeit an der Stelle $d\omega$ bedeutet. Lässt man dies Glied fort, so ergiebt die in Rede stehende Gleichung unmittelbar, dass der Ausflusscoëfficient α grösser als $\frac{1}{2}$ ist. Behält man das Integral (a) bei und ersetzt darin V durch einen kleineren Werth, der sich aus dem BOUSSINESQ'schen Ausdruck für das Geschwindigkeitspotential einer durch eine kreisförmige Oeffnung ausfliessenden Flüssigkeit ergiebt, so folgt:

$$\alpha > \tfrac{1}{2} + \tfrac{1}{8}\alpha^2, \quad \text{d. h.} \quad \alpha > 0,536.$$

Durch Entwickelung von V nach fallenden Potenzen des Abstands vom Mittelpunkte der Oeffnung ergiebt sich andrerseits eine obere Grenze

$$\alpha < 0,71.$$

Die dabei benutzte Entwickelung von V folgt ebenfalls aus der Formel von Boussinesq. *Wn.*

F. Kötter. Ueber die theoretische Bestimmung des Ausflusscoëfficienten für spaltförmige Oeffnungen. Berl. phys. Ges. Verh. **6**, 40-43.

Lord Rayleigh hat den Coëfficienten für die contractio venae $\frac{\pi}{\pi+2}$ ohne Beweis von dem Falle spaltförmiger Oeffnungen bei einer ohne Einwirkung äusserer Kräfte zu Stande kommenden Flüssigkeitsbewegung auf den durch die Schwere hervorgerufenen Ausfluss der Flüssigkeit aus Gefässen übertragen. Der in Lord Rayleigh's Abhandlung (Phil. Mag. (5) **2**, 441-447, 1876) fehlende Beweis wird hier geführt und auf solche Oeffnungen ausgedehnt, welche von zwei parallelen krummen Linien begrenzt sind. (Vgl. das Ref. S. 371.) *Lp.*

J. Boussinesq. Sur la théorie de l'écoulement par un déversoir en mince paroi, quand il n'y a pas de contraction et que la nappe déversante est libre en dessous. C. R. **105**, 17-22; [Cim. (3) **23**, 67, 1888; [Beibl. **12**. 164, 1888.

J. Boussinesq. Sur la théorie des déversoirs en mince paroi et à nappe soit déprimée, soit soulevée, c'est-à-dire soumise inférieurement à une pression constante plus petite ou plus grande que celle de l'atmosphère exercée au-dessus. C. R. **105**, 585-590.

J. Boussinesq. Sur la théorie des déversoirs épais, ayant leur seuil horizontal et évasé ou non à son entrée. C. R. **105**, 632-638.

J. Boussinesq. Sur une forme de déversoir en mince paroi, analogue à l'ajutage rentrant de Borda, pour laquelle le relèvement de la face inférieure de la nappe liquide, à la sortie du déversoir, peut être déterminé théoriquement. C. R. **105**, 697-702.

In den vorliegenden Noten behandelt der rühmlichst bekannte französische Gelehrte die durch den Titel vorläufig genügend gekennzeichneten Probleme der hydraulischen Praxis in einer äusserst interessanten Weise, welche gewiss in praktischer Hinsicht befriedigend genug ist, wenn sie auch für denjenigen, der die Hydrodynamik vom rein wissenschaftlichen Standpunkt betrachtet, nicht unbedenklich erscheint. Denn der Herr Verfasser bedient sich bei seiner Untersuchung gewisser, zwar recht plausibler, aber doch nicht streng erwiesener Voraussetzungen, was bei der Dringlichkeit der praktischen Anforderungen und der Ohnmacht der strengen wissenschaftlichen Hydrodynamik gegenüber diesen Forderungen zulässig erscheint, aber doch andererseits den wissenschaftlichen Werth der gewonnenen Resultate herabdrückt.

Es wird zunächst für das Problem (den Abfluss des Wassers durch eine Oeffnung in dünner Wand) die Bernoulli'sche Gleichung

$$(1) \qquad \frac{V^2}{2g} + \frac{p}{\varrho \cdot g} + z = h$$

aufgestellt, in welcher ϱ die Dichtigkeit bezeichnet, g die Gravitationsconstante, z den Abstand eines Flüssigkeitstheilchens von dem horizontalen Boden, V die Geschwindigkeit dieses Theilchens, p den zugehörigen Druck und endlich h die Tiefe des Wassers in solcher hinreichenden Entfernung, dass man die Geschwindigkeit an dieser Stelle vernachlässigen kann.

Den weiteren Voraussetzungen wird jetzt die Annahme zu Grunde gelegt, dass in dem contrahirten Querschnitt, welcher vertical angenommen wird, die einzelnen Stromlinien einen gemeinschaftlichen Krümmungsmittelpunkt haben. Es wird dies gerechtfertigt durch den Hinweis auf die von oben nach unten zunehmende Krümmung der einzelnen Stromlinien. Ist die Erhebung der untersten Stromlinie über den Boden gleich ε, ihr Krümmungsradius gleich R_0, so ist der Krümmungsradius einer beliebigen Stromlinie

$$R = R_0 + z - \varepsilon.$$

Für die Beschleunigung in Richtung der z-Axe erhält man den Werth

$$-\frac{V^2}{R},$$

und es gilt also die Gleichung

$$(2) \quad \frac{1}{\varrho}\frac{\partial p}{\partial z} = -g + \frac{V^2}{R_0 + z - \varepsilon},$$

woraus in Combination mit (1) folgt

$$V(R_0 + z - \varepsilon) = \text{const.}$$

Für die untere Grenzfläche sowohl, als für die obere, für welche $z = \varepsilon + \eta$ ist (η Dicke des contrahirten Strahles), ist nun der Druck gleich Null und also die Geschwindigkeit gleich

$$\sqrt{2g(h-\varepsilon)} \quad \text{resp.} \quad \sqrt{2g(h-\varepsilon-\eta)},$$

sodass man erhält

$$\frac{\sqrt{h-\varepsilon-\eta}}{\sqrt{h-\varepsilon}} = \frac{R_0}{R_0+\eta} \quad \text{oder} \quad R_0 = \frac{\eta\sqrt{h-\varepsilon-\eta}}{\sqrt{h-\varepsilon}-\sqrt{h-\varepsilon-\eta}},$$

oder, wenn

$$(6) \quad \eta = (1-k^2)(h-\varepsilon)$$

gesetzt wird,

$$(7) \quad R_0 = (k+k^2)(h-\varepsilon).$$

Für einen beliebigen Werth z ergiebt sich die Geschwindigkeit

$$(4) \quad V = \sqrt{2g(h-\varepsilon)}\frac{R_0}{R_0+z-\varepsilon}.$$

Setzt man diesen Werth in (2) ein, so kann man leicht die Stelle bestimmen, für welche p ein Maximum wird. Für diese ist nämlich

$$\frac{\partial p}{\partial z} = 0;$$

man erhält demnach für das z dieser Stelle die Gleichung

$$(8^a) \quad z - \varepsilon = 2\left[\left(\frac{k+k^2}{2}\right)^{\frac{2}{3}} - \frac{k+k^2}{2}\right](h-\varepsilon)$$

und für den Maximalwerth von p selbst:

$$(8^b) \quad p = \left[1 - 3\left(\frac{k + k^2}{2}\right)^{\frac{2}{3}} + 2\left(\frac{k + k^2}{2}\right)\right](h - \varepsilon)\varrho g.$$

Um nun den unbekannten Werth k zu bestimmen, bedient sich Herr Boussinesq eines Princips, welches Belanger zuerst ausgesprochen und angewandt hat, nämlich der Annahme, dass die Ausflussmenge so gross als möglich sein müsse. Diese Ausflussmenge ergiebt sich pro Längeneinheit der Oeffnung durch

$$q = \int_\varepsilon^{\varepsilon+\eta} V dz = \sqrt{2g(h-\varepsilon)}\, R_0 \log\left(\frac{R_0 + \eta}{R_0}\right),$$

$$q = \sqrt{2g(h-\varepsilon)^3}\,(k + k^2) \log \frac{1}{k}.$$

Demgemäss wird für k die Wurzel der Gleichung

$$\frac{\partial q}{\partial k} = 0$$

oder, was dasselbe besagt, die Wurzel der Gleichung

$$\log\left(\frac{1}{k}\right) = \frac{1+k}{1+2k}$$

gesetzt, deren numerischer Werth 0.46854 ist. Unter Benutzung dieses Werthes erhält man

$$\eta = 0.7805\,(h-\varepsilon),$$
$$R_0 = 0.6881\,(h-\varepsilon),$$
$$q = 0.5216\,\sqrt{2g}\,(h-\varepsilon)^{\frac{3}{2}}.$$

Will man die Ausflussmenge in Dubuat'scher Form darstellen, d. h. durch die Gleichung

$$q = mh\sqrt{2gh},$$

so erhält man für den Druckcoëfficienten den Werth

$$m = 0.5216\left(1 - \frac{\varepsilon}{h}\right)^{\frac{3}{2}}.$$

Das Verhältniss $\frac{\varepsilon}{h}$ ist experimentell zu bestimmen.

In der letzten Note entwickelt der Verfasser einen theoretischen Werth für $\frac{\varepsilon}{h}$ und zwar auf folgendem Wege. Die Bewegungsgrösse der Flüssigkeitsmenge, welche in dem Zeitelement dt durch den contrahirten Querschnitt geht, ist

$$\varrho\, dt \int_{\varepsilon}^{\varepsilon+\eta} V^2\, dz.$$

In horizontaler Richtung wirken auf diese flüssige Masse der Druck in dem contrahirten Querschnitt

$$\int_{\varepsilon}^{\varepsilon+\eta} p\, dz$$

und der Druck in dem Querschnitt von der Höhe h, d. h. der Druck $\frac{1}{2} g\varrho h^2$, so dass man eigentlich die Gleichung hätte

$$\varrho \int_{\varepsilon}^{\varepsilon+\eta} V^2\, dz = \tfrac{1}{2}\varrho g h^2 - \int_{\varepsilon}^{\varepsilon+\eta} p\, dz.$$

Um dem Einfluss der äusseren Reibung Rechnung zu tragen, welche in unserem Falle günstig auf die Bewegungsgrösse wirken soll, fügt der Verfasser rechts ein Correctionsglied in der Form $\varrho g h^2 f$ hinzu, wo f ein sehr kleiner echter Bruch ist, so dass die Gleichung lautet:

$$\varrho \int_{\varepsilon}^{\varepsilon+\eta} V^2\, dz = \tfrac{1}{2}\varrho g h^2(1+2f) - \int_{\varepsilon}^{\varepsilon+\eta} p\, dz.$$

Unter Benutzung der verschiedenen Gleichungen der ersten Abhandlung erhält der Herr Verfasser hieraus die Gleichung

$$h^2(1+2f) = (h-\varepsilon)^2(1-k)(1+k)^3,$$

woraus dann mit Benutzung des ermittelten Werthes von k folgt

$$\frac{\varepsilon}{h} = 0.2292 - 0.77\, f.$$

Der zweite Theil, meint der Herr Verfasser, könne kaum bis zum Werthe 0.01 anwachsen, und er glaubt daher setzen zu dürfen

$$\frac{\varepsilon}{h} = 0.22.$$

Diese Angaben werden genügen, um ein Bild des von dem Herrn Verfasser eingeschlagenen Weges zu liefern; es wird daher zur Kennzeichnung des Inhalts der zweiten und dritten Abhandlung hinreichen, wenn wir angeben, dass dort der Fall behandelt wird, in welchem die obere und die untere Seite des Strahles ungleichen Druck erleiden. In einer Anmerkung zur vierten Abhandlung wird dann auch für diese Fälle $\frac{\varepsilon}{h}$ berechnet.

F. K.

E. KOBALD. Ueber ein neues Ausflussproblem.

Wien. Ber. **96**, 592-603.

Der Herr Verfasser betrachtet den Ausfluss einer zähen Flüssigkeit durch eine seitliche Mündung, welche begrenzt wird von zwei parallelen verticalen Glaswänden, die eben so hoch sind als das Gefäss selbst. Unten seien die beiden Platten wasserdicht verkittet. Die Bewegung der Flüssigkeit durch diesen Ausflussapparat wird unter Zugrundelegung der KIRCHHOFF'schen Formeln und Entwickelungen behandelt und zwar unter der Voraussetzung, dass der Boden des Gefässes eben ist, dass ferner die Flüssigkeit in die Mündung parallel den Schnittlinien der begrenzenden Glaswände und des Gefässbodens eintritt. Bedient man sich eines Coordinatensystems, dessen (yz)-Ebene mit der einen der begrenzenden Glaswände, dessen (xz)-Ebene mit der Eintrittsebene der Mündung zusammenfällt, so wird von den drei Geschwindigkeitscomponenten die eine $u = 0$; die beiden anderen lassen sich setzen

$$v = X\frac{\partial\varphi}{\partial y}, \qquad w = X\frac{\partial\varphi}{\partial z},$$

wo φ von y und z derart abhängt, dass

$$\frac{\partial^2\varphi}{\partial z^2} + \frac{\partial^2\varphi}{\partial y^2} = 0$$

ist, wo ferner X eine Function von x ist, derart dass

$$\frac{d^2X}{dx^2} = \text{Const.}$$

ist. Bezeichnet man mit λ den oberflächlichen Gleitungsmodul, so erhält man als Grenzbedingungen für die beiden Glaswände

$$k\frac{\partial v}{\partial x} = \lambda v, \qquad k\frac{\partial w}{\partial x} = \lambda w,$$

welche sich auf die eine Bedingung $k\frac{dX}{dx} = \lambda X$ reduciren, und schliesslich ergiebt sich, wenn b der Abstand der beiden Glasplatten ist, der folgende Ausdruck:

$$X = c\left\{x^2 + \left(\frac{2k}{\lambda} - b\right)x + \frac{k}{\lambda}\left(\frac{2k}{\lambda} - b\right)\right\}.$$

Für die Einflussstelle, d. h. für $y = 0$, muss sein $\frac{\partial \varphi}{\partial z} = 0$, und für den Boden der Oeffnung, d. h. für $z = h$, muss sein

$$w = \frac{\partial \varphi}{\partial z} = 0 \quad \text{und} \quad v = \frac{2k}{\lambda}\frac{\partial v}{\partial z},$$

d. h. auch

$$\frac{\partial \varphi}{\partial y} = 0.$$

Der Herr Verfasser setzt nun für φ eine Reihe

$$\varphi = \Sigma A_n \left(e^{\frac{(2n-1)\pi y}{2h}} - e^{-\frac{(2n-1)\pi y}{2h}}\right) \sin\frac{(2n-1)\pi z}{2h} + By,$$

welche alle Bedingungen befriedigt mit Ausnahme der einen, dass $\frac{\partial \varphi}{\partial y} = 0$ für $z = h$ sein soll. Um diesen Uebelstand zu beseitigen, setzt der Herr Verfasser

$$v = fX\frac{\partial \varphi}{\partial y}, \qquad w = fX\frac{\partial \varphi}{\partial z},$$

wo f ein discontinuirlicher Factor, z. B.

$$f = \frac{2}{\pi}\int_0^\infty \sin u \cos\left(\frac{uz}{h-\varepsilon}\right)\frac{du}{u}$$

ist; dann ist f, so lange $0 \leqq z \leqq h - \varepsilon$ ist, gleich 1, für grössere Werthe hingegen $f = 0$. Und dann ist also thatsächlich $v = 0$ für $z = h$. Dafür werden aber v, w für $z = h - \varepsilon$ unstetig, und es entsteht die Frage, welche vom Herrn Verfasser völlig ignorirt wird, ob die Druckcomponenten an der Unstetigkeitsstelle die Bedingungen erfüllen, welche erfüllt werden müssen. Ferner muss man doch, wenn die Lösung eine bestimmte sein soll, fragen, wie gross ε ist; die von dem Verfasser angegebene Bestimmung, ε solle unendlich klein sein, ist nach Meinung des Referenten völlig unzureichend. Im übrigen wird hiervon gar kein weiterer Gebrauch gemacht, sondern einfach die obige Lösung beibehalten. In derselben werden die Coëfficienten durch die Bedingung bestimmt, dass in der Austrittsebene, für welche $y = l$ sein möge, der Druck gleich dem Atmosphärendruck sein soll. Zum Schluss wird die Gleichung der freien Oberfläche aufgestellt, d. h. die Gleichung derjenigen Strömungslinie, welche durch den Punkt $z = 0$, $y = 0$ geht. Setzt man in dieselbe für y den Werth l ein, so erhält man eine Gleichung zur Bestimmung des zugehörigen z, d. h. der Depression δ. Dass an der freien Oberfläche auch Bedingungen zu erfüllen sind, kommt nirgends zur Sprache. *F. K.*

H. BAZIN. Expériences nouvelles sur l'écoulement en déversoir. C. R. **105**, 212-215.

Der Herr Verfasser setzt die abfliessende Wassermenge Q bei einem Wehr von der Höhe p und der Breite l und bei einer Druckhöhe h in der Form an

$$Q = Mhl(\sqrt{2gh})\left(1 + \frac{kh^2}{(h+p)^2}\right),$$

in welcher m und k Coëfficienten sind. Seine Experimente lieferten für k den Werth 0.55 und für M, abgesehen von zu kleinen Werthen h, den Werth 0.42. *F. K.*

J. HOPKINSON, D. EDWARDES. Solution of question 6317. Ed. Times **46**, 72-73.

Eine zähe Flüssigkeit befindet sich in dem Raume zwischen zwei unendlichen parallelen Ebenen, von denen die eine fest steht, die andere parallel zur Anfangslage eine einfache harmonische Bewegung $A\cos nt$ besitzt. Die an der festen Ebene entstehende Tangentialkraft hat einen grössten Werth $2A\lambda\mu n(\cos h2\lambda l - \cos 2\lambda l)^{-\frac{1}{2}}$ auf der Flächeneinheit, wenn l der Abstand der beiden Ebenen,

$\lambda^2 = \varrho n/2\mu$ ist, und wenn man annimmt, dass die mit einer Ebene in Berührung befindliche Flüssigkeit sich mit der Ebene bewegt.

Lp.

W. König. **Ueber die Bestimmung von Reibungscoëfficienten tropfbarer Flüssigkeiten mittels drehender Schwingungen.** Wiedemann Ann. **32**, 193-223; [Cim. (3) **25**, 166; [J. de phys. (2) **7**, 498; [ZS. f. Istrkde. **8**, 110, 1888.

Der beträchtliche Unterschied zwischen den Werthen des Reibungscoëfficienten, welche sich aus Coulomb'schen Schwingungsversuchen und den Ausflussversuchen nach Poiseuille ergeben, veranlasste den Verfasser, Schwingungsversuche mit drehenden Kugeln vorzunehmen.

Es wird zunächst die Dämpfungstheorie schwingender Kugeln behandelt. Es bedeute η den Reibungscoëfficienten, μ die Dichtigkeit des Mittels, R den Kugelradius, ϱ die Dichtigkeit der Kugel, λ das logarithmische Decrement, T die Schwingungsdauer in der Flüssigkeit, T_0 die vom Reibungseinfluss befreite Schwingungsdauer, endlich K das Trägheitsmoment der Kugel ($= \frac{8}{15}\pi\varrho R^5$). Ferner werde gesetzt

$$B = \frac{2\pi R^4 \sqrt{\eta\mu}}{3K}, \quad m_0 = \frac{1}{2R}\sqrt{\frac{2\eta T_0}{\pi\mu}}; \quad p_0 = \frac{1 + 2m_0 + 2m_0^3 + 12m_0^5}{1 + 4m_0^4},$$

$$q_0 = \frac{2m_0 + 2m_0^2 - 2m_0^3 + 12m_0^5}{1 + 4m_0^5},$$

dann kann für λ je nach dem Grade der gewünschten Genauigkeit gesetzt werden

$$\lambda = B\sqrt{2\pi T_0} \text{ (Kirchhoff)}, \quad \lambda = B\sqrt{2\pi T_0}(1 + 4m_0) - 2T_0 B^2 \text{ (Lampe)},$$

$$\lambda = B\sqrt{2\pi T_0}\,(p_0 + q_0) \text{ (Klemencic-Boltzmann)}.$$

Für den Vergleich mit der Beobachtung ist es erforderlich, statt T_0 die beobachtete Schwingungsdauer T einzuführen; zwischen beiden besteht die Beziehung:

$$T = \frac{T_0}{1 + B\sqrt{\frac{2T_0}{\pi}}(q_0 - p_0)}.$$

Die Rechnung des Verfassers ergiebt

$$\lambda = B\sqrt{2\pi T}\,\frac{1+4m+2m^2+24m^5}{1+4m^4} - 3B^2T(1+4m+\tfrac{4}{3}m^2)$$

$$\left(m = \frac{1}{2R}\sqrt{\frac{2\eta T}{\pi\mu}}\right)$$

oder, wenn man sich mit der Genauigkeit der Lampe'schen Formel begnügt:

$$\lambda = B\sqrt{2\pi T}(1+4m) - 3B^2T.$$

Auf die experimentelle Prüfung kann hier nicht näher eingegangen werden. Es mag jedoch bemerkt werden, dass, während der aus früheren Schwingungsversuchen berechnete Werth des Reibungscoëfficienten den aus Durchflussversuchen berechneten um etwa $\frac{1}{5}$ des letzteren überstieg, der Werth des Verfassers recht genau übereinstimmt. Es ist nämlich für eine Temperatur von 17° η nach den

Schwingungsversuchen	Ausflussversuchen		
	Poiseuille,	Grotrian,	König
0,01112	0,01089	0,01106	0,01105.

Im Anschluss hieran vervollkommnet Herr König auch die Theorie der Dämpfung schwingender Scheiben. Für die Scheiben besteht nach Herrn Meyer die Beziehung

$$T = T_0(1+k);\quad k = \frac{R^4+2R^3\delta}{4K}\sqrt{2\pi\eta\mu T_0}$$

(δ Dicke der Scheibe).

Es ist der Einfluss der Reibung zurückgeführt auf eine Vermehrung des Trägheitsmomentes um

$$K(1+k)^2 - K = 2kK$$

(das Glied k^2K wird als unendlich klein gegen $2kK$ unterdrückt). Dieser Ausdruck stellt gewissermassen den Theil des Trägheitsmomentes der schwingenden Flüssigkeit dar, welcher durch die Reibung auf die Scheibe übertragen wird. Dieser Flüssigkeitscylinder erfährt nun aber seinerseits wieder durch die Reibung an der ruhenden Flüssigkeit eine Vermehrung seines Trägheitsmomentes

$$2Kk(1+l)^2 - 2kK = 2Kk(1+2l).$$

Geht man nun in der Formel für das Decrement bis zu Gliedern zweiter Ordnung, so ergiebt sich:

$$\lambda = \pi k(1 + 2l - k).$$

Die Grösse l berechnet der Verfasser so, als ob der Cylinder starr wäre, und erhält demgemäss

$$l = \frac{1}{R}\sqrt{\frac{2\eta T}{\pi\mu}}.$$

Wird jetzt

$$B_1 = \frac{\pi(R^4 + 2R^3\delta)}{4K}\sqrt{\eta\mu} \quad \text{und} \quad m = \frac{1}{2R}\sqrt{\frac{2\eta T}{\pi\mu}}$$

gesetzt, so erhält man

$$\lambda = B_1\sqrt{2\pi T_0}\,(1 + 4m) - 2B_1^2 T_0$$

oder, nachdem T_0 durch T ausgedrückt ist,

$$\lambda = B_1\sqrt{2\pi T}(1 + 4m) - 3B_1^2 T.$$

Die Vergleichung dieser Formel mit neueren und älteren Versuchen des Verfassers führt ebenfalls zu Werthen des Reibungscoëfficienten, welche mit den aus Durchflussversuchen bestimmten in guter Uebereinstimmung stehen. *F. K.*

O. E. Meyer. Ueber die Bestimmung der inneren Reibung nach Coulomb's Verfahren. München. Ber. 343-364, Wiedemann Ann. **32**, 642-659.

Der Verfasser giebt zunächst eine allgemeine Erklärung des Umstandes, dass die von ihm und Stokes aufgestellten Formeln für die Bestimmung des Coëfficienten der inneren Reibung aus Coulomb'schen Versuchen mit schwingenden Scheiben zu grosse Werthe für den genannten Coëfficienten lieferten. Es beruht das darauf, dass man noch nicht den vollen Einfluss der Reibung hat mathematisch in Rechnung ziehen können.

Herr W. König hat nun einen glücklichen Versuch gemacht (vergl. das vorangehende Referat), diesen Uebelstand zu beseitigen. Herr O. E. Meyer giebt in der vorliegenden Abhandlung eine mathematische Rechtfertigung der von Herrn W. König eingeführten Correction. Der Berechnung werden die folgenden vereinfachenden Voraussetzungen zu Grunde gelegt. Durch einen zu der schwingenden Scheibe senkrecht stehenden Cylinder denkt sich der Verfasser die Flüssigkeit in verschiedene Zonen getheilt. Im Innern dieses Cylinders soll die Winkelgeschwindigkeit nur durch den Abstand von der festen Scheibe bedingt sein, so dass die einzelnen Schichten der Flüssigkeit wie feste Scheiben sich bewegen. Ausserhalb des genannten Cylinders hingegen soll die Winkelgeschwindigkeit von den beiden Variabeln, dem Abstand von der Ebene der Scheibenmitte und demjenigen von der Cylinderaxe, abhängen. Hingegen soll hier vernachlässigt werden die Reibung, welche längs einer zur Scheibe parallelen Ebene zwei Flüssigkeitsschichten auf einander ausüben. Die Differentialgleichung für die Winkelgeschwindigkeit der Flüssigkeit würde streng genommen lauten:

$$\varrho \frac{\partial \psi}{\partial t} = \eta \left(\frac{\partial^2 \psi}{\partial x^2} + \frac{\partial}{r \partial r} \frac{\partial r^2 \psi}{r \partial r} \right),$$

vereinfacht sich dann für $r > R$ (Radius der Scheibe) zu

$$\varrho \frac{\partial \psi}{\partial t} = \eta \frac{\partial}{r \partial r} \left(\frac{\partial r^2 \psi}{r \partial r} \right),$$

wobei zu beachten, dass ψ auch von x abhängen kann. Für $r < R$ hingegen erhält man die Differentialgleichung

$$\varrho \frac{\partial \psi}{\partial t} = \eta \left(\frac{\partial^2 \psi}{\partial x^2} + \frac{4}{R} \left(\frac{\partial \psi}{\partial r} \right)_{r = R} \right).$$

Diese Gleichungen such der Verfasser durch eine Lösung von der Form

$$\psi = \Omega(x)\, P(r) e^{-m^2 t} \qquad (r > R)$$
$$\psi = \Omega(x)\, P(R) e^{-m^2 t} \qquad (r < R)$$

zu befriedigen. Für die Grösse m ergiebt sich dann eine Gleichung vierten Grades, welche sich von den früher aufgestellten (J. für Math. **59**, 256) in doppelter Hinsicht unterscheidet. Einmal ist an die Stelle von R^4 die Grösse $(R + c)^4$ getreten, d. h. der Radius ist um die halbe Dicke der Scheibe vermehrt. Das andere hinzugekommene Glied enthält die Correction des Herrn König. Vernachlässigt man in der fraglichen Gleichung alle Potenzen von η, welche höher als die erste sind, so erkennt man, dass die Werthe von m^2, welche aus der neuen Gleichung folgen, sich von den früher berechneten um den reellen Betrag

$$\pi\eta\frac{R^3}{M}$$

(M Trägheitsmoment der Scheibe in Bezug auf ihre Axe) unterscheiden, d. h. also nur in Bezug auf das logarithmische Decrement der Schwingungen, nicht aber in Bezug auf die Schwingungsdauer. Berechnet man nun aus dem logarithmischen Decrement die Grösse η nach der neueren Formel, so erhält man kleinere Werthe als unter Benutzung der älteren Formel. Der Verfasser wendet nun seine Entwickelungen auf die von ihm früher mitgetheilten Versuche (Pogg. Ann. **113**) an und findet, dass die neuere Formel für destillirtes Wasser Werthe liefert, welche den aus der Formel

$$\eta = \frac{0.01775}{(1+0.011043\vartheta)(1+2\times 0.011043\vartheta)}$$

berechneten erheblich näher kommen, als die aus der alten Formel berechneten. Noch besser wird die Uebereinstimmung, wenn statt der eben angegebenen Formel die hyperbolische benutzt wird

$$\eta = \frac{0.0183}{1+0.03699\vartheta}.$$

Auf die Anwendungen auf Versuche mit anderen Flüssigkeiten, namentlich Salzlösungen, kann hier nicht näher eingegangen werden. Nur soviel mag bemerkt werden, dass nach Anwendung der Correction von König auf die Luft die Berechtigung der Forderung von Maxwell's Theorie erheblich besser hervortritt, dass der Reibungscoëfficient von der Dichtigkeit unabhängig ist. *F. K.*

S. Pagliani und E. Oddone. Ueber die innere Reibung der Flüssigkeiten. Att. d. Torino **22**, 11 pp., 1887; ZS phys. Chem. **1**, 422; [Beibl. **11**, 425†.

Für verschieden concentrirte Salpetersäure haben die Verfasser aus Beobachtungen bei 0° und 17° die Constanten der Slotte'schen Formel für den Reibungscoëfficienten

$$\eta_t = \frac{\eta_0}{1+at}$$

bestimmt und daraus η_{10} bestimmt.

Die Salpetersäure zeigt ebenfalls ein Maximum des Reibungscoëfficienten; während aber bei der Essigsäure dies Maximum bei allen Temperaturen derselben Concentration entspricht, rückt dasselbe bei der Salpetersäure mit wachsender Temperatur zu immer höheren Concentrationen. Den Grund hiervon erblickt der Verfasser in der leichteren Zersetzbarkeit der Salpetersäure.

F. K.

S. PAGLIANI. Ueber das Messen der Zähigkeit der Flüssigkeiten und der Schmieröle im Besonderen. Ingegneria Civ. **13**, 16 pp.; [Beibl. **11**, 415†.

Der Verfasser discutirt die bekannten Abweichungen vom POISEUILLE'schen Gesetz für den Durchfluss durch Capillarröhren, wenn der Radius zu gross, die Länge zu klein ist. *F. K.*

(Aus den Beibl. entnommen.)

S. PAGLIANI. Apparat zur Messung der inneren Reibung in sehr zähen Flüssigkeiten (Schmieröle). Ingegneria Civ. **13**, 16 pp.; [Beibl. **11** 813†.

Nach dem kurzen Referat in den Beibl. ist der Apparat im Wesentlichen dem von G. WIEDEMANN (Pogg. Ann. **99**) verwendeten nachgebildet. *F. K.*

S. ARRHENIUS. Ueber die innere Reibung verdünnter wässeriger Lösungen. ZS. phys. Chem. **1**, 285-298†; [Chem. Ber. **20** [2], 498; [J. chem. Soc. **54**, 336, 1888; [Chem. CBl. **18**, 919 -920; [Rundsch. **2**, 418-419; [Öfversigt of K. Vetensk. Förhand. **44**, 232; [Beibl. **11**, 683-685†; [Bihang till K. Svenska Ak. Handl. **14**, Abth. 1, No. 5.

Der Verfasser bestimmt die Reibungsconstante verschiedener Flüssigkeiten nach der Ausflussmethode, deren er sich in folgender Form bedient. An eine Kugel (vol. 0.9486 cm^3) ist oben ein nicht capillares, unten ein capillares Rohr (Länge 14.45 cm, Durchschnittsfl. 0.00111 cm^2) gelöthet, das mit seinem unteren Ende *b* in ein nicht capillares Rohr *be* mündet. Der über *b* liegende

Theil dieses Rohrsystems befindet sich in einer mit Wasser gefüllten Glocke; die Temperatur dieses Wassers konnte an einem darin aufgehängten Thermometer abgelesen werden, welches gleichzeitig dazu diente, das capillare Rohr vertical einzujustiren. Beobachtet wurde die Zeit t, welche das Niveau der Versuchsflüssigkeit bedarf, um von dem obersten Scheitel der Kugel bis zum tiefsten Punkte derselben zu sinken. Ist s das specifische Gewicht der Flüssigkeit, haben T und S die entsprechende Bedeutung für Wasser, so ist die Reibungsconstante — gemessen durch diejenige für Wasser — bestimmt durch die Gleichung

$$\eta = \frac{s \, . \, t}{S \, . \, T}.$$

Es wurden zunächst Lösungen von Nichtelektrolyten untersucht. Befinden sich x und y Volumen-Procente zweier derartiger Ffüssigkeiten in Wasser, so lassen sich die gewonnenen Resultate in befriedigender Weise durch

$$\eta = A^x \, . \, B^y$$

darstellen. Für den Fall, dass nur ein Nichtelektrolyt gelöst ist kann die Formel sogar als ganz exakt betrachtet werden. Die Grössen A, B sind charakteristische Grössen für die Flüssigkeiten, die allerdings stark durch die Temperatur beeinflusst werden.

Selbst wenn es sich um Elektrolyten gemischt mit Nichtelektrolyten handelt, scheint die obige empirische Formel noch anwendbar zu sein, wenn auch die Abweichungen hier etwas grösser werden.

Bemerkenswerth ist, dass die innere Reibung vom Wasser durch die Lösung von Nichtelektrolyten stets vergrössert wird, mag die Reibung des Nichtelektrolyten grösser oder kleiner sein als diejenige des Wassers. Dieser vergrössernde Einfluss nimmt mit wachsender Temperatur in allen beobachteten Fällen beträchtlich ab.

Der Verfasser hat auch einige von Prof. Kohlrausch in Bezug auf ihr Leitungsvermögen untersuchte Normallösungen einer Untersuchung unterworfen. Es ergiebt sich, dass im Allgemeinen die innere Reibung um so kleiner ist, je grösser die Leitungsfähigkeit ist und umgekehrt. *F. K.*

F. C. G. MÜLLER. Niedersinken von Salzlösungen. Chem. CBl. (3) **18**, 446†.

Beschreibt die Ringbildung von Tropfen von Kaliumpermanganatlösung in Wasser. *F. K.*

L. GRÄTZ. Ueber den Einfluss von Temperatur und chemischer Constitution auf die Zähigkeit homologer Flüssigkeiten. Naturf.-Vers. Wiesbaden Tageb. 82; [Chem. CBl. (3) **18**, 1305†.

Den Reibungscoëfficienten kann man als Function der Temperatur im Allgemeinen durch die Formel:

$$\mu = A \frac{t_0 - t}{t - t_1}$$

darstellen; (von 61 untersuchten Flüssigkeiten fügten sich nur fünf nicht dieser Formel). Die Constante A ist insofern durch die Zusammensetzung bedingt, als der mittlere Zug, den ein Molekül auf ein anderes ausübt, von der Zusammensetzung abhängt. In bestimmten Einheiten gemessen erhöht sich P bei dem Eintritt von CH_2 in ein Säurenmolekül um 7500, bei dem Eintritt in ein Alkoholradikal um 9--10.000. *F. K.*

A. KURZ. Die Reibungsconstante des Wassers. Exners Rep. **23**, 567-570†.

Aus Beobachtungen, welche der Verfasser beim Ausfluss von Wasser durch ein Rohr von 30 cm Länge und 1 cm Weite unter einer Druckhöhe von 10 cm anstellte, berechnet derselbe nach POISEUILLE's Formel die Reibungsconstante bei 10° C.

$$\eta = 0.0105.$$ *F. K.*

N. JOUKOWSKY. Ueber die Bewegung einer reibenden, von zwei excentrischen rotirenden Cylinderoberflächen begrenzten Flüssigkeit. Chark. Ges. 31-46 (Russisch).

Der Verfasser nimmt an, die Dichtigkeit der Flüssigkeit sei gering und die Reibung beträchtlich, und erhält, nach Vernachlässigung der Trägheitskräfte gegen die Kräfte der Reibung, die bekannten Differentialgleichungen der Bewegung der Flüssigkeit in einer zu den Axen der Cylinder senkrechten Ebene; aus diesen Gleichungen findet er, nach Einführung der Neumann'schen Coordinaten, Ausdrücke für die Projectionen der Geschwindigkeit auf die Tangenten der Coordinatenlinien; diese Ausdrücke enthalten nur eine willkürliche Constante. Danach werden die Wirkungen der Flüssigkeit auf den inneren Cylinder bestimmt, indem sie durch eine gegen den Mittelpunkt des Querschnitts des Cylinders gerichtete Kraft P und ein Paar ersetzt werden, die beide für eine Längeneinheit des Cylinders berechnet sind; die so gefundenen Ausdrücke finden nur statt, wenn ein bestimmtes Verhältniss zwischen den Geschwindigkeiten der Cylinder existirt. Die Formeln werden angewandt: 1) auf die Bewegung eines Zapfens in seinem Lager in dem Falle, wenn beide sich nach entgegengesetzten Richtungen mit gleicher Geschwindigkeit drehen; die Kraft P hält hier dem Drucke des Zapfens auf das Lager das Gleichgewicht; 2) auf den Fall, wenn vor einer verticalen sich von oben nach unten bewegenden Platte in einer reibenden Flüssigkeit ein schwerer horizontaler sich entgegengesetzt dem Uhrzeiger drehender Cylinder aufgestellt ist. *Mestschersky. (F. K.)*

H. Vallot. Du mouvement de l'eau dans les tuyaux circulaires. Théorie de M. Maurice Lévy. Tables pour le calcul des conduites. Ing. Civ. **2**, 526.

Im Wesentlichen Wiedergabe einer älteren Arbeit von Herrn Maurice Lévy aus den Ann. d. ponts et chaussées 1867. Die Grundlage der Theorie von Maurice Lévy ist die Voraussetzung, dass die innere Reibung nicht allein von der relativen Geschwindigkeit der aneinander vorübergleitenden Flüssigkeitstheilchen, sondern auch von der absoluten Geschwindigkeit abhänge. Die tangentiale Componente des Druckes wird also

$$T = f(v)\frac{\partial v}{\partial n}$$

gesetzt. Ferner wird $f(v)$ proportional zu v genommen und der Coëfficient als Function des Abstandes von der Röhrenaxe betrachtet. Die weiteren Betrachtungen sind dann ähnlich den von anderen Hydraulikern aufgestellten. Es kommen noch die Untersuchungen von BOUSSINESQ und BOILEAU, sowie die empirische Formel von GAUCKLER zur Besprechung. Den Schluss bilden Tabellen für die nach M. LÉVY's Theorie berechneten Quotienten $\mu = U : \sqrt{J}$ und $f = Q : \sqrt{J}$ (U mittlere Geschwindigkeit, Q die secundliche Durchflussmenge, J das Gefälle). *F. K.*

L. HAJNIS. Der Reibungswiderstand in Röhren von veränderlichem Querschnitt. Z. Oestr. Ing. u. Arch. **39**, 117-125.

Der Verfasser legt seinen Untersuchungen die Hypothese zu Grunde, dass das Wasser sich senkrecht zu Kugeln bewege, welche auf der Röhre selbst senkrecht stehen. Bezeichnet x die Entfernung eines Querschnitts von einem festen Querschnitt, y seinen Durchmesser, φ den Winkel der Tangente zur Axe, d und α die Werthe von y und φ für die Ausflussöffnung, V die Geschwindigkeit in der zur Ausflussöffnung gehörenden Kugel, ξ den Reibungscoëfficienten, so ist nach dem Verfasser der Druckhöhenverlust:

$$h = \frac{d^4}{(1+\cos\alpha)^2}\,\frac{V^2}{2g}\int_{l_2}^{l_1} \frac{\xi\,(1+\cos\varphi)^2}{\cos\varphi}\,\frac{dx}{y^5}.$$

Der Quotient $\frac{(1+\cos\varphi)^2}{\cos\varphi}$ steigt sehr langsam von 4 bis 4.1213 für 0 resp. 45°, und deshalb glaubt sich der Verfasser berechtigt, für denselben einen mittleren constanten Werth setzen zu dürfen. Führt man dies aus, bringt ferner statt V die Durchflussmenge Q in die Formel und wählt für ξ DARCY's Werth $m + \frac{n}{y}$, so ergiebt sich

$$h = 0{,}08263\, Q^2 \int_{l_2}^{l_1} \frac{m + \frac{n}{y}}{y^5}\, dx.$$

F. K.

M. GRÄVELL. Der Widerstand im begrenzten Fahrwasser und sein Einfluss auf die Grössenverhältnisse der Schiffahrtkanäle. Civiling. 33, 97-110.

Der Verfasser legt seinen Betrachtungen folgende Ausdrücke für den Widerstand und die zu dessen Ueberwindung erforderliche Arbeit zu Grunde:

$$W = \frac{k_1}{k} \sqrt[3]{D^2}\, v^2 \frac{n^2 + k_2 k_3}{(n-1)^2}, \qquad A = \frac{k_1}{k} \sqrt[3]{D^2}\, v^3 \frac{n^2 + k_2 k_3}{(n-1)^2},$$

in welchen v die Geschwindigkeit, D das Deplacement des Schiffes, n das Verhältniss des Kanalquerschnittes zu demjenigen des eingetauchten Schiffes, k, k_1, k_2, k_3 Erfahrungscoëfficienten bedeuten. Die aus den Formeln gezogenen Folgerungen sind wesentlich technischer Natur. *F. K.*

E. SONNE. Ueber den Schiffswiderstand bei Fluss- und Kanalkähnen. Hannov. Zeitsch. 33, 298-302.

Ist A die eingetauchte Fläche des Querschnittes, D das Deplacement, T die Tauchung, v die Geschwindigkeit eines Schiffes, so glaubt der Verfasser den Widerstand

$$W = \left(k_n A + \frac{D}{T} m\right) v^r$$

setzen zu dürfen, wo k_n eine nur von dem Querschnittsverhältniss n von Schiff und Kanal abhängende Constante, m und r andere Constanten sind. Durch Vergleich mit Erfahrungsthatsachen findet man

$$m = 0.08, \quad r = \tfrac{7}{4}, \quad 20 < k_n < 25.$$ *F. K.*

E. DIETZE. Ueber den Schiffswiderstand bei beschränkter Wassertiefe. Z. Dtsch. Ing. 31, 609-612.

Es ist bekannt, dass einen Dampfer mit der Geschwindigkeit V eine Welle begleitet, welche um so kürzer ist, je geringer die Wassertiefe ist. Es wird nun angenommen, dass für eine indicirte Maschinenleistung N_i die Periode der Welle unabhängig von der Tiefe ist, und dass ferner die Fortpflanzungsgeschwindigkeit gleich der Schiffsgeschwindigkeit ist. Jeder Wassertiefe $\mathfrak{T}$ entspricht nun bei gegebenem V eine Wellenlänge λ, und umgekehrt jedem λ bei festgehaltenem $\mathfrak{T}$ ein bestimmtes V. Der Verfasser construirt ein Diagramm, indem er V und λ als Abscisse und Ordinate eines Punktes benutzt und diejenigen Punkte durch Curven verbindet, welche zu demselben Werthe $\tau = \lambda : \mathfrak{T}$ gehören. Die Periode der Welle ist durch das Verhältniss $\lambda : V$ ausgedrückt. Die Linien constanter Periode sind also gerade Linien durch den Coordinatenanfangspunkt. Nach der Anfangs angeführten Hypothese sind diese Linien auch zugleich solche constanter Maschinenleistung. Um nun die für eine Geschwindigkeit V bei gegebener Tiefe $\mathfrak{T}$ erforderliche Arbeitsleistung N_i zu bestimmen, verfährt der Verfasser folgendermassen. Zunächst wird aus V und $\mathfrak{T}$ das zugehörige λ ermittelt. Ist das geschehen, so verbindet man den betreffenden Punkt des Diagramms mit dem Coordinatenanfangspunkt durch eine gerade Linie. Der Schnittpunkt dieser Geraden mit der Linie $\tau = 0$, $\mathfrak{T} = \infty$ liefert die Geschwindigkeit, welche das Schiff bei derselben Arbeitsleistung im unendlich tiefen Ocean annehmen würde. Kennt man also den Zusammenhang zwischen Geschwindigkeit und Widerstand bei unendlicher Tiefe, so kann man ihn auch für beschränkte Tiefe ermitteln. *F. K*

W. RIEHN. Einige Bemerkungen über das sogenannte Gesetz der correspondirenden Geschwindigkeiten und die Ermittlung des Schiffswiderstandes durch Modelle. Z. Dtsch. Ing. **31**.

Der Verfasser macht einige Bedenken gegen die praktische Anwendung des Satzes geltend:

Wenn die Geschwindigkeiten zweier ähnlichen Körper sich verhalten wie die Quadratwurzeln aus ihren linearen Dimensionen, so verhalten sich die Widerstände wie die Volumina. *F. K.*

RUTTMANN. Warum bewegt sich ein in einem Flusse frei zu Thal treibendes Schiff schneller als das Wasser und um so schneller, je schwerer es beladen ist? Deutsche Bauztg. **21**, 243.

Elementarer Versuch, die im Titel genannte Frage zu beantworten. *F. K.*

N. JOUKOWSKY. Ueber die hydrodynamische Reibungstheorie gut geschmierter starrer Körper. Phys. Ges. St. Pet. **18**, 209-215 (Russisch).

Es wird die Bewegung einer Schicht reibender Flüssigkeit betrachtet, welche zwischen einem sich drehenden Cylinder und einem an ihn mittels einer Last angedrückten, concentrischen Lager von besonderer Form eingeschlossen ist. Der Verfasser bestimmt den hydrodynamischen Druck und die Reibung auf der Oberfläche des Zapfens. *Mestschersky.* (*F. K.*).

A. W. GRETSCHANINOFF. Hydrodynamische Reibungstheorie gut geschmierter Zapfen in ihren Lagern. Chark. Ges. 11-30 (Russisch).

Der Verfasser nimmt an, dass die Theilchen der Flüssigkeitsschicht sich in kreisförmigen Bahnen bewegen, deren Ebenen senkrecht zu den Axen des Zapfens und des Lagers sind, und deren Mittelpunkte in der Ebene dieser Axen liegen. Indem er ferner annimmt, dass die hydraulischen Widerstände sich als dieselben Functionen der relativen Geschwindigkeiten darstellen lassen, durch welche die Tensionen in isotrop elastischen Körpern als Functionen der Verrückungen ausgedrückt werden, bestimmt er den zur Oberfläche des Zapfens normalen hydrodynamischen Druck durch Integration der Gleichung:

$$r\frac{\partial^2 w}{\partial r^2}+\frac{1}{r}\cdot\frac{\partial^2 w}{\partial \varphi^2}+\frac{\partial w}{\partial r}=0,$$

wo r und φ die Polarcoordinaten eines Punktes sind, deren Pol sich im Centrum des Zapfenquerschnitts befindet. Indem ferner angenommen wird, dass die Geschwindigkeiten der Flüssigkeitstheilchen auf den Oberflächen des Zapfens und des Lagers gleich Null sind, findet der Verfasser, indem er einige kleine Grössen vernachlässigt, einen Ausdruck für die Reibung gegen die Oberfläche des Zapfens. *Mestschersky.* (*F. K.*)

N. Petroff. Die Reibung in den Maschinen. Einige Bemerkungen betreffs der Abhandlungen von N. Joukowsky und A. Gretschaninoff. Ber. d. Techn. Inst. zu St. Petersb. 45 S. (Russisch).

Herr Petroff, der die hydrodynamische Reibungstheorie gut geschmierter starrer Körper vorgeschlagen hat, untersucht die Abhandlungen N. Joukowsky's und A. Gretschaninoff's (s. die vorangehenden Berichte) und vergleicht die Resultate der theoretischen Untersuchungen dieser Autoren mit den Ergebnissen des Experiments. *Mestschersky.* (*F. K.*)

F. Grashof. Theoretische Maschinenlehre. III. 3. Hamburg u. Leipzig C. Voss.

Die dritte Lieferung (S. 321—480) der „Theorie der Kraftmaschinen" enthält als Abschluss der Behandlung der Wassermotoren die Untersuchung der Wassersäulenmaschinen, ferner die Theorie der Windmotoren und den Anfang der Behandlung der Wärmemotoren; nach den einleitenden Betrachtungen über Wesen und Arten derselben, über ihren absoluten Effect, Nutzeffect und Wirkungsgrad werden die Dampfkessel behandelt. *Sbt.*

M. Ebel. Zur Theorie der Centrifugalpumpen. Z. Dtsch. Ing. **31**, 456-457.

Der Verfasser berechnet zunächst die Arbeit, welche beim Durchgang des Wassers geleistet wird, und untersucht dann, unter welchen Umständen der gefundene Ausdruck ein Minimum wird. Da eine kurze Wiedergabe der Rechnung nicht gut möglich ist, so müssen wir uns hier mit einem Hinweis auf die Arbeit begnügen.

Es muss bemerkt werden, dass das Resultat nach des Verfassers eigenen Worten in Widerspruch zu anderen Theorien steht. *F. K.*

K. E. Ueber Centrifugalpumpen. Z. Dtsch. Ing. **31**, 1071 -1073.

Im Anschluss an die Thatsache, dass die freie Oberfläche einer um eine Axe rotirenden, unter Einfluss der Schwere stehenden Flüssigkeit ein Rotationsparaboloid ist, erläutert der Verfasser die Wirksamkeit der Centrifugalpumpen. *F. K.*

W. VON BEZOLD. Experimentaluntersuchungen über rotirende Flüssigkeiten. Wiedem. Ann. **32**, 171-187†; Berl Ber. 1887, 261-277; [J. d. phys. (2) **7**, 497 (1888); [Cim. (3) **24**, 274 (1888); [Sill. J. (3) **24**, 400; [Rundsch. **2**, 174-175 [Naturf. **20**, 239-241.

Der Verfasser wendet auf das Studium der Strömungen in rotirenden Flüssigkeiten dieselbe Methode an, welche er mit so grossem Erfolge bei den durch Temperaturdifferenzen hervorgerufenen Strömungen angewendet hat.

Ein mit Wasser gefülltes Becherglas wird vermittelst einer Schwungmaschine in langsame Drehung versetzt; die Strömungen und Bewegungen im Innern der Flüssigkeit werden durch einen Tropfen hektographischer Tinte sichtbar gemacht. Auch hier ist, wie bei den früheren Versuchen des Verfassers, von wesentlicher Bedeutung, ob die Oberfläche der Flüssigkeit völlig rein ist oder nicht.

Im ersteren Falle entsteht zunächst auf der Oberfläche die früher beschriebene strahlenförmige Figur. Während nun das Gefäss langsam um einen rechten Winkel gedreht und dann zur Ruhe gebracht wird, erleidet diese Figur Deformationen. Zunächst werden die am Rande befindlichen Theile der Flüssigkeit mitgerissen, so dass die Strahlen gekrümmt werden und zwar derart, dass sie den vorhergehenden Strahlen die concave Seite zukehren. Nachdem das Gefäss zur Ruhe gebracht ist, kommen auch zunächst die am Rande befindlichen Theile zur Ruhe, während die mittleren über die Gleichgewichtslage hinausschiessen. Die Strahlen erleiden also eine Ausbuchtung nach entgegengesetzter Seite wie vorher; diese Ausbuchtung schreitet allmählich nach der Mitte. Je grösser der

Winkel ist, um welchen man das Gefäss gedreht hat, um so länger dauert es, bis wieder der Gleichgewichtszustand eintritt.

Um nun die Strömungen im Innern der Flüssigkeit zu beobachten, lässt der Verfasser zunächst den in früheren Versuchen beschriebenen centralen Stamm sich ausbilden und versetzt dann das Gefäss in Rotation. Während zunächst der Stamm scheinbar völlig in Ruhe bleibt, entweicht am Boden und der oberen Fläche die Flüssigkeit nach den Rändern, und bewegt sich dann an den Wänden des Gefässes entlang, sodass es scheint, als wenn von oben und unten sich ein rother cylindrischer Mantel zwischen Gefäss und Flüssigkeit schiebt. Unterbricht man nun die Rotation, so verkleinern sich diese Mäntel und erleiden eine Einschnürung; die Gebilde machen dann einen kelchartigen Eindruck. Im weiteren Verlauf rollen die Ränder dieser Gebilde sich auf und nehmen Formen an, die leider ohne die Abbildungen schwer zu beschreiben sind.

Der Verfasser giebt ferner eine schematische Darstellung der in Betracht kommenden Strömungen, welche aus der Betrachtung der Figuren und der sogenannten Probetropfen oder Probefäden gewonnen sind. Die letzteren entstehen, indem man noch eine Spur ganz verdünnter hectographischer Tinte in das Gefäss bringt.

Weiter giebt der Verfasser eine allgemeine dynamische Erklärung der beobachteten Erscheinungen, indem er die entstehenden Centrifugalkräfte einer Betrachtung unterzieht.

Den Schluss der Abhandlung bilden Betrachtungen über die Beziehungen der beobachteten Erscheinungen zu meteorologischen, zu den Anschauungen des Herrn Faye über Cyclonen und zu den Formeln des Herrn Oberbeck. *F. K.*

T. Ertel und Sohn. Hydrometrischer Flügel mit optischer und akustischer Zählung der Umdrehungen.

ZS. f. Instrumkde 7, 144-146.

Die Geschwindigkeit eines Wasserstromes wird durch die Umdrehungen eines Flügelrades gemessen. Entweder wird an einem

Zählwerk die Anzahl der Umdrehungen während einer bestimmten Zeit abgelesen; oder ein einfacher Mechanismus giebt jedesmal nach einer gegebenen Zahl von Umdrehungen ein akustisches Signal. *Rz.*

Litteratur.

R. POTTER. Treatise on hydrostatics and hydrodynamics. Part II. London 1887, 250 pp., 8⁰.

D. BOBYLEW. Hydrostatik und Theorie der Elasticität starrer Körper. St. Petersburg 1886, 182 pp., 8⁰ (russisch).

G. P. GRIMALDI. Sulla teoria dei liquidi. Gazzetta **17**, 566-569.

A. KURZ. Das Scalenaräometer im Unterrichte. Exner Rep. **23**, 470-472.

E. GIMÉ. Sur une application de l'électricité à l'étude des phénomènes oscillatoires et particulièrement du roulis et du tangage. C. R. **105**, 1010-12; [Rev. int. de l'électr. **5**, 467; [Lum, él. **26**, 580. Litt.

E. GUYON et G. SIMART. Développements de géométrie du navire avec application aux calculs de stabilité du navire. C. R. **104**, 746-751.

Anerkennender Bericht von DE JOUQUIÈRES; die Abhandlung soll in den mém. sav. ét. erscheinen.

J. H. HECK. Determining curves of stability. Eng. **43**, 323.

Sir WILLIAM THOMSON. On the Waves produced by a Single Impulse in Water of any Depth, or in a Dispersive Medium. Phil. Mag. (5) **23**, 252-255; Proc. Roy. Soc. **42**, 80-83; [Cim. (3) **23**, 180-181, 1888; [Beibl. **11**, 613.

Sir W. THOMSON. On instability in fluid motion. Edinb. Proc. **14**, 194. Titel.

Sir W. THOMSON. On ship wawes. Edinb. Proc. **14**, 194. Titel.

A. B. BASSET. On the motion of a sphere in a viscous liquid. Proc. Roy. soc. **43**, 174-195.
Erscheint 1888 in den Transactions.

O. KNOBLAUCH. Untersuchungen über die Bewegung eines flüssigen, homogenen Ellipsoides, in welchem die Elementaranziehung der Entfernung direct proportional ist. Diss. Bonn. 1887, 62 pp., 8°.

E. BENDER. Ueber stehende Schwingungen einer Flüssigkeit, welche auf einer festen Kugel ausgebreitet ist. Kiel 1886, 27 pp.

N. JOUKOWSKY. Sur le mouvement d'un corps solide contenant des cavités remplies d'un liquide homogène. J. soc. russe **17**, 81-114, 145-200, 231-281; J. de phys. (2) **6**, 196-97; [Beibl. **11**, 126-128.

SPRING, VAN DER MENSBRUGGHE et STAS. Rapport sur le mémoire concernant l'écoulement linéaire des liquides chimiquement définis, par des tubes capillaires. Bull. Brux. (3) **14**, 879-88, 888-892.
Anonym bleibende Schrift, die zur Preisbewerbung eingereicht war und nicht gekrönt wurde.

M. MÖLLER. Wind- und Wasserwellen. Exner Rep. **23**, 528-29.

C. DECHARME. Expériences hydrodynamiques. Mém. II. Imitation des anneaux électrochimiques par les courants d'eau continus et des effets de polarité. Amiens, 1887, 50 pp.

W. HOLTZ. Eine WHEATSTONE'sche Brücke für Luft- und Wasserfluss. Wied Ann. **29**, 675, 1886; [ZS. f. Unt. **1**, 266, 1888.

BEUT und DUCRETET. Hydraulisches Reactionsrad. J. de phys. élém. **2**, 35; [ZS. f. Instrk. **7**, 105.

J. B. WEBB. Experimental determination of the reaction of a liquid jet. Am. Ass. [Science **10**, 87. *Bde.*

R. R. WERNER. Theorie der Druckturbinen mit freiem Strahl. Z. d. Ing. **31**, 997-1004, 1019-1024. Litt.

C. FINK. Zur Theorie der Turbinen. Verh. d. Ver. f. Gewerbefl. **66**, 440-467.

M. KOHN. Graphische Berechunng der Turbinen. Z. d. Ing. **31**, 647-651.

THOMAS T. P. BRUCE WARREN. Testing and Reporting on Lubricating oils. Chem. News. **55**, 203.

Von ausschliesslich practischem und technischem Interesse.

F. K.

6. Aeromechanik.

(Einige zur Aerostatik gehörige Abhandlungen haben hier keinen Platz finden können, weil die Berichte nicht rechtzeitig eingeliefert wurden. Sie werden als Anhang am Ende der Abtheilung erscheinen. *Bde.*)

F. MELDE. Ueber einige Anwendungen enger Glasröhren. Wied. Ann. **32**, 659-670; [Journ. de phys. (2) **7**, 211-212, 1888; [Cim. (3) **25**, 173, 1889.

Verf. sperrt in einer kalibrirten, am einen Ende verschlossenen Röhre von 2 mm Durchmesser ein Luftquantum durch einen Quecksilberfaden ab, und beweist, indem er den Apparat in die beiden Lagen „Oeffnung oben“ und „Oeffnung unten“ bringt, die Gültigkeit des MARIOTTE'schen Gesetzes. — Denselben Apparat hält er unter der Bezeichnung „Capillarbarometer“ zur Messung des Luftdruckes für brauchbar. Endlich glaubt er Capillarröhren da verwenden zu können, wo es sich um Ausströmen von Gasen aus feinen Oeffnungen oder überhaupt um das Durchgehen von Gasen durch poröse Körper handelt. *Sch.*

C. REINHERTZ. Ueber die elastische Nachwirkung beim Federbarometer. ZS. f. Instrkde. 7, 153-170 und 189-207; Inaug.-Diss. Marburg 1887.

Der Mittelpunkt einer Seitenfläche ist derjenige Punkt der luftleeren Büchse eines Aneroid-(Feder-)Barometers, dessen Bewegung auf das Zeigersystem übertragen wird. Bei den üblichen Dimensionen der Büchsen bewegt sich jener Punkt um etwa 0.005 mm bei einer Druckänderung von 1 mm Quecksilber. In dem elastischen System, welches aus der Büchse und der sie spannenden Feder gebildet wird, treten nun selbst bei diesen minimalen Bewegungen Nachwirkungen von solcher Grösse auf, dass dieselben bei den Angaben der Aneroide berücksichtigt werden müssen. REINHERTZ hat dieselben eingehend untersucht.

Es sind elastische Nachwirkungen zweierlei Art zu unterscheiden; erstens solche nach einer vollzogenen Druckänderung; zweitens solche, welche schon während einer allmählichen Druckänderung vorhanden sind. Beide Arten der Nachwirkung sind von REINHERTZ untersucht durch Vergleiche der Aneroide mit einem Normalbarometer (Gefässheber von FUESS); bei den gewöhnlichen Druckschwankungen der Atmosphäre und bei künstlicher Druckänderung. Schon bei den gewöhnlichen Schwankungen des Barometerstandes liess sich die Nachwirkung deutlich erkennen. Diese Einwirkung ist in der Arbeit durch Tabellen und graphische Darstellungen veranschaulicht. Nach Anbringung aller übrigen erforderlichen Reductionen ergaben sich Differenzen in Folge der Nachwirkung bis zu nahe 4 mm bei einem der Instrumente.

Grösse und Verlauf der Nachwirkung müssen abhängen von der Grösse des durchlaufenen Druckintervalles und der Geschwindigkeit, mit welcher die Aenderung vor sich geht. Dementsprechend wurde die Nachwirkung für eine künstliche Druckänderung bei 4 Intervallen: 20, 40, 70 und 100 mm, und jedesmal bei 4 verschiedenen Geschwindigkeiten der Druckänderung („Tempo") untersucht. Zur Herstellung der Druckdifferenzen wurde eine Wasserluftpumpe benutzt, welche der Gleichmässigkeit halber mit einer besonders construirten Regulirvorrichtung versehen war. Es kamen 4 Aneroide verschiedener Construction zum Vergleich. Unmittelbar nach Einstellung der Druckänderung in dem entsprechenden Tempo wurden zuerst in kurzen, später in längeren Intervallen Vergleichungen vorgenommen, sodass der Verlauf der Nachwirkung sich vollständig verfolgen liess. Aus den Beobachtungen ergiebt sich, dass trotz der so sehr kleinen Bewegungen des elastischen Systems die Nachwirkung durchweg denselben gesetzmässigen Verlauf nahm, sowohl in Bezug auf die Beziehung zum Druckintervall, als auch zum Tempo.

Weiterhin sind dann die Beobachtungsresultate mit den Formeln verglichen worden, welche F. Kohlrausch für die Nachwirkung abgeleitet hat. Die Formel

$$x = C\,e^{-at^m}$$

bringt in der Form

$$x = C/e^{a\sqrt{t}}$$

(also m = ½) die Nachwirkungsreihen mit gutem Anschluss zur Darstellung. Eine Uebersicht über sämmtliche Constanten giebt Reinhertz in der Tabelle XXII, Seite 194. Aus derselben ist zu entnehmen, dass die Constanten *C* (Abstände von der Ruhelage nach Einstellung der Druckänderung) nahezu linear mit dem Druckunterschied wachsen, dagegen mit dem Tempo nicht linear. Die Constanten *a*, welche die Geschwindigkeit der Annäherung an die Ruhelage zum Ausdruck bringen, zeigen, dass die Nachwirkungen, welche durch Druckänderungen mit langsamem Tempo hervorgerufen sind, langsamer verschwinden, als solche mit schnellerem Tempo. (Daher der beträchtliche Einfluss der Nachwirkung bei den gewöhnlichen Druckschwankungen der Atmosphäre). Ferner verläuft bei grösseren Druckschwankungen die Nachwirkungsbewegung langsamer als bei kleineren.

Entsprechend der Theorie von KOHLRAUSCH ist an Stelle der allmählig vorgenommenen Druckänderung eine momentane substituirt worden. Die abgeleiteten Werthe C bedeuten die Abstände von der Ruhelage nach Einstellung der Druckänderung. Entsprechend dem Gesetze, dass die Grösse der Biegung den biegenden Kräften proportional ist, ergiebt sich der Abstand der Ruhelagen, wie ihn die berechneten Werthe von C ergeben, gleich für gleiche Druckunterschiede. Verschiedene Geschwindigkeiten der Druckänderung ergeben nur nach Einstellen derselben entsprechend dem Werthe von C verschiedene Abstände von der Ruhelage; dagegen ist der Weg während der Bewegung (die sogenannte „Theilungslinie" der Aneroide) für verschiedene Geschwindigkeiten verschieden: eine für die practische Verwendung der Aneroide höchst wichtige Thatsache. Da in jeder Zeiteinheit während der allmäligen Druckänderung das elastische System eine Bewegung ausführt, die sich zusammensetzt aus derjenigen, welche der äusseren Kraftwirkung entspricht, und einer weiteren elastischen Kraftäusserung, welche der Nachwirkung im Ruhezustande entspricht, so nehmen die pro Zeiteinheit durchlaufenen Wege stetig zu, und der ganze Weg kommt als eine an die Richtung der Anfangstangente convexe Curve zur Veranschaulichung. Die Krümmung dieser Curve ist für dasselbe Druckintervall abhängig vom Tempo. Die beiden bei Druck-Zu- resp. Abnahme erhaltenen Theilungslinien sind daher einander mit den concaven Seiten zugewendete Curven.

Endlich ist auch noch die Störung des normalen Verlaufes der Nachwirkungserscheinungen durch neue Druckschwankungen untersucht worden. Eine Störung im Sinne der voraufgegangenen Druckänderung verzögert das Abklingen der Nachwirkung; eine entgegengesetzte beschleunigt dasselbe. Auch die Erscheinungen der Superposition liessen sich analog den bei anderen elastischen Körpern beobachteten hervorrufen.

Die Resultate der Arbeit von REINHERTZ werden stets bei sorgfältigen Druckmessungen mit Hülfe von Aneroiden zu berücksichtigen sein. *Rz.*

J. PERNET. Ueber Barometervergleichungen. Verh. phys. Ges. Berlin. **6**, 35-37, mit Berichtigung Seite 83.

v. BEZOLD. Bemerkung dazu.

PERNET hat constatirt, dass die BOURDON'schen Aneroide eine wesentlich geringere elastische Nachwirkung zeigen, als die Dosenaneroide; unter den letzteren scheinen die gekuppelten die grössere Nachwirkung zu haben. Er giebt Messungsresultate und macht darauf aufmerksam, dass die Aneroide nur bei häufiger Vergleichung mit Quecksilberbarometern zu absoluten Messungen brauchbar sind.

Die Verschiebung des Nullpunktes betrug bei einem Instrument drei Monate nach der Anfertigung 0.009 mm pro Tag, nach 11 Monaten noch 0.002 mm. Ausserdem kamen kleine temporäre Schwankungen vor.

v. BEZOLD bemerkt, dass die RICHARD'schen Aneroide jetzt zu früh in den Handel gebracht werden und deshalb grössere Nachwirkungen zeigen, als früher. *Bde.*

C. PUSCHL. Ueber das Verhalten der Gase zu den Gesetzen von MARIOTTE und GAY-LUSSAC. Wien. Ber. **96** [2a], 54-64; Monatsh. f. Chem. **8**, 327.

— Ueber das Verhalten des Wasserstoffs zum MARIOTTE-schen Gesetze. Wien. Ber. **96** [2a], 313-316; Monatsh. f. Chem. **8**, 374.

— Ueber die Zusammendrückbarkeit der Gase und der Flüssigkeiten. Wien. Ber. **96** [2a], 1028-1035.

Die mathematische Methode des Verfassers besteht darin, dass er statt der üblichen Zustandscoordinaten eines Gases v, p, t gewisse aus ihnen abgeleitete Grössen betrachtet. Setzt man z. B. in der Differentialgleichung

$$dv = \frac{dv}{dt}\,dt + \frac{dv}{dp}\,dp \qquad (1)$$

welche einfach ausdrückt, dass v eine Function von p und t sei,

$$\frac{1}{v}\,\frac{dv}{dt} = a$$

$$- \frac{1}{v} \frac{dv}{dp} = c,$$

so ist a der Ausdehnungscoëfficient und c kann als die Zusammendrückbarkeit bezeichnet werden. Durch Substitution in (1) ergiebt sich

$$\frac{dv}{v} = adt - cdp,$$

woraus sofort folgt

$$\frac{da}{dp} = - \frac{dc}{dt}.$$

Setzt man

$$\frac{d(pv)}{dp} = h$$

so ist $h = 0$ der Ausdruck des MARIOTTE'schen Gesetzes, die Gleichung $h > 0$ bezeichnet ein Gas, welches weniger, $h < 0$ ein solches, welches mehr compressibel ist, als das genannte Gesetz verlangt. Der Verfasser untersucht den Verlauf der Grösse h für ein Gas, welches unter verschiedenen Bedingungen comprimirt wird. Er bildet ferner eine analoge Grösse

$$\frac{d \frac{v}{t}}{dt} = k$$

und stellt Betrachtungen über den Verlauf dieser Hülfsquantität bei Temperatur- und Druckvariationen an. Seine Betrachtungen, die übrigens weniger auf neue Thatsachen, als zu neuen Aspecten bekannter Dinge führen, bestätigt er an Wasserstoff und anderen Körpern, namentlich aus den Versuchen von AMAGAT. *Bde.*

Siphon automatique intermittent à air comprimé.

La Nature **16**, 58-60.

Der Heber dient dazu, das in einem Reservoire in längerer Zeit angesammelte Wasser in kurzer Zeit und in stärkerem Strahle ausfliessen zu lassen. — Der eigentliche Heber ist ein Rohr von weitem Querschnitt, welches aus langem und kurzem Schenkel besteht und zwischen diesen einmal ringförmig gebogen ist, so dass, wenn sich im unteren Theile des Ringes Wasser befindet, in beiden Schenkeln ein verschiedener Druck herrschen kann. An den kurzen Schenkel sind zwei Reservoire R und R_1 angelegt, die ihrerseits durch eine enge Röhre t miteinander communiciren, und von denen das untere R_1 durch Löcher mit dem kurzen Schenkel selbst in Verbindung steht. Aus dem oberen Reservoire R gehen drei enge Röhren aus, deren zwei T_1 und T_2 nach den verschiedenen Theilen des Ringes führen; die dritte T, höher als der Ring, aber niedriger als T_1 und T_2 gelegen, endigt im langen Schenkel des Hebers und dient als Hülfsheber. — Der Apparat, welcher ganz im Reservoire sich befindet, und dessen langer Schenkel durch den Boden des Reservoires hindurchgeführt ist, functionirt in folgender Weise:

Beim Beginne ist der untere Theil des Ringes mit Wasser gefüllt. Steigt nun das Wasser im Reservoire, so wird es auch im kurzen Schenkel, aber auch im Reservoire R_1, dann in R und endlich in den drei Röhren T, T_1, T_2 aufsteigen, während sich in dem durch das Wasser abgeschlossenen Theile des Ringes, der ja mittelst einer der Röhren, etwa T_1 mit R communicirt, und somit auch in T_1 die Luft comprimirt. — Ist das Wasser soweit gestiegen, dass es die Röhre T ganz anfüllt, so wird diese plötzlich als Heber wirken und das Reservoir R entleeren. Da aber R nur durch die enge Röhre t mit R_1 communicirt, sich deshalb nicht so schnell wieder mit Wasser anfüllen kann, so wird in R die comprimirte Luft aus T_1 und dem damit verbundenen Theile des Ringes einströmen, und somit im kurzen Schenkel des Hebers das Wasser sehr schnell aufsteigen und den Ring anfüllen. Auch aus der dritten Röhre T_2 wird die Luft abgesaugt, so dass das Wasser aus dem Ringe in den langen Schenkel des Hebers gelangt, und damit der Heber völlig in Thätigkeit tritt. — Ist das Reservoir entleert, so beginnt das Spiel von neuem, da in dem unteren Theile des Ringes stets genügend viel Wasser zurückbleibt, um einen Schenkel des Hebers gegen den anderen abzuschliessen. *Sch.*

P. RAIKOW und N. PRODANOW. Heber mit Hahn.
[Chem. Ztg. 11, 348; [Chem. Cbl. (3) 18, 427†.

Ein sowohl quer als nach unten durchbohrter Hahn ist mit dem längeren Schenkel eines Hebers und einem Cylinder verbunden. Unter Benutzung der Querbohrung kann man zunächst die Flüssigkeit in den Heber einsaugen. Durch eine Drehung des Hahnes um 90° wird dann der Abfluss bewirkt.

Hervorgehoben wird, dass sich, wenn der Cylinder calibrirt ist, auch leichtflüssige und widrig riechende Flüssigkeiten messen lassen. *F. K.*

HUGONIOT. Sur la vitesse limite d'écoulement des gaz.
Journ. de phys. (2) 6, 79-83.

Verf. erwähnt kurz die Experimente HIRNS über den Ausfluss der Gase (Ann. de chim. et de phys. (6) 7, 289-349) und tritt auch, hier, was an anderer Stelle ausführlicher geschehen ist (Ann. de chim. et de phys. (3) 9, 375 ff.) den Schlüssen entgegen, welche HIRN aus seinen Experimenten auf die Hinfälligkeit der kinetischen Gastheorie gezogen hat. Es behält vielmehr das ZEUNER-WEISSBACH'sche Gesetz über den Ausfluss der Gase völlige Gültigkeit. Demnach nähert sich die Geschwindigkeit, wenn der Druck im Recipienten immer mehr abnimmt einer Grenze

$$a\sqrt{\frac{2}{m-1}},$$

wo m das Verhältniss der spec. Wärmen bedeutet,

$$a=\sqrt{\frac{mp_0}{\varrho_0}}$$

ist, wenn p_0 und ϱ_0 sich auf entsprechende Werthe von Druck und Dichte des Gases beziehen. — Diese Grenze wird aber nur dann erreicht, wenn die Drucke im Ausflussgefäss und im Recipienten von einander nicht allzusehr verschieden sind, man also eine constante Bewegung des Gases annehmen kann. Ist aber dies nicht der Fall, und ist der Druck im Recipienten absolut Null, so zeigt Verf., dass sich dann die Geschwindigkeit einer höheren

Grenze und zwar $\frac{2a}{m-1}$ nähert. Für Luft unter normalen Verhältnissen würden diese beiden Geschwindigkeiten 735 und 1650 m betragen. *Sch.*

HUGONIOT. Remarques relatives aux observations de M. HIRN sur l'écoulement des gaz. C. R. **104**, 46-49; Beibl. **11**, 410.

Enthält eine Klarlegung der Controverse zwischen dem Verf. und Hrn. HIRN über die Experimente des letzteren betr. den Ausfluss der Gase. *Sch.*

A. F. NOGUÈS. Sur les tourbillons des fumeurs. C. R. **104**, 1166-1168; Beibl. **12**, 26, 1888.

Verf. stellt Betrachtungen darüber an, wie sich eine kleine von einer Wasseroberfläche aufsteigende Kugel aus Phosphorwasserstoff von der Dichte der umgebenden Luft, deren Theilchen zunächst alle gleiche und gleichgerichtete Geschwindigkeit besitzen, unter dem Einflusse der umgebenden Luft verändert. Er gelangt dabei zu dem Resultate: wenn man als Aequator denjenigen grössten Kreis bezeichnet, der in einer zur Fortpflanzungsrichtung senkrechten Ebene liegt, so finden Rotationen in den Meridianebenen um Punkte der Aequatorialebene statt. — Am Schlusse der Notiz behandelt der Verf. die Gestaltänderungen der kleinen Kugel unter mathematischem Gesichtspunkte. *Sch.*

CH. WEYHER. Quelques expériences sur les tourbillons aériens. C. R. **104**, 352-354; Rundschau **2**, 117-118.

Etwa 3 m über einem Wasserspiegel wird eine unten offene, mit 10 Flügeln versehene Trommel von 1 m Durchmesser in schnelle Rotation versetzt; alsdann ordnen sich auf der Oberfläche die Wassertheilchen zu Spiralen an, die alle in einem Punkte zusammenlaufen und dort einen Flüssigkeitskegel an der Basis von ca. 0.2 m Durchmesser und einer Höhe von 0.1 m bilden. Ueber diesem Kegel bildet sich ein zweiter umgekehrter der im Wesentlichen nur aus Tropfen besteht, die sich bis zur Höhe von 1.50 m erheben. — Wirft man leichte Körperchen auf das Wasser, so werden diese in die Axe des Wirbels hineingezogen, wo sie sich in der Form eines Korkziehers anordnen. — Legt man ein angefeuchtetes Brett auf das Wasser, so bildet der Wirbel darauf einen weisslichen Focus von 1—2 cm Durchmesser, und lässt ein Geräusch hören, als wenn das Brett durchbohrt wäre und durch das Loch von unten her Wasser und Luft miteinander gemischt durchströmten. Macht man diese Experimente im Freien, so verschiebt sich dieser Focus unter dem Einfluss auch des leisesten Windes. Der Verfasser wiederholte daher die Versuche in einem geschlossenen Gefässe.

Der Boden eines Glascylinders von 0.7 m Höhe und 0.4 m Durchmesser wird mit Sägespänen bedeckt. Durch den Deckel ist die Axe eines kleinen Drehkreuzes geführt, das aus 2 zu einander im rechten Winkel stehenden Flügeln aus Carton gebildet wird. Der Vorgang ist dann hier wie oben. Wird das Drehkreuz in Rotation gesetzt, so ordnen sich die Sägespäne in zwei Kegeln an und strömen im untern Kegel in Spiralen von dem Umfang zur Axe, im oberen von der Axe nach dem Umfang. — Wird also eine gegebene Luftmenge in Rotation gesetzt, so ist die Bewegung der Theilchen an der Peripherie von oben nach unten, in der Axe des Wirbels von unten nach oben gerichtet.

Der Verfasser hat dann auch die Anziehung eines Wirbels messend verfolgt, indem er der um eine horizontale Axe sich drehenden Trommel eine Cartonscheibe gegenüberstellte, welche senkrecht auf einem Stiele aufsass, und so mittels Faden und Rolle auf eine Wagschale wirkte. Er fand, dass die Anziehung umgekehrt proportional dem Quadrate der Entfernung ist.

Zur Bestimmung der Temperaturänderung führte der Verfasser in das Versuchsgefäss in die Axe des Wirbels die Kugel eines Thermometers ein. Lässt man dann das Drehkreuz 1500 Touren in der Minute machen, so sinkt die Temperatur zunächst um 1°; setzt man den Versuch aber weiter fort, so steigt sie im Verlaufe einer halben Stunde um etwa 3°. *Sch.*

CH. WEYHER. Sur les mouvements de l'air. C. R. **104**, 494; Rundsch. **2**, 141; Beibl. **12**, 87, 1888.

Bringt man in einen unter 45° zum Horizont geneigten Luft- oder Dampfstrahl von etwa 0.5 mm Durchmesser an der Ausflussöffnung zwei Kugeln von 20 mm Durchmesser, eine aus Kork, die andere aus Kautschuk mit Luft gefüllt, so werden diese, da ihr Schwerpunkt unterhalb der Axe des Strahles liegt, in Rotation versetzt werden und durch die entstehenden Wirbel im Dampfstrahle erhalten. — Lässt man eine mit Flügeln versehene Kugel, die nach Meridianen angeordnet sind, um eine Axe sehr schnell rotiren, und nähert man ihr einen kleinen mit Luft gefüllten Ballon, so wird dieser sie in der Aequatorialebene umkreisen. Auch ein Papierring, dessen innerer Durchmesser grösser ist als der Durchmesser der Kugel, umkreist die Kugel in der Aequatorialebene. — Die Bewegung der Luft studirt der Verfasser, indem er Rauch gegen die Kugel aufsteigen lässt. Die Luft strömt von allen Seiten auf die Kugel ein, und wird am Aequator wieder abgestossen. *Sch.*

CH. WEYHER. Expériences sur les tourbillons aériens et les sphères tournantes. La Nat. **15** (1) 95-98; Aërial vortices and revolving spheres; Nature **35**, 514-515.

Seine beiden Notizen (C. R. **104**, 352-354 und 494) giebt Verf. hier theilweise etwas eingehender und durch Abbildungen erläutert wieder. *Sch.*

CH. WEYHER. Sur une expérience complémentaire et relative aux trombes marines. C. R. **104**, 1058.

Dem Verfasser ist es gelungen, eine vollständige Wasserhose mit ihrer Dampfspindel im Experiment herzustellen. Er lässt zu diesem Zwecke 3 m über der Wasserfläche wiederum eine Trommel rotiren und richtet dann einen Dampfstrahl in die Axe des entstehenden Wirbels oder auch er wärmt das Wasser ein wenig an, so dass es beginnt, Dampf auszusenden. Die Dampfspindel hebt sich dann namentlich bei ruhiger Luft in weisslicher Farbe bei einem Durchmesser von 5—8 cm in ihrer ganzen Länge von 3 m sehr schön gegen die umliegenden Gebäude ab. — Innerhalb dieser Dampfspindel sieht man noch eine zweite dünnere in Form eines Kegels, dessen Basis in der Mitte der Trommel gelegen ist. – Die Versuche haben auch im Zimmer stattgefunden; hier war es möglich, mit einem Drehkreuz von 15 cm Durchmesser, eine Spindel von 1.5—2 cm Durchmesser und 90—100 cm Länge zu erhalten.

Sch.

D. COLLADON. Sur les tourbillons aériens.

Arch. de phys. (3) **17**, 303-320.

Der Verfasser vergleicht die Experimente des Herrn WEYHER (C. R. **104**, 352-354) mit den Beobachtungen, die er selbst, wie auch Hr. PICTET an Windhosen gemacht haben, und welche bereits früher (Arch. des Sciences (3) 1879, t. **2**, p. 5) veröffentlicht sind. Da hier Experiment im kleinen und Beobachtung im grossen Massstabe im wesentlichen übereinstimmen, so wird hierdurch aufs neue die Ansicht des Hrn. FAYE widerlegt, der behauptete, dass analog den Wirbeln auf der Oberfläche einer Wassermenge auch in Luftwirbeln die der Axe benachbarten Theilchen sich nie in aufsteigender Bewegung befinden.

Verfasser leitet aus dem vorliegenden Material folgendes ab: Es sei eine grosse Flüssigkeits- oder Luftmenge gegeben, und ein Theil derselben werde in Rotation um eine Axe gesetzt. Alsdann denke man sich den ganzen Wirbel durch einander parallele, senkrecht zur Axe gelegte Schnitte in einzelne Theile zerlegt, so wird jedem Theile eine bestimmte mittlere Centrifugalkraft zukommen. Ist nun die Centrifugalkraft in den nahe der Mitte der Axe des Wirbels gelegenen Theilen grösser als in den davon entfernteren, so werden längst der Axe die Theilchen der Mitte zustreben, und somit zwei Ströme in entgegengesetztem Sinne entstehen; also wenn die Axe vertical ist, so wird im unteren Theile derselben eine aufsteigende, im oberen Theile eine absteigende Bewegung statthaben.

Der zweite Theil der Arbeit wendet sich zunächst gegen die Behauptung des Hrn. FAYE, dass nämlich die Wind- und Wasserhosen stets nur in einem Sinne und zwar nur von Westen nach Osten sich bewegen. Verfasser beschreibt mehrere Beobachtungen, die von ihm selbst und auch von Hrn. Pictet an Wind- und Wasserhosen angestellt waren, die alle in einer anderen Richtung als von Westen nach Osten fortschritten.

Verfasser giebt zum Schlusse noch die Beschreibung eines Apparates, welcher dazu dient, innerhalb eines Wirbels wirklich die aufsteigende Bewegung im unteren Theile und die absteigende im oberen Theile der Axe nachzuweisen. *Sch.*

Colladon. Les trombes ascendentes.

La Nat. **15** (2), 1-2.

Giebt die Beschreibung und Abbildung eines Apparates, der dazu dient, die aufsteigende Bewegung im unteren Theile eines Wirbels nachzuweisen (siehe auch Arch. de phys. (3), **17**, 303-320). *Sch.*

W. Holtz. Spiralförmige Wirbel in Flammen.

Götting. Nachr. 1887, 566-567; [Beibl. **12**, 26-27, 1888.

In ein senkrecht aufgestelltes, etwa 10 cm langes und 2—3 cm weites Metallrohr ist von unten ein engeres Glasrohr mittelst eines Stöpsels eingeführt. Durch dasselbe strömt Gas in geringer Menge ein und verbrennt am oberen Ende des weiteren Rohres mit niedriger, bläulicher Flamme. Schiebt man dann ein 3—4 cm weites Glasrohr über das Metallrohr, so dass es dies auf 5—8 mm umfasst, so brennt die Flamme hell und zeigt spiralförmige Wirbel. — Die Erklärung ist dadurch gegeben, dass starke Luftströmungen an der Peripherie des Metallrohres die Luft in seiner Axe verdünnen. *Sch.*

P. Salcher. Photographische Aufnahmen ausströmender Luftstrahlen. Wien. Anz. **24**, 221.

Von Salcher sind in der Torpedofabrik zu Fiume Luftstrahlen

photographirt, die unter einem Drucke von $2\frac{1}{2}-50$ Atmosphären theils frei, theils gegen Hindernisse ausströmen. An den Bildern sieht man merkwürdige Einzelheiten, die sich als stationäre Schallwellen interpretiren lassen. *Sch.*

M. THIESEN. Versuche über den Luftwiderstand.

Verh. der Phys. Gesellsch. Berlin **6**, 2-4.

Aus seinen Versuchen über den Luftwiderstand mit einem von SCHELLBACH angegebenen Apparate folgerte der Verf. (Wied. Ann. **26**, 327) dass, wenn ein cylindrischer Stab um seine Mitte mit der Winkelgeschwindigkeit $\frac{d\varphi}{dt}$ rotirt, dass dann das Moment des Luftwiderstandes gegen diesen sei:

$$M = A_1 \eta L^3 \frac{d\varphi}{dt} + A_2 \varepsilon r L^4 \left(\frac{d\varphi}{dt}\right)^2 + A_3 \frac{\varepsilon^2}{\eta} r^2 L^5 \left(\frac{d\varphi}{dt}\right)^3,$$

wo η den Reibungscoëfficienten, ε die Dichte der Luft, r den Radius und L die Länge des Stabes; A_1, A_2, A_3 Constante bezeichnen.

Verf. hat diese Beziehung aufs neue geprüft und zwar in der Art, dass der Stab um seine Axe in schnelle Rotation gesetzt wird, und die Durchgangszeiten durch eine gewisse Lage chronographisch gemessen werden. Man erhält so $\frac{d\varphi}{dt}$, aber auch $-\frac{d^2\varphi}{dt^2}$ Da nun

$$M = -\mu \frac{d^2\varphi}{dt^2}$$

ist, wo μ das Trägheitsmoment des Stabes bedeutet (wozu jedoch noch ein von der Reibung der Aufhängung abhängendes Glied hinzukommen kann), so wird also die Bewegungsgleichung

$$0 = \frac{d^2\varphi}{dt^2} + a_0 + a_1 \frac{d\varphi}{dt} + a_2 \left(\frac{d\varphi}{dt}\right)^2 + a_3 \left(\frac{d\varphi}{dt}\right)^3$$

Die Versuche wurden mit zwei Stäben von verschiedenen Dimensionen im Lichthofe der deutschen Seewarte angestellt und ergaben im wesentlichen eine neue Bestätigung der obigen Beziehung. — Verf. hält die Methode einer grossen Genauigkeit für fähig.

Sch.

O. E. Meyer. Ueber die Bestimmung der inneren Reibung nach Coulomb's Verfahren. Wied. Ann. **32**, 642-659; Münchener Ber. 1887, 343-364; [Z. f. physik. Chem. **2**, 251, 1888.

Verf. giebt in der vorliegenden Arbeit eine Neuberechnung seiner Bestimmung der inneren Reibung von Flüssigkeiten nach der Methode Coulomb's mit schwingenden Scheiben; und zwar unter Zugrundelegung eines Correctionsgliedes, das sich durch eine weitere Annäherungsauflösung der von ihm aufgestellten Differentialgleichungen (Crelle's Journal **59**, 274) ergiebt. Die neuen Voraussetzungen beruhen auf folgenden Ueberlegungen:

Die Punkte gleicher Winkelgeschwindigkeit liegen auf geschlossenen Oberflächen, welche die Scheibe des Apparates umhüllen, und um so mehr die Gestalt der Scheibe annehmen, je näher sie derselben liegen. An Stellen, welche dicht über oder unter der Scheibe und zwar der Drehungsaxe näher als dem Rand der Scheibe liegen, wird sich die Winkelgeschwindigkeit ψ nur wenig mit dem Abstande r von der Axe verändern; dagegen weit stärker mit dem senkrechten Abstande x von der Scheibe. Das Umgekehrte gilt für Stellen, deren Entfernung von der Drehungsaxe grösser ist als der Radius R der Scheibe. Unter diesen Voraussetzungen geht die früher aufgestellte Differentialgleichung

$$\varrho \frac{d\psi}{dt} = \eta \left[\frac{d^2\psi}{dx^2} + \frac{d}{rdr}\left(\frac{d.r^2\psi}{rdr}\right)\right]$$

in die einfachere über

$$1) \qquad \varrho \frac{d\psi}{dt} = \eta \frac{d}{rdr}\left(\frac{d.r^2\psi}{rdr}\right) = \eta \left\{\frac{d^2\psi}{dr^2} + \frac{3}{r}\frac{d\psi}{dr}\right\},$$

in welcher nur noch r und die Zeit t als unabhängige Veränderliche vorkommen. — Weiter gilt für $r < R$ die Differentialgleichung

$$2)\qquad \varrho \frac{d\psi}{dt} = \eta \left\{ \frac{d^2\psi}{dx^2} + \frac{4}{R} \left(\frac{d\psi}{dr} \right)_{r=R} \right\},$$

wozu endlich noch die Gleichung:

$$3)\qquad M \frac{d^2\varphi}{dt^2} = -\tau\varphi + 2\pi\eta \left\{ R^3 \int_{-c_1}^{c_1} dx \left(\frac{d\psi}{dr} \right)_R \right.$$

$$\left. + \int_0^R dr\, r^3 \left[\left(\frac{d\psi}{dx} \right)_{c_1} - \left(\frac{d\psi}{dx} \right)_{-c_1} \right] \right\}$$

kommt, die mit der Bedingung, dass sowohl für $r = R$ als für $x = \pm c_1$

$$\psi = \frac{d\varphi}{dt}$$

wird, den Winkel bestimmt, um welchen die Scheibe zur Zeit t aus ihrer Gleichgewichtslage herausgedreht ist: c_1 ist die halbe Dicke der Scheibe.

Als letzte Folgerung aus diesen Gleichungen leitet der Verfasser ab, dass das logarithmische Decrement der Schwingungen, gegenüber seinen früher abgeleiteten Werthen um den Betrag

$$\pi \frac{R^3}{M} . \eta . T$$

zu vermehren ist, welcher sich leicht in die König'sche Correction umrechnen lässt. Verf. erhält also auf Grund der von ihm aufgestellten Differentialgleichungen dasselbe Correctionsglied, welches Hr. Walter König durch andere Ueberlegungen gefunden hatte.

Mit Berücksichtigung dieser Correction erhält der Verfasser für das destillirte Wasser die folgenden Reibungscoëfficienten, denen die ohne diese Correction berechneten, sowie die von Poiseuille durch Strömung in Röhren gefundenen gegenübergestellt sind.

Temperatur	Alte Berechnung	Neue Berechnung	Poiseuille
8.7	0.0169	0.0141	0.0136
10.1	157	129	131
12.5	150	127	122
15.5	137	117	113
17.8	126	110	107
17.9	130	111	106

Temperatur	Alte Berechnung	Neue Berechnung	Poiseuille
21.6	0.0119	0.0102	0.0097
23.9	112	097	092
28.5	102	089	083
33.7	093	081	074

Die Uebereinstimmung zwischen beiden Methoden wird hier also eine wesentlich bessere. — Verf. giebt dann eine Umrechnung der Reibungscoëfficienten von Alaunlösung, Lösung von schwefelsaurem Natron, schwefelsaurem Kali, salpetersaurem Natron und salpetersaurem Kali, aus denen hervorgeht, dass die einzelnen Beobachtungsreihen unter Annahme des abgeleiteten Correctionsgliedes sehr gut mit einander übereinstimmen.

Das gleiche geht auch aus den Bestimmungen des Reibungscoëfficienten der Luft hervor und bestätigen jetzt diese Zahlen sehr gut das Gesetz, dass der Reibungscoëfficient der Luft von ihrem Druck unabhängig ist. — Die noch vorhandenen Abweichungen der Zahlen erklärt Verf. durch den störenden Einfluss der den Apparat umschliessenden Glasglocke. *Sch.*

TAIT. Note on the effect of explosives. Proc. Edinb. **16**, 110-111†; [Rundschau **3**, 270, 1888; [Beibl. **12**, 437, 1888.

Bei einer Dynamitexplosion war vielen Beschädigten das Trommelfell nur auf einer Seite zersprungen, woraus auf projectilartige Bewegung der Luft geschlossen wird. Auch die scheinbare endliche Breite der Blitze soll nicht von Irradiation herrühren, sondern wirklich sein und dadurch zu Stande kommen, dass die Luft aus der Blitzbahn mit einer Schnelligkeit herausgetrieben wird, vermöge deren sie auf endliche Strecken durch Compression glühend wird. *Bde.*

SARRAU et VIEILLE. Ueber die Anwendung der Zerquetschungsmanometer zur Bestimmung der durch

Explosivsubstanzen entwickelten Drucke. C. R. **104**, 1759-1763; [Beibl. **12**, 441, 1888.

Ist m die Masse des Kolbens in einem Quetschmanometer, u der in der Zeit t durchlaufene Weg, R der Widerstand, welcher der Bewegung des Kolbens entgegensteht, P der Druck auf den Kolben, so ist offenbar

$$P = R + m\frac{d^2u}{dt^2}.$$

Bei langsam wirkenden Explosivstoffen (Schwarzes Schiesspulver) ist d^2u / dt^2 verschwindend klein gegen R; bei schnellen (Pikrate etc.) kommt das zweite Glied der Formel stark zur Geltung. Die Verfasser haben ein Quetschmanometer so eingerichtet, dass es die Werthe von u aufschrieb und eine Reihe von Messungen damit gemacht, und geben für pulverförmige Schiessbaumwolle beispielsweise folgende Zahlen:

Zeit	$m\frac{d^2u}{dt^2}$	R	P
	kg	kg	
1	+1607	480	2087
2	+1013	1099	2112
3	+ 384	1775	2159
4	— 454	2357	1903
5	—1083	2844	1761
6	—1537	3219	1682

Zeiteinheit ist dabei 0.0003242 Sek.

Man sieht, P ist in den ersten vier Zeittheilen ziemlich constant, die Verbrennung also wirklich nahe abgelaufen, ehe die Bewegung des Kolbens beginnt. Nachher sinkt P, offenbar durch Abkühlung. *Bde.*

E. MACH und P. SALCHER. Photographische Fixirung der durch Projectile in der Luft eingeleiteten Vorgänge. Wien. Ber. **95** [2], 764-780†; Wied. Ann. **32**, 277-291†; Exner Rep. **23**, 587-600†; [Natf. **20**, 264-266; [J. de phys. (2),

7, 500-501, 1888†; [Rundsch. 2, 490; [Rev. Scient. 40, 846; [Cim. (3) 25, 168, 1889.

E. THIEL. Photographische Aufnahme der Lufthülle, welche das fliegende Geschoss umgiebt. Arch. f. Art. u. Ing. Off. **94**, 1887, 485-500†.

Die Verfasser bedienen sich der Schlierenmethode, um die Luftverdichtung vor einem fliegenden Projectil sichtbar zu machen und fixiren die Erscheinung auf photographischem Wege. In einem dunkeln Zimmer wird auf sehr einfache und sinnreiche Weise das Geschoss in dem Augenblick, in welchem es das photographische Objectiv passirt, durch den Entladungsfunken einer Leydner Flasche beleuchtet.

Die von den 90 wohlgelungenen Aufnahmen beigefügten Beispiele zeigen ähnliche Erscheinungen wie sie bei einem das Wasser durchschneidenden Schiffe wahrgenommen werden.

Zum Gelingen des Versuchs muss die Geschossgeschwindigkeit ω die Schallgeschwindigkeit v übersteigen. Bei genügender Geschossgeschwindigkeit

„erscheint auf dem Bilde die Grenze der vor dem Projectil verdichteten Luft ähnlich einem das Projectil umschliessenden Hyperbelast, dessen Scheitel vor dem Kopf des Projectils, und dessen Axe in der Flugbahn liegt.“

Vom Geschossboden gehen ähnliche aber geradlinige Grenzstreifen symmetrisch zur Schusslinie nach rückwärts ab. Schwächere Streifen setzen an andern Punkten des Geschosses an.

Diese Streifen bilden mit der Schusslinie Winkel α, welche kleiner sind als die Winkel, welche die Hyperbeläste mit derselben einschliessen. Bei sehr grossen Geschossgeschwindigkeiten zeigen die Photographieen im Schusskanal hinter dem Projectil Wölkchen.

Auf Grund des HUYGHENS'schen Princips angestellte Betrachtungen gaben eine annähernde Erklärung der Erscheinungen und bestätigen die gemachte Beobachtung, dass bei grösserer Geschossgeschwindigkeit die Winkel der Grenzstreifen mit der Schusslinie kleiner werden. Aus dem HUYGHENS'schen Princip folgt

$$\frac{v}{\omega} = \sin \alpha,$$

diese Formel findet sich naturgemäss nur näherungsweise bestätigt.

Das Erscheinen der Wölkchen im Schusskanal muss erst durch weitere Versuche völlig aufgeklärt werden. *Wff.*

E. VALLIER. Note sur le tir contre les ballons. Rev. d'Art. **30**, 106-110.

Um dem Schiessen auf einen gefesselten Ballon eine theoretische Grundlage zu geben, nimmt der Verf. an, die horizontale Entfernung des Ballons und sein Höhenwinkel seien gemessen. Hieraus berechnet er mit Hülfe der Formeln, welche er in der nachstehend besprochenen Arbeit entwickelt hat, den Abgangswinkel des Geschosses. *Lp.*

E. VALLIER. Essai sur les principes de la balistique extérieure. Rev. d'Art. **29**, 5-25.

Die vorliegende Abhandlung macht den Beschluss einer Reihe von Artikeln (vgl. diese Ber. **41** (2), 380, 1885) über den Widerstand, den die Luft Geschossen entgegenstellt, deren Geschwindigkeiten zwischen 0 und 600 m liegen. Im ersten Abschnitte geht der Verf. näher auf den Luftwiderstand bei Geschwindigkeiten unterhalb der Schallgeschwindigkeit ein. Während in dem letzten Aufsatze von 1885 noch auf weitere neu anzustellende Versuche verwiesen wurde, werden jetzt die in demselben Bande **26**, 231 der Rev. d'Art. von Hrn. HOJEL mitgetheilten Zahlenwerthe benutzt und danach die Constanten der in den früheren Berichten gegebenen Formeln berechnet. Bei der dann im zweiten Abschnitte folgenden Integration der Differentialgleichungen ersetzt der Verfasser die Methode des Generals DIDION durch eine andere. Die Ordinate der Bahnlinie wird durch den MAC LAURIN'schen Satz nach Potenzen von x entwickelt; aber nur die Glieder in x und x^2 werden berechnet, danach wird das Restglied in der Gestalt des bestimmten Integrales angesetzt. Die Auswerthung dieses bestimmten Integrales erfolgt durch mechanische Quadratur zwischen den Grenzen 0 und x, oder genauer bloss durch Anwendung der Simpson'schen Regel, weshalb sich die Berechnung solcher Punkte bequem gestaltet, deren Abscissen in den Verhältnissen 1 : 2 : 4 : 8 : . . . stehen. Die Formel des Verfassers lautet:

$$y = p_0 x - \frac{gx^2}{2u_0^2} - g\frac{x^3}{6}(\varrho_0 \cos^{-3}\varphi + \varrho_{\frac{1}{2}} \cos^{-3}\theta_{\frac{1}{2}})$$

[$\varrho = \frac{f(v)}{v^4}$, der Index 0 bezieht sich auf den Anfangspunkt, $\frac{1}{2}$ auf die Mitte des Intervalles $0 \ldots x$, φ = Abgangswinkel, θ = Neigung der Bahntangente].

In einem Schlussworte fasst der Verfasser die Ergebnisse seiner Untersuchungen zusammen: „Wenn die oben entwickelten Betrachtungen sowohl unter dem Gesichtspunkte der Physik und des Experiments als auch der Analysis als zutreffend anerkannt werden, so dürfen wir mit vollem Grund behaupten, dass wir die Principien einer äusseren theoretischen Ballistik skizzirt haben, welche man mit Vortheil an die Stelle der jetzt gebräuchlichen Ballistik mit rein experimenteller Basis und mit empirischen Formeln zu setzen hätte“. *Lp.*

F. Siacci. Sugli angoli di massima gittata.
Rom. Acc. L. Rend. (4) 3_2, 211-216.

Um die schon früher angeregte Frage zu erledigen, ob bei gewissen Widerstandsgesetzen die grösste Wurfweite bei einem grösseren Abgangswinkel als $\frac{1}{4}\pi$ erreicht werde, unternimmt der Verf. eine analytische Untersuchung der Aufgabe und findet, dass die grössten Wurfweiten zu Winkeln über $\frac{1}{4}\pi$ gehören, wenn der Widerstand durch die Formel av^ν ($\nu > 2 + \sqrt{2}$) ausgedrückt wird, oder auch durch die Formel $av^\nu + bv^\mu + cv^\pi + \ldots$ ($\nu > 2 + \sqrt{2}$, $\nu < \mu < \pi < \ldots$). Wird dagegen das Widerstandsgesetz durch ein Polynom in v gegeben, bei welchem einige Exponenten kleiner, andere grösser als $2 + \sqrt{2}$ sind, so können die Winkel grösster Wurfweite grösser, gleich oder kleiner als $\frac{1}{4}\pi$ sein, je nach den Werthen der Projectionsgeschwindigkeit. *Lp.*

F. AUGUST. Ueber die günstigste Form der Geschossspitzen nach der NEWTON'schen Theorie. Arch. f. Art. **94**, 1-29.

F. AUGUST. Ueber die Rotationsfläche kleinsten Widerstandes und über die günstigste Form der Geschossspitzen nach der NEWTON'schen Theorie. J. für Math. **103**, 1-24.

Der Untersuchung liegt die NEWTON'sche Annahme des Widerstandsgesetzes zu Grunde. Ist also df ein Oberflächenelement, τ der Winkel, welchen die Bewegungsrichtung mit der Normale in df bildet, so ist der Widerstand gegen df ein Normaldruck von der Grösse $W_0\, df \cos^2\tau$. Die Oberfläche werde durch die Rotation einer ebenen Meridiancurve um die x-Axe erzeugt, deren positive Richtung mit derjenigen der gegen den Körper sich bewegenden Lufttheilchen zusammenfällt; dann ist zwischen den Ordinaten y_1 und y_2 der Widerstand der Fläche in der Bewegungsrichtung

$$W = 2\pi W_0 \int_{y_1}^{y_2} y\, dy \cos^2\tau = 2\pi W_0 \int_{y_1}^{y_2} \frac{y\, dy}{1+q^2},$$

wenn $\operatorname{tg}\tau = \frac{dx}{dy} = q$ gesetzt wird. Damit das Problem, die Curve kleinsten Widerstandes zwischen zwei fest gegebenen Punkten A und B zu finden, bestimmt sei, muss die Bedingung hinzugefügt werden, dass die Fläche keine trichter- oder ringförmigen Einbiegungen enthalte; denn ohne diese von Hrn. August so formulirte Bedingung ist die Aufgabe unbestimmt und kann W der Null beliebig nahe gebracht werden. Hieraus folgt mit Nothwendigkeit, dass $q \geqq 0$ sein muss; der Verf. setzt allgemeiner

$$q \geqq \alpha \text{ und } \alpha > \frac{x_2 - x_1}{y_2 - y_1},$$

wenn (x_1, y_1), (x_2, y_2) die Coordinaten von A und B sind. Die Aufsuchung des kleinsten Werthes von

$$w = \int_{y_1}^{y_2} \frac{y\,dy}{1+q^2}$$

erfolgt ohne Anwendung des Algorithmus der Variationsrechnung nach einer vom Verf. zu diesem Zwecke ersonnenen sich daran anlehnenden elementaren Methode mit Hülfe der Taylor'schen Reihe und ergiebt

$$(1) \qquad y = \frac{c(1+q^2)^2}{q}$$

mit der Nebenbedingung

$$q > \frac{1}{\sqrt{3}}.$$

Durch Integration von $dx = q\,dy$ folgt weiter

$$(2) \qquad x = c(-\log\text{nat}\, q + q^2 + \tfrac{3}{4}q^4) + c_1.$$

Die Gleichungen (1) und (2) definiren eine Curvengattung, die schon von Newton angegeben ist, und von der einzelne Curven als krummlinige Bestandtheile einer Minimalcurve angehören können. Jede Curve besitzt für $q = \frac{1}{\sqrt{3}}$ eine Spitze, deren Coordinaten

$$(3) \qquad x_0 = c(\tfrac{1}{2}\log\text{nat}\, 3 + \tfrac{5}{12}) + c_1, \quad y_0 = \frac{16c}{3\sqrt{3}}$$

sind. Von der Spitze gehen zwei Aeste der Curve ohne Asymptote ins Unendliche; der Ast, welcher der x-Axe zunächst liegt und ihr die concave Seite zuwendet, kann als Bestandtheil einer Minimalcurve auftreten. Die Curve schneidet die x-Axe nicht. Das Ergebniss der Untersuchung ist: „Möglich als Minimalcurve zwischen zwei gegebenen Endpunkten A und B ist nur ein Linienzug, zusammengesetzt aus einem von A ausgehenden geradlinigen Theile AC mit der Richtungszahl α und einem Bogen einer Newton'schen Minimalcurve CB, der sich an den geradlinigen Theil entweder ohne Richtungsunterschied ansetzt, nämlich wenn $\alpha \geqq 1/\sqrt{3}$, oder doch wenigstens, wenn jenes nicht möglich ist, weil $\alpha < 1/\sqrt{3}$ gegeben ist, mit der denkbar geringsten. Es kann sich aber auch in gewissen Fällen der geradlinige Theil, und in einem ganz singulären Falle, nämlich wenn $\alpha = \frac{x_2 - x_1}{y_2 - y_1}$ ist, der krummlinige Theil auf Null reduciren.“ Nachdem für die somit folgenden drei Fälle die Formeln entwickelt sind, welche die ganze Begrenzung der Minimalcurve bestimmen, wird zur Anwendung auf die Geschossspitzen übergegangen. Bei ihnen setzt sich die Minimalcurve zusammen aus einer von der Axe ausgehenden, zu ihr senkrechten Geraden $AC (= y_0)$ und einem Bogen einer Newton'schen Curve CB, welcher unter einem Winkel von 30° gegen die Verlängerung dieser Senkrechten nach hinten zu abgeht. Zahlenbeispiele, die für angenommene Abmessungen durchgerechnet und graphisch dargestellt sind, sowie Vergleichungen mit anderen Spitzenformen zur Bestätigung der Theorie bilden den Beschluss des zweiten, mehr technischen Theiles der interessanten Arbeit.

Bei dem Abdrucke der Abhandlung im J. für Math. sind manche Zahlenrechnungen und Tabellen fortgelassen; dagegen ist der Verf. auf einige andere Widerstandsprobleme näher eingegangen, welche schon früher behandelt sind und nach derselben Methode erledigt werden können, wobei nämlich die Bedingung, dass die Endpunkte der Meridiancurve gegeben sind, durch andere Bedingungen ersetzt wird. Die Bemerkungen von Hrn. August vervollständigen und berichtigen die von früheren Forschern gefundenen Lösungen und kritisiren besonders die neueren Arbeiten von Hrn. Starkoff, über welche F. d. M. **16**, 1884, 832 und **17**, 1885, 359 berichtet ist.

In einer Schlussbemerkung wird ausdrücklich darauf hingewiesen, dass die Arbeit keinen Anspruch darauf erhebt, das Problem endgültig gelöst zu haben, sondern nur gemäss den zu Anfang ausgesprochenen Annahmen. *Lp.*

E. Rivals. Des effets du tir des pièces rayées sur le matériel. Toulouse Mém. (8) **9**, 429-437.

Fortsetzung der Arbeit, über welche F. d. M. **17**, 1885, 978 berichtet ist. Das Thema dieses zweiten Theiles ist der Einfluss der Züge in den Geschützen auf die Grösse des Grenzwinkels für die Erhebung der Stirnschiene einer Laffettenwand und auf die

Grösse der Stützdrucke rechts und links. Der Verf. giebt am Schlusse die Ergebnisse seiner Rechnungen in folgenden Worten: Beim Schusse unter dem Grenzwinkel der Erhebung bei den Laffetten des zweiten und des dritten Systemes, d. h. mit doppeltem Schwanzstück, darf man sicher sein, 1) dass der Winkel des Grenzschusses der Erhebung durch die Rotation des Geschosses nicht geändert wird, und dass er immer durch die Poisson'sche Formel $\operatorname{tg} \theta_2 = \frac{h'-nh}{a'-nh}$ gegeben wird; 2) dass die Differenz der Drucke nach hinten auf die rechte Seite und auf die linke Seite des Laffettenrahmens ein merklicher Bruchtheil ($\frac{1}{10}$, $\frac{1}{12}$, ...) des ganzen Druckes ist, niemals aber die ungeheueren Werthe erreicht, welche ihm manche theoretisch irrige Arbeiten zuertheilen. *Lp.*

Henry. Sur une loi experimentale de balistique intérieure. C. R. **105**, 1244-1247.

Der Verfasser benutzt Versuche von Sébert und Hugoniot mit dem Velocimeter. Er trägt die bei diesen erhaltenen Volumina V als Ordinaten, die umgekehrten Werthe der entsprechenden mittleren Drucke als Abscissen auf und erhält so Punkte, welche die verschiedenen Lagen der Geschosse in dem Geschützrohre darstellen.

Für den grössten Theil der Seele (die drei letzten Viertel) liegen diese Punkte gemäss dem Gesetz von Noble und Abel, wonach nach vollständiger Verbrennung des Pulvers das Volumen der Pulvergase eine lineare Function des umgekehrten Druckes ist, in einer geraden Linie, deren Gleichung ist:

$$V - f\omega \frac{1}{p} - \alpha\omega = 0.$$

Hierin bedeutet ω das Gewicht der Ladung, f und α sind zwei von Noble und Abel eingeführte Constanten.

Bemerkenswerth ist, dass die Methode von Sébert und Hugoniot gänzlich unabhängig von den von Noble und Abel zu den Druckmessungen angewandten Stauchapparaten ist, und dass die Versuche mit sehr verschiedenen Kalibern ausgeführt worden sind.

Bei Beginn der Bewegung des Geschosses ergeben die dargestellten Punkte eine Hyperbel, deren Asymptoten die oben bezeichnete gerade Linie und eine zur Abscissenaxe im Abstande V_0 (= Anfangsvolumen der Ladung) parallel laufende Gerade sind. Die Hyperbel, deren Gleichungen

$$\left. \begin{array}{c} x = \frac{1}{p};\ y = V \\ (y - f\omega x - \alpha\omega)(y - V_0) = \text{Constante} \end{array} \right\}$$

sind, soll das vollständige Gesetz des Druckverlaufes der Pulvergase beim Schuss darstellen.

Weiter leitet der Verfasser aus denselben Versuchen die in jedem Augenblick verbrannte Pulvermenge ab. *Wff.*

P. Henry. Note sur la Mesure de la pression des gaz d'une charge explosive au moyen des crushers. Mém. Art. Mar. 1887, 59 pp. S. A. Paris. Librairie Militaire de L. Baudoin et Ce.

Nach einer sehr eingehenden Besprechung der Studie von Sarrau und Vieille über die Stauchapparate (Mémorial des Poudres et Salpêtres 1883. S. A. 8°. 79 pp. Paris, Gauthier-Villars†) über deren hauptsächlichste Resultate in diesen Ber. **38** (1) 227-228 referirt worden ist, folgt eine Untersuchung über die Zulässigkeit der Stauchapparate zur Messung des Druckes in Feuerwaffen. Für Stauchapparate, welche in der Pulverkammer angebracht sind, gelten dieselben Gesetze, wie sie Sarrau und Vieille für Druckmessungen in geschlossenen Gefässen angegeben haben: die Stauchung ist dem Druck proportional. Befindet sich der Apparat hinter der Lage des Geschossbodens während des Maximaldruckes, so ist die Stauchung fast doppelt so gross wie diejenige, welche dem gesuchten Druck entspricht (die Abweichung λ kann in Rechnung gezogen werden). Ist das Manometer gerade an der Stelle angebracht, an welcher sich der Geschossboden beim Eintreten des Maximaldruckes befindet, so ist die Stauchung über doppelt so gross wie die dem gesuchten Druck entsprechende (auch hier kann λ berechnet werden). Dieses Verhalten findet in dem Verlauf des Druckes seine Erklärung. Im ersten Fall steigt der Druck allmählich von 0 bis zum Maximum an; im zweiten wirkt plötzlich ein hoher Druck, der allmählich abnimmt; im dritten Fall wirkt der Maximaldruck plötzlich während der Dauer seines Bestehens, worauf der Druck abnimmt. *Wff.*

R. H. S. Transmission of power by compressed air. Nature **35**, 275-280.

Enthält die Beschreibung einer in Birmingham neu anzulegenden Centralstation für Kraftübertragung mittelst comprimirter Luft. Ausser der Darstellung des Princips und der Leistungsfähigkeit der Maschinen ist auch eine Kostenberechnung gegeben. *Sch.*

D. Colladon. Expériences sur les cerfs volants. La Nature **15**, (2) 97-99.

Verf. beschreibt die Experimente, welche er vor etwa 60 Jahren mit einem Papierdrachen anstellte, sowohl zum Nachweis der Luftelektricität, als auch den Drachen zu benutzen, um in einer nicht allzusehr von der des Windes abweichenden Richtung ein Floss über den Genfer See zu bewegen. *Sch.*

Marey. De la mésure des forces, qui agissent dans le vol de l'oiseau. C. R. **105**, 504-509; Rundschau **3**, 21-23, 1888.

Die Muskelkraft der Vögel dient während des Fluges dazu, einmal die Schwerkraft, zweitens aber auch bei der Fortbewegung in horizontaler Richtung den Luftwiderstand zu überwinden. Die vom Vogel im Fluge ausgeübte Kraft, die, wie die Anatomie lehrt, nur in dem Herabdrücken der Flügel besteht, zerlegt sich also nach diesen beiden Componenten. — Die verticale Componente ist, vorausgesetzt, dass der Vogel in genau horizontaler Richtung sich fortbewegt, direct gleich dem Körpergewicht, also bei der Seemöve 0.623 kg. Die horizontale Componente setzt sich zusammen, aus der Kraft, die dem Vogel beim Niederdrücken der Flügel eine gewisse Beschleunigung ertheilt, und deren Werth der Verfasser bei der Seemöve zu 0,449 kg berechnet, und der Kraft, die nöthig ist, den Widerstand der Luft zu überwinden, welche, da die durchschnittliche Geschwindigkeit des Vogels die gleiche bleibt, wieder = 0,449 kg ist. Die horizontale Componente ist demnach 0.898 kg. Setzt man beide Kräfte nach dem Parallelogramm der Kräfte zusammen, so ergiebt sich die Resultante zu 1.080 kg, oder der gesammte Kraftaufwand der Seemöve, da die Muskeln an einem kleineren Hebelarm angreifen, bei jedem Flügelschlag zu 19.060 kg. — Hieraus berechnet sich die specifische Kraft, d. h. die auf einen Muskel von 1 qcm Querschnitt entfallende Kraft zu 1.672 kg.

Sch.

Litteratur.

P. DE MONDÉSIR. Aérodynamique ou mécanique des gaz. Paris 1887, E. Capiomont et Cie.

CH. TOMLINSON. Pneumatics including acoustics and the phenomena of wind currents. London 1887, Crosby Lockwood and Co.; [Chem. News. **56**, 10.

F. BERGMANN. Expérience des hémisphères de Magdebourg La Nature **15** [2], 240.

A. KURZ. Luftwägung in der Lehrstunde. Exner Rep. **23**, 519-520.

E. ALTHANS. Physikalische Untersuchungen an einem Gasometer der städtischen Gasanstalten zu Breslau. Berlin 1887, 63 pp.

E. G. À propos des lampes à incandescence; Sur la mesure des faibles pressions. Lum. El, **23**, 616-617.

S. P. THOMPSON. On the ratio of the two elasticities of air. Brit. Ass. Nature **36**, 523.

Die Notiz der Nature sagt nur, dass der Verf. eine Demonstrationsvorrichtung für Anfänger vorgezeigt hat.

P. KÄUFFER. Ist die Kohäsion der Gase wirklich gleich Null? Ableitung aus den Experimenten über die specifischen Wärmen. Mainz 1887.

Ch. G. MATTHEWS. Ueber die Grösse des Druckes, welche durch Gährung in geschlossenen Gefässen entsteht. CBl. f. Bakt. **2**, 246-248; Brewer's Guardian; [Chem. CBl. (3) **18**, 1507.

J. F. O. GUNTHER. Neuerung an Doppelbarometern. DRP. 37706; [ZS. f. Instr. **7**, 188.

HUGONIOT. Ueber die Ausströmungsgeschwindigkeit der Gase. Ann. chim. phys. **9**, 375; [Natf. **20**, 133-134, 1887. Sh. diese Ber. **41** u. **42**, 1885 u. 1886.

TH. ESCRICHE. Anneaux liquides et anneaux gazeux. La Nat. **4** [2], 143-144.

G. TISSANDIER. Les expériences de M. CH. WEYHER et la physique sans appareils. La Nat. **15** [1], 255-56.

J. FREIBURG. Ueber den Luftwiderstand bei kleinen Geschwindigkeiten. Bonn, 1887, 31 pp.

E. VALLIER. Étude sur les lois de la résistance de l'air. Paris 1885, Berger Levrault.

G. T. Petit boomerang découpé dans une carte de visite. La Nat. **15** (1), 288.

C. CRANZ. Theoretische Studien zur Ballistik der gezogenen Gewehre. Hannover 1887.

A. MOISSON. Théorie der explosions dans les canons et les torpilles. Paris 1887, Baudoin et Cie.

A. MOISSON. Pyrodynamique. Théorie des explosions dans les canons et les torpilles. Paris 1887, 318 pp.

E. MACH und P. SALCHER. Vorschläge zur Geschossconstruction. Wien. Anz. **24**, 229. Titel.

H. HÖFER. Nutzeffect des Explosivs bei der Sprengstoffarbeit. W. Oesterr. Ing. u. Arch. 12, 106-107; [F. d. M. 19, 1067.

CH. MUNROE. Notes on the literature of explosives 1887. [Chem. News. 56, 159.

E. STRNAD. Ueber die Ausnutzung der Schusspräcision eines Geschützes. Mitt. über Artillerie u. Genie 18 (1), 375-392.

J. F. Ueber die Ermittelung der in den einzelnen Zeitmomenten verbrannten Pulvermengen und der Brenngeschwindigkeit des Pulvers. Arch. f. Art. 94, 437-453.

Cerfs volants. La Nat. 15 (1), 202-203.

G. TISSANDIER. Cerfs volants chinois. La Nat. 16, 44-46.

G. TISSANDIER. Histoire des ballons et des aéronautes célèbres. (En 2 volumes.) Vol I. Paris 1887.

G. TISSANDIER. Histoire de mes ascensions. Récit de quarante voyages aériens. Paris, Maurice Dreyfous, La Nat. 15 [2], 363-64.

A. DUPONCHEL. Les aérostats militaires. Rev. scient 39, 141-145.

F. DIERCKX. La navigation aérienne et l'électricité. Gand 1887, 115 pp.

U. CADISCH. L'hydrogène comprimé et les ballons dirigeables. Rev. Scient. 39, 124-25.

TH. ESCRICHE. Ascension d'un ballon à air chaud ou Montgolfière. La Nat. 15 (2), 47-48.

G. BÉTHUYS. La navigation aérienne. Rev. scient. 39, 156-157.

L'ascension du ballon l'Arago. La Nat. 15 [2], 402.

H. DE GRAFFIGNY. La navigation aérienne et les ballons dirigeables. Paris 1887.

MAREY. La photochronographie appliquée au problème

dynamique du vol des oiseaux. C.R. **105**, 421-26; [Rundsch. **2**, 407.

MAREY. Du travail mécanique dépensé par le goéland dans le vol horizontal. C. R. **105**, 594-600.

MAREY. Le vol des oiseaux. Rev. Scient. **40**, 65-70.

D. J. MAREY. Le mécanisme du vol des oiseaux éclairé par la photochronographie. La Nat. **16**, 8-14.

MAREY. Movements of the wings of birds, represented according to threedimensional space. C. R. **104**, 323; [Sill. J. (3) **33**, 422.

J. S. NEWBERRY. The flight of birds. Science **10**, 299.

E. CONES, W. S. STRODE. The mechanism of the flight of birds. Science **10**, 321-22.

H. ALLEN. On the flight of birds. Science **9**, 232.

Die drei letzten wesentlich anatomisch-physiologischen Inhalts.

Bde.

7. Cohäsion und Adhäsion.

7a. Feste Körper, Elasticität, Festigkeit, Härte, Ductilität.

A. SEYDLER. Untersuchungen über verschiedene mögliche Formen des Kraftgesetzes zwischen Massentheilchen. Prag. Abh. 7, **1**, 1-50.

Die Abhandlung enthält eine mathematische Ausführung der FECHNER'schen Idee eines allgemeinen Kraftgesetzes. Es sollte danach in einem System von Massentheilchen nicht nur binäre Kräfte geben, welche von der Entfernung je zweier Theilchen abhängen, sondern auch ternäre, quaternäre etc., d. h. solche Kräfte, welche durch die gegenseitige Lage von je 3, 4 etc. Massentheilchen bestimmt wären, schliesslich neben all den niedrigeren eine höchste Kraftwirkung stattfinden zwischen sämmtlichen Theilchen, welche von der Configuration des ganzen Systems abhängig wäre. Der Verfasser findet, dass es unendlich viele Kraftgesetze geben kann, bei welchen dem Satze von der Erhaltung der lebendigen Kraft sowie den Schwerpunkts- und Flächensätzen ebenso gut genügt wird wie bei der gewöhnlichen Annahme, dass immer nur je zwei Massentheilchen in der Richtung ihrer Verbindungslinie mit einer von ihrer Entfernung abhängigen Intensität auf einander wirken. Er wendet sich damit insbesondere gegen DE SAINT-VENANT, der in seiner Uebersetzung von CLEBSCH's Theorie der Elasticität geschlossen hatte, dass eine solche allgemeinere Annahme mit dem Gesetz von der Erhaltung der Energie in Widerspruch gerathen würde.

Wird nun weiter die Forderung gestellt, dass die Kraftfunction in Bezug auf die einzelnen Massentheilchen und ihre Entfernungen symmetrisch sei, so gelangt man zu einem schon specialisirten Gesetze, das aber noch viel allgemeiner ist als das in der Physik bisher allein angenommene und für die Gravitation auch bewährte, und dieses letztere ist als ein ganz specieller Fall in jenem enthalten. Neben diesem enthält das allgemeine Gesetz die besonderen Wirkungsgesetze für ternäre, quaternäre, . . . Gruppen, worin die Wechselwirkungen zwischen drei, vier, . . . Massentheilchen nach dem gemeinsamen Schwerpunkte gerichtet und für jeden Punkt von dessen Masse, seiner Entfernung vom Schwerpunkte und einer für alle Punkte gleichwerthigen Function ihrer Configuration abhängig sind. FECHNER's specielle Annahme über die Form des Gesetzes, wonach z. B. in einem ternären Systeme die jeden Punkt nach dem Schwerpunkte treibende Kraft seiner Masse direct und dem Quadrate des Productes aus den Abständen der drei Punkte umgekehrt proportional wäre, würde mit den allgemeinen Sätzen der Mechanik nicht im Einklange stehen; im Wesentlichen aber ergiebt sich eine Bestätigung der Fechner'schen Hypothese.

Im zweiten Theile seiner Arbeit sucht der Verfasser mittels der vorher entwickelten Lehre einen dunklen Punkt der Elasticitätstheorie aufzuklären. Die (namentlich von französischen Mathematikern ausgebildete) Theorie, deren Grundlage die Annahme binärer Molecularkräfte ist, ergiebt für homogene, isotrope Stoffe einen einzigen Elasticitätscoëfficienten, während die Erfahrung auf die Existenz von zwei solchen Coëfficienten hinweist. Es zeigt sich nun, dass die Annahme höherer Kräfte neben den binären auf zwei von einander unabhängige Coëfficienten führt. Während also in grösseren Entfernungen ausschliesslich binäre Kräfte zur Geltung kommen müssen, wie die Thatsachen der Astronomie beweisen, liefert für die Molecularwirkungen die auf jene gegründete Theorie nur annähernde Resultate und bedarf einer durch die Existenz höherer Kräfte bedingten Modification.

Im zweiten Theile der Arbeit wird auch die Frage des Verhältnisses der Massen- oder Punktkräfte zu den Flächenkräften berührt, und ein Weg angedeutet, auf dem man bei der Annahme von Punktkräften zur Einführung von Spannungen gelangt. Da man mit jeder der beiden Kraftarten allein auskommen kann, so scheinen dem Verfasser der Atomismus und Dynamismus gleichberechtigt zu sein, indessen dürfte auch vom Standpunkte der Mechanik aus der Atomismus als die günstigere Annahme erscheinen. *Sbt.*

W. Sutherland. The law of attraction amongst the molecules of a gas. Phil. Mag. (5) **22**, 81-95.

— On the law of molecular force. ibid. **24**, 113-134, 168-187; [Cim. (3) 25, 78, 1889.

Im ersten Artikel versucht der Verfasser, gestützt auf Versuche von Joule und Thomson, zu beweisen, dass die Molecüle eines Gases sich mit einer der vierten Potenz der Entfernung umgekehrt proportionalen Kraft anziehen. Im zweiten dehnt er dasselbe Gesetz auf feste und flüssige Stoffe aus, statuirt es also als ein Grundgesetz für intermoleculare Anziehungswirkungen. *Bde.*

C. CHREE. The equations of an Isotropic Elastic Solid in Polar and Cylindrical Coordinates, their solution and application. [Abstract] Proc. Cambridge **6**, 115-117†.

Die in Polarcoordinaten transformirten elastischen Differentialgleichungen integrirt der Verfasser allgemein durch Reihen mit willkürlichen Coëfficienten, und gelangt so zur Lösung des Gleichgewichtsproblems für eine homogene Kugel oder Kugelschaale für den Fall, dass die inneren Kräfte und Oberflächendrucke durch Kugelfunctionen darstellbar sind. Unter der Voraussetzung rein normaler Oberflächendrucke wird das Problem auch für den Fall gelöst, dass die Beschaffenheit der Substanz mit der Entfernung vom Centrum variirt. Die Lösung wird auf den Fall eines gravitirenden Sphaeroids von geringer Excentricität und einer rotirenden Kugel oder Hohlkugel angewendet, und dabei die Zerreissungstendenz gemäss den beiden verbreitesteten Anschauungen über deren Bedingungen discutirt. Dabei ergiebt sich, dass die Zerreissungtendenz bei einer rotirenden Vollkugel im Mittelpunkt, bei einer rotirenden dünnen Kugelschaale an ihrer inneren Oberfläche längs des Aequators am grössten ist. — Ferner behandelt der Verfasser die erzwungenen Schwingungen einer Vollkugel oder Hohlkugel unter der Wirkung periodischer, nach Kugelfunctionen vertheilter Oberflächendrucke, sowie insbesondere die freien Schwingungen. — Die Differentialgleichungen in Cylindercoordinaten werden in analoger Weise behandelt, es werden so allgemeine Lösungen gewonnen für das Gleichgewicht und die Schwingungen eines unendlich langen vollen oder hohlen Kreiscylinders, dessen Dichte und Elasticität auch mit der Entfernung von der Axe veränderlich sein kann, und auf dessen Inneres und Oberfläche gegebene Kräfte wirken. — Der Verfasser leitet auch zwei Lösungen ab, die auf verschiedene Fälle anwendbar sind, wo der Cylinder endliche Länge besitzt. Mittelst der einen, die auf Potenzentwickelungen beruht, werden die Spannungen und Zerreissungstendenzen in rotirenden Cylindern berechnet. Die andere, allgemeinere, erfordert gewisse Beziehungen zwischen den auf die geraden Endflächen und den auf die Mantelflächen wirkenden Kräften, findet aber doch auf einige interessante Probleme Anwendung z. B. auf die Torsion eines Cylinders unter der Wirkung von Kräften, welche eine beliebige gegebene Function der Entfernung von der Axe sind. *F. P.*

A. E. H. Love. Note on Kirchhoff's theory of the deformation of elastic plates. Proc. Cambridge **6**, 144-156†; [Beibl. **12**, 557, 1888.

Um einen Einwand von Boussinesq gegen die Kirchhoff'sche Theorie zu widerlegen, zeigt der Verfasser, wie man bei der Behandlung des genannten Problems die Annäherung beliebig weiter treiben kann, als es Kirchhoff that, indem er die relativen Verrückungen innerhalb eines Volumenelements, dessen sämmtliche Dimensionen von der Ordnung der Plattendicke sind, neben den Deformationsgrössen vernachlässigte. Der Verfasser führt die Bestimmung der Deformationen in einem beliebigen Punkte in der Platte als Functionen seines Abstandes von der Mittelschicht, deren Deformation als gegeben betrachtet wird, in zweiter Annäherung durch. Dabei ergeben sich Ausdrücke für die Spannungen Z_x, Y_z, Z_z (— wenn die z-Axe normal zur Plattoberfläche ist —), welche im Allgemeinen von der Grössenordnung des Quadrates der Plattendicke sind; bei einer isotropen Substanz sind Z_x und Y_z von noch geringerer Grössenordnung. Indessen ist die Bestimmung dieser Spannungscomponenten unnöthig, um die Gestalt der Platte unter der Einwirkung gegebener Kräfte zu ermitteln. *F. P.*

W. Voigt. Theoretische Studien über die Elasticitätsverhältnisse der Krystalle. Götting. Abh. **34**, 3-100, 1887.

Die Studien zerfallen in drei gesonderte Abhandlungen, von denen die letzten beiden innerlich zusammenhängen.

I. Ableitung der Grundgleichungen (der Elasticität) aus der Annahme mit Polarität begabter Molecüle.

Das Problem, welches hier behandelt wird, ist bereits in einer unvollendeten Abhandlung von POISSON (Mém. de l'Av. 18, 3, 1842) bearbeitet, aber nicht allgemein durchgeführt.

Verfasser nimmt zwischen den einzelnen Molecülen Kräfte und Drehungsmomente als wirksam an, welche von der gegenseitigen Lage der Molecüle abhängen. Da die Molecüle innerhalb ihrer Wirkungssphäre auch in einem deformirten Krystall als einander parallel liegend betrachtet werden können, so ist diese gegenseitige Lage durch die relativen Coordinaten, bezogen auf drei mit einem der Molecüle fest verbundene Axen, vollständig bestimmt, und die Kräfte und Momente werden daher als Functionen dieser Argumente betrachtet.

An Stelle der allgemeinen Beziehungen der Elasticitätstheorie zwischen den Druckcomponenten X_x, X_y, X_z, Y_x, Y_y, Y_z, Z_x, Z_y, Z_z treten hier und lassen sich durch dieselben Methoden ableiten, die zu jenen führen, complicirtere Gleichungen, welche auch die auf die Flächeneinheit bezogenen Momente L_x, L_y, L_z, M_x, M_y, M_z, N_x, N_y, N_z enthalten. Es sind die folgenden Systeme, die je durch die erste der bezüglichen Formeln repräsentirt werden mögen:

$$X_n = -X_{-n} = X_x \cos(n, x) + X_y \cos(n, y) + X_z \cos(n, z)$$
$$L_n = -L_{-n} = L_x \cos(n, x) + L_y \cos(n, y) + L_z \cos(n, z)$$

$$0 = \varepsilon X - \frac{\partial X_x}{\partial x} - \frac{\partial X_y}{\partial y} - \frac{\partial X_z}{\partial z},$$

$$0 = \varepsilon L - \frac{\partial L_x}{\partial x} - \frac{\partial L_y}{\partial y} - \frac{\partial L_z}{\partial z} - Z_y + Y_z.$$

In ihnen bezeichnen X und L die auf die Masseneinheit bezogenen äusseren Kräfte und Momente, ε die Dichtigkeit. Y_z und Z_y ist bei dem vorliegenden Problem im Allgemeinen verschieden.

Die Componenten und Momente X_x ... und L_x ... an einer beliebigen Stelle des deformirten Krystalles werden berechnet, und da die Elementarwirkungen nicht nur von den Entfernungen abhängen, so ergeben sich auch diese resultirenden Wirkungen als nicht nur von den Deformationen x_x, y_y, z_z, y_z, z_x, x_y der Umgebung des betrachteten Punktes, sondern auch von den Drehungen l, m, n, der Molecüle um die in ihnen festgelegten Axen abhängig.

Die Resultate der allgemeinen Entwickelung sind neun in diesen neun Argumenten lineäre Ausdrücke für die neun Druckcomponenten mit 36 von einander unabhängigen Componenten.

Durch gewisse Ueberlegungen wird gezeigt, dass die Aenderungen der Momente L_x, ... in dem letzten der oben angedeuteten Gleichungssysteme im Allgemeinen sehr klein neben den Componenten Y_z, .. sind; jenes System reducirt sich also für die Praxis auf das einfachere

$$0 = \varepsilon L - Z_y - Y_z,$$

und es gelingt nun mit seiner Hülfe, aus den Gleichungen für die Druckcomponenten X_x, ... die Drehungen der Molecüle l, m, n zu eliminiren, ev. zu bestimmen.

Verschwinden die äusseren Momente L, M, N, wie immer, wenn nur mechanische Kräfte wirken, so wird $Y_y = Z_y$ u. s. f. und jene Druckcomponenten bestimmen sich, wie in der allgemeinsten, nicht auf Molecularwirkungen basirten Theorie, als lineäre Functionen der Deformationen allein, mit im allgemeinsten Falle 21 Constanten. Diese Formeln werden für die verschiedenen Krystallsysteme specialisirt und es zeigt sich, dass sie allenthalben in Uebereinstimmung mit den Beobachtungen treten. Der frühere Widerspruch zwischen der molecularen Theorie der Elasticität und der Beobachtung erscheint also durch die Einführung polarer Kräfte gehoben.

Die Werthe der Moleculardrehungen hängen von andern Constanten ab, als die Druckkräfte, sie sind also aus den Resultaten von Beobachtungen, welche nur mechanische Kräfte zur Wirkung bringen, nicht abzuleiten. Eine Ausnahme machen die Krystalle des regulären Systems, in welchen bei der Einwirkung mechanischer Kräfte die Molecüle keine andere Drehung erleiden, als das Volumenelement, welches sie enthält.

Nimmt man an, dass die gewöhnlich als isotrop bezeichneten Körper in Wahrheit Aggregate sehr vieler Krystallfragmente sind, welche gross gegen die Wirkungssphäre der Molecularkräfte, aber klein gegen die Dimensionen der betrachteten Körper sind, so lässt sich das elastische Potential dieser Körper oder der Werth ihrer beiden Elasticitätsconstanten aus denen des regelmässigen

Krystalles berechnen, aus denen sie gebildet sind. Sind die letzteren Constanten in gewohnter Weise mit c_{hk} bezeichnet und setzt man $c_{11} + c_{22} + c_{33} = 3\mathfrak{A}$, $c_{23} + c_{31} + c_{12} = 3\mathfrak{B}$, $c_{44} + c_{55} + c_{66} = 3\Gamma$, so gilt für die Elasticitätsconstanten A und B des „quasi-isotropen“ Körpers

$$A = \tfrac{1}{5}(3\mathfrak{A} + 2\mathfrak{B} + 4\Gamma),\quad B = \tfrac{1}{5}(\mathfrak{A} + 4\mathfrak{B} - 2\Gamma).$$

Da im allgemeinen keine numerischen Beziehungen zwischen $\mathfrak{A}$, $\mathfrak{B}$, Γ stattfinden, so gilt auch keine dergleichen zwischen A und B; die von der älteren molecularen Theorie geforderte Gleichung $A = 3B$ resultirt nur, wenn die Molecularkräfte keine Polarität besitzen, denn dann ist $\mathfrak{B} = \Gamma$. Diese Auffassng der scheinbar isotropen Körper beseitigt also einen alten Widerspruch zwischen der molecularen Theorie und der Beobachtung.

II. Untersuchung des elastischen Verhaltens eines Cylinders aus krystallinischer Substanz, auf dessen Mantelfläche keine Kräfte wirken, wenn die in seinem Innern wirkenden Spannungen längs der Cylinderaxe constant sind.

III. Derselbe, wenn diese Spannungen lineäre Functionen der Axenrichtung sind.

Bekanntlich hat SAINT VÉNANT eine Theorie der Deformation isotroper Cylinder, welche nur auf den Grundflächen äussere Einwirkungen erleiden, auf die Annahme gegründet, dass in denselben parallel der Cylinderaxe liegende Fasern auf einander keine Kräfte normal zur Cylinderaxe ausüben. Diese Annahme erweist sich bei Cylindern aus krystallinischer Substanz als unzulässig, da sich ganz einfache Deformationen der genannten Art angeben lassen, bei welchen jene Kräfte von Null verschieden sind.

Verfasser beschränkt daher die Werthe der Druckcomponenten in der in der Ueberschrift ausgedrückten Weise und erhält bei der ersteren Vr fügung die allgemeinen Gesetze für die Längsdehnung durch einseitigen Zug und für die gleichförmige Biegung durch Drehungsmomente, welche um Axen wirken, die normal zur Längsaxe in den Grundflächen liegen; die vollständige Theorie der Drillung durch ein Moment um die Längsaxe ergiebt sich allerdings nur in dem Falle, dass der Cylinder elliptischen Querschnitt besitzt, da für andere Gestalten die Hülfsmittel der Analysis nicht auszureichen scheinen.

Die zweite Verfügung liefert Formeln, welche die Theorie der ungleichförmigen Biegung eines an einem Ende befestigten Prismas durch eine gegen das andere Ende normal zur Axe wirkende Kraft, sowie der Deformation eines verticalen Prismas durch sein eignes Gewicht bei gewisser Verfügung über die Art der Befestigung enthalten. In einem Anhang werden die Kirchhoff'schen Formeln für die endlichen Biegungen unendlich dünner elastischer Stäbe auf krystallinische Körper erweitert.

W. V.

M. Brillouin. Essai sur les lois d'élasticité d'un milieu capable de transmettre des actions en raison inverse du carré de la distance. Ann. de l'Éc. Norm. (3) 4, 201-240.

Nach eingehenden Bemerkungen über die Maxwell'sche Theorie des Magnetismus stellt sich der Verfasser die Aufgabe, den Zusammenhang zwischen den Druckkräften und den Deformationen eines Mediums zu finden, bei welchem es möglich ist, dass die Druckkräfte und die Deformationsarbeit sich durch 3 Grössen α, β, γ in folgender Weise darstellen lassen:

$$N_1 = \frac{k}{8\pi}(2\alpha^2 - \varphi^2) + N'_1, \quad N_2 = \frac{k}{8\pi}(2\beta^2 - \varphi^2) + N'_2,$$

$$N_3 = \frac{k}{8\pi}(2\gamma^2 - \varphi^2) + N'_3,$$

$$T_1 = \frac{k}{4\pi}\beta\gamma + T'_1, \quad T_2 = \frac{k}{4\pi}\gamma\alpha + T'_2, \quad T_3 = \frac{k}{4\pi}\alpha\beta + T'_3,$$

$$E = \frac{k}{8\pi}\varphi^2 + E', \quad (\varphi^2 = \alpha^2 + \beta^2 + \gamma^2),$$

(N'_i, T'_i und E' sind constant).

Es wird zunächst gezeigt, dass ein gewöhnliches elastisches Medium, bei welchem die Druckkräfte lineare Functionen der Deformationen sind, dieser Bedingung nicht genügt.

Wenn eine Deformationsarbeit E möglich sein soll, so müssen die sechs Druckcomponenten N_1, N_2, N_3, T_1, T_2, T_3 die Ableitungen von E nach den Componenten der Deformation sein:

$$D_x = \frac{\partial u}{\partial x}, \qquad D_y = \frac{\partial v}{\partial y}, \qquad D_z = \frac{\partial w}{\partial z},$$

$$G_x = \frac{\partial v}{\partial z} + \frac{\partial w}{\partial y}, \qquad G_y = \frac{\partial w}{\partial x} + \frac{\partial u}{\partial z}, \qquad G_z = \frac{\partial u}{\partial y} + \frac{\partial v}{\partial x}.$$

Da ferner die Grösse E bei einem isotropen Medium nur von der Grösse, nicht aber von der Lage der Deformation abhängen kann, so kommen in E nur die Invarianten des Deformationsellipsoids vor, nämlich

$$(3) \quad \begin{cases} J_1 = D_x + D_y + D_z, \\ J_2 = D_y D_z - \tfrac{1}{4}G_x^2 + D_z D_x - \tfrac{1}{4}G_y^2 + D_x D_y - \tfrac{1}{4}G_z^2, \\ J_3 = D_x D_y D_z - \tfrac{1}{4}D_x G_x^2 - \tfrac{1}{4}D_y G_y^2 - \tfrac{1}{4}D_z G_z^2 + \tfrac{1}{4}G_x G_y G_z, \end{cases}$$

so dass man hat

$$(6) \quad \begin{cases} N_1 = \dfrac{\partial E}{\partial D_x} = \dfrac{\partial E}{\partial J_1} + (J_1 - D_x)\dfrac{\partial E}{\partial J_2} + (D_y D_z - \tfrac{1}{4}G_x^2)\dfrac{\partial E}{\partial J_3}, \\ T_1 = \dfrac{\partial E}{\partial G_x} = -\tfrac{1}{2}G_x \dfrac{\partial E}{\partial J_2} + (\tfrac{1}{4}G_y G_z - \tfrac{1}{2}D_x G_x)\dfrac{\partial E}{\partial J_3}. \end{cases}$$

Nun folgen aber aus der für N_1, T_1 etc. geforderten Form drei Beziehungen der folgenden Art:

$$(N_1 + N_3 - N'_1 - N'_3)(N_2 + N_3 - N'_2 - N'_3) - (T_1 - T'_1)^2 = 0,$$

deren Erfüllung zunächst erfordert:

$$N'_1 = N'_2 = N'_3 = P, \quad T'_1 = T'_2 = T'_3 = 0.$$

Weiter folgen aus ihnen, wenn

$$(7) \quad A = 2P - 2\frac{\partial E}{\partial J_1} - J_1\frac{\partial E}{\partial J_2} - J_2\frac{\partial E}{\partial J_3}, \quad B = -\frac{\partial E}{\partial J_2}, \quad C = \frac{\partial E}{\partial J_3}$$

gesetzt wird, die Gleichungen

$$(8) \quad \begin{cases} (A-P)^2 + (A-P)BJ_1 + (A-P)CJ_2 + BC(J_1 J_2 - J_3) = 0, \\ -(A-P)B - BCJ_2 + C^2 J_3 = 0, \quad -(A-P)C + B^2 - BCJ_1 = 0. \end{cases}$$

Eliminirt man $(A-P)$ aus den beiden letzten dieser Gleichungen, so erhält man

$$B^3 - B^2 C J_1 + BC^2 J_2 - C^3 J_3 = 0,$$

d. h. $B : C$ ist gleich einem Hauptdrucke D, also

$$(9) \qquad B = CD_1, \quad A = P - CD_1 J_1 + CD_1^2,$$

und weiter ist

$$\frac{k}{4\pi}\varphi^2 = 6P - 2(N_1 + N_2 + N_3) = C(3D_1^2 - 2D_1 J_1 + J_2).$$

Nun ist aber wegen $D_1^3 - D_1^2 J_1 + DJ_2 - J_3 = 0$:

$$\frac{\partial D_1}{\partial J_1}(3D_1^2 - 2D_1 J_1 + J_2) = D_1^2, \quad \frac{\partial D_1}{\partial J_2}(3D_1^2 - 2D_1 J_1 + J_2) = -D_1,$$

$$\frac{\partial D_1}{\partial J_3}(3D_1^2 - 2D_1 J_1 + J_2) = 1,$$

und folglich erhält man weiter

$$\frac{\partial(E - J_1 P)}{\partial J_i} = \frac{k}{4\pi}\varphi^2 \frac{\partial(D_1 - \frac{1}{2}J_1)}{\partial J_i} \qquad (i = 1, 2, 3).$$

Da ferner $E = \frac{k}{8\pi}\varphi^2 + E_1$ sein sollte, so ergiebt sich

$$P = 0, \quad E = E_1 + F_0\, e^{2D_1 - J_1}, \qquad \frac{k}{8\pi}\varphi^2 = F_0 e^{2D_1 - J_1}.$$

Bildet die Hauptdilatation D_1 mit den Axen die Richtungscosinus l, m, n, so folgt

$$\alpha = \pm l\varphi, \quad \beta = \pm m\varphi, \quad \gamma = \pm n\varphi.$$

Es entsteht nun weiter die Frage, wie die Verrückungen u, v, w beschaffen sind, wenn die Grössen α, β, γ als Functionen der Coordinaten gegeben sind.

Für allgemeine Werthe α, β, γ sind die Ausdrücke zu complicirt, als dass sie hier Platz finden könnten. Wird aber alles unabhängig von der z-Richtung, also

$$\gamma = 0, \quad w = 0,$$

so erhält man

$$\frac{\partial u}{\partial x} - \frac{\partial v}{\partial y} = 2\,\frac{\alpha^2 - \beta^2}{\varphi^2} f\left(\frac{k}{8\pi}\varphi^2\right),$$

$$\frac{\partial u}{\partial y} + \frac{\partial v}{\partial x} = \frac{4\alpha\beta}{\varphi^2} f\left(\frac{k}{8\pi}\varphi^2\right),$$

woraus sich — was der Verfasser nicht besonders angiebt — nach Einführung complexer Veränderlicher $u + iv$ und $u - iv$ durch blosse Quadraturen ergeben.

Das Gesagte wird zur Kennzeichnung des Inhaltes der anregenden und interessanten Abhandlung hinreichen. *F. K.*

C. Somigliana. Sopra l'equilibrio di un corpo elastico isotropo limitato da una o due superficie sferiche. Pisa Ann. Sc. Norm. 4, 101-172.

Anwendung einer vom Verfasser in einer früheren Arbeit (Sopra l'equilibrio di un corpo elastico isotropo, Nuovo Cimento (3) **17-18**) behandelten Methode auf die zwei im Titel angedeuteten Fälle.

Sind u, v, w die Verschiebungen des Punktes (x, y, z) oder $(\varrho, \theta, \varphi)$ eines elastischen isotropen Körpers, und setzt man:

$$u = \varrho^2 \frac{\partial W}{\partial x} + \alpha, \quad v = \varrho^2 \frac{\partial W}{\partial y} + \beta, \quad w = \varrho^2 \frac{\partial W}{\partial z} + \gamma,$$

wo α, β, γ, W innerhalb des Körpers der Laplace'schen Gleichung genügen, so kann man, wenn α, β, γ bekannt sind, W derart bestimmen, dass die Gleichgewichtsbedingungen erfüllt sind. Man findet nämlich:

$$W = -\frac{\sigma}{2(\sigma+2)} \varrho^{-\frac{1}{\sigma+2}} \int_{\varrho_0}^{\varrho} (\Omega - \Omega_0) \varrho^{\frac{1}{\sigma+2}-1} d\varrho,$$

wo σ eine Elasticitätsconstante ist, und:

$$\Omega = \frac{\partial \alpha}{\partial x} + \frac{\partial \beta}{\partial y} + \frac{\partial \gamma}{\partial z}.$$

Ist der Körper eine Kugel, so kann der Fall, wo die Verschiebungen u, v, w in jedem Punkte der Oberfläche und die Kräfte X, Y, Z in jedem inneren Punkte bekannt sind, nach den in der oben angeführten Arbeit entwickelten Principien auf die drei folgenden Unterfälle zurückgeführt werden:

1. $X = Y = Z = 0, \quad u = \frac{1}{r}, \quad v = w = 0,$

2. $X = Y = Z = 0, \quad v = \frac{1}{r}, \quad u = w = 0,$

3. $X = Y = Z = 0, \quad w = \frac{1}{r}, \quad u = v = 0.$

Im ersten Unterfalle kann man:

$$u = (\varrho^2 - R^2) \frac{\partial W}{\partial x} + \varphi, \quad v = (\varrho^2 - R^2) \frac{\partial W}{\partial y}, \quad w = (\varrho^2 - R^2) \frac{\partial W}{\partial z}$$

setzen, wo R der Radius der Kugel, φ die GREEN'sche Function ist; und hieraus berechnet man vermittelst der obigen Formel W. Die Unterfälle 2 und 3 lassen eine ganz analoge Behandlung zu.

Zweitens wird der Fall untersucht, wo der Körper den Aussenraum einer Kugel einnimmt.

Drittens setzt man voraus, dass nicht die Verschiebungen, sondern die Kräfte auf der Oberfläche bekannt sind.

Endlich wird die THOMSON'sche Methode auf den Fall eines von zwei Kugelflächen begrenzten isotropen elastischen Körpers angewandt.

Die Formeln wimmeln von Druckfehlern; wir haben deren über 30 gezählt.

Der Verfasser deutet auf die gleichzeitig erschienene Arbeit von CERRUTI: Sulla deformazione di una sfera omogenea isotropa (Roma Acc. L. Rend (4) **2**, 461-469, 586-592; F. d. M. **18**, 1886, 964) hin. *Vivanti.* (*Lp.*)

E. BUDDE. Ueber Schwingungsprobleme. Verh. phys. Ges. Berlin, **6**, 127-135.

„Man denke sich zunächst das schwingende Object in seiner natürlichen Gleichgewichtslage und gebe jedem seiner Punkte so viele Coordinaten x, y, z, wie das Object Dimensionen hat. Dann nehme man an, jeder Punkt derselben habe eine kleine willkürliche Verschiebung erlitten, deren Componenten u, v, w sind. u, v, w können dann als willkürliche Funktionen von x, y, z dargestellt und mittels der FOURIER'schen Reihe oder mittels anderer, dem speciellen Falle angemessener Ausdrücke dargestellt werden in der Form

$$u = a_1 f_1(x, y, z) + a_2 f_2(x, y, z) + \text{u. s. w.}“$$

Die Methode des Verfassers besteht nun darin, dass er die Grössen a_1, a_2 u. s. w. in dieser Gleichung als Coordinaten des Objects ansieht und auf sie die LAGRANGE'sche Gleichung

$$\frac{d}{dt}\left(\frac{\partial L}{\partial \dot{a}}\right) - \frac{\partial L}{\partial a} = -\frac{\partial U}{\partial a}$$

anwendet. Die Methode wird auf unendlich kleine Schwingungen einer ebenen rechteckigen Platte angewendet, führt übrigens nur zu gewissen Zeitrelationen, nicht zu einer Bestimmung der Schwingungsformen. *Bde.*

M. KÖCHLIN. Arc parabolique supportant une charge uniformément répartie sur toute sa longeur et suivant l'horizontale. Schweiz. Bauztg. 9.

Es wird angenommen, dass jeder Querschnitt des Trägers senkrechte Beanspruchung erfährt, was bei der vorausgesetzten Form und Belastung des Bogens möglich ist, und dass die Grösse der Beanspruchung der Querschnittsfläche proportional ist. Es sei die Belastung $2T$, das Verhältniss eines Querschnittes zum Druck gleich k, die Breite des Bogens $2l$, f die Höhe, dann ist die Masse des Bogens gleich

$$kTl\left(\frac{l}{f}+\frac{4}{3}\frac{f}{l}\right).$$

Dieser Ausdruck wird bei gegebenem T und l zu einem Minimum, wenn

$$f=\frac{\sqrt{3}}{2}l=0.868l$$

wird. *F. K.*

W. E. AYRTON and J. PERRY. Note on beams fixed at the ends. Phil. Mag. (5) **24**, 245-248†; Proc. Phys. Soc. **9**. 56-60; [Chem. News. **55**, 282; [Eng. **43**, 568; [Beibl. **12**. 14, 1888.

Bezeichnet M das Biegungsmoment in einem Querschnitt des Stabes, J das Trägheitsmoment dieses Querschnittes um seine neutrale Linie, E den Elasticitätsmodulus, so ist die Krümmung der Biegungscurve an der betrachteten Stelle $=\frac{M}{EJ}$. Daraus folgt, sofern man die bei der Biegung eintretende Krümmung der Querschnitte vernachlässigt, dass der Winkel zwischen zwei an den Stellen s_0 und s_1 (— wo s parallel der Längsrichtung des Stabes gerechnet ist —) befindlichen Querschnittten gegeben ist durch

$\varphi_1 - \varphi_0 = \int_{s_0}^{s_1} \frac{M}{JE} ds$. Stellt man $\frac{M}{JE}$ als Function von s durch eine Curve dar, so findet man also $\varphi - \varphi_0$ und damit die Gestalt der Biegungscurve durch Quadratur jener Curve. J ist durch die Gestalt des Stabes gegeben, E für einen homogenen Stab eine Constante, und M kann aus der gegebenen Vertheilung der Belastung sofort gefunden werden, wenn der Stab an zwei Stellen unterstützt oder in einem Querschnitt befestigt ist. Der Verf. erörtert nun den Fall, dass beide Endquerschnitte des (homogenen) Stabes in paralleler Lage befestigt sind. Dann ist der Winkel φ zwischen denselben $= 0$, folglich das über die ganze Länge des Stabes genommene Integral $\int_{s_0}^{s_1} \frac{M}{J} ds = 0$. M unterscheidet sich in diesem Falle von dem Biegungsmoment m, welches durch dieselbe Belastung erzeugt würde, falls die Enden nur unterstützt wären, um eine Constante c, so dass $M = m - c$; nach Obigem ergiebt sich deren Werth

$$c = \frac{\int \frac{m}{J} ds}{\int \frac{1}{J} ds}.$$

Die Stellen, wo $m = c$ ist, sind die Wendepunkte der Biegungscurve, da in ihnen $M = 0$ wird.

Weiter giebt der Verfasser die graphische Behandlung der Aufgabe, bei gegebener Dicke d an jeder Stelle das Trägheitsmoment der Querschnitte so zu bestimmen, dass der Stab bei gegebener Vertheilung der Belastung überall gleiche Festigkeit besitzt, d. h. dass der Maximalwerth f der Dilatation für alle Querschnitte gleich ist. Es gilt dann $\frac{M}{J} d = \pm 2f$ und folglich $\int_{s_0}^{s_1} \frac{m \cdot ds}{\pm d} = 0$, wobei d an jeder Stelle mit demselben Vorzeichen wie M zu rechnen ist. Sind nun die Curven für m und $\frac{1}{d}$ gegeben, so hat man zwei Punkte P, Q so zu bestimmen, dass ihnen gleiche Ordinaten m entsprechen, und dass die zwischen ihnen liegende Fläche unter der Curve $\left(\frac{1}{d}\right)$ gleich ist der Summe der zwischen P bezw. Q und den Endpunkten liegenden Flächenstücke; die betreffenden Werthe von m sind dann $= c$, d. h. P und Q sind die Wendepunkte, und J folgt aus $J = \pm \frac{Md}{2f}$.

Diese elementare Behandlungsweise ist natürlich nicht streng und nur bei relativ dünnen Stäben mit genügender Genauigkeit anwendbar. *F. P.*

J. J. WEYRAUCH. Theorie der statisch bestimmten Träger für Brücken und Dächer. Nach Vorträgen an der technischen Hochschule zu Stuttgart. Leipzig, Teubner, XIV u. 366 S. gr. 8° nebst 20 Tafeln.

Der Verf. kennzeichnet den Zweck seines Buches im Vorwort wie folgt:

„Die im vorliegenden Werke gegebene Theorie der statisch bestimmten ebenen Träger führt zu Formeln und Methoden, mittels welcher die statische Berechnung jener Träger im Allgemeinen durch einfache Substitution bekannter Zahlenwerthe erledigt werden kann. Wie dies zu geschehen hat, ist überdies in der gleichzeitig erscheinenden Sammlung von Beispielen und Aufgaben zur Berechnung der statisch bestimmten Träger für alle gewöhnlichen und zahlreiche ungewöhnliche Fälle so vollständig gezeigt, dass der projectirende Ingenieur die Resultate auch ohne eingehendes Studium der Theorie benutzen und diesen Band als eine Formelsammlung ansehen kann. Dieselbe gestattet dann nebenbei, eventuell durch Rückgreifen auf die Ableitungen, jeden Zweifel über Bedeutung und Gültigkeitsbereich der einzelnen Formeln auszuschliessen."

Die Verdienste des Verfassers um die von ihm bearbeitete Theorie sind bekannt, so dass sie hier eben nur erwähnt zu werden brauchen. Nach seiner Gewohnheit giebt er am Ende der Abschnitte die Literatur des Gegenstandes an. Wir begnügen uns, um den Inhalt vorzuführen, mit der Angabe der Titel der einzelnen Abschnitte.

I. Beliebige ebene Träger. II. Ebene Fachwerke beliebiger Art. III. Balkenträger mit zwei Gelenkauflagern. IV. Einfluss der Gegendiagonalen. V. Continuirliche Gelenkträger. VI. Bogenträger mit drei Gelenken. VII. Träger mit constantem Horizontalschube. Continuirliche Bogenträger. Träger mit schief verschiebbarem Auflager. Träger mit imaginären Gelenken. VIII. Berechnung statisch unbestimmter Fachwerke mehrfachen Systems auf Grund der Zerlegung in einfache Systeme. — Ein Anhang enthält Bemerkungen über statisch unbestimmte Träger, ein Wortverzeichniss und eine Zusammenstellung der Buchstabenbezeichnungen.

„Weitgehende mathematische Kenntnisse sind für das Studium der vorliegenden Theorie nicht erforderlich. Abgesehen von den §§ 4-6, deren Resultate man als Ergebnisse der reinen Mathematik hinnehmen kann, und einigen für praktische Berechnungen nebensächlichen Differentiationen würde sogar die niedere Analysis mit Ausschluss der Determinantentheorie genügen.“ *Lp.*

J. Röthlisberger. Calcul de la poussée de l'arc élastique à deux pivots. Schweiz. Bauztg. **9**, 73-75.

Der Verfasser entwickelt eine Formel für den Horizontalschub eines elastischen Bogens, welche unter Voraussetzung parabolischer Form auf eine Formel von Weyrauch führt. Die Anwendung der Entwickelungen auf einen concreten Fall bildet den Schluss.

F. K.

C. Guidi. Sul calcolo di certe travi composte. Torino Atti **22**, 240-246.

Der Zweck dieser Note ist der, zu zeigen, wie das Biegungsmoment zu berechnen ist, dem ein aus mehreren (auch heterogenen) Balken zusammengesetzter Balken ausgesetzt werden kann, vorausgesetzt, dass die Verbindung zwischen den zusammensetzenden Balken nicht so vollkommen ist, das Gleiten zu verhindern, welches während der Biegung eintritt. Zahlenbeispiele erläutern die abgeleiteten Formeln. *Lp.*

E. Lottner. Ein praktisches Beispiel zur Festigkeitslehre. Progr. Realgymnasium, Lippstadt.

Die Aufstellung eines Wasserbehälters auf dem Gymnasialgebäude in Lippstadt hat dem Verfasser die Veranlassung geboten, die Anwendung der Clapeyron'schen Formel zur Berechnung der von einer Last auf die Stützpunkte ausgeübten Druckkräfte auf den Fall auszudehnen, dass die Last auf vier in ungleicher Entfernung befindlichen Balken ruht und mit ihren Enden überhängt.

Sbt.

M. R. von Thullie. Analytische Bestimmung der ungünstigsten Belastung eines Balkenträgers durch ein System concentrirter Lasten. W. Oestr. Ing. u. Arch. **12**, 241-245, 274.

F. von Emperger. Die ungünstigste Belastung eines Balkenträgers durch ein System concentrirter Lasten. Ibid. 272-274.

Bewegt sich ein Lastzug von links nach rechts über einen Träger, so ändert sich das Moment an einer Stelle C, die um a von dem linken, um b von dem rechten Ende entfernt sein möge, in der Weise, dass eine Verschiebung um dx eine Aenderung des Momentes um

$$dM = \frac{ab}{a+b}\left(\frac{R'}{a} - \frac{R''}{b}\right)dx$$

mit sich bringt, wo R'' die Resultante der nach der Verschiebung auf der rechten Seite von C wirkenden Kräfte ist, während R' die Summe der auf der linken und gerade in C befindlichen Lasten ist. So lange $\frac{R'}{a} > \frac{R''}{b}$, wächst das Moment, während es abnimmt, sobald $\frac{R'}{a} < \frac{R''}{b}$. Deshalb wird ein Maximum nur unter einer solchen Last eintreten können, deren Durchgang durch C einen Zeichenwechsel von $\frac{R'}{a} - \frac{R''}{b}$ bewirkt. Herr v. Thullie stellt fest, dass dieses bekannte Kriterium einer Ergänzung bedarf, falls während des Ueberganges einer Last über C andere Lasten den Balken betreten oder verlassen, und führt dieselbe an.

Herr v. EMPERGER hebt hervor, dass die analystichen Kriterien nur relative Maxima liefern, und empfiehlt die Anwendung graphischer Methoden. *F. K.*

H. ZIMMERMANN. Ueber Trägerquerschnitte von möglichst grossem Widerstandsmoment. Centralbl. d. Bauverw. **3**.

Das Widerstandsmoment eines Doppelt-T-Trägers mit Steghöhe h_0, Stegbreite δ_0 und der Gurtfläche f wird, wenn die ganze Trägerhöhe sich wenig von h_0 unterscheidet, durch die Formel gegeben:

$$W = \frac{1}{6}\delta_0 h_0^2 + f h_0.$$

Führt man die Fläche des ganzen Querschnittes $F = 2f + h_0\delta_0$ statt f ein, so ergiebt sich

$$W = \frac{1}{2}Fh_0 - \frac{1}{3}\delta_0 h_0^2.$$

Bei vorgeschriebenem δ erreicht dies ein Maximum für $\delta_0 h_0 = \frac{3}{4}F$, d. h. wenn auf den Steg $\frac{3}{4}F$, auf die Gurtung $\frac{1}{4}F$ kommen. Der Antheil des Steges am Widerstandsmoment ist in diesem Falle gleich demjenigen der Gurtung. Soll hingegen δ proportional zu h_0, z. B. gleich nh_0 sein, so erhalten wir für das Maximum

$$\delta h_0 = \frac{1}{2}F.$$

Es ist also der Querschnitt des Steges gleich demjenigen der Gurtung; jedoch ist der Antheil des Steges am Widerstandsmoment nur der dritte Theil desjenigen der Gurtung. *F. K.*

E. AULINGER. Ueber Membranen, deren beide Hauptspannungen durchaus gleich sind. Wien. Ber. **95** (2), 170-179; Exner Rep. **23**, 601-608; [Beibl. **11**, 498; Wien. Anz. **24**, 26.

Verfasser leitet aus den allgemeinen Elasticitätsgleichungen für sehr dünne Membranen das plausible Resultat her, dass eine Membran, in der die Spannungen constant sind, sich genau wie eine Flüssigkeitslamelle verhält, nämlich im Gleichgewichtszustand zwischen festen Begrenzungen eine Minimalfläche bildet, falls sie äusseren Kräften nicht ausgesetzt ist. An diese Betrachtungen wird die Ableitung der Bewegungsgleichungen einer solchen Membran geknüpft unter der Annahme, dass — wie dies bei Flüssigkeitslamellen streng erfüllt ist — die Spannung sich durch die Bewegung nicht merklich ändert. *W. V.*

W. VOIGT. Bestimmung der Elasticitätsconstanten für Topas und Baryt. Götting. Nachrichten 1887, No. 19, 561-631; Wied. Ann. **34**, 981-1028, 1888.

Die Abhandlung wird eingeleitet durch eine Zusammenstellung der auf das rhombische Krystallsystem bezüglichen Formeln der Elasticitätstheorie, welche einerseits die Elasticitätsconstanten definiren, andererseits die Coëfficienten der Biegung und Torsion, der Deformation bei all- oder einseitigem Drucke, sowie bei homogener Erwärmung durch dieselben ausdrücken.

Hierauf werden die Beobachtungen beschrieben, welche angestellt worden sind, um die Einwirkung der oberflächlichen Verunreinigung der benutzten Stäbe durch das Polirmittel auf die Dimensionsbestimmungen und diejenige der Eindrückung der Lagerschneiden auf die Biegungsmessungen zu studiren und zu eliminiren. Daran schliessen sich die definitiven Beobachtungen der Biegung und Drillung von Stäbchen, aus denen die Elasticitätsconstanten abgeleitet werden.

Die Resultate schreiben sich, wenn man das elastische Potential einmal durch die elastischen Drucke X_x, Y_y, ..., einmal durch die Deformationen x_x, y_y, ... ausdrückt, gemäss den Formeln

$$\begin{aligned} 2\Phi &= s_{11} X_x^2 + 2s_{12} X_x Y_y + 2s_{13} X_x Z_z + \ldots \\ &\quad + s_{22} Y_y^2 + 2s_{23} Y_y Z_z + \ldots, \\ &= c_{11} x_x^2 + 2c_{12} x_x y_y + 2c_{13} x_x z_z + \ldots \\ &\quad + c_{22} y_y^2 + 2c_{23} y_y z_z + \ldots, \end{aligned}$$

folgendermassen:

Für Topas von Mursinka im Ural ist

$s_{11} = 4.341.10^{-8}$, $s_{22} = 3.460.10^{-8}$, $s_{33} = 3.771.10^{-8}$.
$s_{44} = 9.059.10^{-8}$, $s_{55} = 7.391.10^{-8}$, $s_{66} = 7.485.10^{-8}$,
$s_{23} = -0.651.10^{-8}$, $s_{31} = -0.840.10^{-8}$, $s_{12} = -1.353.10^{-8}$.

$c_{11} = 28.7.10^6$, $c_{22} = 35.6.10^6$, $c_{33} = 30.0.10^6$,
$c_{44} = 11.0.10^6$, $c_{55} = 13.5.10^6$, $c_{66} = 13.4.10^6$,
$c_{23} = 9.0.10^6$, $c_{31} = 8.6.10^6$, $c_{12} = 12.8.10^6$.

Für Baryt von Alston Moor in Cumberland wurde gefunden:

$s_{11} = 16.13.10^{-8}$, $s_{22} = 18.57.10^{-8}$, $s_{33} = 10.42.10^{-8}$,
$s_{44} = 82.30.10^{-8}$, $s_{55} = 34.16.10^{-8}$, $s_{66} = 35.36.10^{-8}$,
$s_{23} = -2.46.10^{-8}$, $s_{31} = -1.88.10^{-8}$, $s_{12} = -8.80.10^{-8}$;

$c_{11} = 9.07.10^6$, $c_{22} = 8.00.10^6$, $c_{33} = 10,74.10^6$,
$c_{44} = 1.22.10^6$, $c_{55} = 2.93.10^6$, $c_{66} = 2.83.10^6$,
$c_{23} = 2.73.10^6$, $c_{31} = 2.75.10^6$, $c_{12} = 4.68.10^6$.

Die diesen Zahlen zum Grunde liegenden Einheiten sind das Gramm und das Millimeter.

Wäre Baryt und Topas aus Molecülen ohne Polarität aufgebaut, so müsste

$$c_{44} = c_{23}, \quad c_{55} = c_{31}, \quad c_{66} = c_{12}$$

sein; da die Beobachtungen hiermit nicht vereinbar sind, so wird man den Molecülen beider Krystalle eine merkliche Polarität beilegen müssen.

In einem Anhang weist der Verf. darauf hin, dass es bedenklich ist, zu Biegungsbeobachtungen Prismen zu verwenden, deren Länge nur ein geringes Vielfache ihrer Dicke beträgt, und vergleicht schliesslich seine Resultate mit den von Herrn Niedmann (s. d. folgende Referat) für die Elasticitätscoëfficienten des Baryt erhaltenen Zahlen, welche beweisen, dass die Beobachtungen an Kreisscheiben nicht geeignet sind, quantitative Bestimmungen dieser Grössen zu geben. *W. V.*

H. Niedmann. Bestimmung der Elasticitätscoëfficienten des Baryt. ZS. f. Krystallogr. **13**, 362-383; [J. de phys. (2) **7**, 270-271.

Nach einer Zusammenstellung der früheren Beobachtungen über die Werthe der Elasticitätscoëfficienten von Krystallen, aus welcher folgt, dass ein directer Zusammenhang zwischen Spaltbarkeit und Elasticität nicht stattfindet, giebt der Verf. seine eigenen Beobachtungen am Baryt, welche mit dem WARBURG-KOCH'schen Apparat angestellt sind.

Der Messung unterworfen wurde zunächst die Biegung von kreisförmigen Scheibchen, welche längs zweier paralleler gleicher Sehnen unterstützt und im Centrum belastet waren; die Ebene der beobachteten Platten fiel resp. in das Makropinakoid, das Brachypinakoid und die Basis. Da diese Beobachtungsmethode einer strengen Theorie nicht zugänglich ist, so sind die Resultate nicht exact zu verwerthen. Herr N. berechnet aus ihnen die Elasticitätscoëfficienten E für die Richtung normal zu den unterstützten Sehnen ebenso, als wäre die Kreisscheibe ein unendlich dünnes Prisma mit nach der Längsrichtung nur wenig wechselnder Breite; aber diese Zahlen sind nicht die wahren Werthe, sondern geben nur allenfalls eine Vorstellung von der Symmetrie des Verhaltens und der Lage der Maxima und Minima jener Grösse.

Zur Bestimmung der absoluten Werthe derselben beobachtete Herr N. noch die Biegung von vier Stäbchen aus demselben Barytkrystall, von denen je eines mit seiner Längsaxe der Brachydiagonale a und der Verticalaxe c, zwei der Makrodiagonale b parallel waren. Die Resultate waren

$$E_a = 6497.1 \text{ kg}, \quad E_b = 5409.4 \text{ kg}, \quad E_c = 8487.8 \text{ kg}.$$

Zur Vervollständigung des hierdurch gegebenen Bildes des Verlaufes von E beobachtete Verf. schliesslich noch eine Kreisscheibe normal zur horizontalen Prismenkante und eine andere, welche parallel der Verticalaxe und um 20°27' gegen das Makropinakoid geneigt war, sowie ein Stäbchen, dessen Axe parallel (001) und normal zu (110) lag.

Die Resultate der Beobachtungen an den Kreisplatten sind zur Veranschaulichung durch Curven dargestellt. *W. V.*

E. GIBSON and R. A. GREGORY. Note on the tenacity of spun glass. Phil. Mag. (5) **23**, 351-353†; Proc. Phys. Soc. **8**, 191-194; [Chem. News. **55**, 79; [Engin. **43**, 154; [Beibl. **11**, 750; [J. de phys. (2) **7**, 85, 1888; [Cim. (3) **23**, 282, 1888.

Die Festigkeit von Glasfäden nimmt zu, je mehr der Durchmesser abnimmt. So reissen Fäden von 0.02—0.03 mm Durchmesser bei einer Belastung von 43×10^8 Dyn. pro Quadratcentimeter, während dickere Stäbchen, von 0.4—0.9 Durchmesser, bereits bei 13 bis 6×10^8 reissen. *F. H.*

S M. DIXON. On twisted copper wire. Proc. Dublin. **5**, 646-648; [Beibl. **13**, 452, 1889.

Giebt man einem Kupferdraht eine grosse Anzahl von Drehungen um seine eigene Axe, so wird durch die permanente Drillung das elastische Verhalten des Drahtes verändert. Der Elasticitätsmodul steigt fast bis auf das Doppelte seines ursprünglichen Betrages, ebenso die Grenzbelastung, bei welcher bleibende Verlängerung eintritt. Auch das Gewicht, bei welchem der Draht bricht, wird durch das Drillen gesteigert. Den Elasticitätsmodul kann man auch vergrössern, indem man den Draht zuerst fast bis zur Bruchgrenze belastet. Drillt man einen solchen gestreckten Draht, so geht der Elasticitätsmodul wieder etwas herunter. *F. H.*

J. F. MAIN. Note on some Experiments on the Viscosity of Ice. Proc. Roy. Soc. **42**, 329-330†, 491-501†; [Sill. J. (3), **34**, 149-150; [Rundsch. **2**, 390; [Beibl. **12**, 444, 1888.

Eisblöcke aus luftfreiem Wasser wurden in einer zur Prüfung von Materialien bestimmten Maschine untersucht. Die Temperatur war stets unter Null, und Regelation nach des Verf. Ansicht nicht zu befürchten. Drei Experimente wurden angestellt mit Stäben von circa 234 mm anfänglicher Länge, belastet mit 4.3—2.0 Kilo pro qcm. Man findet, dass das Eis sich continuirlich streckt, der Betrag hängt von der Temperatur ab und von der Belastung. Bei den 3 Experimenten wurden beobachtet die totalen Verlängerungen:

11 mm in 9 Tagen beim ersten, 1.8 mm in 5 Tagen beim zweiten, 1.7 mm in 3 Tagen beim dritten. *F. H.*

H. Tomlinson. The Influence of Stress and Strain on the Physical Properties of Matter. Pt. I. Elasticity continued. The Velocity of Sound in Metals, and a Comparison of their Moduli of Torsional and Longitudinal Elasticities as determined by Statical and Kinetical Methods. [Proc. Roy. Soc. **42**, 362-364†, **43**, 88-108†; [Rundsch. **3**, 141, 1888.

Die Beobachtungen wurden an 1 mm dicken Drähten angestellt. Die hauptsächlichsten Resultate waren:

	Dichte	Schallgeschwindigkeit in Metern pro Secunde
Klaviersaitenstahldraht, hart	7.7475	5198
Eisen, ausgeglüht	7.6831	5096
Kupfer, hart	8.8976	3958
Neusilber, hart	8.6320	3860
Platin-Silber, hart	12.1900	2804
Silber, hart	10.4668	2801
Platin, hart	21.0500	2750

	Elastic.-Modul in Gramm pro Qcm.		$\frac{e_k}{e_s}$
	Kinetische Methode e_k	Statische Methode e_s	
Klaviersaite, hart	2133×10^6	2140×10^6	0.997
Kupfer, hart	1316	1323	0.995
Platin, hart	1622	1623	1.000
Platin-Silber hart	997	1001	0.996
Silber, hart	835.6	828.6	1.008
		Mittel	0.999

	Torsionsmodul in Gramm pro Qcm. Statisch r_s	Kinetisch r_k	$\frac{r_k}{r_s}$
Eisen, ausgeglüht	751.5×10^6	766.5×10^6	1.020
Platin, hart	662.2	663.5	1.002
Silber, hart	275.5	278.0	1.009
Aluminium, hart	267.7	266.9	0.997

Der hauptsächlichste Inhalt der Arbeit lässt sich kurz dahin zusammenfassen:

1) Der Elasticitätsmodul hartgezogener Metalle, wie er durch die statischen Belastungsversuche gemessen wird, stimmt mit dem Werthe überein, welchen man nach der Methode der Longitudinalschwingungen erhält, vorausgesetzt nur, dass die Deformationen klein genug sind.

2) Die Schallgeschwindigkeit in einem Metalldrahte ist unabhängig von der Belastung des Drahtes.

3) Die Schallgeschwindigkeit in einem Metalldrahte wird durch eine permanente Dehnung des Drahtes nicht merklich geändert.

4) Der statisch gemessene Torsionsmodul stimmt mit dem aus Torsionsschwingungen abgeleiteten Werthe überein für die meisten Metalle im hartgezogenen Zustande, kleine Deformationen vorausgesetzt. Für geglühtes Eisen ist der nach der zweiten Methode erhaltene Torsionsmodul etwas grösser, und die Differenz kann weder durch Beobachtungsfehler noch durch die erwärmende und abkühlende Wirkung der Contraction und Dilatation erklärt werden.

F. H.

C. A. Mebius. Ueber die Veränderungen des Elasticitätscoëfficienten der Metalle zufolge des galvanischen Stromes. Öfversigt af K. Vet.-Akad. Förhandlingar, p. 681, No. 10, 1887; Referat von Edlund, ibid. 627.

Wertheim ist durch seine Untersuchungen zu dem Schlusse gekommen, dass sich der Elasticitätscoëfficient der Metalle bei dem Durchgange eines elektrischen Stromes vermindert. H. Streintz hat die Richtigkeit dieses Resultates in Zweifel gezogen und glaubt, dass der Strom keinen Einfluss auf den Elasticitätscoëfficienten hat.

MEBIUS hat die Frage wieder aufgenommen und durch Biegungsversuche zu beantworten gesucht. Vier Versuche wurden gemacht, nämlich mit zwei ziemlich dicken Stäben von Stahl, der eine mit cylindrischem, der andere mit rectangulärem Querschnitt, mit einem Rohr von Messing und einem Draht von Silber. Das Versuchsmaterial wurde auf zwei Schneiden aufgelegt und im Mittelpunkte belastet. Ein Strom von 8—15 Ampère wurde durch dasselbe geschlossen und die Veränderungen der Ruhelage vermittelst eines Mikroskopes beobachtet.

Aus seinen Versuchen folgert der Verf., dass sich der Elasticitätscoëfficient in den vier Fällen nicht um respct. 0.00089, 0.0015, 0.0047 und 0.0037 Procente geändert hat, und dass die Richtigkeit des von WERTHEIM ausgesprochenen Satzes sehr unwahrscheinlich ist. *K. A.*

W. H. BARLOW, F. J. BRAMWELL etc. Report of the committee appointed for the purpose of obtaining information with reference to the endurance of metals under repeated and varying stresses, and the proper working stresses on railway bridges and other structures subjected to varying loads. Rep. Brit. Ass. 1887, 424-439.

Werthvolle Zusammenstellung älterer und neuerer Untersuchungen über die Ermüdung der Metalle. Nicht wohl ausziehbar. Das Comité betont auf Grund seiner Erfahrungen, dass die Festigkeitsconstanten, welche man durch einmalige oder kurz dauernde Anspannungen, wie Bruchproben und dergl. gewinnt, keinen genügenden Anhalt für die Frage geben, wie sich das Material unter oft wiederholter Belastung, unter Stössen und dergl. verhalten wird. Ein harter Stahl z. B., dessen Resistenz ursprünglich die doppelte von einer Probe Schmiedeeisens war, war nach 472 000 Biegungen nicht stärker als dies Eisen nach 480 000 Biegungen. Aus den mitgetheilten Resultaten werden practische Regeln für Construction von Brücken etc. abgeleitet. *Bde.*

C. M. GULDBERG. Die kritischen Temperaturen der Metalle. ZS. phys. Chem. 1, 231-236†; Christiania Vidensk. Selsk. Förh. 1887, No. 4; [Beibl. 11, 818; [Chem. Ber. 20 [2], 358; [Chem. CBl. (3) 18, 679.

Man kann voraussetzen, dass in erster Annäherung die Zustandsgleichung aller Körper dieselbe ist, nämlich

$$F\left(\frac{p}{p_1}, \frac{T}{T_1}, \frac{v}{v_1}\right) = 0$$

wo p, T, v Druck, Temperatur, Volum bedeuten, p_1, T_1, v_1 den kritischen Druck, die kritische Temperatur und das kritische Volumen. Jene Gleichung ist eine Verallgemeinerung von VAN DER WAALS' Zustandsgleichung, und es sei vorausgesetzt, dass jene Gleichung auch den festen Aggregatzustand umfasse. Dann gelten für die Metalle angenähert die Gleichungen: $\alpha T_1 =$ const., wo α der Ausdehnungscoëfficient des festen Metalls. Ferner $\frac{\beta T_1}{m v} =$ const., wo β der Compressionscoëfficient, v das spec. Volum, m das Moleculargewicht. Endlich $\frac{m\varrho}{T_1}$ const., wo ϱ die Schmelzwärme des Metalls. Aus einer früher (Christiania Vidensk. Selsk. Forh. 1868) gegebenen Zustandsgleichung der Metalle hat Verf. für Quecksilber die kritische Temperatur 1000° abs. berechnen können. Auf diesem Werthe basiren nun die folgenden kritischen Temperaturen:

Cu	Ag	Au	Zn	Cd	Hg	Al	Sn
3900	3600	4300	2600	2500	1000	3000	3000
Pb	Sb	Bi	Fe	Pd	Pt		
2000	5800	4600	5200	5700	7000.		

Ferner zeigt es sich, dass die 3 aufgeführten Beziehungen in der That angenäherte Giltigkeit beanspruchen können, wobei sich zugleich ergiebt, dass das Moleculargewicht wie für Quecksilber so für alle Metalle gleich dem Atomgewicht zu setzen ist.

F. H.

R. H. M. BOSANQUET. On the production of sudden changes in the torsion of a wire by change of temperature. Proc. Phys. Soc. **9**, 49-56; Phil. Mag. (5), **24**, 160-166†; [Chem. News. **55**, 233: [Eng. **43**, 482; [Rundsch. **3**, 38, 1888; [Rev. int. de l'électr. **4**, 378.

Ein ca. 3½′ langer, 0.001″ dicker Platindraht, an welchem das astatische Nadelpaar (von ca. 7″ Länge) eines Galvanometers aufgehängt war, zeigte bei Aenderungen der Zimmertemperatur starke Schwankungen der Ruhelage. Der Verf. prüfte daher diesen Einfluss von Temperaturänderungen näher, nachdem er die Stahlnadeln durch solche von Messing ersetzt hatte. Es ergab sich, dass die Ruhelage des Nadelpaares um 64° variirte, und zwar in der Weise, dass bei steigender Temperatur die Elongation bis zu ihrem oberen Grenzwerth (85°) wuchs und dann constant blieb, umgekehrt bei sinkender Temperatur zunächst bis 21° abnahm und dort dann verharrte. Die Aenderung der Ruhelage begann stets bei der Umkehrung des Ganges der Temperatur, unabhängig vom absoluten Werthe der letzteren, und vollzog sich fast vollständig während einer Temperaturänderung von 2° bis 5° F. (Die Temperaturen, bei welchen beobachtet wurde, lagen zwischen 45° und 82° F.) Mit der Ruhelage zugleich änderte sich auch die Schwingungsdauer des Drahtes erheblich; dieselbe war am kleinsten bei der unteren Grenzlage und erreichte ein Maximum während des Ueberganges von der einen zur anderen Grenzlage. — Eine befriedigende Erklärung dieser eigenthümlichen Erscheinungen vermag der Verf. nicht zu geben. *F. P.*

H. TOMLINSON. The Effect of Change of Temperature in Twisting or Untwisting Wires which have suffered Permanent Torsion. Proc. Phys. Soc. **9**, 67-71; Phil. Mag. (5) **24**, 253-256†; [Eng. **44**, 11; [Beibl. **12**, 90-92 u. 515, 1888.

Die kleinen Winkel, um welche sich permanent gedrillte Drähte drillen und entdrillen, werden mit Spiegel und Scale beobachtet. Temperatursteigerung von 15° auf 100° ruft in permanent gedrilltem Eisen, Aluminium, Silber zeitweise Entdrillung hervor. Daraus folgt, dass diese Metalle einen geringeren Ausdehnungscoëfficienten haben in der Richtung permanenter Dehnung als in der Richtung permanenter Compression. Bei Kupfer und Platin ruft im Gegentheil Temperatursteigerung temporäre Drillung hervor. Der Betrag der temporären Drillung oder Entdrillung ist in allen Fällen klein gegenüber der bleibenden Entdrillung, welche durch Erwärmung und Abkühlung hervorgerufen wird. Permanente Torsion von einigen Umdrehungen genügt schon, um das Maximum des Effects auf die temporäre Drillung und Entdrillung zu erreichen. Geringe Aenderungen der Belastung des Drahtes haben keinen Einfluss auf den Temperatureffect. Steigerte man jedoch bei Platin die Belastung von 1 auf 7 Kilo, so wuchs die temporäre Drillung durch Erwärmen auf den dreifachen Betrag. Bei geglühtem Eisen zeigte sich die interessante Erscheinung, dass bei mässiger Belastung die Temperatursteigerung eine Entdrillung hervorrief; bei 10 Kilo trat gar keine Aenderung der Drillung ein, endlich bei noch stärkerer Belastung erhielt man merkliche temporäre Drillung. *F. H.*

H. TOMLINSON. Remarkable Effect on raising Iron when under Temporary Stress or Permanent Strain to a Briht-red Heat. Proc. Phys. Soc. **9**, 71-84; Phil. Mag. (5) **24**, 256-267†; [Eng. **44**, 590; [Beibl. **12**, 90-92, 1888.

Ein permanent gedrillter, mässig belasteter Eisendraht zeigt beim Erwärmen zunächst eine temporäre Entdrillung. Erhitzt man den Draht über 100° hinaus mit einem Brenner, so findet bei heller Rothgluth eine plötzliche Aenderung statt: der Draht drillt sich scharf in derselben Richtung, in welcher er permanent tordirt ist. Entfernt man den Brenner, so findet bei der Abkühlung bei nahe derselben Temperatur eine ebenso plötzliche Entdrillung statt. Hat der Draht die Zimmertemperatur wieder erreicht, so findet man eine entschiedene Zunahme der anfänglich vorhandenen permanenten Drillung. Dies ist besonders merkwürdig, weil Temperatursteigerungen bis zu dunkler Rothgluth beträchtliche permanente Entdrillung verursachen. Um die Wirkung der Temperatur auf einen Draht zu untersuchen, welcher unter dem Einflusse tordirender Kräfte steht, wurde ein Apparat benutzt, welcher die Erhitzung des Drahtes durch einen galvanischen Strom gestattete. Der Draht wurde tordirt durch Gewichte, die an Seidenfäden hingen, welche um einen Cylinder am unteren Ende des Drahtes geschlungen waren, und über Rollen vertical hinabgeführt waren.

Auch hierbei erhielt man stets permanente Drillung als Wirkung des Erhitzens zur Rothgluth, selbst bei Anwendung sehr schwacher Torsionsmomente. Beim Abkühlen traten hier die plötzlichen Aenderungen erst bei dunkler Rothgluth ein. Der Draht wurde ferner mit einer Magnetisirungsspirale umgeben, und mit einem zweiten Solenoid, welches durch ein empfindliches Galvanometer geschlossen war. Bei der Erwärmung des permanent tordirten Versuchsdrahtes zeigte, als dunkle Rothgluth erreicht war, ein momentaner Ausschlag des Galvanometers an, dass das Eisen plötzlich seine magnetische Permeabilität verloren habe. Sobald Hellrothgluth erreicht war, trat, wie in den früheren Versuchen, plötzlich und scharf eine weitere Torsion des Drahtes ein. Bei der Abkühlung trat zuerst die plötzliche Detorsion des Drahtes ein, während wenige Secunden darnach ein Ausschlag der Galvanometernadel in entgegengesetzter Richtung die Magnetisirung des Eisens anzeigte. Bei mehrfacher Wiederholung des Experimentes an demselben Drahte nehmen diese plötzlichen Aenderungen an Intensität ab, vielleicht sind sie ganz zum Verschwinden zu bringen, doch waren sie noch beim sechsten Experimente vorhanden.

In engem Zusammenhange mit den beschriebenen Phänomenen steht auch die Erscheinung der Recalescenz des Eisens. Lässt man einen unter Zug oder Torsion befindlichen Eisendraht von heller Glühhitze sich abkühlen, so beobachtet man etwa bei dunkler Rothgluth eine plötzliche Zunahme des Leuchtens: der Draht hat also plötzlich selbst seine Temperatur gesteigert. Diese Temperatursteigerung findet gleichzeitig mit der momentanen Aenderung des Dehnungs- oder Drillungszustandes statt.

Verf. fasst schliesslich seine Ansicht dahin zusammen:

1) Es giebt 2 distincte kritische Temperaturen für Eisen; die niedere etwa bei dunkler Rothgluth, die höhere etwa bei heller Rothgluth.

2) Bei der ersten jener kritischen Temperaturen verliert das Eisen plötzlich seine magnetischen Eigenschaften beim Erwärmen, und gewinnt sie wieder beim Abkühlen.

3) Bei oder nahe bei der zweiten kritischen Temperatur zeigt beim Erwärmen das Eisen, wenn es unter dem leisesten Zug oder bleibender Deformation (stress or strain) durch Torsion, Längsdehnung, Biegung, steht, plötzliche Aenderungen. Steht das Eisen unter Zug (stress) so entspricht die Aenderung einer Zunahme der Elasticität, ist es bleibend deformirt, so tritt eine plötzliche Zunahme der Deformation ein.

4) Bei der Abkühlung des Eisens tritt eine entgegengesetzte plötzliche Aenderung ein. Für sehr gut ausgeglühtes Eisen ist die Temperatur sehr nahe dieselbe, wie die der Aenderung beim Erhitzen. Ist der Draht nicht ausgeglüht, so kann sich die Aenderung verzögern bis die untere kritische Temperatur erreicht ist. Findet eine derartige Verzögerung statt, so tritt das Phänomen der Recalescenz ein. *F. H.*

H. Tomlinson. The Permanent and Temporary Effects on some of the Physical Properties of Iron, produced by raising the Temperature to 100° C. Phil. Mag. (5) **23**, 245-252†; Proc. Phys. Soc. **8**, 171-179; [Chem. News. **55**, 45; [Eng. **43**, 79; [J. d. phys. (2) **6**, 289-290; [Cim. (3) **23**, 180, 1888; [Rundsch. **2**, 187; [Beibl. **11**, 499 und **12**, 15.

Lässt man einen vertical aufgehängten, mit einem passenden Trägheitsmoment am unteren Ende versehenen Draht Torsionsschwingungen vollführen, so rührt das logarithmische Decrement dieser Schwingungen theils von der Luftreibung, theils von innerer Reibung im Drahte her. Bringt man die Luftreibung in Abzug, so zeigt es sich, dass bei einem gegebenen Eisendraht das Decrement unabhängig ist von der Amplitude und unabhängig von der Schwingungsdauer. Doch gilt das nur, wenn der Draht vor den Beobachtungen längere Zeit Ruhe gehabt hat, ist derselbe vorher Belastungswechseln, Erschütterungen, Temperaturänderungen, etc. ausgesetzt gewesen, so braucht der Draht eine „Accomodationsfrist" um in seinen Normalzustand zu gelangen. Lässt man den Draht häufig schwingen, so verringert sich dadurch die innere Reibung, besonders stark wird dieselbe ferner verringert durch Erwärmung des Drahtes auf 100°. So war bei einem gut ausgeglühten Eisendrahte das von innerer Reibung herrührende log. Decr. 10 Minuten nach dem Aufhängen gleich 0.003011, eine Stunde später 0.001195, nach einem Tage 0.001078. Von da ab blieb das Decrement constant. Dann wurde der Draht wiederholt auf 100° erwärmt und der Abkühlung überlassen. Bei dieser Behandlung verringerte sich das log. Decr. noch mehr, bis es nach 6 Tagen auf 0,000412 herabgesunken war, auf welchem Werthe es verharrte. Bei höherer Temperatur war das log. Decr. jenes Drahtes noch geringer, blos 0.000112 bei 98°. Ist der Draht vollständig „accomodirt", so genügen geringfügige Störungen, um den Draht aus diesem Zustande zu bringen.

Viel geringer ist der Einfluss solcher Erwärmungen auf die Torsions- und Dehnungs-Elasticität, doch ist auch hier eine bleibende Erhöhung der Elasticität durch wiederholtes Erwärmen und Abkühlen nachweisbar. Bei höherer Temperatur aber ist die Elasticität geringer als bei niederer. Daher nimmt auch die Schallgeschwindigkeit ab mit steigender Temperatur. Die entgegengesetzten Angaben von WERTHEIM sind dadurch zu erklären, dass bei erstmaligem Erwärmen allerdings eine Zunahme der Elasticität beobachtet wird, kühlt man dann aber ab, so tritt eine noch grössere Zunahme auf: WERTHEIM hat die Erscheinungen der „Accomodation" übersehen. *F. H.*

H. TOMLINSON. On the Recalescence of Iron. Proc. Phys. Soc. 10. Dec. 1887; [Eng. **44**, 638†; [Chem. News **56**, 258.

Verf. hat unter günstigen Umständen bei einmaliger Abkühlung eines gestreckten Eisenstabes von heller Weissgluth ab bis zu 7 Mal wiederholtes Aufleuchten beobachten können. Im allgemeinen sind 2 ausgeprägte Punkte vorhanden, der eine zwischen 500 und 1000° Cels., der andere unter 500°. *F. H.*

NEWALL. On Peculiarities observed in Iron and Steel at a Bright-Red Heat. Phil. Mag. (5) **24**, 435-439†; [Rundsch. **3**, 65-66; [Beibl. **12**, 174, 1888.

Verf. ist mit detaillirter Untersuchung derselben Phänomene beschäftigt, welche den Gegenstand von TOMLINSON's Abhandlungen bilden. An letztere knüpft er mehrere kritische Bemerkungen und giebt vorläufige Mittheilung über seine Auffassung der fraglichen Phänomene. Eine ausführliche Publication soll später erfolgen.

F. H.

BAUSCHINGER. Ueber die Veränderungen der Elasticitätsgrenze von Eisen und Stahl. Mitth. a. d. mechan.-techn. Labor. d. techn. Hochsch. München, 1886, Heft 13; [Dingl. J. **266**, 216-120†; [Rundsch. **2**, 511-512.

Als Elasticitätsgrenze wird der Punkt definirt, an welchem die Proportionalität zwischen Spannung und Formänderung bei allmählich wachsender Belastung endigt. Streckgrenze ist die Grenze bleibender Deformation. Untersucht wird die Aenderung dieser Grenzen durch verschiedene Beanspruchung des Materials, wie: hohe Belastungen, welche die Elasticitäts- oder auch die Streckgrenze überschreiten, heftige Erschütterungen (Schmieden im kalten Zustande), Erwärmungen und Abkühlungen, stetiger Wechsel von Spannung und Entlastung durch längere Zeit, u. s. f. Namentlich wird auch der zeitliche nachwirkende Verlauf der Aenderungen verfolgt, welcher nach den obigen Manipulationen in längeren Ruhepausen noch stattfindet. Es ergiebt sich, dass man Elasticitäts- und Streckgrenzen in weitem Bereich beliebig ändern kann.

Auf Grund der Versuche wird als „natürliche Elasticitätsgrenze" diejenige Elasticitätsgrenze definirt, gegen welche sowohl künstlich erhöhte wie künstlich erniedrigte Elasticitätsgrenzen convergiren, wenn man den betreffenden Körper der Einwirkung mässigen Druckes und Zuges in stetem Wechsel aussetzt. *F. H.*

C. BARUS. The Viscosity of Steel and its Relations to Temperature. Amer. J. of Sc. (3) **34**, 1-19, 1887†; [J. de phys. (2) **7**, 546-547; [Beibl. **12**, 14, 1888.

Gegenstand der Untersuchung ist die Feststellung des Zusammenhanges der Torsions-Viscosität von Stahlstäben verschiedener Härtegrade mit der Temperatur. Zwei gleiche Stahlstäbe wurden an je einem Ende miteinander durch Schrauben verbunden, während die beiden anderen Enden in grösseren Messingcylindern derart befestigt wurden, dass dieselben um Vielfache von 90° tordirt werden konnten. Das ganze System wurde vertical aufgehängt, unten mit einem Bleigewichte versehen, und in der Mitte, wo die beiden Stäbe zusammengeschraubt sind, ein Spiegel angebracht. Der obere Stab konnte in einem entsprechend eingerichteten Dampfbade erhitzt werden.

Als Einleitung zur eigentlichen Arbeit wurden zunächst zwei glasharte Stäbe miteinander verbunden, deren freie Enden gegeneinander um einen bestimmten Winkel tordirt, und dann dieses ganze tordirte System angelassen. Es ergab sich aus diesen Vorversuchen, dass die durch Temperatursteigerung bewirkte viscöse Detorsion der Stäbe nach und nach zunimmt; und zwar derart, dass die Geschwindigkeit mit der Zeit stets abnimmt: bei niederen Temperaturen ($< 200°$) langsam, bei höheren rasch. Der Endzustand bei jeder Temperatur wird mit der Zeit asymptotisch erreicht. Dieses Verhalten erinnert vollkommen an das thermoelektrische Verhalten des glasharten Stahls, sodass das elektrische Verhalten wohl mechanisch interpretirt werden könnte. Ferner zeigt es sich, dass die durch Temperaturerhöhung bewirkte Viscositäts-Abnahme bei harten Stäben grösser ist als bei weichen. Nach dieser Voruntersuchung beobachtete nun Verf. Stäbepaare verschiedener Härtegrade, deren je einer auf verschiedene Temperaturen (0°—400°) erwärmt wurde; die Beobachtungsresultate sind in 14 Tabellen ersichtlich gemacht. Als Endergebniss ergiebt sich hieraus, dass die Viscosität verschieden harten Stahles mit der Temperatur abnimmt u. s. w., bei hartem Stahle rascher als bei weichem. Bei derselben Temperatur erscheint die Grösse der Viscosität für verschiedene Härtegrade verschieden: bis zur Anlasstemperatur 350° sind die Differenzen gross, über 350° relativ gering. Bei demselben Härtezustande nimmt die Viscosität mit wachsender Temperatur beschleunigt zu.

Ferner ergiebt sich, dass die Aenderung der Viscosität zwischen hartem und weichem Stahle sehr gross werden und selbst das Vorzeichen ändern kann, wenn man von kleinen zu hohen Werthen der inneren Spannung übergeht. *Thr.*

C. Barus. The Effect of Magnetization on the Viscosity and the Rigidity of Iron and of Steel. Sill. J. (3) **34**, 175-187†; [J. de phys. (2) **7**, 546-547; [Beibl. **12**, 276, 1888.

Die fraglichen Effecte sind von Tomlinson (Proc. Roy. Soc. **40**, 447, 1886) durch Schwingungsbeobachtungen studirt worden; Verf. wendet eine statische Methode an. Zwei gleiche Drähte, in der Regel je 30 cm lang, werden in einer Verticalen ausgespannt; dieselben sind durch ein starres Messingstück verbunden, welches den Spiegel trägt. Am oberen und unteren Ende wird den Drähten gleiche aber entgegengesetzt gerichtete Torsion ertheilt, sodass der Spiegel seine Lage nicht ändert. Zum Magnetisiren eines der Drähte dient eine Spirale von 20 cm Länge, welche mit 2 Drähten derart gewickelt ist, dass bei Gegeneinanderschaltung derselben das magnetische Feld gleich Null ist. Durchläuft der Strom die beiden Wickelungen in gleichem Sinne, so erhält man im Innern der Spirale eine magnetisirende Kraft von 142.5 C-G-S-Einheit pro Ampère Stromstärke. Gearbeitet wird mit ca. 1 Ampère, also hat man eine Magnetisirung bis nahe zur Sättigung. Um nun die erwärmende Wirkung des Stromes, welche ihrerseits bereits Viscosität und Rigidität beeinflusst, eliminiren zu können, wechseln Beobachtungsreihen ab, in welchen die Wickelungen gleich- oder entgegengesetzt vom Strome durchlaufen werden.

Die Versuche über Aenderung der Viscosität durch Magnetisirung ergeben ein negatives Resultat: Scheinbar wird die Viscosität verringert, doch sind die beobachteten kleinen Aenderungen allein auf die Erwärmung der Drähte durch den Strom in der Magnetisirungsspirale zurückzuführen.

Die Rigidität von Eisen wie von Stahl wird durch die Magnetisirung merklich vergrössert, wie schon früher von Wiedemann (Galvanismus 683—698) gefunden. Sind G_m und G die Rigidität des magnetisirten und des unmagnetisirten Drahtes, so kann man aus den Beobachtungen berechnen $\mu = \frac{G_m - G}{G}$, d. i. die relative Zunahme der Rigidität durch Magnetisirung. Es ist von Interesse, diese Grösse in Beziehung zu setzen zu der Obliquität, ω, der äusseren Fasern des tordirten Versuchsdrahtes. Ist ϱ der Radius des Drahtes in Centimetern, τ das Torsionsverhältniss, d. h. die Drillung pro Centimeter Länge in Graden, so ist

$$\omega = \frac{\pi \varrho}{180} \tau.$$

Für weiches Eisen wurden folgende Zahlen als Mittelwerthe mehrerer Beobachtungsreihen erhalten:

(Siehe die Tabelle auf Seite 464.)

Φ bedeutet die Detorsion des Versuchsdrahtes pro Längeneinheit unter dem Einflusse der Magnetisirung. Φ wächst mit der Drillung τ bis zu einem Maximum, letzteres liegt bei allen untersuchten Drähten nahe bei demselben Werthe der Obliquität, nämlich bei $\omega = 0.003$. Bei noch stärkerer Drillung tritt schon bleibende Formänderung ein, daher zeigt dann auch die magnetische Detorsion Φ keine weitere Zunahme. Die relative Zunahme der Rigidität durch Magnetisirung, μ, nimmt mit steigender Torsion stetig ab.

Stahldrähte zeigen einen weit geringeren Einfluss der Magnetisirung auf die Rigidität, fast verschwindend ist derselbe bei glashartem und schwach angelassenem (bis 200°) Stahl.

F. H.

τ	$2\varrho = 0.234$ cm			$2\varrho = 0.136$ cm			$2\varrho = 0.090$ cm			$2\varrho = 0.110$ cm			$2\varrho = 0.070$ cm			$2\varrho = 0.048$ cm			$2\varrho = 0.022$ cm		
	$\omega \times 10^3$	$\Phi \times 10^6$	$\mu \times 10^3$	$\omega \times 10^3$	$\Phi \times 10^6$	$\mu \times 10^3$	$\omega \times 10^3$	$\Phi \times 10^6$	$\mu \times 10^3$	$\omega \times 10^3$	$\Phi \times 10^6$	$\mu \times 10^3$	$\omega \times 10^3$	$\Phi \times 10^6$	$\mu \times 10^3$	$\omega \times 10^3$	$\Phi \times 10^6$	$\mu \times 10^3$	$\omega \times 10^3$	$\Phi \times 10^6$	$\mu \times 10^3$
0.43	0.8	12	3.2	—	—	—	—	—	—	—	—	—	—	—	—	—	—	—	—	—	—
0.75	1.5	18	2.7	0.9	24	3.7	0.6	42	6.4	0.7	34	5.2	0.5	37	5.6	0.3	60	9.2	—	—	—
1.12	2.3	23	2.3	—	—	—	—	—	—	—	—	—	—	—	—	—	—	—	—	—	—
1.50	3.1	30	2.3	1.8	43	3.3	1.2	68	5.2	1.4	54	4.1	0.9	82	6.3	0.6	107	8.2	—	—	—
2.25	—	—	—	2.7	49	2.5	1.8	75	3.8	2.2	62	3.2	—	—	—	0.9	116	5.9	—	—	—
3.00	—	—	—	3.6	51	2.0	2.3	78	3.0	2.9	65	2.5	1.8	95	3.6	1.2	131	5.0	0.6	86	3.3
3.75	—	—	—	—	—	—	—	—	—	3.2	66	2.0	—	—	—	—	—	—	—	—	—
4.50	—	—	—	—	—	—	3.5	77	2.0	—	—	—	2.7	104	2.7	1.9	148	3.8	—	—	—
5.25	—	—	—	—	—	—	—	—	—	—	—	—	3.2	103	2.3	—	—	—	—	—	—
6.0	—	—	—	—	—	—	—	—	—	—	—	—	—	—	—	2.5	156	3.0	1.2	166	3.2
7.5	—	—	—	—	—	—	—	—	—	—	—	—	—	—	—	3.1	148	2.3	—	—	—
9.0	—	—	—	—	—	—	—	—	—	—	—	—	—	—	—	—	—	—	1.7	205	2.6
12.5	—	—	—	—	—	—	—	—	—	—	—	—	—	—	—	—	—	—	2.4	220	2.0
15.0	—	—	—	—	—	—	—	—	—	—	—	—	—	—	—	—	—	—	2.9	237	1.8

C. F. Rydberg. Beiträge zur Kenntniss der Veränderungen des Stahles in physikalischer Hinsicht beim Anlassen. Bihang till K. Svenska Vet.-Akad. Handlingar **13**, Afd. 1, No. 6, 1887; [Öfvers. **44**, 232, woselbst das Referat von Edlund.

Der Verf. hat einige Stahldrähte aus Bofors in Schweden untersucht und dabei die Resultate von Strouhal und Barus (Bull. of the U. S. Geological Survey No. 14) theils bestätigt theils noch erweitert.

Die Drähte (von ca. 3 mm Diameter) hatten einen Kohlengehalt von 0.1% bis 1.0%. Dieselben wurden zuerst bis zum hellen Rothglühen erhitzt und in kaltem Wasser abgekühlt und dann in einem besonderen Behälter von Eisenblech langsam erwärmt. Während der Erwärmung wurde der elektrische Widerstand zwischen zwei Punkten mit Hülfe eines Capillarelektrometers bestimmt. Es zeigte sich, dass schon bei ca. 60° der Widerstand des Stahles, der zwischen 20° bis 60° wächst, eine permanente Verminderung erleidet.

Die Temperatur des Wassers, in welchem der Stahl beim Härten abgekühlt wurde, scheint auf die Temperatur, bei welcher man die permanente Verminderung des Widerstandes zuerst wahrnehmen kann, keinen Einfluss zu haben.

Wenn man dem harten Stahldraht schnell eine bestimmte Temperatur von ca. 100° beibringt, so nimmt der Widerstand zuerst rasch, dann allmählich langsamer ab und es zeigt sich, dass das Verhältniss zwischen Zeit und Widerstandsabnahme denselben Gesetzen wie die Phänomene der elastischen Nachwirkung folgt, also durch eine Formel

$$M = M_0\, e^{-kt^m}$$

(M = Widerstand, t = Zeit, k und m = Constante) ausgedrückt werden kann.

Der Verf. hat auch die Längenabnahme eines harten Drahtes (von ca. 1% Kohlengehalt) bei constanter Temperatur (100°) untersucht und dabei gefunden, dass auch diese von der Zeit nach einem ähnlichen Gesetze wie die Widerstandsänderung abhängig ist.

K. Å.

F. W. Barrett. On the physical Properties of manganese steel. Proc. Dubl. Soc. **5**, 360-371; Chem. News. **55**, 158-159, 169-171†; Nature **35**, 311, 1887; Lum. El. **25**, 432-434; Rep. Brit. Ass. 1887, 610; The Electr. **18**, H. 9; L'Electr. **11**, 218; Eng. **44**, 378; [Beibl. **11**, 471 u. 731; [Rundsch. **2**, 377.

Bottomley hat zuerst die wichtigste Eigenschaft dieses Manganstahls beschrieben: derselbe ist fast unmagnetisirbar. Der Mangangehalt ist sehr hoch, die vom Verf. untersuchten Proben hatten folgende Zusammensetzung:

Fe	Mn	C	Si	P	S
84.96	13.75	0.85	0.25	0.10	0.09 %

Der Manganstahl ist ausserordentlich hart, lässt sich nur schwer zu Draht ausziehen. Er wird dehnbar durch denselben Process, welcher zum Härten gewöhnlichen Stahles dient: Erhitzen zur Weissgluth und rasches Ablöschen in möglichst kaltem Wasser. Diese Operation muss während des Drahtziehens immer wieder vorgenommen werden. Den dehnbaren Draht kann man in den früheren Härtezustand zurückbringen durch starkes Erhitzen und langsames Abkühlenlassen.

Die Dichtigkeit des Manganstahls ist 7.81 (gew. Stahl 7.72). Der Elasticitätsmodul: 16800 Kilogr. pro qmm. Weicher Draht gab 16710. Die Zahlen sind klein. Eisen hat den Modul 18610, Stahldraht 18810 bis 20490.

Der harte Manganstahldraht reisst bei einem Zuge von 117 Tons pro Quadratzoll, während gewöhnlicher Stahldraht nur 54—63 Tons aushält, und auch die Festigkeit der besten Pianoforte-Stahldrähte nicht über 150 hinausgeht. Der weiche Mn-Stahl-Draht reisst bei 49 Tons pro Quadratzoll, dabei beträgt die Verlängerung 18 %.

Der specifische elektrische Widerstand der harten und weichen Drähte ist gleich hoch, er beträgt 77000 C-G-S-Einh. pro cbcm.

Die Magnetisirbarkeit ist 330 Mal geringer als die des weichen Eisens. *F. H.*

TH. TURNER. The hardness of metals. Chem. News **55**, 179-182, 195-196, 205-207, 216-219†; Proc. Birmingham Soc. 1887, **5** (2), 31 pp.; [Chem. CBl. **18**, 887; [Beibl. **11**, 752; [Rundsch. **3**, 90, 1888.

Die ersten Versuche, die Metalle nach Reihenfolge ihrer Härte zu classificiren, rühren von DUMAS her. Später sind namentlich von CALVERT und JOHNSON (Phil. Mag. 1859) und von BOTTONE (Chem. News 1873) Härtebestimmungen an reinen Metallen und an Legirungen ausgeführt worden.

Die letztgenannten Autoren setzten die zu untersuchenden Metalle dem Druck einer stählernen Spitze aus, und nahmen das Gewicht, mit welchem die Spitze belastet werden musste, damit sie bis zu einer bestimmten Tiefe eindrang, als Maass der Härte an. Gegen diese Methode muss aber eingewendet werden, dass dabei nicht allein die Härte, sondern auch die Zähigkeit des Metalls eine Rolle spielt. Wirkt die belastete Spitze längere Zeit, so kommt auch noch die Plasticität in Frage. Bei homogenen reinen Metallen scheinen freilich Härte und Zähigkeit (letztere nach Versuchen von WERTHEIM) einander proportional zu sein, doch ist dies sicher nicht mehr der Fall, z. B. bei den technisch so wichtigen verschiedenen Eisensorten und den verschiedenen Zuständen des Eisens. Verf. benutzt zu seinen Messungen einen Apparat, welcher dem früher von FRANZ (Pogg. Ann. 1850) construirten ähnlich ist. Eine Diamantspitze kann unter gemessenem Druck über die zu untersuchende polirte Metallfläche hingeführt werden. Die Grenzbelastung in Grammen, bei welcher der Diamant gerade noch einen sichtbaren Strich macht, gilt als Härtezahl. Am besten macht man mit äquidistanten Belastungen eine Reihe paralleler Striche auf dem Probestück. Welcher Strich nun noch erkennbar ist, das hängt von der Beleuchtung ab. Ist die Beleuchtung so, dass die Striche als helle Linien auf dunklem Grunde erscheinen, so sieht man mehr, als wenn man sie dunkel auf hell erscheinen lässt. Die letztere Beobachtungsweise soll vortheilhafter sein. Die Härtezahlen für verschiedene Eisensorten, welche mit diesem Apparat erhalten wurden, bewegen sich zwischen 15 und 72. Von einer Proportionalität zwischen Zugfestigkeit und Härte kann nicht die Rede sein. *F. H.*

Th. H. Behrens. Sur la détermination de la dureté des matières rocheuses. Ann. d. l'école polyt. de Delft. **3**, 108-129†.

Die Härte von mikrokrystallinischen Mineralien und von Gesteinen körnigen Gefüges (Marmor, Sandstein) kann nicht in der gewöhnlichen Weise durch Ritzen bestimmt werden. Um die Härte der einzelnen Bestandtheile eines Minerals zu prüfen, fertigt Verf. Schliffe an, welche unter dem Mikroskop durch Ritzen mit Nadeln von bekannter Härte in den einzelnen Bestandtheilen geprüft werden. Die Nadeln für die verschiedenen Härtegrade sind hergestellt aus: 1. weichem Blei; 1.5 Zinn. 2. Hartblei; 2.5 gewalztem Zink. 3) Gelbem Kupfer, gezogen (rothes gehämmertes Kupfer hat eine grössere Härte), von 3.1—3.2; 3.5 hartem Eisen. 4. Stahl (Nähnadel), angelassen bis zum Gelb vierter Ordnung; 4.5 Nähnadel angelassen bis zum Grün dritter Ordnung. 5. Nadel, angelassen bis zum Blau zweiter Ordnung; 5.5 Nähnadel bester Qualität. 6. Werkzeugstahl in verdünnter Schwefelsäure gehärtet, angelassen bis zum Blassgelb erster Ordnung; 6.5. Derselbe Stahl, nicht angelassen. — Erwärmt man beim Anlassen die Spitze der Nadeln etwas stärker, so kann man durch allmähliches Abschleifen die Nadeln leicht und genau auf die gewünschten Härtegrade der Mohs'schen Scala bringen.

Nach dieser Methode untersucht Verf. verschiedene zu Bauzwecken verwendete Sandsteinsorten, sowie Mörtel und Cement. Die Härte poröser Materialien kann gesteigert werden durch Imprägniren mit Natronwasserglas.

Zur Bestimmung der mittleren Härte eines Gesteins bieten

sich verschiedene Wege, welche aber nicht zur Kenntniss der eigentlichen Härte führen, sondern nur den Widerstand des Materiales gegen Bearbeitung zeigen. Verf. bestimmt den Gewichtsverlust, welchen Stücke von 10 qcm Fläche erfahren, wenn man sie 1) mit einem Diamant von 3 mm Kantenlänge abdreht. 2) wenn man sie mit Schmirgel, 3) wenn man sie mit Seesand schleift. Immer wird der Druck durch Gewichte regulirt. Zum Schleifen dienen entweder rotirende oder hin- und hergehende Metallscheiben, welche mit einer feinen Schicht des Schleifmittels überzogen sind. Die Versuchsdauer ist stets 10 Minuten, man erhält dann je nach der Härte des Versuchsobjectes einige Zehntel bis zu 10 Gramm Gewichtsverlust.

Eine Zusammenstellung der nach den verschiedenen Methoden erhaltenen Zahlen, Quarz überall gleich 100 gesetzt, zeigt nun, dass dieses Verfahren ganz unbrauchbar ist, die Resultate der 3 Reihen sind quantitativ und auch qualitativ ganz verschieden. Man kann also nicht die mittlere Härte identificiren mit dem Widerstande gegen die Bearbeitung. Folglich ist auch der PFAFF'sche Apparat zur Härtebestimmung nach des Verf. Ansicht als unbrauchbar zu bezeichnen. Es ist eben bei diesen Versuchen nicht allein die Härte des Materiales massgebend, sondern in hohem Grade auch seine Cohäsion, Elasticität, Sprödigkeit oder Zähigkeit u. s. f. *F. H.*

J. NASMYTH. On the cutting action of Coke on Glass. Proc. Manch. **26**, 80, 1886/87.

Verf. hat gefunden, dass ein Stück Hart-Coke gerade wie Diamant im Stande ist, ohne zu kratzen, einen glatten Schnitt in Glas hervorzubringen. *Rz.*

W. HALLOCK. The flow of solids. Sill. J. (3) **34**, 277-281†; [Beibl. **12**, 843, 1888.

W. SPRING. Simple observation au sujet d'un travail

de M. W. HALLOCK, intitulé „The flow of solids“. Bull. Belg. (3) **14**, 595-598; Bull. soc. chim. **48**, 630-632†; [Chem. CBl. (3) **19**, 4-5, 1888; [Sill. J. (3) **35**, 78, 1888; [Beibl. **2**, 843, 1888; [Chem. CBl. 1888, 507.

HALLOCK bezweifelt die Resultate von SPRING (Bull. Belg. (2) **49**, 1880, (3) **9**, 1885; Bull. soc. chim. **39**, 1883, **46**, 1886) über das Verhalten fester Körper bei hohem Druck. Seine eigenen Versuche, ausgeführt an Paraffin, Wachs, Wismuth, Antimon, Blei, lassen bei Drucken von über 6000 Atm. keinerlei Verflüssigung der untersuchten Körper erkennen. Auch sei, im Gegensatz zu SPRING, kürzlich von AMAGAT (C. R. **105**) das flüssige C_2Cl_4 durch Anwendung hohen Druckes zum Erstarren gebracht worden.

SPRING verwahrt sich dagegen, als hätte er behauptet, dass man alle festen Körper durch Druck verflüssigen könne. Das sei selbstredend nur dann möglich, wenn die Flüssigkeit dichter sei als der Körper im festen Zustande. Auch übersetze HALLOCK das Wort „soudure“ stets durch „fusion“, während er, SPRING, in den von HALLOCK angeführten Beispielen von einer Verflüssigung gar nicht gesprochen habe. HALLOCK's Angriffe seien daher gegenstandslos. *F. H.*

A. IRVING. The vitreous state of water. Nature **37**, 104†.

Verfasser beobachtet bei einem Hagelwetter eine eigenthümlich glasige und durchsichtige Structur der Hagelkörner, welcher sich im Laufe der Beobachtung allmählich in eine krystallinische verwandelte. Der Verfasser bringt den Vorgang in Zusammenhang mit der von ihm angenommenen (Nature **36**, p. 77) latenten Wärme des glasförmigen Zustandes (latent heat of the vitreous state). *F. K.*

L i t t e r a t u r.

E. SEELIG. Molecularkräfte. Physikalisch-chemische Studie der verschiedenen Körperzustände. Dresden, Schönfeld 1886, 56 pp.; [Beibl. **11**, 800.

O. F. S. PROVENZALI. Sui criteri per distinguere i prodotti delle azioni moleculari da quelli delle forze atomiche. Atti Pont. Linc. **40**, 118-127.

TODHUNTER. A history of the theory of elasticity and of the strenght of materials. I. Herausgeg. von K. Pearson. Cambridge 1886, XVI u. 924 pp.; [ZS. f. Math. u. Phys. **33**, 35; [Beibl. **11**, 480; [Nature **35**, 313-314.

W. J. IBBETSON. An elementary treatise on the mathematical theory of perfectly elastic solids; with a short account ot viscous fluids. London 1887, Macmillan and Co. [Nature **37**, 97-98.

F. NEUMANN. Vorlesungen über die Theorie der Elasticität der festen Körper und des Lichtäthers. Leipzig 1885, 374 pp.; [ZS. f. Math. u. Phys. **32**, 106-107; siehe diese Ber. **42** (1), 422, 1886.

J. LARMOR. Some applications of generalized space-coordinates to different points of analysis: Potentials and isotropic elasticity. Cambr. Trans. **14**, 121-137.

Von wesentlich mathematischem Interesse.

E. BELTRAMI. Sulle equazioni generali dell' elasticità. Cim. (3) **21**, 25-35, 113-121.

Abdruck des letzten Theiles der 1881 in Ann. di Mat. (2) **10**, 188-211 erschienenen Abhandlung. Von wesentlich mathematischem Interesse. Referat in F. d. M. **13**, 732.

C. CHREE. Ueber gewisse Schwingungsformen. Proc. Edinb. Math. Soc. **4**, 65-78, 1885/86; [Beibl. **11**, 495.

M. B. ELIE. Des constantes de l'élasticité dans les milieux anisotropes. Bordeaux 1886, 82 pp.; [ZS. f. Math. u. Phys. **33**, 32-33. Siehe diese Ber. **42**, (1) 443, 1886.

W. VOIGT. Bestimmung der Elasticitätsconstanten

von Beryll und Bergkrystall. Wied. Ann. **31**, 474-502; [ZS. f. Krystallogr. **12**, 482-487. Siehe diese Ber. **42** (1), 462, 1886.

E. MONROE. On an improved method for testing metals. Am. Ass. Science **10**, 87; [Eng. **44**, 436.

W. C. UNWIN. On some new measuring instruments used in Testing Materials. Phys. Soc. 22. Jan. 1887; [Chem. News. **55**, 45; [Beibl. **11**, 614-615.

A. KURZ. Messungen der durch Anspannen von Drähten bewirkten Quercontraction. Exner Rep. **23**, 521-527.

A. MILLER. Der primäre und secundäre Elasticitätsmodul und die thermische Constante des letzteren. München, Franz 1887, 54 pp.; [ZS. f. Instrumkde. **7**, 73. Siehe diese Ber. **42** (1), 472, 1886.

A. KURZ. Der Elasticitätsmodul des Kautschuks. Exner Rep. **23**, 311-312; [Beibl. **12**, 13, 1888.

MERCADIER. Sur la détermination du coefficient d'élasticité de l'acier. C. R. **105**, 273-276.

The comparative strength of metals. Eng. **44**, 159 u. 171.

J. A. LONGRIDGE. The elastic limit and gun construction. Eng. **44**, 582-583.

A. MARTENS. Die Festigkeitseigenschaften des Magnesiums. Berlin, Springer; [ZS. f. Instrkde. **7**, 365.

CH. A. PAILLARD. Palladium-Legirung. D. R. P. 38445; [ZS. f. Instrkde. **7**, 188.

J. SCULLY. Effects produced by small quantities of bismuth on the ductility of silver. Chem. News. **56**, 224-226, 232-236, 248-249; [J. chem. soc. **54**, 108-109, 1888.

Untersucht die bekannte Einwirkung des Wismuths vom Gesichtspunkt der Münztechnik aus.

W. GOWLAND and CH. KOGA. On silver containing bismuth. J. Chem. Soc. **51**, 410-416; [Chem. Ber. **20** [2], 465; [Chem. CBl. **18**, 564.

Schon kleine Zusätze von Wismuth machen das Silber spröde.

W. STAHL. Influence of foreign bodies upon the properties of refined copper. Mon. Scient. (4), **1**, July 1887.

TH. MOORE. Peculiar formation in nickel regulus. Chem. News. **56**, 3; [J. chem. soc. **52**, 1081.

E. PFUHL. Physikalische Eigenschaften der Jute. Berlin, 1888 VIII u. 99 p.

H. MÜLLER-BRESLAU. Die graphische Statik der Bauconstructionen. 2. Aufl. I. Band. Leipzig, Baumgärtner 1887, X u. 435 pp.; [F. d. M. **19**, 908.

W. JEEP. Das graphische Rechnen und die Graphostatik in ihrer Anwendung auf Bauconstructionen. Weimar, B. F. Voigt 1887, VIII u. 178 S. nebst 35 Tafeln Atlas; [F. d. M. **19**, 909.

J. SCHLOTKE. Lehrbuch der graphischen Statik. Hamburg, Nestler u. Melle 1887, 163 pp.

M. LÉVY. La statique graphique et ses applications aux constructions. 2 éd. Partie III. Arcs métalliques; ponts suspendus rigides; coupoles et corps de révolution. Paris, Gauthier-Villars 1887, IX u. 418 pp.

A. E. HAUSSER et L. CUNG. Statique graphique appliquée. Traité élémentaire de résistance des matériaux. I. Principes généraux. Charpentes. Poutres droites sur deux appuis. Paris 1886, Ve. Ch. Dunod, VIII u. 469.

E. OLANDER. A new method of graphic statics, applied to the construction of wrought iron girders. London 1887.

R. H. GRAHAM Graphic and analytic statics in theory and comparison; their practical application to the treatment of stresses in roofs, solid girders, braced iron arches and piers and other frame work. New-York 1887, 390 pp., 8⁰.

FR. STEINER. Theorie der Spreng- und Hängewerke unter Berücksichtigung der Anfangsspannung. W. Oestr. Ing u. Arch. **12**, 42.

HACKER. Fachwerk im Raume mit einseitiger Belastung. Hannov. ZS. **33**.

H. SCHWARZ. Die Beanspruchung von Fachwerksträgern durch wagerechte Kräfte in der Trägerebene. CBl. d. Bauverw. **7**, 80.

H. ZIMMERMANN. Winkeleisen für Druckstäbe. CBl. d. Bauv. **7**, 36; [F. d. M. **19**, 1865.

W. LAUNHARDT. Die Berechnung der Ablösung von Baulasten und die Vergleichung von Bauausführungen in Materialien von verschiedener Dauerhaftigkeit. Hannov. ZS. **33**; [F. d. M. **19**, 1067.

G. MOCH. Des canons à fils d'acier. Rev. d'Art. **29**, 26-47, 197-221, 332-350, 459-481, 539-559; [F. d. M. **19**, 1068.

G. MOCH. Canons à fils d'acier; système Very. Rev. d'Art. **30**, 265-268.

P. LAURENT. Du déculassement des bouches à feu fermées par une vis à segments. Rev. d'Art. **29**, 152-168, 242-243; [F. d. M. **19**, 1869.

E. AUTENRIETH. Berechnung der Anker, welche zur Befestigung von Platten an ebenen Flächen dienen. Z. d. Ing. **31**, 341, 459, 552.

R. BREDT. Berechnung von Fundamentplatten. Z. d. Ing. **31**, 459, 552.

AD. BLÜMCKE. Ueber die Bestimmung der Frostbeständigkeit von Baumaterialien. Centralbl. f. Bauverw. **5**, 379-381, 1885; ZS. f. Bauwesen **37**, 103-111; [Beibl. **11**, 681.

J. WEYRAUCH. Theorie der statisch bestimmten Träger für Brücken und Dächer. Leipzig 1887, Teubner.

R. LAND. Ueber die geometrische und statische Bestimmtheit der Träger, insbesondere der Fachwerkträger. Berlin 1887, Ernst & Korn.

J. BAUSCHINGER. Zerknickungsversuche mit Formeisen für Brückenbauzwecke. Dingl. J. **264**, 168.

E. JENTZEN. Baumechanik mit besonderer Rücksicht auf die Berechnung der Träger und Stützen aus Holz und Eisen. Hamburg 1886, II u. 52 pp.

S. BARBIER. Barême de la résistance et des moments d'inertie des métaux. Paris 1887, 222 pp.

O. PLANAT. Pratique de la mécanique appliquée à la résistance des matériaux. Paris 1887, 839 pp.

E. SERGENT. Résistance des bois à la flexion et à la compression. Paris 1887.

A. BAJO. Punti di rottura e calo totale degli archi gravati di pesi continui e discontinui. Coefficienti di elasticità delle pietre. Napoli 1887.

RATEAU. Formule pratique pour le calcul des rondelles Belleville. C. R. **104**, 1690.

Die „rondelles" sind Pufferfedern für Waggons. *Bdc.*

M. MÖLLER u. R. LÜHMANN. Ueber die Widerstandsfähigkeit auf Druck beanspruchter eiserner Bauconstructionstheile bei erhöhter Temperatur. Verh. d. Ver. f. Gewerbefl. **66**, 573 636, 702-798.

Stahldraht von besonders hoher Festigkeit. [Dingl. J. **263**, 183-184†.

PERCY. Engineering **42**, 86, 1886.

H. ZIMMERMANN. Centralbl. d. Bauverwalt. 1886, 371.

Untersuchungen von „Fowlers Special"-Stahldraht. Die Bruchspannung dünner Drähte namentlich liegt sehr hoch (253 Kilo/qmm bei Drähten von d = 0.5 mm, 157 Kilo/qmm bei d = 4 mm). Daraus folgt, dass durch oberflächliche Härtung die Festigkeit der äusseren Schichten erhöht ist.

ZIMMERMANN berechnet die Dicke der gehärteten Schicht für verschiedene Drahtdurchmesser. *F. H.*

H. WEDDING. Das mikroskopische Gefüge von verschiedenen Eisensorten. Verh. d. Ver. f. Gewerbefl. 1886, 293; Stahl und Eisen 1886, 633; [Dingl. J. **264**, 187†.

Das Eisen wird als Dünnschliff unter das Mikroskop gebracht. Die einzelnen Sorten zeigen charakteristische Verschiedenheiten des Gefüges. *F. H.*

Zur Kenntniss der Eigenschaften von Schmiedeeisen und Stahl. Polyt. Not. **42**, 74-75.

OSMOND, LE CHATELIER, bezw. PIONCHON. Verhalten von Eisen und Stahl beim Erwärmen und Wiederabkühlen. Dingl. J. **263**, 540.

J. F. HOBARTH. Ueber den Schnittwiderstand beim Drehen von Gusseisen. Dingl. J. **265**, 399-403.

H. TOMLINSON. La température critique du fer. Lum. El. **26**, 94.

DE VOLSON WOOD. On the effect upon the strength of iron by subjecting it to a pull while hot. Am. Ass. Science **10**, 87.

The effect of repeated heatings on iron. Eng. **44**.

A. E. SHERK. p. 458-459.

C. E. STROMEYER ibid. 490.

B. H. THWAITE. ibid. 491.

THOMAS EDINGTON and SONS. ibid. 505.

B. H. THWAITE. ibid. 536.

Discussion über die Frage, ob Eisen durch wiederholtes Erhitzen und Abkühlen brüchig werden könne.

A. COUHARD. Résumé de la théorie cellulaire de l'acier. Nancy 1887, 36 pp.

W. F. BARRETT. Note on BARUS and STROUHALS Paper on the Viscosity of Steel. [Sill. J. (3) **33**, 308-310.

Brief, dessen Hauptinhalt eine Prioritätsreclamation ist.

Influence of Silicon on the properties of steel. Rep. of the Comm. of Brit Ass. (TILDEN, W. CHANDLER, ROBERTS-AUSTEN, T. TURNER); Rep. Brit. Ass. 1887, 43-47; Chem. News. **56**, 215-218; Nature **36**, 516; [Eng. **44**. 378-379; [Chem. CBl. **18**, 1573.

TURNER. On the influence of silicon on the properties of iron and steel. J. Chem. Soc. **51**, 129; [Sill. J. (3) **33**, 509; [Engin **43**, 33; [Bull. soc. chim. (2) **51**, 213.

P. ANDREWS. Ueber Ausdehnung und Härte des Eisens. Dingl. J. **263**, 541.

A. MARTENS. Untersuchungen über Festigkeitseigenschaften und Leitungsfähigkeit an deutschem und schwedischem Drahtmateriale. Berlin 1887.

C. REHSE's Taschen-Papierprüfer zur Untersuchung der Zerreissfestigkeit und Dehnbarkeit. Dingl. J. **263**, 28-30.

H. ERDMANN. Wirkung des Drucks auf Bleikugeln. Thüring. ZS. **60**, 594.

Kurze Notiz über Breslauer Versuche, aus der keine Einzelheiten zu entnehmen sind.

7b. Capillarität.

J. Delsaulx. Ueber die Oberflächenspannung in der Theorie der Capillarität. Ann. soc. sc. d. Bruxelles 1886, 43-74; [Beibl. 11, 132†.

Der Verf. beschäftigt sich mit dem Nachweis, dass eine Theorie der Capillarität ebenso von dem Begriff der Oberflächenspannung ausgehen hann, wie von dem Begriff der Molecularkraft im Sinne von Laplace und Gauss. *P. V.*

E. Sieg. Bestimmung von Capillaritätsconstanten an grossen Tropfen und Blasen. Phys. Ges. Berlin 6, 117-122†; [Diss. Berlin 1887; [Rundschau 2, 193-194.

Nach einer Besprechung der einschlägigen Beobachtungen Quincke's und der Angriffe, welche dieselben erfahren, — es wird insbesondere auf die Schwierigkeit einer Messung der Höhe des Bauches der Tropfen hingewiesen, — theilt der Verfasser seine Methode die Bauchhöhe zu bestimmen mit.

In 3 bis 4 m Entfernung vom Tropfen wurde eine an einem Stativ vertical verschiebbare Gasflamme von 3 bis 5 mm Höhe angebracht. Da der Bauch die einzige Stelle des Tropfens ist, welche horizontal auffallendes Licht in das horizontal gestellte Mikroskop reflectiren kann, so erhält man auf ihm eine horizontale Lichtlinie von so geringer Breite, dass eine Einstellung bis auf 0.001 mm möglich wird. Das Maximum der Einstellungsfehler war 0.007 mm.

Unter den Resultaten der Arbeit mögen folgende hervorgehoben werden:

Aus der Uebereinstimmung der Resultate aus Tropfenbeobachtung mit denen aus Steighöhenbeobachtung mit gleich Null gesetztem Randwinkel folgt, dass letzterer wirklich gleich Null ist (für Wasser und Salzlösungen).

In den Flüssigkeiten enthaltene geringe Spuren von Verunreinigungen bewirken (ölige Verunreinigungen ausgenommen) keine Veränderung der Capillaritätsconstanten (Ausnahme: Quecksilber).

Ueber den Flüssigkeiten stehende absorbirbare Gase verringern die Capillaritätsconstante der Flüssigkeit und zwar um so mehr, je grösser der Absorptionscoëfficient ist. — Da diese Verringerung bei gashaltigen Lösungen kleiner ist, als bei gasfreien, zeigen erstere grössere Capillaritätsconstanten als letztere.

Die gemeinschaftliche Oberflächenspannung zweier Flüssigkeiten ist aus derjenigen, welche jede von ihnen mit Luft bildet, nicht durch eine einfache Relation abzuleiten. *P. V.*

H. SENTIS. Méthode pour la détermination de la tension superficielle. J. de physique (2) **6**, 571-73†; [Cim. (3) **23**, 280-281, 1888; [Beiblätter **12**, 845, 1888.

Der Verfasser vergleicht die Steighöhe in einem Capillarrohr (h_2) mit der Flüssigkeitshöhe in demselben Rohr (h_1), wenn unterhalb ein Tropfen hängen bleibt; in beiden Fällen wird der Meniscus an dieselbe Stelle des Rohres gebracht.

Bezeichnen wir den horizontalen Durchmesser des Tropfens mit $2r$, die Dichtigkeit der Flüssigkeit mit d, so bestimmt sich die Oberflächenspannung aus:

$$2\pi r F = \pi r^2 (h_1 - h_2 - r) d + \tfrac{2}{3}\pi r^3 d.$$

Die Methode setzt voraus, dass der Randwinkel des Meniscus das eine Mal derselbe ist, wie das andere Mal. *P. V.*

PH. LENARD. Ueber die Schwingungen fallender Tropfen. Wied. Ann. **30**, 209-243†; [Cim. (3) **24**, 81-82, 1888.

Lord RAYLEIGH hat (1879) für die Schwingungen von freien Flüssigkeitstropfen bei kleinen Amplituden eine Theorie gegeben. Die Form der schwingenden Tropfen nach Kugelfunctionen entwickelt sei gegeben durch:

$$r = a_0 + a_1 P_1(\cos\theta) + a_2 P_2(\cos\theta) + \ldots + a_n P_n(\cos\theta) + \ldots$$

wo a_0, a_1 .. Functionen der Zeit t sind, dann folgt als Resultat der Theorie für die potentielle Energie des Tropfens:

$$P = 2\pi\alpha\Sigma(n-1)(n+2)(2n+1)^{-1}a_n^2$$

und für die kinetische Energie der Massentheile derselben:

$$K = 2\pi\sigma a^3\Sigma(2n+1)^{-1}n^{-1}\left(\frac{da_n}{dt}\right)^2;$$

hierin bedeutet α die Oberflächenspannung der Flüssigkeit, a den Radius einer Kugel, die das Volumen des Tropfens hat, und σ die Dichte der Flüssigkeit.

Die Schwingungen eines Tropfens lassen sich gerade wie die Schwingungen einer gespannten Saite in Partialschwingungen zerlegen, und als Schwingungsdauer der n^{ten} Partialschwingung folgt:

$$T_n = \sqrt{\frac{3\pi}{n(n-1)(n+2)}\cdot\frac{p}{g\alpha}}.$$

Hierin bedeutet p das Tropfengewicht, g die Beschleunigung durch die Schwere.

Der Verf. hat sich die Aufgabe gestellt, aus der Beobachtung der Schwingungsdauer und dem Gewicht von einer verticalen Röhre mit kreisförmiger Mündung einzeln — und wie der Erfolg lehrte — überaus gleichförmig abfallender Tropfen die Oberflächenspannung zu bestimmen; eine Methode, welche frei ist von jedweder Unsicherheit einer Randwinkelbestimmung und den Vorzug ganz frisch gebildeter Oberflächen hat.

Die Tropfenschwingungen lassen sich sehr deutlich beobachten auf dem durch einen elektrischen Funken momentan hellen transparenten Hintergrund eines zwischen Funken und Tropfen gestellten durchscheinenden Schirmes. Stellt man den Interruptor einer Inductionsrolle so ein, dass er soviel Stromunterbrechungen in der Zeiteinheit giebt, als Tropfen abfallen oder etwas mehr oder weniger, so beleuchten die Funken immer dieselbe oder kurz vorhergehende oder einander folgende Phasen der Erscheinung, und man kann die Veränderung der Form des Tropfens leicht verfolgen.

Bei grösseren Fallgeschwindigkeiten der Tropfen, also in grösseren Tiefen unter dem Ausflussrohr wurde der abfallende Tropfen selbst verwandt, den primären Strom des Inductoriums zu unterbrechen, um den nächsten folgenden Tropfen zu beleuchten. Die Grösse der Amplituden der Schwingungen konnte durch ein in der Mitte des Ausflussrohres vorgeschobenes spitzes Stäbchen (Granne von reifer Gerste) variirt werden.

Die Tropfenbilder wurden photographisch aufgenommen. Die Hauptschwingung ($n = 2$) kann als eine ellipsoidische bezeichnet werden, darüber superponiren sich Partialschwingungen, deren Amplitude in Folge innerer Reibung schnell abnimmt. Die Schwingungsdauer wird aus dem Fallraum bestimmt d. h. aus dem verticalen Abstand aufeinander folgender in der Phase übereinstimmender Tropfenbilder.

Dem Luftwiderstande wurde nicht nur der Fallgesetze halber, sondern auch wegen einer denkbaren Einwirkung der Luft auf die bewegten Tropfen selber eine besondere Untersuchung gewidmet. Bei sehr grossen Fallhöhen zeigte sich in der That an den Tropfenformen die Tendenz zu einer Wirbelbewegung, bei Alkohol früher wie bei Wasser.

Einer ersten Reihe von Beobachtungen, welche hauptsächlich dazu dienen sollte, den Einfluss der Amplitude auf die Schwingungsdauer und die Aenderung der Oberflächenspannung mit der Zeit kennen zu lernen, haftete noch die Fehlerquelle an, dass durch Verdampfung eine Abkühlung der Oberfläche eintreten konnte. Bei einer zweiten Reihe von Beobachtungen wurde diese Fehlerquelle dadurch vermieden, dass die Wassertropfen in gesättigtem Wasserdampf herabfielen. Es lies sich eine Abnahme der Oberflächenspannung mit zunehmender Fallhöhe d. h. mit der Zeit wahrnehmen.

Als grösste Werthe der Oberflächenspannung α in mg/mm wurden bei Wasser zwischen den Temperaturen 19.8 und 14.9° C beobachtet 7.29, 7.11, 7.35, 7.26, bei Seifenlösung (15.4° C) 3.36; bei Alkohol ergab sich wohl in Folge von Wirbelbewegungen scheinbar eine Zunahme der Oberflächenspannung mit der Fallhöhe, der kleinste Werth für α ist hier 2.48 bezw. 2.46; bei Quecksilber wurde $\alpha = 47.10$ gefunden.

Zum Schluss wird noch darauf hingewiesen, dass für die ellipsoidische Schwingung ($n = 2$)

$$T=\sqrt{\frac{3\pi}{8}\cdot\frac{p}{ga}}$$

eine Unabhängigkeit der Schwingungsdauer von der Temperatur beobachtet wird; das ist zugleich ein schöner Beweis für die Proportionalität von Tropfengewicht und Oberflächenspannung.

P. V.

A. W. Rücker. On the Critical Mean Curvature of Liquid Surfaces of Revolution. Proc. Phys. Soc. 8, 108-119†; [Phil. Mag. (5) **23**, 35-46; [Cim. (3) **23**, 175-176, 1888; [Beibl. **11**, 414.

Zwischen zwei gleichen kreisförmigen Ringen, deren Ebenen senkrecht stehen zur Verbindungslinie ihrer Mittelpunkte, kann man bekanntlich von geeigneten Flüssigkeiten Lamellen bilden, welche die Gestalt von Rotationsflächen annehmen, denen man, je nach den Bedingungen, die Bezeichnung Unduloid, Nodoid, Katenoid gegeben hat.

In jedem Punkt der Oberfläche ist der Summe der reciproken Hauptkrümmungsradien eine Constante; die Hälfte dieser Constanten bezeichnet der Verf. als „mittlere Krümmung".

Maxwell hat in seinem Artikel über Capillaraction in der 9. Auflage der Encyklopädia Brittanica nachgewiesen, dass wenn die Lamelle zwischen den Kreisringen einen Cylinder bildet, jede Bauchbildung mit einer Zunahme oder Abnahme der mittleren Krümmung verbunden ist, je nachdem der Abstand zwischen den Ringen kleiner oder grösser ist, als ihr halber Umfang. Ist der Abstand gerade gleich dem halben Umfang, so wird bei einer Bauchbildung die mittlere Krümmung ungeändert bleiben.

In diesem Sinne spricht der Verfasser von der kritischen mittleren Krümmung eines Cylinders. Der Verfasser behandelt die Aufgabe, die Form der Fläche kritischer mittlerer Krümmung im allgemeinen Fall abzuleiten, wenn der Abstand zwischen den Ringen nicht gleich dem halben Umfang ist. *P. V.*

G. TIMBERG. Untersuchungen über den Einfluss der Temperatur auf die Capillaritätsconstanten einiger Flüssigkeiten. Wied. Ann. **30**, 545-561†; [J. de phys. (2) **7**, 80-82, 1888; [Cim. (3) **24**, 89-90, 1888; [Natf. **20**. 169-170.

Der Verf. bedient sich dreier Methoden, der Bestimmung flacher Luftblasen in einer Flüssigkeit unter einem horizontalen Deckel (QUINCKE), der Messung der Tragkraft flüssiger Lamellen (SONDHAUSS) und der Wägung abfallender Tropfen.

Nach der ersten Methode wurden Alkohol, Benzol, Aether, Wasser, Kohlensäure, Kalilösung, Chlorcalciumlösung und Chlorstrontiumlösung untersucht.

Die zweite Methode zeigte sich für Salzlösungen nicht anwendbar.

Die dritte Methode liefert zwar nur relative Werthe für Oberflächenspannungen, doch wird dadurch die Bestimmung der Temperaturcoëfficienten nicht beeinträchtigt.

Innerhalb der Grenzen der Beobachtung konnte sowohl die Capillaritätsconstante a^2 wie die Oberflächenspannung α als in linearer Weise von der Temperatur abhängig dargestellt werden. Der Vergleich zwischen den daraus durch Extrapolation berechneten kritischen Temperaturen und den dafür beobachteten Werthen ergiebt aber, dass diese lineare Abhängigkeit nicht bis zur kritischen Temperatur ausgedehnt werden darf; es folgt daraus, dass bei einer graphischen Darstellung z. B. die Curve für a^2 in der Nähe des kritischen Punktes gegen die Temperaturaxe t concav sein muss.

Die Beobachtungen ergeben, dass die Neigung gegen die t-Axe um so grösser ist, je näher das untersuchte Temperaturintervall dem kritischen Punkte liegt; für Aether ist die Neigung grösser, wie für Alkohol, und für Alkohol grösser, wie für Wasser.

Eine Zusammenstellung der Beobachtungsresultate älterer Forscher beschliesst die Arbeit. *P. V.*

E. Klupathy. Ueber die Oberflächenspannung der wässerigen Salzlösungen. Ung. Ber. 5, 101-108†.

Der Verf. wendet die von Eötvös (siehe Berichte vorigen Jahres) angegebene Beobachtungsmethode an, welche die Capillarconstante unabhängig von der Kenntniss der Berührungswinkel, also von der Art der Benetzung auch in zugeschmolzenen Glasgefässen zu bestimmen gestattet.

Während andere Beobachter wie Quincke eine Abnahme der Capillaritätsconstante a^2 mit der Zeit erhielten, die sich in mancher Hinsicht wie eine elastische Nachwirkungserscheinung verhielt, beobachtete der Verf. in zugeschmolzenen Glasgefässen bei Salzlösungen eine Zunahme von a^2 mit der Zeit.

Dass durch Condensation des Wasserdampfes auf der Oberfläche der Salzlösung die Erscheinung ihre natürliche Erklärung findet, gelingt dem Verf. auf verschiedene Weise durch Beschleunigung des Condensationsprocesses nachzuweisen — durch Verwendung kryophorartiger Gefässe und durch Anwendung des Thomson'schen Satzes von der Abhängigkeit der Dampfspannung von der Krümmung der Oberfläche.

Folgende Tafel giebt die kleinsten und grössten beobachteten Werthe der Capillarconstante a^2 und der Oberflächenspannung α:

Lösung	Dichte bei 20° C	a^2 min.	a^2 max.	α min.	α max.
$NaCl$	1.050	9.90	14.00	5.22	7.40
„	1.100	8.27	12.86	4.59	7.13
„	1.150	6.58	11.60	3.78	6.67
„	1.200	5.98	11.40	3.55	6.83
$ZnSO_4$	1.153	10.80	13.10	6.19	7.52
$ZnCl_2$	1.210	9.58	13.20	5.74	7.87

Während bisher sämmtliche Beobachter eine mit zunehmender Concentration der Salzlösung wachsende Oberflächenspannung grösser als die des Wassers gefunden haben, findet der Verf. das Gegentheil; bei allen bisherigen Beobachtungen haben nach dem Verf. Condensationen von Wasserdampf an der Oberfläche eine Rolle gespielt.

Zur Prüfung dieser Behauptung wäre eine genauere Mittheilung des Beobachtungsmaterials erwünscht gewesen, aus der die Genauigkeitsgrenzen der Methode hätten entnommen werden können.

P. V.

J. B. Cohen. Capillary Constants of Benzene and its homologues occurring in Coal-Tar. Proc. Manch. **26**, 18-22, 1886/7.

J. Traube (Hannover) hat zuerst die capillare Steighöhe benutzt, um den Fuselgehalt von Alkohol zu bestimmen (Chem. Ber. **19**, 892 und Lieb. Journ. (2) **31**, 177). Cohen versucht in vorliegender Arbeit, die Methode auf Benzol und seine Homologen auszudehnen. Das Resultat ist, dass die Kohlenwasserstoffe der Benzolreihe nahezu gleiche Steighöhen haben, sodass sie sich schwer durch dieselben unterscheiden lassen. Aber geringe Verunreinigungen mit Alkohol, Schwefelkohlenstoff und Petroleum geben so erhebliche Verminderungen der Steighöhen, dass dieselben leicht erkannt werden können.

Bei einer Glascapillare von 0,155 mm lichter Weite betragen die Steighöhen in Millimetern:

Substanz	Benzol		Toluol		Xylol		
					Ortho-	Para-	Meta-
Steighöhe . .	83.65	83.05	83.95	83.2	86.95	83.80	84.3
Temperatur .	15°	16°	15°	16°	15.25°	15.25°	16°

Substanz	Pseudo-Cumol	Mesitylen	absol. Alkohol	Schwefelkohlenstoff	Petroleum Siedep. 80°
Steighöhe . . .	86.1	84.75	71.5	64.9	71.8
Temperatur . .	16°	16°	16°	15°	15°

Rz.

G. D. Liveing. On the Influence of Capillary Action in some Chemical Decompositions. Proc. Cambr. 6, 66-74†; Beibl. **12**, 171, 1888.

Die Thatsache, dass in zahlreichen Fällen die chemische Wirkung durch Mittel rein mechanischer Natur, wenn auch in nicht immer ganz definirbarer Weise, befördert wird, bildet für den Verf. den Ausgangspunkt, Fälle zu behandeln, in denen eine solche mechanische Einwirkung die Oberflächenspannung ist.

Das Gesetz, dass für Gleichgewichtszustände die potentielle Energie ein Minimum ist, überträgt sich auch auf die Erscheinungen der Oberflächenspannung, welche eine Form der potentiellen Energie ist und dadurch ist in vielen Fällen die Tendenz der chemischen Zersetzung bestimmt.

Steht die wässrige Lösung einer Substanz *A* in Berührung mit einem festen Körper *S* und nimmt die Oberflächenspannung zwischen beiden durch Concentration der Lösung ab, dann wird ein Theil von *A* aus der Lösung in die Contactschicht von *S* übergehen, im andern Fall wird die Contactschicht weniger concentrirt erscheinen. Entsprechend erhält man z. B. durch Filtration einer wässrigen Lösung von Essigsäure durch Quarz anfänglich ein fast säurefreies Filtrat.

Unter analogem Gesichtspunkt wird die Wirkung von Metallen auf Wasserstoffsuperoxid behandelt, der gelöste Körper ist hier Sauerstoff. Der Einfluss eines kleinen Zusatzes von Säure findet in der Aenderung der dadurch bedingten Oberflächenspannung des Wassers seine Erklärung. *P. V.*

G. van der Mensbrugghe. Sur quelques effets curieux des forces moléculaires au contact d'un solide et d'un liquide. Bull. Brux. (3) **13**, 11-15†; [Rundschau **2**, 186.

Ausgehend von Publicationen von Errera und Berthold, in denen die Erscheinungen der Oberflächenspannung zu solchen der organischen Zellen und des Protoplasmas in Beziehung gesetzt werden, macht der Verf. auf die von ihm schon früher hervorgehobene Ausbreitungskraft einer Flüssigkeit auf einem festen

Körper, den sie benetzt, aufmerksam; dieselbe steht in vieler Beziehung in ihren Wirkungen der Oberflächenspannung gegenüber.

An der Oberfläche einer Oelkugel innerhalb des PLATEAU'schen Gemisches von Alkohol und Wasser bildet sich mit der Zeit wahrscheinlich durch chemische Einwirkung eine Haut, an der obige Ausbreitungskraft dann dadurch zur Erscheinung tritt, dass die ursprüngliche Kugelgestalt des Oeles sich in eine unregelmässige Gestalt mit dem Streben nach Zertheilung in kleinere Massenstücke verwandelt. *P. V.*

G. VAN DER MENSBRUGGHE. Petite expérience relative à l'influence de l'huile sur une masse liquide en mouvement. Bull. Brux. (3) **14**, 205-211†; [Rundschau **2**, 368-369; [Beibl. **12**, 170, 1888.

Der Verf. beobachtet eine in einem Trichter schnell rotirende Wassermasse einmal bei reiner Oberfläche, dann bei Bedeckung derselben mit einer Schicht von Terpentinöl in der Dicke von circa 0.2—0.3 mm. Es ist bekannt, dass sich ein trichterförmiger Luftkanal über die Mündung hinaus bildet, der abwechselnd Anschwellungen und Einschnürungen zeigt. Im letzten Fall bildet sich dieser Luftcanal schneller aus, sein Durchmesser ist kleiner, die Anschwellungen und Einschnürungen sind weniger deutlich, dagegen erweitert sich der Luftcanal beträchtlich unterhalb der Mündung. *P. V.*

CH. TOMLINSON. On Cohesion and Submersion Figures. Chem. News. **55**, 1-2†; [J. chem. soc. **52**, 209-210.

Einige literatische Notizen, sowie Angaben über zweckmässige Herstellung der Erscheinung. *P. V.*

SAMBUC. Ein Vorlesungsversuch über Capillarität. J. Pharm. et Chim. 1887 (5) **16**, 156; Rundschau **2**, 474†.

Die Aufmerksamkeit wird auf die physikalischen Bedingungen gelenkt, unter denen Flüssigkeit aus einem engen Rohr dicht über der Oberfläche derselben Flüssigkeit noch abtropft oder in einem continuirlichen Strahl sich ergiesst. *P. V.*

JÄHNS. Apparat zur Messung der Cohäsionskraft von Flüssigkeiten. D.R.P. No. 39246; [ZS. f. Instrumentenkunde 7, 366†.

Der Apparat beruht auf Messung der Kraft, welche zum Abreissen einer an der Oberfläche der zu untersuchenden Flüssigkeit adhärirenden Scheibe erforderlich ist. *P. V.*

A. R. WALSH. An Experiment on the Surface Tension of Liquids. Proc. Dubl. Soc. 5, 484-485†; [ZS. f. Unterr. 1, 167, 1888.

Es wird von der bekannten Thatsache ausgegangen, dass eine angefettete Nähnadel auf Wasser zum Schwimmen gebracht werden kann. Giesst man nun vorsichtig Olivenöl auf die Wasseroberfläche, so geht die Nähnadel unter, sobald dieselbe ganz bedeckt ist. Das findet aber nicht statt, wenn man an Stelle von Olivenöl Petroleum wählt. Die Theorie der Oberflächenspannung liefert die Erklärung. *P. V.*

S. A. HILL. Curious Phenomenon in Capillarity. Nature 36, 125†.

Ein Tropfen Phenyl hat die Eigenschaft, sich auf der Oberfläche von Wasser zuerst auszubreiten und dann wieder zusammenzuziehen, bis ein stationärer Zustand eintritt. *P. V.*

J. TRAUBE. Ueber das Stalagmometer. Chem. Ber. 20, 2644-2655, 2824-2829, 2829-2831, 2831-2835†; [Bull. soc. chim. 49, 891-892, 1888; [J. chem. soc. 54, 91-92, 198, 1888; [Sill. J. (3) 35, 248-249, 1888; [Chem. CBl. 18, 1473, 1529.

Capillarimetrische Methoden zur Fuselölbestimmung, bei denen die Steighöhe der zu untersuchenden Flüssigkeit in einem capillaren Rohr beobachtet wird, wie solche früher von dem Verf. angegeben, setzen eine sorgfältige Reinhaltung des Rohres voraus. Stalagmometer (eine zuerst von Guthrie angewandte Bezeichnungsweise) d. h. Apparate, welche die Tropfen zählen, die aus einem bestimmten Volumen ausfliessen, sind von diesen Uebelständen frei. Es wird ein solcher Apparat, der sich als zweckmässig erwiesen, beschrieben.

Bei der Bestimmung des Gehalts an Fuselöl verdünnt der Verf. den zu untersuchenden Branntwein oder Sprit auf annähernd 20 Procent und vergleicht die Tropfenzahl mit der entsprechenden Zahl, welche sich bei dem bei gleicher Temperatur ausgeführten Versuche mit reinem 20procentigem Weingeist ergiebt. Ein Plus von nahezu 1,6 Tropfen auf 100 Tropfen im ersten Fall würde auf 0.1 Proc. Fuselöl, von circa 3.5 Tropfen auf 0.2 Proc. Fuselöl hindeuten.

Weitere Angaben über vortheilhafte Verwendung des Stalagmometers haben mehr chemisches bezw. technisches Interesse. Der Verf. verwendet dasselbe auch als Alkoholometer, zur Bestimmung des Alkoholgehaltes in Wein, Bier und Liqueuren, als Acetometer, sowie zur Bestimmung des Alkoholgehaltes im Essig.

P. V.

F. Goppelsröder. Ueber Capillaranalyse. Ein Verfahren, die einzelnen Farbstoffe aus ihren Gemischen abzutrennen und neben einander zu erkennen.

Romen's J. 1887, No. 1; [Beibl. 11, 754†.

Das Verfahren besteht darin, einen Streifen Filtrirpapier in das zu untersuchende Farbengemisch in nicht zu concentrirter Lösung hineinzuhängen. Die einzelnen Farbenbestandtheile setzen sich in verschiedenen Höhen und mit verschiedener Breite ab, und können auf diese Weise getrennt untersucht werden.

Die Methode findet Anwendung bei Untersuchung von Nahrungs- und Genuss-Mitteln, z. B. beim Nachweis von Pikrinsäure in Bier, von Fuchsin in Wein. *P. V.*

J. Kablukow. Ueber die Beziehungen zwischen dem Ausdehnungsmodulus der Flüssigkeiten und dem Temperaturcoëfficienten bei Capillarerscheinungen. J. russ. phys. chem. Ges. **19**, 178-179†; [Chem. CBl. (3) **18**, 529.

Die innerhalb kleiner Temperaturdifferenzen erlaubte Formel:

$$a^2 = a_0^2 (1 - k^1 t),$$

worin a^2 die Capillarconstante bei der Temperatur t, a_0^2 bei 0° C. ist, wird bis auf die Siedetemperatur ausgedehnt und der Versuch gemacht, eine Beziehung zwischen k^1 und dem Ausdehnungscoëfficienten der Flüssigkeiten aufzustellen, welche bei 8 Flüssigkeiten eine Bestätigung zwischen 1 und 10% findet. *P. V.*

W. KÖNIG. Ueber den Druck in Wasserbläschen. Met. ZS. **5**, 109-110; [Beibl. **12**, 562.

Verf. zeigt, dass in v. OBERMAYER's vielfach verbreiteter Berechnung des Druckes in Wasserbläschen ein Fehler ist. Bei 0.01, 0.001, 0.0001 mm Radius beträgt der Ueberdruck im Innern nicht 3, 30, 300 sondern 0.029, 0.29 und 2.9 Atm. Erst durch diese Berichtigung wird der KIESSLING'sche Versuch entscheidend.

Bde.

Litteratur.

E. ROGER. Théorie mécanique des phénomènes capillaires. Paris 1887, Gauthier-Villars.

A. W. REINOLD and A. W. RÜCKER. Apparatus employed in the investigation of the relations between the thicknens and the surface-tension of liquid films. Roy. Soc. 1886; Eng. **43**, 476.

H. S. ELWORTHY. Note on a modifications of TRAUBE's capillarimeter. Chem. Soc. 1887, Nov. 17; [Chem. News. **56**, 236; [Chem. CBl. 1888, 318.

Das Steigrohr des TRAUBE'schen Apparats wird schräg gelegt, um die Ausschläge zu vergrössern.

LEVOIR. Note on the action of carbonate of potash on soap bubbles. Chem. News **55**, 16.

Seifenwasser mit 1/5 kohlensaurem Kali giebt sehr festen Schaum.

W. F. Magie Study of capillarity. Am. Ass.; Science **10**, 86.

Es wird nur angegeben, dass der Verfasser Gründe habe, den Randwinkel Wasser — Glas nicht = 0 anzunehmen.

Cloué. Le filage de l'huile. CR. **104**, 1586-1589; Rev. sc. **40**, 699, 747-749.

Action de l'huile sur la mer. La Nat. **15** (2), 119-124.

Paris. Remarques à l'occasion de la présentation d'un mémoire de M. le vice-amiral Cloué sur le „filage de l'huile". C. R. **105**, 262-63.

Oil on troubled waters. Science **10**, 61.

The use of oil on the ocean during the atlantic huricanes. Science **10**, 145.

J. Stefan. Ueber die Beziehung zwischen den Theorien der Capillarität und der Verdampfung. Wien, 1887, Gerold. Siehe Cap. 22. *Bde.*

7c. Lösung.

Duhem. Sur quelques formules relatives aux dissolutions salines. C. R. **104**, 683-685†; Ann. Éc. Norm. (3), **4**, 381-405; [Cim. (3) **22**, 79-81; [ZS. f. phys. Chem. **1**, 431-432; [Beibl. **11**, 808-810.

— Sur la chaleur spécifique d'une dissolution saline. C. R. **104**, 780†; [Cim. (3) **22**, 81; [Beibl. **22**, 185, 1888.

Kirchhoff hat (Pogg. Ann. 103) für die Verdünnungswärme und die Wärmecapacität von Salzlösungen je eine Formel aufgestellt, aus deren ersterer Vernet eine Gleichung für die Lösungswärme ableitete, während Chatelier für letztere Grösse einen anderen Ausdruck angegeben hat. Da diese Formeln jedoch sämmtlich mit der Erfahrung nicht im Einklang stehen, so hat der Verf. aus den Principien der Thermodynamik andere Ausdrücke für die Verdünnungs- und Lösungswärme abgeleitet.

Vernachlässigt man das specifische Volumen des Wassers oder der Lösung gegenüber dem specifischen Volumen des Wasserdampfes, so berechnet sich die Wärmemenge λdm, welche frei wird, wenn das Wassergewicht dm einer Lösung von der Concentration s hinzugefügt wird, aus der Formel:

$$\lambda = - A \int_0^s \left[v \frac{\partial p}{\partial s} - T \frac{\partial}{\partial T} \left(v \frac{\partial p}{\partial s} \right) \right] ds;$$

hierin ist A der reciproke Werth des mechanischen Wärmeäquivalentes, p die Spannung des gesättigten Dampfes einer Lösung von der Concentration s bei der Temperatur T, endlich v das specifische Volumen des Wasserdampfes bei T^0 und dem Druck p.

Ist ein Salz nur bis zu einer gewissen Grenze im Wasser löslich, so ist die Lösungswärme der Salzmenge σ in der Gewichtseinheit Wasser

$$L_\sigma = - \frac{AT}{V} \frac{\partial P}{\partial S} \frac{d \log S}{d T} \sigma + A \int_0^\sigma \int_{s'}^S \frac{1}{s} \left[v \frac{\partial p}{\partial s} - T \frac{\partial}{\partial T} \left(v \frac{\partial p}{\partial s} \right) \right] ds\, ds'.$$

Bei T^0 bedeutet hierin P die Dampfspannung einer gesättigten Lösung, V das specifische Volumen des Dampfes unter dem Druck P und S die Concentration der gesättigten Lösung.

Ist ein Körper im Wasser in jedem Verhältniss löslich, so ist

$$L_\sigma = A \int_0^\sigma \int_{s'}^\infty \frac{1}{s} \left[v \frac{\partial p}{\partial s} - T \frac{\partial}{\partial T} \left(\omega \frac{\partial p}{\partial s} \right) \right] ds\, ds'.$$

Befolgt die Lösung das Gesetz von Babo, so nimmt die Formel die Gestalt an

$$L_\sigma = - \frac{ART^2}{\omega} \frac{\partial \log P}{\partial S} \frac{\partial \log S}{\partial T} \sigma,$$

welche der von Chatelier aufgestellten ähnlich ist. R bedeutet eine für alle vollkommenen Gase gleiche Constante, ω das Moleculargewicht des Wasserdampfes.

In der zweiten Abhandlung findet sich aus den gleichen Principien abgeleitet für die specifische Wärme γ einer Lösung von dem Gewicht m_1 Salz in m_2 Wasser die Formel:

$$(m_1 + m_2)\gamma = m_1 c_1 + m_2 c_2$$
$$- AT \frac{\partial^2}{\partial T^2}\left[m_1 \int_0^h v \frac{\partial p(h, T)}{\partial h} dh + m_2 \int_s^S \frac{v}{s} \frac{\partial p(s, T)}{\partial s} ds\right].$$

c_1 und c_2 bezeichnen die specifische Wärme des reinen Wassers und des festen Salzes; ausserdem ist h eingeführt für den Quotienten $\frac{m_2}{m_1}$.

Für die Salze, welche dem Gesetz von BABO folgen, ergiebt sich, dass die specifische Wärme der Lösung derjenigen gleich ist, welche man nach der Regel von den Mischungen erhalten würde, indem man annimmt, dass die gemischten Körper dieselbe specifische Wärme in der Mischung wie im reinen Zustande besitzen.

An Stelle der von KIRCHHOFF gegebenen Formel für die Wärmecapacität eines complexen Systemes, gebildet aus festem Salz und einer gesättigten Lösung, setzt der Verf. folgende Formel:

$$C = c_2 + Hm_2\left[c_1 - \frac{ART}{\omega}\frac{\partial^2}{\partial T^2}\left(\log\frac{P}{\Pi}\right)\right.$$
$$\left. - \frac{ART^2}{\omega}\frac{\partial \log P}{\partial S}\left(\frac{d\log S}{dT}\right)^2\right],$$

worin $H = \frac{1}{S}$ und Π die Spannkraft des Dampfes von reinem Wasser bei der Temperatur T darstellt. — Dieselbe unterscheidet sich von der KIRCHHOFF'schen durch den Zusatz des letzten Gliedes innerhalb der Klammer. *O. Kch.*

G. CHANCEL et F. PARMENTIER. Sur l'orthobutyrate et sur l'isobutyrate de chaux. C. R. **104**, 474-478†; [J. chem. soc. **52**, 547-548; [Chem. CBl. **18**, 326-327; [Beibl. **11**, 810-812.

H. LE CHATELIER. Sur les lois de la dissolution. Réponse à Mr. CHANCEL et PARMENTIER. C. R. **104**, 679-

682†; [Chem. Ber. **20** [2], 188; [J. chem. soc. **52**, 548; [Chem. CBl. **18**, 409-410; [Beibl. **11**, 810-812.

G. Chancel et F. Parmentier. Sur la variation de solubilité des corps avec les quantités de chaleur dégagées. C. R. **104**, 881-882†; [Cim. (3) **22**, 83; [Chem. Ber. **20** [2], 278; [Chem. CBl. **18**, 447.

Le Chatelier hat (C. R. **100** p. 40 und 441; s. diese Ber. **41**, 452) eine Beziehung abgeleitet zwischen der Löslichkeit eines Körpers und seiner Lösungswärme bei der Bildung einer gesättigten Lösung, nach welcher die Löslichkeit mit der Temperatur wächst, wenn bei der Lösung Wärme gebunden wird, dagegen abnimmt, wenn Wärme frei wird. — Chancel und Parmentier erhoben den Einwand, dass diese Beziehung keine allgemeine Gültigkeit besitzt. Sie bestimmten für normalen buttersauren bezw. für isobuttersauren Kalk die Lösungswärme der gesättigten Lösung als Differenz der Wärmetönungen, welche sich zeigen, wenn unter Anwendung festen Salzes eine verdünnte Lösung hergestellt wird, und wenn eine gleich verdünnte Lösung mit Hilfe einer gesättigten Lösung bereitet wird. Die molecularen Lösungswärmen waren bei 9° bezw. 5.8 und 0.6 Cal.; sie waren also beide positiv. — Bei der Temperatur t löste sich in 100 Theilen Wasser von wasserfreiem buttersaurem Kalk die Menge p_1 und von isobuttersaurem Kalk die Menge p_2

t =	0	10	20	30	40	50	60	70	80	90	100
p_1 =	20.06	18.86	17.72	16.64	15.81	15.36	15.01	15.05	15.15	15.50	16.13
p_2 =	20.34	21.09	21.96	22.97	24.11	25 38	26.69	27.75	28.18	27.50	25.11

Entsprechend der positiven Wärmetönung bei der Lösung bei 9° nimmt im ersten Falle die Löslichkeit bei 9° mit der Temperatur ab, dagegen im zweiten Falle entgegen der Formel von le Chatelier mit der Temperatur zu.

In seiner Erwiderung bemerkt le Chatelier, dass die bei der Lösung des Isobutyrates beobachtete Wärmemenge von + 0.6 Cal. innerhalb der Grenzen der Beobachtungsfehler gelegen sei, dass also aus dem betreffenden Versuche keine Folgerungen gezogen werden könnten. — Er bestimmte das Vorzeichen der Lösungswärme des isobuttersauren Kalkes, indem er bei der Temperatur 13° nur eine geringe Wassermenge auf das Salz goss und beobachtete dabei entsprechend seinen theoretischen Betrachtungen eine Wärmebindung. — Als Stütze seiner Theorie führt er endlich an, dass nach derselben die Vorzeichen der Lösungswärme beider Salze für die Temperatur von 100° je das entgegengesetzte Vorzeichen haben müssten als für die Temperatur von 9°, da der Sinn der Aenderung der Löslichkeit bei zunehmender Temperatur bei 100° der entgegengesetzte ist, als bei 9°. In der That ergab sich bei 100° die Lösungswärme des buttersauren Kalkes negativ, diejenige des isobuttersauren positiv.

Chancel und Parmentier halten dem gegenüber die Resultate ihrer Beobachtungen aufrecht und bestreiten, dass die oben erwähnte Wärmemenge 0.6 Cal. innerhalb der Grenzen der Beobachtungsfehler gelegen sei. *O. Kch.*

F. Parmentier. Sur un cas particulier de dissolution.

C. R. **104**, 686-688†; [Chem. Ber. **20** [2], 188-189; [J. chem. soc. **52**, 547; [Chem. CBl. **18**, 403; [Rundsch. **2**, 187; [Beibl. **12**, 92, 1888.

Löst man Phosphormolybdänsäure oder Siliciummolybdänsäure in Aether, so tritt die Lösung nur bei bestimmtem Mengenverhältniss von Säure und Aether ein. Fügt man zu einer Lösung der Säure noch einen Ueberschuss des Lösungsmittels hinzu, so mischt sich dasselbe nicht mit der Lösung. — Die benutzte krystallinische Molybdänsäure hatte die Zusammensetzung PO_5, $20\,MoO_3$ und enthielt 23,4% Krystallwasser. Giesst man über dieselbe eine geringe Aethermenge, so löst sie sich schnell unter Wärmeentwickelung; fügt man Aether im Ueberschuss hinzu, so trennt sich die Mischung beim Stehen in zwei Schichten, eine untere gelb gefärbte, welche die ganze Säure enthält, und eine obere nur aus Aether bestehende. Ist das angewandte Salz nicht trocken oder der Aether nicht wasserfrei, so bildet sich noch eine Zwischenschicht aus Wasser.

Obgleich diese Erscheinungen die Vermuthung nahe legen, dass wir es mit einer Verbindung zwischen Säure und Aether zu thun haben, so zeigt sich doch, dass nur eine Lösung stattgefunden hat, da sich die Säure beim Verdampfen wieder in der ursprünglichen Krystallform und Zusammensetzung abscheidet, und da sich beim Erwärmen im abgeschlossenen Raume an der Oberfläche eine mit der Temperatur wachsende Menge von Aether trennt (welche bei Erniedrigung der Temperatur von der Lösung wieder aufgenommen wird) also die Löslichkeit der Säure mit der Temperatur zunimmt.

Die gesättigte ätherische Lösung hat bei 13° ungefähr das specifische Gewicht 1.3; sie ist im Wasser unlöslich.

Die Versuche mit Siliciummolybdänsäure führen zu analogen Resultaten. *O. Kch.*

C. Bender. Studien über Salzlösungen. Wied. Ann. **31**, 872-889†; Cim. (3) **24**, 266, 1888; [Chem. Ber. **20** [2], 496; [J. chim. soc. **54**, 22, 1888; [ZS. f. phys. Chem. **1**, 524; [Chem. CBl (3) **18**, 1189-1190.

Die Arbeit schliesst sich an frühere Versuche des Verfassers an (Wied. Ann. **22**, 179, 1884; siehe diese Ber. **40** [1], 455, 1884). Correspondirende Lösungen waren dort solche Lösungen chemisch inactiver Salze genannt, deren Mischungen in Bezug auf Dichte, Ausdehnungscoëfficient und electrisches Leitungsvermögen indifferent neben einander bestehen. Ausser den damals untersuchten Lösungen von $NaCl$ und KCl, sind nun auch die von $BaCl_2$, NH_4Cl und $LiCl$ in den Kreis der Beobachtungen gezogen worden. — Bezeichnet der Index μ die Anzahl der in 1 l bei 15° gelösten Grammmolecüle, so ergaben sich als correspondirend für Dichte und Ausdehnungscoëfficient die Lösungen:

$$NaCl_{\mu=n},\quad KCl_{\mu=n},\quad \tfrac{1}{2}(BaCl_2)_{\mu=n},\quad NH_4Cl_{\mu=\frac{5}{4}n},\quad LiCl_{\mu=\frac{3}{2}n};$$

in Bezug auf das electrische Leitungsvermögen:

$$NaCl_{\mu=n},\quad LiCl_{\mu=n},\quad \tfrac{1}{2}(BaCl_2)_{\mu=n},\quad KCl_{\mu=\frac{3}{4}n},\quad NH_4Cl_{\mu=\frac{3}{4}n}.$$

Den Schluss der Abhandlung bildet eine Erwiderung auf einige Bemerkungen von S. ARRHENIUS (Wied. Ann. **30**, 51, 1887).

O. Kch.

W. W. J. NICOL. Supersaturation of salt solutions.

J. chem. Soc. **51**, 389-397†; [Chem. News. **55**, 135†; [Bull. soc. chim. **50**, 257, 523, 1888; [Chem. Ber. **20** [2], 309—310; [ZS. f. phys. Chem. **2**, 858, 1888; [Chem. CBl. **18**, 428; [Beibl. **11**, 682.

Zur Stütze seiner Theorie, wonach „übersättigte Lösungen eines mit Krystallwasser krystallisirenden Salzes" nichts anderes sind, als „Lösungen des wasserfreien Salzes" führt der Verfasser 1) Thatsachen an, welche zeigen, dass die gewöhnliche und die übersättigte Lösung eines Salzes die gleiche Constitution haben, 2) solche, welche darthun, dass die übersättigte Lösung nicht dasjenige Hydrat enthält, welches in fester, krystallinischer Form bekannt ist.

ad 1) Die Thatsachen der ersten Art sind solche, aus denen hervorgeht, dass die Eigenschaften einer Lösung durch Curven dargestellt werden, welche an der Stelle, wo die Uebersättigung eintritt, keine ausgezeichneten Punkte haben, einerlei ob die Temperatur oder die Concentration als Grundvariable genommen wird. HEIM's Untersuchungen der elektrischen Leitungsfähigkeit werden dazu herangezogen, ferner die Curven für specifisches Volumen (oder Dichtigkeit) und Viscosität. Dieselben verlaufen bei allen untersuchten Salzen vollkommen continuirlich mit continuirlichem ersten Differentialquotienten.

ad 2) wird LOEWEL's (Ann. chim. phys. (3) **49**, 32) Beobachtung herangezogen, dass eine übersättigte Lösung von Glaubersalz Heptahydrat oder Tetrahydrat fallen lässt, je nachdem man das eine oder das andere dieser Hydrate mit ihr in Berührung bringt. Es ist also keins von beiden in der Lösung präformirt. Aehnlich verhält sich Nickelsulfat, und nach GERNEZ (C. R. **63**, 843) traubensaure Salze, die in übersättigter Lösung rechts oder links drehende weinsaure Salze absetzen, je nachdem man ihnen rechts oder links drehende Salzkerne vorsetzt. Ein neues Beispiel ähnlicher Art bietet das thioschwefelsaure Natron. Geschmolzene Krystalle desselben blieben nach dem Erkalten flüssig und wurden über Schwefelsäure gebracht. Künstliche Krystalle setzten sich ab, und als die Mutterlauge in eine Schale gegossen wurde, gestand sie vollständig krystallinisch. Die abgeschiedenen Krystalle waren $(Na_2 S_2 O_3)_2 3H_2O$ oder wahrscheinlicher $Na_2 S_2 O_3 H_2O$, die Mutterlauge dagegen krystallisirte als Pentahydrat. Somit kann weder das niedrigere noch das höhere Hydrat als präformirt angenommen werden, sondern beide bilden sich erst beim Absetzen, und das je nach den Umständen, welche den Absatz des einen oder des anderen begünstigen.

An diese Abhandlung schliesst sich eine Discussion zwischen Pickering und Nicol, welche fortgesetzt wird in

S. U. Pickering. The nature of solution. (L.) Chem. News. **55**, 152-153.

W. W. J. Nicol. On the nature of solution. (L.) Chem. News. **55**, 187-188.

Sie bringt kaum etwas Neues, ausser dass Herr Pickering erklärt: „Ich ziehe keine Grenze für den Begriff chemische Verbindung. Ich würde vorurtheilslos eine Verbindung von Millionen von Atomen als „chemisch" bezeichnen, wenn sich hinreichende Zeugnisse dafür beibringen lassen, dass sie chemischer Natur ist." Dem Referenten scheint, dass unter diesen Umständen das Wort „chemisch" allen bestimmten Sinn verliert, und dass Herr Pickering eben nur noch um ein Wort streitet, dem zu Liebe er seine Hypothese der indefiniten Valenzen aufstellt. *Bde.*

Tilden, Ramsay, W. W. J. Nicol. Report of the committee appointed for the purpose of investigating the nature of solution. Rep. Brit. Ass. 1887, 48-55; [Nature **36**, 516; [Engin. **44**, 379.

Der erste Theil des Berichts giebt einen Auszug aus Nicols im Vorstehenden besprochener Abhandlung über übersättigte Lösungen. Der zweite deutet Viscositätsversuche an, die noch nicht beendigt sind. Der dritte beschäftigt sich mit der Volumänderung, welche eintritt, wenn aus Chlorbariumlösung durch verschiedene Sulfate schwefelsaurer Baryt niedergeschlagen wird. Einige Resultate sind angegeben, aus denen vorläufig für die Natur der Lösungen nichts zu ersehen ist. Der vierte Theil bespricht sehr kurz die Versuche von EMDEN (Wied. Ann. **31**, 145) und stellt neue Experimente in Aussicht. *Bde.*

S. U. PICKERING. The influence of temperature on the heat of dissolution of salts. J. chem. Soc. **51**, 290-356†; [Chem. News. **51**, 90-91; [Bull. soc. chim. **50**, 522, 1888; [Chem. Ber. **20** [2], 278; ZS. f. phys. Chem. **2**, 855-857, 1888; [Beibl. **12**, 181, 1888; [Chem. CBl. (3) **18**, 400-401.

W. H. TILDEN. Note on the influence of Temperature on the heat of dissolution of salts in water. Chem. News. (aus Chem. Soc.) **55**, 221-222; [Chem. CBl. (3) **18**, 709.

Hierzu Bemerkungen von PICKERING.

S. U. PICKERING hat die Lösungswärmen von 15 Salzen bei Temperaturen zwischen 3 und 26 ° C. nach der Messungsmethode bestimmt. Das Rohmaterial der Messungen wird in Tabellen, die Resultate in Curven niedergelegt. Das Hauptergebniss lautet: die Curven, welche die Lösungswärmen darstellen, sind nicht continuirlich gekrümmt, sondern bestehen aus geraden Stücken, die in Ecken zusammenstossen. Hieraus wird geschlossen, dass bei den Temperaturen, wo die Ecken vorhanden sind, Aenderungen in der Hydrirung einsetzen. Die meisten dieser Ecken liegen bei 8—10° C.

TILDEN erklärt, dass die Art, wie PICKERING seine Mittel gezogen hat, nicht correct, und dass die Geradlinigkeit wesentlich in die Curventheile hineininterpretirt ist; ihm scheint die Annahme, dass die Curven discontinuirliche erste Differentialquotienten haben, nicht frei von Willkür und auch die Zahlen PICKERING's nicht hinreichend motivirt. In der Discussion hält der letztere Autor seine Deutung aufrecht, indem er die Fehler seiner Annahme mit den Fehlern einer continuirlich gekrümmten Curve vergleicht und die letzteren weit beträchtlicher findet. *Bde.*

S. U. Pickering. On the thermal phenomena of neutralisation, and their bearing on the nature of solution and the theory of residual affinity. J. chem. Soc. **51**, 593-601†; [Chem. News. **55**, 245; [Bull. soc. chim. **50**, 523-524, 1888; [Chem. Ber. **20** [2], 494; [ZS. f. phys. Chem. **2**, 859, 1888; [Chem. CBl. **18**, 772-773; [Beibl. **12**, 460, 1888.

W. W. J. Nicol. Dasselbe. Rep. Brit. Ass. 1887, 656-657; Chem. News. **56**, 162-163†; [Chem. Ber. **20** [2]. 674; [Chem. CBl. **18**, 1427, [Nature **36**, 570.

S. U. Pickering. Dasselbe. Chem. News. **56**, 191-192; [Chem. Ber. **20** [2], 761; [J. chem. Soc. **54**, 22, 1888, [Chem. CBl. **18**, 1535-1536.

Bekanntlich haben, kurz ausgedrückt, die univalenten Basen mit den univalenten Säuren bei Bildung löslicher Salze in verdünnter Lösung sämmtlich nahe dieselbe Wärmetönung. Ist M und M' je ein Metall oder Wasserstoff, R und R' je ein Säureradical, bezeichnet M, R, aq abkürzend die Wärmetönung, welche bei Bildung der Gruppe (MR) und bei Auflösung derselben in Wasser entsteht, so gilt die Gleichung:

$$1) \quad M, R, aq - M', R, aq = M, R', aq - M', R', aq.$$

Jedes der Glieder dieser Gleichung besteht aus zwei Theilen, der Bildungswärme M, R und der Auflösungswärme $(M, R), aq$. Da nun M, R das Resultat eines chemischen Processes ist, schliesst Pickering, so muss auch $(M, R), aq$ dasselbe sein. Also ist Lösung ein chemischer Process. Im Anschluss an diesen Gedanken setzt er seine Valenztheorie auseinander: Valenzen sind nicht genau ganze Zahlen, sondern Brüche, welche ganzen Zahlen nahe kommen. Wenn zwei Atome sich „neutralisiren“, so neutralisiren sie ihre Valenzen nicht vollständig, sondern es bleiben in beiden „residuelle“ Affinitäten ungesättigt, und diese vermitteln durch ihre Anziehung gegen das Wasser die Art der Hydrirung, welche zur Lösung führt.

Nicol geht von derselben Gleichung (1) aus. Nach ihm spaltet sie sich entweder in die beiden Gleichungen

$$2) \quad \begin{cases} M, R - M, R' = M', R - M', R' \text{ und} \\ (MR), aq - (MR'), aq = (M', R), aq - (M', R')\, aq \end{cases}$$

oder nicht. Thut sie es nicht, so würde die Nichtexistenz der zweiten Gleichung bedeuten, dass die Lösungswärme eines Molecüls nicht in Zusammenhang mit dem chemischen Charakter desselben steht. Das muss aber der Fall sein, einerlei ob Lösung ein chemischer oder ein physikalischer Vorgang ist. Die Dampfspannungen der Lösungen sprechen für die Abhängigkeit des Verhaltens einer Lösung vom chemischen Charakter der gelösten Molecüle. Gilt nun die zweite Gleichung (2), so gilt auch die erste. Dies lässt sich leider nicht direct bestätigen, aber indirecte Erwägungen sprechen dafür. Diese Erwägungen, welche Nicol anführt, sind freilich recht hypothetisch und laufen auf die stillschweigend gemachte Annahme hinaus, dass die Verbindungswärmen wesentlich additive Moduln der einzelnen Atome seien.

In seiner zweiten Abhandlung polemisirt Pickering gegen Nicol; er erkennt die Bedeutung, welche Nicol den Dampfspannungen für die Lösungstheorie zuschreibt, nicht an. Dabei geht er auf den ganzen Gegensatz zwischen seiner und Nicol's Lösungstheorie ein, und macht einzelne Concessionen, darunter sogar die Annahme, dass die hohen Hydrate, welche nach seiner, Pickering's, Annahme in den Lösungen auftreten, theilweise dissociirt seien. Damit fällt allerdings die Scheidewand zwischen den beiden englichen Gelehrten, wenigstens zum Theil, aber damit wird auch Pickering's Theorie so unbestimmt, dass ihre unterscheidenden Merkmale kaum mehr festzustellen sind; wir verweisen daher für das Nähere aufs Original.

Bde.

W. Durham. On solution. Rep. Brit. Ass. 1887, 655-656†; Proc. Edinb. **14**, 48-53; Chem. News. **56**, 152-153†; [J. chem. Soc. **54**, 21, 1888; [Chem. CBl. (3) **18**, 1338; [Nature **36**, 570.

S. U. Pickering. On solution. Chem. News. **56**, 181-182; [Chem. Ber. **20** [2], 761; [J. chem. Soc. **54**, 21, 1888; [Chem. CBl. (3), **18**, 1453.

Zur Bestätigung seines früheren Satzes (vergl. vorjährige Berichte), wonach die Auflösung eines Salzes hervorgebracht wird durch die Anziehung seines positiven Radicals zum O und seines negativen zum H des Wassers, zieht DURHAM einige Beispiele heran, aus denen hervorgehen soll, dass die Lösungswärme eines Salzes 1) grösser ist, wenn die Verbindungswärme seines positiven Elementes mit O und wenn die Verbindungswärme seines negativen Elementes mit H grösser ist, 2) dass sie dagegen um so kleiner ist, je grösser die Verbindungswärme des Salzes selbst ist.

PICKERING weist nach, dass alle von DURHAM angezogenen Beispiele ganz einfach aus der in den vorstehenden Referaten mehrfach angezogenen Gleichung

$$M, R, aq - M, R', aq = M', R, aq - M', R', aq$$

folgen. Ob aber diese Gleichung selbst nicht als eine Stütze von DURHAM's Ansicht angesehen werden könne, das bleibt unerörtert.

Bde.

W. DURHAM. Laws of solution. Part. II. Proc. Edinb. **14**, 381-387; [Beibl. **13**, 455, 1889.

Aus seinen Anschauungen über Lösung zieht der Verfasser den Schluss, die Lösungswärme könnte wohl eine periodische Function der Atomgewichte sein, und giebt eine graphische Darstellung für Chloride, die allerdings eine mögliche Periodicität andeutet, aber doch zu unvollständig ist, um einen bestimmten Verlauf der Curve sicher erkennen zu lassen. Der Rest der Abhandlung besteht aus neuen Anwendungen der Gleichung

$$M, N - M, N' = M', N - M', N',$$

wobei immer wieder übersehen wird, dass es sich um Dinge handelt, welche bloss durch die Endzustände bestimmt sind, und die deshalb auch nur auf diese Endzustände schliessen lassen.

Bde.

D. MENDELEJEW. Ueber Lösungen. J. russ. phys. chem. Ges. 1887 [1], 242-243 (Vorläuf. Mittheil.); Chem. Ber. **20** [2], 311-312†.

Wenn man bei den Lösungen von Schwefelsäure im Wasser mit p den Procentgehalt des Monohydrates H_2SO_4 und mit s das specifische Gewicht der Lösung bei 0° bezeichnet, so ergiebt sich, dass bei Veränderung der Zusammensetzung der Lösung der Ausdruck $\frac{ds}{dp}$ sich nach dem Gesetze gerader Linien: $\frac{ds}{dp} = A + 2Bp$ verändert, und zwar solcher, welche bei einer Zusammensetzung, die bestimmten Verbindungen der Schwefelsäure mit Wasser (H_2SO_4 in H_2O) entspricht, unterbrochen sind. Die grösste Unterbrechung entspricht dem Monohydrat H_2SO_4 ($p = 100$). Andere, nur geringere Unterbrechungen der geraden Linie finden sich, wenn auf 1 Molecül Schwefelsäure die Anzahl der Molecüle Wasser $m = 1, 2, 6$ und 150 ist. In den Grenzen zwischen zwei Unterbrechungen ergiebt sich weiter die Gleichung $s = C + Ap + Bp^2$, die auch mit den durch Versuche gefundenen Daten in den Grenzen der möglichen Beobachtungsfehler übereinstimmt. — Aehnliche parabolische Gleichungen ergeben sich zwischen bestimmten Grenzen auch für andere Temperaturen und andere Körper *O. Kch.*

D. MENDELEJEFF. The compounds of ethylalkohol with water. J. russ. Ges. 1887 (1), 335-336; J. chem. soc. **51**, 778-782†; [Bull. soc. chim. **50**, 526-527, 1888; [Sill. J. (3) **35**, 483-484; [ZS. phys. Chem. **2**, 859, 1888; [Chem. CBl. **18**, 1542; [Chem. Ber. **20** [2]. 532; Gaz. chim. **17**, 541-545.

Aus den Dichten von Gemischen von Alkohol und Wasser rechnet Verfasser einen zickzackförmigen Gang des Differentialquotienten der Dichte nach der Concentration heraus; die Ecken des Zickzacks sollen die Hydrate

$$C_2H_6O + 12H_2O,\ C_2H_6O + 3H_2O,\ C_2H_6O + H_2O$$

anzeigen. *Nst.*

H. CROMPTON. An extension of MENDELÉEFF's theory of solution to the discussion of the electrical conductivity of aqueous solutions. Aus Chem. Soc.; [Chem. News. **56**, 255-256.

Die Bestimmungen der Leitungsfähigkeit von Schwefelsäure-Lösungen, welche von W. und F. KOHLRAUSCH gegeben sind, wurden wie folgt discutirt: k sei das Leitungsvermögen, p der Procentgehalt einer Lösung. Dann ist sowohl k wie $\frac{dk}{dp}$ eine continuirliche Function von p, dagegen soll $\frac{d^2k}{dp^2}$ aus discontinuirlichen linearen Stücken bestehen. Bei Schwefelsäure entsprechen die Discontinuitäten den Hydraten mit 1, 2, 6, 24 und 150 H_2O. Daraus wird geschlossen, dass diese verschiedenen Hydrate sich discontinuirlich in der Lösung bilden. Mit Ausnahme desjenigen, welches 24 H_2O enthält, waren sie schon von MENDELEJEFF aus ähnlicher Behandlung der Dichtigkeitsvariationen erschlossen. Lösungen von Salpeter- und Phosphorsäure zeigten ähnliches Verhalten.

Hierzu eine Note:

H. E. ARMSTRONG. On electrolytic conduction and on evidence of a change in the constitution of water. Chem. News. **56**, 256.

Das Referat der Chem. News. reicht zur Beurtheilung des Gesagten nicht aus; für diese Note und die sich daran schliessende Discussion muss deshalb auf das Original verwiesen werden.

Bde.

RAMSAY, TILDEN, MARSHALL and GOODWIN. Third report of the committee appointed for the purpose of investigating certain physical constants of solution, especially the expansion of saline solutions. Rep. Brit. Ass. 1887, 48-55.

Weitere Versuche über Invaporation, siehe diese Ber. **42** (1), 516. Die Vermuthung wird ausgesprochen, dass die Vertheilung des invaporirten Wassers zwischen zwei Salzen eine Function der Temperatur sei; diese selbstverständliche Thatsache hätte wohl von vorn herein berücksichtigt werden müssen. *Bde.*

R. ENGEL. Sur la solubilité à 0° des chlorures de magnésium et de calcium. Bull. soc. chim. **47**, 318-320†; [J. chem. soc. **52**, 771; [Chem. CBl. **18**, 402-403.

Da die Löslichkeitsbestimmungen verschiedener Forscher für die Chloride zu wesentlich verschiedenen Resultaten geführt haben, hat der Verfasser dieselben für 0° nochmals ausgeführt und gefunden, dass 100 Theile Wasser 60.3 Theile wasserfreies Chlorcalcium und 52.2 Theile wasserfreies Chlormagnesium lösen.

O. Kch.

A. ÉTARD. De la solubilité du sulfate de cuivre. C. R **104**, 1614-16†; [Chem. Ber. **20** [2], 446; J. chem. soc. **52**, 772-773; [ZS. f. phys. Chem. **1**, 524; [Chem. CBl. **18**, 835.

Bereits früher hat der Verf. darauf aufmerksam gemacht, dass die Löslichkeitscurven, welche man erhält, wenn man in der üblichen Weise den Quotienten Salz: Flüssigkeit bildet, sich in gerade Linien verwandeln, wenn man den Quotienten Salz: Salz + Flüssigkeit berechnet. Für Kupfersulfat erhält man eine gebrochene Linie, die aus drei Geraden zusammengesetzt ist. Von —2° bis 55° ist $y = 11.6 + 0.2614\, t$, für 55° bis 105° ist $y = 26.5 + 0.3700\, t$; zwischen 105° und 190° nimmt die Löslichkeit mit zunehmender Temperatur ab, es ist $y = 45.0 - 0.0293\, t$.

Die erste Aenderung der Richtung der Löslichkeitsgeraden beruht auf der Bildung eines basischen Salzes, die zweite darauf, dass sich aus $CuSO_4 + 5H_2O$ das Hydrat $CuSO_4 + 3H_2O$ bildet. Die abgeschiedenen Krystalle zeigten diese Zusammensetzung.

Ebenso wie Kupfersulfat zeigen auch die übrigen Sulfate, dasjenige des Kaliums ausgenommen, eine Abnahme der Löslichkeit mit der Temperatur.

O. Kch.

G. KRÜSS und L. F. NILSON. Ueber Kaliumgermaniumfluorid. Chem. Ber. **20**, 1696-1700†; [Beibl. **11**, 676.

Die Verf. haben einige Eigenschaften des von ihnen dargestellten Salzes untersucht. Es löst sich leicht in heissem, schwer in kaltem Wasser; der Stellung des Germaniums im periodischen System entsprechend steht es in Bezug auf seine Löslichkeit in der Mitte zwischen dem Kaliumsilicium- und Kaliumzinnfluorid; es ist isomorph mit Ammoniumsiliciumfluorid.

O. Kch.

C. N. Draper. On the solubility of lithium carbonate. Chem. News. **55**,169†; [Chem. Ber. **20** [2], 361; [J. chem. soc. **52**, 699; [Chem. CBl. **18**, 562.

Im Gegensatz zu älteren Bestimmungen der Löslichkeit findet der Verfasser, dass bei 15° Wasser 1.4787 %, dagegen bei 100° 0.7162 % Lithiumcarbonat löst. *O. Kch.*

G. R. Flögel. Beiträge zur Löslichkeit von Blei in Wasser. Rep. anal. Chem. **7**, 209-211; [Chem. CBl. (3), **18**, 1241†.

In Wasser gelöstes Blei kann durch Kochen vollständig niedergeschlagen werden. In Wasser gelöste Kohlensäure vermindert, gelöste Luft vergrössert die Löslichkeit des Bleis. *O. Kch.*

W. Spring et G. de Boeck. Sur le sulfure de cuivre à l'état colloidal. Bull. soc. chim. **48**, 165-170†; [Chem. Ber. **20** [2], 676-677; [J. chem. soc. **54**, 227-228, 1888; [Chem. CBl. **18**, 1220; [Beibl. **11**, 685.

Man erhält das Kupfersulfid in Lösung durch Auswaschen gefällten Kupfersulfids mit H_2S haltigem Wasser. Sind alle fremden Stoffe entfernt, so geht das Sulfid in Lösung, und man kann dann den überschüssigen Schwefelwasserstoff durch Kochen vertreiben. Die Lösung ist braun gefärbt, in dickeren Schichten undurchsichtig, und zeigt eine schwache grünliche Fluorescenz. Nach Ausweis der Analyse befindet sich dann in der Lösung das Sulfid, CuS, nicht das Sulfhydrat CuS_2H_2. In einer Concentration von ½ % hält sich die Lösung ganz gut.

Sehr verdünnte Lösungen anderer Salze oder Säuren rufen bereits Coagulation hervor. Am schwächsten wirken die Salze einwerthiger, am stärksten die dreiwerthiger Metalle. So ist in einer Lösung von Aluminiumsulfat von 1 : 90909 das CuS bereits unlöslich. *F. H.*

W. Spring et G. de Boeck. Sur un oxyde de manganèse soluble dans l'eau. Bull. soc. chim. **48**, 170-172†; [Chem. Ber. **20** [2], 677; [J. chem. soc. **54**, 228-229, 1888; [Chem. CBl. 18, 1220; [Beibl. **11**, 685.

Behandelt man Kaliumpermanganat in neutraler Lösung mit einem Reductionsmittel, so erhält man einen braunen Niederschlag von wechselnder Zusammensetzung, welcher noch Kalium enthält. Durch fortgesetztes Waschen mit reinem Wasser und Decantiren kann man die Kaliumsalze entfernen. Sobald letztere vollständig abgeschieden sind, färbt sich das Wasser braun, und man erhält eine Lösung von $Mn_7O_{12}, 4H_2O$. Dies colloidal gelöste Manganoxid wird ganz ausserordentlich leicht zur Coagulation gebracht, auch hier wirken Salze 3werthiger Metalle am stärksten. (Chromalaun in der Verdünnung 1 : 417000.)

Die Verf. ziehen den Schluss, dass die Löslichkeit eine universelle Eigenschaft aller Körper sei. Die Eintheilung der Stoffe in lösliche und unlösliche sei nicht aufrecht zu erhalten. Die Löslichkeit oder Unlöslichkeit sei nur eine Eigenschaft der Modification, in welcher ein Stoff gerade vorliege. *F. H.*

E. Prost. Ueber colloidales Schwefelcadmium. Bull. Belg. (3) **14**, 312-321†; [Beibl. **12**, 172, 1888; [Chem. CBl. 1888, 32.

Das Schwefelcadmium wurde dargestellt aus ammoniakalischer Cadmiumsulfatlösung durch Ausfällen mit Schwefelwasserstoff. Der Niederschlag wird gut ausgewaschen, darauf in Wasser suspendirt und ein langsamer Strom Schwefelwasserstoffgas hindurchgeleitet. Allmählich wird die Flüssigkeit klar, alles Schwefelcadmium geht in Lösung. Durch Kochen kann dann der überschüssige H_2S ausgetrieben werden. Man erhält eine klare, schön gelbe Flüssigkeit, welche ohne Rückstand filtrirt und eine Lösung von reinem CdS ist. Je verdünnter die Lösung, um so länger ist sie haltbar. Die Absorption ist in dünneren und dickeren Schichten ziemlich gleich, sie erstreckt sich etwa von F ab über das Blau und Violet. Lösungen fremder Stoffe bringen das Schwefelcadmium zur Coagulation; am schwächsten wirken hierbei die Salze der einwerthigen Metalle, am stärksten die der 3- und mehrwerthigen. Ein Einfluss der Säure ist im Allgemeinen nicht nachzuweisen, doch wirken saure Salze stärker als neutrale. Am intensivsten ist die coagulirende Wirkung zugefügter Cadmiumsalze. Cadmiumnitrat bewirkt schon in einer Lösung von 1 : 286000 die Coagulation, wenn man einige Tropfen *CdS*-Lösung zufügt. Ein Zusammenhang der coagulirenden Wirkung mit dem Moleculargewichte ist nicht vorhanden. *F. H.*

D. B. Dott. Notiz über die Löslichkeit von salzsaurem Morphin, von Salicin und von Gallussäure. [Pharm. J. Trans. 1887, 941; [Chem. Ber. **20** [2], 481†.

Bei 16° ist ein Theil salzsaures Morphin löslich in 40 Theilen Alkohol, 1 Theil Salicin in 66 Theilen Alkohol und 1 Theil Gallussäure in 118 Theilen Wasser. *O. Kch.*

E. v. Krasnicki. Löslichkeitsbestimmungen der Kalk- und Barytsalze der Ameisensäure, Essigsäure und Propionsäure. Wien. Ber. **96**, 734-745; [Monatsh. f. Chem. **8**, 595-606†; [Bull. soc. chim. **49**, 487-488, 1888; [J. chem. soc. **54**, 359; [Beibl. **12**, 310, 1888.

Die Arbeit ist eine Fortsetzung der Untersuchungen von Raupenstrauch (s. dies. Ber. 41, 459) und verwendet den gleichen Apparat und die gleiche Methode wie diese. — Die Messungen geschahen stets für das Temperaturintervall von ungefähr 0° bis 80°. Aus denselben hat der Verf. Interpolationsformeln für die Berechnung der Löslichkeitszahl *S* abgeleitet, welche zu Werthen führen, die mit den beobachteten gut übereinstimmen; dabei stellen die Löslichkeitszahlen die Gewichtstheile wasserfreien Salzes dar, welche bei der betreffenden Temperatur *t* von 100 Gewichtstheilen Wasser gelöst werden. — Die Formeln sind folgende:

Ameisensaurer Kalk.

$$S = 16.2978 + (t-0.8)\ 0.03229 - (t-0.8)^2\ 0.0001254.$$

Ameisensaurer Baryt.

$S = 27.7744 + (t-1)\ 0.236743 + (t-1)^2\ 0.0063622 - (t-1)^3\ 0.000060122.$

Essigsaurer Kalk.

$S = 37.8512 - (t-1)\ 0.2575 + (t-1)^2\ 0.0058845 - (t-1)^3\ 0.0000475576.$

Essigsaurer Baryt.

$S = 58.473 + (t-0.8)\ 0.65067 - (t-0.8)^2\ 0.005431.$

Propionsaurer Kalk.

$S = 41.2986 - (t-0.2)\ 0.11196 + (t-0.2)^2\ 0.000085065 + (t-0.2)^3\ 0.0000117907.$

Propionsaurer Baryt.

$S = 48.2071 + (t-0.6)\ 0.371205 - (t-0.6)^2\ 0.0015587.$

O. Kch.

N. L. SEIDLITZKY. Ueber die Bestimmung der Löslichkeit einiger Salze der Isovaleriansäure, Methyläthylessigsäure und Isobuttersäure. Wien. Ber. **96** [2], 746-758; Monatsh. f. Chem. **8**, 563-575†; [Bull. soc. chim. **49**, 358, 1888; [Chem. CBl. (3), **18**, 1343; [Chem. Ber. **20** [2], 722; [J. chem. soc. **54**, 250, 1888; [Beibl. **12**, 168, 1888.

Vom Verfasser sind nach der im vorhergehenden Referate erwähnten Methode die folgenden Formeln für die Löslichkeitszahlen der angegebenen Salze aufgestellt worden.

Isovaleriansaures Silber:

$S = 0.1774 + 0.003349\ (t-0.2) + 0.000006528\ (t-0.2)^2.$

Isovaleriansaurer Kalk:

$S = 18.429 + 0.105138\ (t-0.2) - 0.0010907\ (t-0.2)^2.$

Isobuttersaurer Kalk:

$S = 20.383 + 0.080609\ (t-1) + 0.00065217\ (t-1)^2.$

Methyläthylessigsaures Silber:

$S = 1.1116 - 0.0002978\ (t-1) + 0.0002105\ (t-1)^2.$

Methyläthylessigsaurer Kalk:

$S = 28.9822 + 0.33186\ (t-0.6) - 0.004417\ (t-0.6)^2.$

O. Kch.

CH. BLAREZ et G. DENIGÈS. Solubilité de l'acide urique dans l'eau. C. R. **104**, 1847-1849†; [Chem. Ber. **20** [2], 559; [J. chem. soc. **52**, 949.

Bezeichnet x die Menge der Harnsäure in Milligrammen, welche sich bei der Temperatur t in 100 g Wasser löst, so stellen die Verfasser für x die folgende Interpolationsformel auf:

$$x = 2 + 0.15\,t + 0.0020\,t^2 + 0.000025\,t^3,$$

welche sich den beobachteten Zahlenwerthen gut anschliesst.

O. Kch.

CARNELLEY and A. THOMSON. The solubility of isomeric organic compounds. Chem. News. **56**, 145†; [Rep. Brit. Ass. 1887, 647; [Nature **36**, 569; [Chem. Ber. **21** [2], 133, 1888; [Chem. CBl. **18**, 1308-1309; [Beibl. **12**, 167, 1888.

1) Für jede Reihe isomerer organischer Verbindungen ist die Reihenfolge der Löslichkeit die gleiche wie diejenige der Schmelzbarkeit, d. h. die am leichtesten schmelzbare Verbindung ist auch die löslichste. Dieser Satz bestätigte sich den Verfassern in einer grossen Anzahl von Fällen und erlitt nur wenige, noch dazu zweifelhafte Ausnahmen.

2) Die Reihenfolge der Löslichkeit von zwei oder mehreren isomeren Verbindungen ist unabhängig von der Natur des Lösungsmittels.

3) Das Verhältniss der Löslichkeit zweier isomerer Verbindungen in einem gegebenen Lösungsmittel ist constant, und daher unabhängig von der Natur des Lösungsmittels. — Die beiden letzten Sätze wurden für Meta- und Paranitranilin geprüft in Bezug auf 13 verschiedene Lösungsmittel. *O. Kch.*

J. F. SCHRÖDER. Ueber die Löslichkeit des p-Dibrombenzols. J. russ. phys. chem. Ges. **18**, 1, 479; [Chem. CBl. (3), **18**, 183†.

Der Verfasser zieht aus seinen Untersuchungen über die Löslichkeit des *p*-Dibrombenzols in Alkoholen, Aether, Schwefelkohlenstoff, Benzol und Brombenzol den Schluss, dass RAOULT's

Gesetz der Erniedrigung des Schmelzpunktes zur Erklärung der gegenseitigen Abhängigkeit der Löslichkeit, des Moleculargewichtes des gelösten Körpers und des Lösungsmittels, sowie des Schmelzpunktes des löslichen Körpers dienen kann. *O. Kch.*

J. F. SCHRÖDER. Moleculare Löslichkeit analoger Verbindungen. J. russ. phys. chem. Ges. **19**, 180; [Chem. CBl. (3) **18**, 620†.

Der Verf. gelangt auf Grund der von ihm bei den Lösungen des *p*-Dibrombenzols beobachteten Regelmässigkeit zu dem Schluss, dass bei annähernder Gleichheit der Schmelzpunkte und anderer Eigenschaften von Körpern (z. B. bei Verbindungen analoger Constitution) die moleculare Löslichkeit annähernd gleich ist. So berechnet er aus älteren Daten die moleculare Löslichkeit nachstehender Vitriole und ihrer Doppelsalze mit $(NH_4)_2SO_4$ wie folgt (in 100 Mol. Lösung % Mol. wasserfreies Salz):

	Fe-	Ni-	Co-	Mg-	Zn-Vitriol
bei 0°	1.9	3.5	3.03	45.2	4.5 %
bei 70°	7.1	7.1	7.7	9.0	9.0 „
und für die Doppelsalze:					
bei 0°	0.8	0.1	0.6	0.6	0.4 „
bei 70°	2.6	1 2	2.7	3.5	2.2 „

O. Kch.

R. ENGEL. De l'action de l'acide chlorhydrique sur la solubilité des chlorures. C. R. **104**, 433-435†; [Chem. Ber. **20** [2], 162; [J. chem. soc. **52**, 445; [ZS. f. phys. Chem. **1**, 416; [Chem. CBl. 18, 326; [Bull. soc. chim. **47**, 316-318; [Beibl. **11**, 812.

— Sur les chlorhydrates de chlorures: chlorhydrate de perchlorure de fer. C. R. **104**, 1708-1711†; [Beibl. **11**, 681.

— Action de l'acide sulfurique sur la solubilité des sulfates. C. R. **104**, 506-508†; [Chem. Ber. **20** [2], 197; [J. chem. soc. **52**, 546-547; [ZS. f. phys. Chem. **1**, 416-417; [Chem. CBl. **18**, 352; [Bull. soc. chim. **47**, 497-499; [Beibl. **11**, 487.

— Action de l'acide azotique sur la solubilité des azotates alcalins. C. R. **104**, 911-913†; [Chem. Ber. **20** [2], 279; [J. chem. soc. **52**, 632; [ZS. f. phys. Chem. **1**, 432; [Chem. CBl. **18**, 450-451; [Bull. soc. chim. **17**, 677-680; [Beibl. **11**, 486.

Der Verfasser hat in einer früheren Mittheilung (C. R. **102**, 619, vgl. diese Ber. **42**, 534) an einigen Beispielen gezeigt, dass die Löslichkeit der Chloride, welche durch Salzsäure aus ihrer wässerigen Lösung gefällt werden, sich bei Gegenwart dieser Säure vermindert, und zwar nahezu um die Menge eines Aequivalentes des Chlorides für jedes hinzugefügte Aequivalent der Säure. Jedoch gilt dieses Gesetz nur für geringere Säuremengen. In der ersten der genannten Abhandlungen sind für diesen Satz noch einige neue Beispiele hinzugefügt, in den zwei letzten sind die analogen Verhältnisse für Schwefel- und Salpetersäure geprüft.

1) Z. B. für Magnesiumchlorid ergaben sich folgende Zahlen für die Aequivalente des Salzes, die in 10 cbcm einer gesättigten Lösung bei Gegenwart einer verschiedenen Anzahl von Aequivalenten der Salzsäure enthalten waren:

$MgCl_2$	HCl	Summe der Aequivalente	Dichte
99.55	0	99.55	1.362
95.5	4.095	99.595	1.354
90.0	9.5	99.5	1.344
82.5	17	99.5	1.300
79	20.5	99.5	1.297
7	28.5	99.5	1.281
60.125	42	102.125	—
46.25	58.75	105	—
38.5	68.5	107	—
32	76	108	—

Aehnlich verhält sich Lithiumchlorid. Bei Calciumchlorid beginnen die Werthe der Summe bereits früher zuzunehmen, während sich Baryum- und Strontiumchlorid dem Natriumchloride nähern, d. h. lange Zeit Aequivalent für Aequivalent ausfällen. Bei Kaliumchlorid ist ebenso wie bei Ammoniumchlorid die Verminderung der Löslichkeit etwas geringer.

2) Diejenigen Fälle, wo der Zusatz von Salzsäure die Löslichkeit des Chlorides nicht vermindert, wo also keine Fällung eintritt (wie bei den Chloriden von Zink, Eisen und Quecksilber), führt der Verf. auf die Bildung von Chlorhydraten der Chloride zurück, welche im Allgemeinen löslicher sind als die entsprechenden Chloride.

3) Die Löslichkeit der Sulfate wird ebenfalls durch die Gegenwart von Schwefelsäure vermindert, aber nicht nach dem für die Salzsäure gefundenen Gesetz, sondern so als ob 1 Aeq. Säure 12 Aeq. Wasser bände und sie verhinderte als Lösungsmittel zu dienen. Bei sehr grossem Zusatz von Säure zeigen sich wieder Abweichungen. Nichtsdestoweniger konnte ein Hydrat

$$H_2SO_4 + 12\,H_2O$$

nicht nachgewiesen werden. Die Versuche wurden u. A. angestellt mit dem Sulfat von Kupfer, Cadmium, Zink, Magnesium. Die Erscheinung scheint allen Sulfaten gemein zu sein, denn sie wurde auch beobachtet in Fällen, wo sich saure Salze bildeten.

4) Das für Salzsäure gefundene Gesetz bestätigte sich für Natriumnitrat bei Zusatz von Salpetersäure. Bis zum 30ten Aequivalent fällt jedes Aequivalent Säure ein Aequivalent des Salzes, dagegen wächst später die Summe der im gleichen Volumen enthaltenen Aequivalente des Salzes und der Säure. Die Beobachtungszahlen stimmen für geringere Concentrationen gut überein mit den Folgerungen der theoretischen Betrachtungen von van't Hoff über den osmotischen Druck. — Die Abweichungen vom Gesetz für einen grösseren Säuregehalt führt der Verf. auf die Bildung eines sonst zwar unbekannten sauren Salzes zurück. Dasselbe würde entsprechen den bekannten sauren Salzen des Kalium- und Ammoniumnitrates, welche sich bei Zusatz von Salpetersäure dem Natriumnitrat analog verhalten. *O. Kch.*

J. Formanek. Ueber die Löslichkeit von Bleichlorid in Quecksilberchloridlösungen. Chem. CBl. (3) 18, 270-271†; [J. chem. soc. 52, 772†.

Die Löslichkeit ist viel grösser als in Wasser, doch beruht

dies nicht auf der Bildung von Doppelsalzen. Bei 20° lösen 100 Theile Wasser 0.9712 Theile *Pb Cl₂*; bei derselben Temperatur ergaben sich folgende Löslichkeitsverhältnisse:

$HgCl_2$-Menge in 100 cbcm der Lösung	Menge des gelösten $PbCl_2$	Nach Abzug des von Wasser allein gelösten $PbCl_2$ verbleibenden Menge desselben	Auf 100 g $HgCl_2$ berechnet
g	g	g	g
4	1.8972	0.9350	23.37
2	1.4874	0.5208	26.04
1	1.2272	0.2600	26.00
0.5	1.0808	0.1134	22.68
0.25	1.0192	0.0500	20.00
0.125	0.9926	0.0226	18.08

Silberchlorid ist in Quecksilberchloridlösungen unlöslich.

O. Kch.

S. Cohn. Ueber die Löslichkeit von Gyps in Ammoniaksalzlösungen. J. Pract. Chem. **35**, 43-56†; [Bull. soc. chim. **58**, 346; [Chem. Ber. **20** [2], 92; [J. chem. soc. **52**, 333; [ZS. f. phys. Chem. **1**, 202; [Chem. CBl. **18**, 139; [Arch. Pharm. **225**, 259.

Haver-Droeze hat die Löslichkeit des Gypses in Salzlösungen untersucht und fand, dass dieselbe im Allgemeinen mit der Concentration der Salzlösung abnimmt, dagegen bei Ammoniumnitrat anfangs zu- und dann erst abnimmt. — Der Verfasser beobachtete diese Erscheinung ausser bei dem salpetersauren auch bei dem salzsauren, dagegen nicht bei dem schwefelsauren Ammon, bei welchem die Löslichkeit mit wachsender Concentration beständig zunimmt. Er führt diesen Unterschied zurück auf einen chemischen Umsatz und die Bildung von Doppelsalzen. Die Löslichkeit des Gypses ist am stärksten in Lösungen von essigsaurem Ammon; dann folgt das salpetersaure, das salzsaure und zuletzt das schwefelsaure.

O. Kch.

H. Debray. Sur quelques alliages cristallisés des métaux du platine et de l'étain. C. R. **104**, 1470-1472†;

[Bull. soc. chim. **48**, 648-649; [Chem. Ber. **20** [2], 454; [J. chem. soc. **52**, 779; [Arch. Pharm. **225**, 1120; [J. pharm. chim. **16**, 320.

Dem Verfasser ist es gelungen, unter Anwendung von Salzsäure die Legirungen $PtSn_4$, $RhSn_3$, $JrSn_3$, $RuSn_3$ im krystallisirten Zustande herzustellen. *O. Kch.*

A. P. LAURIE. Zinc-copper and tin-copper alloys.

Chem. Soc. 1887, Nov. 17; [Chem. News. **56**, 235†.

Ersetzt man die Zinkplatte eines DANIELL'schen Elementes durch eine zusammengesetzte Platte, welche aus Kupfer und Zink besteht, so besitzt das Element dieselbe elektromotorische Kraft, wie bei der Zinkplatte allein, selbst wenn die Zinkoberfläche nur den tausendsten Theil der Kupferoberfläche besitzt. — Ersetzt man das Zink durch eine Legirung von Kupfer und Zink, so zeigt das Elektrometer keinen Ausschlag bei einem Zinkgehalt unter 67%. Hier tritt jedoch plötzlich der gleich grosse Ausschlag ein wie bei Zink. Der Verfasser schliesst daraus auf eine Verbindung der beiden Metalle gemäss der Formel $CuZn_2$. Legirungen von grösserem Zinkgehalte verhalten sich wie Zink allein. — In gleicher Weise wurde bei den Zinn-Kupfer-Legirungen eine plötzliche Zunahme der elektromotorischen Kraft beobachtet, wenn der Gehalt an Zinn in der Legirung grösser wurde, als er einer Zusammensetzung gemäss der Formel Cu_3Sn entspricht. *O. Kch.*

Litteratur.

TILDEN etc. Report of the committee appointed for the purpose of reporting on the bibliography of solution.
Rep. Brit. Ass. 1887, 57-59.

W. DURHAM. Chemical affinity and solution.
Nature **36**, 318.

Behandelt dasselbe, wie die oben referirten Abhandlungen.

S. U. PICKERING. Ueber die Zusammensetzung basischer

Salze. Chem. News. 56, 211-212; [Chem. CBl. (3) 19, 171-172, 1888. *Bde.*

J. M. THOMSON. 1) Experiments with coated crystals in different solutions. 2) Experiments with supersaturated solutions. Roy. Soc. 1887, Juni 8; Chem. News. 55, 268†.

B. KOSMANN. Das Gesetz der grössten Löslichkeit der Salze. Chem. Ztg. 11, 903-904†; [Chem. CBl. (3), 18, 1191-1192.

J. Y. BUCHANAN. Ueber Eis- und Salzwasser. Proc. Roy. Soc. Edinb. 14, 129-149, 1887; [ZS. phys. Chem. 3, 136.

J. T. GARDINER. Report on the purity of ice from Onondaga lake, the Eric canal and Cazenovia lake. [Chem. News. 55, 283†.

A. CARTAZ. La pureté de la glace. La Nature 15, [2], 114†.

G. F. BECKER. Natural solutions of cinnabar, gold and associated sulphides. Sill. J. (3) 33, 199-210†; [Chem. CBl. (3) 18, 524-525.

J. F. SCHROEDER. Studien über die Löslichkeit der Kohlenwasserstoffe und ihrer Derivate. J. russ. phys. chem. Ges. 19, 1, 332; [Chem. CBl. (3) 18, 1131†.

A. BRUNNER. Löslichkeitstabelle einiger Anilinfarbstoffe. Pharm. Centralh. 28, 385; Arch. d. Pharm. 225, 782†.

C. KOECHLIN. The solubility of aniline in soap-lye. Ind. Soc. of Mulhouse March. 9, 1887; Mon. Scient. (4) 1, Juni 1887.

125 g trockener Seife, in Wasser gelöst, lösen ihrerseits 100 g Anilin.

R. F. CARPENTER. Solubility of silver chromate in Ammonium nitrate. J. Soc. Chem. Ind. 5, 286; [J. Chem. Soc. 52, 216†.

E. CLAASSEN. On the solubility of manganese sulphide

in melting potassium sulphide. Amer. Chem. J. 8, 436-437, 1886†; [J. Chem. Soc. 52, 449.

E. J. BALL. The alloys of copper and antimony and of copper and tin. Chem. Soc. 1887, Dec. 15; [Chem. News. 56, 275†; [Chem. CBl. 19, 140, 1888.

A. JOANNIS. Sur les alliages du potassium et du sodium. Ann. chim. phys. (6) 12, 358-384†; [Chem. CBl. (3) 18, 1535; [J. chem. Soc. 54, 1238.

W. ACKROYD. Cohesion and submersion figures: the nature of solution. Chem. News. 55, 68.

Prioritätsstreit. *O. Kch.*

7d. Diffusion, Osmose.

A. v. OBERMAYER. Versuche über die Diffusion von Gasen. Wien. Ber. 96 [2], 546-577†; [Wien. Anz. 24, 192; [Beibl. 12, 518, 1888.

Neue Versuche, angestellt nach der schon früher vom Verfasser benutzten Methode von STEFAN einerseits, von MAXWELL-LOSCHMIDT andererseits. Die nicht wohl ausziehbaren Einzelheiten müssen im Original nachgesehen werden; das Hauptergebniss lautet dahin, dass die Veränderlichkeit des Diffusionscoëfficienten, wenn überhaupt vorhanden, innerhalb sehr enger Grenzen eingeschlossen ist. Dem entsprechend bestätigt sich die MAYER'sche Diffusionsformel nicht; die Differentialgleichung mit dem constanten Coëfficienten k erscheint dem Verfasser als diejenige, welche der Wahrheit am nächsten kommt. Am Schluss giebt der Verf. eine Correction seines Reibungscoëfficienten für Luft, wodurch derselbe auf sehr nahe den gleichen Werth gebracht wird, den Tomlinson gefunden hat und stellt folgende Werthe zusammen: λ mittlere Weglänge in cm, aus den Reibungscoëfficienten berechnet, Q_u Querschnittssummen der Molecüle aus den λ berechnet in cm², Q'_u dieselben nach O. E. Meyer, Q_k dieselben aus Diffusionsconstanten nach Stefan's Formel berechnet, Q'_k dieselben, wenn man auf Grund früherer Rechnungen des Verfassers Q'_k für Kohlensäure = 40800 setzt.

Gas	λ	Q'_u	Q_u	Q_k	Q'_k
H_2	0.0000146	9500	12100	14500	11200
O_2	079	16700	22400	25200	21300
Luft	074	17700	23900	26400	23100
CO	073	18000	24200	26300	25000
CH_4	056	20800	31600	29100	29600
CO_2	050	26000	35400	35800	40800
N_2O	049	26000	36100	35900	40800
C_2H_4	037	30400	48700	40400	43300

Bde.

F. Schidlowsky. Versuch einer Anwendung der Diffusion der Gase und Dämpfe durch poröse Körper zur Bestimmung des Feuchtigkeits- und Kohlensäuregehaltes im umgebenden Medium. J. russ. phys. chem. Ges. (6) **18**, 182-204, 1886; [Beibl. **11**, 618-620†.

Der Verfasser hat die Versuche von Dufour über die Diffusion der Luft und des Wasserdampfes wiederholt und kommt zu dem Schluss, dass bei dieser Erscheinung die Absorption des Dampfes durch poröse Körper eine bedeutende Rolle spielt.

Verbindet man einen geschlossenen porösen Cylinder mit einem Wassermanometer, so zeigt dasselbe nach Dufour eine Druckabnahme, wenn der Cylinder mit trockener Luft gefüllt ist und in mit Wasserdampf gesättigte Luft gebracht wird, dagegen eine Druckzunahme, wenn die Luft innen feucht, aussen trocken ist. Die Druckveränderung gleicht sich mit der Zeit wieder aus. — Der Verf. erklärt die Erscheinung daraus, dass die Luft im ersten Versuch aus dem Innern des porösen Cylinders nach aussen geht, der

Dampf in entgegengesetzter Richtung. Der letztere wird durch die porösen Wände absorbirt, und es folgt daraus zunächst eine Druckabnahme, die aber bald verschwindet, da der Dampf nach dem GRAHAM'schen Gesetz schneller als trockene Luft diffundiren soll. In analoger Weise erklärt sich der zweite Versuch.

Die Diffusion der Gase und Dämpfe durch poröse Körper benutzt der Verf. zur Construction eines Hygrometers resp. Gasindicators. Ein mit Wasser gefüllter, mit einem Wassermanometer verbundener Cylinder ist durch eine poröse Platte bedeckt. In freier Luft steigt das Manometer um so höher, je weiter dieselbe von dem Sättigungspunkt mit Wasserdampf entfernt ist. — Das Manometer fällt, wenn der Cylinder nicht mit Wasser, sondern mit Schwefelsäure gefüllt ist.

Einen Gasindicator, z. B. für Kohlensäure, construirt der Verf. aus zwei mit einander durch poröse Platten communicirenden Gefässen. Das untere Gefäss enthält eine Flüssigkeit, welche das untersuchte Gas absorbiren kann und ist mit einem Manometer verbunden; das obere communicirt mit dem zur Untersuchung stehenden Medium. Die Wände beider Gefässe sind angefeuchtet, also die Luft in ihnen mit Wasserdampf gesättigt. Das Vorhandensein eines Gases im oberen Gefäss wird sich durch eine Druckänderung des Manometers zu erkennen geben. *O. Kch.*

J. J. COLEMAN. On liquid diffusion. Phil. Mag. (5) **23**, 1-10†; [J. de phys. (2) **6**, 488; [Cim. (3) **23**, 175, 1888; [J. chem. soc. **52**, 440; [ZS. f. phys. Chem. **1**, 95; [Chem. CBl. **18**, 209; [Rundsch. **2**, 74-75; [Beibl. **11**, 569.

Der Verf. hat die Diffusionsgeschwindigkeit für eine Reihe anorganischer Körper bestimmt, zunächst nach der Methode von GRAHAM, bei welcher sich reines Wasser in einem Glascylinder befindet und die betreffende concentrirte Lösung auf den Boden des Cylinders eingeführt wird. Nachdem die Diffusion 14 Tage lang angedauert hatte, wurde von oben Schicht für Schicht abgenommen und auf den Gehalt an diffundirter Substanz untersucht. — Die Methode wurde dann in der Weise verändert, dass sich

Wasser in einer Bürette befand, welche unten durch einen Hahn verschlossen war. Die concentrirte Lösung wurde nach Oeffnen des Hahnes durch Ansaugen von oben unterhalb der Wassersäule befördert. Nach Beendigung des Versuches wurde durch den Hahn erst eine Flüssigkeitssäule abgelassen, welche derjenigen der eingeführten concentrirten Lösung entsprach, und alsdann die übrige Flüssigkeit in gleichen Theilen abgelassen und ihre Concentration bestimmt.

Bezeichnet man mit 100 den Gehalt der benutzten Lösung der diffundirenden Substanz, so befand sich z. B. nach 20tägiger Diffusion eine Lösung von dem Gehalt 1 für die folgenden Substanzen in der angegebenen Höhe über der ursprünglichen Berührungsschicht von Lösung mit Wasser:

HCl (20%)	250 mm
KOH (20%)	225 „
HNO_3 (20%)	225 „
NH_3 (spec. Gew. 0.88)	200 „
$NaOH$ (20%)	187 „
H_2SO_4 (20%)	175 „
$NaCl$ (gesättigt)	162 „
$MgSO_4$ (gesättigt)	87 „

Die Zahlen in Klammern geben die Concentration der Ausgangslösung an.

Hinsichtlich der Folgerungen, welche der Verf. im Hinblick auf das periodische Gesetz von Mendelejeff aus seinen Beobachtungen zieht, muss auf das Original verwiesen werden.

O. Kch.

Andерssohn. Ueber die Ursache der Diffusion bei Flüssigkeiten. Breslau. phys. Ver.; [Chem. Ztg. **11**, 418-419†; [Chem. CBl. (3) **18**, 559.

Der Verfasser zieht aus seinen Beobachtungen den Schluss, dass die Diffusion bei Flüssigkeiten nicht auf der Ursache irgend einer Molecular-Anziehung beruht, sondern auf irgend einem zugefügten Druck- oder Wärme-Unterschied, der sich auf die zu diffundirenden Flüssigkeiten übertragen hat. *O. Kch.*

J. W. Mallet. On a partial separation of the constituents of a solution during expansion by rise of temperature. Chem. News. **56**, 146-147; [Chem. Ber. **20** [2], 675; [Sill. J. (3) **35**, 249, 1888; [Chem. CBl. **18**, 1306-1307; [Beibl. **12**, 232, 1888.

In einer Flasche von etwa ½ Liter Inhalt befand sich eine wässerige oder alkoholische Lösung einer colloiden Substanz wie Stärke, Tannin, Caramel, Eiweiss oder Gelatine. Die Flasche war auf 0° abgekühlt, bis zum Rand gefüllt und mit einem Korkstöpsel geschlossen, durch welchen eine enge Glasröhre geführt war. Bei langsamer Erwärmung stieg die Lösung in die Gasröhre, und es zeigte sich, dass in diesem oberen Theile der Lösung in einigen Fällen sogar gar nichts von der gelösten Substanz enthalten war, immer jedoch weniger als in dem unteren Theile der Flasche. — Bei einer bestimmten Concentration der Lösung und bei einer bestimmten Schnelligkeit des Ansteigens der Temperatur tritt die Erscheinung am deutlichsten hervor. — Der Verfasser schlägt die Bezeichnung „Apantlesis" für dieselbe vor. *O. Kch.*

J. Traube und O. Neuberg. Ueber Schichtenbildung in Gemischen von Alkohol, Wasser und Salzen oder Basen. ZS. f. phys. Chem. **1**, 509-515†; [Chem. Ber. **20** [2], 675; [J. chem. soc. **54**, 783, 1888; [Chem. CBl. **18**, 1426; [Beibl. **12**, 169, 1888.

G. Bodländer beobachtete, dass beim Auflösen von Ammoniumsulfat in Gemischen von Alkohol und Wasser bei bestimmten Concentrationen die Flüssigkeit sich in zwei gesonderte Schichten trennt. Einer der Verf. fand, dass u. A. auch Kali und Natron, Natriumphosphat, Kalium- und Natriumcarbonat, Natrium-, Magnesium-, Zinksulfat, Kalialaun die gleiche Erscheinung zeigen. — Genauer sind die Lösungen des Ammoniumsulfates untersucht worden. Es wurde die Zusammensetzung der Schichten bestimmt bei verschiedenen Temperaturen, bei verschiedenem Alkoholgehalt, und bei verschiedener Concentration der Salzlösung. Die Verf. vermuthen, dass die untere Schicht nach bestimmten Molecularverhältnissen zusammengesetzt ist, und meist aus einem Gemenge von zwei oder mehreren Verbindungen der drei Componenten besteht, in welchem namentlich das Verhältniss der Molecülzahlen von Alkohol und Salz ein recht einfaches ist. *O. Kch.*

A. Zott. Ueber die relative Permeabilität verschiedener Diaphragmen und deren Verwendbarkeit als dialytische Scheidewände. Wied. Ann. **27**, 229-289. 1886†; [ZS. f. anal. Chem. **26**, 615.

Die Hauptergebnisse der umfangreichen Arbeit fasst der Verfasser in folgende Sätze zusammen:

1) Das brauchbarste Diaphragma zur dialytischen Trennung ist Goldschlägerhäutchen. Es lässt sich mit demselben unter sonst gleichen Verhältnissen ein doppelt so grosser, je nach der Versuchsanordnung aber ein mehrmals grösserer Trennungseffect erzielen, als mit dem Dialysator aus Pergamentpapier, welchen Stoff es auch an Homogenität und Wasserdichte übertrifft.

2) Für Lösungsgemische, welche organische Häute angreifen würden, sind gewöhnliche Thonzellen am empfehlenswerthesten; der durch sie erzielte Trennungseffect ist jedoch 60-75 mal geringer, resp. langsamer als der mittelst Goldschlägerhäutchens hervorgebrachte.

3) Alle Erscheinungen der Diffusion treten im gesteigerten Maasse auf, wenn die Diaphragmen zuerst evacuirt werden; jedoch ist die Volumzunahme im Dialysator relativ beträchtlicher als die Zunahme der austretenden Stoffmengen, und die letztere wiederum hängt von der relativen Diffusionsgeschwindigkeit der betreffenden Stoffe ab. Je schneller ein Stoff für sich durch ein Diaphragma diffundirt, desto beträchtlicher ist die Beschleunigung, welche seine Diffusionsgeschwindigkeit durch Evacuirung dieses Diaphragmas erfährt.

4) Die Evacuirung des Diaphragmas muss von Zeit zu Zeit erneuert werden, am besten nach jedem Versuch.

5) Nach vorhergegangener Evacuirung findet Endosmose auch bei solchen Diaphragmen und porösen Platten statt, welche verher eine Volumvergrösserung der inneren Flüssigkeit nicht zeigten.

6) Auch langsam diffundirende Stoffe, also die sogenannten Colloide, sind im Stande, eine bedeutende Endosmose herbeizuführen, welche bei entsprechend langer Diffusionsdauer sogar die der meisten Krystalloide erheblich übertrifft. Die Endosmose ist überhaupt vom Austritt des in Lösung befindlichen Stoffes, der Exosmose, unabhängig und weicht, wenn sich im Dialysator ein Lösungsgemisch befindet, nicht viel von jener ab, welche die gelösten Stoffe einzeln herbeiführen würden.

7) Lösungsgemische, welche zwei verschiedene Stoffe enthalten, können auf dem Dialysator um so leichter getrennt werden, je weiter die relativen Diffusionsgeschwindigkeiten dieser Stoffe aus einander liegen; dieser Umstand und nicht die eventuelle Zugehörigkeit zu der Classe der sogenannten Krystalloide oder Colloide ist massgebend für die dialytische Trennung.

8) Eine dialytische Trennung wird um so rascher bewerkstelligt, je öfter das äussere Wasser erneuert wird.

9) Mit abnehmender Concentration nimmt die relative Diffusionsgeschwindigkeit der Salze sowohl aus einfacher Lösung, als aus einem Lösungsgemische ab, aber nur bis zu einer gewissen Verdünnung, von welcher aus sie wieder ziemlich rasch steigt.

O. Kch.

J. H. VAN'T HOFF. Die Rolle des osmotischen Druckes in der Analogie zwischen Lösungen und Gasen. ZS. phys. Chem. **1**, 481-508†; [Chem. Ber. **20** [2], 674; [J. chem. soc. **54**, 778-780, 1888; [Chem. CBl. **18**, 1453-1454; [Beibl. **12**, 227, 231, 1888.

Denkt man sich ein z. B. mit wässeriger Zuckerlösung vollkommen angefülltes Gefäss, welches selbst in Wasser befindlich ist, und dessen Wand durchlässig für Wasser, dagegen undurchlässig für den darin gelösten Zucker ist, so wird die wasseranziehende Wirkung der Lösung den Eintritt von Wasser in das

Gefäss veranlassen, welcher jedoch bald durch den Druck, den das eintretende Wasser zur Folge hat, seine Grenze erreicht. Unter diesen Umständen besteht Gleichgewicht und auf die Gefässwand wird ein Druck ausgeübt, der als „osmotischer Druck“ bezeichnet werden soll. — Ist das Gefäss mit einem Kolben verbunden, durch den ein Druck ausgeübt werden kann, so wird es durch Steigerung oder Minderung des Kolbendruckes möglich sein, willkürliche Concentrationsänderungen in der Lösung zu bewirken, welche unter Bewegung des Wassers durch die Gefässwand in der einen oder andern Richtung stattfinden. — Ein Gefäss von „halbdurchlässigen Wänden“ erhält man, wenn man eine unverglaste Thonzelle mit einer Ferrocyankaliumlösung anfüllt und in einer Lösung von Kupfersulfat aufstellt. Solche Wände erlauben eine Behandlungsweise bei Lösungen, welche mit der bei Gasen üblichen die höchste Aehnlichkeit bietet, wenn man statt der für den letzteren Zustand charakteristischen Spannkraft für Lösungen den osmotischen Druck einführt.

Der grosse Vortheil, der aus dieser Analogie für das Studium der Lösungen hervorgeht, besteht darin, dass die Anwendung des zweiten thermodynamischen Hauptsatzes auf Lösungen sehr leicht ist, indem umkehrbare Processe, worauf es bei diesem Hauptsatze ankommt, durch die Veränderung des erwähnten Kolbendruckes sehr leicht vollzogen werden können. Unter diesem Gesichtspunkte werden speciell die für „ideale Lösungen“ giltigen Gesetze abgeleitet, d. h. für Lösungen, die so verdünnt sind, dass in ihnen (entsprechend den „idealen Gasen“) die gegenseitige Wirkung der gelösten Molecüle zu vernachlässigen ist.

Entsprechend dem für die Gase geltenden Gesetze von Boyle ergiebt sich aus theoretischen Betrachtungen für die verdünnten Lösungen der Salze, dass der osmotische Druck der Concentration proportional ist. Derselbe findet sich bestätigt durch die Beobachtungen von Pfeffer und de Vries.

Weiter lässt sich aus thermodynamischen Gründen das Gay-Lussac'sche Gesetz für die verdünnten Lösungen ableiten, dass also bei gleichbleibender Concentration und Volumen der osmotische Druck der absoluten Temperatur proportional ist. — Das Gesetz wird bestätigt durch die Untersuchungen von Pfeffer, Donders, Hamburger und Soret.

Endlich lässt sich auch für die verdünnten Lösungen und zwar für Lösungen von Gasen (falls dem Gesetze von Henry Genüge geleistet wird) noch der Avogadro'sche Satz ableiten, welcher in diesem Falle die Form hat: bei gleichem osmotischem Druck und gleicher Temperatur enthalten gleiche Volumina der verschiedensten Lösungen gleiche Molecülzahl und zwar diejenige, welche bei derselben Spannkraft und Temperatur im selben Volumen eines Gases enthalten ist. — Für die Gültigkeit von Avogadro's Satz in Lösungen führt der Verf. folgende Bestätigungen an.

Derselbe ist nicht beschränkt auf Lösungen derjenigen Körper, welche unter gewöhnlichen Umständen gasförmig sind. Vielmehr ergiebt sich aus den Bestimmungen von Pfeffer, dass der direct ermittelte osmotische Druck einer Zuckerlösung vollkommen der Spannkraft eines Gases von derselben Temperatur gleich ist, welches ebenso viele Molecüle enthält, als Zuckermolecüle in demselben Volumen der Lösung vorhanden sind.

Ferner lässt sich aus dem Satze das Gesetz ableiten: „Isotonie (Gleichheit des osmotischen Druckes) bei Lösungen desselben Mittels bedingt Gleichheit der Maximaltensionen derselben". Dieser Satz umfasst die von Raoult experimentell gefundenen, dass die moleculare Dampfdruckerniedrigung verdünnter Lösungen constant, also unabhängig von der Art des gelösten Körpers, und ausserdem unabhängig von der Temperatur ist, und dass dieselbe ferner dem Moleculargewichte des Lösungsmittels proportional ist.

Endlich folgt aus der Annahme von Arogadro's Satze in Lösungen das Gesetz: „Lösungen desselben Mittels und von gleichem Gefrierpunkte zeigen bei dieser Temperatur Isotonie". Auf verdünnte Lösungen angewandt folgt der von Raoult experimentell bestätigte Schluss, dass die mit dem Moleculargewicht multiplicirte Gefrierpunktserniedrigung der einprocentigen Lösung, also die sog. moleculare Gefrierpunktserniedrigung t constant ist. — Weiter ergiebt sich aber für t die Gleichung

$$t = 0.02 \frac{T^2}{W},$$

wo T die Erstarrungstemperatur des Lösungsmittels und W seine latente Schmelzwärme pro Kilogramm bedeutet. Diese Gleichung wird wiederum durch RAOULT's Beobachtungen bestätigt.

In den folgenden, letzten Abschnitten finden die entwickelten Grundsätze ihre Anwendung auf die Chemie, indem zunächst das Gesetz von GULDBERG und WAAGE aus ihnen abgeleitet wird. Ferner wird erörtert, in welcher Weise die vielfach auftretenden Abweichungen von AVOGADRO's Gesetz in Lösungen, z. B. abnorme Werthe der molecularen Gefrierpunktserniedrigung, in der das BOYLE-, GAY-LUSSAC- und AVOGADRO'sche Gesetz ausdrückenden Gleichung und ebenso in der GULDBERG-WAAGE'schen Formel Berücksichtigung finden können. Endlich wird der Nachweis geführt, dass die so veränderte GULDBERG-WAAGE'sche Formel mit dem vorhandenen Beobachtungsmaterial eine sehr befriedigende Uebereinstimmung zeigt. *O. Kch.*

P. DUHEM. Sur la hauteur osmotique. J. de phys. (2) **6**, 134-147†; [Cim. (3) **23**, 271-272, 1888; [Chem. Ber. **20** [2], 244; [Beibl. **11**, 567.

— Sur la pression osmotique. J. de phys. (2) **6**, 397-414†; [Cim. (3) **23**, 276, 1888; [Beibl. **12**, 312, 1888; [J. chem. Soc. **54**, 1022, 1888.

In Folge eines Missverständnisses der von VAN'T HOFF gegebenen Definition des osmotischen Druckes (vergl. oben S. 524) war der Verfasser in der ersten Abhandlung aus theoretischen Betrachtungen zu dem Schluss gelangt, dass die von VAN'T HOFF für Lösungen aufgestellten Beziehungen zwischen dem osmotischen Druck einerseits, der Temperatur, Dampfspannung und Gefrierpunkt andererseits nicht in so einfacher Weise, sondern nur durch complicirtere Ausdrücke dargestellt werden könnten. Der Verfasser findet jedoch in der zweiten Abhandlung unter Anwendung der richtigen Definition auch von den Principien der Thermodynamik ausgehend die Folgerungen von VAN'T HOFF theoretisch bestätigt. — Hinsichtlich der mathematischen Entwickelungen, welchen das thermodynamische Potential zu Grunde liegt, muss auf das Original verwiesen werden. *O. Kch.*

Gouy et G. Chaperon. L'équilibre osmotique et la concentration des solutions par la pesanteur. C. R. **105**, 117-119†; [Chem. CBl. **18**, 1071; [J. chem. soc. **52**, 1013; [ZS. f. phys. Chem. **1**, 526; [Beibl. **12**, 19, 1888.

Sind die Lösungen zweier Salze in dem gleichen Lösungsmittel gegeben, und ist das Lösungsmittel allein im Stande, die Scheidewand zu durchdringen, so stellen die Verfasser für das osmotische Gleichgewicht die folgende Gleichung auf:

$$\varphi(F_2, F_1) = (P_1 - F_1)\frac{K_1}{D_0} - (P_2 - F_2)\frac{K_2}{D_0}.$$

Hierin bedeuten P_1 und P_2 die Drucke in den beiden Flüssigkeiten in der Nachbarschaft der Scheidewand, D_0 das specifische Gewicht des Lösungsmittels, F_1, F_2 die Dampfspannungen der beiden Lösungen, K_1 und K_2 Contractionscoëfficienten, derart dass $\frac{K d\omega}{D_0}$ die Volumenzunahme ausdrückt, wenn das Gewicht $d\omega$ des Lösungsmittels einem bestimmten Volumen der Lösung hinzugefügt wird; endlich bezeichnet $\varphi(F_2, F_1)$ die Arbeit, welche erzeugt wird durch die Ueberführung der Gewichtseinheit des Dampfes aus einem Reservoir mit dem Druck F_2 in ein anderes mit dem Druck F_1. — Die Formel zeigt, dass der osmotische Druck, der absolute Werth von $P_1 - P_2$, sowohl von P_1 wie von P_2 abhängt, dass also das Gleichgewicht nicht nur durch die Differenz des äusseren und inneren Druckes bedingt ist.

Im gewöhnlichen Falle wird das Gleichgewicht durch eine Niveaudifferenz beider Flüssigkeiten hergestellt. Diese sog. osmotische Höhe h lässt sich aus obiger Gleichung berechnen unter der Annahme, dass die Lösungen homogen sind. — Die Höhe h lässt sich aber auch berechnen, wenn man das ganze System in einem geschlossenen Raume annimmt, wo alsdann bei constanter Temperatur im Gleichgewichtszustande keine Flüssigkeit von einer Lösung zur andern gelangen darf, weder durch Destillation noch durch die Scheidewand. Die Höhe *h* entspricht alsdann dem Destillationsgleichgewicht. — Der so erhaltene Werth von *h* stimmt mit dem ersteren nicht überein, also ist die Annahme einer völligen Homogenëität einer der Schwere unterworfenen Lösung nicht berechtigt. Es zeigt sich, dass man die Concentrationsunterschiede, welche in verschiedener Höhe durch die Schwere hervorgerufen werden, nur sehr gering anzunehmen braucht, um für *h* in beiden Fällen übereinstimmende Werthe zu erhalten. *O. Kch.*

GOUY et G. CHAPERON. Sur la concentration des dissolutions par la pesanteur. Ann. chim. phys. (6) **12**, 384-393†; [J. de phys. (2) **7**, 321-325; [Sill. J. (3) **35**, 75-76, 1888; [Chem. CBl. **19**, 171, 1888.

Die Abhandlung enthält die Ableitung der im vorhergehenden Referate erwähnten Gleichung und führt des Weiteren aus, dass eine der Schwere unterworfene Lösung nicht völlig homogen sein könne, sondern dass die Concentration von oben nach unten zunehmen müsse, wofern nicht das specifische Gewicht bei einer unendlich kleinen Concentrationsänderung ungeändert bleibt.

O. Kch.

Litteratur.

J. J. COLEMAN. On a new diffusiometer and other apparatus for liquid diffusion. Edinb. Proc. **14**, 374-380†; [Beibl. **13**, 62.

S. H. BURBURY. On the Diffusion of Gases. — A simple case of Diffusion. Phil. Mag. (5) **24**, 471-479.
Mathematischen Inhalts.

H. LEPLAY. Endosmose de DUTROCHET, analyse osmotique ou osmose de DUBRUNFAUT, dialyse de GRAHAM. Mon. scient. (4) **1**, 1401-1415†.

H. LEPLAY. Ueber einen Apparat zu Osmose-Versuchen und dessen Anwendung. ZS. f. Rübenz. **37**, 1143-1153.

H. J. HAMBURGER. Ueber die durch Salz- und Rohrzuckerlösungen bewirkten Veränderungen der Blutkörperchen. Arch. f. Physiol. 1887, 31-47†; [Beibl. 11, 568.

O. Kch.

P. H. Dojes. Diffusie tusschen vloeistoffen. Diss. Leiden. Van Doesburgh. 1887. 116 pp; [Beibl. 12, 20.

Lo.

7e. Absorption und Adsorption.

St. Gniewosz und Al. Walfisz. Ueber die Absorption von Gasen durch Petroleum. ZS. phys. Chem. 1, 70-72†; [Chem. Ber. 20 [2], 188; [J. chem. soc. 54, 342-343, 1888; [Chem CBl. 18, 397-398; [Rundsch. 2, 195; [Beibl. 11, 755.

Die verbreitete Ansicht, dass wässerige Flüssigkeiten durch eine Schicht Petroleum gegen den Einfluss der Luft geschützt seien, hat zur Voraussetzung, dass die Absorptionscoëfficienten der Gase, insbesondere der des Sauerstoffs, in Petroleum Null, oder doch weit geringer seien, als im Wasser. Die Versuche der Verfasser ergaben jedoch, dass Petroleum die Gase nicht in geringerem, sondern zum Theil in weit stärkerem Maasse aufnimmt, als Wasser. — Untersucht wurden Wasserstoff, Stickstoff, Sauerstoff, Stickoxydul, Aethylen, Kohlendioxid, Kohlenoxid und Methan.

O. Kch.

G. Maw. On some phenomena connected with the freezing of aërated water. Nature 35, 325-326†; [Sill. J. (3) 33, 306-307; [Beibl. 11, 503, 755.

Lässt man lufthaltiges Wasser gefrieren, so nimmt die Zahl

der im Eis ausgeschiedenen Luftblasen von oben nach unten zu. Es rührt dies davon her, dass beim Gefrieren ein Theil der Luft in Form von eingeschlossenen Luftblasen frei wird, ein Theil sich in dem noch flüssigen Wasser löst und erst bei zunehmender Dicke der Eisschicht ausgeschieden wird. *O. Kch.*

CH. J. BAKER. Absorption of gases by carbon. J. Chem. Soc. **51**, 249-258†; [Chem. News. **55**, 65; [Bull. soc. chim. **50**, 257-258, 1888; [Sill. J. (3) **33**, 421; [Chem. CBl. (3) **18**, 328-329; [Rundsch. **2**, 170; [Beibl. **11**, 755.

Der Verfasser gelangt zu folgenden Resultaten: Feuchter Sauerstoff, welcher von Kohle im Vacuum bei —15° während 1 Stunde absorbirt wird, konnte bei Erhöhung der Temperatur bis 12° nicht ausgetrieben werden. — Wurde Wasserdampf und Sauerstoff in gleicher Weise absorbirt, so gab die Kohle bei siebentägiger Erwärmung auf 100° das Siebenfache ihres eigenen Volumens an Kohlensäure ab. Dagegen wurde keine Kohlensäure entwickelt, wenn die Kohle mit Wasserdampf behandelt war und es wurde weder reiner Sauerstoff noch Kohlenoxid abgegeben, wenn der benutzte Sauerstoff trocken war. — Erst bei 450° wurde absorbirter trockener Sauerstoff, und zwar hauptsächlich als Kohlenoxid ausgetrieben.

O. Kch.

Litteratur.

CH. J. BAKER. Chemische Einwirkung von Kohle auf absorbirten Sauerstoff. J. Chem. Soc. 1887, 249; [ZS. f. Unt. 1, 220, 1888.

LUNGE. A new apparatus for condensing gases by contact with liquids. Rep. Brit. Ass. 1887, 640. Titel.

F. NETTLEFOLD. The absorption of nitric oxide by sulphuric acid. Chem. News. **55**, 28-29†, [Chem. Ber. **20** [2], 97.

L. ERRERA. Wie vertreibt der Alkohol die Luftblasen? Bull. soc. belg d. microscopie 1887, 69; [Rundsch. **2**, 300†.

H. DREHSCHMIDT. Ueber die Absorption des Kohlenoxyds durch Kupferchlorür. Chem. Ber. **20**, 2752-2755†; [Bull. soc chim. **49**, 411, 1888; [J. chem. soc. **54**, 88, 1888; [Chem. CBl. **18**, 1527. *O. Kch.*

A. GIRARD. De l'absorption de l'iode par les matières amylacées. Application au dosage de ces matières dans les produits agricoles. Ann. chim phys. (6) **12**, 275-88.

M. LEBENSBAUM. Ueber die Menge des bei der Spaltung des Hämoglobins in Eiweiss und Hämatin aufgenommenen Sauerstoffs. Monatsh. f. Chem. **8**, 165-180. *Bde.*

A. E. TUTTON. Condensation of gases. Nature **36**, 105-107. *O. Kch.*

Zweiter Abschnitt.

A k u s t i k.

8. Physikalische Akustik.

Lord RAYLEIGH. On the maintenance of vibrations by forces of double frequency and on the propagation of waves through a medium endowed with a periodic structure. Phil. Mag. (5) **24**, 145-160†; [Cim. (3) **25**, 78, 1889.

Es giebt eine Classe von erzwungenen Schwingungen, bei denen periodische Einflüsse wirken, welche direct gar keine Verschiebungen des schwingenden Systems in Richtung der entstehenden Bewegung anstreben, sondern irgend welche im freien System constante Verhältnisse periodisch ändern. Das von MELDE erfundene Experiment, einen von der Zinke einer Stimmgabel aus gespannten Seidenfaden in Schwingungen zu versetzen, auch wenn der Faden in Richtung der Gabelschwingung gespannt ist, ist ein Beispiel für diese Art von Erregung, denn hier wird durch die Schwingungen der Gabel nur die Spannung des Fadens periodisch verändert, und doch entsteht eine starke transversale Schwingung, deren Periode doppelt so lang wie diejenige der Gabel ist.

Das allgemeine mathematische Problem auf die Bewegung eines einzigen Massenpunktes reducirt, liegt in der Integration folgender Differentialgleichung:

$$\Phi \cdot \frac{d^2w}{dt^2} + \Psi \cdot \frac{dw}{dt} + \Theta \cdot w = 0,$$

unter der Annahme, dass die Masse Φ, die Reibung Ψ und die elastische Kraft Θ nicht constant sind, sondern periodisch wechseln, so dass wir sie, bei passender Wahl der Zeiteinheit durch folgende Ausdrücke darstellen können:

$$\Phi = \Sigma\Phi_n e^{2int}, \quad \Psi = \Sigma\Psi_n e^{2int}, \quad \Theta = \Sigma\Theta_n e^{2int}.$$

Bei vielen Betrachtungen wird es genügen, die Grössen gleich einer Constante plus einem mit cos $2nt$ proportionalen Gliede zu setzen.

Ein specieller Fall dieser Differentialgleichung (Φ constant, $\Psi = 0$) wurde von Hill in der Theorie der Mondbewegung behandelt, dessen Rechnung wiedergegeben und zum Vorbild für die eigenen Entwickelungen des Verf. genommen wird.

Es wird ein Integral aufgestellt von der Form

$$w = \sum_n b_n \, . \, e^{ict + 2int}$$

durch dessen Einführung in die Differentialgleichung in bekannter Weise homogene lineare Gleichungen für die b_n entstehen, deren Lösbarkeit das Verschwinden der Determinante verlangt. Das Verschwinden dieser Determinante als Function von c liefert nun eine Bestimmungsgleichung für die möglichen Werthe dieser noch unbekannten Grösse c. Die Einzelheiten der sehr eleganten Rechnung sind nicht in Kürze wiederzugeben. Für einzelne bestimmte Fälle lassen sich dann auch specielle Formen des Integrales aufstellen, wobei sich zeigt, dass je nach den angenommenen Werthen der Coëfficienten Φ_n, Ψ_n, Θ_n die Wurzeln c reell oder complex und im letzteren Falle entweder mit positivem oder negativem imaginärem Theile ausfallen. Danach richtet es sich dann, ob die Bewegung stationär, ins Unendliche wachsend oder absterbend ist.

Als weiteres Beispiel wird ein gespannter von intermittirenden Strömen durchflossener Draht angeführt, dessen Spannung durch die periodische Erwärmung verändert wird. Auch auf elektrische Schwingungen ist die Betrachtung anzuwenden, wenn man unter Θ die Capacität eines Condensators, unter Ψ und Φ den Widerstand und die Selbstinduction eines die Platten verbindenden Leitungsdrahtes versteht. Durch periodische Variation auch nur eines dieser Elemente müssen zufolge der vorgetragenen Theorie elektrische Schwingungen entstehen.

Das Problem der Fortpflanzung einer Welle durch eine gespannte Saite, deren Längendichte von Ort zu Ort periodisch wechselt, wird auf einen Specialfall derselben Differentialgleichung zurückgeführt, nur tritt hier die Längenabmessung an Stelle der fortschreitenden Zeit. Bei hinreichend grosser Variation der Dichte erscheint durch das Complexwerden der Wurzeln c das interessante Resultat, dass eine in bestimmter Richtung abgesendete Welle schliesslich total reflectirt wird, ein Fall, der seine Analogie in der Reflexion des Lichtes in Medien von blättriger Structur findet. Wenn beispielsweise eine gespannte Saite in gleichen Abständen durch schwere Massenpunkte belastet wird, und man schickt eine Wellenbewegung hindurch, deren Länge doppelt so gross ist, als der Abstand der Belastungen, so müssen sich die partiellen Reflexionen an den einzelnen Massenpunkten mit gleicher Phase superponiren, und so eine starke Reflexion zu Stande bringen.

K. M.

A. HARNACK. Ueber die mit Ecken behafteten Schwingungen gespannter Saiten. Math. Ann. **29**, 486-499†.

Der Zweck dieser rein theoretischen Abhandlung ist weniger die Auffindung neuer Resultate, als vielmehr eine mathematisch einwurfsfreie Begründung der Gültigkeit bekannter Resultate. In der That hat ja das in Form einer FOURIER'schen Reihe gegebene allgemeine Integral für die Bewegungen einer gespannten Saite grössere Freiheiten, als ihm die bekannte Differentialgleichung

$$\frac{\partial^2 \eta}{\partial t^2} = a^2 \cdot \frac{\partial^2 \eta}{\partial x^2}$$

erlaubt. Denn diese verlangt überall die Existenz des zweiten Differentialquotienten, während die Form des Integrales Sprünge des ersten Differentialquotienten in endlicher Anzahl zulässt, welche Ecken in der Gestalt der Saite (Sprünge von $\partial\eta/\partial x$) und plötzliche Geschwindigkeitsänderungen (Sprünge von $\partial\eta/\partial t$) bedeuten. Es muss an solchen Stellen die Gültigkeit der Differentialgleichung aufhören, und an deren Stelle tritt dann eine andere Bedingung, welche unter Annahme der stetigen Wanderung der Abscisse c der Ecke, und unter Anwendung der Indices 1 und 2 für beide Seiten der Ecke folgendermassen geschrieben werden kann:

$$\left(\frac{\partial \eta_2}{\partial t} - \frac{\partial \eta_1}{\partial t}\right) \cdot \frac{dc}{dt} = a^2 \left(\frac{\partial \eta_1}{\partial x} - \frac{\partial \eta_2}{\partial x}\right).$$

Daraus folgt durch eine leichte Betrachtung, dass eine Ecke stets mit der constanten Geschwindigkeit $\pm a$ fortrücken muss.

An Stelle der unbeschränkten Gültigkeit der bekannten Differentialgleichung stellt Harnack als Bedingung auf, dass für alle x und t gelte:

$$\int_0^x \frac{\partial^2\eta}{\partial t^2} \cdot \sin \mathfrak{a}\pi \frac{x}{l}\, dx = a^2 \cdot \int_0^x \frac{\partial^2\eta}{\partial x^2} \cdot \sin \mathfrak{a}\pi \frac{x}{l}\, dx.$$

Diese Bedingung ist unter Anwendung der Annahmegleichung auch für Ecken erfüllt. Die Einzelheiten der Rechnung können nicht wiedergegeben werden.

Nach einer als Beispiel behandelten Beschreibung der einzig möglichen Bewegung mit nur einer Ecke zwischen zwei geradlinigen Strecken (Helmholtz's Bewegung gestrichener Saiten) werden die folgenden Eigenschaften einer Saitenbewegung mit beliebig vielen Ecken zwischen geraden Strecken abgeleitet: die Veränderung der Lage einer jeden Strecke während ihrer Existenz besteht nur in einer Drehung um einen festen Punkt. Ist sie aber einmal in einen Doppeleckpunkt degenerirt gewesen und erscheint dann wieder, so ist im Allgemeinen die Lage des Drehpunktes verändert. Die Ecken selbst laufen mit der constanten Geschwindigkeit $+a$ auf parabolischen Bögen. Als Bewegung mit nur zwei Ecken, bei welcher als Besonderheit noch die mittlere Strecke ihren Drehpunkt stets im Unendlichen hat, wird die bekannte Bewegung gezupfter Saiten wiedererkannt. *K. M.*

E. Bazzi. Metodo per mostrare la legge di oscillatione di una corda vibrante. Cim. (3) **22**, 155-156†.

Betrachtet man durch einen massiven Glascylinder oder durch eine mit Wasser gefüllte weite Glasröhre hindurch eine gerade Linie von schräger Richtung gegen die Cylinderaxe, so erscheint sie S-förmig gebogen, und bei geeignetem Abstand schneidet die Mitte dieser Curve die Cylinderaxe rechtwinklig. Je geringer der Unterschied der Richtung zwischen Linie und Cylinderaxe ist, um so stärker ist die Vergrösserung des mittleren Theiles des Bildes, die Linie erscheint alsdann verdickt, und folglich bringt auch eine geringe seitliche Verschiebung der Object-Linie eine grosse Verschiebung der Bildmitte in Richtung der Cylinderaxe hervor. Auf dieser Erfahrung beruht die in Rede stehende Methode. Die Saite selbst ist die beobachtete gerade Linie. Die kleinen Transversalschwingungen werden umgesetzt in grosse Verschiebungen längst der Cylinderaxe. Um diesen Mittelpunkt des *S*-förmigen Bildes gesondert betrachten zu können, verdunkelt man den Raum und lässt das Licht nur durch einen grossen der Cylinderaxe parallelen fernen Spalt einfallen. Ein solcher Spalt erscheint als scharfer schmaler Lichtstreifen in der Cylinderaxe; die Saite zeigt sich dann nur als Unterbrechung, als dunkler Punkt auf dieser hellen Linie. Das Hin- und Hergehen dieses Punktes beim Schwingen der Saite beobachtet man in einem rotirenden Spiegel, und kann so die Schwingungsformen studiren. Die Methode empfiehlt sich durch die Einfachheit der Mittel zur Demonstration. Für genaue Beobachtungen hat sie den Uebelstand, dass nicht ein bestimmter Saitenpunkt beobachtet wird, sondern je nach der Elongation der Saite andere und andere Saitenpunkte ihren Schatten werfen.

K. M.

J. Puluj. Objective Darstellung der wahren Gestalt einer schwingenden Saite. Wien. Ber. **95** [2] **3**, 355-58†; Wien. Anz. **24**, 49; Wied. Ann. **31**, 1033-36; Lum. El. **26**, 432-33; [Cim. (3) **24**, 269, 1888; [ZS. f. Inst. **7**, 403; [ZS. f. Unterr. **2**, 137-138.

Diese Methode ist stroboskopisch. Die schwingende Saite ist vor einem transparenten Schirm aufgespannt, der von hinten durch intermittirendes Licht erleuchtet wird, dessen Periode gleich der der Saitenschwingung sein muss. Das Licht wird durch einen Inductionsapparat in einer als „phosphorescirende Lampe" bezeichneten Vacuumröhre erzeugt, welche eine mit fluorescirender Substanz bestrichene Glimmerplatte einschliesst. Solche Lampen werden von F. O. R. Goetze in Leipzig, Härtelstr. 6 fabricirt.

K. M.

J. Puluj. Ein Interferenzversuch mit zwei schwingenden Saiten. Wien. Ber. [2] **99**, 947-51†; Wien. Anz. **24**, 228; [Rundsch. **3**, 51; [Beibl. **12**, 440, 1888.

An beiden Zinken einer Stimmgabel werden Seidenschnüre befestigt und parallel nebeneinander in gleicher Länge ausgespannt, indem sie über eine Rolle geführt und durch gleiche Gewichte angezogen werden. Bei passender Länge der Saiten erzeugt die Stimmgabelbewegung stehende Schwingungen in denselben, die einander gleich aber von entgegengesetzter Phase sind. Schlingt man um beide Saiten am Orte eines Bauches ein dünnes Seidenfädchen, so bleiben beide Saiten von dieser Stelle an in Ruhe, weil die Bewegungen beider Saiten durch das Fädchen auf einander übertragen werden und sich durch Interferenz vernichten.

K. M.

Shohé Tanaka. Ueber Klangfiguren, insbesondere über die Schwingungen quadratischer Platten. Wied. Ann. **32**, 670-683†.

Die Integration der Differentialgleichung für die Bewegung schwingender Platten ist bis jetzt nur für den Fall eines kreisförmigen Randes gelungen (Kirchhoff), dagegen kennt man kein Integral, welches für quadratische Platten den Randbedingungen genügte. Es giebt aber erfahrungsmässig Schwingungsarten, bei denen die Knotenlinien gleichweit abstehende Parallelen zu den beiden Kantenrichtungen sind. Im Innern der Platte entstehen dadurch lauter gleiche rechteckige Schwingungsfelder, während an den Rändern Rechtecke von nahezu der halben Fläche und an den vier Ecken von ungefähr ein Viertel derselben entstehen. Betrachten wir nur die Bewegung eines inneren durch Knotenlinien abgegrenzten Stückes der Platte, so haben wir dabei die einfache Randbedingung, dass die Verschiebung u dort stets gleich Null sein muss. Alsdann stellt:

$$u = \left(A \cos \frac{m\pi x}{l} \,.\, \cos \frac{n\pi y}{l}\right) \sin 2\pi \frac{t}{T}$$

eine für das Innere gültige Lösung dar. Die Axen für die rechtwinkligen Coordinaten x und y liegen dabei nahezu in den Rändern der Platte, l ist die Kantenlänge und T die Periode des erklingenden Tones. Dabei zeigt die Platte m Knotenlinien parallel der y-Axe und n solche in Richtung der x-Axe. Die Randbedingung für die freien Kanten der Platte ist nicht erfüllt. Die Lösung ist eine Annäherung. Da beide Kantenrichtungen gleichberechtigt sind, muss es eine zweite Schwingungsart, eine „Schwesterschwingung" mit demselben Tone T geben, bei dem nur die Platte um 90° gedreht erscheint, also die ganzen Zahlen m und n vertauscht sind. Die Superposition beider liefert daher auch eine Schwingung mit dem einfachen Tone T, ihre Darstellung ist:

$$u = \left(A \cos\frac{m\pi x}{l} \cos\frac{n\pi y}{l} + B \cos\frac{n\pi x}{l} \cos\frac{m\pi y}{l}\right) \sin 2\pi \frac{t}{T}.$$

Durch diese Formel werden durch Variirung des Verhältnisses $A:B$, und unter verschiedenen Annahmen für die Zahlen m und n eine grosse Anzahl von beobachteten und fixirten Klangfiguren sehr befriedigend ausgedrückt. Selbst die Abweichungen des Verlaufs am Rande sind nur gering. Die analytische Gleichung der jedesmaligen Knotenlinien erhält man, wenn man in der letzten Gleichung die Klammer gleich Null setzt. *K. M.*

F. MELDE. Akustische Experimentaluntersuchungen.

Wied. Ann. **30**, 161-190; [J. d. phys. (2) **7**, 50-51, 1888; [Cim. (3) **24**, 80, 1888; [Sill. J. (3) **33**, 238; [Rundsch. **2**, 101-2; [Naturf. **20**, 125-26.

Es werden die Schwingungen von Rotationsflächen beschrieben, speciell die Beobachtungen an cylindrischen Blechgefässen und an Glasglocken, welche alle mit Flüssigkeiten gefüllt wurden, theils um durch deren Wellen auf die Bewegung der festen Wände zu schliessen, theils um die Leitung der Schwingungen durch die Flüssigkeit zu studiren. Die Bewegung der Flüssigkeitsoberfläche wird sichtbar gemacht, indem man über die durch Capillarattraction an den Rändern emporgezogene Fläche von Leimwasser eine dünne Schicht Petroleum giesst, welche den Rand nicht erreicht, oder indem man leichte Pulver (Lycopodium, besser noch Schwefelblumen oder Mennige) auf die Oberfläche streut. Die cylindrischen Gefässe werden durch Streichstäbchen zum Tönen gebracht. Sie zeigten stets eine gerade Zahl von Knotenlinien längs erzeugender Linien der Mantelfläche. Die Flüssigkeit zeigt Strömungen zu den Bäuchen hin, von den Knoten weg. Dazwischen entstehen Wirbel. Darauf lassen sich all' die mannigfachen Figuren des Staubes auf der Wasserfläche zurückführen. Auch die Erregung eines zweiten Gefässes, welches innerhalb des ersten concentrisch oder excentrisch auf Gummifüssen aufgestellt war und nur durch die Flüssigkeitsfüllung mit dem ersteren verbunden war, wurde geprüft. Die Erregung fand im Allgemeinen so statt, dass der zweite Hohlkörper denselben Ton gab, wie der erste, was man leicht feststellen konnte, da ein auf den einen Cylinder abgestimmtes mitschwingendes Glasfädchen auch nach Befestigung an dem Zweiten stark erregt wurde.

Eine andere Art von Resonanz (conforme Resonanz) ist die, bei der die Schwingung des miterregten Cylinders derjenigen des direkt erregten geometrisch ähnlich ist. Dieser Fall tritt ein wenn der Zwischenraum zwischen beiden Flächen eng ist. Die Knotenlinien liegen auf beiden Flächen hierbei stets genau gegenüber, wie man nach Ankleben von mitschwingenden Glasfädchen durch Drehen des inneren Gefässes erkennen kann.

K. M.

N. Hesehus. Ueber das Schallleitungsvermögen der Körper. Exner Rep. **23**, 242-45†; J. russ. phys. chem. Ges. **17**, 326-30; ZS. f. phys. u. chem. Unt. **1**, 75-76; [J. de phys. Apr. 1887; [Phil. Mag. (5) 548; [Beibl. **11**, 15.

Um das verschiedene Schallleitungsvermögen der festen Körper zu demonstriren, stelle man sich geometrisch gleiche Stäbe (Bleistiftformat) aus verschiedenen Materialien her, welche mit ihrer unteren Endfläche auf einen Resonanzboden aufgesetzt werden. Drückt man nun den Fuss einer schwingenden Stimmgabel gegen die obere Endfläche, so hört man je nach der Leitungsfähigkeit einen stärkeren oder schwächeren Ton. Weicher Kautschuk leitet so gut wie garnicht, in zunehmender Güte steht die Leitung von Kork, Guttapercha, Holz, Glas, Stahl, Aluminium. Langholz leitet fünfmal besser als Querholz. Die aufgestellte Reihe zeigt bemerkenswerthe Uebereinstimmung mit derjenigen für zunehmende Fortpflanzungsgeschwindigkeit des Schalles. Die Leitung ist um so besser, je geringer die Dichtigkeit, je grösser die Volumelasticität und je weniger innere Reibung (elastische Nachwirkung) vorhanden ist. *K. M.*

Brillouin. Signaux sonores sousmarins. C. R. **104**, 1821-22.

Kurze Mittheilung über die Anwendung der zuerst von Colladon (C. R. **13**, 439, 1841) vorgeschlagenen Methode, die Schallleitung des Wassers zu Signalen zu benutzen, sei es um Schiffe vor Zusammenstössen zu schützen, vor Klippen zu warnen oder Mittheilungen zu machen. Als Schallquellen dienen dicke Glocken, die durch Hammerwerke angeschlagen werden. Ueber die Vorrichtung zum Hören sind keine Angaben gemacht. *K. M.*

W. Brockmann. Beobachtungen an Orgelpfeifen.
Inaug. Diss. Wied. Ann. **31**, 78-90†; [J. de phys. (2) **7**, 87; [Cim. (3) **24**, 175, 1888.

Die Luftbewegung und Druckveränderung im Innern offener Pfeifen und im Anblasestrom werden mit Hülfe kleiner Gasflammen, die man durch eine stroboskopischer Scheibe hindurch betrachtet, experimentell festgestellt. Macht man den Anblasestrom durch beigemischten Rauch sichtbar, so sieht man durch das Stroboskop das Luftblatt abwechselnd nach innen und aussen schlagen, und zwar zeigt sich dasselbe in seinen unteren Theilen noch nach aussen gewölbt, wenn seine oberen Theile schon in die Pfeife hineingerissen werden. Verschiedene Pfeifen verhalten sich verschieden. Bei einigen ist das Hineinschlagen sehr stark; diese lassen aus ihrem offenen Ende einen dauernden Luftstrom austreten, den man an dem Rauch aus dem Anblasestrom erkennt. Bei anderen Pfeifen wird aller Rauch an der Mundöffnung nach aussen gestossen; diese zeigen einen Luftstrom in das offene Ende der Röhre hinein. Man kann beide Erscheinungen an derselben Pfeife hervorrufen, indem man das aus dem Spalte austretende Luftblatt durch eine niedrigere oder höhere Wand gegen die von aussen mitgerissene Luft schützt. Man kann so auch den Zustand finden, in welchem gar kein Luftstrom durch das Pfeifenrohr geht. Dieser eignet sich am besten zur Beobachtung der Luftbewegung in der Pfeife.

Zu diesem Zwecke wurde eine kleine Gasflamme, die quer gegen die Pfeifenaxe gestellt war, ins Innere einer weiten gläsernen Orgelpfeife gebracht. Der Druck, unter dem das Leuchtgas aus einer 0.2 mm weiten Glasspitze strömte, betrug 2.5 cm Wasser. Man erhielt eine horizontale spitze Flamme von 1 cm Länge. Die verticale Geschwindigkeit der Luft am Ort der Flamme lenkt die Spitze nach oben oder unten ab, also vertical, während Druckänderungen die Flamme verkürzen oder verlängern, also die Spitze horizontal verschieben. Beide Wirkungen setzen sich zusammen und ertheilen der Flammenspitze eine elliptische Bahn, die man auch ohne Stroboskop erkennt. Durch die rotirende Löcherscheibe erkennt man noch den Sinn, in welchem die Spitze die Ellipse durchläuft, und daraus schliesst man, ob das Druckmaximum mehr oder weniger als $^1/_4$ Periode hinter dem Geschwindigkeitsmaximum liegt. Etwas störend ist der Umstand, dass die Wirkung der Druckschwankungen auf die Flamme etwas nachschleppt, während die Geschwindigkeit momentan wirkt. Es liessen sich auf diese Weise die von Helmholtz aus seiner Theorie der offenen Pfeifen gewonnenen Erkenntnisse bestätigen. Auch die Abweichung der Richtung der Luft von der Axenrichtung nahe am offenen Ende wurde beobachtet. *K. M.*

Brillouin. Sur les tuyaux sonores et les résonateurs.
J. de phys. (2) **6**, 205-228†; [Beibl. **12**, 93, 1888.

Elementare Darstellung der Helmholtz'schen Theorie der Luftschwingungen in offenen Röhren und Resonatoren. Nach Vorlesungen von Brillouin aufgezeichnet von U. Lala. *K. M.*

W. N. Shaw und F. M. Turner. On some measurements of the frequencies of the notes of a Whistle with adjustable pitch. Proc. Cambr. **6**, 90-94; [Rundschau **3**, 78-79, 1888.

An einer kleinen Pfeife, deren Länge durch Einschieben eines Kolbens verändert werden konnte, wurden Messungen der Wellenlänge nach der von Rayleigh in Phil. Mag. (5) **7**, 153 angegebenen Methode angestellt, um zu constatiren, ob die Berechnung der Tonhöhe aus der Länge genügend genau sei. Die nach Rayleigh gemessene Wellenlänge war immer erheblich grösser als die vierfache Länge der Pfeife. Bis zu 3 mm Länge hinab (15.84 mm Wellenlänge) gab die Pfeife noch Knoten, während die Hörbarkeitsgrenze für die Beobachter bei 3.7 bis 3.8 mm Pfeifenlänge lag. Die Verfasser bestätigen noch andere bekannte Dinge und schliessen mit einer Bemerkung über die Helmholtz'sche Schallgeschwindigkeitsformel. *Bde.*

F. Neesen. Akustische Beobachtungen. Wied. Ann. **30**, 432-452†; [Cim. (3) **24**, 87, 1888.

V. Dvorak. Bemerkung zum Vorangehenden. Wied. Ann. **31**, 536-540.

F. Neesen. Erwiderung. Wied. Ann. **32**, 310-313; [Cim. (3) **25**, 168.

Neesen stellte vielfache Versuche an, um hinter die Ursache der Rippenbildung bei den Kundt'schen Staubfiguren zu kommen. Eine Erklärung für diese Erscheinung wird nicht gefunden, indessen wurden manche Thatsachen durch diese Versuche festgestellt.

Die von Bourget (Mém. soc. phys. Bordeaux 9, p. 329, 1873) gegebene Erklärung, wonach die Rippen von einem bestimmten, durch die Röhrenlänge bestimmten, bevorzugten Obertone herrühren sollen, wird abgewiesen. Denn die Rippenabstände ändern sich nicht wesentlich, wenn das Rohr um das Vielfache einer halben Wellenlänge verändert wird. Ferner entstehen die Rippen auch, wenn statt eines geriebenen Stabes als Wellenerreger eine elektromagnetisch getriebene Stimmgabel angewendet wird, welche doch gar keine einflussreichen Obertöne hervorbringt. Ferner wird festgestellt, dass bei abnehmender Wellenlänge die Rippenabstände gleichfalls abnehmen, aber weniger stark, so dass bei tiefen Tönen (Stimmgabelerregung) mehr Rippen in einem Abschnitt auftreten. Die Rippenbildung findet nicht nur an der Wand der Glasröhre statt, sondern ebenso an Stellen, die mit Siegellack überzogen sind, oder auf Kartenblättern, die die Wand der Röhre nur in wenigen Punkten berühren. Bei stärker werdender Erregung wandern die Rippen nach den Schwingungsbäuchen zu. Ist die Länge der offenen Röhre kleiner als eine halbe Wellenlänge (was man nur bei Anwendung einer tiefen Stimmgabel herstellen kann), so wird der Staub aus dem Rohre herausgeblasen. Da Dvorak (Pogg. Ann. 157, S. 42, 1876) die Rippen durch Luftströmungen erklärt, welche durch den Ueberdruck im Knoten von Wellen mit endlicher Elongation erzeugt werden, wurde versucht, diesen Ueberdruck durch Manometer nachzuweisen. Zu dem Zwecke wurden enge offene Glasröhrchen, die einen verschiebbaren Wassertropfen enthielten, in das weite Rohr eingeführt, aber mit negativem Resultat, es liess sich kein Ueberdruck nachweisen. Eine andere Erscheinung zeigte sich bei dieser Gelegenheit: Die offenen Enden der Manometerröhren bliesen das Pulver fort, gleich als ob aus ihnen ein Luftstrom hervorginge, eine Erscheinung, die am stärksten war, wenn ein am anderen Ende geschlossenes Röhrchen $^1/_4$ Wellenlänge, ein beiderseits offenes aber $^1/_2$ Wellenlänge lang war. Zugespitzte Oeffnungen wirkten stärker. Die Erklärung ist folgende: Die aus dem mitschwingenden Röhrchen austretende Verdichtungswelle geht als discontinuirlicher Luftstrahl geradlinig weiter, während die folgende Verdünnung Luft von allen Seiten ansaugt. Dieselbe Erklärung habe man der von Schellbach und Dvorak beobachteten Anziehung oder Abstossung dichterer oder dünnerer Stofftheilchen vor einer Resonatoröffnung zu geben. Die Reaction dieses scheinbaren Luftstromes, welcher aus verengter Oeffnung stärker als aus erweiterter austritt, sollte sichtbar gemacht werden an einem aus vier an einem drehbaren Kreuz befestigten conischen Papierröhrchen bestehenden kleinen Radiometer, welches in die lange Röhre eingeführt wurde. Dasselbe drehte sich genau im Knoten wirklich in der erwarteten Richtung, im Schwingungsbauch dagegen drehte es sich umgekehrt, wie ein Robinson'sches Anemometer, welches sich ja wegen der Unabhängigkeit von der Windrichtung auch im oscillirenden Strome einer schwingenden Luftsäule drehen muss.

Dvorak beschreibt in seiner Bemerkung zum Neesen'schen Aufsatz einen einwurfsfreien Versuch mit einem in ein Manometer auslaufenden Resonator zum Nachweis des bestehenden Ueberdrucks im Knoten starker Luftschwingungen. Unter anderem zweifelt er an der Drehung des oben beschriebenen Schall-Radiometers in schwingender Luft. Neesen theilt in seiner Erwiderung mit, er habe die Drehung des beschriebenen kleinen Apparates sowohl wie die eines Papprädchens der Berl. Physik. Gesellschaft vorgeführt.

K. M.

O. Tumlirz. Ueber die Fortpflanzung ebener Luftwellen von endlicher Schwingungsweite. Wien. Ber. **95** [2], 367-387†; [Beibl. **12**, 89, 1888.

Das Problem der Fortpflanzung ebener Luftwellen von endlicher Schwingungsweite (man vergl. auch Riemann, Stokes, Earnshaw, Mach) führt unter Annahme adiabatischer Zustandsänderungen zu den Differentialgleichungen:

$$\varrho \frac{du}{dt} = -A\varrho^{k-1} \frac{\partial \varrho}{\partial x} \text{ und } \frac{d\varrho}{dt} + \varrho \frac{\partial u}{\partial x} = 0,$$

wo ϱ die Dichtigkeit und u die Geschwindigkeit eines bestimmten Massenelementes am Orte x bedeutet, k ist das Verhältniss der beiden specifischen Wärmen und A ist eine bekannte Constante.

Solange es noch nicht gelungen ist, diese Differentialgleichungen zu integriren und die dabei auftretenden Functionen den Anfangsbedingungen gemäss zu bestimmen, muss man sich damit begnügen, durch Anwendung allgemein gültiger Principien auf den vorliegenden Fall Aufschluss über die in dem Problem liegenden Fragen zu holen. Eine solche Frage ist die Fortpflanzung oder der Verbleib der Verdichtungsstösse ($\partial\varrho/\partial x = -\infty$), welche nothwendig auftreten müssen, da die grösseren Dichtigkeiten bei ihrem schnelleren Fortschreiten die geringeren überholen müssen.

Verf. wendet auf die fortschreitende Welle als Ganzes das Princip von der Constanz der Energie an. Hat die Welle zur Zeit $t = 0$ zwischen den Abscissen $x = m$ und $x = n$ gelegen, so wird nach der Zeit t die Gesammtenergie U ausgedrückt sein durch:

$$U = \int_{m+at}^{n+at} (\tfrac{1}{2}\varrho u^2 + C_v \varrho T + \text{const.})\, dx.$$

Hier bedeutet a die gewöhnliche Schallgeschwindigkeit, C_v die specifische Wärme für constantes Volumen und T die absolute Temperatur, welche wegen der adiabalischen Compression durch ϱ allein bestimmt ist. Da sowohl äussere wie zerstreuende Kräfte ausgeschlossen werden, muss $dU/dt = 0$ sein. Dieser Differentialquotient des Integrales wird unter Verwendung der sich aus den Differentialgleichungen ergebenden Beziehung zwischen ϱ und u ausgeführt, und dabei zeigt sich das Resultat, dass, sobald ein Sprung von ϱ (Verdichtungsstoss) angenommen wird, dU/dt von Null verschieden wird, was gegen die Grundanschauungen über die Natur verstösst. Es beweist auch dieses falsche Resultat nur die wichtige Thatsache, dass beim Auftreten eines Verdichtungsstosses die sonst durch die ganze Welle geltende, oben erwähnte Beziehung zwischen ϱ und u gestört wird.

Die schon von Euler aufgeworfene Frage, warum eine ebene Welle (unendlich klein), die das Erregungsgebiet verlassen hat, nicht in jedem Augenblick, als neues Erregungsgebiet aufgefasst, Wellen nach beiden Seiten aussendet, sondern nur nach einer, erledigt sich dadurch, dass die Intensität dieser hypothetischen rückwärts laufenden Welle sich gleich Null berechnet, weil durch das ganze Gebiet der Welle hindurch eine bestimmte Beziehung zwischen Verdichtung und Geschwindigkeit herrscht. Sobald diese gestört wird, hat auch die bereits unterwegs befindliche Welle das Charakteristische eines echten Erregungsgebietes und es gehen von ihr Wellen auch nach rückwärts aus. Dies ist nun auch hier der Fall. Sobald sich ein Verdichtungsstoss bildet, entsteht eine rückläufige Welle, welche denselben wieder auflöst, sodass eine eigentliche Discontinuität von ϱ sich nicht mit der Welle fortpflanzen kann. Durch die rückläufigen Wellen wird nun die Energie der vorwärts schreitenden geschwächt, die grossen Verdichtungen nehmen ab, zugleich auch die grossen Geschwindigkeiten, und bald haben wir eine der gewöhnlichen Theorie unendlich kleiner Wellen entsprechende constante Fortpflanzungsgeschwindigkeit aller Theile und daher auch ein unveränderliches Profil der Dichtigkeitscurve.

Diese allgemeinen Angaben müssen genügen; die Einzelheiten der Rechnung lassen sich nicht abgekürzt wiedergeben.

K. M.

J. B. Baille. Étude de la vitesse du son dans les tuyaux de petit diamètre. J. de phys. (2), **6**, 493-507†; [Cim. (3), **23**, 278-279, 1888; [Rundsch. **3**, 123-125, 1888; [Beibl. **12**, 519-521, 1888.

Die Fortpflanzungsgeschwindigkeit von Luftwellen in sehr langen Röhren wurde gemessen durch Aufzeichnungen auf einer rotirenden Walze. Membranen an den Enden der Röhre schlossen oder öffneten bei der Ausbiegung durch die Welle elektrische Contacte, welche die Aufzeichnung vermittelten. Als Zeitmesser schrieb auf derselben Walze eine Normalgabel. Die Zeit konnte bis auf 0.01 Sek. genau gemessen werden. Als Erregung der Luftwelle genügte bei einem 300 m langen, 6 cm weiten Rohr ein Schlag auf eine der Membranen, dagegen mussten bei einer 80 m langen, nur 5 mm weiten Röhre sehr kräftige Luftstösse angewendet werden, wie sie durch kurzes Oeffnen eines Hahnes entstehen, der einen Raum mit stark gepresster Luft, oder aber ein Vacuum absperrt.

Die Messungen wurden deshalb gemacht, weil die Luft in den engen Röhren die durch Compression erzeugte Wärme leicht an die Wände abgiebt, so dass die Zustandsänderung nicht, wie in freier Luft, adiabatisch, sondern annähernd isothermisch ist. Für diesen Fall gilt Newtons theoretische Schallgeschwindigkeit von 279.95 m bei 0°. Nun wurden in der That Geschwindigkeiten gefunden, welche dieser Zahl sehr nahe kommen. Doch zeigte sich, dass die Resultate mit der Beschaffenheit der Membranen sehr beträchtlich variirten und vor allem von der Stärke der Welle in ganz regelmässiger Weise abhingen; auch veränderte die Reibung die Natur der Welle, indem sie das Profil derselben verlängerte, dagegen den Druck verringerte. Also trotz der der Newton'schen Zahl naheliegenden Resultate muss gesagt werden, dass die jener zu Grunde liegenden theoretischen Voraussetzungen nicht erfüllt sind.

Interessant ist das Resultat, dass von zwei kurz nach einander abgesendeten Verdichtungsstössen der zweite stark zurückbleibt, weil er sich gegen die durch die erste Welle erzeugten Rückströmungen in der zähen Luft durcharbeiten muss. Analogie: Von zwei dicht hintereinander in Oel geworfenen Wassertropfen fällt der zweite langsamer. *K. M.*

A. G. Stoletow. Ueber die Schallgeschwindigkeit in Röhren mit verdünnter Luft. J. russ. phys. Ges. **18**, 65-72; [Beibl. **11**, 18-19†.

Die nicht näher bezeichneten Versuche von Krajewitsch über die Abnahme der Schallgeschwindigkeit mit vermindertem Luftdruck werden zurückgeführt auf die vermehrte Wärmeleitung (kein adiabatischer Process mehr) und die innere Reibung (die Zähflüssigkeit der Gase nimmt mit der Verdünnung zu). In freier Luft sind beide Einflüsse unmerklich. Daher stimmt die Laplace'sche Formel für die Schallgeschwindigkeit gut mit den Erfahrungen. Aber bei engen Röhren und verdünnter Luft in denselben ist dies nicht mehr der Fall und zwar begünstigen die verhältnissmässig langsamen Schwingungen tiefer Töne die beiden Einflüsse mehr als hohe. Die Kirchhoff'sche Formel, welche auf beide Umstände Rücksicht nimmt, passt, so lange die Abweichungen als Correctionsglieder betrachtet werden können, ebenso gut zu den Zahlen von Krajewitsch, wie zu denjenigen, welche der Verf. selbst nach der Methode der Kundt'schen Staubfiguren erhalten hat.

K. M.

A. W. Rücker. Lecture-experiment for determining the velocity of sound. [Nat. **37**, 119; [Physic. Soc. 1887, Nov. 12; [Chem. News. **56**, 218; [Eng. **44**, 540; [Sill. J. (3) **35**, 252, 1888.

Der Versuch ist nach dem Vorbild der Fizeau'schen Methode zur Bestimmung der Lichtgeschwindigkeit angelegt. Die beiden nahe neben einander liegenden, offenen Enden einer langen U-förmigen Röhre werden abwechselnd geöffnet und verschlossen durch einen Kranz von Löchern in einer dicht vor beiden Mündungen rotirenden Scheibe. Vor das eine Ende wird eine Schallquelle (Pfeife), vor das andere, geschützt durch eine Wand vor dem directen Schalle, eine empfindliche Flamme gesetzt. Die Flamme zeigt sich je nach der Drehungsgeschwindigkeit der Scheibe ruhig oder erregt, und es ist leicht, aus der Rohrlänge, aus der Zahl der Löcher in der Scheibe und deren Umdrehungsgeschwindigkeit im Falle der Erregung die Geschwindigkeit des Schalles im Rohre zu berechnen. *K. M.*

J. Violle. Appareil pour montrer les deux modes de réflexion d'un mouvement vibratoire. J. de phys. (2) **6**, 339-341; [ZS. f. phys. u. chem. Unt. **1**, 32-37; [Beibl. **12**, 173, 1888.

Die beiden entgegengesetzten Arten der Reflexion einer Schallwelle am offenen oder geschlossenen Ende einer Röhre werden gezeigt, indem in ein 20 m langes Rohr ein Pistolenschuss abgefeuert wird. Nahe an dem Eingang ist eine Membran in der Röhrenwand mit einem auf einer rotirenden Walze schreibenden Hebel starr verbunden. Ist das hintere Röhrenende offen, so geht der Ausschlag des Hebels nach der entgegengesetzten Seite, wie beim Schuss, ist das Ende geschlossen, so geht er nach derselben Seite. Der Apparat ist auch zu Messungen zu brauchen, wenn man eine Stimmgabel auf derselben Walze schreiben lässt. Aus den mitgetheilten Zahlen erkennt man, dass die Geschwindigkeit der Explosionswelle zu Anfang am grössten ist, dass sie aber nach etwa zweimaligem Hin- und Rückgang constant und etwas kleiner als die Schallgeschwindigkeit in freier Luft wird. *K. M.*

H. FIZEAU. Sur certaines inflexions dans la direction des sons qui doivent parfois rendre inefficaces les signaux sonores en usage dans la navigation. C. R. **104**, 1347-1350†; [Cim. (3) **22**, 259; [Rundsch. **2**, 251.

Die Erfahrung, dass mitunter die stärksten Schallsignale (Nebelhorn, Dampfpfeife) in einiger Entfernung auf der See nicht mehr gehört werden, wird erklärt aus der geringeren Dichtigkeit der durch Berührung mit der Meeresfläche erwärmten untersten Luftschichten, eine Erscheinung, die namentlich Nachts und bei Nebelbildung vorkommt. Es ist einfach theoretisch nachzuweisen, dass im Falle einer von unten nach oben zunehmenden Luftdichtigkeit ein ursprünglich horizontaler Schallstrahl nach oben abgelenkt wird und zwar bei einer der Höhe proportionalen Zunahme der Dichtigkeit in Form einer Parabel. Beispielsweise ist berechnet, dass bei einer Temperaturabnahme von 0.1° für einen Meter Erhebung ein in der Meeresfläche entstehender horizontaler Schallstrahl in einer Entfernung von 1 km bereits 91 m über dem Meeresspiegel liegt, also ein in dieser Entfernung liegendes Schiff nicht treffen kann. Daher erscheint es geboten, sowohl die Schallsignale, als die Wachen so hoch als möglich auf den Schiffen anzubringen, um sie aus den in verkehrter Ordnung liegenden Luftschichten herauszuheben. *K. M.*

A. STEFANINI. Di alcune esperienze sulla misura dell' intensità del suono. Cim. (3) **22**, 97-114†; [J. d. ph. (2) **7**, 589; [Rundsch. **3**, 83-85, 1888; [Beibl. **12**, 320, 1888.

Zur Messung von Schallstärken bedient man sich als Schallerreger fallender Kugeln, die auf Platten aufschlagen. Es ist hierbei möglich, die zur Schallerzeugung verwendete Energie zu schätzen. Die Proportionalität des erregten Schalles mit der fallenden Masse ist direct plausibel; dagegen fanden OBERBECK (Wied. Ann. **13**, p. 222) und VIERORDT (Wied. Ann. **18**, p. 471), dass die Wirkung nicht proportional der Fallhöhe h, sondern proportional h^{ε} ist, wo ε etwas grösser als $\frac{1}{2}$ ist. Diese Messungen wurden von VIERORDT mit dem Ohre, von OBERBECK mit Mikrophon und Galvanometer in der Weise ausgeführt, dass die Fallhöhen h_1 und h_2 zweier verschieden schwerer Kugeln p_1 und p_2 so lange verändert wurden, bis die Schallwirkung die gleiche war. Alsdann kann man ε berechnen aus der Formel:

$$\varepsilon = \log \frac{p_1}{p_2} : \log \frac{h_2}{h_1} .$$

Aus diesen Messungen folgt also das rein physikalische Resultat, dass die entstehenden Luftschwingungen annäherd proportional der „Bewegungsgrösse" der aufschlagenden Kugel sind.

Bei STEFANINI nun, der den gleichen Plan verfolgt, bleibt die Schallerregung in der Luft ganz aus dem Spiele. Denn die schallgebende Platte und die schallempfangende Platte (Trommelfell, Membran etc.) ist hier durch eine einzige Stimmgabel ersetzt, deren horizontal liegende obere Zinke durch den Fall von Kugeln erschüttert wird, während die untere Zinke die Stelle einer Telephonmembran vertritt, indem ihre Schwingungen in einem dicht unter ihr stehenden Elektromagneten Wechselströme induciren, deren Stärke durch ein Elektrodynamometer gemessen wird.

Versuche mit zwei Kugeln und so gewählten Fallhöhen, dass das Elektrodynamometer gleichen Ausschlag zeigte, führten nach der OBERBECK'schen Formel zu dem Werthe:

$$\varepsilon = 0.408.$$

Bei ein und derselben Kugel waren die Ausschläge proportional der Fallhöhe.

Diese Resultate bestätigen nun lediglich die Richtigkeit folgender auch theoretisch gerechtfertigter Annahmen: 1) Dass die Amplitude der Gabel proportional der Bewegungsgrösse der aufschlagenden Kugel wird. Dies setzt $\varepsilon = 0.5$ voraus. Der Minderbetrag erklärt sich durch die nicht ganz vernichtete Bewegung der Kugel, Erschütterung des Gestells etc. 2) Dass die inducirten Stromstärken proportional der Amplitude der unteren Zinke werden, und 3) dass die Ausschläge des Elektrodynamometers proportional dem Quadrat der Stromstärken sind. Der ganze Apparat ist eigentlich ein umständliches Mittel zur Bestimmung der Amplitude der Stimmgabel.

In die weiteren Betrachtungen mischt der Verf. hypothetische Annahmen über die Abhängigkeit der Schallempfindung von der Amplitude der Schwingungen hinein, über welche man doch auf diese Weise gar Nichts erfahren kann. *K. M.*

PAUL STARKE. Die Messung von Schallstärken. Wundt, Philosoph. Studien 1886, **3**, 264-304; [Beibl. **11**, 215.

Die theoretische Annahme, dass die Schallstärke der Energie der erzeugenden Bewegung proportional sei, wird mittels fallender Stahlkugeln geprüft. Die subjective Abschätzung, ob für Hervorbringung von Schallen bestimmter Stärke wirklich das Product von Kugelgewicht und Fallhöhe constant sei, erscheint an sich schwierig, überdies von der Zeitfolge der Vergleichungs-Schalle abhängig. Man suchte daher zuvörderst die Fallhöhen, welche zwei Kugeln gleichen Gewichtes zu geben sind, um die hervorgebrachten Schalle eben noch unterscheiden zu können. Es wurden übereinstimmende Werthe erhalten, wenn entweder eine Kugel aus der Einheitsfallhöhe fiel, oder 2, 3, 4 ebenso grosse Körper beziehlich aus $\frac{1}{2}$, $\frac{1}{3}$, $\frac{1}{4}$ der Fallhöhe aufschlugen. — WEBERS Gesetz scheint für Schallstärken innerhalb weiter Grenzen zu gelten. *Hh.*

E. DOUMER. Étude du timbre des sons par la méthode des flammes manométriques. C. R. **105**, 222-224; [Cim. (3) **23**, 70, 1888; [Beibl. **12**, 173, 1888.

Nach der bereits im vorhergehenden Jahre (C. R. 2 août, 1886, diese Ber. 1886, **1**, 565-566) beschriebenen Methode, manometrische Flammen zu photographiren, um dadurch die Tonhöhen von Klängen zu vergleichen, soll es nun auch möglich sein, die

Zusammensetzung der Klänge zu erkennen, d. h. die Zerlegung in Partialtöne auszuführen und auch deren Phasenverschiebungen zu erkennen. An künstlich zusammengesetzten Klängen, bei denen man die Phasen der Componenten willkürlich und messbar verändern konnte, wurden Proben gemacht. Die Analyse der Flammenbilder lieferte gute Uebereinstimmung mit der bekannten Zusammensetzung der betreffenden Klänge (was übrigens einigermassen erstaunen muss, da eine einfache Sinusschwingung gar keine sinusförmige Flammenbegrenzung bildet). *K. M.*

E. GIESELER. Ueber singende und dabei hellleuchtende Flammen. Wied. Ann. **30**, 543-544†; [Cim. (3) **24**, 89, 1888.

Bei den im Inneren von Glasröhren zum Tönen gebrachten Gasflammen wird nothwendig wegen des periodisch wechselnden Druckes am Brenner der Hohlraum vom Brenner bis zum Hahn in Mitschwingungen versetzt. Man erzielt deshalb den besten Effect, wenn man diesem Raume denselben Eigenton giebt, den auch die Glasröhre besitzt und welchen die Flamme ertönen lässt. Man erreicht dies durch Probiren, indem man den Brenner auf einen geräumigen Kautschukschlauch steckt und diesen durch einen verschiebbaren Quetschhahn verschliesst oder wenigstens stark verengt. Bei richtig gefundener Lage des Hahnes kann man bei 1.5 m langem Glasrohr eine hellleuchtende vibrirende Flamme von mehr als 10 cm Länge erhalten. Diese Vorrichtung ist zu manchen Zwecken, wo intermittirende Beleuchtung gewünscht wird, zu verwenden. *K. M.*

O. FRÖLICH. Optische Darstellung der Vorgänge im Telephon mit Anwendungen. Elektrot. ZS. **8**, 210-217†; Lum. El. **24**, 381-383 und **25**, 180-187.

Wenn ein Telephon nicht durch starke Ströme, sondern durch die gewöhnlichen aus einem Absender-Telephon oder Mikrophon kommenden Stromschwankungen erregt wird, so ist die Bewegung der Eisenmembran nur durch feine Prüfungsmittel festzustellen. So eignet sich z. B. die (von Melde bei Stimmgabeln angewendete) Befestigung eines dünnen gespannten Fadens von passendem Eigenton an der Membran zum Nachweis der Bewegung der letzteren, denn die Saite wird in Schwingungen versetzt, wenn das Telephon ihren Eigenton wiedergiebt. Auch ein excentrisch auf die Membran geklebtes Spiegelchen zeigt mit Hülfe von Fernrohr und Scala oder mit Hülfe eines zweiten an einer Stimmgabel befestigten Spiegels durch Erzeugung Lissajous'scher Figuren die Bewegung der Membran. Bei dieser letzten Methode zeigt es sich an der Gestalt der Schwingungsfiguren, dass einfache Töne, die also pendelartigen Schwingungen entsprechen, durch die Telephonübertragung stets in unregelmässig complicirtere Schwingungen von gleicher Periode verwandelt werden, was eine Veränderung der Klangfarbe bedeutet.

Den ausgiebigsten Gebrauch machte der Verf. von den manometrischen Flammen. Es gelang, eine so enge Gas-Kapsel über der Telephon - Membran herzustellen, dass ausserordentlich kleine Ausbiegungen derselben (0.035 mm im Centrum) eine deutlich wahrnehmbare Veränderung der Flammenhöhe hervorbrachten, so dass es möglich war, durch Beobachtung im rotirenden Spiegel Aufschluss über Bewegungsform der Membran zu erhalten.

Unter den Anwendungen wird hervorgehoben das Studium der Wiedergabe der Vocale durchs Telephon. Die Flammenzacken wurden verglichen mit solchen, die gleichzeitig ohne Einschaltung des Telephons durch eine gewöhnliche manometrische Flammenkapsel entstehen. Die Formen der Bewegung der Membran waren in allen Fällen complicirter. Der Vocal *i* wirkte schlecht auf das Telephon, bei hoher Stimmlage (Männerstimmen auf dem Ton *e'*) werden die Formen für alle Vocale einander ähnlich. Consonanten erregen die Platte in verschwindendem Masse. Ferner wurden festgestellt die Veränderungen des übertragenen Klanges durch künstlich nachgeahmte sehr lange Leitungen (Leitungen von grossem Widerstand mit entsprechender Capacität und Selbst-Induction). Ausser der Abnahme der Amplituden zeigten sich Veränderungen der Schwingungsform, daher die Unverständlichkeit gesprochener

Worte. Da es unter Anwendung einer Flamme von $CS_2 + 6NO$ auch gelang, die Flammenbilder zu photographiren, so könnten auch Messungen nach dieser Methode ausgeführt werden, z. B. könnte die Geschwindigkeit eines Geschosses im Geschützlauf dadurch bestimmt werden, dass in das Geschoss ein Magnet und um den Lauf an verschiedenen Stellen Drahtrollen gelegt werden, die zu dem mit Flamme versehenen Telephon führen. Die Photographie auf rotirender Walze würde dann eine Messung der Zeit zulassen. *K. M.*

E. MERCADIER. Sur la théorie du téléphone: monotéléphone ou résonateur électromagnétique. C. R. **104**, 970-972; Rev. int. de l'électr. **4**, 332-333; Lum. El. **24**, 127-129; J. de phys. (2) **6**, 464-467; [Cim. (3) **22**, 86; [Rundsch. **2**, 201-202; [Beibl. **11**, 606.

Die Bewegung einer Telephonmembran besteht im Allgemeinen aus zwei Arten, welche sich superponiren. Die eine Art giebt ohne Auswahl Schwingungen aller Art wieder und ist von der Gestalt der Membran unabhängig. Dieser verdankt das Telephon die Fähigkeit, alle Sorten von Schall wiederzugeben. Die zweite Art ist die Schwingung in Eigentönen mit festen Knotenlinien. Diese bewirkt eine auswählende Wiedergabe ganz bestimmter Tonhöhen. Je nachdem man durch Befestigung der Platte die erste oder zweite Art von Bewegungen begünstigt, hat man ein Pantelephon (gewöhnliches Telephon) oder ein Monotelephon (elektromagnetischen Resonator). Zur Herstellung des letzteren befestigt man die Eisenplatte am besten nur in wenigen Punkten einer vorgeschriebenen Knotenlinie. Das Telephon spricht alsdann nur für den dadurch bestimmten Eigenton der Platte an, und man kann diesen Resonator für manche akustische Zwecke (von denen der Verf. später berichten will) gebrauchen. *K. M.*

W. H. PREECE. On the limiting distance of speech by Telephone. Proc. Roy. Soc. **42**, 152-158†; [Beibl. **11**, 796.

Die Anzahl der in einer Secunde durch eine lange elektrische Leitung ungestört leitbaren Wechselströme ist eine begrenzte, nämlich gleich dem reciproken Werth der Zeit, welche ein Strom zum Durchlaufen dieser Leitung braucht. Diese Zeit ist proportional dem Producte von Total-Widerstand und Totalcapacität der Leitung. Sind also die für die Drahtsorte und deren Lage charakteristischen, auf die Längeneinheit bezogenen Werthe des Widerstandes und der Capacität r und k, und die Länge selbst gleich l, so ist diese Zeit = const. $k r l^2$. Die Constante hängt nur von den Masseinheiten ab. Die Grösse dieser Zeit wurde an sehr vielen Telegraphenleitungen gemessen mit Hülfe von zwei auf den Endstationen gleichmässig rotirenden Scheiben, die in 162 isolirte leitende Sectoren getheilt war. Die Einzelheiten dieser Methode sind nicht angegeben. Ebenso wurden r und k genau gemessen, welch' letzteres ausser vom Draht selbst auch von seiner Höhe über dem Erdboden abhängt, und bei unterirdischen Leitungen einen viel grösseren Werth hat. Auf diese Weise konnte die erwähnte Constante ein für allemal bestimmt werden.

Die Grenze des deutlichen Sprechens durchs Telephon hängt nun von der Schwingungszahl der zum Verständniss der Sprachlaute durchaus nöthigen Obertöne ab. Diese findet man ungefähr gleich 1500. Verlangt man nun die äusserste Entfernung x, in der man die durch einen Draht von bestimmtem r und k noch deutlich telephonisch sprechen kann, so kann man aus obiger Constante und der Schwingungszahl 1500 oder besser durch directe Messungen eine neue Constante A bestimmen, welche bedeutet:

$$A = k r x^2.$$

A sollte bei allen Leitungen den gleichen Werth haben, ist aber bei Kabeln wegen der lecken Stellen und bei Eisen wegen des mitspielenden remanenten Magnetismus kleiner als bei Kupferdraht in Luft. Wird r in Ohm, k in Mikrofarad, x in englischen Meilen gemessen, so hat A folgende Werthe:

Kupferdraht, oberirdisch 15000
„ unterirdisch in Kabel . 12000
Eisendraht, oberirdisch 10000

Da ein atlantisches Kabel von 2584 engl. Meilen 2½ Wechselstrom pro Secunde noch eben durchlässt, so folgt wegen der Abhängigkeit vom Quadrat der Länge, dass ein Stück dieses Kabels von 100 engl. Meilen (also eine längere Telephonleitung) 1562 Wechselströme pro Secunde leitet, daher Gesprochenes im Telephon gut wiedergeben muss. Es werden daher für solche Entfernung unterirdische Telephonleitungen empfohlen, die den Vorzug grösserer Ungestörtheit vor den Luftleitungen haben. *K. M.*

KARSTEN. Ueber ein singendes Telephon. Elektrot. ZS. **8**, 299-300; Lum. El. **25**, 137-138.

Die mitunter beobachtete Erscheinung, dass bei Verbindung eines Mikrophones mit einem Telephone, letzteres ohne erkennbare Ursache in Folge von Erschütterungen, Geräuschen oder von selbst dauernd zu tönen beginnt, wird beschrieben und näher untersucht. In einigen Fällen war der erklingende Ton annähernd gleich dem Eigenton des Luftraumes vor der Telephonplatte, den man durch Anblasen erkennen kann. Ferner wird als Versuch einer Erklärung die Wechselwirkung zwischen Mikrophon und Telephon durch gegenseitige Veränderung der einem vom andern zugeschickten Ströme angeführt. *K. M.*

G. FORBES. Athermal telephone transmitter. Proc. Roy. Soc. **42**, 141-142; [Rundsch. **2**, 217; [Beibl. **11**, 607.

G. FORBES und J. MUNRO. Un nouveau téléphone. Lum. El. **23**, 640-641.

Im Boden eines Holzbechers ist ein 2 cm langer gesägter Spalt, in welchem ein sehr dünner Platindraht ausgespannt ist. Dieser Draht wird galvanisch in Rothgluth erhalten durch einen Strom, welcher ausserdem die primäre Rolle eines Inductoriums durchfliesst. Die secundäre Rolle ist mit einem Telephonempfänger verbunden. Durch Schallschwingungen im Holztrichter wird die Luft in dem Spalte bewegt, kühlt also den Platindraht, verändert damit dessen Widerstand und in Folge dessen die Stromintensität. Es entstehen also in dem secundären Leiter Inductionsströme, die das Telephon erregen. Der Apparat hat nur wissenschaftliches Interesse. Die hohen Töne werden schlecht wiedergegeben. Daher ist Gesprochenes schwer zu verstehen, die Klangfarbe ist verändert. *K. M.*

J. Munro. Le dynamo-téléphone du Prof. S. Thompson. Lum. El. **23**, 180-182.

— — Les études téléphoniques du Prof. S. Thompson. Lum. El. **23**, 437-439; Rev. int. **4**, 426-434; Elektrot. Zs. **8**, 125-128; Elektrot. Rundsch. **4**, Heft 5.

— — Recherches téléphoniques. Lum. El. **23**, 487-488.

Das Dynamo-Telephon von S. Thompson erzeugt die elektrischen Ströme nach dem Princip der Dynamomaschine. Eine aus beliebigem steifen elastischen Material bestehende, schallempfangende Membran ist durch einen leichten aber starren Hebel verbunden mit einem um eine feste Axe drehbaren Anker aus weichem Eisen, welcher mit Draht umwickelt ist, und zwischen den Polen eines eigenthümlich geformten Stahlmagneten oder Elektromagneten schwebt. Alle Schwingungen der Membran bewegen diesen im Magnetfelde befindlichen Anker und erzeugen durch die wechselnde Magnetisirung des Kernes Inductionsströme. Der Apparat ist sowohl als Absender wie als Empfänger zu brauchen. Statt des Ankers ist auch eine dem Gramme'schen Ringe ähnliche Form zu brauchen.

In dem zweiten und dritten Bericht wird der Inhalt mehrerer in der Soc. of Telegr. Eng. and Electricians gehaltener Vorträge von S. Thompson, W. H. Preece, Hughes, Stroh über ihre neuesten Arbeiten und Erfahrungen mit Telephonen und Mikrophonen wiedergegeben. *K. M.*

W. J. MORTON. Un nouveau téléphone.

Lum. El. **23**, 196.

Dieses Telephon besteht nur aus einer Platte von gehärtetem Stahl, welche oft durch starke entgegengesetzte Magnetkräfte ummagnetisirt worden ist (sogenannt neutral magnetisirt), und einer flach gewickelten der Platte eng anliegenden Drahtrolle.

Durch die Erschütterungen der gegen die Platte laufenden Schallwellen soll die Magnetisirungsart derselben fortwährend Aenderungen erleiden, welche Ströme in der Drahtrolle erzeugen, die dann in einem gewöhnlichen Telephon den Schall reproduciren. Die Stahlplatte ist also Membran und Magnet in einer Person.

K. M.

J. G. LORRAINE. Téléphone. Lum. El. **23**, 183.

Die elektrodynamische Induction zwischen zwei in einer Ebene spiralig umeinander laufenden Stromkreisen (Metallbändern), deren einer mit einer galvanischen Kette verbunden ist, wird verändert durch Zwischenschiebung zweier (natürlich ebenfalls spiralig gewickelten) Scheidewände (aus Gitter oder Eisenblech). Entweder einer der beiden Stromkreise oder die beiden Scheidewände sind nun an der Unterseite der schallempfangenden Membran befestigt, und durch die Schwingung derselben wird die Lage der Stromkreise zu den Scheidewänden verändert und damit der Inductionsstrom im secundären Kreise hervorgerufen, welchen man zu einem Telephonempfänger leitet. *K. M.*

J. BERLINER. Universal-Transmitter (Mikrophon).

Elektrot. ZS. 1887, S. 435; Dingl. J. **266**, 245†; Lum. El. **25**, 587-588.

Der Contact in diesem Mikrophone findet zwischen einem Kohlenblock mit gerippter Oberfläche und gekörnter Kohle statt, welche den ganzen Zwischenraum zwischen dem Kohlenblock und der schallempfangenden und zugleich stromzuführenden Eisenmembran vollständig ausfüllt. Die Resultate sollen für kurze wie für die längsten Leitungen sehr befriedigen. *K. M.*

J. W. BONTA. Mikrophon. Elektrot. ZS. **8**, 508; Dingl. J. **266**, 245.

In diesem Mikrophon werden nicht Stromschwankungen sondern wirkliche Stromunterbrechungen erzeugt. Die Einrichtung des Contactes ist folgende. Auf den Randkanten einer sanft geneigten Kohlenrinne liegt eine Kohlenkugel, welche herabrollen würde, wenn sie nicht gegen einen Kohlenstift stiesse, der hinten aus der schallempfangenden Membran herausragt. Beim Schwingen der Platte stösst dieser Stift die Kugel oder er weicht von ihr zurück. Die Kugel wälzt sich daher auf der Rinne. Dass beim Durchlaufen eines Stromes durch alle Kohlentheile wirklich Unterbrechungen eintreten, soll man aus mikroskopischen Photographieen des Contactes ersehen können, welche im Scientif. American 13. Aug. 87, S. 102 wiedergegeben seien. Drückt man die Kugel durch Federkraft dauernd gegen den Stift, so versagt der Apparat. *K. M.*

PADDOCK. Recherches téléphoniques. Lum. El. **26**, 637-638.

Untersuchung über das elektrische Leitungsvermögen mancher in Mikrophonen verwendeter Pulver zwischen Metallplatten, namentlich über die Abhängigkeit der Leitungsfähigkeit von der Pressung. Die grössten Veränderungen durch Pressung zeigten Kohlenpulver und Bleisuperoxyd. *K. M.*

HUGHES, STROH. Eng. **43**, 210.

Einie Mittheilungen üb er Mikrophone (z. B. über deren grosse Empfindlichkeit unter Wasser) im Bericht über eine Sitzung der Soc. of Telegraph. Eng. *K. M.*

Das Hydrophon. Eng. **44**, 131.

Ein Mikrophon, am Ende einer in die Erde gestossenen schallleitenden Holzstange festgeschraubt, wurde von KÜMMEL und Mechaniker PARIS in Altona mit Erfolg angewendet, um undichte Stellen unterirdischer Wasserleitungen durch das Geräusch des Sickerns aufzufinden. Der als „Hydrophon" bezeichnete Apparat ist bei mehreren deutschen Wasserwerken eingeführt. *K. M.*

E. MERCADIER. Sur des récepteurs radiophoniques à sélénium à grande résistance constante. C. R. **105** 801-803; [Cim. (3) **23**, 266, 1888; [Rev. int. de l'électr. **5**, 392, [Beibl. **12**, 370, 1888.

Beschreibung der verbesserten Herstellung einer Selenzelle, die zuerst ausgeführt wurde von DUBOSQ (1881) und die innerhalb 6 Jahren ihren galvanischen Widerstand nicht änderte. Jüngere Apparate von gleicher Herstellungsart waren bis jetzt ebenso constant. Der Widerstand ist aber ein sehr grosser, mindestens 100 000 Ohm. Die in einem gewöhnlichen Telephone gehörten Töne werden daher durch lange äussere Leitungen oder Einschaltung grosser Widerstände nicht merklich beeinflusst.

K. M.

E. BERLINER. Le grammophone. Lum. El. **26**, 542-544.

Der principielle Unterschied zwischen diesem Apparate und dem EDISON'schen Phonographen besteht ausser der Anwendung einer ebenen Scheibe statt der Walze darin, dass die Eindrücke des durch die angesprochene Membran bewegten Stiftes nicht senkrecht in die Fläche hineingeschrieben werden, sondern parallel der Fläche, wie beim alten SCOTT'schen (KÖNIG'schen) Phonautographen. Die Einzeichnung geschieht auf einer berussten Glasplatte. Zum Zweck der Wiedergabe ist aber eine Copie in Metall nöthig, die durch Abguss hergestellt werden muss. Der Stift läuft dann in der krausen Rinne und erschüttert so die Membran. *K. M.*

R. M. Hunter. Le phonographe électrique. Lum. El. **26**. 542.

Bei diesem Phonographen macht der durch die angesprochene Membran bewegte Stift seine Eindrücke auf einer rotirenden Scheibe, welche nach Zwischenlagerung einer Schicht besonderen Papieres mit einer dünnen Schicht Kohle bedeckt ist. Um den Schall zu reproduciren, wird durch diese Kohlenfläche und den Stift ein Strom geleitet. Rotirt nun die Scheibe, so wird durch die vorher hergestellte Spur der Contact in bestimmter Weise verändert, und die daraus entstehenden Stromschwankungen werden durch ein Telephon in den verlangten Schall zurückübersetzt. *K. M.*

Karsten. Ueber Telephon-Sirenen und deren Anwendung. Elektrot. ZS. 8, 277-278; Lum. El. **25**, 187-188.

Auf einer durch ein Uhrwerk schnell drehbaren Scheibe sind in radialer Richtung in gleichen Abständen 24 Magnetstäbe befestigt, die entweder alle mit den *N*-Polen nach aussen oder abwechselnd *NSNS*, oder *NNSNNS* etc. angeordnet sind. Diese Scheibe rotirt vor einem mit einer Drahtrolle umwickelten Eisenkern oder Magneten. Durch die vom Vorbeieilen der 24 Magnete erzeugten Schwankungen der Magnetisirung werden Ströme in der Rolle erzeugt, deren Periode von der Drehgeschwindigkeit, und deren Verlauf von der Anordnung der Magnete abhängt. Diese Ströme werden in einem oder mehreren Telephonen in Schall umgesetzt, und zwar vernimmt man bei der Anordnung, wo alle *N*-Pole nach aussen liegen, nur einen Ton, dessen Schwingungszahl aus der Umdrehungsgeschwindigkeit der Scheibe genau bestimmt werden kann. Bei der zu zweit angegebenen Anordnung hört man die tiefere Octave, welche freilich als ersten Oberton den vorigen Ton mit enthält. Bei der zu dritt angegebenen Anordnung tritt noch die tiefere Duodecime des ersten Tones dazu etc.

Für die Verwendung des Telephons in Verbindung mit der Wheatstone'schen Brücke zu Widerstandsmessungen eignen sich die durch die Telephonsirene erzeugten Töne viel besser als die rauhen

Töne, die ein im gewöhnlichen Inductionsapparat erzeugter Wechselstrom hervorbringt. *K. M.*

J. BERGMANN. Beschreibung eines neuen Apparates zur Darstellung einfacher Schwingungen. ZS. f. ph. u. ch. Unt.; [Beibl. **11**, 124.

Ein zu Demonstrationszwecken bestimmter einfacher Mechanismus, der darauf beruht, dass die Projection einer gleichförmigen Kreisbewegung eine Sinusbewegung giebt. *K. M.*

REIS. Das Phonoskop von GG. FORCHHAMMER in Kopenhagen. „Humboldt" (bei Enke), Stuttgart 1888, **1**, 44; mit 2 Figuren.

Das Instrument soll dem Auge erkenntlich machen, ob ein ihm zugeleiteter Ton die richtige Schwingungszahl hat. Mit KÖNIG's Apparaten besteht bloss Aehnlichkeit hinsichtlich der Flammenbenützung; der rotirende Spiegel fällt fort und es dient zur Sichtbarmachung die stroboskopische Methode. Die Tonröhre trägt oben ein Mundstück, unten eine Gaszuleitung. Dazwischen sitzt eine Metallscheibe, von der beiderseits je ein schiefer Canal abgeht, deren unterer die Flamme, der obere den akustischen Luftstoss giebt. Das Flammenbild wirft ein Hohlspiegel auf eine Rotirtrommel. Auf ihrem Umfang sind mehrere tausend schwarze Quadrate in Kreisbändern abgedruckt, deren Abstände in den einzelnen Touren nach der Tonhöhe verschieden sind. An der Rotationsaxe parallelen Rahmen sind die entsprechenden Nummern der Kreise angeschrieben. Bei der Drehung erscheinen bloss die Vierecke scharf auf dem Kreise, deren Schwingungszahl mit der des eingesungenen Tones übereinstimmt. Dagegen laufen sie bei einem zu hohen Ton entgegen, bei einem zu tiefen gleich der Rotation, weil bei Discrepanz der betreffenden Schwingungen die Perioden, also auch die Lichtpausen zu klein oder zu gross sind, als dass die neuen Vierecke rechtzeitig an Stelle der vorher an entscheidender Stelle gestandenen treten könnten. *Hh.*

J. CARPENTIER. Sur un mélographe. C. R. **104**, 1502-1504; [Cim. (3) **22**, 262; [Rev. int. de l'électr. **4**, 508.

E. DIEUDONNÉ. Le mélographe et le mélotrope de M. CARPENTIER. Lum. El. **26**, 651-657.

Der Melograph von CARPENTIER ist ein Apparat, welcher den Zweck hat, Musik, welche auf einem Clavier gespielt wird, selbstthätig aufzuschreiben. Zu diesem Zwecke wird unter der Claviatur eine Leiste befestigt, die für jede einzelne Taste einen Contact trägt, der durch Niederdrücken derselben geschlossen wird. Die einzelnen getrennten Stromleiter gehen, zu einem Seil verbunden, nach dem eigentlichen Schreibapparat, den man sich als Nebeneinanderstellung so vieler Morse-Telegraphen-Schreiber als Tasten vorhanden sind, vorstellen kann. Statt der einzelnen Papierstreifen der Morse-Schreiber haben wir hier ein breites über eine sehr regelmässig laufende Walze fliessendes Papierband, über dem die sämmtlichen Schreibstifte (mit Oeltinte getränkt) dicht nebeneinander in gerader Linie parallel der Walzenaxe schweben. Auf dem bereits beschriebenen Papierstreifen bedeutet die Abscisse die Zeit, zu der die Taste angeschlagen wurde, die Ordinate giebt uns die bestimmte Taste an und die Länge des Striches giebt die Dauer des Tones. Wir haben also, bis auf dynamische Unterschiede, eine vollständige Aufzeichnung der gespielten Musik.

Da man aber an diese Form der Aufzeichnung nicht gewöhnt ist, sie daher nicht lesen kann, hat CARPENTIER einen zweiten, dem umgekehrten Zwecke dienenden Apparat, das Melotrop gebaut, welches die Aufzeichnungen auf dem Papierbande direct in mechanisches Clavierspiel zurückübersetzt. Dieser Apparat ist ein sehr complicirtes Hebelsystem, um schliesslich die Tasten dadurch anzuschlagen. Ausserdem ist es nöthig, die Aufzeichnungen des Papierbandes auf steife Pappe zu übertragen, und die Striche durch eingeschnittene Löcher zu ersetzen. *K. M.*

G. A. HIRN. Sur la construction et sur l'emploi du métronome en musique. C. R. **104**, 1676-1680.

In Erwiderung gegen SAINT-SAËNS, welcher von der Pariser Academie die Herstellung von Normal-Metronomen verlangte, betont der Verf., dass die höchste Exactheit, welche wir z. B. von dem Gang einer Uhr oder Stimmgabel verlangen, niemals beim Metronom beansprucht würde. Die meisten Metronome seien hinreichend gut getheilt, und Prüfungen sowie darauf folgende Correctionen könne Jeder im einzelnen Falle mit Zuhilfenahme des Secundenzeigers einer Taschenuhr ausführen. Die häufigsten Fehler sind die ganz groben: Reibung der Bleikugel oder Anstossen derselben gegen das Gehäuse. *K. M.*

Wassergeräusch an mehreren Küsten Sumatras und der Molukken.

Revue des questions scientifiques; „Natur", Halle 1887, **44**, 524.

Die Fischer jener Gegenden erkennen aus dem Geräusche des Meerwassers die Tiefe und Beschaffenheit des Seebodens, insbesondere die Gegenwart von Korallenbänken. Bei 20′ klingt es wie Salz, auf glühende Kohlen geworfen; bei 50′ gleich dem Uhrpicken. Der Ton ist klar über Sandboden, dumpfsummend auf Schlamm. Bei Nacht dienen diese akustischen Anzeigen zum finden guter Plätze fürs Fischen. Die Leute stecken zu diesem Behufe das Ruder ins Wasser und legen ans hervorragende Ende ihr Ohr.

Hh.

REULEAUX. Das singende Thal bei Thronecken.

Naturforscher 1888, **4**, 30.

Hierüber ist früher schon berichtet, so dass nur Einiges nachgetragen zu werden braucht. Der Ton beginnt glockenartig dumpf, schwillt mächtig an und zieht im Thale hinauf, wie wenn sich der tönende Körper, vermuthlich ein cylindrischer Luftwirbel, am Beobachter vorbeibewege, und verhaucht in der Ferne. Die obere Octave des reinen Tones, das kleine *c*, schwingt leise mit. Das betreffende „Röderbacherthal" gehört zu den Terrainfalten, welche den 820½ m hohen Erbeskopf umlagern. Schallwellen, von einer feststehenden tönenden Oertlichkeit ausgehend, liegen nicht vor, weil sich solche allseitig im Raume ausbreiten würden. Auch vom Winde scheint das Phänomen unabhängig.

(H. Reuleaux. Das singende Thal bei Thronecken, ein Hochwaldräthsel. Mit einer Karte. Wilhelm Groos in Koblenz.)

Hh.

Litteratur.

A. Elsas. Der Schall. Leipzig 1886, G. Freitag, 213 pp.; [Arch. f. Math. u. Phys. [2] **5**, 46-47; [Beibl. **11**, 73.

T. E. Harris. Hand-book of acoustics. London, J. Curwen and sons, 294 pp.; [Nature **35**, 270.

M. v. Baumgarten. Kritischer Versuch über ein Maass für Schall-Intensitäten. Wien 1886, Carl Teufen, 15 pp.; [Arch. f. Math. u. Phys. (2) **5**, 47.

Siehe vorjährigen Bericht.

D. Colladon et Sturm. Mémoire sur la compression des liquides et la vitesse du son dans l'eau, nebst

D. Colladon. Sur la transmission des sons dans l'eau. Genf, Schuchardt 1887, 90 pp.

Wiederabdruck der Abhandlungen von 1827 und 1841.

Lippmann. Méthode stroboscopique pour comparer les durées de vibration de deux diapasons ou les durées d'oscillation de deux pendules. C. R. **104**, 940-943; J. de phys. (2) **6**, 266-269; [Cim. (3) **22**, 85; [Beibl. **11**, 561; siehe Cap. 1, Seite 34.

L. Pfaundler. Ein Wellenapparat zur Demonstration der Zusammensetzung von zwei und mehreren Transversalwellen mit stetiger Aenderung des Gangunterschiedes. ZS. f. phys. Unterr. **1**, 98; ZS. f. Instrumkde. **8**, 218-219, 1888.

Guter Demonstrationsapparat, wegen der Einzelheiten muss auf die Zeichnungen des Originals verwiesen werden.

F. Neesen. Ergänzung zum Vortrage vom 17. Dec. 1886 (Stimmgabel). Phys. Ges. Berlin **6**, 27.

Die früher beschriebene Stimmgabel mit veränderlicher Tonhöhe ist schon von R. König beschrieben.

P. Kindel. Elementare Berechnung der Fortpflanzungsgeschwindigkeit longitudinaler und transversaler Wellen. ZS. phys. chem. Unt, 1. 57-66; [Beibl. **12**, 512, 1888.

C. Kraiewitsch. La vitesse du son comme moyen de déterminer la relation de la pression et de la densité des gaz raréfiés. J. soc. russe **16**, 307-311; **17**, 335-348; Remarques de M. Stoletoff **16**, 407, **17**, 52, **18**, 65; Réponses de M. Kraiewitsch **17**, 25, **18**, 122; J. de phys. (2) **6**, 201-203.

E. Mach u. F. Halsch. Photographische Fixirung der durch den Stoss elektrischer Funken in Glasstäben erzeugten Schallwellen. Wien. Anz. **24**, 103.

Étude du timbre des sons par la méthode des flammes manométriques. La Nature **15** [2]. 163.

P. Blaserna. Sulla conferenza internazionale di Vienna per l'adozione di un corista uniforme. Linc. Rend. (4) **3** [2], 109-118; [Beibl. **12**, 317, 1888.

A. Handl. Zur Darstellung einfacher Schwingungen. ZS. phys. chem. Unt. **1**, 74.

Deutet erweiterten Gebrauch des Bergmann'schen Apparates an.

F. Neesen. Elektromagnetisch erregte tönende Körper mit veränderlicher Tonhöhe. Elektrot. ZS. **8**, 188-191; [Beibl. **11**, 599; [Lum. él. **24**, 372-373.

H. Ekama. Die Lissajous'schen Curven. (Rein geometrisch.) Arch. für Math. u. Phys. (2) **6**, 39-68.

Sifflet des filatures du Nord. La Nat. **15** (2), 272.

Mr. Edison's phonograph. Science **10**, 229.

E. C. Un orchestre original. La Nature **15** (2), 186-187.

T. Augé. Mémoire sur les signaux phoniques à la mer. Le Havre, 1887.

Barnard. Perfectionnements dans les télégraphes acoustiques. Brevet 182818; Lum. El. **26**, 395.

C. BAUR. Die Entwickelung der Fernsprechkunst. Vortrag. Basel 1887, B. Schwabe, 37 pp.

G. RICHARD. Les téléphones. Lum. El. **23**, 265-270.

TH. DU MONCEL. Le Téléphone. Paris, Hachette 1887, 303 pp.; [ZS. f. Instrumkde. **7**, 108.

ROTHEN. Étude sur la téléphonie. J. télégraph. **19**, H. 5, 6, 8, 9.

Geschichtliches über die Telephonie. Allg. J. d. Uhrmacherkunst **12**, 30, 46.

Reformen in der Telephonie. C. Z. Opt. Mech. **8**, 75-77.

CH. MOURLON. Les téléphones usuels. 2. édition. Paris 1887.

IRISH. Le phontographe ou téléphone électrothermique. Lum. El. **26**, 293-294.

THOMPSON und JOLIN. Telephonsystem. Elektrot. Rundsch. **3**, H. 12, 1886.

F. SPRINZ u. J. WEJTRUBA. Neuerungen an Telephonen. DRP. 40153.

FORBES und MUNRO. Neues Telephon. C. Z. Opt. Mech. **8**, 190.

C. HERZ. The micro-telephone button. Eng. **43**, 416-417.

E. PAPST's Verstärkung der Wirkung im Telephon durch einen Inductionsring. Dingl. J. **263**, 328.

A new telephone. Tel. J. and. El. Rev. **20**. H. 485.

Telephonie auf weite Entfernungen. Polyt. Not. **42**, 5.

The SWINTON telephone. Eng. **43**, 507.

Zur Geschichte des Telephons. Polyt. Not. **42**, 148.

Ein neues Telephon. Elektrot. Rundsch. **4**, H. 3.

On the theory of the telephone. Tel. J. and. El. Rev. **20**, H. 497.

Sur la théorie du téléphone. La Nat. **15** [2], 27-28.

LANGDON-DAVIES. Electrophon oder Phonopore. Electrot. ZS. 8, 21-24.

R. PADDOCK. Die Leistungen des REIS'schen Telephons. Elektrot. ZS. 8, 138-140.

TH. D. LOCKWOOD. Origine des mots téléphone et microphone. Rev. Scient. **39**, 813.

Application du microphone à une expérience acoustique. Rev. scient. **39**, 255.

Das Mikrophon wird statt der üblichen Membran in eine Pfeife eingeführt, um die Knoten und Bäuche erkennbar zu machen. Ist die Batterie stark (6 Bunsen) so sieht man ohne Weiteres die Fünkchen, wenn der Kohlencontact thätig ist.

MIX u. GENEST. Mikrophon. Elektrot. ZS. 8, 244-246 [Polyt. Not. **42**, 130-131; [The Electr. **19**, H. 18; [Dingl. J. **265**, 266-269; [Lum. él. **24**, 485-487; [ZS. f. Opt. Mech. 8, 163-165.

C. GRAWINKEL. Das Mikrophon von MIX und GENEST. Elektrot. Rundsch. 4, H. 8.

E. FOSSATI. Emploi du microphone dans une expérience d'acoustique. Lum. El. **23**, 283.

Microphone à frein filiforme. Rev. Int. 5, 420-421 (JENISCH u. BOEHMER).

Nouvelles formes de microphone. Lum. el. **25**, 590-591.

Beschreibt die SIEMENS-HALSKE'sche Form.

Gebr. SIEMENS u. Co. Mikrophon. Dingl. J. **265**, 238.

SIEMENS u. HALSKE. Neuerung an Mikrophonen. DRP. 40119.

SWINTON. Mikrophon. Elektrot. ZS. 8, 301-302.

FULLER's Universal-Telephon. Dingl. J. **266**, 496.

RICHEZ et Co. Un nouveau microphone. Brevet 182924; Lum. El. **26**, 446. *Bde.*

9. Physiologische Akustik 1887.

a. Physiologische Schallerzeugung.

E. DOUMER. Des voyelles dont le caractère est très aigu. C. R. **105**, 1247-49; [Cim. (3) **23**, 268-269, 1888; [Rundschau **3**, 131, 1888; [Beibl. **12**, 318, 1888.

Nach einer schon im vorigen Jahrgang (diese Ber. 1886, **1**, 565-66) beschriebenen Methode, manometrische Flammen zu photographiren (vergl. auch diesen Jahrgang. E. DOUMER. Étude du timbre des sons etc.), wurden die Zusammensetzungen der hellen Vocale *J* und *Ü* untersucht. Dieselben wurden von verschiedenen Männerstimmen auf Töne zwischen *as* und es^1 gesungen. Beide Laute zeigten sich als reine Vocale, d. h. die Curven waren rein periodisch: ein bestimmter hoher Oberton war besonders stark ausgebildet, und schwankte bei *J* zwischen dem 7. und 10., der absoluten Tonhöhe nach zwischen c^{IV} und d^{IV}, bei *Ü* zwischen dem 7. und 8., der absoluten Tonhöhe nach zwischen g''' und h'''. *K. M.*

P. WENDELER. Ein Versuch, die Schallbewegung einiger Consonanten und anderer Geräusche mit dem HENSEN'schen Sprachzeichner graphisch darzustellen. ZS. f. Biol. **23**, 303, 1886; [Rundsch. **2**, 62-63†.

Der HENSEN'sche Sprachzeichner besteht aus einer nach dem Muster des Paukenfells trichterförmig eingezogenen Membran mit einem Schreibhebel, welcher auf einer vorbeigezogenen, berussten Glasplatte die Bewegungen der Membran aufzeichnet. Die mit diesem Apparat gewonnenen Schwingungscurven der Consonanten sind in der Originalabhandlung wiedergegeben. *L*, *M* und *N* zeigen den Charakter von Vocalen, denn sie haben genau periodische Curven. Ferner zeigt sich, dass die Bewegung, welche bestimmten

Consonanten (namentlich *R*) entspricht, beeinflusst wird von dem Vocale, in dessen Gesellschaft sie gesprochen werden. *K. M.*

RIEGER. Ein Fall von anfallsartig auftretenden Zuständen von Verlust der lauten Stimme. Würzb. Ber 1887, 41-48†.

Die bezeichnete Erscheinung wurde an einem 11jährigen, sonst ganz gesunden Knaben, der dieselbe seit seinem vierten Jahre zeigt, beobachtet. Dieselbe dauert nur wenige Minuten, kehrt aber täglich wieder. Derselbe kann dann auch nicht laut pfeifen. Es werden viele interessante Einzel-Beobachtungen mitgetheilt.

Da die Erkrankungen der linken Grosshirn-Hemisphäre überwiegend häufig Störungen der Sprache herbeiführen, so scheint es wichtig, zu bemerken, dass bei dem Knaben die rechte Körperhälfte nicht so gut innervirt ist, wie die linke (eine bei allen Links-Menschen beobachtete Erscheinung). *K. M.*

B. FRAENKEL. Ueber die Beschäftigungsschwäche der Stimme: Mogiphonie. (BRESGEN) Deutsche medic. Wochenschr. 1887, **13**, 7, 1887, **13**, 19; SCHMIDT's Jahrbücher d. Gesammt-Medicin 1887, No. 5, 134, 1887, No. 11, 162.

Die Beschäftigungsneurosen des Stimmorganes sind spastisch, tremorartig oder paralytisch. Ersteres ist der phonische Stimmritzenkrampf; dem paralytischen Schreibekrampf analog erscheint die „Mogiphonie" (*μόγις*, mit Mühe). 3 Sängerinnen, 1 Lehrerin, 1 Prediger, 1 Sänger stimmten darin überein, dass mit einem schmerzhaften Gefühl der Ermüdung die Stimme versagte. Objectiv blieb ziemlich unsicher, ob Schluss und Spannung der Stimmbänder vermindert war. Simulation oder Hysterie war ausgeschlossen. Massage, 40-50 mal täglich, mit Lanolin, vom Kieferwinkel beginnend längs des Vorderrandes vom Kopfnicker, beiderseits, nebst Quermassirung des Halses wirkte gut therapeutisch — (Mechanischer Einfluss durch Nasenschleimhautschwellung).

Hh.

SIGAUD. Amnésie verbale. Progès méd. **15** (2 S., **6**) 36, 1887.

Ein 77jähriger Mann hatte vor $2^1/_2$ Jahren in einer Pneumonie vorübergehend die Sprache und länger dauernd die Schreibfähigkeit verloren. Zur Zeit bestand rechtseitig Ptosis und Nystagmus. Die Zunge zitterte. Man konnte weder Wort-Taubheit noch -Blindheit annehmen; auch keine motorische Aphasie oder Agraphie, doch gelegentliche Paraphasie. Der Kranke konnte mechanisch abschreiben, auch vorgesprochene kurze Wörter nachschreiben, nicht aber längere. Nach dem Tode fand man im linken untern Scheitellappen einen nussgrossen Erweichungsherd auf „pli courbe" übergreifend. *Hh.*

C. GERHARDT. Stimmbandlähmung und Ikterus. Deutsche medic. Wochenschr. 1887, **13**, 16; Schmidt's Jahrb. d. Gesammt-Medicin 1887, No. 6, 249 (Dippe).

Bei völlig klangloser Stimme des Kranken liessen die gerötheten Stimmbänder bei der Phonation einen 0.5 cm breiten Spalt zwischen sich. Am 21. Tage kehrte die Stimme zurück; am 22. in einem andern Falle, der auch mit Ikterus verbunden war. *Hh.*

SIMONINI. Nuove ricerche sulla trasmissione della voce afona attraverso liquidi di varia natura. Inaug. Diss. Modena, 1877; Schmidt's Jahrb. d. Gesammt-Medicin 1887, No. 6, 251 (Schustler).

Der diagnostische Werth der Pectoriloquie für pleuritische Exsudate wurde von BACELLI festgestellt mit dem Befunde, dass Flüssigkeiten den Schall um so schlechter leiten, je dichter und heterogener, um so besser, je dünner und homogener sie sind. Geprüft und bestätigt wurde die Sache durch MAX KRELL in Würzburg. Hier wird dargethan: Schallschwingungen werden am besten fortgepflanzt in einer Flüssigkeit, wenn in dieselbe der schwingende Körper mit grosser Oberfläche getaucht ist. Heterogenität und Gehalt an Formelementen haben nur dann Einfluss, wenn die Flüssigkeit aus Schichten verschiedener Dichte besteht. Leitungsfähigkeit der Flüssigkeiten für Schall wie Flüsterstimme steht im geraden Verhältniss zur Temperatur und Dichte des Fluidums.

Hh.

Das Bauchreden. Berliner medic. Gesellsch. 23. Novb. 1887; Münchener medic. Wochenschr. 1887, **49**, 983.

BRÜCKE fand an G. Meyer aus Hamburg, der das Studium des Bauchredens aus Vergnügen treibt, den Gaumenbogen in spitzwinkligem Dreieck mit der Zungenwurzel als Basis, die Gaumenbögen als Schenkel, an der verschwindenden Uvula vereinigt. Der Nasenrachenraum ist so gut wie abgeschlossen, woher wohl die Klangdämpfung kommt. Der Kehlkopf steht nicht abnorm. Die Stimmspalte ist schmal wie bei Falset, der weiche Gaumen gespannt, die Zunge gewölbt. Meyer spricht nicht inspiratorisch, wohllautend, ohne Anstrengung. Er ahmt ausser R alle Consonanten nach, ferner auch Naturlaute von Mensch und Thier. Die Stimme liegt um fast 1½ Octaven höher als gewöhnlich. Der Luftverbrauch ist geringer, so dass ein vor dem Mund gehaltener Spiegel kaum getrübt wird (GAD). FRAENKEL constatirte den kleinen Luftverbrauch beim Bauchreden pneumatometrisch. *Hh.*

MORELL MACKENZIE. Ueber Stimmbildung. — The Hygiene of the Vocal Organs. Nature 1886, p. 548; Naturforscher 1887, **20**, No. 11, S. 94.

An 400 Personen, worunter vorzügliche Sänger, wie Albani, Nilson, Valleria, wurden Kehlkopf und Stimmspalte bei der Stimmbildung geprüft. Die Brusttöne werden durch Spannerhöhung und Verlängerung der Stimmbänder in die Höhe getrieben, während letztere bei den Kopftönen sich bei geringerer Spannung verkürzen. Das Falset ist dem weiblichen Kopfregister nachgebildet. Der verknorpelte hintere Theil der Stimmbänder pflegt geschlossen bei hohen, offen für tiefe Töne zu sein. Bei den Kopfstimmen tritt wenigstens theilweise fester Verschluss ein. Für letztere ist der anblasende Luftstrom stärker, als bei der Bruststimme. Im Falset schwingt bloss das vordre Stimmbänderdrittel unter Verschluss der andren. Dagegen scheint die blosse Schwingung der Ränder falsch, ja unmöglich direct constatirbar. Das mittlere Drittel der Stimmbänder schwingt viel seltener, als bis dahin angenommen ward. Sopran wird allgemein mit Bruststimme gesungen; ferner Bass, und gewöhnlich Baryton. Dagegen verfallen Mezzosopran und Alt in den höheren Tönen der Kopfstimme, in der die falschen Stimmbänder den wahren sich erheblich nähern. Tenöre brauchen beide Register. Leichte und präcise Beweglichkeit der Stimmbänder, deren exacte Spannungsveränderung, Regulirung des Athemholens, Stellung wie Gestaltung von Gaumen und Rachen, Gymnastik der Lippen, bedingen die Qualität und Leistungsfähigkeit der Singstimme. Das sogen. Brechen der Stimme wurde an 500 Choristen nur in 17 prc. um die Reifezeit des Entwicklungslebens beobachtet, meist bei Congestionirung der Stimmbänder durch Ueberanstrengung oder Erkältung. *Hh.*

MORELL MACKENZIE. Hygiene of the vocal organs. — Gesundheitslehre für Redner. „Gesundheit“, 1888, **1**, 12 (Feuilleton).

Es genügen hier einige kurze Auszugsbemerkungen. Die Stimme wird am meisten geschont, wenn sie bloss die mittleren Töne ihres Umfanges anschlägt. Da hierin die subjective Empfindung nur theilweis richtig führt, hilft der tüchtige Lehrer dem Schüler vor Allem im Finden seiner natürlichen Stimmlage. Sehr empfehlenswerth ist das Masshalten im Anfang, denn es gewährt längere Ausdauer und zwingt die Zuhörer zur Aufmerksamkeit.

Hh.

MORELL MACKENZIE. Singen und Sprechen. Uebersetzt von Dr. J. MICHAEL. Hamburg u. Leipzig, 1887, L. Voss. „Gesundheit“, **24**, 1887, 375, 376 (Kritik. R.).

Wir entnehmen aus der übrigens höchst günstigen Besprechung bloss soviel, dass hier die Titelangabe einer Schrift genügt, welche, wie es scheint, keinerlei wissenschaftlichen Fortschritt enthält.

Ueber dieselbe selbständig zu berichten, bin ich nicht in der Lage, weil zu deren Studium für mich kein Anlass vorliegt. *Hh.*

MICHAEL. Bildung der Gesangregister. Hamburg u. Leipzig, 1887, Voss.

Die Unterschiede der Klangfarbe entstehen bei gleicher Gestalt der Stimmspalte durch die besondere formgebende Muskelwirkung. Der Stimmbandmuskel, Stimmbandspanner, Zusammendrücker, der Stellknorpel erscheint als Leitmuskel für Kopf- und Mittelregister, während beim Brustregister für die tiefe Lage membranöser wie muskulöser Theil der Stimmbänder schwingt, für die hohe nur der häutige. Ein durch mangelhafte Functionirung einer bestimmten Muskelparthie fehlendes Register kann hergestellt werden durch entsprechenden äusseren Druck. Die polnisch-jüdischen Vorsänger führen dies längst praktisch aus. *Hh.*

A. P. COLEMAN. Music in nature. Nat. **36**, 605.
W. L. GOODWIN. ibid. Nat. **37**, 151-52.
W. POLE. Music in nature. Nat. **36**, 343-45.

Die ersten beiden Verfasser theilen Notenaufzeichnungen von articulirtem Gesange amerikanischer Vögel mit. W. POLE dagegen, veranlasst durch einen in LONGMANN's Mag. Febr. 1887 erschienenen Aufsatz eines Organisten F. Weber „On melody in speech", setzt den bekannten Unterschied zwischen Singen und Sprechen auseinander, und betont die ästhetischen Forderungen, die wir an Dasjenige stellen, was wir „Musik" nennen. Er erklärt sich daher gegen jeden Missbrauch dieses Begriffs in Bezug auf Naturlaute.
K. M.

CARL RUSS. Sprechende Vögel. — Hand- u. Lehrbuch, I. Theil; Die sprechenden Papageien. 2. Aufl. Magdeburg, Creutz, 8, **11**, 457; „Natur", Halle, 1887, **49**, 587.

Fast alle Papagei-Geschlechter zeigen Sprachbegabung,

namentlich aber der rothschwanzige graue Papagei (Psittacus erithacus L.) auch Jako genannt, aus mittlerem und westlichem Afrika; ganz besonders geschätzt ist wegen Schönheit wie Intelligenz der aus den Wäldern von Akim nach Akkra und der Capküste gebrachte hellgrau gefärbte Jako, dann der dunkelgraue. Dem enthusiastischen Ausrufe Brehm's, „dass ein gewisser Grau-Papagei ein halber Mensch war" wohl nicht ganz beistimmend, behauptet doch Russ, dass der Vogel doch keineswegs bloss Alles nachplaudert, sondern bis zu gewisser Grenze die Bedeutung der Worte kennt, also denkt und urtheilt, allerdings aber nicht seelisch empfindet. Der Ausdruck der Bitte wie des Dankes, des Aergers ob unerfüllter Erwartung, des Willkommens oder Abschiedes, der Freude über neu erworbene Kenntnisse ist bei aufmerksamer Beobachtung am Thiere unverkennbar. — Pflege, Behandlung im gesunden wie krankem Zustand, Einkauf und Empfang, Unterbringung, Ernährung, Zähmung und Abrichtung von über anderthalbhundert Papageiarten ist ausführlich dargestellt. Ein zweiter selbständiger Band soll alle anderen „Sprechvögel" schildern.

Hh.

E. PREDIGER. Beobachtung über das Trommeln des Spechtes. „Natur", Halle, 1887, **42**, 500.

Am 19 Mai, einem stürmischen Tage, hörte in der Frühe P. das eigenthümlich knarrende Geräusch, durch Schnabelpicken an resonirend vibrirenden Aesten hervorgebracht, welchem der Specht bei den Niedersachsen den Namen „Ramäcker" = Rademacher dankt. Picus canus L., im Berglande häufig, wirbelte mit seinem Schnabel auf hohlem kurzem Aststumpfe einer Eiche, und zwar stets besonders lebhaft nach dem Rufe einer nahe sitzenden Holztaube, welcher auch die Drossel zu lauterem Gesange anzuregen pflegt. Von gleicher Wirksamkeit war die künstliche Nachahmung des einem Jägerpfiff ähnlichen Spechtrufes. Das Thier bevorzugt zum schnellen, wirbelnden Beklopfen mit dem Schnabel stets hohle Aststumpfe, besonders der Eiche; und kehrt sogar gern zum wiederholten Lautgeben an eine einmal gut befundene Stelle zurück.

Hh.

Doenitz. Ein singender Schmetterling. Entomologische Zeitschrift, Berlin, 1887, 5; „Humboldt". Stuttgart, 1888, 2, 74 (M. 5).

Das Stimmorgan des Dionychopus niveus Ménétr. liegt an der oberen Seite des Hinterflügels und an der unteren des vorderen, wo beide einander decken, 2 mm lang, 1 mm breit, aus stark chitinisirten Borsten bestehend', welche beim Gegeneinanderreiben zirpendes Geräusch erzeugen. Die Bürsten sind der Flügelwurzel genähert; am hinteren Flügel stärker, sitzen sie daselbst an einem aufgetriebenen Hohlwulst aufrecht, während die schwächeren des Vorderflügels gegen den Aussenrand sich neigen. Bei andren Gliederthieren findet man bloss eine einfache Reihe von Dornen zum Reiben an Querleisten geeignet. Einige „Spinner" besitzen einen Stimmapparat an der Brust in Form eines über eine Höhlung gespannten Häutchen, welches wohl die reibenden Hinterbeine zum Schwingen bringen. *Hh.*

---

b. Schallwahrnehmung.

A. König. Ueber Hörschärfe und ihre Bestimmung durch ausklingende Stimmgabeln. Du Bois-Archiv 1887, 345. (Kurzer Bericht über einen Vortrag.)

L. Jacobson. Ueber die Abnahme der Schwingungsamplituden bei ausklingenden Stimmgabeln. Du Bois-Archiv 1887, 476-83; [Beibl. 12, 646, 1888.

Man bedient sich nach Vorschlag von v. Conta (Hensen, Handb. der Physiol. 3, 120) zur Bestimmung der Hörschärfe ausklingender Stimmgabeln. Nennt man „Hörzeit" die Zeit vom Anschlag der Gabel bis zum Unhörbarwerden, so kann man aus den beiden Hörzeiten, die von dem zu prüfenden Hörer und einem normalen Hörer in gleicher Entfernung von der Schallquelle angegeben werden, mit Hülfe des als constant angesehenen logarithmischen Dekrementes der Gabel (dessen absolute Grösse im Resultat wieder herausfällt) und unter der Annahme, dass die Schallstärke dem Quadrat der Amplitude prop. ist, die Reizschwelle des geprüften Ohres im Verhältniss zur normalen Reizschwelle angeben. (Das gewonnene Resultat wird im Allgemeinen als abhängig von der Tonhöhe anzusehen sein.) Hensen merkt nun an, das Decrement sei nicht als Constante anzusehen, wodurch obige Bestimmung vereitelt werden würde. Deshalb machte Jacobson Messungen nach einer graphischen Methode, indem er die ausklingenden Stimmgabeln auf einer in Rotation versetzten polirten und dann schwach berussten Walze schreiben liess. Dabei zeigte sich, dass selbst bei der durch den Schreibstift complicirten Dämpfung der Gabel das Gesetz der Abnahme der Amplituden in geometrischer Reihe noch immer viel genauer gewahrt bleibe, als z. B. die Angabe der Hörzeit durch den zu untersuchenden Hörer, dass daher die Methode sehr wohl anwendbar sei. Eine zum Schluss erwähnte photographische Methode würde die Bedenken gegen den Schreibstift vermeiden, könnte aber in der Versuchsanordnung viel einfacher sein. *K. M.*

A. Fick. Beobachtungen über den Mechanismus des Paukenfelles. Würzburger Verh. (2) **20**, 73-83; Arch. f. Ohrenheilk. **24**, 167; [Monatschr. f. Ohrenheilk. **21**, 126.

Das Paukenfell begünstigt erfahrungsmässig die Uebertragung periodischer Einwirkungen (musikalischer Klänge) gegenüber einmaligen, an sich viel stärkeren Anstössen, dies aber ohne Bevorzugung bestimmter Tonhöhen. Dasselbe muss daher als allgemeiner Resonanzapparat für alle Tonhöhen angesehen werden, wie dies z. B. annähernd auch die Resonanzböden von Geigen und anderen Instrumenten sind. Beim Paukenfell kann man sich diese Eigenschaft so erklären, dass man dasselbe als den Grenzfall eines Continuums von verschieden langen und auch verschieden gespannten Saiten auffasst, deren Enden einerseits von der knochigen Peripherie, anderseits von dem elastisch befestigten Hammerstiel gehalten werden, welcher (gleich dem Stege der Geigen) die Erschütterungen der einzelnen Saite weiterleitet. Die trichterförmige Einziehung hindert die gleichmässige Flächenspannung, welcher nothwendig bevorzugte Eigentöne zukommen müssten.

Es wurden nach dem Muster des Paukenfells Membranen aus Pergamentpapier oder Goldschlägerhäutchen hergestellt, deren hölzerne Hammerstiele Schreibstifte trugen, welche auf sehr primitiv bewegten Russflächen schrieben, und es bestätigte sich, dass diese Membranen jede Art von Klängen gleich gut und gleich empfindlich wiedergaben, während ein kurzer Stoss gegen die Membran, welcher eventuelle Eigentöne anregen müsste, eine durchaus unperiodische Schwingungsfigur ergab. Hierin liegt ein Vorzug vor dem Hensen-schen Sprachzeichner (vergl. den vorhergehenden Artikel über P. Wendeler S. 572), welcher so angeschlagen einen Eigenton von 600 Schwingungen giebt. Die Membran desselben ist zwar trichterförmig, besitzt aber keinen Hammerstiel.

Paukenfelle der beschriebenen Art wurden auch statt der gewöhnlichen Schallplatten im Edison-Phonographen (dem alten) angewendet, und sollen zwar schwächere Eindrücke aber bessere Klangfarbe ergeben haben. *K. M.*

S. Sexton. Effects of explosions on the ear. Science 9, 343-47.

Der Verf. macht auf die zahlreichen Beschädigungen des Ohres aufmerksam, denen die Artilleristen bei den Explosionen der Geschosse ausgesetzt sind, und die weder von den Betroffenen selbst noch von den Vorgesetzten in gleicher Weise wie andere Verletzungen beachtet würden. Viele einzelne Erfahrungen (Fälle) werden geschildert. *K. M.*

W. Preyer und K. Schaefer. Die Wahrnehmung der Schallrichtung mittelst der Bogengänge. Pflüger Arch. **40**, 586-623; [Rundsch. 326-27; [Monatsschr. f. Ohrenheilk. **21**, 260.

Zunächst werden die Resultate zahlreicher Versuchsreihen über die Erkennung der Schallrichtung und der dabei auftretenden Verwechselungen mitgetheilt. Die relative Häufigkeit ergiebt sich dabei für die Verwechselung je zweier Richtungen durch statistische Berechnung als eine durchaus gesetzmässige. Als Schallquelle wurde ein sogenanntes „Cri-cri“ verwendet, für dessen stets gleiche Entfernung von dem Mittelpunkt der Verbindungslinie beider Ohren wurde Sorge getragen. Unterschieden wurden nur die 26 Hauptrichtungen, die man sich veranschaulichen kann als die Normalen auf den 26 Flächen eines Würfels mit abgestumpften Ecken und Kanten. Verwechselungen von Rechts und Links kamen bei offenen Gehörgängen wegen der ungleichen Erregung beider Ohren nicht vor.

Nun wird die Hypothese aufgestellt, dass die Unterscheidung der Schallrichtung durch Kopfleitung in den Bogengängen zustande komme, indem die Nervenendigungen einer Ampulle um so stärker erregt würden, je näher dieselbe der Schallquelle liegt und je genauer ihre Ebene mit der Schallrichtung übereinstimmt. Danach werden drei Grade der Erregung einer jeden Ampulle unterschieden und nach diesen die den 26 Richtungen entsprechenden Combinationen von Reizen ausgedrückt. Diese Zusammenstellung zeigt nun in der That für diejenigen Schallrichtungen, welche am häufigsten verwechselt werden, die gleiche Reizvertheilung in den 6 Ampullen, dagegen in den Fällen, wo erfahrungsmässig die Verwechselungen am seltensten sind, die verschiedensten Reizvertheilungen.

Anhangsweise wird als Stütze der Theorie angeführt, dass die Fische, welche weder Gehörgang noch Schnecke haben, sondern nur durch Kopfleitung mittelst der Bogengänge hören, die Schallrichtung erkennen sollen. *K. M.*

J. R. Ewald. Zur Physiologie der Bogengänge.
Pflüger Arch. **41**, 463-84.

Es werden Versuche an verschiedenen Vögeln mitgetheilt, aus denen hervorgeht, dass nach Zerstörung der Bogengänge Gleichgewichtsstörungen auftreten, deren Aeusserung um so stärker ist, je schwieriger bei den verschiedenen Bewegungsarten die Bewahrung der richtigen Körperhaltung ist, also in steigendem Masse beim Stehen, Schwimmen, Gehen, Hüpfen, Springen, Fliegen.

K. M.

C. Viguier. Sur les fonctions des canaux semi-circulaires. C. R. **104**, 868-70.

Polemik gegen YVES DELAGE, dessen Notizen im vorigen Jahrgang referirt wurden. Die vollständige Arbeit erschien im Arch. de Zool. expér. et gén. **4** (2). Anspruch auf Priorität mehrerer Ideen (siehe Rev. phil. 2 juillet 1882 und Rev. int. des Sciences sept. et oct. 1882, 255-361) und abfällige Kritik über den übrigen Inhalt. *K. M.*

W. RUTHERFORD. Eine neue Theorie des Hörens.

J. of Anat. and Physiol. **21**, 166, 1886; [Rundsch. **2**, 7-8†.

RUTHERFORD behauptet im Gegensatz zu HELMHOLTZ, ein Schall aus bestimmten Tönen errege nicht bestimmte einzelne Nervenendigungen der Schnecke, sondern stets sämmtliche, und der Schall werde, ohne zerlegt zu sein, in Nervenenergie von demselben Zeitprofil, wie die Schallschwingung, umgesetzt und so zum Gehirn geleitet, gleichwie ein Telephon die Schallschwingungen unzerlegt als electrische Schwingungen weiterleitet. Diese Theorie verlegt also die dem Gehörsinn ganz eigenthümliche Zerlegung der Schwingungen in Superpositionen einfacher Sinusschwingungen in das Centralorgan. Von dessen Beschaffenheit weiss man nun garnichts. Soweit also aus dem Referat zu erkennen ist, erklärt diese neue Theorie nichts. Worin liegt dann ihre Berechtigung? *K. M.*

H. K. WOLFE. Untersuchungen über das Tongedächtniss.

Wundt, Philosoph. Studien, **3**, 497-691; Naturforscher 1887, **20**, No. 13, S. 119.

Das Original z. Z. mir unzugänglich. Der N. F. bringt folgende drei Hauptergebnisse: der Einfluss der Zeit auf das Gedächtniss ist zuerst sehr bedeutend und nimmt später allmählich ab. Relativ hohe Töne werden als zu hoch, relativ tiefe als zu tief geschätzt. Die Ermüdung hat nur geringen Einfluss auf das Wiedererkennen der Töne. *Hh.*

URBANTSHITSCH. Ueber den Einfluss der Sinneserregung

auf die übrigen Sinnesnerven. Gesellschaft der Aerzte in Wien, 11. Oct. 1887; Aerztl. Intelligenzblatt, Jahrgang 1887, No. 43.

Auf einer ausserhalb der Normalsehweite aufgestellten Farbentafel tritt Aufhellung des Gesichtsfeldes ein beim Anschlag starker Töne, Verdunklung bei schwachen. Auch auf Sehschärfe und Geschmack sollen solche akustische Reize einen ähnlichen Einfluss haben. Umgekehrt verstärken die Farbeindrücke Rot und Grün eine Gehörempfindung, Gelb und Blau schwächen dieselbe. Ein hoher Stimmgabelton erscheint erhöht durch Roth, Blau, Gelb, Grün; vertieft bei Violet. Tiefe werden von jedem gleichzeitigen Farbeindruck erhöht und verstärkt. Die subjective Schalllocalisation wird durch chromatische Einflüsse nach hinten verschoben. Subjective Gehörempfindungen werden gesteigert durch Grün und Roth, geschwächt bei Blau und Gelb. Auf einer weissen Fläche erscheinen bei kräftig schallenden Tönen diffuse Regenbogenfarben. — Exner bemerkt dazu, dass die Erregbarkeit des Acusticuscentrums durch die Erregung des Opticuscentrums eine Aenderung erfahren könne; und Meynert erinnert an die Nichtisolirung der Hirnprojectionen für die Leitungen sinnlicher Reize. *Hh.*

Steinbruegge. Secundäre Sinnesempfindungen. Akademische Antrittsrede) Wiesbaden, 1887; Schmidt, Jahrbücher der Gesammt-Medicin (Kritik) 1888, **217**, No. 1 S. 97.

442 Fälle von Farbenassociationen werden zusammengestellt, meist mit Vocalverbindungen. Es wird die Vermuthung ausgesprochen, dass wohl alle, welche in der Erinnerung Worte oder Begriffe mit Farben zu associiren pflegen, in frühester Jugend directe Doppelempfindungen gehabt hätten. *Hh.*

Litteratur.

G. Engel. Ueber den Begriff der Klangfarbe. Halle, 1887, 43 pp.

J. Swinburne. A musical slide rule. Rep. Brit. Ass. 1887, 621.

J. M. DE VISÉ. Proposition d'une base harmonique. Bull. Brux, (3) **14**, 490.

Titel einer zur Niederlegung in den Archiven bestimmten Abhandlung.

CH. HENRY. La theorie de RAMEAU sur la musique. Paris 1887, A. Hermann.

CRUM BROWN. On the physics of noise. Edinb. Proc. **14** 219.

Notiz von wenigen Zeilen, aus der nur zu entnehmen ist, dass der Verf. zwischen Geräusch und Ton eine ähnliche Beziehung findet, wie zwischen continuirlichen Spectren und einzelnen Spectrallinien.

A. BARTH. Zur Lehre von den Tönen und Geräuschen. ZS. f. Ohrenheilkd. **17**, 81-108.

A BARTH. Zur Frage der Hörprüfung mit Stimmgabeln. ZS. f. Ohrenheilkd. **17**, 105-108.

A. HARTMANN. Die graphische Darstellung der Resultate der Hörprüfung mit Stimmgabeln. ZS. f. Ohrenheilkd. **17**, 67-80.

F. BEZOLD. Statistische Ergebnisse über die diagnostische Verwendbarkeit des RINNE'schen Versuches und eine daraus sich ergebende Erklärung für die physiologische Function des Schalleitungsapparates. ZS. f. Ohrenheilkd. **17**, 153-236.

TH. BARR. Ueber Schalleitung durch den Knochen und den Werth des RINNE'schen Versuches bei der Diagnose der Erkrankung des nervösen Apparates des Ohres. ZS. f. Ohrenheilkd. **17**, 278-285. *Bde.*

Druck von Fr. Aug. Eupel in Sondershausen.

Kolibri 360 GmbH
Ferdinand-Jühlke-Straße 7
99095 Erfurt, Deutschland
produktsicherheit@kolibri360.de